Mrs. Loudons unterhaltsamer Naturforscher

Mrs. Loudon

(Herausgeber: WS Dallas)

Writat

Diese Ausgabe erschien im Jahr 2024

ISBN: 9789359943978

Herausgegeben von
Writat
E-Mail: info@writat.com

Inhalt

VORWORT. ....- 1 -

EINFÜHRUNG. ....- 2 -

ERKLÄRUNG DER IN
DER NATURGESCHICHTE VERWENDETEN BEGRIFFE. - 22
-

Buch II VIERFÜSSER ODER VIERFÜSSE TIERE. ....- 27 -

BUCH II. BEWOHNER DER LUFT. ....- 185 -

Buch III. BEWOHNER DES WASSERS. ....- 373 -

Buch IV. REPTILIEN. ....- 448 -

Buch V. WEICHTIERE. ....- 474 -

Buch VI. ARTIKULIERTE TIERE. ....- 486 -

Buch VII. RADIATA. ....- 533 -

VORWORT.

MRS. LOUDONS „*Entertaining Naturalist*" erfreute sich zu Recht einer so großen Beliebtheit, dass die Herausgeber bei der Vorbereitung einer neuen Ausgabe bestrebt waren, es dem Ruf, den es erlangt hat, noch mehr gerecht zu werden. Zu diesem Zweck wurde es von Herrn WS Dallas, Mitglied der Zoological Society und Kurator des Museum of Natural History in York, sehr gründlich überarbeitet und erweitert, und es wurden mehrere Abbildungen hinzugefügt.

In seiner jetzigen Form handelt es sich nicht nur um eine vollständige, unterhaltsame populäre Naturgeschichte mit Abbildungen fast aller erwähnten Tiere, sondern seine lehrreichen Einführungen zur Klassifizierung von Tieren eignen sich auch gut für die Verwendung als grundlegendes Handbuch der Naturgeschichte des Tierreichs für die Nutzung der Jugend.

EINFÜHRUNG.

DIE ZOOLOGIE ist der Zweig der Naturgeschichte, der sich mit Tieren befasst und nicht nur ihre Struktur und Funktionen, ihre Gewohnheiten, Instinkte und ihren Nutzen umfasst, sondern auch ihre Namen und ihre systematische Anordnung.

Verschiedene Naturforscher haben verschiedene Systeme für die wissenschaftliche Ordnung des Tierreichs vorgeschlagen, aber das von Cuvier gilt mit einigen Modifikationen heute als das beste, und eine Skizze davon finden Sie unter der Überschrift „Modernes System" in dieser Einführung . Da jedoch das System von Linné früher allgemein gebräuchlich war und immer noch oft erwähnt wird, wurde es für ratsam gehalten, zunächst eine Skizze davon zu geben; damit sich der Leser des Unterschieds zwischen dem alten und dem neuen System bewusst wird.

LINNÆAN-SYSTEM.

Nach dem System von Linné wurden die im Tierreich zusammengefassten Objekte in sechs Klassen eingeteilt: Säugetiere oder Säugetiere, Vögel, Amphibien oder Amphibientiere, Fische, Insekten und Würmer, die folgendermaßen unterschieden wurden:

KLASSEN.

Körper				
Mit Wirbeln	Heißes Blut	Vivipar	ICH. SÄUGETIERE.
		Ovipar	II. VÖGEL.
	Kaltes rotes Blut	Mit Lunge	III. AMPHIBIE.
		Mit Kiemen	IV. FISCHE.
Ohne Wirbel	Kaltes weißes Blut	Antennen haben	V. INSEKTEN.
		Tentakel haben	VI. WÜRMER.

ORDEN VON SÄUGETIEREN.

Die erste Klasse oder Mammalia besteht aus solchen Tieren, die lebende Nachkommen hervorbringen und ihre Jungen mit der Milch ihres eigenen Körpers ernähren; und es umfasst sowohl die Vierbeiner als auch die Wale.

Diese Klasse wurde von Linné in sieben Orden unterteilt: nämlich. *Primaten* , *Bruta* , *Feræ* , *Glires* , *Pecora* , *Belluæ* und *Cetacea* (diese Ordnung wurde von

Linné Cete genannt) oder Wale. Ihre Merkmale beruhten größtenteils auf der Anzahl und Anordnung der Zähne; und über die Form und Konstruktion der Füße oder jener Teile in den Robben, Manati und Cetacea, die die Stelle der Füße bilden:

I. PRIMATEN. – Mit den oberen Vorderzähnen, im Allgemeinen vier an der Zahl, keilförmig und parallel; und zwei Zitzen an der Brust, wie bei Menschenaffen und Affen.

II. BRUTA. – Keine Vorderzähne in beiden Kiefern; und die Füße waren mit starken, hufartigen Nägeln bewaffnet, wie beim Elefanten.

III. FERÆ. – Im Allgemeinen sechs Vorderzähne in jedem Kiefer; ein einzelner Eckzahn auf jeder Seite in beiden Kiefern; und die Mühlen mit konischen Vorsprüngen, wie die Hunde und Katzen.

IV. GLIRES. – In jedem Kiefer zwei lange, hervorstehende Vorderzähne, die dicht beieinander stehen; und keine Eckzähne in beiden Kiefern, wie bei Ratten und Mäusen.

V. PECORA. – Keine Vorderzähne im Oberkiefer; sechs oder acht im Unterkiefer, in beträchtlicher Entfernung von den Mahlwerken gelegen; und die Füße mit Hufen, wie Rinder und Schafe.

VI. BELLUÆ. – Stumpfe, keilförmige Vorderzähne in beiden Kiefern; und die Füße mit Hufen, wie Pferde.

VII. WALE. – Stigmen oder Atemlöcher am Kopf haben; Flossen statt Vorderfüße; und ein horizontal abgeflachter Schwanz anstelle von Hinterfüßen. Diese Ordnung besteht aus Narvalen, Walen, Pottwalen und Delfinen.

Orden der Vögel.

Die zweite Klasse, die Vögel, umfasst alle Tiere, deren Körper mit Federn bekleidet sind. Ihre Kiefer sind verlängert und außen mit einer Hornsubstanz bedeckt, die als Schnabel oder Schnabel bezeichnet wird und in zwei Teile, sogenannte Mandibeln, unterteilt ist. Ihre Augen sind mit einer dünnen, weißlichen und etwas durchsichtigen Membran ausgestattet, die nach Belieben wie ein Vorhang über die gesamte Außenfläche gezogen werden kann. Ihre Bewegungsorgane sind zwei Flügel und zwei Beine; und ihnen fehlen äußere Ohren, Lippen und viele andere Teile, die für Vierbeiner wichtig sind. Der Teil der Zoologie, der sich mit Vögeln beschäftigt, wird Ornithologie genannt.

Linnæus teilte diese Klasse in sechs Orden ein:

1. *Landvögel.*

I. RAUBVÖGEL (*Accipitres*). – Mit hakenförmigem Oberkiefer und einem eckigen Vorsprung auf jeder Seite in der Nähe der Spitze, wie die Adler, Falken und Eulen.

II. PIES (*Picæ*). – Ihr Schnabel ist am Rand scharf, an den Seiten etwas zusammengedrückt und an der Oberseite konvex, wie bei der Krähe.

III. SPERLINGSVÖGEL (*Passeres*). – Mit konischem und spitzem Schnabel und ovalen, offenen und nackten Nasenlöchern wie beim Sperling und Hänfling.

IV. HÜHNERVÖGEL (*Gallinæ*). – Der Oberkiefer ist gewölbt, der Unterkiefer ist am Rand bedeckt, und die Nasenlöcher sind mit einer knorpeligen Membran überwölbt, wie beim gewöhnlichen Geflügel.

2. *Wasservögel.*

V. WATVÖGEL (*Grallæ*). – Mit rundlichem Schnabel, fleischiger Zunge und nackten Beinen oberhalb der Knie, wie die Reiher, Regenpfeifer und Bekassinen.

VI. SCHWIMMER (*Anseres*): Ihre Schnäbel sind oben breit und mit einer weichen Haut bedeckt, und die Füße sind mit Schwimmhäuten versehen, wie bei Enten und Gänsen.

ORDEN VON AMPHIBIA.

Unter die dritte Klasse oder Amphibien ordnete Linnæus solche Tiere ein, die einen kalten und im Allgemeinen nackten Körper, eine grelle Farbe und einen ekelerregenden Geruch haben. Sie atmen hauptsächlich über die Lunge, haben aber die Fähigkeit, die Atmung für lange Zeit auszusetzen. Sie sind äußerst hartnäckig im Leben und können bestimmte Teile ihres Körpers reparieren, die verloren gegangen sind. Sie sind auch in der Lage, den Hunger manchmal sogar über Monate hinweg unbeschadet auszuhalten.

Der Körper einiger von ihnen, wie der Schildkröten und Landschildkröten, ist durch einen harten und hornigen Schild oder eine Hülle geschützt; die anderer sind mit Schuppen bekleidet, wie die Schlangen und einige der Eidechsen; während andere, wie Frösche, Kröten und die meisten Wasserechsen, ganz nackt sind oder ihre Haut mit Warzen bedeckt ist. Viele Arten häuten sich zu bestimmten Jahreszeiten. Einige von ihnen sind mit einem Gift ausgestattet, das sie in Wunden ausstoßen, die ihre Zähne hinterlassen. Sie leben hauptsächlich an abgelegenen, wasserreichen und sumpfigen Orten; und ernähren sich zum größten Teil von anderen Tieren, obwohl einige von ihnen Wasserpflanzen fressen und viele sich von Müll und Dreck ernähren. Keine dieser Arten kaut ihr Futter; Sie schlucken es im Ganzen und verdauen es sehr langsam.

Die Nachkommen aller dieser Tiere werden aus Eiern erzeugt, die, nachdem sie von den Elterntieren an einem geeigneten Ort abgelegt wurden, durch die Hitze der Sonne ausgebrütet werden. Die Eier einiger Arten sind mit einer Schale bedeckt; die anderer haben eine weiche und zähe Haut oder Hülle, nicht viel anders als nasses Pergament; und die Eier einiger sind vollkommen gallertartig. Bei den wenigen, die ihre Nachkommen lebend zur Welt bringen, wie den Vipern und einigen anderen Schlangen, werden die Eier regelmäßig gebildet, aber sie schlüpfen im Körper der Weibchen.

Diese Klasse teilte Linnæus in drei Orden ein:

I. REPTILIEN. – Sie haben vier Beine und gehen im Kriechtempo wie die Schildkröten, Kröten und Eidechsen.

II. SCHLANGEN. – Keine Beine haben, aber auf dem Körper krabbeln.

III. NANTES. – Im Wasser lebend, mit Flossen ausgestattet und durch Kiemen atmend. Dabei handelt es sich um echte Fische, hauptsächlich aus der von Cuvier als *Chondropterygii* oder Knorpelfische bezeichneten Gruppe .

BESTELLUNGEN VON FISCHEN.

Fische bildeten Linnés vierte Tierklasse. Sie alle sind Bewohner des Wassers, in dem sie sich mit bestimmten Organen, den sogenannten Flossen, fortbewegen. Die auf dem Rücken befindlichen Flossen nennt man Rückenflossen; diejenigen an den Seiten, hinter den Kiemen, Brustflossen; diejenigen unterhalb des Körpers, in der Nähe des Kopfes, sind ventral; diejenigen hinter der Öffnung sind anal; und das, was den Schwanz bildet, wird Schwanzflosse genannt. Fische atmen durch Kiemen, die sich bei den meisten Arten seitlich am Kopf befinden. Fische steigen und sinken im Wasser, meist durch eine Art Blase im Inneren des Körpers, die sogenannte Luftblase. Einige von ihnen besitzen dieses Organ nicht und werden daher nur selten auf dem Meeresgrund gefunden, aus dem sie nur mit Mühe emporsteigen können. Der Körper dieser Tiere ist normalerweise mit Schuppen bedeckt, die sie vor Verletzungen durch den Kontakt mit Wasser schützen.

Die Fische wurden von Linné in vier Ordnungen eingeteilt:

I. APODAL. – Hat keine Bauchflossen wie der Aal.

II. HALSSCHLAGADER. – Die Bauchflossen liegen vor den Brustflossen, wie bei Kabeljau, Schellfisch und Wittling.

III. THORAX. – Die Bauchflossen liegen direkt unter den Brustflossen, wie beim Barsch und der Makrele.

IV. BAUCH. – Die Bauchflossen befinden sich am unteren Teil des Körpers unterhalb der Brustflossen, wie beim Lachs, Hering und Karpfen.

Ordnungen der Insekten.

Die fünfte Klasse von Linné umfasste die Insekten; und der Zweig der Zoologie, der sich mit ihnen befasst, heißt Entomologie. Fast alle Insekten durchlaufen in verschiedenen Phasen ihres Daseins bestimmte große Veränderungen. Aus dem Ei schlüpft die Larve, eine Larve oder Raupe ohne Flügel. Dies verwandelt sich später in eine Puppe oder Puppe, die vollständig mit einer harten Schale oder einer starken Haut bedeckt ist, aus der das perfekte oder geflügelte Insekt hervorbricht. Spinnen und ihre Verbündeten, die Linné zu den Insekten zählte, schlüpfen in nahezu perfektem Zustand aus dem Ei.

Linné teilte seine Insektenklasse in sieben Ordnungen ein:

I. KOLEOPTERÖS. – Mit Flügeldecken oder Krustentierhüllen, die die Flügel bedecken; und die im geschlossenen Zustand wie beim Maikäfer in einer geraden Linie in der Mitte des Rückens zusammenlaufen.

II. HEMIPTERÖS. – Mit vier Flügeln, die oberen teilweise krustenartig, teilweise häutig; nicht gerade in der Mitte des Rückens geteilt, sondern gekreuzt oder aufeinanderliegend, wie bei der Schabe.

III. LEPIDOPTERÖS. – Sie haben vier Flügel, die mit feinen, fast puderähnlichen Schuppen bedeckt sind, wie die Schmetterlinge und Motten.

IV. NEUROPTERÖS. – Mit vier häutigen und halbtransparenten Flügeln, die wie ein Netzwerk geädert sind; und der Schwanz ohne Stachel, wie die Libelle und Ephemera.

V. HYMENOPTERUS. – Mit vier häutigen und halbtransparenten Flügeln, die wie ein Netzwerk geädert sind; und der Schwanz war mit einem Stachel bewaffnet, wie die Wespe und die Biene.

VI. DIPTERÖS. – Sie haben nur zwei Flügel wie die gewöhnlichen Stubenfliegen.

VII. APTERÖS. – Sie haben keine Flügel wie die Spinnen.

BESTELLUNGEN VON VERMES ODER WÜRMERN.

Die sechste und letzte linnäische Klasse bestand aus Worms oder Vermes. Sie bewegen sich langsam und haben einen weichen und fleischigen Körper. Einige von ihnen haben harte Innenteile, andere haben eine Krustenhülle. Bei einigen Arten sind Augen und Ohren sehr gut wahrnehmbar, während andere offenbar nur den Geschmacks- und Tastsinn genießen. Viele haben keinen ausgeprägten Kopf und die meisten von ihnen haben keine Füße. Sie sind im Allgemeinen so langlebig, dass zerstörte Teile reproduziert werden. Diese Tiere unterscheiden sich von denen der anderen Klassen hauptsächlich dadurch, dass sie Tentakeln oder Fühler haben, und werden von Linné in fünf Ordnungen eingeteilt:

I. DARM. – Sind einfach und nackt, ohne Gliedmaßen; einige von ihnen leben in anderen Tieren, wie die Spulwürmer und Bandwürmer; andere im Wasser, wie die Blutegel; und einige auf der Erde, wie der Regenwurm.

II. MOLLUSKE. – Sind einfache Tiere ohne Panzer und mit Gliedmaßen ausgestattet, wie der Tintenfisch, die Meduse, der Seestern und der Seeigel.

III. TESTACEA. – Sind den letzteren ähnliche Tiere, aber mit Muscheln bedeckt, wie Austern, Herzmuscheln, Schnecken und Napfschnecken.

IV. LITHOPHYTA. – Sind zusammengesetzte Polypen, die in Zellen auf einer kalkhaltigen Basis leben, die sie wie Korallen und Madreporen produzieren.

V. ZOOPHYTA. – Sind in der Regel Mischlinge, leben aber nicht in steinigen Zellen. Korallen, Schwämme und Polypen sind Beispiele dieser Ordnung, zu der auch die Infusorien-Animalcules gehören.

MODERNES SYSTEM.

Beim Lesen der folgenden Skizze des modernen Systems wird man feststellen, dass die größte Veränderung in den beiden letztgenannten Klassen stattgefunden hat. Die anderen bleiben in ihrer Wirkung nahezu gleich, obwohl ihre Unterscheidung unterschiedlich ist und die Klassen nicht in der gleichen Reihenfolge angeordnet sind.

Laut Cuvier sind alle Tiere in vier große Abteilungen eingeteilt, die wie folgt in Klassen und Ordnungen unterteilt sind:

Abteilungen	Klassen	Anzahl der Bestellungen
	1. Säugetiere	Neun.
I. WIRBELTIERE. Vier Klassen. Siebenundzwanzig Befehle.	2. Aves	Sechs.
	3. Reptilien	Vier.
	4. Fische	Acht.
	1. Kopffüßer	Eins.
II. MOLLUSKE.	2. Flugsaurier	Eins.
Sechs Klassen. Fünfzehn Befehle.	3. Gasteropoda	Neun.
	4. Acephala	Zwei.

	5. Brachiopoda	Eins.
	6. Cirrhopoda	Eins.
	1. Anneliden	Drei.
III. ARTICULATA.	2. Krebstiere	Sieben.
	3. Spinnentier	Zwei.
Vier Klassen. Vierundzwanzig Befehle.	4. Insekten	Zwölf.
	1. Stachelhäuter	Zwei.
IV. RADIATA.	2. Entozoa	Zwei.
	3. Acalephae	Zwei.
Fünf Klassen. Elf Befehle.	4. Polypen	Drei.
	5. Infusorien	Zwei.

DIE WIRBELTIERE

Ihr Rückgrat ist in Wirbel oder Gelenke unterteilt, daher der Name. Sie haben auch getrennte Sinne zum Hören, Sehen, Schmecken, Riechen und Fühlen; ein ausgeprägter Kopf mit einem Mund, der durch zwei horizontale Kiefer geöffnet wird; ein muskulöses Herz und rotes Blut. Die vier Wirbeltierklassen und ihre Ordnungen sind wie folgt:

I. DIE MAMMALIA sind alle mit Mammæ oder Zitzen ausgestattet, durch die sie ihren Jungen Milch geben, die sie lebend zur Welt bringen. Sie haben warmes Blut, das vom Herzen durch die Lunge zirkuliert und zum Herzen zurückkehrt, bevor es den Körper passiert. Ihre Haut ist nackt oder mit Wolle oder Haaren bedeckt, und ihr Mund ist im Allgemeinen mit Zähnen ausgestattet. Es gibt elf Ordnungen, die folgendermaßen unterschieden werden:

ABSCHNITT I. – *Ungelenkte Tiere oder Säugetiere mit Nägeln oder Krallen.*

I. *Bimana* oder zweihändig. Diese Ordnung umfasst nur die menschliche Spezies.

II. *Quadrumana* oder vierhändig. Zu dieser Ordnung gehören die Menschenaffen, Paviane und Affen sowie die Lemuren.

III. *Cheiroptera* , die Fledermausfamilie.

IV. *Carnivora* oder Raubtiere. Dieser Orden ist in die folgenden drei Stämme unterteilt:

1. *Die Insektenfresser* , bestehend aus den Tieren, die sich von Insekten ernähren, wie dem Igel, der Spitzmaus und dem Maulwurf.

2. *Die eigentlichen Fleischfresser* , die hauptsächlich aus der Familie der Katzen bestehen, einschließlich Löwen, Tigern und ihren Verbündeten; die Bärenfamilie, einschließlich Dachs, Nasenbär, Waschbär usw.; die Hundefamilie, einschließlich Wolf und Fuchs; die Wieselfamilie; die Zibetkatzen; und die Hyäne.

3. *Die Amphibien* , bestehend aus Robben und anderen verwandten Tieren.

V. *Marsupialia* , einschließlich der Opossums und der Kängurus.

VI. *Monothrema* , das die Echidna und Ornithorhynchus Australiens enthält.

VII. *Rodentia* oder nagende Tiere. Die wichtigsten davon sind die Familie der Eichhörnchen, Mäuse und Ratten, Hasen und Kaninchen, der Biber, das Stachelschwein und das Meerschweinchen.

VIII. *Edentata* oder zahnlose Tiere, also ohne Vorderzähre. Die wichtigsten davon sind die Faultiere, die Gürteltiere und die Ameisenfresser.

ABSCHNITT II. — *Huftiere oder Hufsäugetiere.*

IX. *Pachydermata* oder dickhäutige Tiere. Die wichtigsten davon sind der Elefant, das Nilpferd und das Nashorn; die Pferdefamilie, einschließlich Esel, Maultier, Zebra und Quagga; die Wildschweinfamilie und der Tapir.

X. *Ruminantia* oder wiederkäuende Tiere, deren wichtigste die Kamelfamilie, die Hirschfamilie, die Giraffe, die Antilopenfamilie, die Ziegenfamilie, die Schaffamilie und die Ochsenfamilie sind.

ABSCHNITT III. – *Wassersäugetiere, die keine Hinterbeine haben und deren Vorderbeine in Flossen umgewandelt sind.*

XI. *Cetacea* oder Meeressäugetiere, zu deren wichtigsten Vertretern die Familie der Wale, die Familie der Delfine, die Manati, die Familie der Schweinswale und der Narwal oder Meer-Einhorn gehören.

DIE AVES ODER VÖGEL,

Legen Sie Eier, aus denen durch die sogenannte Inkubation ihre Jungen schlüpfen. Ihre Haut ist mit Federn bedeckt; und ihre Kiefer sind verhornt und ohne Zähne. Ihr Blut ist warm und zirkuliert wie das der Säugetiere. Die sechs Ordnungen von Aves sind wie folgt:

1. *Raptores* oder Greifvögel. Diese Vögel zeichnen sich durch einen sehr kräftigen und scharfen Schnabel aus, der mehr oder weniger gebogen ist, aber immer am Ende des Oberkiefers eingehakt ist und an der Basis mit einer Art Haut bedeckt ist, die Cere genannt wird. Die Nasenlöcher sind normalerweise geöffnet. Die Beine sind sehr kräftig, die Füße groß und die Zehen, von denen es vier gibt, sind mit sehr starken, scharfen, gebogenen Krallen bewaffnet. Die wichtigsten Raubvögel sind die Geier, darunter der Kondor; die Familie der Falken, einschließlich der Adler, Habichte, Milane und Bussarde; und die Eulen.

2. *Insessores* oder Sitzvögel. Bei diesen Vögeln sind alle Füße zum Sitzen geformt, wobei die Hinterzehe an der gleichen Stelle hervorsteht wie die anderen Zehen, was ihnen eine große Greifkraft verleiht. Ihre Beine sind mittellang und ihre Krallen nicht scharf gebogen. Zu dieser Ordnung gehören die Drosseln, Nachtigallen und alle schönsten Sänger unserer Wälder, außerdem das Rotkehlchen, der Spatz und andere Vögel, die man in der Nähe von Behausungen sieht, die Schwalben, die Lerchen, die Krähenfamilie, die Eisvögel und die Paradiesvögel , und die Kolibris.

3. *Scansores* oder Kletterer. Diese Vögel haben zwei Zehen vorne und zwei hinten. Diese Konstruktion verleiht ihnen eine so große Kletterkraft, dass sie den senkrechten Stamm eines Baumes erklimmen können. Die wichtigsten Vögel dieser Ordnung sind die Papageien, der Kuckuck und der Specht.

4. *Rasores* oder Hühnervögel. Der Kopf dieser Vögel ist im Verhältnis zum Körper klein. Der Schnabel ist im Allgemeinen kurz, wobei der Oberkiefer etwas gebogen ist. Die Nasenlöcher haben normalerweise eine schützende fleischige Membran. Der Tarsus oder der untere Teil des Beins ist lang und kahl, und es gibt vier Zehen, wobei die vorderen durch eine dünne Membran verbunden sind, während die hinteren im Allgemeinen weiter oben am Bein liegen und kleiner als die anderen sind. Diese Ordnung umfasst die meisten Vögel, die als Nahrung dienen, und umfasst den Pfau, den Truthahn, den Hahn und die Henne, das Rebhuhn, den Fasan und die Taubenfamilie.

5. *Grallatores* oder Watvögel. Diese Vögel zeichnen sich durch lange und schlanke Beine und mehr oder weniger nackte Oberschenkel aus. Es gibt drei vordere Zehen, die an der Basis mehr oder weniger durch eine Membran oder ein rudimentäres Netz verbunden sind. Bei manchen Ordensmitgliedern fehlt die Hinterzehe. Zu dieser Ordnung gehören die Familie der Straußenvögel, die Trappen und Regenpfeifer; die Kraniche, Reiher und Störche; und die Bekassinen und Waldschnepfen.

6. *Palmipedes* oder Schwimmvögel. Die Beine und Füße dieser Vögel sind kurz und hinten platziert, wobei die Vorderzehen durch eine dicke und starke Membran verbunden sind. Der Hals ist viel länger als die Beine, und ihr Körper ist unter dem dichten Außengefieder mit einer dichten Daunenschicht bedeckt, die mit einer öligen Flüssigkeit durchtränkt ist, die das Wasser abstößt. Die wichtigsten Vögel dieser Ordnung sind die Haubentaucher, die Alken und Pinguine, die Sturmvögel, der Pelikan und der Kormoran sowie die Schwäne, Enten und Gänse.

Viele Ornithologen gehen davon aus, dass Tauben und Strauße unterschiedliche Ordnungen bilden, *die Columbæ* bzw. *Cursores genannt werden* .

DIE REPTILIEN,

Oder Reptilien haben weder Haare noch Wolle noch Federn und ihre Körper sind entweder nackt oder mit Schuppen bedeckt. Manche legen Eier, andere bringen ihre Jungen lebend zur Welt. Einige haben Kiemen, andere Lungen, aber durch letztere fließt nur ein Teil des Blutes; und daher ist das Blut der Reptilien kalt, da es die Atmung ist, die dem Blut Wärme verleiht. Die Sinne von Reptilien sind stumpf und ihre Bewegungen sind entweder langsam oder mühsam. Im Folgenden sind die vier Ordnungen aufgeführt, in die diese Klasse unterteilt ist:

1. *Chelonische Reptilien.* Diese Tiere haben vier Beine. Der Körper ist von einem oberen Panzer, dem sogenannten Carapax, und einem unteren, dem sogenannten Plastron, umschlossen. Sie haben stark ausgedehnte Lungen; aber sie haben keine Zähne, obwohl sie harte, hornige Kiefer haben. Die Weibchen legen Eier, die mit einer harten Schale bedeckt sind. Die Haupttiere dieser Abteilung sind die Landschildkröten, die an Land oder in Süßwasser leben, und die Schildkröten, die im Meer leben.

2. *Die Saurier-Reptilien.* Diese Tiere haben auch ausgedehnte Lungen und im Allgemeinen vier Beine, einige haben jedoch nur zwei. Ihre Körper sind mit Schuppen bedeckt und ihr Mund voller Zähne. Diese Ordnung umfasst alle Krokodile und Eidechsen. Die Krokodile haben breite, flache Zungen, die durchgehend am Kiefer befestigt sind, und die Eidechsen haben lange, schmale Zungen, die bei vielen von ihnen weit aus dem Maul herausragen können.

3. *Die Ophidian-Reptilien* sind die Schlangen und Schlangen. Der Körper ist mit Schuppen bedeckt, aber er hat keine Füße. Die Lunge ist im Allgemeinen nur auf einer Seite gut entwickelt. Schlangen sind häufig mit Giftbeuteln an der Basis einiger ihrer Zähne ausgestattet.

4. *Zu den Batrachi-Reptilien* zählen Frösche und Kröten. Der Körper ist nackt. Der größte Teil dieser Reptilien durchläuft einen Übergang von einer fischähnlichen Kaulquappe mit Kiemen zu einem vierbeinigen Tier mit

Lunge. Andere verlieren nie ihre Kiemen, obwohl sie Lungen bekommen, und zu dieser Art gehören die Sirene und der Proteus.

DIE FISCHE,

Oder Fische werden von Cuvier als Wirbeltiere mit rotem Blut definiert, die mittels ihrer Kiemen oder Kiemen durch das Medium Wasser atmen. Zu dieser Definition kann hinzugefügt werden, dass Fische keinen Hals haben und dass der Körper im Allgemeinen vom Kopf bis zum Schwanz schmaler wird; dass die meisten Arten mit Luftblasen ausgestattet sind, die ihnen das Schwimmen ermöglichen; und dass ihre Körper im Allgemeinen mit Schuppen bedeckt sind. Das Herz hat nur eine Ohrmuschel und das Blut ist kalt. Die Kiemen müssen feucht gehalten werden, damit der Fisch atmen kann, und sobald sie trocken werden, stirbt der Fisch. So sterben Fische mit großen Kiemenöffnungen fast sobald sie aus dem Wasser genommen werden; während diejenigen mit sehr kleinen Öffnungen, wie der Aal, lange leben. Fische haben keine Füße, sind aber mit Flossen ausgestattet. Die wissenschaftlichen Erkenntnisse der Fische werden Ichthyologie genannt. Fische werden zunächst in zwei große Serien unterteilt, nämlich. die Knochenfische und die Knorpelfische, und diese sind wiederum in neun Ordnungen unterteilt, wie folgt:

KNOCHEN- ODER KNOCHENFISCHE.

1. *Acanthopterygii* oder Fische mit harten Flossen.

2. *Malacopterygii abdominales* oder Weichflossenfische, bei denen sich die Bauchflossen am Hinterleib hinter den Brustflossen befinden.

3. *Malacopterygii sub-brachiati* oder Weichflossenfische mit Bauchflossen unter den Kiemen.

4. *Malacopterygii apodes* oder Weichflossenfische ohne Bauchflossen.

5. *Lophobranchii* oder Fische mit büscheligen Kiemen.

6. *Plectognathii* oder Fische mit fixiertem Oberkiefer.

CHONDROPTERYGII ODER KNORPELFISCHE.

7. *Cyclostomi* oder Fische mit in einem unbeweglichen Ring befestigten Kiefern und mit Löchern für die Kiemen.

8. *Selachii* oder Fische mit beweglichen Kiefern und Löchern für die Kiemen.

9. *Sturiones* , mit den Branchien in der üblichen Form.

Von den Knochenfischen werden die *Acanthopterygii* , also Fische mit harten, stacheligen Flossen, in fünfzehn Familien eingeteilt, von denen die wichtigsten die Familie der Barsche, die Panzerbackenfische einschließlich der Knurrhähne, die fliegenden Fische des Mittelmeers und die Stichlinge sind Jack Banticles; die Makrelenfamilie, einschließlich Thunfisch, Bonito und Schwertfisch; der Lotsenfisch, der Delphin des Mittelmeers, der für die Schönheit seiner sterbenden Farben so berühmt ist, und der John Dory. Unter den *Malacopterygii abdominales* , den Weichflossenfischen, deren Bauchflossen am Bauch hängen, sind die Familie der Karpfen, die Familie der Hechte, die Flugfische des Ozeans, die Familie der Lachse und die Familie der Heringsfische die interessantesten. einschließlich Sprotte, Sardinen und Sardellen.

Die Malacopterygii sub-brachiati sind Fische mit weichen Flossen, deren Bauchflossen unterhalb der Brustflossen liegen; Die wichtigsten davon sind die Kabeljau-Familie, einschließlich Schellfisch, Wittling und Leng; die Familie der Plattfische, einschließlich Seezunge, Steinbutt, Scholle und Flunder; und die Saugnäpfe oder Seehasen.

Die Malacopterygii-Apoden gehören zur Familie der Aale.

Zu den Lophobranchii zählen der Pfeifenfisch und andere Fische ähnlicher Form.

Zu den Plectognathi zählen die ganz besonderen Formen des Ballonfisches, des Sonnenfisches und anderer ähnlicher Fische.

Die Chondropterygii oder Knorpelfische werden in drei Ordnungen unterteilt, nämlich: *die Sturiones* oder Störfamilie; *die Selachi* oder Haie und Rochen, einschließlich des Torpedos; und *die Cyclostomi* oder Neunaugenfamilie. Die letzten beiden Befehle wurden von Cuvier in einem einzigen zusammengefasst.

DIE WEICHTIERE

Sie haben keine Knochen außer ihren Muscheln. Ihr Gefühlssinn scheint sehr ausgeprägt zu sein, aber die Organe für die anderen Sinne fehlen entweder oder sind sehr unvollkommen. Das Blut ist kalt und weiß und das Herz besteht oft nur aus einer Herzkammer; Einige von ihnen haben unvollständige Lungen, aber die meisten atmen durch Kiemen. Sie haben die Kraft, lange Zeit in einem Ruhezustand zu bleiben, und ihre Bewegungen sind entweder langsam oder sehr mühsam. Einige von ihnen scheinen nicht in der Lage zu sein, sich fortzubewegen. Sie bringen ihre Jungen aus Eiern zur Welt, aber einige legen ihre Eier auch auf einen Teil ihres eigenen Körpers, wo die Jungen schlüpfen. Im Folgenden sind Cuviers sechs Klassen aufgeführt:

1. *Cephalopoda oder Kopffußmolluske.* Diese Tiere sind mit langen, fleischigen Armen oder Füßen ausgestattet, die vom Kopf ausgehen, der sich nicht vom

Körper unterscheidet und auf dem sie kriechen. Es gibt nur eine Ordnung, zu der Tintenfische, Nautilus und Belemniten gehören.

2. *Pteropoda oder Flügelfußmolluske.* Diese Tiere haben zwei häutige Füße oder Arme, die wie Flügel vom Hals ausgehen. Es gibt nur eine Ordnung, die sechs Gattungen umfasst, von denen die bekannteste die Hyalæa ist, deren Schale gemeinhin als Venuswagen bezeichnet wird.

3. *Gasteropoda oder Körperfußmolluske.* Alle diese Tiere krabbeln mit dem flachen Körperteil, der als eine Art Saugnapf fungiert. In Cuviers System gibt es neun Ordnungen. Die Schnecke gibt einen Einblick in die Gewohnheiten der Klasse.

4. *Acephala oder kopflose Molluske.* Diese Tiere haben keinen sichtbaren Kopf und atmen mittels branchiæ, die im Allgemeinen bandförmig sind. Die meisten von ihnen sind von einer Muschelschale umgeben, einige sind jedoch nackt; die ersteren sind die *Testacea* von Cuvier und die *Conchifera* von Lamarck; Letztere sind die *Tunicata* von Lamarck. Sie bilden zwei Ordnungen.

5. *Brachiopoda oder Armfußmolluske.* Diese Tiere haben auch einen Muschelpanzer; aber sie haben keine echten Branchien, und ihre Atmung wird durch die Wirkung des Mantels bewirkt. Sie haben zwei Spiralarme.

6. *Cirrhopoda oder Ringelfußmolluske.* Diese sind im Allgemeinen befestigt und in einer Hülle aus mehreren Teilen eingeschlossen; Sie sind mit einem Mund ausgestattet, mit Kiefern bewaffnet und mit mehreren Paaren gegliederter und gesäumter Organe, Cirri genannt, durch deren Vor- und Zurückziehen sie ihre Beute fangen. Beispiele dieser Klasse sind die Seepocken- und Eichelschalen. Diese Tiere werden seit langem nicht mehr als Mollusken angesehen, da die Untersuchungen moderner Naturforscher gezeigt haben, dass es sich bei ihnen um echte Gelenktiere handelt, die den Krustentieren am nächsten kommen.

DIE ARTIKULIERTEN TIERE

Habe kein Rückgrat. Die Hülle des Körpers ist manchmal hart und manchmal weich, aber sie ist immer durch mehrere Quereinschnitte in Segmente unterteilt. Die Gliedmaßen sind, sofern der Körper mit solchen ausgestattet ist, gelenkig; und sie können vom Körper getrennt werden, ohne dass das Tier ernsthafte Verletzungen davonträgt, da sich kurz darauf neue Gliedmaßen bilden, um sie zu ersetzen. Der Geschmacks- und Sehsinn ist vollkommener als der der Mollusken, obwohl der Gefühlssinn viel weniger ausgeprägt zu sein scheint. Ansonsten unterscheiden sich die vier Klassen erheblich voneinander.

[*Die Entozoa oder Darmwürmer* , die von Cuvier und anderen zu den Radiata gezählt wurden, werden heute zu den niedrigsten Formen der artikulierten Tiere gezählt, ebenso wie die als *Rotifera bekannten Tierchen* .]

I. *Die Ringelwürmer oder Rotblutwürmer* haben im eigentlichen Sinne kein Herz, aber manchmal einen oder mehrere fleischige Ventrikel. Sie atmen durch Branchien. Ihr Körper ist weich und mehr oder weniger länglich und in zahlreiche Ringe oder Segmente unterteilt. Der Kopf, der sich an einem Ende des Körpers befindet, ist kaum vom Schwanz zu unterscheiden, außer durch einen Mund. Diese Tiere haben keine eigentlich so genannten Füße, sondern sind mit kleinen fleischigen Vorsprüngen ausgestattet, die Haar- oder Borstenbüschel tragen, die es ihnen ermöglichen, sich zu bewegen. Sie haben im Allgemeinen fleischfressende Gewohnheiten. Sie legen Eier, aber die Jungen schlüpfen häufig, bevor sie ausgegrenzt werden, und daher nennt man diese Tiere ovovivipar. Ihr Studium heißt Helminthologie. Als Beispiele für die drei Ordnungen dieser Klasse können die Serpulen oder wurmähnlichen Tiere genannt werden, die oft auf Muscheln zu finden sind, der gemeine Regenwurm und die Familie der Blutegel.

II. *Zu den Krustentieren* zählen die Schalentiere, die allgemein als Krabben, Hummer, Garnelen und Garnelen bezeichnet werden. Sie haben einen ausgeprägten Kopf, der mit Antennen, Augen und Mund ausgestattet ist; und ihre Körper sind mit einer Kruste oder Schale bedeckt, die durch Quereinschnitte in Segmente unterteilt ist, wobei die Segmente durch eine starke Membran verbunden sind. Einmal im Jahr mausern sich die größeren Arten dieser Tiere, werfen ihre alte Kruste oder Schale ab und bilden eine neue, wobei das Tier in der Zwischenzeit in einem nackten und stark geschwächten Zustand bleibt. Viele Krebstiere schwimmen problemlos, aber an Land sind ihre Bewegungen im Allgemeinen beengt und umständlich. und sie sind darauf beschränkt, mit dem Schwanz zu kriechen oder zu springen. Wenn ein Glied verletzt wird, besitzen sie die außergewöhnliche Fähigkeit, es abzustoßen und ein neues zu formen. Die Krustentiere legen Eier und die Jungen einiger Arten durchlaufen eine Transformation, bevor sie ihre volle Größe erreichen. Die Krustentiere wurden von Latreille in zwei Abschnitte und sieben Ordnungen unterteilt, die wie folgt lauten:

ABSCHNITT I. *Malacostraca.*

Schale solide, Beine zehn oder vierzehn, Fußkiefer sechs oder zehn, Mandibeln zwei, Oberkiefer vier; Mund mit Labrum.

Unterabschnitt I. *Podophthalma* , Augen auf Fußstielen.

BESTELLUNG 1. *Decapoda* , zehn Beine.

Unterordnung 1. *Brachyura* , die Krabben.

Unterordnung 2. *Macroura* , die Hummer.

BESTELLUNG 2. *Stomapoda* , Beine mehr als zehn.

Unterabschnitt II. *Edriophthalma* , Augen nicht auf den Fußstielen.

BESTELLUNG 3. *Amphipoda* , Körper zusammengedrückt; Mandibeln tastbar.

BESTELLEN SIE 4. *Læmodipoda* , Hinterleib rudimentär, mit nur den Rudimenten von einem oder zwei Anhängselpaaren.

BESTELLEN SIE 5. *Isopoda* , Körper deprimiert; Bauchanhänge flach; Mandibeln nicht tastbar.

ABSCHNITT II. *Entomostraca.*

Schale nicht fest; Beine in unterschiedlicher Anzahl; Mund variabel.

BESTELLEN SIE 6. *Branchiopoda.* Die Haut ist hornig, die Zweige gefiedert und bilden einen Teil der Füße.

Zu dieser Abteilung der Krustentiere werden heute die Cirrhopoda gezählt.

BESTELLEN SIE 7. *Pœcilopoda* , Mundsauger.

Unterordnung 1. *Xiphosura* oder Königskrabben.

Unterordnung 2. *Siphonostoma* oder Fischparasiten.

III. *Die Spinnentiere* werden von Lamarck als eierlegende Tiere definiert, die über sechs oder mehr bewegliche Beine verfügen, keiner Metamorphose unterliegen und niemals neue Organe erwerben. Mittlerweile ist jedoch bekannt, dass einige Milben eine Art Metamorphose durchlaufen, indem sie beim ersten Schlüpfen nur sechs Beine haben und ein ruhiges Puppenstadium durchlaufen, bevor sie ihre perfekte Form annehmen. Ihre Atmung erfolgt entweder durch Luftsäcke, die als Lungen dienen, oder durch eine Art Schlauch mit kreisförmigen Öffnungen für den Lufteinlass. Bei den meisten Arten gibt es ein rudimentäres Herz und einen Kreislauf. Es gibt zwei Befehle; diejenigen mit Lungen und diejenigen ohne.

BESTELLE I. *Pulmonarien.* Die zu dieser Abteilung gehörenden Spinnentiere haben Luftsäcke, die als Lunge dienen, ein Herz mit ausgeprägten Gefäßen und sechs bis acht einfache Augen. Es gibt zwei verschiedene Familien: nämlich. *Araneides* , bestehend aus allen Spinnen und Spinnern; und Pedipalpi, bestehend aus Vogelspinne und Skorpionen.

BEFEHL II. *Trachearien.* Diese Spinnentiere zeichnen sich durch ihre Atmungsorgane aus, die aus abgestrahlten oder verzweigten Luftröhren bestehen, die über zwei kreisförmige Öffnungen Luft aufnehmen. Ihre Augen variieren zwischen zwei und vier. Die wichtigsten zu dieser Abteilung gehörenden Tiere sind die Langbeinspinnen (*Phalangium*) und die Milben (

Acarus), darunter die Gärtnerschädlinge, die Kleine Rote Spinne (*Acarus telarius*), die Käsemilbe (*Acarus Siro*) und die Erntewanze (*Acarus* oder *Leptus Autumnalis*).

IV. Die Insecta bilden die vierte und letzte Klasse der artikulierten Tiere, und ihr Name leitet sich vom lateinischen Wort „ *insektum" ab* , das „eingeschnitten" bedeutet, in Anspielung auf die unterschiedliche Unterteilung von Kopf, Brustkorb und Hinterleib bei den echten Insekten: und in im Gegensatz zu den Anneliden, deren Körper keine solchen Unterteilungen aufweisen. Die wahren Insekten werden als Tiere ohne Wirbel definiert, die sechs Fuß lang sind, einen ausgeprägten Kopf haben, der mit Antennen ausgestattet ist und durch stigmatische Öffnungen atmet, die zu inneren Luftröhren führen. Die Myriapoda haben jedoch mehr Füße. Im Folgenden sind die zwölf Ordnungen aufgeführt, in die diese Klasse unterteilt ist.

ABSCHNITT I. *Insekten durchlaufen eine Metamorphose.*

1. *Coleoptera* (von zwei griechischen Wörtern, die umhüllte Flügel bedeuten). Dies sind die Käfer, die alle mit häutigen Flügeln ausgestattet sind, mit denen sie fliegen, und die durch hornige Oberflügel oder Flügelhüllen, sogenannte Flügeldecken, geschützt sind. Sie sind alle Kauer und alle mit Mandibeln oder hervorstehenden Kiefern und Oberkiefern ausgestattet.

2. *Orthoptera* oder geradflügelige Insekten. Zu dieser Ordnung gehören Grillen, Heuschrecken, Heuschrecken und ähnliche Insekten. Ihre Oberflügel bestehen aus Pergament und ihre Unterkiefer und Oberkiefer haben die Form von Pergament.

3. *Bei Hemiptera* oder halbflügeligen Insekten ist häufig die Hälfte der oberen Flügel wie die unteren häutig, während die andere Hälfte ledrig ist. Zu dieser Abteilung gehören die Wanzen, die Wasserskorpione, die Zikaden oder Zikaden und die Blattläuse. Diese Insekten haben weder Kiefer noch Oberkiefer, sondern stattdessen eine Scheide und einen Saugnapf.

4. *Bei Neuroptera* oder nervflügeligen Insekten wie Libellen sind beide Flügelpaare häutig, nackt und fein netzförmig. Der Mund ist zum Kauen geeignet und mit Mandibeln und Oberkiefern ausgestattet.

5. *Hymenopteren* , häutige geflügelte Insekten wie Bienen, Wespen, Schlupfwespen usw. Alle vier Flügel sind häutig, haben aber weniger Nerven und sind nicht netzförmig wie die Flügel der vorhergehenden Ordnung. Der Mund ist mit Mandibeln und Oberkiefern ausgestattet, und der Hinterleib endet entweder durch einen Legebohrer oder einen Stachel.

6. *Lepidoptera* oder schuppige Insekten. Dabei handelt es sich um Schmetterlinge und Motten, die sich durch das mehlige oder schuppige

Aussehen ihrer Flügel und die röhrenförmige oder fadenförmige Verlängerung der Teile ihres Mundes auszeichnen.

7. *Strepsiptera* oder *Rhipiptera* , mit gedrehten Flügeln. Diese Kreaturen ähneln dem Schlupfwespen, indem sie ihre Eier in die Körper anderer Insekten legen, obwohl sie im Allgemeinen Wespen und Bienen angreifen. Die Hauptgattungen sind Xenos und Stylops. Sie gelten allgemein als eng mit den Käfern verwandt.

8. *Diptera* oder zweiflügelige Insekten, einschließlich der Fliegen. Das Maul ist mit einem Rüssel versehen, und hinter den eigentlichen Flügeln befinden sich zwei kleine Flügel, sogenannte *Halfter* , die als Balancer dienen.

9. *Suctoria* oder saugende Insekten wie der Floh, die keine Flügel haben, aber mit einem Apparat zum Saugen von Blut ausgestattet sind.

ABSCHNITT II. Insekten durchlaufen keine Metamorphose.

10. *Thysanoura* oder Frühlingsschwanzinsekten. Diese Kreaturen sind klein und ohne Flügel; Man findet sie in Holzspalten oder unter Steinen. Die Hauptgattungen sind Lepisma und Podura.

11. *Parasita* oder parasitäre Insekten wie die Laus. Sie sind auch ohne Flügel.

12. *Myriapoda*. Diese Ordnung wird von vielen Naturforschern zu einer eigenen Klasse gemacht, da sich die darin enthaltenen Geschöpfe von den echten Insekten durch die große Anzahl ihrer Füße unterscheiden; durch das Fehlen klarer Unterteilungen in Brustkorb und Bauch; und durch die große Anzahl von Segmenten, in die der Körper unterteilt ist. Die Hauptinsekten dieser Ordnung gehören zu den Linnæan-Gattungen *Julus* und *Scolopendra* , die allgemein als Tausendfüßler bezeichnet werden.

Der Begriff „Larve" wird für die Jungtiere aller Insekten verwendet, die zu den ersten neun Ordnungen gehören, wenn sie zum ersten Mal geschlüpft sind. Die verschiedenen Arten haben jedoch andere Namen; das heißt, die Larve eines Schmetterlings oder einer Motte wird Raupe genannt; das eines Käfers, einer Made; und das einer Fliege, einer Made. Die Larve wechselt ihre Haut mehrmals und geht schließlich in den Puppenzustand über, in dem sie Puppe, Aurelia oder Nymphe genannt wird. Manchmal ist die Puppe in eine lose äußere Hülle, einen sogenannten Kokon, eingewickelt. Aus der Puppe bricht mit der Zeit die Imago oder das perfekte Insekt hervor. Die Apterösen oder flügellosen echten Insekten und die Myriapoda, die ebenfalls keine Flügel haben, unterliegen keiner Metamorphose.

DIE STRAHLENDEN TIERE

Werden so genannt, weil ihre Fortbewegungsorgane und sogar ihre inneren Eingeweide im Allgemeinen kreisförmig um einen Mittelpunkt angeordnet sind, um dem gesamten Körper ein strahlendes Aussehen zu verleihen. Die in dieser Klasse enthaltenen Tiere sind die niedrigsten auf der Skala; sie haben kaum äußere Sinne; Ihre Bewegungen sind langsam und fast ihr einziges Lebenszeichen ist das Verlangen nach Nahrung. Einige von ihnen haben jedoch einen ausgeprägten Mund- und Verdauungskanal mit einer Analöffnung; andere haben einen beutelartigen Magen mit einer Art Mund, durch den sie sowohl ihre Nahrung aufnehmen als auch ihre Exkremente abstoßen; während andere keinen Mund haben und die Nahrung scheinbar nur über die Poren aufnehmen. In ähnlicher Weise können, obwohl einige eierlegend sind, andere durch Teilung in Pflanzen vermehrt werden. Davon stellt Cuvier fünf Klassen her:

I. *Echinodermata* oder Seeigel. Diese Tiere haben eine ledrige oder krustenartige Haut oder Schale, die üblicherweise mit zahlreichen Tuberkeln bedeckt ist. Das Maul befindet sich im Allgemeinen in der Mitte des Tieres und ist oft mit fünf oder mehr Knochenstücken besetzt, die als Zähne dienen; der Magen ist ein lockerer Beutel; die Atmungsorgane sind vaskulär; und die Tiere sind eierlegend. Sie sind mit Tentakelröhren ausgestattet, die als Arme oder Füße dienen und die sie nach Belieben herausschieben und zurückziehen können; und sie haben gelbliches oder orangefarbenes Blut, das zu zirkulieren scheint. Cuvier unterteilt diese Klasse in solche mit und ohne Füße; aber Lamarck, dessen Anordnung allgemeiner befolgt wurde, teilt sie in drei Ordnungen ein; nämlich.:

1. *Die Fistuloides* oder *Holothurida* , die zylindrische Körper, ledrige Häute und von Tentakeln umgebene Münder haben. Diese Kreaturen leben im Meer oder im Sand am Meeresufer; Der Trepang, der essbare Wurm der Chinesen, ist einer davon.

2. *Die Echiniden.* Dies sind die eigentlich so genannten Seeigel, und die Muscheln, wenn die Tiere aus ihnen heraus sind, werden Seeeier genannt. Die Echiniden leben im Meer. Sie legen Eier, und der Rogen oder die unvollkommenen Eier nehmen einen großen Teil des Raums in der Schale ein, wenn das Tier noch lebt.

3. *Die Stellerides* oder *Asterias* sind die Seesterne. Das Maul dieser Kreaturen befindet sich in der Mitte der Unterseite und es hat eine häutige Lippe, die sich stark ausdehnen lässt, aber mit eckigen Vorsprüngen zum Fangen der Beute ausgestattet ist. Die Haut ist weich, aber ledrig und auf der Rückseite mit schwammartigen Höckern oder Schuppen bedeckt. Die Rochen sind unten hohl und mit Tentakeln versehen, mit deren Hilfe es dem Seestern gelingt, je nach Fall rückwärts, vorwärts oder seitwärts zu kriechen, wobei jeder der Rochen als Anführer dient. Diese Tiere kommen am Meeresufer

vor und bilden große Uferbänke, die vom Meer überspült werden. *Die Crinoidea* oder Steinlilien, von denen so seltsame Fossilien gefunden wurden, sind nahezu mit den Seesternen verwandt.

II. *Der Darm* oder *Entozoa* . Die Darmwürmer wurden von Cuvier in zwei Arten eingeteilt, nämlich: die *Cavitaires* , einschließlich der Würmer von Kindern, und andere zylindrische Würmer; und die *Parenchymateux* oder Plattwürmer; wie der Zufall beim Schaf und der Bandwurm beim Menschen. Die Entozoa gelten heute allgemein als zur artikulierten oder annulosen Abteilung des Tierreichs gehörig.

III. *Acalephæ* oder *Meeresgelees* . Diese Kreaturen bestehen aus einer weichen und geleeartigen Substanz, haben eine dünne Haut und einen unbewaffneten Mund. Die Medusiden sind sehr zahlreich und erzeugen das wunderschöne phosphoreszierende Licht, das Reisenden in den australischen Meeren auffällt. Das interessanteste der Acalephes ist das portugiesische Kriegsschiff oder Physalia.

IV. *Polypen* oder *Anthozoa* , nach Cuvier, wurden in drei Ordnungen eingeteilt; nämlich:

1. *Fleischige Polypen* (Seeanemonen);

2. *Gallertartige Polypen* (*Hydra*); Und

3. *Polypen mit Polyparien* , letztere einschließlich aller verschiedenen zusammengesetzten Zoophyten, mit den Schwämmen. Von diesen wurde seitdem erkannt, dass die *Flustræ* oder *Seematten und zahlreiche verwandte Arten eher zu den Mollusken* und die Schwämme zu einer anderen und niedrigeren Gruppe von Tieren als die Radiata gehören; Der Rest wurde im Allgemeinen in die folgenden drei Ordnungen unterteilt:

1. *Helianthoida.* Zu dieser Ordnung gehören die Actinia oder Seeanemone; und die Madreporen, Seepilze und Hirnsteine, die in Gemeinschaften leben und die Fähigkeit besitzen, kalkhaltige Stoffe abzusondern, die sie abgeben, um diese steinigen Substanzen zu bilden.

2. *Asteroida.* Einige der zu dieser Abteilung gehörenden Tiere werden Seestifte genannt, andere bilden einige der verschiedenen Arten von Korallen, insbesondere solche, die für Halsketten usw. verwendet werden.

3. *Hydroida.* Zu dieser Ordnung gehören auch die Süßwasserpolypen, die sich, wie aus den durchgeführten Versuchen hervorgeht, ohne Zerstörung des Lebens in Stücke schneiden und sogar umstülpen lassen. Es muss beachtet werden, dass der Inhalt dieser Gruppe in Cuviers System aus all jenen Tierformen bestand, die er nach den damaligen Erkenntnissen nicht bequem irgendwo anders einordnen konnte. In den letzten Jahren wurden jedoch große Fortschritte bei der Einordnung der von Cuvier in diese Gruppe

eingeordneten Tiere gemacht. Eine der wichtigsten Veränderungen war die Gründung einer fünften Tiergruppe für die Infusorien und Schwämme sowie bestimmte andere Lebewesen mit sehr geringer Organisation. Diesen wurde der Name PROTOZOEN gegeben. Bei den artikulierbaren Tieren wurden die *Entozoa* entfernt, und es wächst die Überzeugung, dass die *Stachelhäuter* in denselben Abschnitt überführt werden müssen. Es bleiben folglich die *Acalephae* und *Polypen* von Cuvier übrig, die eine Gruppe bilden, die sich durch ihre weiche und im Allgemeinen gelatineartige Textur auszeichnet; durch das Vorhandensein besonderer Zellen, sogenannte Fadenzellen, in der Haut; und durch ihren Besitz einer Verdauungshöhle mit nur einer einzigen Öffnung. Diesen wurde der Name CŒLENTERATA gegeben. Sie werden in zwei Klassen eingeteilt: I. Die ANTHOZOA oder Polypen, einschließlich der Ordnungen *Helianthoida* und *Asteroida* ; und II. Die HYDROZOA , bestehend aus den Hydroidpolypen und Acalephae, deren Verbindung, wie im Text angedeutet (S. 609), sehr eng ist.

V. *Die Infusorien* oder *Animalcula* sind so klein, dass sie mit bloßem Auge unsichtbar sind, und sie alle leben in Flüssigkeiten. Cuvier ordnete sie in zwei Ordnungen, von denen er eine *Les Rotifères* und die andere *Les Infusories homogènes nannte* , aber die erste dieser Unterteilungen gehört heute zu den Articulata. Der Rest der Infusorien von Cuvier, mit Ausnahme einiger, von denen heute bekannt ist, dass sie pflanzlicher Natur sind, ist zusammen mit den Schwämmen und einigen anderen Tieren in einer gesonderten Abteilung, Protozoen genannt, angeordnet, deren Klassifizierung noch in a etwas unsicherer Zustand. Die drei Hauptklassen sind die der *Infusorien* , der *Schwämme* und der *Rhizopoda* ; aber es gibt auch andere Formen, die sich keiner dieser Konfessionen zuordnen lassen. Fast alle Protozoen sind mikroskopisch klein, außer wenn sie, wie im Fall der Schwämme, eine Ansammlung von Individuen bilden. Sie sind sehr zahlreich und obwohl ihre Struktur äußerst einfach ist, ist ihre Geschichte oft sehr interessant.

ERKLÄRUNG DER
IN DER NATURGESCHICHTE VERWENDETEN
BEGRIFFE.

Abdomen.   Der Teil des Körpers, der die Verdauungsorgane enthält.

Bauch.   Bezogen auf den Bauch.

Amphibisch.   Kann sowohl an Land als auch im Wasser leben.

Tierchen.   Kleine Tiere, nur mit Hilfe des Mikroskops sichtbar.

Annuliert.   Mit Ringen markiert.

Antennen.   Die Hörner oder Fühler von Insekten.

Apex.   Die Spitze oder der Gipfel von irgendetwas.

Apikal.   An der Spitze gelegen oder zu ihr gehörend.

Apodal.   Fußlos.

Apterös.   Ohne Flügel.

Wasser.   Im Wasser leben oder wachsen.

Bicuspid.   Habe zwei Punkte.

Bifid.   In zwei Teile geteilt.

Gegabelt.   In zwei Zinken unterteilt.

Bisulkös.   Paarhufer.

Muschel.   Mit zwei Muscheln.

Branchiae.   Kiemen oder Organe für die Wasseratmung.

Bukkal.   Bezogen auf den Mund.

Byssus.   Ein Büschel seidiger Filamente, die von einigen Mollusken produziert werden.

Schwiele.   Ein harter Klumpen, ein Auswuchs.

Glockenförmig.   Glockenförmig.

Eckzahn.   Von der Art Hund.

Kariniert.   Gekielt.

Fleischfressend.   Ernährt sich von Fleisch.

Kaudal.   Bezogen auf den Schwanz.

Cere.   Eine Haut über der Basis des Vogelschnabels.

Zervikal.   Zum Hals gehörend.

Wale.   Von der Art Wal.

Zilien.   Mikroskopisch kleine Fäden, die durch ihre ständige Schwingung entweder Strömungen im Wasser verursachen oder die Tiere, die sie besitzen, bewegen.

Cinerös.   Von der Farbe der Asche.

Schlüsselbein.   Geschlagen.

Herzförmig.   Herzförmig.

Lederartig.   Lederartig.

Kornig.   Geil.

Krustentier.   Mit einer Schale oder Kruste bedeckt; wie Hummer, Krabben usw.

Gezähnt.   Gezahnt wie eine Säge.

Dorsal.   Gehört nach hinten.

Elytra.   Die Flügelgehäuse von Insekten des Käferstammes.

Ausgrenzung.   Gekerbt.

Entomologie.   Eine Beschreibung von Insekten.

Blutlos.   Ohne rotes Blut, wie Würmer.

Katzenartig.   Zugehörigkeit zur Katzengattung.

Eisenhaltig.   Eisen- oder rostfarben.

Fadenförmig.   Fadenartig.

Blattartig.   Blattartig.

Fruchtfressend.   Ernährt sich von Früchten.

Furkiert.   Gegabelt.

Fusiform.   Spindelförmig.

Gallinaceen.	Gehört zur Gattung der Hühner.
Gelatineartig.	Wie Gelee.
Gemmipar.	Kann sich durch Knospen vermehren.
Genikulieren.	Beugt wie ein Knie.
Schwangerschaft.	Die Zeit, mit der Jugend zu gehen.
Körnerfressend.	Fütterung mit Getreide.
Gesellig.	Miteinander assoziieren.
Hastate.	Geformt wie eine Pfeilspitze.
Haustellate.	Insekten mit einem Mund, der zum Saugen geeignet ist.
Pflanzenfressend.	Fütterung mit Gras.
Hexapod.	Sechs Beine haben.
Hyalin.	Glasig.
Fischkunde.	Eine Beschreibung von Fischen.
Imbriziert.	Gefliest oder übereinanderliegend.
Inkubation.	Der Akt des Ausbrütens von Eiern.
Insektenfresser.	Er ernährt sich von Insekten.
Darm.	Bezieht sich auf die Verdauungsorgane.
Laminiert.	Mit Platten oder Schuppen bedeckt oder in diese unterteilt.
Larve.	Die Jungen der Insekten.
Seitlich.	Zur Seite gehörend, seitlich platziert.
Loricated.	Bedeckt mit harten Schuppen oder Platten wie eine Rüstung.
Verrückt.	Halbmondförmig.
Mandibeln.	Oben und unten, die beiden Teile eines Vogelschnabels oder die hervorstehenden Kiefer eines Insekts.
Migration.	Kommen und Gehen zu bestimmten Jahreszeiten.
Mehrventil.	Mit vielen Muscheln bzw. Öffnungen.

Perlmuttartig.   Ähnelt Perlmutt.

Niktieren.   Zwinkert; Auf eine Membran aufgetragen, mit der Vögel nach Belieben ihre Augen bedecken.

Olfaktorisch.   Bezogen auf den Geruch.

Deckel.   Ein Schild oder eine Abdeckung.

Vogelkunde.   Eine Beschreibung der Vögel.

Ovipar.   Das legt Eier.

Handförmig.   Gewebt.

Parasitär.   An einen anderen lebenden Körper gebunden und von ihm abhängig.

Geburt.   Der Akt, junge Menschen hervorzubringen.

Sperlingsvogel.   Zugehörigkeit zum Stamm der Spatzen.

Pektinieren.   Ähnelt einem Kamm.

Brust.   Zur Brust gehörend.

Hängend.   Herunterhängen.

Fischfresser.   Fütterung von Fischen.

Plikieren.   Gefaltet.

Raubtier.   Gebildet, um Beute zu jagen.

Greif.   Fähig zu begreifen.

Quadrifid.   In vier Teile unterteilt.

Vierfüßler.   Vierfüßig.

Ramose.   Verzweigung.

Reptilien.   Tiere des Schlangenstammes, mit Beinen.

Rudimentär.   Klein; unvollkommen entwickelt.

Grübelnd.   Wiederkäuen.

Schorfig.   Rauh.

Skapuliere.   Schultern.

Halbmond. In Form eines Halbmondes.

Gezähnt. Gekerbt wie eine Säge.

Sitzend. Befestigung ohne Eingreifen eines Stiels.

Setaceous. Mit Borsten oder starken Haaren.

Spiral. Wickelt sich wie eine Schraube.

Squamose. Schuppig.

Gestreift. Gestreift oder gestreift.

Subuliert. Geformt wie eine Ahle.

Sulziert. Gefurcht.

Naht. Die Verbindungslinie zweier Hinterteile.

Tentakel. Die Fühler von Schnecken und anderen Weichtieren.

Testamentarisch. Mit einer Schale bedeckt, wie Austern.

Dreigeteilt. Dreigabelig.

Gekürzt. Erscheint wie abgeschnitten.

Röhrenförmig. Eine Röhre bewohnen.

Univalve. Mit einer Schale oder Öffnung.

Ventral. Zum Bauch gehörend.

Wirbeltiere. Mit einer gegliederten Wirbelsäule.

Eingeweide. Die in den Hohlräumen des Körpers enthaltenen Organe.

Vivipar. Die Jungen lebendig hervorbringen.

Gewebt. Durch eine Membran verbunden, wie die Zehen von Wasservögeln.

Xylophagus. Holzfressend.

Zoologen. Autoren über belebte Natur.

Zoologie. Die Geschichte der belebten Natur.

Buch I.
I. VIERFÜSSER ODER VIERFÜSSE TIERE.

§ I. *Fleischfressende oder fleischfressende Tiere.*

DER LÖWE. (*Felis Leo.*)

DER LÖWE wird nicht nur wegen seiner ernsten und majestätischen Erscheinung, sondern auch wegen seiner ungeheuren Stärke als König der Tiere bezeichnet. Zoologen beschreiben ihn als ein Tier der Art Katze, das sich von den anderen Arten der Gattung durch die Einheitlichkeit seiner Farbe, die Mähne, die das Männchen schmückt, und ein Haarbüschel an der Schwanzspitze, das einen kleinen Stachel verbirgt, unterscheidet oder Klaue.

Früher gab es Löwen in allen heißen und wärmeren gemäßigten Teilen der Welt; aber sie sind jetzt auf Afrika und einige Teile Asiens beschränkt. Der afrikanische Löwe ist 1,20 bis 1,50 Meter groß und sein Körper ist 2,10 bis 2,70 Meter lang. Die Mähne ist dick und etwas lockig; und die Farbe variiert in verschiedenen Teilen Afrikas, ist aber im Allgemeinen klar dunkelbraun und geht in einigen Fällen fast ins Schwarz über. Die asiatischen Löwen sind kleiner als die afrikanischen und ihre Farbe ist blasser. Der bengalische Löwe ist hellbraun und hat eine lange, wallende Mähne; Der Persische Löwe hat eine Art Cremefarbe mit einer kurzen, dicken Mähne. und der Löwe von Guzerat ist rotbraun und hat keine Mähne. Diese Sorten wurden von einigen Naturforschern als eigenständige Arten betrachtet.

Alle Sorten stimmen in ihren Gewohnheiten überein; Sie verstecken sich im Dschungel im hohen Gras und gehen, wenn sie geweckt werden, entweder ruhig und majestätisch davon oder drehen sich um und schauen ihre Verfolger fest an. Ihr Brüllen ist furchtbar: und im wilden Zustand brüllt das Tier im Allgemeinen mit dem Maul nahe am Boden, was ein leises Grollen erzeugt, das an ein Erdbeben erinnert. Die Wirkung wird von denen, die sie gehört haben, so beschrieben, dass sie selbst das stärkste Herz zum Zittern bringt; und die schwächeren Tiere, wenn sie es hören, flüchten bestürzt davon und stellen sich in ihrer Angst oft ihrem Feind in den Weg, anstatt ihm auszuweichen. Schlangen und einige der größeren Tiere kämpfen jedoch mit Löwen und töten sie gelegentlich; und wenn Löwen von Menschen verfolgt werden, werden sie manchmal mit Hunden gejagt, aber häufiger werden sie erschossen oder aufgespießt. Diejenigen, die in Menagerien ausgestellt sind, wurden in der Regel in Gruben gefangen. Die Grube wurde dort gegraben, wo Spuren eines Löwenpfades entdeckt wurden. und es wird dann mit Stöcken und Torf bedeckt. Er lässt sich von der scheinbaren Festigkeit des Rasens täuschen und versucht, darüber zu gehen. Aber sobald er seinen Fuß auf die Abdeckung der Falle setzt, zerbricht diese unter seinem Gewicht und er fällt in die Grube. Dann wird er mehrere Tage lang ohne Nahrung gehalten, wobei er mit seinem Gebrüll den Boden erschüttert und sich durch vergebliche Fluchtversuche ermüdet. bis er schließlich erschöpft und so zahm ist, dass seine Häscher ihn mit Seilen umwickeln und herausziehen können. Dann wird er in einen Käfig gesteckt und in einer Art Wagen dorthin transportiert, wo seine Entführer ihn hinbringen möchten.

Die Großzügigkeit des Löwen wurde viel gepriesen; aber die darüber erzählten Geschichten scheinen keine andere Grundlage zu haben als die Tatsache, dass er, wie viele andere Tiere, einen Menschen nicht angreift, wenn er mit Nahrung vollgestopft ist. Ihm wurde auch so allgemein viel Mut zugeschrieben, dass der Ausdruck „mutig wie ein Löwe" sprichwörtlich geworden ist und er als eine Art Symbol dieser Eigenschaft angesehen wurde. Diesen respektablen Charakter verdankt der Löwe zweifellos vor allem seinem Besitz einer Mähne und der Kühnheit seines Aussehens, die er dadurch hervorruft, dass er seinen Kopf erhoben trägt; denn im Übrigen ist er eine echte Katze, die weder mehr noch weniger Mut hat als die Katzen im Allgemeinen. Da der Löwe zum Stamm der Katzen gehört, sind seine Augen nicht in der Lage, ein starkes Licht zu ertragen; Daher ist es meist nachts, dass er auf Beutejagd geht, und wenn ihm die Sonne ins Gesicht scheint, wird er verwirrt und fast blind. Löwenjäger sind sich dieser Tatsache bewusst. Tagsüber fühlen sie sich immer in Sicherheit, solange sie die Sonne im Rücken haben. In der Nacht hat ein Feuer fast den gleichen Effekt; und Reisende in Afrika und den Wüsten Arabiens können sich im Allgemeinen vor Löwen und Tigern schützen, indem sie in der Nähe ihres Schlafplatzes ein großes Feuer machen. Die Stärke der afrikanischen Art ist so groß, dass es bekannt ist, dass er eine junge Färse fortträgt und mit ihr im Maul einen Graben überspringt. Die Macht, die der Mensch über dieses Tier erlangen kann, wurde oft in den Ausstellungen von Van Amburgh, Carter und anderen gezeigt; Aber die Bindung, die Lions manchmal zu ihren Tierpflegern entwickeln, wurde nie deutlicher veranschaulicht als in der folgenden Anekdote.

M. Felix, der Tierpfleger in Paris, brachte vor einigen Jahren zwei Löwen, einen männlichen und einen weiblichen, in die nationale Menagerie. Ungefähr Anfang des folgenden Junis wurde er krank und konnte nicht mehr an ihnen teilnehmen; und eine andere Person war gezwungen, diese Pflicht zu erfüllen. Das traurige und einsame Männchen blieb von diesem Moment an ständig am Ende seines Käfigs sitzen und weigerte sich, Futter von dem Fremden anzunehmen, dessen Anwesenheit ihm verhasst war und den er oft durch Gebrüll bedrohte. Selbst die Gesellschaft der Frau schien ihm jetzt zu missfallen, und er schenkte ihr keine Beachtung. Das Unbehagen des Tieres führte zu der Annahme, dass es wirklich krank sei; aber niemand wagte es, sich ihm zu nähern. Endlich erholte sich Felix, und in der Absicht, den Löwen zu überraschen, kroch er leise zum Käfig und zeigte sein Gesicht zwischen den Gitterstäben. Der Löwe sprang in einem Augenblick vor, sprang gegen die Gitterstäbe und tätschelte ihn mit seinen Pfoten , leckte sich Hände und Gesicht und zitterte vor Vergnügen. Auch das Weibchen rannte zu ihm; aber der Löwe trieb sie zurück und schien wütend zu sein und fürchtete, sie könnte Felix irgendeinen Gefallen entreißen; Es drohte ein Streit, doch Felix betrat den Käfig, um sie zu beruhigen. Er streichelte sie abwechselnd; und wurde danach häufig zwischen ihnen gesehen. Er beherrschte diese Tiere so gut, dass er, wenn er sie aufforderte, sich zu trennen und in ihre Käfige zurückzuziehen, nur den Befehl zu erteilen brauchte: Wenn er wollte, dass sie sich hinlegten und Fremden ihre Pfoten oder Kehlen zeigten, taten sie es Beim geringsten Zeichen werfen sie sich auf den Rücken, strecken nacheinander die Pfoten in die Höhe, öffnen den Kiefer und erhalten als Belohnung die Gunst, ihm die Hand abzulecken.

Der Löwe verschlingt, wie alle Tiere der Katzengattung, seine Beute nicht in dem Moment, in dem er sie ergriffen hat. Wenn Tiere in Käfigen gefüttert werden, verstecken sie ihr Futter im Allgemeinen ein oder zwei Minuten lang unter sich, bevor sie es fressen. So ist der Fall bekannt, dass ein Mann, der von einem Löwen niedergestreckt wurde, Zeit hatte, sein Jagdmesser zu ziehen und dem wilden Tier, das über ihm knurrte, ins Herz zu stechen, bevor es ihn ernsthaft verletzt hatte. Der Löwe ähnelt auch einer Katze in seiner Art, seine Beute zu stehlen und lange Zeit zu beobachten, bevor er sie ergreift.

Dr. Sparrman erwähnt in dieser Hinsicht ein einzigartiges Beispiel für die Gewohnheiten des Tieres. Als ein Hottentotte bemerkte, dass ihm ein Löwe folgte, und zu dem Schluss kam, dass das Geschöpf nur auf den Anbruch der Nacht wartete, um ihn zu seiner Beute zu machen, begann er darüber nachzudenken, wie er am besten für seine Sicherheit sorgen könnte, und entschied sich schließlich für Folgendes: Als er ein Stück zerklüftetes Gelände mit einem steilen Abhang auf einer Seite sah, setzte er sich an dessen Rand; Zu seiner großen Freude stellte er fest, dass auch der Löwe anhielt und sich in einiger Entfernung hinter ihm hielt. Sobald es dunkel wurde, ließ sich der Mann sanft vorwärts rutschen, ließ sich ein wenig unter den Rand des Abhangs hinab, hielt seinen Mantel und seinen Hut an seinem Stock hoch und bewegte sie gleichzeitig sanft vor und zurück. Nach einer Weile kroch der Löwe auf das Objekt zu; Da er den Umhang mit dem Mann selbst verwechselte, sprang er darauf los und stürzte kopfüber den Abgrund hinab.

Viele interessante Anekdoten über Löwen und die Löwenjagd finden sich in den von Gordon Cumming, Andersson und Dr. Livingstone veröffentlichten Reiseberichten. Aus letzterem können wir den folgenden Bericht über eine Flucht buchstäblich aus dem Rachen des Todes herauslesen: „Als ich etwa dreißig Meter entfernt war", sagt der Arzt, „zielte ich durch den Busch gut auf seinen Körper und feuerte beide Läufe ab." hinein. Daraufhin riefen die Männer: „Er ist erschossen, er ist erschossen!" Andere riefen: „Er wurde auch von einem anderen Mann erschossen; lasst uns zu ihm gehen!' Ich sah niemanden, der auf ihn schoss, aber ich sah, wie der Löwe voller Zorn hinter dem Busch seinen Schwanz aufrichtete, sich zu den Leuten wandte und sagte: „Halten Sie ein wenig inne, bis ich wieder lade." Als ich die Kugeln einschlug, hörte ich einen Schrei. Als ich aufsprang und mich halb umdrehte, sah ich, wie der Löwe gerade dabei war, auf mich zu springen. Ich war auf einer kleinen Anhöhe; Als er sprang, packte er mich an der Schulter und wir landeten beide zusammen auf dem Boden. Er knurrte fürchterlich nah an meinem Ohr und schüttelte mich wie ein Terrier eine Ratte. Der Schock erzeugte eine Benommenheit, ähnlich der, die eine Maus nach dem ersten Schütteln der Katze zu verspüren scheint. Es löste eine Art Träumerei aus, in der es weder Schmerz noch Schrecken gab, obwohl ich mir dessen bewusst war, was alles geschah. Es war wie das, was teilweise unter Chloroformeinfluss stehende Patienten beschreiben, die die ganze Operation sehen, aber das Messer nicht spüren. Dieser einzigartige Zustand war nicht das Ergebnis eines mentalen Prozesses. Die Erschütterung vernichtete die Angst und ließ kein Entsetzen aufkommen, als er sich nach dem Biest umsah. Dieser eigentümliche Zustand wird wahrscheinlich bei allen von den Fleischfressern getöteten Tieren hervorgerufen; und wenn ja, handelt es sich um eine barmherzige Vorkehrung unseres gütigen Schöpfers, um den Schmerz des Todes zu lindern. Als ich mich umdrehte, um mich von der Last zu befreien, da er eine Pfote auf meinem Hinterkopf hatte, sah ich, wie sein Blick auf Mebalwe gerichtet war, der versuchte, ihn aus einer Entfernung von zehn bis fünfzehn Metern zu erschießen. Seine Waffe, eine aus Feuerstein, verfehlte das Feuer in beiden Läufen; Der Löwe verließ mich sofort, griff Mebalwe an und biss sich in den Oberschenkel. Ein anderer Mann, dessen Leben ich zuvor gerettet hatte, nachdem er von einem Büffel geworfen worden war, versuchte, den Löwen aufzuspießen, während er Mebalwe biss. Er verließ Mebalwe und packte diesen Mann an der Schulter; Doch in diesem Moment wirkten die Kugeln, die er erhalten hatte, und er fiel tot zu Boden. Das Ganze war das Werk weniger Augenblicke und muss sein Anfall sterbender Wut gewesen sein." Die interessante Natur dieser Erzählung einer haarsträubenden Flucht muss unsere Entschuldigung für ihre Länge sein.

Es ist bekannt, dass Löwen manchmal ein hohes Alter erreichen; So war Pompeius, ein großer männlicher Löwe, der 1760 im Tower of London starb, über siebzig Jahre alt. Der übliche Zeitraum überschreitet jedoch selten zwanzig Jahre. Der Löwe wird im Allgemeinen als Begleiter Britannias dargestellt, als nationales Symbol für Stärke, Mut und Großzügigkeit. In antiken Edelsteinen, Gemälden und Statuen ist seine Haut das Attribut des Herkules. In Schriftkompositionen wird er an der Seite des Evangelisten Markus gemalt; Es nimmt den fünften Platz unter den Tierkreiszeichen ein und entspricht den Monaten Juli und August.

Bei den verschiedenen Löwenskulpturen, die Herr Layard 1848 in Ninive entdeckte, ist die Klaue im Schwanz des Löwen deutlich ausgeprägt und wird als groß dargestellt. In Wirklichkeit handelt es sich jedoch um einen sehr kleinen, dunklen, hornigen Stachel an der Spitze des fleischigen Teils des Schwanzes, der vollständig von den Haaren verdeckt wird.

DIE LÖWIN UND CUBS.

DIE LÖWIN ist in allen ihren Ausmaßen etwa ein Drittel kleiner als das Männchen und hat keine Mähne. Sie hat im Allgemeinen zwei bis vier Junge auf einmal, die blind geboren werden, wie Kätzchen, denen sie sehr ähneln, obwohl sie bei der Geburt so groß wie ein Mops sind. Wenn sie noch recht jung sind, sind sie gestreift und gefleckt, aber diese Flecken verschwinden bald; Außerdem miauen sie zunächst wie eine Katze und beginnen erst mit etwa achtzehn Monaten zu brüllen. Ungefähr zur gleichen Zeit beginnt bei den Männchen die Mähne zu erscheinen und bald darauf das Haarbüschel am Schwanz, obwohl das Tier im Allgemeinen fünf oder sechs Jahre braucht, bis es seine volle Größe erreicht.

Obwohl die Löwin von Natur aus weniger stark, weniger mutig und weniger boshaft ist als der Löwe, wird sie schrecklich, sobald sie für ihre Jungen sorgen muss. Die Wildheit ihres Gemüts kommt dann mit zehnfacher Kraft zum Vorschein; und wehe dem elenden Eindringling, ob Mensch oder Tier, der sich unvorsichtig den Bereichen ihres Heiligtums nähern sollte. Noch unerschrockener als der Löwe selbst macht sie sich auf die Suche nach Nahrung für ihre Jungen. wirft sich wahllos zwischen Menschen und andere Tiere; zerstört ohne Unterschied; Belädt sich mit der Beute und bringt sie stinkend zu ihren Jungen nach Hause. Normalerweise bringt sie ihre Jungen an den entlegensten und unzugänglichsten Orten zur Welt; und wenn sie die Entdeckung ihres Rückzugs fürchtet, verbirgt sie oft ihre Spur, indem sie über den Boden zurückläuft oder sie mit ihrem Schwanz verwischt. Manchmal transportiert sie ihre Jungen auch, wenn sie große Ängste hat, von einem Ort zum anderen wie eine Katze; und wenn er behindert wird, verteidigt er sie mit entschlossenem Mut und kämpft bis zum Letzten.

Herr Fennel erzählt in seiner *Geschichte der Vierbeiner* eine interessante Anekdote über eine Löwin, die 1773 im Tower gehalten wurde. Dieses Geschöpf hatte sich „sehr an einen kleinen Hund gebunden, der ihr ständiger Begleiter war." Als die Löwin gerade zur Welt kam, wurde der Hund entfernt; Doch kurz nachdem sie zur Welt gekommen war, schaffte es der Hund, in die Höhle einzudringen, und näherte sich der Löwin mit seiner gewohnten Zärtlichkeit. Sie war besorgt um ihre Jungen, packte ihn sofort und schien im Begriff zu sein, ihn zu töten. aber als würde sie sich plötzlich an ihre frühere Freundschaft erinnern, trug sie ihn zur Tür ihrer Höhle und ließ ihn unverletzt entkommen." Herr Fennel erzählt uns auch, dass die erste Löwin, die jemals nach England gebracht wurde, 1773 im Tower starb, nachdem sie ein hohes Alter erreicht hatte.

Eine andere Löwin, die 1806 im Turm gehalten wurde, war sehr an einen kleinen Hund gebunden, und wann immer er versuchte, durch die Gitterstäbe der Höhle zu gehen, zog sie ihn an den Hinterteilen zurück und legte ihre Pfote sanft auf seinen Körper , als würde sie ihn bitten, sie nicht zu verlassen.

DER TIGER. (*Felis Tigris.*)

OBWOHL dieses wilde Tier dem Löwen in seinem majestätischen Aussehen und Verhalten weit unterlegen ist, kommt es ihm in Größe und Stärke fast gleich. Der Tiger ist eine weitere Katzenart und kann mit einer riesigen Katze verglichen werden, da die Schnurrhaare und der Schwanz genau gleich sind; und sowohl der Tiger als auch der Löwe ähneln der Katze in der Form ihrer Füße und der Fähigkeit, ihre Krallen einzuziehen. Der Tiger hat jedoch die stärkste Ähnlichkeit, und wenn er zufrieden ist, schnurrt er und krümmt seinen Rücken, während er sich am nächsten Gegenstand reibt. Wenn er wütend ist, knurrt er eher, als dass er brüllt; und springt in große Höhen, bevor er sich auf seine Beute stürzt.

Der Tiger hat einen kleineren und runderen Kopf als der Löwe; er hat keine Mähne; Sein Schwanz hat am Ende kein Büschel und sein Körper ist viel schlanker und flexibler. Seine Farbe ist auf dem Rücken und an den Seiten gelblich und wird an der Unterseite weiß, mit zahlreichen Linien von sehr dunklem, sattem Braun oder glänzendem Schwarz, die von der Mitte des Rückens an den Seiten und über dem Kopf abfallen und sich bis zum Schwanz hin fortsetzen die Form von Ringen. Tiger gibt es nur in Asien wild; Aber sie sind in Ostindien sehr häufig und sehr zerstörerisch, da sie aufgrund ihrer enormen Stärke einen Ochsen mit größter Leichtigkeit erbeuten können.

Der Angriff eines dieser Tiere auf Herrn Monro, den Sohn von Sir Hector Monro, war mit den tragischsten Folgen verbunden. „Wir gingen", sagt ein Augenzeuge, „an Land auf Sawgar Island, um Hirsche zu schießen, von denen wir unzählige Spuren sahen, ebenso wie Tiger." Wir setzten unsere

Zerstreuung bis gegen drei Uhr fort, als wir uns an den Rand eines Dschungels setzten, um uns zu erfrischen, ein donnerndes Brüllen zu hören war und ein riesiger Tiger unseren unglücklichen Freund packte, wieder in den Dschungel stürzte und ihn hindurchzog die dichtesten Büsche und Bäume, alles gab seiner monströsen Kraft nach. Wir konnten nur auf den Tiger schießen; und unsere Schüsse zeigten Wirkung, als in wenigen Augenblicken unser unglücklicher Freund blutüberströmt auf uns zukam. Jede medizinische Hilfe war vergeblich, und er verstarb innerhalb von vierundzwanzig Stunden, nachdem er von den Zähnen und Klauen des Tieres so tiefe Wunden erlitten hatte, dass seine Genesung aussichtslos war. Zum Zeitpunkt des Unfalls brannte in unserer Nähe ein großes Feuer, bestehend aus zehn oder zwölf ganzen Bäumen. und zehn oder mehr Eingeborene waren bei uns. Der menschliche Geist kann sich kaum eine Vorstellung von dieser Szene des Grauens machen."

Obwohl die Tigerjagd sehr gefährlich ist, ist sie in Indien ein sehr beliebter Sport. Die Jäger sitzen in Kutschen, sogenannten Howdahs, auf dem Rücken gut bewaffneter Elefanten. Das erste Anzeichen wird im Allgemeinen dadurch gegeben, dass die Elefanten ihren Feind aus einiger Entfernung wittern und eine eigentümliche Art von Schnauben beginnen, was zu großer Aufregung führt. Sobald die Bewegung des Tigers durch den Dschungel wahrgenommen wird, wird der nächste Elefant angehalten und der Jäger schießt sofort. Sollte der Tiger verwundet werden, wird er aller Wahrscheinlichkeit nach mit einem abscheulichen Gebrüll aufspringen und mit offenem Maul, aufgerichtetem Schwanz oder peitschenden Seiten und gesträubtem Fell auf den nächsten Elefanten losrennen. Manchmal versucht er jedoch, sich davonzuschleichen, indem er geschickt seine Größe verkleinert, indem er den Atem anzieht und über den Boden kriecht, und oft mit solchem Erfolg, dass er in Schluchten fliehen kann, wo es Wahnsinn wäre, ihn zu verfolgen.

Der Tiger ist jedoch ein so furchterregender Nachbar, dass die Eingeborenen der Länder, in denen er lebt, abgesehen von der Aufregung, ihn zu jagen, auf verschiedene Arten zurückgreifen, ihn zu töten. In Persien wird in der Nähe der Aufenthaltsorte des Tigers oft ein großer und stabiler Holzkäfig fest am Boden befestigt, in den sich ein Mann in Begleitung eines Hundes oder einer Ziege aufnimmt, um ihn vor der Annäherung des Tigers zu warnen sein Quartier nachts. Er ist mit ein paar starken Speeren ausgestattet, und als der Tiger kommt und sich in dem Bemühen, die eingeschlossene Beute zu erreichen, gegen den Käfig stemmt, nutzt der Mann die Gelegenheit, ihn in einen tödlichen Teil zu stechen. In Oude streuen die Bauern manchmal mit Vogelkalk bestrichene Blätter auf den Weg des Tigers, damit das Tier beim Gehen darauf an seinen Füßen haften bleibt; In seinem Bemühen, sich von diesen Belastungen zu befreien, schmiert er gewöhnlich Gesicht und Augen mit dem klebrigen Material ein oder rollt sich zwischen den tückischen Blättern herum, bis er schließlich blind wird und sich sehr unbehaglich fühlt und seiner Unzufriedenheit in den trübseligsten Schreien Luft macht, die ihn schnell hervorrufen Seine Feinde umzingelten ihn, und wenn sie seine hilflose Lage ausnutzten, besiegten sie ihn ohne Schwierigkeiten. Die Zerstörung eines Tigers wird von den indischen Regierungen reichlich belohnt, und viele Menschen machen es sich zum regelmäßigen Beruf, sie zu erschießen.

DER LEOPARD (*Felis Leopardus*)

DER UNTERSCHIED zum Tiger besteht darin, dass er kleiner ist und die Haut gefleckt statt gestreift ist. Seine Länge von der Nase bis zum Schwanz beträgt etwa einen Meter, die Farbe des Körpers ist lebhaft gelb und die Flecken auf seiner Haut bestehen aus vier oder fünf schwarzen Punkten, die kreisförmig angeordnet sind und den vom Tier hinterlassenen Abdruck nicht unvollkommen wiedergeben Fuß auf dem Sand. Es kommt in den südlichen Teilen Asiens und fast in ganz Afrika vor. Der Panther ist eine Variante des Leoparden.

Wie alle Tiere des Katzenstammes sind Leoparden eine Mischung aus Wildheit und List; Sie jagen kleinere Tiere wie Antilopen, Schafe und Affen. und sind dank der außergewöhnlichen Flexibilität ihres Körpers in der Lage, ihre Nahrung mit großem Erfolg zu sichern. Kolben teilt uns mit, dass im Jahr 1708 zwei dieser Tiere, ein Männchen und ein Weibchen, mit drei Jungen in einen Schafstall am Kap der Guten Hoffnung einbrachen. Sie töteten fast hundert Schafe und genossen ihr Blut; Danach zerrissen sie einen Kadaver in drei Stücke, von denen sie jedem ihrer Nachkommen eines gaben; Dann nahmen sie jedem ein ganzes Schaf und begannen, so beladen, sich zurückzuziehen. Nachdem sie aber beobachtet worden waren, wurden sie bei ihrer Rückkehr überfallen und die Weibchen und Jungen getötet, während das Männchen seine Flucht durchführte. Sie scheinen Angst vor dem Menschen zu haben und greifen ihn niemals an, es sei denn, sie werden von Hunger getrieben, wenn sie ihn von hinten angreifen. Der Leopard wird manchmal Baumtiger genannt, weil er mit Leichtigkeit auf Bäume klettert.

DER PANTHER. (*Felis pardus.* **)**

OBWOHL der Panther im Allgemeinen wild und in seinem Wesen immer sehr unsicher ist, sind Fälle bekannt, in denen er in der Gefangenschaft ein gewisses Maß an Sanftmut und sogar Verspieltheit an den Tag legt. Dies war bei einem Exemplar der Fall , das Frau Bowditch aus Afrika mitgebracht hatte. Dieses Tier wurde Sai genannt. Eines Tages fand er im Cape Coast Castle den Diener, der ihn betreuen sollte, schlafend sitzend, mit dem Rücken an eine Tür gelehnt; Sai hob sofort seine Pfote und klopfte dem Schläfer seitlich auf die Wange, was ihn umwarf, und als der Mann aufwachte, sah er, wie Sai mit dem Schwanz wedelte und den Spaß zu genießen schien. Als an einem anderen Tag eine Frau den Boden schrubbte, sprang er auf ihren Rücken; Und als die Frau vor Angst schrie, sprang er ab und begann sich immer wieder hin und her zu wälzen wie ein Kätzchen. Als er an Bord eines Schiffes gebracht wurde, wurde er zunächst in einen Käfig gesperrt; und das größte Vergnügen hatte er, als Mrs. Bowditch ihm einen kleinen gedrehten Becher oder ein Tütchen aus steifem Papier mit etwas Lavendelwasser darin reichte, und darüber war er so entzückt, dass er sich immer wieder hin und her rollte und sein Wasser einrieb Pfoten gegen sein Gesicht. Zuerst streckte er seine Krallen aus, wenn er versuchte, ihm etwas zu schnappen; Aber da Mrs. Bowditch ihm in diesem Fall niemals Lavendelwasser geben würde, lernte er bald, seine Krallen drin zu lassen. Dieser Panther starb bald, nachdem er England erreicht hatte.

DIE UNZE. (*Felis Uncia*)

DIE UNZE ist eine Katzenart, die sehr nahe mit dem Leoparden verwandt ist, mit dem sie in der Größe und in ihren allgemeinen Gewohnheiten übereinstimmt. Es unterscheidet sich hauptsächlich durch die Dicke seines Fells, seine gräuliche Farbe, die unregelmäßige Form der Flecken und die große Länge seines Schwanzes, der, da er mit einem langen, dicken Fell bekleidet ist, dem des Körpers zu entsprechen scheint auch von großer Dicke. Dieses dicke und etwas wollig aussehende Fell wird durch die Kälte der Gebiete benötigt, in denen die Unze lebt, die in Thibet und anderen Bergregionen Asiens vorkommt.

DER OZELOT. (*Felis pardalis*)

DIESE Art, die oft *Tigerkatze genannt wird* , wird von Buffon als das schönste Tier seines Stammes beschrieben, und man muss zugeben, dass der große französische Naturforscher einen bestimmten Grund hatte, so von ihr zu sprechen. Ohne Schwanz ist er etwa einen Meter lang; Die Farbe der oberen Teile und Seiten ist gelbbraun, wunderschön gezeichnet mit unregelmäßigen schwarzen Streifen und Flecken, und die gesamten unteren Teile sind fast weiß. Der Ozelot stammt aus den Wäldern des tropischen Amerikas, wo er mit großer Beweglichkeit auf die Bäume klettert, um Affen und Vögel zu jagen.

DER GEPARD ODER JAGDLEOPARD.

(*Felis jubata.*)

DER JAGDLEOPARD scheint das Bindeglied zwischen dem Katzen- und dem Hundestamm zu bilden; denn es hat den langen Schwanz und den flexiblen Körper der Katze, mit der spitzen Nase und den verlängerten Gliedmaßen des Hundes. Ihre Krallen können auch nicht so vollständig in die Zehen zurückgezogen werden wie bei anderen Tieren der Katzengattung. Der Gepard ist leicht zu zähmen, und Cuvier beschreibt einen Geparden, der es gewohnt war, sich frei in einem Park aufzuhalten und mit Kindern und Haustieren in Kontakt zu kommen, wobei er wie eine Katze schnurrte, wenn er zufrieden war, und miaute, wenn er auf seine Bedürfnisse aufmerksam machen wollte. Im Osten wird der Gepard bei der Jagd eingesetzt und in einer Kutsche getragen oder auf einer Unterlage hinter dem Sattel eines Reiters angekettet, mit einer Kapuze über den Augen: Wenn eine Antilopenherde gefunden wird, wird die Kapuze abgenommen Der Gepard wird losgelassen, und sobald er die Antilopen sieht, schleicht er vorsichtig weiter, bis er in Reichweite kommt, wo er plötzlich auf sie losspringt; Er macht mit größter Geschwindigkeit mehrere Sprünge, bis er sein Opfer getötet hat und sofort anfängt, dessen Blut zu saugen. Dann nähert sich der Tierpfleger, wirft dem Geparden einige Stücke rohes Fleisch zu und schafft es, ihn zu täuschen und ihn erneut an seinen Unterschlupf hinter dem Sattel zu ketten, auf dem er wie ein Hund kauert. Wenn es dem Gepard nicht gelingt, eine Antilope zu fangen, bevor die Herde die Flucht ergreift, verfolgt er sie nie, sondern kehrt mit unzufriedener und mürrischer Miene zu seinem Hüter zurück.

DER JAGUAR. (*Felis Onca.* **)**

DER JAGUAR stammt aus der Neuen Welt und wird manchmal als amerikanischer Tiger bezeichnet. Er ist im Allgemeinen größer und kräftiger als der Leopard, dem er in der Farbe ähnelt; aber die schwarzen ringförmigen Abzeichen haben immer einen Fleck in der Mitte, was bei denen des Leoparden nicht der Fall ist. Auch der Schwanz ist kürzer und der Kopf größer und runder. Der Jaguar ist sehr stark und kann ein Pferd oder eine Antilope töten und wegtragen. Er ist jedoch ein feiges Tier, das seine Beute immer von hinten angreift und vorzugsweise den hintersten Teil einer Herde angreift. Er packt ihn am Hals, indem er eine Pfote auf den Kopf legt, den er mit der anderen umdreht und ihm so augenblicklich das Leben nimmt. Sein Hauptaufenthaltsort ist das hohe Gras am Ufer eines Flusses, wo er sich oft von Schildkröten ernährt; Er drehte sie auf den Rücken und steckte dann seine Pfote zwischen die Schalen, um das Fleisch herauszulöffeln. Er klettert auf Bäume und schwimmt mit großer Leichtigkeit.

DER PUMA. (*Felis concolor.*)

DER PUMA oder Amerikanische Löwe ist kleiner als der Jaguar und hat einen schrillen, zischenden Schrei, der sich stark von dem anderer Katzentiere unterscheidet. Das Fell ist von silbriger Rehfarbe, an der Unterseite fast weiß, am Kopf jedoch schwarz; Das Tier hat keine Mähne und sein Schwanz hat an der Spitze kein Büschel. Die Jungen werden in jungen Jahren gefleckt. Die Gewohnheiten des Pumas sind etwas eigenartig; Wenn er angegriffen wird, klettert er aus Sicherheitsgründen auf den nächsten Baum und wird dort in der Regel von seinen Jägern erschossen. Wenn er jedoch mit Hunden gejagt wird und von jeglichem Rückzug abgeschnitten ist, hält er sich zurück und kämpft wütend. Das Fleisch wird von den Indianern gegessen und soll bei ihnen sehr geschätzt sein. Der Puma fliegt aus der Sicht des Menschen und greift selten ein Tier an, das größer als ein Schaf ist; Wenn er aber eine

Schafherde überraschen kann, tötet er so viele wie er kann und saugt jedem nur das Blut aus. Er verschlingt nie seine gesamte Beute auf einmal und bedeckt das, was er nicht fressen kann, sorgfältig mit Blättern. Sollten diese jedoch entfernt werden, rührt er das Futter nicht mehr an. Früher bewohnte der Puma fast den gesamten amerikanischen Kontinent, von Kanada bis Patagonien, heute ist er vielerorts, insbesondere in Nordamerika, ausgerottet. Früher ging man davon aus, dass der Puma nicht gezähmt werden könne; Aber das ist falsch, denn der verstorbene Tragödiant Edmund Kean hatte einen, der ihm wie ein Hund folgte und ihm oft gestattet wurde, völlig ungehindert in den Salon zu kommen, wenn dieser voller Gesellschaft war.

Der Gemeine Luchs. (*Felis Lynx.*)

ES gibt mehrere Katzenarten, für die der gebräuchliche Name Luchse verwendet wird. Sie haben kurze Schwänze und kleine Haarbüschel oder Haarbüschel an den Ohrenspitzen. Der Gemeine Luchs kommt in verschiedenen Teilen Europas und auch im Norden Asiens vor. Ohne den Schwanz, der sechs Zoll lang ist, ist er etwa einen Meter lang. Die Farbe ist oben rotgrau, unten fast weiß. Eine sehr ähnliche Art, der KANADISCHE LUCHS (*Felis Canadensis*), kommt in Nordamerika vor und sein Fell wird in großen Mengen aus den Gebieten der Hudson's Bay exportiert. Die Gewohnheiten dieser beiden Arten sind sehr ähnlich; Sie schwimmen und klettern gut und jagen kleine Vierbeiner wie Hasen und Vögel.

DER KARAKAL. (*Felis Caracal.*)

DER KARAKAL gilt im Allgemeinen als der Luchs der Antike, der für sein scharfes Sehvermögen so berühmt war. Der Name Karakal leitet sich von zwei türkischen Wörtern ab, die Schwarzohren bedeuten, und das Tier zeichnet sich tatsächlich durch die Schwärze seiner Ohrenspitzen aus. Er ist etwas größer und stärker als der Fuchs; Sein Körper ist rotbraun und wird an der Unterseite weiß, und der Schwanz ist eher kurz und nur etwa zwanzig bis neun Zoll lang. Der Karakal ist in der Gefangenschaft sowohl reizbar als auch mürrisch und wird sehr selten gezähmt; Tatsächlich drückt es bei der geringsten Verärgerung seinen Zorn durch eine Art Knurren aus, ähnlich dem, was man bei einer Katze als Fluchen bezeichnet, aber viel lauter und endet manchmal in einem Schrei.

Wenn es sich selbst überlassen bleibt, um sich zu ernähren, jagt es Hasen, Kaninchen und Vögel; und wird letztere, die er überaus liebt, mit bemerkenswerter Aktivität bis zu den Wipfeln der höchsten Bäume verfolgen. Es ist in Asien und Afrika beheimatet.

DIE KATZE. (*Felis Domestica.*)

„Grimalkin, dem häuslichen Ungeziefer geschworen,
ein ewiger Feind, mit wachsamem Auge,
liegt jede Nacht brütend über einer schmalen Lücke und
schützt ihre gefallenen Klauen, den gedankenlosen Mäusen
sicher der Untergang."
JOHN PHILIPS.

ANGENOMMEN , dass die gewöhnliche Hauskatze nichts anderes sei als die wilde Waldkatze, die durch Erziehung zahm gemacht wurde. Diese Meinung wird jedoch heute angezweifelt, da der Schwanz der Wildkatze dick und buschig ist, wie der eines Fuchses, während der Schwanz der Hauskatze spitz zuläuft. Die Katze der Ägypter, von der so viele Mumien gefunden wurden, unterschied sich in dieser Hinsicht noch mehr, da ihr Schwanz lang und schlank war und in einer Art Büschel endete. Es gibt vier oder fünf verschiedene Arten der Hauskatze: die getigerte Katze, die Schildpattkatze, die Chartreuse und die Angora. Von diesen hat die getigerte Katze die größte

Ähnlichkeit mit der Wildkatze, und die schwarzen Katzen stammen von dieser Rasse ab: Der Schildpatt soll aus Spanien mitgebracht worden sein, die Weibchen dieser Rasse seien im Allgemeinen aus einem reinen Schildpatt, und die Männchen gelbbraun, mit dunkleren Streifen. Alle weißen und weißlichen Katzen stammen von der Rasse Chartreuse ab; Sie haben alle einen blauen Schimmer im Fell und rötliche Augenlider: Zu dieser Rasse gehören die schwanzlosen Katzen von Cornwall und der Isle of Man. Die Angora-Rasen unterscheiden sich deutlich voneinander und sind vor allem an ihrem langen, seidigen Haar zu erkennen. Katzen lieben Wärme und sind im Allgemeinen von Wetteränderungen betroffen. Sie sind sehr anhänglich und schnurren beim Anblick derjenigen, die freundlich zu ihnen sind. und werden den Rücken krümmen und sich an einer Tür reiben, wenn diese für sie geöffnet wird, als wollten sie dem freundlichen Freund danken, der ihnen diesen Dienst erwiesen hat, bevor sie ihn ausnutzen. Die weibliche Katze hat im Allgemeinen fünf oder sechs Kätzchen auf einmal, die sie in ihrem Maul herumträgt und versteckt, wenn sie glaubt, dass ihnen Gefahr droht. Wenn eine Katze wütend ist, sträubt sich ihr Haar und ihr Schwanz schwillt zu einer enormen Größe an. Katzen kämpfen wild und reißen sich oft gegenseitig die Haut vom Hals: Wenn zwei im Begriff sind zu kämpfen, stehen sie einige Zeit da und schauen sich knurrend an, dann schießen sie mit größter Wut aufeinander los und schreien vor Wut.

Die meisten Katzen sind gute Mauser, und einige bringen alles, was sie töten, zu ihrem Herrchen oder Frauchen und zeigen ihre Mäuse und Ratten mit so viel Stolz wie ein Sportler sein Spiel. Sie lieben Katzenminze und Baldrian und geraten in Ekstase, wenn sie den Duft der letztgenannten Pflanze wahrnehmen. Sie sind sehr reinlich, sitzen oft da und streicheln sich mit den Pfoten das Gesicht, als ob sie sich waschen würden.

Im Auge der Katze ist die Pupille senkrecht oval, erstreckt sich von oben nach unten und erscheint im zusammengezogenen Zustand wie eine gerade Linie. Diese Konformation passt zu den Gewohnheiten dieser Tiere, denn sie begnügen sich nicht damit, über den Boden zu schleichen, sondern springen gelegentlich in große Höhen, wobei ihre Köpfe nach oben gerichtet sind und ihre Augen nach vorne und eher parallel gerichtet sind. Diese Struktur der Augen kommt beim gesamten Katzenstamm vor.

DIE WILDE KATZE. (*Felis Catus.*)

DIE WILDKATZE ist in den Wäldern Europas beheimatet und kam früher in Großbritannien häufig vor, ist heute jedoch auf einige der wilderen Teile dieses Landes beschränkt. Sie ist ein kräftigeres und kräftigeres Tier als die Hauskatze und hat eine gräuliche Farbe mit schwarzen Streifen, etwa wie eine gewöhnliche Katze. Es ist eine wilde Kreatur und für Vögel und kleine Vierbeiner sehr zerstörerisch.

DER HUND. (*Canis Familiaris.*)

KEINEM Tier verdankt der Mensch seine Dienste und seine Zuneigung so sehr wie dem Hund. Unter all den verschiedenen Ordnungen brutaler Geschöpfe wurde bisher keine gefunden, die so vollkommen an unseren Gebrauch und sogar an unseren Schutz angepasst war wie diese. Es gibt viele Länder, sowohl auf dem alten als auch auf dem neuen Kontinent, in denen der Mensch, wenn er diesen treuen Verbündeten verlieren würde, den ihn umgebenden Feinden erfolglos widerstehen und nach Möglichkeiten suchen würde, in sein Eigentum einzudringen, seine Arbeitskraft zu zerstören und seine eigenen anzugreifen Person. Seine eigene Wachsamkeit konnte ihn in vielen Situationen weder vor ihrer Raubgier noch andererseits vor ihrer Schnelligkeit schützen. Der Hund ist fügsamer als jedes andere Tier und passt sich den Bewegungen und Gewohnheiten seines Herrn an. Sein Fleiß, sein Eifer und sein Gehorsam sind unerschöpflich; und sein Wesen ist so freundlich, dass er sich, anders als jedes andere Tier, nur an die Wohltaten zu erinnern scheint, die er erhält: Unsere Schläge vergisst er bald; und anstatt bei der Züchtigung Groll zu entdecken, setzt er sich der Folter aus und leckt sogar die Hand, von der sie ausgeht.

Hunde, selbst die langweiligsten, suchen die Gesellschaft anderer Tiere; und kümmern sich instinktiv um Herden und Herden.

DER HIRTENHUND.

DER SCHÄFERHUND gilt als die Urrasse, von der alle anderen abstammen. Unter den armen Menschen in gemäßigten Klimazonen lebt dieses Tier noch immer nahezu in seinem ursprünglichen Zustand: Beim Transport in die kälteren Regionen wird es kleiner und mit einem struppigen Fell bedeckt. Welche Unterschiede es auch zwischen den Hunden dieser kalten Länder geben mag, sie sind nicht sehr groß, da sie alle gerade Ohren, langes und dichtes Haar haben, ein wildes Aussehen haben und weder so oft noch so laut bellen wie die Hunde der anderen Länder kultivierte Art. Der Schäferhund wird, wenn er in gemäßigte Klimazonen und unter völlig zivilisierte Menschen, wie etwa nach England, Frankreich und Deutschland, gebracht wird, sein wildes Aussehen, seine gespitzten Ohren, sein raues, langes und dichtes Haar verlieren; Allerdings behält er weiterhin seinen großen Schädel, sein üppiges Gehirn und die daraus resultierende große Scharfsinnigkeit.

Über den Schäferhund oder Schäferhund, wie diese Hundeart häufig genannt wird, werden viele interessante Anekdoten erzählt, insbesondere über seine Scharfsinnigkeit bei der Rettung von Schafen aus Schneeverwehungen.

Wenn in einem Schneesturm Schafe fehlen, wie es in Schottland und im Norden Englands häufig der Fall ist, bewaffnet sich der Hirte mit einem Spaten und beobachtet die Bewegungen seines treuen Hundes und gräbt sich überall dort in den Schnee, wo der Hund zu kratzen beginnt es weg und findet so sicher seine verlorenen Schafe.

Dieser wertvolle Segen gilt für den Hirten, der der gefräßigste seiner Art ist und Müdigkeit und Hunger mit Geduld erträgt.

[Chasseur und Cuba Bloodhounds.]

DER BLOODHOUND.

„—— Im Bewusstsein der jüngsten Flecken
schlägt sein Herz schnell; seine schnüffelnde Nase, sein lebhafter Schwanz
zeugen von seiner Freude: Dann verkündet er mit tief geöffnetem Mund,
der den Welkin erzittern lässt,
den verwegenen Verbrecher.——"

DER BLOODHOUND ist größer als der alte englische Jagdhund, hat eine wunderschöne Form und übertrifft jede andere Art an Aktivität, Schnelligkeit und Scharfsinnigkeit. Er ist üblicherweise rötlich oder braun gefärbt und hat lange Ohren. Es bellt selten, außer bei der Jagd, und verlässt sein Wild nie, bis es es gefangen und getötet hat.

Bluthunde wurden früher in bestimmten Bezirken zwischen England und Schottland eingesetzt, die stark von Räubern und Mördern heimgesucht wurden; und den Einwohnern wurde eine Steuer auferlegt, um eine bestimmte Anzahl von ihnen zu behalten und zu unterhalten. Aber da der Arm der Justiz nun über alle Teile des Landes ausgedehnt ist und es keine geheimen Winkel gibt, in denen sich Schurken verbergen könnten, sind diese Dienste nicht länger notwendig. Früher wurden diese Hunde in den spanischen Westindischen Inseln zur Jagd auf entlaufene Neger und andere Tiere eingesetzt, und es werden viele überraschende Anekdoten über ihren wunderbaren Scharfsinn und ihre Geruchskraft erzählt.

In Dallas' „History of the Maroons" wird eine Anekdote über das Ausmaß ihrer Leistungen auf diese Weise erzählt, die wirklich wunderbar erscheint. Ein Schiff, das zu einer Flotte im Konvoi nach England gehörte, war hauptsächlich mit spanischen Seeleuten bemannt, die, als sie Kuba passierten, die Gelegenheit nutzten, das Schiff an Land zu bringen, wo sie die Offiziere und andere Engländer an Bord ermordeten und transportierten die gesamte verfügbare Beute in die Berge des Landesinneren vertreiben. Der Ort war wild und menschenleer, und sie rechneten fest damit, jeder Verfolgung zu entgehen. In dem Moment jedoch, als die Nachricht Havanna erreichte, wurde eine Abteilung von zwölf Jägern mit ihren Hunden losgeschickt. Das Ergebnis war, dass in wenigen Tagen alle Mörder vorgeführt und hingerichtet wurden, ohne dass ein Mann bei der Gefangennahme durch die Hunde verletzt worden wäre.

Der alte englische Jagdhund, der ursprüngliche Bestand dieser Insel und der von den alten Briten bei der Jagd eingesetzt wurde, ist ein äußerst wertvoller Hund; obwohl die Rasse allmählich zurückgegangen ist und die Größe durch eine Mischung anderer Arten sorgfältig verkleinert wurde, um ihre Geschwindigkeit zu erhöhen. Es scheint von Shakespeare in den folgenden Zeilen genau beschrieben worden zu sein:

„Meine Hunde stammen aus der spartanischen Art,
so geflogen, so geschliffen; und ihre Köpfe hängen
mit Ohren, die den Morgentau wegfegen;
Krumme Knie und taubedeckt, wie thessalische Stiere;
Langsame Verfolgung; aber im Mund zusammenpassend wie Glocken,
jeder unter jedem."

DER FUCHSHUND.

DIESER wertvollste aller Jagdhunde ist kleiner als der Hirschhund, seine durchschnittliche Größe beträgt 20 bis 22 Zoll. Kein Land in Europa kann sich mit Foxhounds rühmen, die an Schnelligkeit, Stärke und Ausdauer mit denen Großbritanniens vergleichbar sind, wo der Zucht, Ausbildung und Ernährung größte Aufmerksamkeit geschenkt wird. Auch das Klima scheint ihrer Natur zu entsprechen, denn wenn sie nach Frankreich oder Spanien und in andere südliche Länder Europas gebracht werden, degenerieren sie schnell und verlieren alle bewundernswerten Eigenschaften, die sie in diesem Land besitzen.

Unsere Vorliebe für die Fuchsjagd scheint von unseren Vorfahren geerbt zu haben und seitdem immer leidenschaftlicher zu werden. Sicherlich kann sich kein anderes Land mit solch großartigen Einrichtungen für diese wertvolle Rasse rühmen: Der Duke of Richmond's Kennel in Goodwood kostete nicht weniger als 19.000 Pfund.

DER ZEIGER

HAT ein fügsames Wesen und ist, wenn er trainiert ist, für den Sportler, der Freude am Schießen hat, von großem Nutzen. Es ist erstaunlich zu sehen, zu welchem Grad an Gehorsam diese Tiere gebracht werden können. Ihr Sehvermögen ist ebenso scharf wie ihr Geruchssinn, und sie sind in der Lage, aus der Ferne das kleinste Zeichen ihres Herrn wahrzunehmen. Sie sind so bewundernswert ausgebildet, dass ihre erworbenen Neigungen so inhärent wie ein natürlicher Instinkt zu sein scheinen und von den Eltern auf die Nachkommen übertragen zu werden scheinen. Wenn sie ihr Spiel riechen, verharren sie wie Statuen in der Haltung, in der sie sich gerade befinden. Wenn einer ihrer Vorderfüße bei der ersten Geruchsbelästigung nicht auf dem Boden ist, bleibt er hängen, damit das Wild durch das Aufsetzen nicht zu früh durch den Lärm alarmiert wird. In dieser Position bleiben sie, bis der Schütze nah genug herankommt und bereit ist, seinen Schuss auszuführen;

Wenn er das Wort gibt, springt der Hund sofort zum Wild. Diese Haltung wurde vom Künstler oft gewählt.

DER MASTIFF.

IST das größte der gesamten Art: Er ist ein starkes und wildes Tier mit kurzen hängenden Ohren und einem großen Kopf, großen und dicken Lippen, die an beiden Seiten hängen, und einem edlen Gesicht; Er ist ein treuer Wächter und ein mächtiger Verteidiger des Hauses.

Stow gibt einen merkwürdigen Bericht über eine Auseinandersetzung zwischen drei Mastiffs und einem Löwen in Anwesenheit von James dem Ersten. „Als einer der Hunde in die Höhle gebracht wurde, wurde er bald vom Löwen außer Gefecht gesetzt, der ihn am Kopf und am Hals packte und herumschleifte; ein anderer Hund wurde dann freigelassen und diente auf die gleiche Weise; aber der dritte, Als er hineingeworfen wurde, packte er den Löwen sofort an der Lippe und hielt ihn eine beträchtliche Zeit lang fest. bis der Hund von seinen Krallen schwer zerrissen wurde und gezwungen war, seinen Griff aufzugeben; und der Löwe, der durch den Konflikt sehr erschöpft war, weigerte sich, die Verlobung zu erneuern; aber mit einem plötzlichen Sprung über die Hunde hinweg floh er in den inneren Teil der Höhle. Zwei der Hunde starben bald an ihren Wunden; Der letzte überlebte und wurde vom Königssohn liebevoll betreut, der sagte: „Wer mit dem König der Tiere gekämpft hat, sollte nie wieder mit einem minderwertigen Geschöpf kämpfen.""

Die folgende Anekdote wird zeigen, dass der Mastiff, der sich seiner überlegenen Stärke bewusst ist, die Unverschämtheit eines Unterlegenen zu züchtigen weiß: – Ein großer Hund dieser Art, der einem Herrn in der Nähe von Newcastle gehörte, wurde häufig von einem Mischling belästigt und gehänselt Nachdem er das ununterbrochene Bellen gehört hatte, nahm er es schließlich am Rücken ins Maul und warf es mit großer Gelassenheit über den Kai in den Fluss, ohne einem Feind, der ihm so weit unterlegen war, weiteren Schaden zuzufügen.

DIE BULLDOGGE

IST viel kleiner als der Mastiff, aber der wildeste aller Hundearten und wahrscheinlich das mutigste Geschöpf der Welt. Sein kurzer Hals trägt zu seiner Stärke bei. Diejenigen mit gestromter Farbe gelten als die Besten ihrer Art: Sie rennen auf den wildesten Bullen zu und ergreifen ihn, ohne zu bellen, indem sie direkt auf seinen Kopf losgehen, manchmal seine Nase fassen, das Tier auf den Boden drücken und es zum Brüllen bringen Sie können nicht ohne Schwierigkeiten dazu gebracht werden, ihre Macht aufzugeben. Wann immer eine Bulldogge eine Extremität des Körpers angreift, wird dies unweigerlich als ein Zeichen dafür angesehen, dass sie von der ursprünglichen Reinheit des Blutes abweicht.

Vor einigen Jahren, bei einer Bullenjagd im Norden Englands, als dieser barbarische Brauch weit verbreitet war, schloss ein junger Mann, der vom Geist seines Hundes überzeugt war, eine Wette ab, dass er zu bestimmten Zeiten alle Bullen abschneiden würde die Füße des Tieres und dass er den Stier nach jeder Amputation weiterhin angreifen würde. Das Experiment wurde versucht und der brutale Kerl gewann seine Wette.

DER TERRIER.

DER TERRIER ist eine kleine Variante des Hundes, aber aufgrund der Hartnäckigkeit und des Mutes, mit dem er Ratten und anderes Ungeziefer angreift, von großem Wert. Seinen Namen Terrier verdankt er offenbar seiner Gewohnheit, in der Erde zu graben, was er bei der Verfolgung eines Tieres sehr schnell tut. Der Englische Terrier ist ein glatthaariger Hund, die besten sind schwarz, mit braunen Beinen und Flecken auf den Augenbrauen; Der Scotch Terrier ist mit rauem, drahtigem Haar bedeckt, das beim Skye Terrier sehr lang wird.

DER SPANIEL.

VON diesem eleganten Tier, das angeblich spanischer Abstammung ist, gibt es in diesem Land mehrere Sorten; aber es ist mehr als wahrscheinlich, dass der Englische Spaniel, die häufigste und nützlichste Rasse, einheimisch ist. Es hat von der Natur einen sehr scharfen Geruch, ein gutes Verständnis und eine ungewöhnliche Fügsamkeit erhalten und wird zur Jagd auf Rebhühner, Fasane, Wachteln usw. verwendet. Seine Standhaftigkeit auf dem Feld, seine Vorsicht bei der Annäherung an das Wild, seine Geduld, den Vogel in Schach zu halten, bis der Vogelschütze seine Waffe abfeuert, sind Dinge, die Bewunderung verdienen. Viele Sportler ziehen ihn dem Pointer vor; und wenn reichlich Wasser vorhanden ist, ist er nützlicher, denn seine Füße sind viel besser gegen das scharfe Schneiden der Heide geschützt als die des Vorstehhundes, da zwischen den Zehen und um die Fußballen herum viele Haare wachsen. wovon der Zeiger fast leer ist. Außerdem bewegt er sich viel schneller und kann mehr Ermüdungserscheinungen ertragen.

„Wenn die mildere Herbst- und Sommerhitze Erfolg hat
und das Rebhuhn auf dem frisch geschorenen Feld weidet,
springt der Spaniel bereit vor seinem Herrn;
Er keucht vor Hoffnung und probiert das zerfurchte Gelände aus;
Aber wenn die verdorbenen Stürme das Wild verraten,
schließt sich Couch, er lügt und meditiert über die Beute;
Sicher vertrauen sie dem untreuen Feld, das sie bedrängt,
bis sie, über ihnen schwebend, das schwellende Netz fegen."
WINDSOR FOREST DES PAPSTES

DER WASSERSPANIEL

EIGNET SICH hervorragend für die Jagd auf Otter, Wildenten und anderes Wild, dessen Rückzugsgebiet sich in den Binsen und Schilfrohren befindet, die die Ufer von Flüssen, Mooren und Teichen bedecken. Er ist sehr scharfsinnig und vielleicht der fügsamste und gefügigste aller Hundestämme.

Der *Wasserspaniel* holt und trägt, was ihm geboten wird, und taucht oft auf den Grund tiefer Gewässer auf der Suche nach einem Geldstück, das er in seinem Mund hervorholt und demjenigen, der ihn geschickt hat, zu Füßen legt. Die beste Rasse hat schwarzes lockiges Haar und lange Ohren.

Die wunderschöne Spaniel-Rasse namens King Charles wird wegen ihrer geringen Größe und Länge der Ohren sehr geschätzt. Es gibt sie in allen Farben, aber die Rasse, die schwarz ist und an Wangen und Beinen gebräunt ist, gilt als die reinste Rasse.

Ihren Namen verdanken sie König Karl dem Zweiten, der, wie Evelyn uns erzählt, „große Freude daran hatte, dass ihm eine Reihe kleiner Spaniels folgten und in seinem Schlafzimmer lagen".

DER NEUFUNDLANDHUND.

DIESES Tier wurde ursprünglich aus Neufundland nach Europa gebracht, woher es seinen Namen hat und wo es für die Siedler äußerst nützlich ist und fast den Platz eines Pferdes einnimmt. Es gibt mehrere Sorten, die sich in Größe und Aussehen leicht unterscheiden, aber die Gesamtgröße beträgt von der Nase bis zur Schwanzspitze etwa 1,80 m, die Länge beträgt 60 cm. Er sieht edel aus und ist mit langen, zottigen Haaren in Schwarz und Weiß bedeckt, wobei Letzteres im Allgemeinen vorherrscht.

Der Neufundländer ist liebevoller, kluger und fügsamer als alle anderen; und da er Schwimmhäute hat, ist er hervorragend an das Wasser angepasst; und es gibt unzählige Beispiele, wie er einen Mann aus einem nassen Grab rettete.

Die Anekdoten, die die Zuneigung und Klugheit dieses Tieres veranschaulichen, würden einen ganzen Band füllen, aber wir wählen eine aus, die sich auf das Wasser bezieht, da dies sein edelster Handlungsschauplatz zu sein scheint.

Vor einiger Zeit stillte eine junge Frau an einem der Kais am Liffey ein Kleinkind, als es plötzlich aus ihren Armen sprang und ins Wasser fiel. Die schreiende Krankenschwester und die besorgten Zuschauer sahen, wie das Kind sank, wie sie dachten, um nicht mehr aufzustehen; In diesem Augenblick stürzte ein zufällig vorbeikommender Neufundländer zur Stelle und sprang beim Anblick des Kindes, das in diesem Augenblick wieder auftauchte, ins Wasser. Das Kind sank wieder, und man sah das treue Tier ängstlich um die Stelle schwimmen. Noch einmal erhob sich das Kind, und der Hund packte es sanft, aber bestimmt und trug es zur Landung. Mittlerweile kam ein Herr, der sich offenbar sehr für die Angelegenheit interessierte, und an der Person, die das Kind sich umdrehte, um es ihm zu zeigen, erkannte er die wohlbekannten Gesichtszüge seines eigenen Sohnes. Ein gemischtes Gefühl aus Entsetzen, Freude und Überraschung ließ ihn stumm werden. Als er sich erholt hatte, schenkte er dem treuen Tier tausend Zärtlichkeiten und bot seinem Herrn fünfhundert Guineen für ihn; aber dieser empfand zu viel Zuneigung zu dem edlen Tier, um sich aus irgendeinem Grund von ihm zu trennen. Wir fügen noch einen weiteren, ebenso interessanten Beitrag hinzu.

Ein gebürtiger Deutscher, der gerne reist, verfolgte seinen Weg durch Holland, begleitet von einem großen Neufundländer. Eines Abends ging er an einem hohen Ufer entlang, das eine Seite eines in diesem Land so häufigen Deichs oder Kanals bildete, rutschte mit dem Fuß aus und stürzte ins Wasser. Da er nicht schwimmen konnte, verlor er bald das Bewusstsein. Als er wieder zu sich kam, befand er sich in einem Häuschen auf der anderen Seite des Deichs, umgeben von Bauern, die versucht hatten, den ruhenden Zustand wiederherzustellen. Sie berichteten, dass einer von ihnen, als er von seiner Arbeit nach Hause kam, in beträchtlicher Entfernung einen großen Hund beobachtete, der im Wasser schwamm und den Körper eines Mannes in einen kleinen Bach auf der gegenüberliegenden Seite der Männer schleifte war.

Nachdem der Hund sich geschüttelt hatte, begann er eifrig die Hände und das Gesicht seines Herrn zu lecken, während der Bauer hinübereilte; und nachdem er Hilfe erhalten hatte, wurde die Leiche in ein benachbartes Haus gebracht, wo die üblichen Wiederbelebungsmaßnahmen ihn bald wieder zu

Sinnen und zur Erinnerung brachten. Es zeigten sich zwei sehr beträchtliche Blutergüsse mit Zahnspuren, einer an seiner Schulter und der andere im Nacken; Daher wurde vermutet, dass das treue Tier seinen Herrn zunächst an der Schulter packte und auf diese Weise einige Zeit mit ihm schwamm; aber sein Scharfsinn habe ihn dazu bewogen, diesen Griff loszulassen und seinen Griff auf den Hals zu verlagern, wodurch er in die Lage versetzt worden sei, den Kopf aus dem Wasser zu stützen. In letzterer Position beobachtete der Bauer den Hund, wie er den Deich entlanglief, was er offenbar über eine Distanz von fast einer Viertelmeile getan hatte.

DER WINDHUND

ES IST allgemein bekannt und wurde früher so geschätzt, dass er der besondere Begleiter eines Herrn war, der sich in der Antike durch sein Pferd, seinen Falken und seinen Windhund auszeichnete, und das war eine Strafe für jede minderwertige Person Rang, um einen zu behalten. Er ist der flinkste aller Hunde und kann jedem Tier auf der Jagd davonlaufen. Er hat einen langen Körper und eine elegante Form; sein Kopf ist ordentlich und scharf, mit einem vollen Auge, einem guten Mund, scharfen und sehr weißen Zähnen; Sein Schwanz ist lang und rollt sich über seinem Hinterteil rund. Es gibt verschiedene Sorten; wie der italienische Windhund, der orientalische Windhund und der irische Windhund oder Wolfshund. Sie werden zum Coursing verwendet; das heißt, die Jagd erfolgt nach Sicht statt nach Geruch; und werden hauptsächlich bei der Hasenjagd eingesetzt. Daniel erzählt uns in seinem *Werk „Rural Sports"* , dass eine Gruppe Windhunde bekanntermaßen einen Hasen in zwölf Minuten vier Meilen weit jagen konnten; Ich drehte ihn mehrmals, bis das arme Geschöpf schließlich vor Erschöpfung ganz tot umfiel.

DER FUCHS. (*Canis Vulpes.*)

DIESES bekannte Tier, das in den meisten Ländern Europas vorkommt, hat eine rotbraune Farbe und die Spitze seines buschigen Schwanzes ist weiß. Sein Aufenthaltsort ist im Allgemeinen am Rande eines Waldes, so nah wie möglich an einem Bauernhof, in einem Loch, aus dem ein anderes Tier enteignet wurde oder das es freiwillig verlassen hat. Von dort verlässt er nachts das Geflügel, nähert sich vorsichtig dem Geflügel, tötet alles, was er finden kann, und bringt es eines nach dem anderen in verschiedene Verstecke, die er aufsucht, wenn er hungrig ist. Er wird seine Plünderungen bis zum Tagesanbruch fortsetzen oder bis er alarmiert wird, wobei er oft in einer Nacht einen ganzen Geflügelhof entvölkert. Wenn jedoch sein bevorzugtes Nahrungsmittel, das Huhn, nicht zugänglich ist, verschlingt er Tierfutter aller Art; und wenn seine Wohnung in der Nähe des Wassers liegt, wird er sich sogar mit Muscheln begnügen. In Frankreich und Italien richtet er großen Schaden an den Weinbergen an, denn er liebt Weintrauben und verdirbt viele um einer einzigen Traube willen.

Sein Name ist zu einem Sprichwort für List und Betrug geworden; und im Gegensatz zu dem Hundestamm, dem er angehört, ist er für jegliches Gefühl der Dankbarkeit völlig unempfindlich.

Sein Biss ist hartnäckig und gefährlich, da ihn selbst die härtesten Schläge nicht dazu bringen können, seinen Halt zu verlassen; Sein Auge ist äußerst bedeutungsvoll und drückt fast jede Leidenschaft aus. Er lebt im Allgemeinen etwa zwölf bis fünfzehn Jahre.

Das Weibchen zeugt nur einmal im Jahr und bringt selten mehr als vier oder fünf Junge pro Wurf zur Welt. Im ersten Jahr wird der Junge Jungtier genannt, im zweiten Jahr Fuchs und im dritten Jahr Altfuchs. Der Schwanz ist sehr buschig und wird Bürste genannt.

In diesem Land wird er mit Pferden und Hunden gejagt, und kein Tier bietet dem Jäger mehr Abwechslung und Beschäftigung. Wenn er verfolgt wird, macht er sich normalerweise auf den Weg in sein Loch; sollte ihm aber der Rückzug verwehrt werden, sind seine Fluchtstrategien und Fluchtversuche außerordentlich scharfsinnig. Er sucht bewaldete und unebene Teile des Landes auf, bevorzugt den Weg, der am meisten von Dornen und Dornen gesäumt ist, und rennt in gerader Linie vor den Hunden her, ohne große Entfernung von ihnen; und als er überholt wird, wendet er sich gegen seine Angreifer, kämpft mit hartnäckiger Verzweiflung und stirbt schweigend.

DER Polarfuchs (*Canis lagopus*)

IST eine kleinere Art als der gemeine Fuchs und hat ein viel längeres Fell, um der starken Kälte standzuhalten, die er zwangsläufig in den Polarregionen, in denen er lebt, erleidet. Die Farbe des Fells ist häufig bläulich-bleigrau, weshalb er manchmal auch Blaufuchs genannt wird; einige Exemplare sind bräunlich, andere fast schwarz. Im Winter wird das Fell reinweiß, und in diesem Zustand ist der Polarfuchs ein überaus hübsches Tier. Diese Art wird wegen ihrer Haut gefangen, wobei die bläulichen Exemplare bevorzugt werden. Normalerweise gerät er in Fallstricke oder Fallen, denen er bei weitem nicht so misstrauisch gegenübersteht wie sein schlauer englischer Verwandter. Das Fleisch der Jungtiere soll sehr gut sein.

DER WOLF (*Canis Lupus*)

WENN er hungrig ist, ist er ein unerschrockener und äußerst wilder Waldbewohner, aber ein Feigling, wenn der Appetitanreger nicht mehr wirkt. Er liebt es, in gebirgigen Ländern umherzustreifen, und ist ein großer Feind für Schafe und Ziegen. Die Wachsamkeit von Hunden kann seine Raubzüge kaum verhindern, und er wagt es oft, die Schlupfwinkel der Menschen aufzusuchen, die vor den Toren von Städten und Dörfern heulen. Sein Kopf und Hals haben eine bräunliche Farbe, der Rest ist blass gelbbraun. Normalerweise wird er fünfzehn oder zwanzig Jahre alt. Er besitzt die außerordentliche Fähigkeit, seine Beute aus großer Entfernung zu riechen. Wölfe kommen fast überall vor, außer auf den britischen Inseln, wo diese schädliche Rasse vollständig ausgerottet wurde. König Edgar versuchte zunächst, dies zu erreichen, indem er die Bestrafung bestimmter Verbrechen für die Vorlage einer Anzahl von Wolfszungen erließ; und in Wales wurde die Steuer auf Gold und Silber in einen jährlichen Tribut in Form von Wölfenköpfen umgewandelt. Während der Herrschaft von Athelstan gab es in Yorkshire so viele Wölfe, dass in Flixton ein Rückzugsort errichtet wurde, um die Passagiere vor ihren Angriffen zu schützen. Sie befielen Irland viele Jahrhunderte nach ihrem Aussterben in England: Das letzte Präsent zur Tötung von Wölfen wurde um das Jahr 1710 in der Grafschaft Cork gemacht. Sie kommen in den riesigen Wäldern Deutschlands reichlich vor und kommen auch im Süden Deutschlands in beträchtlicher Zahl vor Frankreich. Überall dort, wo sie wild sind, ist die allgemeine Abscheu vor diesem zerstörerischen Geschöpf so groß, dass alle anderen Tiere versuchen, es zu meiden. Im Zustand der Gefangenschaft ist der Wolf jedoch außerordentlich darauf bedacht, die Aufmerksamkeit des Menschen auf sich zu ziehen, und reibt sich, wenn er bemerkt wird, an den Gitterstäben seines Käfigs. Tatsächlich ist der Wolf keineswegs so unbändig, wie oft angenommen wird; aber sein Temperament ist ziemlich unsicher und seine destruktiven Gewohnheiten machen ihn zu einem gefährlichen Haustier. Ein merkwürdiges Beispiel kombinierter Fügsamkeit und Zerstörungswut wird von Mr. Lloyd erzählt, das wir hier anführen, da es auch die List dieses Tieres veranschaulicht. Herr Lloyd sagt: „Ich hatte einmal ernsthaft darüber nachgedacht, eine schöne Wölfin in meinem Besitz als Vorstehhund auszubilden; wurde aber abgeschreckt, da sie eine *Vorliebe* für die Schweine der Nachbarn zeigte. Sie war in einem kleinen Gehege direkt vor meinem Fenster angekettet, in das diese Tiere normalerweise ihren Weg fanden, wenn das Tor offen stand. Die Mittel, die der Wolf einsetzte, um sie in seine Gewalt zu bringen, waren sehr amüsant. Wenn sie ein Schwein in der Nähe ihres Zwingers sah, warf sie sich, offensichtlich mit der Absicht, ihn aus der Fassung zu bringen, auf die Seite oder den Rücken, wedelte liebevoll mit dem Schwanz und sah wie die personifizierte Unschuld aus. Und dieses liebenswürdige Verhalten blieb so lange bestehen, bis die Grunzerin von der Länge ihrer Leine betört wurde und die Beute im Handumdrehen festgehalten wurde." Der Wolf wird manchmal von Wahnsinn befallen, dessen Symptome und Folgen denen des Hundes genau ähneln; aber diese Krankheit, wie sie gewöhnlich im tiefsten Winter auftritt, kann nicht auf die große Hitze der Hundetage zurückgeführt werden. In den nördlichen Teilen der Welt sollen Wölfe im Frühling häufig auf die ans Meer angrenzenden Eisfelder gelangen, um die jungen Robben zu erbeuten, die sie dort schlafend vorfinden; Doch von Zeit zu Zeit lösen sich riesige Eisstücke von der Masse und werden weit vom Land mitgerissen, wo sie unter dem abscheulichsten und schrecklichsten Geheul sterben. Die Sprache des Dichters beschreibt die unersättliche Wut dieser Kreatur wunderbar:

„Durch die winterliche Hungersnot erwachte die ganze Gegend
der schrecklichen Berge, von denen sich die leuchtenden Alpen, der
wellige Apennin und die Pyrenäen
gewaltig verzweigen, in ferne Länder,
grausam wie der Tod! und hungrig wie das Grab!
Brennend nach Blut! knochig und hager und grimmig!
Versammelnde Wölfe steigen in wütenden Truppen herab;
Und strömt über das Land und haltet weiter,
scharf, während der Nordwind über den glänzenden Schnee fegt:
Alles ist ihr Preis."

DER SCHAKAL (*Canis Aureus*)

IM VOLKSMUND AUCH „*Löwenlieferant*" genannt , ist er nicht viel größer als der Fuchs, dem er im Aussehen seines Vorderkörpers ähnelt. Seine Haut hat eine leuchtend gelbliche Farbe. Die Schakale schließen sich oft zusammen, um ihre Beute anzugreifen, und machen einen äußerst abscheulichen Lärm, der den König des Waldes aus seinem Schlaf reißt und ihn an den Ort der Nahrung und Plünderung bringt: Bei seiner Ankunft werden die kleinen Diebe von den größeren eingeschüchtert Stärke ihres neuen Mitmenschen, sich auf Distanz zurückziehen; und daher die sagenhafte Geschichte, dass sie den Löwen aufsuchten, um für seine Nahrung zu sorgen. – Diese Tiere sieht man immer in großen Schwärmen von vierzig oder fünfzig; und wie Jagdhunde in vollem Geschrei jagen, vom Abend bis zum Morgen. In Ermangelung anderer Nahrung ziehen sie die Toten aus ihren Gräbern und ernähren sich gierig von fauligen Leichen; Aber ungeachtet ihrer natürlichen Wildheit sollen sie, wenn sie jung gefangen werden, leicht gezähmt werden können, und wie Hunde lieben sie es, gestreichelt zu werden, mit dem Schwanz zu wedeln und eine beträchtliche Bindung zu ihren Herren zu zeigen. Sie sind in vielen Teilen des Ostens verbreitet, und da sie als Aasfresser fungieren, werden sie von den Menschen bei ihren nächtlichen Besuchen nicht belästigt.

DIE GESTREIFTE HYÆNA. (*Hyæna Striata* .)

DIESES Tier galt lange Zeit als das wildeste und widerspenstigste aller Vierbeiner, aber jetzt hat man herausgefunden, dass es gezähmt werden kann. Er ist mit langen, groben und rauen aschefarbenen Haaren bedeckt, die vom Rücken abwärts mit langen schwarzen Streifen gekennzeichnet sind. Der Schwanz ist stark behaart. Seine Zähne und Kiefer sind so konstruiert, dass er problemlos die größten Knochen zertrümmern kann; und seine Zunge ist so rau wie eine grobe Feile. Wie der Schakal greift er die Herden und Herden an, ohne sich um die Wachsamkeit oder Stärke der Hunde zu scheren, und wenn ihn der Hunger bedrängt, kommt er und heult an den Toren der Städte, vergewaltigt die Aufbewahrungsorte der Toten und reißt die Leichen aus ihnen heraus Gräber und verschlingt sie. Heutzutage kommt er nur noch in Asien und Afrika wild vor, soll aber früher auch in Europa gelebt haben. Als er sein Futter erhält, glitzern die Augen dieses wilden Tieres, die Borsten seines Rückens stellen sich auf, er grinst ängstlich und gibt ein knurrendes Knurren von sich.

Die gefleckte Hyäne. (*Hyæna Crocuta.* **)**

DIES ist eine weitere Art, die im südlichen Afrika häufig vorkommt; Unter den Kolonisten am Kap der Guten Hoffnung ist er als *Tigerwolf bekannt* . Er hat keine mähnenartige Behaarung auf seinem Rücken, die die Streifenhyäne auszeichnet, und seine Haut ist mit Flecken statt mit Streifen versehen. Er ist ein wildes Tier und ist äußerst zerstörerisch für Schafe und Rinder; Außerdem greift er häufig Kinder aus den Hütten der Eingeborenen an und entführt sie, manchmal stiehlt er sie sogar ihren schlafenden Müttern.

AMERIKANISCHER SCHWARZBÄR. (*Ursus Americanus.* **)**

DIESES Tier bewohnt die nördlichen Gebiete Amerikas, wo es in beträchtlicher Zahl vorkommt. Er ist etwas kleiner als der Braun- oder Europäische Bär; seine Farbe ist gleichmäßig und glänzend schwarz. Seine Nahrung besteht hauptsächlich aus Früchten, jungen Trieben sowie Wurzeln von Gemüse und Getreide. Auf der Suche nach diesen wandert er gelegentlich von den nördlichen in die südlicheren Regionen. Ihre Rückzugsorte während der Schwangerschaft sind so undurchdringlich, dass, obwohl in Amerika jedes Jahr eine große Anzahl von Bären getötet wird, selten ein Weibchen unter ihnen zu finden ist. Im Herbst, wenn sie durch den Verzehr von Eicheln und anderen ähnlichen Nahrungsmitteln übermäßig fett werden, ist ihr Fleisch äußerst empfindlich, besonders die Schinken genießen hohes Ansehen und das Fett ist bemerkenswert weiß und süß. Zu dieser Zeit und im Winter werden sie von den amerikanischen Indianern in großer Zahl gejagt und getötet.

DER GRAUSE BÄR (*Ursus Ferox*)

DER ebenfalls in Nordamerika beheimatete Vogel ist ein Lebewesen von enormer Größe und Stärke; Ein Exemplar wurde vermessen und auf eine Länge von neun Fuß befunden. und es ist in der Lage, den Kadaver eines Bisons zu tragen, der wahrscheinlich etwa tausend Pfund wiegt. Seine Wildheit korrespondiert mit seiner Zerstörungskraft; und er ist insgesamt einer der beeindruckendsten Vierbeiner.

DER BRAUNE EUROPÄISCHE BÄR (*Ursus Arctos*)

IST im Norden Europas und auch in den gebirgigen Teilen des Südens dieses Kontinents beheimatet. Er schläft sehr gut und verbringt den ganzen Winter ohne besondere Nahrung in seiner Höhle. Aber wenn wir bedenken, dass er ruht, wenig schwitzt und sich nie in sein Winterquartier zurückzieht, bevor er richtig gemästet ist, wird seine Enthaltsamkeit deutlich hör auf, wunderbar zu sein. Wenn dieses Tier gezähmt wird, erscheint es seinem Herrn gegenüber sanft und gehorsam; Man kann ihm beibringen, aufrecht zu gehen, zu tanzen, sich mit den Pfoten an eine Stange zu klammern und verschiedene Kunststücke vorzuführen, um die Menge zu unterhalten, die höchst erfreut ist, die unbeholfenen Bewegungen dieses rauen Geschöpfs zu sehen, zu dem es zu passen scheint der Klang eines Instruments oder die Stimme seines Anführers. Die Disziplin, die Bären auf sich nehmen müssen, um ihnen das Tanzen beizubringen, ist so streng, dass sie es nie vergessen; und es wird eine amüsante Geschichte von einem Herrn erzählt, der von einem Bären verfolgt wurde und der, als er sich in seiner Verzweiflung umdrehte und seinen Stock gegen seinen Angreifer erhob, zu seinem Erstaunen sah, wie sich der Bär auf die Hinterbeine stellte und zu tanzen begann. Es war aus der Gefangenschaft entkommen und man hatte ihm das Tanzen beigebracht, wenn sein Halter einen Stock hochhielt. Aber um dem Bären diese Art von Erziehung zu geben, muss er schon in jungen Jahren erlernt werden und man muss sich schon früh an Zurückhaltung und Disziplin gewöhnen, da ein alter Bär keine Zwänge ertragen wird, ohne den wütendsten Groll zu entdecken: weder die Stimme noch die Drohungen seines Hüters irgendeine Auswirkung auf ihn; Er knurrt gleichermaßen über die Hand, die ihm zum Füttern ausgestreckt wird, und über die, die erhoben wird, um ihn zu korrigieren. Die weiblichen Bären bringen zwei oder drei Junge zur Welt und gehen sehr vorsichtig mit ihrem Nachwuchs um. Das Fett des Bären gilt als sehr nützlich bei rheumatischen Beschwerden und zum Salben der Haare: Sein Fell spendet den Bewohnern kalter Klimazonen Trost und Zierden denen warmer Klimazonen. Früher wurde angenommen, dass der junge Bär, als er zur Welt kam, nur eine ungeformte Masse war, bis seine Mutter ihn in Form leckte; und daher wurde der Ausdruck „er möchte in Form gebracht werden" von den alten Dramatikern häufig verwendet, wenn sie von einem unbeholfenen, clownesken Mann sprachen.

Der Braunbär war einst auf den britischen Inseln verbreitet. „Vor vielen Jahren wurde es so vollständig weggeschwemmt, dass wir es zum Ködern importiert finden, einem Sport, an dem sowohl unser Adel als auch das Bürgertum der alten Zeit – ja sogar das Königshaus selbst – Freude hatten. Ein Bärenköder war eine der Freizeitbeschäftigungen, die Elizabeth in Kenilworth angeboten wurde, und im Haushaltsbuch des Earl of Northumberland lesen wir von zwanzig Schilling für seinen Bären. In Southwark gab es auf derselben Seite des Wassers einen regulären Bärengarten, der den Globe- und Swan-Theatern die Beliebtheit streitig machte. Nun ändern sich jedoch die Geschmäcker so sehr (in diesem Fall sicherlich zum Besseren), dass solche barbarischen Sportarten aus der Metropole verbannt werden.

Der Bär ist ein Plattfußtier und kann problemlos auf seinen breiten Hinterfüßen stehen, ist jedoch in seinen Bewegungen äußerst unbeholfen und träge. Er besitzt jedoch die Fähigkeit zum Klettern in außerordentlichem Maße; und in seinem Heimatland besteigt er häufig hohe Bäume auf der Suche nach Honig, den er überaus liebt. Bären schwimmen gut und überqueren nicht nur breite Flüsse, sondern manchmal sogar einen Meeresarm.

DER MALAYISCHE SONNENBÄR. (*Ursus Malayanus.*)

BEI diesem Bären ist das Haar kurz und schwarz, außer auf der Brust, wo sich ein großer dreieckiger oder herzförmiger Fleck in Weiß oder Gelb befindet. In jungen Jahren ist er sehr leicht zu zähmen und wird zu einem recht amüsanten Haustier. Ein Individuum im Besitz von Sir Stamford Raffles war so zahm, dass er mit Kindern spielte und zum Esstisch zugelassen werden konnte, wenn er die Richtigkeit seines Urteilsvermögens als Genießer dadurch unter Beweis stellte, dass er sich weigerte, Obst zu essen außer Mangostanfrüchten, oder um Wein außer Champagner zu trinken. Das einzige Mal, dass er außer Humor war, war, als es keinen Champagner für ihn gab. In freier Wildbahn ernährt sich dieser Bär von Gemüse und Honig. Es stammt aus Malakka und den östlichen Inseln.

DER EISBÄR ODER DER GROßE WEISSE BÄR

(*Ursus maritimus.*)

DER EISBÄR ist im Allgemeinen zwischen 1,80 und 2,40 Meter lang. Das Fell ist lang und weiß mit einem gelben Schimmer, der mit zunehmendem Alter des Tieres dunkler wird. Die Ohren sind klein und rund und der Kopf lang. Es bewohnt die arktischen Küsten beider Hemisphären. Es geht schwerfällig und ist in allen seinen Bewegungen sehr ungeschickt; seine Hör- und

Sehsinne scheinen sehr abgestumpft zu sein, aber sein Geruch ist sehr scharf; und es scheint nicht ohne ein gewisses Maß an Verständnis oder zumindest an Gerissenheit zu mangeln. Kapitän King, der 1835 die Küsten des Arktischen Ozeans besuchte, berichtet von einem merkwürdigen Beispiel für die List dieses Tieres: „Einmal sah man einen Eisbären vorsichtig zu einem großen Stück Eis schwammen, auf dem sich zwei weibliche Walrosse befanden liegen schlafend mit ihren Jungen. Der Bär kroch einige Hügel hinter ihnen hinauf und löste mit seinen Vorderfüßen einen großen Eisblock, den er mit Hilfe seiner Nase und Pfoten rollte und trug, bis er sich unmittelbar über den Köpfen der Schläfer befand, als er ihn losließ Es fiel auf eines der alten Tiere, das sofort getötet wurde. Das andere Walross rollte mit seinen Jungen ins Wasser, aber das Junge des ermordeten Weibchens blieb bei seinem Muttertier, und auf dieses hilflose Tier stürzte sich der Bär und tötete so zwei Tiere auf einmal.“

Die Wildheit dieser Bärenart entspricht ihrer List. Vor einigen Jahren schoss die Besatzung eines Bootes, das zu einem Walfangschiff gehörte, aus kurzer Entfernung auf einen Bären und verwundete ihn. Das Tier stieß sofort die schrecklichsten Schreie aus und rannte über das Eis auf das Boot zu. Bevor es es erreichte, wurde ein zweiter Schuss abgefeuert und traf es. Dies trug dazu bei, seine Wut zu steigern. Es schwamm sofort zum Boot; und als es versuchte, an Bord zu kommen, stellte es seinen Vorderfuß auf das Dollbord; Aber einer von der Besatzung hatte ein Beil und schnitt es ab. Das Tier schwamm jedoch immer noch hinter ihnen her, bis sie das Schiff erreichten, und es wurden mehrere Schüsse auf es abgefeuert, die auch Wirkung zeigten; aber als es das Schiff erreichte, stieg es sofort auf das Deck, und die Mannschaft, die in die Wanten geflohen war, verfolgte sie dorthin, als ein Schuss von einem von ihnen es tot auf das Deck legte.

DER WASCHBÄR. (*Procyon Lotor.*)

DIESES Tier stammt ursprünglich aus Amerika und gehört zum Stamm der Bären. Auf Jamaika sind sie sehr zahlreich und richten auf den Zuckerrohr-

und Maisplantagen unglaublichen Schaden an , vor allem bei letzterem, solange er noch jung ist. Der Waschbär ist kleiner als der Fuchs und hat eine spitze Nase. Seine Vorderbeine sind kürzer als die der anderen. Die Farbe seines Körpers ist grau, mit zwei breiten schwarzen Ringen um die Augen und einer dunklen Linie, die in der Mitte seines Gesichts verläuft. Im wilden Zustand ist der Waschbär wild und blutrünstig und richtet sowohl bei wilden als auch bei domestizierten Vögeln großen Schaden an, ohne einen Teil von ihnen außer dem Kopf oder dem Blut, das aus ihren Wunden fließt, zu verzehren. Er ist ein guter Kletterer, da er sich dank der Form seiner Krallen mit großer Zähigkeit an den Ästen der Bäume festhalten kann. Waschbären lassen sich leicht domestizieren und werden dann zu sehr lustigen Tieren. Sie sind schelmisch wie ein Affe, kommen selten zur Ruhe und sind äußerst empfindlich gegenüber Misshandlungen, die sie nie verzeihen. Sie haben eine große Abneigung gegen scharfe und raue Geräusche, wie etwa das Bellen eines Hundes und das Weinen eines Kindes. Sie fressen von allem, was ihnen gegeben wird, und sind, wie die Katze, gute Versorger, indem sie Eier, Früchte, Mais, Insekten, Schnecken und Würmer jagen; und tauchen ihr Essen im Allgemeinen in Wasser, bevor sie es verschlingen. Eine Besonderheit, die nur bei wenigen anderen Tieren zu finden ist, besteht darin, dass sie sowohl durch Schlecken trinken, wie der Hund, als auch durch Saugen, wie das Pferd. Diese Tiere werden wegen ihres Pelzes gejagt, der von den Hutmachern verwendet wird und als zweitgrößter Pelz angesehen wird als der des Bibers; es wird auch in Futterstoffen für Kleidungsstücke verwendet. Die Felle werden, wenn sie richtig zugerichtet sind, zu Handschuhen und Oberleder für Schuhe verarbeitet. Die Neger fressen häufig das Fleisch des Waschbären und lieben es sehr, obwohl es einen sehr unangenehmen und stinkenden Geruch hat. Die amerikanischen Jäger sind begeistert von ihrer Fähigkeit, Waschbären zu erschießen. Was angesichts der außergewöhnlichen Wachsamkeit und List der Tiere keine leichte Aufgabe ist.

Beim Fressen stützen sie sich auf die Hinterpfoten und tragen die Nahrung mit den Vorderpfoten zum Maul. Einige von ihnen lieben Austern und andere Schalentiere sehr und zeigen große Geschicklichkeit darin, die Schalen offen zu halten, während sie den Inhalt herausnehmen. Ihre bemerkenswerteste Eigenart ist jedoch die bereits erwähnte, dass sie ihre Nahrung in Wasser tauchen, wenn sie welche in ihrer Reichweite haben; Wenn dies jedoch nicht der Fall ist, scheinen sie damit zufrieden zu sein, es trocken zu essen.

DER DACH. (*Meles Taxus.*)

DIESES Tier kommt in den meisten Teilen Europas und Asiens vor. Die Länge des Körpers beträgt von der Nase bis zum Ansatz des Schwanzes etwa zwei Fuß und sechs Zoll. Dieser ist kurz und schwarz wie die Kehle, die Brust und der Bauch. Das Haar des anderen Teils des Körpers ist lang und rau, an den Wurzeln gelblich weiß, in der Mitte schwarz und an der Spitze grau; die Zehen sind stark von der Haut umhüllt, und die Krallen der Vorderfüße sind lang ermöglichen es dem Tier, mit großer Wirkung zu graben: Unter dem Schwanz befindet sich ein Behälter, in dem eine weiße, stinkende Substanz abgesondert wird, die ständig durch die Öffnung austritt und so dem Körper einen äußerst unangenehmen Geruch verleiht. Da es ein Einzelgänger ist, gräbt es sich ein Loch, auf dessen Boden es in völliger Sicherheit bleibt: Es ernährt sich von jungen Kaninchen, Vögeln und deren Eiern sowie Honig. Das Weibchen bringt in der Regel drei bis vier Junge gleichzeitig zur Welt.

DER COATI-MONDI. (*Nasua Narica.*)

DIESES in Südamerika beheimatete Tier ist in seiner allgemeinen Körperform dem Waschbären nicht unähnlich und sitzt, wie dieses Tier, häufig auf den Hinterbeinen und trägt in dieser Stellung mit beiden Pfoten seine Nahrung zum Maul. Selbst im Zustand der Zahmheit verfolgt es Geflügel und vernichtet jedes Lebewesen, zu dessen Eroberung es die Kraft hat. Wenn es schläft, rollt es sich zu einer Kugel zusammen und bleibt fünfzehn Stunden lang unbeweglich. Seine Augen sind klein, aber voller Leben; und wenn es domestiziert ist, ist es sehr verspielt und amüsant. Eine große Besonderheit dieses Tieres ist die Länge seiner in alle Richtungen beweglichen Schnauze. Die Ohren sind rund und ähneln denen einer Ratte; Die Vorderfüße haben jeweils fünf Zehen. Das Haar auf dem Rücken ist kurz und rau und von schwärzlicher Farbe; der Schwanz ist mit schwarzen Ringen markiert, wie bei der Wildkatze; Der Rest des Körpers ist eine Mischung aus Schwarz und Rot. Dieses Tier frisst sehr gerne seinen eigenen Schwanz, der sehr lang ist; aber dieser seltsame Appetit ist nicht nur den Nasenbären eigen; Die Mococo und einige Mitglieder des Affenstamms tun dasselbe und scheinen keinen Schmerz zu verspüren, wenn sie einen Teil des Körpers verletzen, der so weit vom Zentrum des Kreislaufs entfernt ist.

Die Zibetkatze (*Viverra Civetta*)

KOMMT in Nordafrika und Guinea vor und ist berühmt für die Herstellung des Parfüms *Zibet genannt* . Er wird wegen dieses Duftes gehalten und mit einer Art Suppe aus Hirse oder Reis gefüttert, mit etwas Fisch oder Fleisch, das dazu in Wasser gekocht wird. Die Zibetkatze befindet sich in einem großen Doppeldrüsengefäß, das sich etwas entfernt unterhalb des Schwanzes befindet. Wenn genügend Zeit für die Sekretion gegeben ist, wird eines dieser Tiere in einen langen Holzkäfig gesteckt, der so eng ist, dass es sich nicht umdrehen kann. Der Käfig wird durch eine Tür hinten geöffnet und ein kleiner Löffel wird durch die Öffnung des Beutels eingeführt, der sorgfältig abgekratzt wird. Dies geschieht zwei- oder dreimal pro Woche, und das Tier soll nach einer Reizung immer die meisten Zibetkatzen produzieren. Obwohl die Zibetkatze in den wärmsten Klimazonen heimisch ist, kommt sie dennoch in gemäßigten und sogar kalten Ländern vor, sofern sie sorgfältig vor den Schäden der Luft geschützt wird. Im wilden Zustand ernährt sich die Zibetkatze ausschließlich von Vögeln und kleinen Vierbeinern; und zu jeder Zeit soll eine kleine Menge Salz es vergiften.

DAS GENET. (*Viverra Genetta.*)

DIESES Tier ist etwa so groß wie eine kleine Katze. Die Haut ist fleckig und schön, von rötlich-grauer Farbe. Die Flecken an den Seiten sind rund und deutlich, die auf der Rückseite fast dicht; Sein Schwanz ist lang und mit sieben oder acht schwarzen Ringen markiert. Aus einer Öffnung unter seinem Schwanz verströmt es eine Art Parfüm, das leicht nach Moschus riecht. Dieses kleine Tier ist sanftmütig und sanft, außer wenn es provoziert wird, und lässt sich leicht domestizieren. In Konstantinopel wandert sie wie unsere Katze von Haus zu Haus und hält das Haus, in dem sie sich befindet, vollkommen frei von Mäusen und Ratten, die ihren Geruch nicht ertragen können. Es kommt wild in verschiedenen Teilen Südeuropas und auch auf dem gesamten afrikanischen Kontinent vor. Sein Fell ist schön und weich und als Handelsartikel wertvoll. Die Augen der Ginsterkatze ziehen sich zusammen, wenn sie dem Licht ausgesetzt werden, wie die der Katze; und es kann seine Krallen auf fast die gleiche Weise einziehen.

Die orientalische Zibetkatze (*Viverra Zibetha*)

IST ein Bewohner Südasiens und der Inseln des Indischen Archipels. Sie ist zwar etwas kleiner als die Afrikanische Zibetkatze, hat aber einen sehr blutrünstigen Lebensstil, was zu einer großen Zerstörung von Geflügel und sogar von Lämmern und jungen Schweinen führt. Der Duft dieser Art wird von den Ureinwohnern östlicher Länder sehr geschätzt.

DER ICHNEUMON, DIE ÄGYPTISCHE MANGOUSTO ODER DIE RATTE DES PHARAOS. (*Herpestes Ichneumon.*)

DIESES Tier hat große Ähnlichkeit mit dem Wieselstamm, sowohl in der Form als auch in den Gewohnheiten. Von der Nasenspitze bis zur Schwanzwurzel ist er etwa 18 Zoll lang. An der Basis ist der Schwanz sehr dick und verjüngt sich allmählich zur Spitze hin, die leicht büschelig ist. Es hat einen langen, aktiven Körper, kurze Beine, lebhafte und durchdringende Augen und eine spitze Nase; Das Haar ist rau und borstig, von blassem rötlichem Grau.

Das Ichneumon wird in der Mythologie des alten Ägypten gefeiert, wo es seit langem domestiziert ist und wegen seiner großen Nützlichkeit bei der Vernichtung von Schlangen, Ratten, Mäusen und anderem Ungeziefer zu den Gottheiten gezählt wurde: Das ist es auch Er liebt Krokodileier, die er aus dem Sand gräbt, wo sie abgelegt wurden. Es ist ein sehr wildes, wenn auch kleines Tier, das mit großer Wut mit Hunden, Füchsen und sogar Schakalen kämpft. Es brütet nicht im Gehege, kann aber leicht gezähmt werden, wenn man es jung nimmt.

Die folgenden Einzelheiten werden von M. D'Obsonville in seinen Essays über die Natur verschiedener fremder Tiere berichtet: „Ich hatte ein sehr junges Ichneumon, das ich großzog. Ich fütterte es zuerst mit Milch und dann mit gebackenem Fleisch, gemischt mit Reis. Bald wurde sie sogar zahmer als eine Katze; denn es kam, als es gerufen wurde, und folgte mir, obwohl in Freiheit, auf dem Land. Eines Tages brachte ich dieses Tier, eine kleine Wasserschlange, zum Leben, weil ich wissen wollte, wie weit sein Instinkt ihn gegen ein Wesen bringen würde, das ihm noch völlig unbekannt war. Sein erstes Gefühl schien eine Mischung aus Erstaunen und Zorn zu sein, denn sein Haar richtete sich auf; aber im Nu schlüpfte er hinter das Reptil, sprang mit bemerkenswerter Schnelligkeit und Beweglichkeit auf seinen Kopf, packte es und zermalmte es zwischen seinen Zähnen. Dieser Aufsatz und die neue Nahrung schienen in ihm seine angeborene und zerstörerische Gier geweckt zu haben, die bis dahin der Sanftmut gewichen war, die er sich durch Bildung angeeignet hatte. Ich hatte in meinem Haus mehrere seltsame Vogelarten, unter denen er aufgewachsen war und die er bis dahin unbehelligt und unbeachtet gehen und kommen ließ; aber ein paar Tage später, als er allein war, erdrosselte er Jeder von ihnen aß ein wenig und trank, wie es schien, das Blut von zweien."

Der MONDGUS (*Herpestes griseus*) und der GARANGAN (*Herpestes Javanicus*) sind östliche Schlupfwinkelarten; Ersterer bewohnt Indien und Letzterer die Insel Java. Wie das Ägyptische Ichneumon sind sie große Feinde von Schlangen und anderen Reptilien und vernichten auch Ratten, aber leider richten sie bei Geflügel oft großen Schaden an.

Die Art und Weise, wie das Ichneumon eine Schlange ergreift, wird von Lucan in seinen *Pharsalia so beschrieben* :

„So oft dringt der Ichneumon an den Ufern des Nils
mit einer List in die tödliche Sülze ein;
Während kunstvoll mit seinem schlanken Schwanz gespielt wird,
stürzt sich die Schlange auf den tanzenden Schatten und
wendet sich dann mit schneller Überraschung dem Feind zu. Mit
voller Kehle fliegt der flinke Verräter,
und in seinem Griff stirbt die keuchende Schlange."

DER WIESEL. (*Mustela vulgaris* .)

DIE zu dieser Gattung gehörenden Tiere sind trotz ihrer geringen Größe alle fleischfressend und aufgrund ihres schlanken und länglichen Körpers, ihrer kurzen Beine und der sehr freien Bewegung in alle Richtungen, die durch die lockeren Gelenke der Wirbelsäule ermöglicht wird, gut zum Verfolgen geeignet ihre Beute bis in die tiefsten Tiefen. Sie sind von Natur aus dazu geschaffen, sich von Tieren zu ernähren, von denen viele über große Kraft und Mut verfügen, und besitzen ein unerschrockenes und wildes Wesen. Das Wiesel hat einen langen und dünnen Körper; Seine Länge mit Schwanz beträgt zehn Zoll und seine Höhe nicht mehr als anderthalb Zoll. In den nördlichen Teilen Europas sind sie sehr zahlreich. Ihre gewöhnliche Nahrung sind Mäuse aller Art, Feldmäuse und Schermaus, Ratten, Maulwürfe und kleine Vögel, gelegentlich auch Kaninchen und Rebhühner. Wenn es vom Hunger getrieben wird, greift es dreist den Geflügelhof an. Wenn das Wiesel einen Hühnerstall betritt, mischt es sich nie in die Hähne oder alten Hühner ein, sondern entscheidet sich für Junghennen und junge Hühner; Diese tötet es mit einem einzigen Schlag auf den Kopf und trägt einen nach dem anderen fort. Es saugt die Eier gierig aus und macht an einem Ende ein kleines Loch, durch das es das Eigelb herauszieht. Im Winter hält es sich in Getreidespeichern und Heuböden auf und im Sommer wählt es die Tiefebenen rund um die Mühlen und Bäche, wo es sich zwischen den Büschen und in den Höhlen alter Bäume versteckt.

Früher glaubte man, das Wiesel sei unbezähmbar; aber Buffon korrigiert diesen Fehler in einem Zusatzband und zeigt anhand eines Briefes einer Korrespondentin, dass es so vertraut wiedergegeben werden kann wie eine Katze oder ein Schoßhündchen. Es fraß häufig aus der Hand seines Korrespondenten und schien Milch und frisches Fleisch lieber zu mögen als jedes andere Lebensmittel. „Wenn ich meine Hände aus einer Entfernung von einem Meter vorführe", sagt diese Dame, „springt es in sie hinein, ohne es jemals zu verfehlen." Um seine Ziele zu erreichen, beweist es viel Anstand und List, und es scheint, als ob es nur aus Laune heraus bestimmte Verbote missachtet. Bei all seinen Handlungen scheint er darauf bedacht zu sein, sich abzulenken und bemerkt zu werden, wobei er bei jedem Sprung und bei jeder Wendung darauf achtet, ob er beobachtet wird oder nicht. Wenn man von seinen Spielen keine Notiz nimmt, hört es sofort damit auf und schläft ein; und wenn es aus dem tiefsten Schlaf erwacht, nimmt es sofort wieder seine Fröhlichkeit an und tollt genauso munter umher wie zuvor. Es zeigt niemals schlechte Laune, es sei denn, es wird eingeschränkt oder zu sehr gehänselt. In diesem Fall drückt es sein Missfallen durch eine Art Murmeln aus, das sich sehr von dem unterscheidet, das es ausstößt, wenn es erfreut ist."

Wiesel und Frettchen werden von Rattenfängern eingesetzt, um die Ratten aus ihren Höhlen zu vertreiben; und sie töten sehr viele, wobei das Wiesel die Gewohnheit hat, seine Beute zu töten, indem es in den Kopf beißt, so dass die Zähne in das Gehirn eindringen, und dann den Körper beiseite zu werfen oder ihn bis zu einem späteren Zeitpunkt zu verstecken.

DAS FRETTCHEN (*Mustela furo*)

IST ein kleines, aber mutiges Tier und ein Feind aller anderen außer denen seiner eigenen Art. Er ähnelt stark dem Iltis und wird von vielen Naturforschern lediglich als eine domestizierte Variante dieses Tieres angesehen. Seine Augen sind bemerkenswert feurig. Er ist es gewohnt, Kaninchen aus ihren Höhlen zu vertreiben, und trägt zu diesem Zweck immer einen Maulkorb, da er sich sonst am Blut des ersten Kaninchens laben würde, dem er begegnete, und sich dann ruhig in den Bau legte, um zu schlafen. Er ist ein so eingefleischter Feind des Kaninchens, dass er, wenn einem jungen Frettchen ein totes Tier präsentiert wird, es sofort mit dem Anschein von Raubgier beißt; oder, wenn es lebendig ist, packt das Frettchen es am Hals, schlingt sich um es und saugt weiterhin sein Blut, bis es gesättigt ist; Tatsächlich ist sein Appetit auf Blut so stark, dass es bekannt ist, dass er Kinder in der Wiege angreift und tötet. Er ist sehr bald gereizt; und sein Biss ist sehr schwer zu heilen.

Unsere Figur ist völlig groß, da die Länge des Tieres normalerweise etwa 13 Zoll beträgt, mit Ausnahme des Schwanzes, der etwa 5 Zoll lang ist.

DER Iltis. (*Mustela putorius.*)

DER starke und unangenehme Geruch dieses Tieres ist sprichwörtlich; Seine Haut ist steif, hart und rau, und wenn sie gut vorbereitet ist, eignet sie sich sehr gut als Kleidung. Er ist etwa 17 Zoll lang, mit Ausnahme des Schwanzes, der etwa 15 cm lang ist. Brust, Schwanz und Beine sind schwärzlich, Bauch und Seiten hingegen gelblich. Manchmal versteckt es sich in geheimen Ecken von Häusern und ist dann eine verheerende Plage für den Geflügelhof. Diese Tiere halten sich normalerweise häufig in den Wäldern auf und vernichten eine große Menge Wild; und einige verlassen die Orte der Menschen und ziehen sich in die Felsen und Spalten der Klippen am Meeresufer zurück und ziehen eine dürftige und spärliche Ernährung mit Sicherheit der Köstlichkeit von Hühnerfleisch und Eiern vor, begleitet von Ärger und Angst. Kaninchen scheinen ihre Lieblingsbeute zu sein, und oft reicht ein einzelner Iltis aus, um ein ganzes Gehege zu zerstören; Denn mit diesem unstillbaren Durst nach Blut, der dem gesamten Wieselstamm angeboren ist, tötet es viel mehr, als es verschlingen kann; und zwanzig Kaninchen wurden tot aufgefunden, von denen ein Iltis durch eine kaum wahrnehmbare Wunde getötet worden war. Der *Iltis* ist das Gleiche wie der *Fitchet* oder *Foumart*, dessen Haare zu feinen Pinseln und Bleistiften verarbeitet werden, die von Malern verwendet werden. Dieses kleine Tier ist wild und mutig. Wenn er von einem Hund angegriffen wird, verteidigt er sich mit großem Elan, greift ihn der Reihe nach an und packt seinen Feind mit einem so scharfen Biss auf die Nase, dass er ihn häufig zum Unterlassen zwingt. Wenn es erhitzt oder wütend wird, ist der Geruch, den es verströmt, absolut unerträglich.

Das Hermelin. (*Mustela erminea.*)

DIESE ART , DIE AUCH HERMELIN genannt wird , ist eine kleinere Art als der Iltis und kommt in England weniger häufig vor als letzterer, obwohl er in Schottland ziemlich häufig vorkommt. Seine Farbe ist im Sommer rotbraun auf der Rückseite und weiß auf der Unterseite; aber im Winter wird das gesamte Fell reinweiß, mit Ausnahme des Schwanzes, der immer schwarz ist, und in diesem Zustand wird das Fell des Hermelins so hoch geschätzt. Im Norden Europas, in Sibirien und in den nördlichsten Teilen Amerikas gibt es Hermelin in großer Zahl, und große Mengen von ihnen werden wegen ihrer Häute getötet, von denen jährlich mehrere Hunderttausend aus diesen rauen nördlichen Regionen exportiert werden , um in zivilisierteren Ländern zur Verzierung der Damenkleidung und der Staatsgewänder von Adligen und anderen hohen Würdenträgern zu dienen. Die reinweiße Haut, die mit den pechschwarzen Schwänzen der kleinen Tiere verziert ist, ist in der Tat eines der elegantesten aller Felle; Aber durch die enormen Mengen, in denen die Felle importiert werden, sind sie so billig geworden, dass Hermelin nicht mehr als modischer Pelz angesehen werden kann und hauptsächlich für die Zwecke verwendet wird, denen die Sitte seine Verwendung in gewisser Weise gewidmet hat.

Wie der Iltis und andere seiner Art ist der Hermelin ein blutrünstiges kleines Geschöpf und so mutig, dass er Tiere angreift, die viel größer sind als er selbst. Es ist sehr zerstörerisch für Geflügel und Wild und jagt sogar Hasen mit Erfolg; Obwohl diese Tiere so flink sind, scheinen sie von der Annäherung ihres kleinen Feindes so fasziniert zu sein, dass sie sich nicht zur Flucht begeben, sondern langsam dahinhüpfen, bis die Reißzähne des Zerstörers in der Kehle seines Opfers verankert sind. wenn alle Bemühungen, ihn abzuschütteln, erfolglos bleiben. Das Hermelin ist auch einer der großen Feinde der Wasserratte, der es ins Wasser folgt. Der Wohnort des Hermelins ist ein schmaler Bau, meist inmitten eines Dickichts oder Ginsterstrauchs; Manchmal nimmt es seinen Aufenthaltsort in einem Kaninchenbau . In diesem Land bringt das Weibchen bei der Geburt vier oder fünf Junge zur Welt; aber in Nordamerika soll der Wurf aus zehn oder zwölf Kleinen bestehen.

DAS SKUNK (*Mustela* oder *Mephitis Americana*)

SIE kommt in den meisten Teilen Nordamerikas vor und ist seltsamerweise mit zwei weißen Streifen gekennzeichnet, die an den Seiten des Rückens entlanglaufen. Er ernährt sich von Mäusen und anderen kleinen Vierbeinern und im Sommer auch von Fröschen. Das Stinktier ist von kräftiger und ziemlich schwerer Gestalt und läuft nur langsam, sodass es, wenn es verfolgt wird, nur eine geringe Chance hätte, zu entkommen, wenn es nicht eine einzigartige Versorgung gehabt hätte, mit der es von der Natur ausgestattet wurde. Es besteht aus einer gelben Flüssigkeit mit einem schrecklichen Geruch, die in einem kleinen Beutel oder Beutel unter der Schwanzwurzel enthalten ist. Die Kreatur kann diese auf eine Entfernung von mehr als einem Meter abfeuern, so dass, selbst wenn die lästige Entladung die Verfolger des Tieres nicht wirklich erreicht und erstickt, sie zwischen ihnen und ihrem beabsichtigten Opfer eine Art unsichtbare Barriere bildet, die kaum jemand kennt Nasen können passieren. Der Geruch ist so stark, dass er schon aus einer Entfernung von hundert Metern Übelkeit hervorruft, und so hartnäckig, dass die Stelle, an der ein Stinktier getötet wurde, den Geruch noch viele Tage lang behält. Das Fleisch dieses Tieres gilt jedoch bei den Indianern als ausgezeichnetes Nahrungsmittel.

DER SABLE. (*Mustela* oder *Martes Zibellina* .)

DIESES Tier stammt aus Sibirien, Kamtschatka und dem asiatischen Russland und hält sich häufig an Flussufern und in den dichtesten Wäldern auf. Es lebt in Erdlöchern und besonders unter den Wurzeln von Bäumen; aber manchmal baut es sein Nest, wie das Eichhörnchen, in Baumhöhlen. Die Haut des Zobels ist wertvoller als die jedes anderen gleich großen Tieres. Eine dieser Häute, die nicht breiter als vier Zoll war, wurde manchmal mit bis zu fünfzehn Pfund geschätzt; aber der allgemeine Preis liegt je nach Qualität zwischen einem und zehn Pfund. Das Fell des Zobels unterscheidet sich von allen anderen. Die Besonderheit besteht darin, dass sich die Haare in beide Richtungen gleichermaßen leicht drehen lassen. Aus diesem Grund blasen Pelzhändler manchmal das Fell jedes Artikels, den sie verkaufen, auf, um zu zeigen, dass es sich wirklich um Zobel handelt. Die Schwänze werden zu Hunderten zu einem Preis von vier bis acht Pfund verkauft.

Der AMERIKANISCHE ZOBEL (*M. leucopus*) wird als eigenständige Art angesehen.

BEECH MARTIN

Der Steinmarder (Mustela *Martes* oder *Martes foina*) rühmt sich wie der Zobel der Ehre, die Reichen und Schönen mit seinem Fell zu schmücken; Prinzen, Damen und wohlhabende Leute aller Nationen sind stolz darauf, seine Beute zu tragen. Er ist etwa so groß wie eine Katze, aber sein Körper ist im Verhältnis viel länger und die Beine kürzer. Seine Haut ist hellbraun, mit Weiß unter der Kehle. Das Fell des Marders erzielt einen guten Preis und wird in europäischen Ländern häufig verwendet, obwohl es dem des Zobels weit unterlegen ist: Das beste, das von den Kürschnern Steinmarderfell genannt wird, wird aus Schweden und Russland importiert.

GELBBRUSTMARDER

Der Kiefern- oder GELBBRUSTMARDER (*M. Abietum*) ist eine weitere Art, deren Fell fast dem des Zobels ähnelt, obwohl es viel billiger ist.

DER OTTER. (*Lutra vulgaris.*)

„Aus seiner Höhle zog der Otter –
Äschen und Forellen kannte ihr Tyrann.
Wie er zwischen Schilf und Riedgras späht,
mit wilder, runder Schnauze und geschärften Ohren,
oder, indem er im kühlen Mondstrahl umherstreift,
den Bach beobachtet oder im Teich schwimmt."
SCOTT.

DA sich der Otter hauptsächlich von Fischen ernährt, ist sein Körper so geformt, dass er mit größter Leichtigkeit schwimmen kann. Sein Körper ist horizontal abgeflacht; sein Schwanz ist flach und breit; Seine Beine sind kurz und seine Zehen sind mit Schwimmhäuten versehen. Seine Zähne sind sehr stark und scharf; und sein Körper hat außer seinem Fell eine äußere Hülle aus rauem, glänzendem Haar. Der Otter ist in seiner Nahrung ein perfekter Genießer; Er frisst selten einen ganzen Fisch, aber er frisst diesen, beginnend am Kopf, und etwa die Hälfte des Körpers, wobei er den Schwanz immer ablehnt. Wenn die Flüsse und Teiche zugefroren sind und der Otter keine Fische mehr bekommen kann, besucht er die benachbarten Bauernhöfe und greift dort Geflügel, Spanferkel und sogar Lämmer an. Ein Otter kann gezähmt werden und ihm beigebracht werden, genug Fische zu fangen, um nicht nur sich selbst, sondern eine ganze Familie zu ernähren. Goldsmith gibt an, dass er sah, wie ein Otter auf Befehl eines Herrn zum Teich ging, den Fisch in eine Ecke trieb, den größten Fisch ergriff, ihn wegbrachte und seinem Herrn gab.

Bewick gibt in seiner Geschichte der Vierbeiner an, dass eine Person namens Collins, die in Kilmerston bei Wooler in Northumberland lebte, einen zahmen Otter hatte, der ihm folgte, wohin er auch ging. Er nahm es häufig zum Angeln im Fluss mit; und wenn es gesättigt war, kehrte es immer wieder zu ihm zurück. Eines Tages, in Abwesenheit von Collins, wurde der Otter von seinem Sohn zum Fischen mitgenommen, anstatt wie üblich zurückzukehren, weigerte er sich, auf den gewohnten Ruf zu kommen, und verschwand. Der Vater versuchte mit allen Mitteln, das Tier zu bergen; und als er nach mehreren Tagen der Suche in der Nähe der Stelle war, an der sein Sohn es verloren hatte, und es beim Namen rief, kroch es zu seiner unaussprechlichen Freude auf seine Füße und zeigte viele Zeichen der Zuneigung und Anhänglichkeit.

Das Otterweibchen bringt bei der Geburt vier bis fünf Junge zur Welt, und zwar im Frühjahr des Jahres. Wo es Teiche in der Nähe eines Herrenhauses gab, kam es vor, dass diese in Kellern oder Abflüssen verstreut wurden. Das Männchen gibt bei der Einnahme keinen Laut von sich, das Weibchen gibt jedoch manchmal ein schrilles Quieken von sich.

Otter werden im Allgemeinen in Fallen gefangen, die in der Nähe ihrer Landeplätze aufgestellt und sorgfältig im Sand versteckt werden. Bei der Jagd durch Hunde wehren sich die Alten mit großer Hartnäckigkeit. Sie beißen stark und geben ihren Griff nicht so schnell auf. Die Otterjagd ist in vielen Teilen Großbritanniens ein beliebter Sport. insbesondere in den Midland Counties Englands und in Wales.

DER SEEEOTTER. (*Lutra* oder *Enhdyralutris* .)

DER Fischotter geht manchmal ans Meer; aber an den Ostküsten Nordasiens und den gegenüberliegenden Küsten Nordamerikas trifft man auf echte Seeotter, hauptsächlich auf den zahlreichen felsigen Inseln, die diese Küsten säumen. Der Seeotter ähnelt in seinen Gewohnheiten eher den Robben als den gewöhnlichen Arten; Es ist ohne Schwanz etwa drei Fuß lang und mit einem dicken, satten, dunkelbraunen oder fast schwarzen Fell bedeckt, das so hoch geschätzt ist, dass einzelne feine Felle bekanntermaßen für eine Summe von zwanzig Pfund verkauft wurden Die Tiere wurden infolgedessen mit solcher Gier gejagt, dass ihre Zahl stark zurückging.

DAS GEMEINSAME SIEGEL. (*Phoca vitulina.*)

DIE amphibischen, fleischfressenden Tiere sind zwar in ihren Gewohnheiten fast mit dem Otter verwandt, unterscheiden sich jedoch in der Konstruktion ihres Körpers stark. Ihre Füße sind so kurz und so von Haut umhüllt, dass sie kaum von Nutzen sind, um dem Tier auf dem Trockenen zu helfen; so dass die Fortbewegung des Siegels auf festem Boden nur durch eine Art halbes Taumeln, Springen und Schlurfen bewirkt wird, was für den Betrachter äußerst lächerlich ist. Die mit kräftigen Krallen ausgestatteten Füße dienen dem Tier jedoch dazu, über ein felsiges Ufer aus dem Wasser zu klettern. Zum Schwimmen ist der Seehund hervorragend geeignet; sein langer, flexibler Körper hat die Form eines Fisches und verjüngt sich zum Schwanz hin; und es ist mit starken Schwimmhäuten zwischen den Zehen versehen, so dass die Vorderfüße als Ruder dienen und die Hinterfüße, die das Tier im Allgemeinen wie einen Schwanz hinter sich herzieht, als Ruder dienen. Der Seehund lebt im Allgemeinen im Wasser und ernährt sich ausschließlich von Fischen; Nur gelegentlich kommt er ans Ufer, um sich im Sand zu sonnen und dort zu liegen und seine Jungen zu säugen. Die übliche Länge eines Siegels beträgt vier bis fünf Fuß. Der Kopf ist groß und rund; der Hals klein und kurz; und auf jeder Seite des Mundes befinden sich mehrere starke Borsten. Von den Schultern verjüngt sich der Körper bis zum Schwanz, der sehr kurz ist. Die Augen sind groß: Es gibt keine äußeren Ohren; und die Zunge ist am Ende gespalten oder gegabelt. Der Körper ist mit kurzem, dichtem Haar bedeckt, das bei den gewöhnlichen Arten im Allgemeinen grau, manchmal aber auch braun oder schwärzlich ist. Es gibt jedoch mehrere Arten; und einer von ihnen, der Seeleopard genannt wird, hat das Fell weiß oder gelb gefleckt.

Robben werden von den Grönländern wegen ihres Öls gejagt, aber auch wegen ihrer Felle, die zur Herstellung von Westen und anderen Kleidungsstücken verwendet werden und von den Fischern wegen ihrer großen Wärme sehr geschätzt werden. Das Öl, von dem ein ausgewachsenes Exemplar vier bis fünf Gallonen ergibt, ist sehr klar und durchsichtig und frei von dem unangenehmen Geruch und Geschmack von Walöl. Wenn sie angegriffen werden, kämpfen sie mit großer Wut; aber wenn sie jung genommen werden, können sie gezähmt werden; Sie werden ihrem Herrn folgen wie ein Hund und zu ihm kommen, wenn er bei dem Namen gerufen wird, der ihnen gegeben wurde. Vor einigen Jahren wurde auf diese Weise ein junger Seehund domestiziert. Es wurde in einiger Entfernung vom Meer gefangen und im Allgemeinen in einem mit Salzwasser gefüllten Gefäß aufbewahrt. Manchmal durfte es jedoch im Haus herumkriechen und sich sogar dem Feuer nähern. Seine natürliche Nahrung wurde ihm regelmäßig beschafft; und es wurde jeden Tag zum Meer getragen und von einem Boot aus hineingeworfen. Es schwamm dem Boot hinterher und ließ sich immer wieder mitnehmen. So lebte es mehrere Wochen und hätte wahrscheinlich noch viel länger gelebt, wenn es nicht manchmal zu grob behandelt worden wäre. Die Weibchen bringen in diesem Klima im Winter Junge zur Welt und ziehen sie auf einer Sandbank, einem Felsen oder einer einsamen Insel in einiger Entfernung vom Festland auf. Wenn sie ihre Jungen säugen, setzen sie sich auf ihre Hinterbeine, während die kleinen Robben, die zunächst weiß und wollig behaart sind, sich an den Zitzen festklammern, von denen es vier gibt. Auf diese Weise bleiben die Jungen zwölf bis fünfzehn Tage lang an dem Ort, an dem sie geboren werden; Danach bringt der Damm sie ins Wasser und gewöhnt sie an das Schwimmen und die Beschaffung ihrer Nahrung durch eigene Industrie.

In Neufundland stellt die Robbenfischerei eine wichtige Quelle des Reichtums dar, und jede Saison werden zahlreiche Schiffe auf der Suche nach Robben ins Eis geschickt. Es ist bekannt, dass ein Schiff fünftausend Robben fängt, aber etwa die Hälfte dieser Zahl ist die übliche Fangmenge. Sobald der

Seehund getötet ist, wird er gehäutet und das Fell, wie Haut und Speck zusammen genannt werden, konserviert. Der Körper des Seehunds wird entweder von den Seeleuten gefressen oder für die Eisbären auf dem Eis zurückgelassen.

Die Ureinwohner der nördlichen Regionen haben mehrere seltsame Aberglauben über Robben. Sie glauben, dass Robben Freude an Gewittern haben; und sagen, dass sie während dieser Zeit auf den Felsen sitzen und mit scheinbarer Freude und Befriedigung die Erschütterung der Elemente betrachten werden. Vor allem die Isländer sollen glauben, dass es sich bei diesen Tieren um Nachkommen des *Pharaos und seines Wirts handelt, die bei der Überschwemmung im Roten Meer* in Robben umgewandelt wurden .

Mehrere Robbenarten zeichnen sich durch eigenartige Anhängsel am Kopf aus, die manchmal die Form einer Haube haben, manchmal in Form eines Nasenfortsatzes. Eine der eigenartigsten Arten ist der See-Elefant (*Morunga proboscidea*), ein Bewohner der Küsten der zahlreichen Inseln, die über den großen Südpolarmeer verstreut liegen. Bei diesem eigenartigen Tier, das oft 24 Fuß lang wird, bildet die Nase des Männchens einen etwa 30 cm langen Rüssel, der sich beträchtlich ausdehnen lässt. Das Weibchen hat kein derartiges Anhängsel. Die Jungen des See-Elefanten sollen, wenn sie gerade geboren sind, so groß sein wie eine ausgewachsene Robbe der gewöhnlichen Art. Die Haut der alten Tiere ist sehr dick und eignet sich hervorragend als Leder für Geschirre.

Das Walross, die Seekuh oder das Walross

(*Trichechus Rosmarus*) .

DIESES sehr merkwürdige Tier ist fast mit dem Seehund verwandt, ist aber viel größer, häufig 18 Fuß lang und 10 bis 12 Fuß breit. Der Kopf ist rund, die Augen sind klein und leuchtend und die Oberlippe, die enorm dick ist, ist mit durchsichtigen Borsten bedeckt, so groß wie ein Strohhalm. Die Nasenlöcher sind sehr groß und es gibt keine Außenohren. Der bemerkenswerteste Teil des Walrosses sind jedoch seine beiden großen Stoßzähne im Oberkiefer; Sie sind umgekehrt, die Spitzen vereinigen sich fast und sind manchmal über 24 Zoll lang! Der Gebrauch, den das Tier von ihnen macht, ist nicht leicht zu erklären, es sei denn, sie helfen ihm, die Felsen und Eisberge hinaufzuklettern, zwischen denen es seinen Aufenthaltsort einnimmt, so wie der Papagei seinen Schnabel benutzt, um auf seine Stange zu gelangen. Die Stoßzähne des Walrosses sind denen des Elefanten in Haltbarkeit und Weißheit überlegen und werden von Zahnärzten zur Herstellung künstlicher Zähne allen anderen Materialien vorgezogen, da sie ihre Farbe viel länger behalten.

Das Walross kommt in einigen nördlichen Meeren häufig vor und greift manchmal ein Boot voller Männer an. Es handelt sich um gesellige Tiere, die normalerweise in Herden von fünfzig bis hundert oder mehr Tieren anzutreffen sind und an den eisigen Ufern schlafen und schnarchen. aber wenn sie alarmiert werden, stürzen sie sich mit großer Hektik und Angst ins Wasser und schwimmen mit solcher Geschwindigkeit, dass es schwierig ist, sie mit einem Boot einzuholen. Einer von ihnen passt immer auf, während die anderen schlafen. Sie ernähren sich von Schalentieren und Algen und liefern ein Öl, dessen Güte dem des Wals gleichkommt. Der Eisbär ist ihr größter Feind. In den Kämpfen zwischen diesen Tieren soll das Walross aufgrund der verzweifelten Wunden, die es mit seinen Stoßzähnen verursacht, im Allgemeinen siegreich sein. Die Weibchen haben jeweils nur ein Junges, das bei der Geburt einem großen Schwein ähnelt.

§ II. *Insektenfressende oder insektenfressende Tiere.*

DER IGEL. (*Erinaceus Europæus.*)

DIESES Tier ähnelt einem Stachelschwein im Miniaturformat und ist überall mit starken und scharfen Stacheln oder Stacheln bedeckt, die es bei Reizung aufrichtet. Seine übliche Nahrung besteht aus Würmern, Nacktschnecken und Schnecken; und daher ist er kein schädliches Tier im Garten, sondern ein sehr nützliches Tier, da er sich von allen Insekten ernährt, die er finden kann. Igel leben in den meisten Teilen Europas. Trotz seines beeindruckenden Aussehens ist es eines der harmlosesten Tiere der Welt. Während andere Lebewesen auf ihre Kraft, ihre List oder ihre Schnelligkeit vertrauen, hat dieser Vierbeiner, der alles verloren hat, nur ein Mittel zur Sicherheit, und vor diesem allein findet er im Allgemeinen Schutz. Sobald es einen Feind wahrnimmt, zieht es alle seine verwundbaren Teile zurück, rollt sich zu einer Kugel zusammen und präsentiert nichts anderes als eine runde Masse von Stacheln, die auf allen Seiten undurchdringlich sind. Wenn der Igel so zusammengerollt ist, lehnen die Katze, das Wiesel, das Frettchen und der Marder, nachdem sie sich mit den Stacheln verletzt haben, den Kampf schnell ab; und der Hund selbst verbringt seine Zeit im Allgemeinen eher mit leeren Drohungen als mit wirksamen Bemühungen, während das kleine Tier geduldig wartet, bis sein Feind durch den Rückzug Gelegenheit zum Rückzug bietet.

Das Weibchen bringt bei einer Geburt zwei bis vier Junge zur Welt. Als Erstgeborene sind sie blind und ihre Stacheln sind weiß und weich, aber nach ein paar Tagen werden sie hart. Der Igel soll die Milch von Kühen saugen; Dies ist jedoch unmöglich, da das Maul des Igels die Zitze der Kuh nicht aufnehmen würde. Der Igel zerstört jedoch manchmal Eier und es ist bekannt, dass er Frösche, Mäuse und sogar Kröten angreift, wenn er vom Hunger gedrängt wird; Gelegentlich frisst es auch die Knollenwurzeln von Pflanzen, bohrt sich unter die Wurzel, um sie zu verschlingen, lässt aber den Stängel und die Blätter unberührt. Der Igel baut sich für den Winter ein Nest aus Blättern und weicher Wolle, im hohlen Stamm eines alten Baumes oder in einem Loch in einem Felsen oder einer Böschung; und hier verbringt er, zusammengerollt, den Winter in einem langen, ununterbrochenen Schlaf. Igel können leicht gezähmt werden und werden manchmal in den Küchen von Londoner Häusern gehalten, um die Schwarzkäfer zu vernichten. Das Fleisch des Igels wird manchmal gegessen; vor allem von Zigeunern, die es offenbar für eine Delikatesse halten. Es soll gut schmecken und reich an gelbem Fett sein.

In Zeiten, in denen die Nahrung für Insekten knapp ist, gönnt er sich auch Äpfel und Birnen, die von den Bäumen gefallen sind, aber ein Blick auf die Struktur des Tieres sollte genügen, um jeden davon zu überzeugen, dass ihm oft die Vorwürfe des Kletterns auf Bäume vorgeworfen werden Die Frucht, die er später angeblich weggetragen hat, durch den genialen Trick, sich auf sie zu stürzen, von den Zweigen zu lösen, um sie an seinen Stacheln zu befestigen, entbehrt jeder Grundlage.

DER MAULWURF. (*Talpa Europaa.*)

DER MAULWURF ist ein merkwürdiges, ungewöhnlich geformtes Tier mit einer langen, flexiblen Schnauze, sehr kleinen Augen und handähnlichen Vorderfüßen, die mit sehr starken Krallen bewaffnet sind, mit denen er sich seinen Weg durch den Boden bahnt, wenn dieser den Untergrund bildet Passagen, in denen es seinen Aufenthaltsort einnimmt. Auch wenn der Maulwurf angeblich nicht den Vorteil des Sehens besitzt, verfügt er doch über die Sinne des Hörens und Fühlens in großer Perfektion; und sein Fell, das kurz und dick ist, ist aufrecht von der Haut abgesetzt, um seinen Fortschritt nicht zu behindern, egal ob er vorwärts oder rückwärts auf seinen Läufen läuft. Diese Wege sind sehr merkwürdig konstruiert: Sie kreuzen sich an verschiedenen Stellen, aber alle führen zu einem Nest in der Mitte, das der Maulwurf zu seiner Burg oder seinem Aufenthaltsort macht. Die Passagen stammen vom Maulwurf auf seiner Suche nach den Regenwürmern und Maden, von denen er lebt; und die Maulwurfshügel entstehen durch die Erde, die er aus seinen Ausläufen kratzt. Diese Maulwurfshügel richten großen Schaden auf Grasland an, da sie das Mähen des Bodens sehr erschweren. Aus diesem Grund werden Maulwurfsfänger eingesetzt, um Fallen im Boden anzubringen, so dass der Maulwurf, wenn er durch einen seiner Gänge rennt, durch die Falle hindurchgeht, die augenblicklich mit dem armen Maulwurf darin aus dem Boden aufspringt. Der weibliche Maulwurf baut sein Nest in einiger Entfernung vom Schloss des Männchens. Sie bekommt nur einmal im Jahr Junge, aber immerhin vier oder fünf auf einmal.

Die folgende merkwürdige Tatsache über einen Maulwurf wird von Mr. Bruce erzählt. „Als ich den Loch of Clunie besuchte, bemerkte ich darin eine kleine Insel, hundertachtzig Yards vom Land entfernt. Auf dieser Insel besaß Lord Airlie, der Besitzer, ein Schloss und ein kleines Gebüsch. Ich beobachtete häufig das Erscheinen frischer Maulwurfshügel; aber eine Zeit lang hielt ich es für die Wassermaus, und eines Tages fragte ich den Gärtner, ob das so sei. Er antwortete , es sei der Maulwurf und er habe in letzter Zeit ein oder zwei gefangen; aber dass er vor fünf oder sechs Jahren zwei in Fallen gefangen hatte und zwei Jahre danach keine beobachtet hatte. Doch etwa vor vier Jahren sahen er und Lord Airlies Butler, als er eines Sommerabends in der Dämmerung an Land kam, in geringer Entfernung auf dem glatten Wasser ein Tier, das zur Insel paddelte und nicht weit davon entfernt war; Bald näherten sie sich dem schwachen Passagier und stellten fest, dass es sich um den Maulwurf handelte, der von einem erstaunlichen Instinkt von der nächsten Landspitze (dem Burghügel) dazu geführt wurde, diese Insel in Besitz zu nehmen. Zu diesem Zeitpunkt war es etwa zwei Jahre lang völlig frei von jeglichen unterirdischen Bewohnern; aber der Maulwurf ist seit mehr als einem Jahr wieder aufgetaucht.“

Der Maulwurf ist sehr kampflustig und manchmal kämpfen zwei der Männchen wütend, bis einer von ihnen getötet wird.

DIE SPITZMAU. (*Sorex araneus.* **)**

DIESES seltsame kleine Tier ähnelt stark einer Maus, außer dass seine Schnauze lang und spitz ist, damit es im Boden nach seiner Nahrung suchen kann, die aus Regenwürmern und Käferlarven besteht. Der Spitzmaus ist wie der Maulwurf sehr kampflustig; und wenn zwei zusammen gesehen werden, sind sie im Allgemeinen in einen wütenden Kampf verwickelt. Wie der Igel wurde er durch falsche Berichte stark empört, wie aus dem folgenden Auszug aus dem höchst amüsanten und interessanten Werk *White's Selborne* hervorgeht : „An der südlichen Ecke des Geländes, in der Nähe der Kirche, standen etwa zwanzig vor Jahren eine sehr alte, groteske, hohle Kopfesche, die seit langem mit nicht geringer Verehrung als Spitzmaus-Esche angesehen wurde. Nun ist eine Spitzmaus-Esche eine Esche, deren Zweige und Zweige, wenn sie auf die Gliedmaßen von Rindern aufgetragen werden, sofort die Schmerzen lindern, die ein Tier erleidet, wenn eine Spitzmaus über den betroffenen Teil rennt; denn es wird angenommen, dass eine Spitzmaus von so unheilvoller und schädlicher Natur ist, dass jedes Mal, wenn sie über ein Tier kriecht, sei es ein Pferd, eine Kuh oder ein Schaf, das leidende Tier von grausamer Qual geplagt und mit dem Tier bedroht wird Verlust der Gebrauchstauglichkeit der Gliedmaße. Gegen diesen Unfall, dem sie ständig ausgesetzt waren, hielten unsere Vorfahren fürsorglich immer eine Spitzmaus-Esche bereit, die, wenn man sie einmal mit Medikamenten behandelte, ihre Wirkung für immer bewahren würde. Eine Spitzmaus-Esche wurde folgendermaßen hergestellt: In den Körper des Baumes wurde mit einem Bohrer ein tiefes Loch gebohrt, und eine arme, ergebene Spitzmaus-Maus wurde lebend hineingesteckt und eingesteckt." Die Grausamkeit dieser und vieler anderer Praktiken unserer Vorfahren sollte uns dankbar machen, dass wir in aufgeklärteren Tagen leben.

Der Körper der Spitzmaus verströmt einen scharfen, moschusartigen Geruch, der das Tier für Katzen so anstößig macht, dass sie sie zwar gerne töten, ihr Fleisch aber nicht fressen. Dieser üble Geruch führte wahrscheinlich zu der Annahme, dass die Spitzmaus ein giftiges Tier sei und dass ihr Biss für Rinder, insbesondere Pferde, gefährlich sei. Allerdings ist er weder giftig noch beißfähig, da sein Maul nicht weit genug ist, um die doppelte Dicke der Haut zu erfassen, die zum Beißen unbedingt erforderlich ist.

Das Spitzmausweibchen baut sein Nest in einer Böschung, oder wenn es auf dem Boden liegt, deckt es es oben ab und dringt immer von der Seite ein; und sie hat im Allgemeinen jeweils fünf bis sieben Junge.

Die Wasserspitzmaus (*Sorex fodiens*) ist ein wunderschönes kleines Geschöpf mit etwas anders geformten Füßen und Schwanz, die es ihr ermöglichen, durch das Wasser zu paddeln, in dem sie mit großer Beweglichkeit taucht und schwimmt. Wenn er „auf der ruhigen Oberfläche eines stillen Baches" schwimmt oder seiner Nahrung nachjagt, wird sein schwarzes, samtiges Fell durch die unzähligen Luftblasen, die ihn beim Eintauchen bedecken, versilbert; Wenn es jedoch wieder aufsteigt, sieht man, dass das Fell völlig trocken ist und das Wasser ebenso vollständig abstößt wie die Federn eines Wasservogels.

DIE FLEDERMAUS. (*Vespertilio Noctula.*)

DIE FLEDERMAUS hat den Körper einer Maus und die Flügel eines Vogels. Es hat ein riesiges Maul und große Ohren, die aus einer Art Membran bestehen, dünn und fast durchsichtig. Die Schwingen seiner Flügel sind mit Haken versehen, mit denen er tagsüber an Bäumen oder in Spalten alter Mauern hängt, viele davon zusammen, da er nur nachts fliegt. Die Flügel der Fledermaus sind sehr groß; die der Großen Fledermaus haben einen Durchmesser von fünfzehn Zoll. Er ernährt sich von Insekten verschiedener Art, insbesondere von Maikäfern und anderen geflügelten Käfern, von denen er jedoch stets einen Teil wegwirft. Eine weibliche Fledermaus, die gefangen und in einem Käfig gehalten wurde, aß Fleisch, wenn man es ihr in kleinen Stücken gab, und schlürfte Wasser wie eine Katze. Sie achtete sehr darauf, sich sauber zu halten, indem sie ihre Hinterpfoten wie einen Kamm benutzte und ihr Fell teilte, um eine gerade Linie entlang des Rückens zu ziehen. Sie reinigte ihre Flügel, indem sie ihre Nase in die Falten steckte und sie schüttelte. Sie brachte ein Junges im Käfig zur Welt. Es war blind und völlig haarlos, und seine Mutter umhüllte es mit der Membran ihres Flügels und drückte es so eng an ihre Brust, dass niemand sehen konnte, wie sie es säugte. Am nächsten Tag starb die arme Mutter und die Kleine wurde lebend an ihrer Brust hängend aufgefunden. Es wurde mit Milch aus einem Schwamm gefüttert, lebte aber nur etwa eine Woche.

DIE PIPISTRELLE. (*Vespertilio Pipistrellus.*)

DIESES kleine Geschöpf, das nur anderthalb Zoll lang ist, scheint in den meisten Teilen Großbritanniens die häufigste aller Fledermäuse zu sein. Gewöhnlich hält es sich in Ritzen und Hohlräumen in alten Backsteinmauern und in geschützten Ecken um Häuser herum auf. Gegen Abend verlässt es seinen Rückzugsort und fliegt umher, um Mücken und andere kleine dämmerungsliebende Insekten zu fangen, von denen es sich ernährt.

Die Langohrfledermaus.

(*Vespertilio* oder *Plecotus auritus* .)

DIE LANGOHRFLEDERMAUS , die in vielen Teilen unseres Landes keine Seltenheit ist, zeichnet sich durch die Größe ihrer Ohren aus, die fast so lang sind wie ihr kleiner, mausähnlicher Körper und aus einer Membran bestehen, die so empfindlich ist fast durchsichtig. Vor dem konkaven Teil jedes dieser riesigen Ohren befindet sich eine schlanke, spitze Membran, die dem kleinen Geschöpf im Ruhezustand ein ganz besonderes Aussehen verleiht; denn die großen häutigen Ohren werden dann zusammengefaltet und sorgfältig unter den Flügeln verstaut , während diese spitzen Lappen, die aus festerem Material bestehen, immer noch aus dem Kopf herausragen und wie ein Paar kleiner Hörner aussehen. Die Langohrfledermaus scheint eine der interessantesten und liebenswürdigsten Arten ihres Stammes zu sein; Es kann leicht gezähmt werden und zeigt tatsächlich vom ersten Moment seiner Gefangennahme an großes Selbstvertrauen. Wenn mehrere zusammen gehalten werden, spielen sie auf eine unbeholfene Art und Weise, was sehr ablenkend ist, und lernen bald, ihre Insektennahrung nicht nur aus der Hand, sondern sogar aus den Lippen ihres Besitzers zu nehmen.

DIE VAMPYRFLEDERMAUS. (*Phyllostoma-Spektrum.*)

DIE VAMPIRFLEDERMAUS , eine große Art, ist berüchtigt für ihre sehr schlechte Angewohnheit, das Blut von Menschen und Vieh zu saugen. Bei seinen Angriffen auf den Menschen lässt es größte Vorsicht walten, indem es sich während des Schlafs nahe an die Füße des Opfers setzt und ihm mit seinen breiten Flügeln Luft zufächelt, um ihm bei den folgenden Operationen ein kühles und angenehmes Gefühl zu geben. Nachdem er die richtigen Vorkehrungen getroffen hat, beißt der Vampir ein kleines Stück aus dem großen Zeh des Schläfers, und obwohl die dadurch verursachte Wunde so klein ist, dass sie nicht durch den Kopf einer Nadel aufgenommen werden könnte, ist sie tief genug, um einen zu verursachen freier Blutfluss, den der Vampir so lange saugt, bis er nicht mehr saugen kann. Rinder werden in der Regel ins Ohr gebissen. Obwohl in vielen Berichten von Reisenden über die Wildheit und blutrünstige Veranlagung des Vampirs einige Übertreibungen zu finden scheinen, besteht kaum ein Zweifel daran, dass der durch seinen Biss verursachte Blutverlust gelegentlich tödlich sein kann, wenn das Saugen fortgesetzt wird , wie Kapitän Stedman sagt, bis der Leidende „von Zeit bis in alle Ewigkeit" schläft.

DIE KALONG-FLEDERMAUS. (*Pteropus edulis.*)

DIESE Fledermaus, die auch Flughund genannt wird, stammt ursprünglich aus den Indischen Inseln. Es handelt sich um eine große Art mit einer Länge von fast zwei Fuß, während ihre großen ledrigen Flügel, die denen ähneln, die in den populären Darstellungen fliegender Dämonen zu sehen sind, von Spitze zu Spitze etwa fünf Fuß lang sind. Tagsüber schlafen die Kalongs und bevorzugen zu diesem Zweck eine Haltung, die unseren Vorstellungen nach sehr unangenehm erscheint; Sie hängen mit ihren Hinterfüßen an den Ästen der Bäume und hängen so mit dem Kopf nach unten. Sie gesellen sich in großer Zahl zusammen, und wenn man sie in der oben beschriebenen Position schlafend sieht, sehen sie so wenig wie Tiere aus, dass Dr. Horsfield uns sagt, dass sie „leicht mit einem Teil des Baumes oder mit einer daran hängenden Frucht ungewöhnlicher Größe verwechselt werden". Geäst." Gegen Abend bietet sich jedoch eine ganz andere Szene. Man sieht, wie diese vermeintlichen Früchte eine nach der anderen ihren Halt an den Zweigen aufgeben und zu den Plantagen verschiedener Art davonsegeln, wo sie unkalkulierbares Unheil anrichten, indem sie jede Frucht verschlingen, die ihnen in den Weg kommt.

§ IV. *Die Marsupialia oder beuteltragenden Tiere.*

DAS KÄNGURU. (*Macropus giganteus.*)

DIESES bemerkenswerte Tier wurde erstmals vom berühmten Kapitän Cook in Neu-Holland entdeckt. Und da es der einzige Vierbeiner war, den die ersten Siedler im Landesinneren entdeckten, versuchten sie, es mit Windhunden zu jagen. Die erstaunlichen Sprünge, die es machte, verwirrten jedoch die Kolonisten, die es äußerst schwierig fanden, es zu fangen. Zunächst ging man davon aus, dass es nur eine Känguru-Art gab, doch inzwischen wurden viele Arten entdeckt, von denen einige nicht größer als eine Ratte und andere so groß wie ein Kalb waren. Kängurus leben in Herden; einer, älter und größer als die anderen, schien eine Art König zu sein. Die Ohren des Kängurus sind groß und in fast ständiger Bewegung; Es hat eine Hasenscharte und einen sehr kleinen Kopf. Die Vorderbeine bzw. Pfoten sind kurz und schwach und haben fünf Zehen, die jeweils in einer kräftigen gebogenen Klaue enden. Die Hinterbeine hingegen sind sehr groß und kräftig, aber die Füße haben nur vier Zehen und viel schwächere Krallen. Der Schwanz ist sehr lang und spitz zulaufend; In der Nähe des Körpers ist es jedoch so dick und stark, dass es eine Art drittes Hinterbein bildet und dem Tier wunderbar dabei hilft, sich in seiner gewöhnlichen aufrechten Position zu stützen. Seine Sprünge sind von außergewöhnlicher Ausdehnung, oft sind sie 20 bis 30 Fuß lang und 6 bis 8 Fuß hoch. Wenn das Tier angegriffen wird, nutzt es seinen Schwanz als starkes Verteidigungsinstrument und kratzt sich auch heftig mit den Hinterpfoten. Im Allgemeinen sitzt er aufrecht, beim Grasen setzt er jedoch seine Vorderpfoten auf den Boden. Es lebt ausschließlich von pflanzlichen Stoffen. Der merkwürdigste Teil des Kängurus ist der Beutel, den das Weibchen vorn trägt, um seine Jungen zu tragen. Es liegt direkt unter ihrer Brust, und die Jungen sitzen dort zum Saugen; Und selbst wenn sie alt genug sind, den Beutel zu verlassen, flüchten Sie darin, wann immer sie Angst haben.

Das Känguru ist leicht zu zähmen, und in England gibt es viele davon in einem gezähmten Zustand. In Australien wird Känguru-Rindfleisch, wie es genannt wird, gegessen und gilt als sehr nahrhaft; aber es ist hart und grob. Das Weibchen bringt in der Regel jeweils zwei Junge zur Welt, die ihr volles Wachstum erst im Alter von einem Jahr erreichen.

Wenn ein großes Känguru von Hunden verfolgt wird, sucht es im Allgemeinen Zuflucht in einem Teich, wo es aufgrund der großen Länge seiner Hinterbeine und seines Schwanzes mit dem Körper halb aus dem Wasser stehen kann, während die Hunde schwimmen müssen. Somit hat das Känguru einen entscheidenden Vorteil; denn wenn jeder Hund sich ihm nähert, ergreift er ihn mit seinen Vorderpfoten, hält ihn unter Wasser und schüttelt ihn heftig, bis der Hund fast erstickt ist, und schleicht sich sehr gerne davon, sobald das Känguru ihn loslässt.

Wenn das Weibchen von den Hunden verfolgt und bedrängt wird, wird es, während es seine Sprünge macht, seine Vorderpfoten in seinen Beutel stecken, ein Junges herausnehmen und es so weit wie möglich außer Sichtweite werfen. Ohne dieses Manöver würden ihr eigenes Leben und das ihres Kindes geopfert; wohingegen ihr häufig die Flucht gelingt und sie anschließend zurückkehrt, um nach ihrem Nachwuchs zu suchen.

DAS VIRGINISCHE OPOSSUM.

(*Didelphis virginiana.*)

DIESES aus Nordamerika stammende Tier ist etwa so groß wie eine Katze und sein Fell ist schmuddelig weiß, mit Ausnahme der Beine, die braun sind, und der Nase und Ohren, die gelblich sind. Außerdem gibt es um jedes Auge einen bräunlichen Kreis und die Ohren sind an der Basis fast schwarz.

Das Opossum lebt im Allgemeinen in Bäumen und hängt sich am Schwanz auf, mit dem es von Ast zu Ast schwingt. Auf diese Weise fängt es die Insekten und kleinen Vögel, von denen es sich normalerweise ernährt; aber manchmal steigt es vom Baum herab und dringt in Geflügelhöfe ein, wo es die Eier und manchmal auch die Junghühner verschlingt. Es ähnelt dem Känguru in seiner Tasche, in der es seine Jungen trägt, aber in keiner anderen Hinsicht, da es auf vier Füßen läuft und seine Beine von gleichmäßiger Länge sind; und es hat einen langen, flexiblen Schwanz, der ihm weder beim Springen noch als Verteidigungswaffe von Nutzen ist. Der Schwanz ist jedoch für die Jungen von besonderem Nutzen, denn wenn sie zu groß werden, um im Beutel getragen zu werden, fliegen sie alarmiert zu ihrer Mutter, drehen ihren langen, schlanken Schwanz um den ihren und springen auf ihren Rücken. Manchmal kann man das weibliche Opossum dabei beobachten, wie es vier oder fünf auf einmal trägt.

Das Opossum lässt sich zwar leicht zähmen, ist aber aufgrund seiner ungeschickten Gestalt und Dummheit sowie seines sehr unangenehmen Geruchs ein unangenehmer Bewohner. Die amerikanischen Indianer spinnen ihr Haar, färben es rot und weben es dann zu Gürteln und anderen Kleidungsstücken. Das Fleisch dieser Tiere ist weiß und wohlschmeckend und wird von den Indianern dem Schweinefleisch vorgezogen; das der jungen Tiere frisst sehr ähnlich wie das Spanferkel.

DER PHALANGER. (*Phalangista vulpina.*)

DIESES in Australien sehr verbreitete Tier hat in seinem Aussehen und seiner Farbe eine gewisse Ähnlichkeit mit einem Fuchs; ist aber viel kleiner. Es hat einen langen, pelzigen Schwanz, der sich stark vom Schwanz des Opossums unterscheidet. Der Phalanger lebt zwischen den Ästen der Bäume, auf denen er nachts mit großer Beweglichkeit herumklettert; Seine Nahrung besteht teils aus Früchten, teils aus kleinen Vögeln, die er bei seinen nächtlichen Ausflügen leicht fängt. Von den Kolonisten Australiens wird es Opossum genannt. Es gibt verschiedene Arten von Phalangern, von denen einige als fliegende Phalanger bekannt sind, da sie an jeder Seite eine breite, lockere Hautfalte haben, die, wenn sie mit den Beinen ausgestreckt wird, dazu dient, das kleine Geschöpf eine Zeit lang zu stützen die Luft und ermöglicht es ihm, über große Entfernungen zu springen.

§ V. – *Rodentia oder nagende Tiere.*

DER BIEBER. (*Rizinusfaser.*)

DER BIBER ist etwa so groß wie der Dachs; Sein Kopf ist kurz, seine Ohren rund und klein, seine Vorderzähne lang, scharf und stark und gut berechnet für den Teil, den ihm die Natur zugeteilt hat; der Schwanz ist oval und mit einer schuppigen Haut bedeckt.

Biber stammen aus Nordamerika und insbesondere aus dem Norden Kanadas. Sie kommen auch in Europa vor und waren früher vielerorts reichlich vorhanden. Ihre Häuser sind aus Erde, Steinen und Stöcken gebaut, ordentlich angeordnet und von ihren Pfoten zusammengefügt. Die Wände sind etwa zwei Fuß dick und werden von einer Art Kuppel überragt, die sich im Allgemeinen etwa einen Meter über ihnen erhebt. Der Eingang befindet sich auf einer Seite, immer mindestens einen Meter unter der Wasseroberfläche, um ein Zufrieren zu verhindern. Die Anzahl der Biber in jedem Haus beträgt zwei bis vier alte und etwa doppelt so viele junge. Wenn Biber eine neue Siedlung gründen, bauen sie im Sommer ihre Häuser; und dann lagen sie in ihren Wintervorräten, die hauptsächlich aus Rinde und den zarten Ästen von Bäumen bestehen, in bestimmte Längen geschnitten und in Haufen außerhalb ihrer Behausung und immer unter Wasser aufgetürmt; obwohl der Haufen manchmal so groß ist, dass er über die Oberfläche hinausragt. Einer dieser Haufen enthält gelegentlich mehr als eine Wagenladung Rinde, junges Holz und die Wurzeln der Seerose.

Biber werden wegen ihrer mit langen Haaren bedeckten Felle gejagt, an deren Unterseite sich ein kurzes, dichtes Fell befindet, das zur Herstellung von Hüten verwendet wird, nachdem die langen Haare zerstört wurden.

Über den Biber wurden seit langem viele Geschichten geglaubt, die auf die Autorität eines französischen Herrn zurückgehen, der lange Zeit in Nordamerika gelebt hatte; aber es ist jetzt festgestellt, dass der größte Teil von ihnen falsch ist. Das Haus des Bibers ist nicht in Zimmer unterteilt, sondern besteht nur aus einer Wohnung; und die Tiere benutzen ihren Schwanz weder als Kelle noch als Schlitten, sondern nur als Schwimmhilfe.

Vor einigen Jahren wurde aus Amerika ein Biber in dieses Land gebracht, der von den Seeleuten ziemlich gezähmt worden war und Bunney hieß. Als er in England ankam, war er ein ziemlicher Liebling und lag auf dem Kaminvorleger in der Bibliothek seines Herrn. Eines Tages entdeckte er den Kleiderschrank des Hausmädchens und seine Neigung zum Bauen zeigte sich sofort. Er ergriff eine große Kehrbürste und zog sie mit den Zähnen in ein Zimmer, wo er die offene Tür vorfand. Anschließend ergriff er auf die gleiche Weise eine Wärmepfanne; und nachdem er die Stiele quer gelegt hatte, füllte er die Wände des Winkels, den die Bürsten mit der Wand bildeten, mit Handfegern, Körben, Stiefeln, Büchern, Handtüchern und allem, was er fassen konnte. Als seine Mauern immer höher wurden, saß er oft aufrecht an seinem Schwanz (mit dem er sich vortrefflich stützte) da, um zu betrachten, was er getan hatte; und wenn ihn die Anordnung eines seiner Baumaterialien nicht zufriedenstellte, würde er einen Teil seiner Arbeit abreißen und ihn gleichmäßiger wieder verlegen. Es war erstaunlich, wie gut es ihm gelang, die unpassenden Materialien, die er ausgewählt hatte, zu ordnen und wie geschickt er es schaffte, sie zu entfernen, indem er sie manchmal zwischen seiner rechten Vorderpfote und seinem Kinn trug, manchmal mit seinen Zähnen zog und manchmal vorwärts schob mit seinem Kinn. Als er seine Mauern gebaut hatte, baute er sich in der Mitte ein Nest, setzte sich hinein und kämmte sein Haar mit den Nägeln seiner Hinterfüße.

Die Moschusratte (*Fiber Zibethicus*)

STAMMT aus Kanada und ähnelt in vielen seiner Gewohnheiten dem Biber. Er hat einen feinen Moschusduft und baut seine Höhlen in Sümpfen und am Wasser, mit zwei oder drei Möglichkeiten, hinein- oder hinauszugehen, und mehreren unterschiedlichen Wohnungen: Er soll einen Eingang zu seinem Loch immer unter Wasser angelegt haben. damit er nicht vom Eis ausgefroren wird. Dieses Tier wird in Amerika Musquash genannt, und sein Fell wird wie das des Bibers zur Herstellung von Hüten verwendet. Zu diesem Zweck sollen jedes Jahr vier- bis fünfhunderttausend Felle nach Europa geschickt werden. Moschusratten werden immer paarweise gesehen;

Obwohl sie wachsam sind, sind sie nicht schüchtern, da sie sich oft recht nahe an ein Boot oder ein anderes Wasserfahrzeug heranwagen. Im Frühling ernähren sie sich von Holzstücken, die sie vorsichtig schälen; und sie lieben besonders die Wurzeln der Süßfahne (*Acorus Calamus*). In Kanada wird dieses Tier Ondatra genannt.

DER HASE. (*Lepus timidus.*)

DIESER kleine Vierbeiner ist an unseren Tischen bekannt dafür, dass er trotz der dunklen Farbe seines Fleisches ein Lieblingsessen ist. Seine Schnelligkeit kann ihn nicht vor der Suche seiner Feinde retten, unter denen der Mensch der eingefleischteste ist. Unbewaffnet und ängstlich scheint der Hase fast mit offenen Augen zu schlafen, so leicht lässt er sich erschrecken. Seine Hinterbeine sind länger als seine Vorderbeine, damit er Hügel hinauflaufen kann; seine Augen sind so prominent platziert, dass sie auf einmal den gesamten Horizont der Ebene umfassen können, in der es seine Form gewählt hat, denn so wird sein Sitz oder Bett genannt; und seine Ohren sind so lang, dass ihm nicht das geringste Geräusch entgehen kann. Es überlebt selten sein siebtes Jahr und vermehrt sich reichlich. Der Hase ist von Natur aus wild und ängstlich, kann jedoch gelegentlich gezähmt werden. Das Folgende stammt aus dem unterhaltsamen Bericht von Cowper über drei Hasen, die er in seinem Haus zahm aufzog; Die Namen, die er ihnen gab, waren Puss, Tiney und Bess. Tiney war ein zurückhaltender und mürrischer Hase; Bess, ein Hase mit viel Humor und Humor, starb jung. „Der Kater kam mir sofort bekannt vor, sprang mir auf den Schoß, stellte sich auf seine Hinterfüße und biss mir die Haare aus den Schläfen. Er erlaubte mir, ihn hochzunehmen und auf meinen Armen herumzutragen, und ist mehr als einmal auf meinen Knien tief und fest eingeschlafen. Er war drei Tage lang krank. Während dieser Zeit pflegte ich ihn, hielt ihn von seinen Artgenossen fern, damit sie ihn nicht belästigten (denn wie viele andere wilde Tiere verfolgen sie ein krankes Exemplar ihrer eigenen Art) und das ständig Seine Pflege und der Versuch mit verschiedenen Kräutern stellten seine vollkommene Gesundheit wieder her. Kein Geschöpf könnte nach seiner Genesung dankbarer sein als mein Patient, ein Gefühl, das er am deutlichsten dadurch zum Ausdruck brachte, dass er meine Hand leckte, zuerst den Handrücken, dann die Handfläche, dann jeden Finger einzeln, dann zwischen allen Fingern, als ob er darauf bedacht wäre Lass keinen Teil davon unbeachtet; eine Zeremonie, die er erst bei einem ähnlichen Anlass noch einmal durchführte.

„Da ich ihn äußerst fügsam fand, machte ich es mir zur Gewohnheit, ihn immer nach dem Frühstück in den Garten zu tragen, wo er sich gewöhnlich bis zum Abend unter den Blättern einer Gurkenranke versteckte und schlief oder wiederkäute; Auch in den Blättern dieses Weinstocks fand er ein Lieblingsessen. Ich hatte ihn noch nicht lange an diesen Geschmack der Freiheit gewöhnt, da begann er schon ungeduldig auf die Rückkehr der Zeit zu warten, in der er sie genießen konnte. Er lud mich in den Garten ein, indem er auf mein Knie trommelte und mit einem Blick, dessen Ausdruck nicht fehlinterpretiert werden konnte. Wenn diese Rhetorik nicht sofort Erfolg hatte, würde er meinen Mantelrock zwischen die Zähne nehmen und mit aller Kraft daran zerren. So könnte man sagen, dass der Kater vollkommen gezähmt war, die Schüchternheit seines Wesens war beseitigt, und im Großen und Ganzen zeigte sich anhand vieler Symptome, die ich hier nicht aufzählen kann, dass er in der menschlichen Gesellschaft glücklicher war als früher halte den Mund mit seinen natürlichen Gefährten.

Hasen sind in der Liste der Wildtiere enthalten und werden mit Windhunden gejagt, was als Coursing bezeichnet wird; und auch von Rudeln von Hunden, die Harriers und Beagles genannt werden. In den nördlichen Regionen gibt es weiße Hasen, deren Farbveränderung auf Kälte zurückzuführen ist.

DAS KANINCHEN. (*Lepus cuniculus.*)

DIESES Tier ähnelt im wilden Zustand dem Hasen in allen seinen Hauptmerkmalen, unterscheidet sich jedoch von ihm durch seine geringere Größe, die verhältnismäßige Kürze des Kopfes und der Hinterbeine, die graue Farbe des Körpers und das Fehlen der schwarzen Spitze bis zu den Ohren und die braune Farbe des oberen Teils des Schwanzes. Seine Gewohnheiten sind jedoch sehr unterschiedlich, denn da er aufgrund seiner Organisation nicht in der Lage ist, seine Feinde bei der Jagd zu überholen, sucht er seine Sicherheit und Schutz, indem er sich im Boden vergräbt; und anstatt ein einsames Leben zu führen, sind seine Manieren äußerst gesellig. Sein Fleisch ist weiß und gut, wenn auch nicht so wertvoll wie das des Hasen.

Das Weibchen beginnt mit der Fortpflanzung, wenn es etwa zwölf Monate alt ist, und bringt mindestens sieben Mal im Jahr ein Kind zur Welt, in der Regel jeweils acht Mal. Nehmen wir nun an, dass dies regelmäßig vorkommt, könnten ein paar Kaninchen am Ende von vier Jahren eine Nachkommenschaft von fast anderthalb Millionen haben! Glücklicherweise ist ihre Zerstörung durch verschiedene Feinde proportional zu ihrer Fruchtbarkeit, sonst könnten wir mit Recht befürchten, dass sie von ihnen überbesetzt werden. Die Jungen werden blind und fast haarlos geboren; während die des Hasen sehen können und mit Haaren bedeckt sind.

DAS HAUSKANINCHEN.

DAS HAUSKANINCHEN ist größer als die Wildart, da es mehr Nahrung aufnimmt und sich weniger bewegt (unser Beispiel ist jedoch unverhältnismäßig groß gezeichnet). Wie Tauben haben sie ihre regelmäßigen Züchter und werden in verschiedenen Farben gezüchtet – grau, rotbraun, schwarz, mehr oder weniger gemischt mit Weiß oder vollkommen weiß. Die Ohren gelten als Hauptmerkmal ihrer Schönheit, und das Tier wird am meisten geschätzt, wenn beide Ohren seitlich am Kopf herabhängen; das Tier wird dann Double Lop genannt; Wenn nur ein Ohr herunterfällt, spricht man von einem Einfach- oder Hornlappen, und wenn beide horizontal ausgestreckt sind, spricht man von einem Ruderlappen.

DAS EICHHÖRNCHEN. (*Sciurus vulgaris.*)

Die Hauptmerkmale dieses hübschen Tieres sind sein ELEGANTER KÖRPERBAU, SEIN TEMPERAMENT UND DIE BEWEGLICHKEIT, IM WALD VON AST ZU AST ZU SPRINGEN. Das Eichhörnchen hat eine tiefrotbraune Farbe, seine Brust und sein Bauch sind weiß. Er ist lebhaft, klug, fügsam und flink: Er ernährt sich von Nüssen und wurde schon so zahm gesehen, dass er in die Tasche seiner Herrin greift und nach einer Mandel oder einem Stück Zucker sucht. Im Wald springt er mit überraschender Beweglichkeit von Baum zu Baum und führt ein äußerst ausgelassenes Leben, umgeben von Überfluss und nur wenigen Feinden. Seine Zeit ist jedoch nicht ausschließlich müßigem Vergnügen gewidmet, denn in der üppigen Jahreszeit des Herbstes sammelt er Vorräte für den nahenden Winter, als wäre er sich darüber im Klaren, dass der Wald dann seiner Früchte und seines Laubs beraubt würde. Sein Schwanz dient ihm als Sonnenschirm, um ihn vor den Sonnenstrahlen zu schützen, als Fallschirm, der ihn vor gefährlichen Stürzen schützt, wenn er von Baum zu Baum springt, und, manche sagen, als Segel, wenn er das Wasser überquert, was er manchmal tut in Lappland auf einem Stück Eis oder Rinde, das wie ein Boot umgedreht ist.

Das Amerikanische Flughörnchen (*Pteromys volucella*) hat eine große Membran, die sich von den Vorderfüßen bis zu den Hinterbeinen erstreckt, die denselben Zweck erfüllt wie der Schwanz des Eichhörnchens und es ihm ermöglicht, überraschende Sprünge zu machen, die fast einem Fliegen ähneln. Beim Springen wird die lose Haut an den Füßen gedehnt, wodurch die Oberfläche des Körpers vergrößert, sein Fall verzögert wird und es den Anschein hat, als würde er von einem Ort zum anderen segeln oder fliegen. Wenn man viele von ihnen gleichzeitig springen sieht, wirken sie wie vom Wind verwehte Blätter. Es gibt viele andere Arten von Eichhörnchen in verschiedenen Teilen der Welt; Die meisten Flughörnchen kommen auf den östlichen Inseln vor.

Der Siebenschläfer oder Schläfer.

(*Myoxus avellanarius.*)

DIESE Tiere bauen ihre Nester entweder in den hohlen Teilen von Bäumen oder in der Nähe des Bodens dichter Sträucher und bedecken sie fleißig mit Moos, weichen Flechten und toten Blättern. Da sie sich der langen Zeit bewusst sind, die sie in ihren Einzelzellen verbringen müssen, gehen Siebenschläfer sehr wählerisch bei der Wahl der Materialien vor, aus denen sie sie bauen und einrichten. und legen im Allgemeinen einen Vorrat an Nahrungsmitteln an, bestehend aus Nüssen, Bohnen und Eicheln; und wenn das kalte Wetter naht, rollen sie sich zu Bällen zusammen, den Schwanz über den Kopf zwischen den Ohren zusammengerollt, und verbringen den größten Teil des Winters in einem Zustand scheinbarer Lethargie, bis die Wärme der Sonne die gesamte Atmosphäre durchdringt. entzündet ihr geronnenes Blut und ruft sie zurück zur Freude am Leben. Außer zur Zeit der Brut und der Aufzucht ihrer Jungen ist die Siebenschläferin meist allein in ihrer Zelle anzutreffen. Dieses Tier zeichnet sich durch die sehr geringe Wärme aus, die sein Körper während seines trägen Zustands besitzt, wenn es tatsächlich vor Kälte gefroren zu sein scheint, und es kann herumgeworfen oder gerollt werden, ohne aufgeweckt zu werden, obwohl es durch die Anwendung von Kälte schnell wiederbelebt werden kann sanfte Wärme, etwa die der Hände. Wenn jedoch eine träge Siebenschläferin vor ein großes Feuer gestellt wird, wird sie durch die plötzliche Veränderung getötet.

DER AMERIKANISCHE SIEBENSCHLÄFER oder ERDHÖRNCHEN ist ein sehr schönes Tier mit gestreiftem Rücken und in seinen Gewohnheiten dem Eichhörnchen ähnlich, nur dass es nicht in Bäumen lebt, sondern sich in der Erde vergräbt.

Das Murmeltier oder die Alpenratte.

(*Arctomys Marmotta.*)

DIES ist ein harmloses, harmloses Tier und scheint keinem Lebewesen außer dem Hund Feindschaft zu hegen. Er wird in Savoyen gefangen und zur Belustigung der Menge in mehrere Länder verschleppt. Wenn er jung gefangen wird, ist er leicht zu zähmen und verfügt über große Muskelkraft und Beweglichkeit. Er läuft oft auf seinen Hinterbeinen und nutzt seine Vorderpfoten, um sich selbst zu ernähren, wie das Eichhörnchen. Das

Murmeltier macht sein Loch sehr tief und in Form des Buchstabens Y, wobei einer der Zweige als Allee zur innersten Wohnung dient und der andere nach unten abfällt, als eine Art Waschbecken oder Abfluss; In diesem sicheren Rückzugsort schläft er den ganzen Winter über, und wenn er entdeckt wird, kann er getötet werden, ohne dass es den Anschein hat, als würde er große Schmerzen erleiden. Diese Tiere produzieren nur einmal im Jahr und bringen drei oder vier gleichzeitig zur Welt. Sie wachsen sehr schnell und ihre Lebensdauer beträgt nicht mehr als neun oder zehn Jahre. Sie sind etwa so groß wie ein Kaninchen, aber deutlich korpulenter. Wenn mehrere Murmeltiere gemeinsam fressen, steht eines von ihnen auf einer erhöhten Position als Wache; und beim ersten Auftauchen eines Menschen, eines Hundes, eines Adlers oder eines anderen gefährlichen Tieres stößt er einen lauten und schrillen Schrei aus, als Zeichen für den sofortigen Rückzug. Das Murmeltier bewohnt die höchsten Regionen der Alpen; andere Arten kommen in Polen, Russland, Sibirien und Kanada vor.

DAS MEERSCHWEINCHEN. (*Cavia Cobaya.*)

DAS MEERSCHWEINCHEN. (*Cavia Cobaya.*)

DIESES Tier ist im Allgemeinen weiß, bunt mit Rot und Schwarz. Sie stammt aus Brasilien, ist aber heute in den meisten Teilen Europas domestiziert und hat etwa die Größe einer großen Ratte, ist jedoch kräftiger gebaut und hat keinen Schwanz. und seine Beine und sein Hals sind so kurz, dass erstere kaum zu sehen sind und letzterer auf seinen Schultern zu stecken scheint. Obwohl Meerschweinchen einen unangenehmen Geruch haben, sind sie äußerst reinlich, und man sieht oft, dass Männchen und Weibchen abwechselnd damit beschäftigt sind, sich gegenseitig die Haut zu glätten, ihre Haare zu entsorgen und ihren Glanz zu verbessern. Sie schlafen wie der Hase mit halb geöffneten Augen und bleiben wachsam, wenn sie eine Gefahr befürchten. Sie lieben dunkle Rückzugsorte; Bevor sie aufhören, schauen sie sich um und scheinen aufmerksam zuzuhören; dann, wenn die Straße frei ist, machen sie sich auf die Suche nach Nahrung, rennen aber beim geringsten Alarm zurück. Sie geben ein Geräusch von sich, das dem Schnarchen eines jungen Schweins ähnelt. Das Weibchen beginnt bereits im Alter von zwei Monaten Junge zu zeugen, und da dies alle zwei oder drei Monate geschieht und es manchmal bis zu zwölf auf einmal sind, können aus einem einzigen

Paar im Laufe eines Jahres tausende herangezogen werden. Sie sind von Natur aus sanft und zahm; ebenso unfähig zum Bösen wie zum Guten scheinen sie zu sein, obwohl Ratten angeblich ihre Gegend meiden. Die Oberlippe ist nur zur Hälfte geteilt; Es hat zwei Schneidezähne in jedem Kiefer und große und breite Ohren. Sie ernähren sich von Brot, Getreide und Gemüse.

DIE MAUS. (*Mus musculus.*)

DIES ist ein lebhaftes, aktives Tier und von Natur aus das scheuste Tier, mit Ausnahme des Hasen und einiger anderer wehrloser Arten. Obwohl er schüchtern ist, frisst er in der Falle, sobald er gefangen wird; Dennoch kann er nie vollständig gezähmt werden und verrät auch keine Zuneigung zu seinem eifrigen Hüter. Er wird von einer Reihe von Feinden bedrängt, darunter der Katze, dem Falken und der Eule, der Schlange und dem Wiesel sowie der Ratte selbst, obwohl sie in ihren Gewohnheiten und ihrer Gestalt der Maus nicht unähnlich ist. Die Maus ist eines der produktivsten Tiere und bringt manchmal bei der Geburt siebzehn Tiere zur Welt. aber es wird angenommen, dass das Leben dieses kleinen Bewohners unserer Behausungen nicht viel länger als drei Jahre dauert. Diese Kreatur ist auf der ganzen Welt bekannt und brütet überall dort, wo sie Nahrung und Ruhe findet. Es gibt Mäuse in verschiedenen Farben, aber die häufigste Art hat einen dunklen, bräunlichen Farbton: Weiße Mäuse sind keine Seltenheit, insbesondere in Savoyen und einigen Teilen Frankreichs.

Ein bemerkenswerter Fall von Scharfsinn bei einer Feldmaus mit langem Schwanz (*Mus sylvaticus*) ereignete sich bei Rev. Mr. White, als seine Leute die Auskleidung einer Brutstätte abrissen, um etwas frischen Dung hinzuzufügen. Von der Seite dieses Bettes sprang etwas mit großer Beweglichkeit hervor, das einen höchst grotesken Eindruck machte und nicht ohne große Schwierigkeiten gefangen werden konnte. Es stellte sich heraus, dass es sich um eine große Feldmaus handelte, an deren Mäulern und

Füßen sich drei oder vier Junge festklammerten . Es war erstaunlich, dass die verschiedenen und schnellen Bewegungen des Damms ihre Sänfte nicht dazu zwangen, ihren Laderaum zu verlassen, besonders wenn sich herausstellte, dass sie so jung waren, dass sie sowohl nackt als auch blind waren. Mr. White scheint der Erste zu sein, der dieses winzige Geschöpf, die Zwergmaus (*Mus messorius*), das kleinste aller britischen Vierbeiner, beschrieben und genau untersucht hat. Er maß einige von ihnen und stellte fest, dass sie von der Nase bis zum Schwanz fünfeinhalb Zoll lang waren. Zwei davon wogen auf einer Waage nur einen halben Kupferpenny, etwa eine Drittelunze Avoirdupoise! Ihr Nest ist eine große Kuriosität, da es die Form einer Kugel hat und entweder zwischen den Stängeln von Binsen und anderen hohen, schlanken Pflanzen aufgehängt oder zwischen den Blättern einer großen Distel platziert ist.

DIE RATTE. (*Mus decumanus.*)

DIE RATTE ist etwa viermal so groß wie die Maus, aber von düsterer Farbe mit weißer Unterseite des Körpers; Sein Kopf ist länger, sein Hals kürzer und seine Augen vergleichsweise größer. Diese Tiere hängen so sehr an unseren Behausungen, dass es fast unmöglich ist, die Rasse zu zerstören, wenn sie einmal Gefallen an einem bestimmten Ort gefunden haben. Ihre Produktion ist enorm, da sie pro Wurf zehn bis zwanzig Junge zur Welt bringen, und das dreimal im Jahr. Ihre Zunahme ist also so groß, dass es möglich ist, dass ein einzelnes Paar (vorausgesetzt, dass genügend Nahrung vorhanden ist und sie keine Feinde haben, die ihre Zahl verringern könnten) am Ende von zwei Jahren auf über eine Million ansteigen kann; aber ein unstillbarer Appetit treibt sie dazu, sich gegenseitig zu zerstören; die Schwächeren fallen immer den Stärkeren zum Opfer; und die große männliche Ratte, die normalerweise alleine lebt, wird von Artgenossen als ihr größter Feind gefürchtet. Die Ratte ist ein mutiges und wildes kleines Tier, und wenn sie dicht verfolgt wird, dreht sie sich um und greift ihren Angreifer an. Sein Biss ist scharf und die Wunde, die er verursacht, ist schmerzhaft und schwer zu heilen, was auf die Form seiner Zähne zurückzuführen ist, die lang, scharf und unregelmäßig sind.

Es gräbt mit großer Geschicklichkeit und Kraft, bahnt sich seinen Weg unter den Böden unserer Häuser, zwischen den Steinen und Ziegeln der Mauern und gräbt oft die Fundamente einer Behausung in gefährlichem Ausmaß aus. Es gibt viele Fälle, in denen sie selbst solideste Bauwerke völlig untergraben oder sich durch Dämme gegraben haben, die jahrhundertelang dazu gedient hatten, das Wasser von Flüssen und Kanälen einzudämmen.

Ein Herr, der vor einiger Zeit durch Mecklenburg reiste, wurde Zeuge eines sehr seltsamen Vorfalls in Bezug auf eines dieser Tiere im Posthaus von New Hargarel. Nach dem Abendessen stellte der Wirt eine große Schüssel Suppe auf den Boden und pfiff laut. Sofort kamen eine Dogge, eine Angorakatze, ein alter Rabe und eine große Ratte mit einer Glocke um den Hals ins Zimmer. Sie gingen alle vier zur Schüssel und aßen gemeinsam, ohne einander zu stören; Danach lagen der Hund, die Katze und die Ratte vor dem Feuer, während der Rabe im Zimmer umherhüpfte. Nachdem der Wirt erklärt hatte, wie vertraut diese Tiere seien, teilte er seinem Gast mit, dass die Ratte das nützlichste der vier sei; denn der Lärm, den er machte, hatte das Haus vollständig von den Ratten und Mäusen befreit, von denen es vorher heimgesucht worden war.

Die Wasserratte (*Arvicola Amphibia*)

BEWOHNT die Ufer von Flüssen und Teichen, wo er Löcher gräbt, immer oberhalb der Wasserlinie, und sich von Wurzeln und Wasserpflanzen ernährt.

Dieses Tier ist fast so groß wie die Wanderratte, hat aber einen größeren Kopf, eine stumpfere Nase und kleinere Augen; seine Ohren sind sehr kurz und fast im Fell verborgen, und die Schwanzspitze ist weißlich; Die Schneidezähne sind vorne von tiefgelber Farbe, sehr kräftig und ähneln stark denen des Bibers. Sein Kopf und Rücken sind mit langen schwarzen Haaren bedeckt und sein Bauch ist eisengrau. Der Schwanz ist mehr als halb so lang wie der Körper und mit Haaren bedeckt. Fell dick und glänzend; von sattem Rotbraun, gemischt mit Grau oben, gelblichem Grau unten. Das Weibchen bringt einmal (und manchmal zweimal) im Jahr eine Brut von fünf oder sechs Jungen zur Welt.

DER LEMMING *(Myodes Lemmus)*

SIE ist eine nahe Verwandte der Wasserratte und etwa gleich groß. Sie ist mit gelblich gefärbtem, schwarz gefärbtem Fell bedeckt. Dieses Tier lebt in den Bergen Norwegens und Schwedens und zeichnet sich dadurch aus, dass es bei Herannahen eines strengen Winters außergewöhnliche Wanderungen in riesigen Körpern durchführt und so plötzlich und unerwartet auftaucht, dass die Menschen früher behaupteten, es sei aus den Wolken gefallen. Ungeachtet ihres angeblichen himmlischen Ursprungs sind sie jedoch sehr unwillkommene Besucher, da sie alles Essbare verschlingen, was ihnen in den Weg kommt, und dabei fast ebenso schwere Schäden anrichten wie die Heuschrecken.

Die Kurzschwanz-Feldmaus oder Feldmaus.

DIESES kleine Tier verfügt über eine wunderbare Fortpflanzungsfähigkeit, und da es äußerst gefräßig ist, verursacht es oft ein Ausmaß an Zerstörung, das in keinem Verhältnis zu seiner Größe und seinem unbedeutenden Aussehen steht. Es gräbt sich wie der Lemming und die Wasserratte in den Boden; Und wenn es die Wurzeln von Bäumen zerfrisst, die ihm im Weg stehen, verursacht es bekanntermaßen sehr schwere Sachschäden. Im Jahr 1813 wurden in einigen Wäldern im Süden Englands so große Mengen dieser Tiere gesammelt, dass man fürchtete, alle jungen Bäume würden zerstört, und es für notwendig erachtete, einen Vernichtungskrieg gegen die Eindringlinge zu organisieren. Man sagt, dass allein in New Forest in einer Saison nicht weniger als 80.000 bis 100.000 Mäuse getötet wurden, und an anderen Orten war die Schlachtung ebenso groß.

Das Lieblingsessen der Feldmaus ist die Rinde von Bäumen und Wurzeln, aber wenn sie von Hunger bedrängt wird, greift sie ihre Artgenossen an und verschlingt sie.

DER JERBOA. (*Dipus ægyptius.*)

DIE Haupteigentümlichkeit dieses Tieres besteht darin, dass es sehr kurze Vorderbeine und sehr lange Hinterbeine hat: Ein Vogel ohne Federn und Flügel, der auf seine Beine springt, würde uns bei der Verfolgung die größte Ähnlichkeit mit der Gestalt einer Springmaus geben . Bei gewöhnlichen Gelegenheiten nutzt es jedoch alle seine vier Füße, und nur wenn es verfolgt wird, drückt es seine Vorderfüße dicht an seinen Körper und springt auf seine Hinterfüße. Die Alten nannten sie die zweifüßige Ratte. Diese Kreatur ist etwa so groß wie eine Ratte; der Kopf ähnelt dem eines Kaninchens mit langen Schnurrhaaren; Der Schwanz ist zehn Zoll lang und endet in einem schwarzen Haarbüschel. Das Fell des Körpers ist gelbbraun, mit Ausnahme der Brust und des Halses sowie eines Teils des Bauches, die weiß sind. Der Jerboa ist sehr aktiv und lebhaft und springt und springt, wenn er verfolgt wird, mit Hilfe seines Schwanzes sechs bis sieben Fuß über dem Boden; aber wenn dieses nützliche Mitglied in irgendeiner Weise verletzt wird, wird die Aktivität der Jerboa proportional verringert; und eines, dem versehentlich der Schwanz entzogen worden war, konnte überhaupt nicht springen. Es gräbt wie das Kaninchen und ernährt sich wie das Eichhörnchen: Ursprünglich stammt es aus Ägypten und den angrenzenden Ländern und kommt auch in Osteuropa vor.

DIE CHINCHILLA. (*Chinchilla lanigera.*)

DIE CHINCHILLA stammt aus Amerika und ihr Fell produziert das wunderschöne Fell, das unter ihrem Namen bekannt ist. Die Körperlänge dieses kleinen Tieres beträgt etwa neun Zoll und sein Schwanz fast fünf; Seine Gliedmaßen sind vergleichsweise kurz, wobei die Hinterbeine deutlich am längsten sind. Das Fell ist von bemerkenswert dichter und feiner Beschaffenheit, etwas knusprig und ineinander verschlungen; von einer gräulichen oder aschefarbenen Oberseite und einer blasseren Unterseite. Es wird für Muffs, Vornadeln und Futter von Umhängen verwendet und ist vielleicht hübscher als der Zobel, wenn auch weniger langlebig und im Handel weniger wertvoll, außer wenn die Mode vorherrscht. Die Form des Kopfes ähnelt der des Kaninchens; die Augen sind voll, groß und schwarz; und die Ohren sind breit, nackt, an den Spitzen rund und fast so lang wie der Kopf. Die Schnurrhaare sind reichlich vorhanden und kräftig, der längste ist doppelt so lang wie der Kopf, einige davon sind schwarz, andere weiß. Vier kurze Zehen, die wie ein Daumen aussehen, schließen die Vorderfüße ab; Die Hinterbeine haben die gleiche Anzahl an Zehen, sehen aber weniger wie Hände aus: Die Krallen sind bei allen kurz und werden von Büscheln borstiger Haare fast verdeckt. Der Schwanz ist etwa halb so lang wie der Körper, durchgehend gleich dick und mit langen, buschigen Haaren bedeckt. Es ähnelt in gewissem Maße der Springmaus und nimmt seine Nahrung wie dieses Tier mit seinen Vorderpfoten auf, während es auf seinen Hinterbeinen sitzt. Das Temperament der Chinchilla ist mild und fügsam. Es lebt in

Erdhöhlen und bringt zweimal im Jahr Junge zur Welt, jeweils fünf oder sechs. Es ernährt sich von den Wurzeln von Zwiebelpflanzen.

Das Stachelschwein. (*Hystrix cristata.*)

WENN dieses Tier ausgewachsen ist, ist es etwa 60 cm lang und sein Körper ist mit Haaren und scharfen Federn bedeckt, die 20 bis 30 cm lang und nach hinten gebogen sind. Wenn er gereizt ist, stehen sie aufrecht; Aber die Geschichte, dass das Stachelschwein damit auf seine Feinde schießen kann, ist nur eine der vielen Fabeln, die früher in der Naturgeschichte als Tatsachen erzählt wurden. Das Weibchen hat jeweils nur ein Junges. Es wird berichtet, dass die Lebenserwartung zwischen zwölf und fünfzehn Jahren liegt. Das Stachelschwein ist langweilig, ärgerlich und harmlos; es ernährt sich von Früchten, Wurzeln und Gemüse; und bewohnt den Süden Europas und fast alle Teile Afrikas, insbesondere Barbary.

DER COUENDOU (*Hystrix* oder *Synetheres prehensilis*)

DAS auch brasilianische Stachelschwein genannt wird, kommt hauptsächlich in Guayana vor und unterscheidet sich vom gewöhnlichen Stachelschwein nicht nur durch die Kürze seiner Stacheln, sondern auch durch die große Länge seines Schwanzes. Dieses Organ, das bei der gewöhnlichen Art nur ein Stumpf ist und ihm nur dadurch von Nutzen ist, dass es beim Schütteln ein Rasseln seiner Stacheln hervorruft, an dem er offenbar große Freude hat, ist fast so lang wie der Körper des Couendou, und Da sein Ende fast nackt ist und sehr eng zusammengerollt werden kann, klammert sich das Tier damit an die Zweige von Bäumen, zwischen denen es gerne klettert.

§ VI. – *Edentata oder zahnlose Tiere.*

DIE TRÄGHEIT. (*Bradypus tridactylus.*)

DIESES Tier, das manchmal auch Ai genannt wird, in Anspielung auf ein Geräusch, das es macht, wenn es gefangen wird und häufig auch, wenn es sich durch den Wald bewegt, hat eine äußerst seltsame Gestalt. Die Arme oder Vorderbeine sind fast doppelt so lang wie die Hinterbeine; auch die Krallen sind größer als der Fuß und nach innen gebogen, um zu verhindern, dass das Tier den Fußballen auf den Boden setzt. Aufgrund dieser Besonderheiten in seiner Konstruktion ist das Fortkommen des Faultiers an Land äußerst langsam und mühsam, denn da es nicht in der Lage ist, sich auf den Füßen zu halten, ist es gezwungen, jede noch so kleine Unebenheit des Bodens auszunutzen, um sich fortzubewegen; aber er soll kein Landtier sein. Er lebt in Bäumen und hängt immer unter dem Ast, mit dem Rücken zum Boden; Und für ein Leben dieser Art sind seine langen Arme und Hakenkrallen hervorragend geeignet. Mr. Waterton, dessen langer Aufenthalt in der Wildnis Südamerikas und seine Gewohnheiten der genauen Beobachtung ihn zu einer hervorragenden Autorität machen, bemerkt, dass, wenn das Faultier von Ast zu Ast des Baumes wandert, in dem es lebt, besonders bei windigem Wetter, Es bewegt sich so schnell, dass es eine ziemliche Fehlbezeichnung wäre, es als Faultier zu bezeichnen. „Das Faultier", sagt Mr. Waterton, „verbringt in seinem wilden Zustand sein ganzes Leben in den Bäumen und verlässt sie nie, außer durch Gewalt oder Zufall; und was noch außergewöhnlicher ist, nicht *auf* den Zweigen, wie das Eichhörnchen und der Affe, *sondern unter ihnen* . Er bewegt sich hängend am Ast, er ruht hängend am Ast und er schläft hängend am Ast. Damit ist seine scheinbar verpfuschte Komposition sofort erklärt; Und anstatt dass das Faultier ein schmerzhaftes Leben führt und seinen Nachkommen ein melancholisches Dasein beschert, kann man mit Fug und Recht schlussfolgern, dass es das Leben genauso genießt wie jedes andere Tier und dass seine außergewöhnliche Bildung und seine einzigartigen Gewohnheiten nur darüber hinausgehen Beweise, die uns dazu bewegen, die wunderbaren Werke der Allmacht zu bewundern."

Das Faultier hat immer drei Zehen; Aber es gibt noch eine andere Art, die Unau genannt wird und nur zwei Zehen und viel kürzere Vorderbeine hat.

Das weibliche Faultier hat jeweils nur ein Junges, das an ihrer Brust hängt und auf ihren Reisen von Ast zu Ast eine Art Wiege für ihren Körper bildet. Tatsächlich scheint es sie nie zu verlassen, bis es in der Lage ist, für sich selbst zu sorgen. Wenn sie am Ast hängt, versteckt sie ihr Junges in ihrem dichten, verfilzten Haar, das in Beschaffenheit und Aussehen trockenem, verwelktem Gras ähnelt und in der Tat der rauen Rinde und dem Moos alter Bäume so ähnlich ist, dass es das Tier kaum erscheinen lässt unterscheidbar. Früher wurde behauptet, dass das Faultier, wenn es von einem Baum Besitz ergriffen hat, nicht herabsteigen wird, solange noch ein Blatt oder eine Knospe übrig ist; und dass es, um die Notwendigkeit eines langsamen und mühsamen Abstiegs zu vermeiden, es zulässt, zu Boden zu fallen; Die Zähigkeit seiner Haut und die Dicke seiner Haare schützen ihn vor allen unangenehmen Folgen. Dies ist jedoch, wie viele andere Aussagen über dieses vielgeschmähte Tier, falsch; In den dichten tropischen Wäldern, in denen das Faultier lebt, hat es selten Gelegenheit, auf die Erde herabzusteigen. aber er nutzt eine windige Nacht, in der sich die Zweige der Bäume verflechten, um mit großer Leichtigkeit von einem Ort zum anderen zu gelangen.

DAS GÜRTELDILLO. (*Dasypus sexcinctus.*)

DIE NATUR scheint bei der Erhaltung dieses Tieres außerordentlich sorgfältig vorgegangen zu sein, denn sie hat es mit einer starken Rüstung umgeben, um es vor seinen Feinden zu schützen. Bei enger Verfolgung nimmt es die Form einer Kugel an; und wenn er sich in der Nähe eines Abgrunds befindet, rollt er von einem Felsen zum anderen und entkommt, ohne Schaden zu nehmen. Der Panzer, der den gesamten Körper bedeckt, besteht aus zahlreichen Knochenplatten, die sehr hart und quadratisch sind und durch eine Art Knorpelsubstanz verbunden sind, die dem Ganzen Flexibilität verleiht. Das Gürteltier ernährt sich hauptsächlich von Wurzeln, Aas und Ameisen; und lebt in freier Wildbahn wie das Kaninchen in unterirdischen Höhlen. Es stammt ursprünglich aus Südamerika. Es gibt mehrere Arten, die sich hauptsächlich in der Anzahl ihrer Bänder unterscheiden. Wenn Naturforscher ein Exemplar des Gürteltiers in seinem Heimatland erhalten möchten, müssen sie einen Indianer damit beauftragen, eines aus seinem Loch auszugraben; und da die Löcher fast unzählig sind und nur wenige von ihnen Gürteltiere enthalten, versuchen die Indianer sie zuerst, indem sie einen Stock hinlegen, und wenn eine Anzahl von Moschustieren aufsteigt, wissen die Indianer, dass das Loch ein Gürteltier enthält, als ob es welche gäbe keine, es gäbe keine Musquitos.

Der große Ameisenfresser. (*Myrmecophaga jubata.* **)**

DER Körper des Großen Ameisenbären ist mit äußerst grobem und struppigem Haar bedeckt. Sein Kopf ist sehr lang und schlank, und das Maul ist gerade groß genug, um seine Zunge aufzunehmen, die zylindrisch ist, fast zwei Fuß lang ist und doppelt gefaltet darin liegt. Der Schwanz ist enorm groß und mit langen schwarzen Haaren bedeckt, ähnlich wie der Schwanz eines Pferdes. Die gesamte Länge des Tieres, vom Ende der Schnauze bis zur Schwanzspitze, beträgt manchmal sieben bis acht Fuß. Seine Nahrung besteht hauptsächlich aus Ameisen, die er auf folgende Weise beschafft: - Wenn er einen Ameisenhaufen erreicht, kratzt er ihn mit seinen langen Krallen auf und entfaltet dann seine schlanke Zunge, die einem enorm langen Wurm sehr ähnelt. Da dieses mit einer klebrigen Substanz oder Speichel bedeckt ist, haften die Ameisen in großer Zahl daran; sie verschlingen diese bei lebendigem Leibe und wiederholen den Vorgang, bis keine mehr zu fangen sind.

Er zerreißt auch die Nester von Asseln, die er ebenfalls entdeckt; Sollte es jedoch bei der Suche nach Nahrung wenig Erfolg haben, kann es ohne Unannehmlichkeiten eine beträchtliche Zeit lang fasten. Die Bewegungen des Ameisenbären sind im Allgemeinen sehr langsam. Es schwimmt jedoch problemlos über große Flüsse; und bei diesen Gelegenheiten wird der Schwanz immer über den Rücken geworfen. Mit diesem außergewöhnlichen Glied soll das Tier im Schlaf oder bei heftigen Regenschauern auch seinen

Rücken bedecken; aber zu anderen Zeiten trägt er es ausgestreckt hinter sich her. Der Ameisenbär stammt ursprünglich aus Südamerika.

Das Schnabeltier oder Wassermaulwurf.
(*Ornithorhynchus paradoxus.*)

DIESES außergewöhnliche Geschöpf hat den Schnabel und die Schwimmhäute einer Ente, verbunden mit dem Körper eines Maulwurfs. Ursprünglich stammt er aus Australien, wo er an Flussufern anzutreffen ist, in deren Seiten er sich eingräbt und sein Nest baut. Es ernährt sich von Wasserinsekten und kleinen Weichtiertieren, weist jedoch stets deren Schalen zurück, nachdem es sie in seinem Maul zerdrückt hat, um den Körper herauszuziehen. Mehrere dieser Tiere kommen immer zusammen vor; aber es ist sehr schwierig, ihre Gewohnheiten zu beobachten, da ihr Gehörsinn so scharf ist, dass sie beim geringsten Geräusch verschwinden und ins Wasser tauchen, in dem sie so tief schwimmen, dass sie nur wie eine schwimmende Masse von Unkraut aussehen die Oberfläche.

Wenn das Tier frisst, taucht es wie eine Ente seinen Schnabel in den Schlamm; und scheint an Land und im Wasser gleichermaßen zu Hause zu sein. Zwei Junge, die Mr. Bennet eine Zeit lang in Sydney gehalten hatte, liebten es, sich wie ein Igel in der Form von Bällen zusammenzurollen. Sie schliefen oft in dieser Position und wenn sie gestört wurden, gaben sie ein „schreckliches kleines Knurren" von sich. Sie wurden mit Würmern, Brot und Milch gefüttert; aber die Gefangenschaft schien ihnen nicht zu gefallen, und sie starben bald. Sie kämmten ihr Fell, indem sie es mit den Füßen kämmten und mit dem Schnabel darauf pickten, und schienen große Freude daran zu haben, es glatt und sauber zu halten.

Die Form dieses Tieres ist so außergewöhnlich, dass, als ein Exemplar zum ersten Mal nach Europa geschickt wurde, angenommen wurde, es sei hergestellt worden, indem der Schnabel einer Ente in den Kopf eines kleinen

Vierbeiners gesteckt wurde, mit der Absicht, zu täuschen. Spätere Erfahrungen haben zweifelsfrei die Existenz des Tieres bewiesen, ohne das Erstaunen, das sein erstes Erscheinen hervorrief, im geringsten zu schmälern, da es zu fast gleichen Teilen die Natur von Vierbeinern und Vögeln zu haben scheint , und Reptilien.

Der Australische Igel (*Echidna hystrix*) hat eine lange und sehr schlanke Schnauze, an deren Ende sich ein sehr kleines Maul befindet, das eine lange Zunge enthält, die das Tier nach Belieben ausstrecken kann. Der Körper ist kurz und rund: Er ist mit kräftigen, scharfen, mit Haaren durchsetzten Stacheln bedeckt; und sein Schwanz ist so kurz, dass zunächst bezweifelt wurde, ob er einen hatte. Das Männchen hat an jedem Hinterbein einen Sporn, von dem lange angenommen wurde, aber fälschlicherweise, dass er giftige Eigenschaften besitzt. Sowohl das Schnabeltier als auch der Australische Igel werden von Zoologen im Allgemeinen als am engsten mit den Beuteltieren oder Beutelsäugetieren verwandt angesehen, obwohl sie hier mit den zahnlosen Vierbeinern eingeordnet werden.

§ VII. – *Dickhäuter oder dickhäutige Tiere.*

DER ELEFANT. (*Elephas indicus.*)

DER ELEFANT. (*Elephas indicus.*)

DIE VORSEHUNG , stets unparteiisch bei der Verteilung ihrer Gaben, hat diesem massigen Vierbeiner als Ausgleich für die Unhöflichkeit seines Körpers einen schnellen Instinkt verliehen, der der Vernunft nahekommt. Der Ceylon-Elefant ist etwa drei bis zwölf Fuß hoch und bei weitem der größte aller lebenden Vierbeiner. Seine Haut hat im Allgemeinen die Farbe einer Maus, ist aber manchmal weiß und manchmal schwarz. Seine Augen sind für die Größe seines Kopfes eher klein, und seine Ohren, die sehr ausgedehnt sind und eine eigentümliche Form haben, hängen herab, statt wie bei den meisten Vierbeinern nach oben zu stehen. Der Elefant ist in seinem wilden Zustand ein geselliges Tier, und wenn er domestiziert ist, ist er anfällig für Anhaftung und Dankbarkeit sowie für Wut und Rache. Mehrere Anekdoten erzählen von seiner schnellen Ergreifung und insbesondere von seiner rachsüchtigen Behandlung derjenigen, die ihn entweder verspottet oder misshandelt haben. Ihn zu enttäuschen ist gefährlich, da es ihm selten gelingt, sich zu rächen. Der folgende Fall wird als Tatsache angeführt und verdient es, aufgezeichnet zu werden: Ein Elefant, der von seiner Belohnung enttäuscht war, tötete aus Rache seinen Statthalter. Die Frau des armen Mannes, die die schreckliche Szene sah, nahm ihre beiden Kinder, warf sie dem wütenden Tier entgegen und sagte: „Da du meinen Mann getötet hast, nimm auch mein Leben und das meiner Kinder!" Der Elefant hielt sofort inne, gab nach und nahm, als würde er von Reue geplagt, den ältesten Jungen in seinen Rüssel, legte ihn ihm um den Hals, adoptierte ihn als seinen Statthalter und erlaubte danach niemandem mehr, ihn zu besteigen.

Das Maul des Elefanten ist mit breiten und starken Knirschzähnen und zwei großen Stoßzähnen bewaffnet, die manchmal neun bis zehn Fuß lang sind und aus denen feinstes Elfenbein hergestellt wird. Das Elfenbein aus den Stoßzähnen des Weibchens gilt als das beste, da der Zahn kleiner ist und daher im zellulären Teil der Masse weniger Porosität zulässt.

Durch die milde Behandlung eines guten Herrn wird der Elefant gezähmt und ist nicht nur ein äußerst nützlicher Diener für Staats- oder Kriegszwecke, sondern auch eine große Hilfe bei der Zähmung der kürzlich gefangenen Wildtiere. Der indische Aberglaube hat der weißen Rasse dieses Vierbeiners große Ehre erwiesen; und die Insel Ceylon soll die besten dieser Art hervorbringen. Dieses riesige Tier wurde durch die Weisheit der Vorsehung nicht zu den fleischfressenden Tieren gezählt: Da pflanzliche Nahrung viel reichlicher vorhanden ist als tierische, ist es dazu bestimmt, sich von Gras und den zarten Trieben der Bäume zu ernähren. Dieses edle Geschöpf trägt die Machthaber des Ostens auf seinem Rücken und scheint sich an pompösen Prunkstücken zu erfreuen: Im Krieg trägt es einen Turm voller Bogenschützen; und leistet in Frieden seine Hilfe bei inländischen Operationen. Das Weibchen soll ein Jahr lang Junge zeugen und jeweils eins zur Welt bringen. Der Elefant wird einhundertzwanzig oder einhundertdreißig Jahre alt, es ist jedoch bekannt, dass er bis zu vierhundert Jahre alt wird. Als Alexander der Große Porus, den König von Indien, besiegt hatte, nahm er einen großen Elefanten, der sehr tapfer für den König gekämpft hatte, gab ihm den Namen Ajax, weihte ihn der Sonne und ließ ihn dann mit dieser Inschrift los: „Alexander, der Sohn des Jupiter hat Ajax der Sonne geweiht." Dieser Elefant wurde 350 Jahre später mit dieser Inschrift gefunden.

Das größte Wunder, das der Elefant zur Bewunderung des intelligenten Naturbeobachters darstellt, ist sein *Rüssel*, der eine Länge von sechs bis acht Fuß erreicht und so flexibel ist, dass er ihn fast so geschickt benutzt wie ein Mensch seine Hand. Es wurde fälschlicherweise gesagt, dass der Elefant seine Nahrung durch seinen Rüssel aufnehmen könne; Diese Art von Rohr ist nichts anderes als eine Verlängerung der Schnauze zum Zweck des Atmens, in die das Tier mit der Kraft seiner Lunge eine große Menge Wasser oder eine andere Flüssigkeit aufsaugen kann, die es wieder ausstößt oder zurückbringt zu seinem Mund, indem er zu diesem Zweck seinen Rüssel umdreht und verkürzt.

Kapitän Marryat erzählt in seinem sehr unterhaltsamen Werk „ *Masterman Ready* " ein merkwürdiges Beispiel für die Scharfsinnigkeit eines Elefanten in Indien, der in ein tiefes Becken gefallen war. Der Tank war so tief, dass es unmöglich war, den Elefanten hochzuheben, aber als die Leute mehrere Bündel Reisigbündel hinwarfen, legte das kluge Tier ein Bündel über das andere und stand immer auf jeder Etage, während er es ordnete, bis es schließlich hochzog Der Haufen war hoch genug, dass er aus dem Tank gehen konnte. Aber Beispiele für die Klugheit dieses edlen Geschöpfs könnten *endlos angeführt werden* . Im Osten, wo sie in den Dienst der Menschen gestellt werden, beladen sie mit einzigartiger Geschicklichkeit ein Boot, halten jeden Gegenstand sorgfältig trocken und verteilen und balancieren die Ladung mit äußerster Präzision.

Seine Stärke ist proportional zu seiner Masse: Auf dem Rücken trägt er drei- bis viertausend Pfund und auf den Stoßzähnen mehr als tausend Pfund.

Der Afrikanische Elefant ist eine eigene Art (*E. africanus*), die sich leicht von seinem asiatischen Bruder durch die enorme Größe seiner Schlagohren unterscheidet. Er kommt im südlichen Teil Afrikas häufig vor und wird wegen seiner Stoßzähne jedes Jahr in großer Zahl getötet.

Das Nilpferd oder Flusspferd.
(*Hippopotamus amphibius.*)

DIESES Tier lebt sowohl an Land als auch im Wasser und übertrifft in seiner Größe niemanden außer dem Elefanten: Er wiegt manchmal mehr als fünfzehnhundert Pfund. Seine Haut ist nackt und von schwarzbrauner Farbe, an der Schnauze und an der Unterseite des Körpers ist er rot gefärbt. Der Kopf ist oben flach, etwa vier Fuß lang und neun Fuß im Umfang; Die Lippen sind groß, die Kiefer etwa zwei Fuß breit geöffnet und die Schneidezähne, von denen jeder Kiefer vier hat, sind fast einen Fuß lang; Er hat breite Ohren und große Augen, einen dicken Hals und einen kurzen Schwanz, der sich wie der eines Schweins verjüngt. Er weidet und frisst die Blätter und jungen Zweige der Bäume am Ufer, zieht sich aber bei Verfolgung ins Wasser zurück und sinkt auf den Grund, wo er jeweils fünf bis sechs Minuten bleiben kann. Wenn er an die Oberfläche steigt und mit dem Kopf aus dem Wasser bleibt, gibt er ein brüllendes Geräusch von sich, das man noch aus großer Entfernung hören kann. Das Weibchen bringt seine Jungen an Land zur Welt, und es wird angenommen, dass es selten mehr als eins auf einmal zur Welt bringt. Das Kalb fliegt in dem Moment, in dem es auf die Welt kommt, zum Wasser, um Schutz zu suchen, wenn es verfolgt wird. ein Umstand, der als bemerkenswertes Beispiel reinen Instinkts angesehen wurde. Schöne Exemplare dieses bemerkenswerten Tieres sind im Zoologischen Garten in London zu sehen; und in Paris ist bekannt, dass sie sich zweimal fortpflanzten, aber in beiden Fällen tötete die Mutter ihren Nachwuchs, entweder absichtlich oder aus Versehen. Das Nilpferd gilt als der Behemoth der Heiligen Schrift. Siehe Hiob, Kap. xl.

DAS Panzernashorn (*Rhinoceros unicornis*)

SO genannt, wird in Indien gezüchtet, hat eine dunkle Schieferfarbe und ist fast so groß wie der Elefant, da er etwa zwölf Fuß lang ist, aber kurze Beine hat. Seine Haut, die von keiner gewöhnlichen Waffe durchdrungen werden kann, ist auf seinem Körper gefaltet, wie in der Abbildung oben dargestellt; Seine Augen sind klein und halb geschlossen und das Horn auf seiner Nase sitzt nur auf der Haut. In der Haft trägt er es oft an einem bloßen Stumpf, indem er es an seinem Kinderbett reibt. Er ist vollkommen unfügsam und widerspenstig; Er ist ein natürlicher Feind des Elefanten, mit dem er oft kämpft, und es wird gesagt, dass er niemals aus dem Weg geht, sondern sich bemüht, alle Hindernisse zu zerstören, die sich ihm in den Weg stellen, anstatt umzukehren. Er ernährt sich von den gröbsten Gemüsesorten und hält sich häufig an Flussufern und sumpfigen Böden auf; Seine Hufe sind in vier Teile geteilt und er grunzt wie ein Schwein, dem er in vielen anderen Einzelheiten ähnelt. Das Weibchen bringt jeweils nur eins zur Welt, und im ersten Monat sind ihre Jungen nicht größer als die eines großen Hundes. Manche halten das Nashorn für das Einhorn der Heiligen Schrift und besitzen alle Eigenschaften, die diesem Tier zugeschrieben werden: Wut, Unbezähmbarkeit, große Schnelligkeit und immense Kraft. Den Römern war es schon sehr früh bekannt. Augustus führte bei seinem Triumph über Kleopatra einen in die Shows ein. Einige Nashörner haben zwei Hörner.

Das Haus- oder Hausschwein (*Sus scrofa*)

UNTERSCHEIDET SICH vom Wildtier hauptsächlich durch kleinere Stoßzähne und große, herabhängende Ohren. Von allen heimischen Vierbeinern ist dieser der schmutzigste und unreinste. Seine Gestalt ist plump und unansehnlich, sein Appetit gefräßig und übertrieben. Die Natur hat ihren Magen jedoch so eingerichtet, dass er Nährstoffe aus einer Vielzahl von Dingen aufnehmen kann, die andernfalls verschwendet würden, wie zum Beispiel die Abfälle des Feldes, des Gartens und der Küche, die ihr eine luxuriöse Mahlzeit ermöglichen. Das Schwein ist von Natur aus dumm, inaktiv und schläfrig; Sie neigen stark zur Fettvermehrung, die anders verteilt ist als bei anderen Tieren und eine dicke, deutliche und regelmäßige Schicht zwischen Fleisch und Haut bildet. Ihr Fleisch, bemerkt Linné, ist eine gesunde Nahrung für diejenigen, die sich viel bewegen, aber ungeeignet für diejenigen, die ein sesshaftes Leben führen. Es ist für dieses Land als See- und Handelsnation von großer Bedeutung, da es sich besser salzen lässt als jedes andere Fleisch und länger haltbar ist.

Die Haussau bringt zweimal im Jahr Junge zur Welt, wobei ein Wurf zwischen zehn und zwanzig bringt. Sie bringt vier Monate Junge zur Welt und bringt im fünften Monat Junge zur Welt. Zu diesem Zeitpunkt muss sie sorgfältig beobachtet werden, um zu verhindern, dass sie ihre Jungen verschlingt. Noch größere Aufmerksamkeit ist erforderlich, um das Männchen fernzuhalten, da es den gesamten Wurf zerstören würde. Juden und Mohammedaner verzichten nicht nur aus religiösen Gründen auf

Schweinefleisch, sondern betrachten sich auch schon durch die Berührung als unrein.

Das Wildschwein (*Sus scrofa*)

BEWOHNT größtenteils Sümpfe und Wälder und ist von schwarzer oder brauner Farbe: Sein Fleisch ist sehr zart und gut zum Essen. Das Wildschwein hat Stoßzähne, die manchmal fast einen Fuß lang sind und sich oft als gefährlich für Menschen und auch für Jagdhunde erwiesen haben. Sein Leben ist auf etwa dreißig Jahre beschränkt; seine Nahrung besteht aus Gemüse; aber wenn ihn der Hunger drängt, verschlingt er Tierfleisch. Dieses Geschöpf ist stark und wild und wendet sich unerschrocken gegen seine Verfolger. Ihn zu jagen ist eines der Hauptvergnügen der Adligen in den Ländern, in denen er zu finden ist. Die für diesen Sport vorgesehenen Hunde sind von der langsamen, schweren Sorte. Diejenigen, die zur Jagd auf Hirsche oder Rehböcke eingesetzt werden, wären sehr ungeeignet, da sie ihre Beute zu schnell herbeiholen würden und statt einer Jagd nur eine Verlobung liefern würden. Deshalb werden kleine Doggen gewählt; Auch legen die Jäger keinen großen Wert auf die Güte ihrer Nase, da das Wildschwein einen so starken

Geruch hinterlässt, dass es ihnen unmöglich ist, seinen Kurs zu verfehlen. Sie jagen nur die größten und ältesten Tiere, die man an ihren Stoßzähnen erkennt. Wenn der Eber *aufgezogen ist* , wie man ihn aus seinem Versteck vertreibt, geht er langsam und mürrisch voran, ohne Anzeichen von Angst, nicht sehr weit vor seinen Verfolgern. Etwa am Ende jeder halben Meile dreht er sich um, bleibt stehen, bis die Hunde auftauchen, und bietet an, sie anzugreifen. Diese hingegen, die ihre Gefahr kennen, halten sich fern und bellen ihn aus der Ferne an. Nachdem sie einander eine Weile in gegenseitiger Feindseligkeit angeschaut hatten, setzt der Eber langsam seinen Lauf fort und die Hunde nehmen die Verfolgung wieder auf. Auf diese Weise wird der Angriff aufrechterhalten und die Jagd geht weiter, bis der Eber ganz müde ist und sich weigert, weiterzugehen. Die Hunde versuchen dann, sich ihm von hinten zu nähern; Diejenigen, die jung, wild und an die Jagd ungewohnt sind, sind im Allgemeinen die Ersten und verlieren oft ihr Leben durch ihren Eifer. Diejenigen, die älter und besser ausgebildet sind, begnügen sich damit, zu warten, bis die Jäger auftauchen und ihn mit ihren Speeren erledigen.

Früher war das Wildschwein in Großbritannien beheimatet, wie aus den Gesetzen des walisischen Prinzen Howell dem Guten hervorgeht, der seinem großen Jäger erlaubte, dieses Tier von Mitte November bis Anfang Dezember zu jagen. und unter Wilhelm dem Eroberer wurden diejenigen, die wegen der Tötung von Wildschweinen in einem der königlichen Wälder verurteilt wurden, mit dem Verlust ihrer Augen bestraft. Unsere Hausschweine stammen von der Wildrasse ab; aber der zahme Eber hat zwei Stoßzähne, die kleiner sind als die der wilden, und die Sau hat keine.

DER BABIROUSSA, (*Babirussa alfurus*)

IST eine einzigartige Schweinsart, die auf vielen Inseln des östlichen Archipels lebt. Seine vier Stoßzähne sind von enormer Größe, insbesondere die des Oberkiefers, die vollständig nach oben gedreht und hörnerartig zur Stirn zurückgebogen sind, die sie manchmal sogar berühren. Diese einzigartigen Stoßzähne kommen nur beim Männchen vor; Aufgrund ihrer Bauart scheinen sie ihm als Waffen kaum von Nutzen zu sein; und früher nahm man an, dass er sie als Haken benutzte, um sich für die Nachtruhe an einen Ast eines Baumes aufzuhängen.

DER PEKARIS. (*Dicotyles labiatus.*)

DABEI handelt es sich um eine kleine Schweineart von brauner Farbe mit blassen Lippen, die in großen Gruppen in den Wäldern Südamerikas vorkommt. Diese Pekari-Banden sollen unter der Führung einer Art Häuptling von Ort zu Ort reisen, der sich an die Spitze seiner Truppe stellt und in direkter Linie vorwärts marschiert, wobei er kühn über die Flüsse schwimmt und oft die Plantagen verwüstet. Wenn eine dieser Truppen auf einen ungewöhnlichen Gegenstand trifft, bleiben alle stehen, um ihn zu untersuchen, und machen dabei ein schreckliches Klappern mit den Zähnen, das sie gerne zu ihrer eigenen Verteidigung einsetzen, und werden einen Angreifer bald in Stücke reißen, wenn er es nicht kann gelingt es, auf einen Baum zu klettern.

DER TAPIR. (*Tapirus americanus.*)

DIESES Tier hat große Ähnlichkeit mit dem Wildschwein, hat aber keine Stoßzähne und seine Schnauze ist in einen kleinen fleischigen Rüssel oder Rüssel verlängert. Dieser Rüssel ist jedoch nicht so flexibel wie der Elefantenrüssel und kann nichts halten. Die Farbe des Tapirs ist tiefbraun und das Männchen hat eine kleine Mähne am oberen Teil seines Halses. Es ist etwa einen Meter hoch und fast zwei Meter lang. Es liegt im Dickicht, dessen dornige Äste ihm aufgrund der Dicke seiner Haut nichts anhaben können, während sie die Haut seiner Verfolger zerreißen. Sein Lieblingsessen ist die Wassermelone. Man findet ihn im Allgemeinen allein und streift nachts immer auf der Suche nach Nahrung umher; und es ist leicht zu zähmen, wenn man es jung einnimmt. Es verfügt über die gleiche Fähigkeit, unter Wasser zu bleiben wie das Nilpferd, und wenn es in einen Teich gelangt, kann es auf den Grund sinken und dort fünf bis sechs Minuten bleiben.

Der Schabrackentapir (*T. malayanus*) ist der amerikanischen Art in seiner Form sehr ähnlich; ist aber größer und hat keine Mähne. Es ist sehr bemerkenswert für die Verteilung seiner Farben, wobei der vordere Teil und die Beine tiefschwarz sind und der Rumpf, der Rücken und die Seiten weiß sind. Dieses Tier kommt hauptsächlich auf Sumatra und Borneo vor.

DAS PFERD. (*Equus caballus.*)

DER edelste Sieg, den der Mensch jemals über die rohe Schöpfung errungen hat, war die Zähmung des Pferdes und seine Anpassung an seinen Dienst. Er verringert die Arbeit des Menschen und erhöht seine Freuden: Er teilt mit gleicher Fügsamkeit und Fröhlichkeit die Strapazen der Jagd oder die Gefahren des Krieges; und zieht mit angemessener Kraft, Schnelligkeit oder Anmut die schweren Pflüge und Karren der Landwirte, die leichten Fahrzeuge der Modebewussten und die stattlichen Kutschen der Aristokraten.

Das Pferd wird heute in den meisten Teilen der Welt gezüchtet: Die Pferde in Arabien, der Türkei und Persien gelten als besser proportioniert als viele andere; Aber das englische Rennpferd kann zu Recht den Vorrang vor allen anderen europäischen Rassen beanspruchen und steht keiner anderen an Stärke und Symmetrie nach.

Die schönen Pferde, die in Arabien gezüchtet werden, haben im Allgemeinen eine braune Farbe; Ihre Mähne und ihr Schweif sind sehr kurz, das Haar schwarz und büschelig. Die Araber nutzen die Stuten größtenteils für ihre gewöhnlichen Ausflüge; Die Erfahrung hat sie gelehrt, dass sie weniger bösartig sind als die Männer und eher in der Lage, Abstinenz und Müdigkeit auszuhalten. Da die Araber keinen anderen Wohnsitz als ein Zelt haben, dient dieses auch als Stall; Der Ehemann, die Ehefrau, das Kind, die Stute und das Fohlen liegen wahllos beieinander, und die jüngeren Zweige der Familie können oft gesehen werden, wie sie den Hals umarmen oder auf dem Körper der Stute ruhen, ohne die geringste Ahnung von Angst oder Furcht Gefahr.

Von der bemerkenswerten Anhänglichkeit der Araber an diese Tiere hat St. Pierre in seinen Naturstudien ein ergreifendes Beispiel gegeben: „Der ganze Stamm eines armen Arabers der Wüste bestand aus einer wunderschönen Stute: Dies war der französische Konsul in Said." zum Kauf angeboten, mit der Absicht, sie an Ludwig XIV. zu schicken. Der von der Not gedrängte Araber zögerte lange, stimmte aber schließlich zu, unter der Bedingung, eine sehr beträchtliche Geldsumme zu erhalten, die er nannte. Der Konsul schrieb an Frankreich und bat um Erlaubnis, den Handel abschließen zu dürfen; und nachdem er sie erhalten hatte, schickte er die Informationen an den Araber. Der Mann, der so mittellos war, dass er nur eine elende Hülle für seinen Körper besaß, kam mit seinem prächtigen Renner an: Er stieg ab, blickte zuerst auf das Gold, dann standhaft auf seine Stute und seufzte: „Wem ist das?", rief er er, „dass ich dich aufgeben werde?" An die Europäer? Wer wird dich fesseln, wer wird dich schlagen, wer wird dich unglücklich machen! Kehre mit mir zurück, meine Schönheit, mein Juwel! und erfreue die Herzen meiner Kinder:' Als er die letzten Worte sprach, sprang er auf ihren Rücken und war fast im nächsten Moment außer Sicht."

Die Intelligenz des Pferdes steht der des Elefanten am nächsten und er gehorcht seinem Reiter mit so viel Pünktlichkeit und Verständnis, dass die Amerikaner, die noch nie einen Mann auf dem Pferd gesehen hatten, zunächst dachten, die Spanier seien eine Art Elefant Zentauren, halb Menschen und halb Pferde. Das Pferd lebt in einem häuslichen Zustand selten länger als zwanzig Jahre; aber es wird angenommen, dass er im wilden Zustand ein viel höheres Alter erreicht. Die Stute ist in ihrer Gestalt ebenso elegant wie das Pferd; und ihr Junges wird Fohlen genannt. Das Alter des Pferdes lässt sich an seinen Zähnen ablesen; und seine Farbe, die von Schwarz bis Weiß und vom dunkelsten Braun bis zu einem hellen Haselnusston variiert, gilt als Kriterium für die Beurteilung seiner Stärke.

Das Pferd ernährt sich von frischem oder trockenem Gras und Mais: Es ist anfällig für viele Krankheiten und stirbt oft plötzlich. Im Naturzustand ist er ein geselliges Tier, und selbst wenn er domestiziert ist, hat seine entwürdigende Situation der Sklaverei seine Liebe zur Gesellschaft und zur Freundschaft nicht völlig zerstört; Denn es ist bekannt, dass Pferde vor dem Verlust ihrer Herren, ihrer Stallkameraden und sogar vor dem Tod eines Hundes, der in der Nähe der Krippe gezüchtet wurde, schmachten. Vergil scheint in seiner schönen Beschreibung dieses edlen Tieres Hiob nachgeahmt zu haben:

„Der feurige Renner, wenn er von weitem
die lebhaften Trompeten und das Kriegsgeschrei hört,
spitzt seine Ohren und zittert vor Freude,
wechselt seinen Platz und seine Pfoten und hofft auf den versprochenen
Kampf.
Auf seiner rechten Schulter lag seine dicke Mähne,
die sich schnell kräuselte und im Wind tanzte.
Seine geilen Hufe sind pechschwarz und rund,
sein Kinn ist doppelt; Er beginnt mit einem Sprung,
dreht den Rasen um und erschüttert den festen Boden.
Feuer aus seinen Augen, Wolken aus seinen Nasenlöchern;
Er stürzt seinen Reiter kopfüber auf den Feind.“

DER ARSCH. (*Equus Asinus.*)

DER Esel ist ein Lasttier und äußerst nützlich für den Menschen. Er ist kräftiger als die meisten Tiere seiner Größe und erträgt Müdigkeit mit Geduld und Hunger mit offensichtlicher Fröhlichkeit. Ein Bündel getrockneter Kräuter oder eine Distel auf der Straße genügen für seine tägliche Mahlzeit, und in Ermangelung eines besseren begnügt er sich mit dem klaren und reinen Wasser eines benachbarten Baches (in dessen Wahl er besonders nett ist). Fahrpreis. Es ist wahrscheinlich, dass der Esel ursprünglich in Arabien und anderen Teilen des Ostens beheimatet war: In den Wüsten Libyens und Numidiens sowie in vielen Teilen des Archipels gibt es riesige Herden wilder Esel, die mit so erstaunlicher Schnelligkeit rennen, dass sogar ... die flinksten Pferde des Landes können sie kaum überholen. Gegenwärtig ist die vielleicht beste Rasse in Europa die Spanier; und sehr wertvolle Esel gibt es immer noch auf dem südlichen Kontinent Amerika, wo die Rasse während der Existenz der spanischen Herrschaft sehr sorgfältig gepflegt wurde. Wir erfahren, dass es zur Zeit Elisabeths in diesem Land keine Esel gab. Unser Umgang mit diesem sehr nützlichen Tier ist sowohl mutwillig als auch grausam und äußerst undankbar, wenn man bedenkt, welche großen Dienste es uns zu so geringen Kosten leistet. Die Ohren des Esels sind ungewöhnlich lang; und er ist von grauer oder brauner Farbe, mit einem schwarzen Kreuz auf seinem Rücken und seinen Schultern. Wenn er noch sehr jung ist, ist der Esel lebhaft und sogar einigermaßen hübsch; aber er verliert diese Qualifikationen bald, sei es durch Alter oder Misshandlung, und wird langsam, mürrisch und eigensinnig. Das Weibchen liebt ihr Junges leidenschaftlich; und es wird gesagt, dass sie sogar Feuer und Wasser überqueren wird, um es zu schützen oder sich wieder anzuschließen. Der Esel ist manchmal auch sehr an seinen Besitzer gebunden, den er aus der Ferne wittert und in der Menschenmenge deutlich von anderen unterscheidet.

Das Weibchen wird mit elf Monate alten Jungen geboren und bringt selten mehr als ein Fohlen auf einmal zur Welt: Die Zähne folgen der gleichen Reihenfolge des Aussehens und der Erneuerung wie die des Pferdes. Eselsmilch ist seit langem für ihre heilenden Eigenschaften bekannt; Kranke, die an einer Schwäche der Verdauungs- und Assimilationsfunktionen leiden, nutzen es mit großem Vorteil; und auch denen, die unter Schwindsucht leiden, wird es ganz allgemein empfohlen.

Ein alter Mann, der vor einigen Jahren in London Gemüse verkaufte, benutzte bei seiner Arbeit einen Esel, der seine Körbe von Tür zu Tür transportierte. Häufig gab er dem armen, fleißigen Geschöpf eine Handvoll Heu, ein paar Stücke Brot oder Gemüse als Erfrischung oder Belohnung. Der alte Mann brauchte keinen Stachel für das Tier und musste tatsächlich nur selten die Hand heben, um es anzutreiben. Eines Tages wurde ihm auf seine freundliche Behandlung hingewiesen und er wurde gefragt, ob sein Tier dazu neige, stur zu sein? "Ah! „Meister", antwortete er, „es hat keinen Zweck, grausam zu sein, und über Sturheit kann ich mich nicht beschweren; denn er ist bereit, alles zu tun und überall hinzugehen. Ich habe ihn selbst gezüchtet. Er ist manchmal scheu und verspielt und ist einmal vor mir weggelaufen; Sie werden es kaum glauben, aber mehr als fünfzig Leute waren hinter ihm her und versuchten vergeblich, ihn aufzuhalten; Dennoch wandte er sich ab und hörte nie auf, bis er seinen Kopf freundlich an meine Brust drückte."

Die Alten hatten große Achtung vor diesem Tier. Die Römer hatten eine Rasse, die sie so hoch schätzten, dass Plinius eines der Männchen erwähnt, das für einen Preis von mehr als dreitausend Pfund unseres Geldes verkauft wurde; und er sagt, dass in Celtiberia, einer Provinz in Spanien, ein Esel Hengstfohlen hatte, die für fast den gleichen Betrag gekauft wurden. Der Esel wird fast so alt wie das Pferd. Aufgrund der allgemeinen Ähnlichkeit zwischen dem Esel und dem Pferd könnte man natürlich annehmen, dass sie eng miteinander verbunden waren und dass eines davon degeneriert war; sie sind jedoch vollkommen verschieden. Zwischen ihnen liegt jene untrennbare Barriere, die die Natur zum Schutz und zur Erhaltung ihrer Erzeugnisse bereitstellt; Ihr gemeinsamer Nachkomme, das Maultier, ist nicht in der Lage, seine Art fortzupflanzen.

DAS MAULTIER.

DIESES nützliche und robuste Tier ist der Nachkomme des Pferdes und des Esels und besitzt die guten Eigenschaften beider. Das gemeine Maultier ist sehr gesund und wird über dreißig Jahre alt. Die Größe und Stärke unserer Rasse wurde durch den Import spanischer Esel erheblich verbessert; und es wäre sehr zu wünschen, dass den nützlichen Eigenschaften dieses Tieres mehr Aufmerksamkeit geschenkt würde; denn durch die richtige Sorgfalt beim Brechen ließe sich seine natürliche Sturheit weitgehend korrigieren; und es könnte mit Erfolg für den Sattel, den Tiefgang oder die Last geformt werden. Menschen erster Güte werden von Maultieren in Spanien angezogen, wo fünfzig und sechzig Guineen für sie kein ungewöhnlicher Preis sind; Es ist auch nicht verwunderlich, wenn wir bedenken, wie weit sie dem Pferd beim Reisen in einem bergigen Land überlegen sind, da das Maultier dort sicher treten kann, wo es kaum stehen kann. Es ist in seiner Nahrung viel weniger schmackhaft als das Pferd und nicht so anfällig für Krankheiten; Es ist bekannt, dass er an einem Tag mit einem schweren Gewicht auf dem Rücken eine Strecke von 80 bis 100 Meilen ohne große Ermüdung zurücklegen kann.

DER KIANG. (*Equus Hemionus.* **)**

DER Kiang, auch Djiggetai genannt, ist eine Wildeselart, die in kleinen Herden in den großen Ebenen Zentralasiens vorkommt. Er ist um einiges größer als der Gewöhnliche Esel und sein Fell hat eine eigentümliche blasse rötliche Kastanienfärbung, mit Ausnahme der Beine und der Schnauze, die fast weiß sind. Die Ohren sind nicht so lang wie beim Hintern und in der Mitte des Rückens befindet sich ein schwarzer Streifen.

DAS ZEBRA. (*Equus Zebra.*)

DIES ist einer der am elegantesten gezeichneten Vierbeiner in der Natur. Er ist überall mit der erfreulichsten Regelmäßigkeit gestreift; Von der Größe her ähnelt er dem Maultier, ist kleiner als das Pferd und größer als der Esel. Das Haar seiner Haut ist ungewöhnlich glatt, und aus der Ferne sieht er aus wie ein Tier, das eine fantasievolle Hand mit Bändern aus Weiß oder Leder und Tiefschwarz umgeben hat. Er stammt aus dem südlichen Afrika – hauptsächlich vom Kap der Guten Hoffnung, wo er inmitten der Berge lebt. In dieser Einsamkeit hat das Zebra nichts, was seine Freiheit einschränken könnte. Er ist zu scheu, um in Fallen gefangen zu werden, und wird daher selten lebend gefangen. Wäre das Zebra an unser Klima gewöhnt, besteht kaum ein Zweifel daran, dass es bald domestiziert werden könnte. Das schwarze Kreuz, das der Esel auf Rücken und Schultern trägt, weist auf die Verwandtschaft dieser beiden Tiere hin. Das Zebra ernährt sich auf die gleiche Weise wie Pferd, Esel und Maultier; und scheint Freude daran zu haben, sauberes Stroh und getrocknete Blätter zum Schlafen zu haben. Seine Stimme lässt sich kaum beschreiben; Einige Leute glauben, dass es eine deutliche Ähnlichkeit mit dem Klang eines Posthorns hat und häufiger ausgeübt wird, wenn das Tier allein ist, als zu anderen Zeiten. Früher wurden Zebras oft als Geschenk an orientalische Fürsten verschickt. Ein Gouverneur von Batavia soll dem Kaiser von Japan eines geschenkt haben, für das er als Gegenwert ein Geschenk im Wert von sechzigtausend Kronen erhielt; und Teller teilt uns mit, dass der Großmogul zweitausend Dukaten für eines dieser Tiere gegeben habe. Bei den afrikanischen Botschaftern am Hof von Konstantinopel ist es üblich, Zebras als Geschenke für den Großseignior mitzubringen. In freier Wildbahn leben sie in Herden und können nur gezähmt werden, wenn sie jung gefangen oder in Gefangenschaft gezüchtet werden.

Eine andere Zebraart (*Equus Burchellii*) lebt in den Ebenen des südlichen Afrikas; Es ist als das Zebra der Ebene bekannt und wird nach dem berühmten afrikanischen Reisenden auch Burchell-Zebra genannt. Dieses Zebra ist weniger schön gezeichnet als die Bergzebras.

Da der Instinkt diesen schönen Tieren beigebracht hat, dass in der Einheit ihre Stärke liegt, verbinden sie sich zu einem kompakten Körper, wenn sie von einem Angriff von Mensch oder Tier bedroht werden. und wenn sie vom Feind überholt werden, vereinigen sie sich zur gegenseitigen Verteidigung, indem sie ihre Köpfe zu einem engen kreisförmigen Band zusammenlegen, dem Feind die Fersen zeigen und Tritte mit gleicher Kraft und Häufigkeit austeilen. Von allen Seiten bedrängt oder teilweise verkrüppelt, bäumen sie sich auf ihren Hinterbeinen auf, fliegen mit gespreizten Kiefern auf ihren Gegner zu und benutzen Zähne und Fersen mit größter Freiheit.

Der *Quagga* stammt ebenfalls aus dem südlichen Afrika. Es ist wilder als das Zebra und weniger schön gezeichnet; Die Streifen erstrecken sich allerdings nicht über den ganzen Körper, sondern nur über Kopf und Hals. Die Farbe ist oben rotbraun und unten weiß. Das Quagga ist kleiner als das Zebra und nicht so elegant geformt, da die Hinterhand höher ist als die Schultern. Auch die Ohren sind viel kürzer. Der Quagga gilt als von Natur aus bösartig und so heimtückisch, dass man sagt, dass er wie eine Katze in die Hand beißt, die ihn füttert und streichelt.

§ VIII. – *Wiederkäuende Tiere.*

DER STIER. (*Bos Taurus.*)

ES gibt vielleicht kein Tier, das für die Menschheit allgemein nützlicher ist als die Ochsenrasse in all ihren Daseinszuständen. Man nennt sie wiederkäuende

Tiere; Das heißt, nachdem sie ihre Nahrung gegessen haben, besitzen sie die Fähigkeit, sie aus dem ersten Magen in den Mund zurückzugeben, wo sie erneut gekaut werden, bevor sie schließlich verdaut wird. Das nennt man wiederkäuen; und da sich das Tier im Allgemeinen hinlegt und während der Operation sehr nachdenklich aussieht, spricht man von einem Wiederkäuen.

Der Stier ist ein sehr wildes Geschöpf, und wenn er wütend wird, rennt er umher, wirft seinen Schwanz hoch und brüllt fürchterlich. Wenn er von Menschen oder Hunden angegriffen wird, reißt er mit seinen Füßen den Boden auf, galoppiert dann seinen Angreifern nach und versucht, sie mit seinen Hörnern wegzuwerfen; und sehr oft verfolgt er auf diese Weise jeden, den er sieht, besonders wenn er verängstigt zu sein scheint. Wenn die Gefahr besteht, von einem Stier angegriffen zu werden, ist es am besten, still zu stehen und dem Stier einen Regenschirm aufzuspannen oder ihm einen Schal oder etwas Ähnliches ins Gesicht zu halten. Bei all seiner Wildheit ist er ein großer Feigling und verfolgt nur diejenigen, die vor ihm fliehen.

Der Ochse oder Ochse wird in einigen Teilen des Landes zum Ziehen von Karren und Wagen sowie zum Pflügen verwendet; und sein Fleisch heißt Rindfleisch. Die Haut wird gegerbt und zu Leder verarbeitet; das Haar wird mit Mörtel vermischt; die Knochen werden für Messergriffe, Schachfiguren, Spielsteine und andere Dinge als Ersatz für Elfenbein verwendet; aus seinen Hörnern werden Kämme und verschiedene andere Gegenstände hergestellt; das Fett wird zur Herstellung von Kerzen verwendet; das Blut beim Raffinieren von Zucker: und kurz gesagt, jeder Teil hat einen wichtigen Nutzen.

Der allgemeine Vorwurf der Dummheit, der gegen den Ochsen erhoben wird, ist völlig unbegründet, wie die folgende von Herrn Bell aufgezeichnete Anekdote zeigen wird. Eine Kuh, die auf einer Weide weidete, deren Tor offen stand, wurde von einem schelmischen Jungen sehr geärgert, der sich einen Spaß daraus machte, sie mit Steinen zu bewerfen. Nachdem das friedliche Tier dies einige Zeit geduldig ertragen hatte, ging es auf ihn zu, befestigte das Ende seines Horns an seinen Kleidern, trug ihn aus dem Feld und legte ihn auf die Straße. Dann kehrte sie ruhig zu ihrer Weide zurück und ließ ihn mit einem großen Schrecken und einem zerrissenen Kleidungsstück zurück.

DIE KUH.

DIE KUH ist das Weibchen des Ochsenstammes und ihr Junges wird Kalb genannt. Eine junge Kuh, die jünger als zwei Jahre ist, wird als Färse bezeichnet. Die Kuh ist für den Menschen genauso nützlich wie der Ochse, außer beim Pflügen und Ziehen; aber um es wieder gut zu machen, versorgt sie uns mit Milch, aus der Butter und Käse hergestellt werden. Die Kuh gibt täglich sechs bis zwanzig Liter Milch, und die Fähigkeit, sie in solcher Fülle und mit so viel Leichtigkeit zu geben, ist eine auffallende Besonderheit, denn dieses Tier unterscheidet sich in diesem Teil seiner Organisation von den meisten anderen ein großes Euter und längere und dickere Zitzen als das größte Tier, das wir kennen; es hat ebenfalls vier Zitzen, während alle anderen Tiere derselben Art nur zwei haben; Es gibt die Milch auch frei an die Hand ab, während alle anderen Tiere, zumindest diejenigen, die nicht auf die gleiche Weise wiederkäuen, sie ablehnen, es sei denn, ihre Jungen oder ein adoptiertes Tier dürfen sie trinken. Das Alter der Kuh erkennt man an ihren Hörnern; Mit vier Jahren bildet sich an ihren Wurzeln ein Ring, und jedes Jahr kommt ein weiterer Ring hinzu. Wenn man also drei Jahre vor ihrem Erscheinen berücksichtigt und dann die Anzahl der Ringe berechnet, kann man das Alter der Kreatur genau bestimmen.

Kälber sind in jungen Jahren aufgrund der großen Länge und Schwäche ihrer Beine hilflose Geschöpfe. Manchmal werden sie jung getötet und ihr Fleisch wird dann Kalbfleisch genannt. Der Magen des Kalbes wird nach der Tötung herausgenommen, gereinigt und gesalzen; Anschließend wird es zum Trocknen aufgehängt und Lab genannt. Bei der Käseherstellung wird etwas Lab in Wasser eingeweicht, das beim Eingießen in die Milch zu Quark wird. Der Quark wird dann von der Molke getrennt und in eine Presse gegeben, wo er zu Käse wird.

DER WILDE BULLE.

IM Park des Herzogs von Hamilton in Schottland, im Park von Lord Tankerville in Chillingham, in Northumberland und an einigen anderen Orten gibt es eine Rasse wilder Rinder, möglicherweise die letzten Überreste derjenigen, die einst diese Insel überschwemmten. Die Farbe ist weiß, Schnauze und Ohren sind schwarz oder sehr dunkelrot.

Beim ersten Erscheinen einer Person in ihrer Nähe marschierten diese Tiere in vollem Galopp los; und in einer Entfernung von zwei- oder dreihundert Yards drehen sie sich um und kommen kühn wieder hoch, wobei sie bedrohlich den Kopf werfen. Plötzlich machen sie in einer Entfernung von vierzig bis fünfzig Metern völlig Halt und starren wild auf den Gegenstand ihrer Überraschung. aber bei der geringsten Bewegung drehen sie sich alle um und galoppieren mit gleicher Geschwindigkeit, aber nicht über die gleiche Distanz, wieder davon und bilden einen kleineren Kreis; und wieder kehren sie mit einem kühneren und bedrohlicheren Aussehen als zuvor zurück, nähern sich viel näher, stellen sich erneut auf und galoppieren wieder davon. Dies tun sie mehrere Male, indem sie ihren Abstand verkürzen und näher kommen, bis sie nur noch wenige Meter entfernt sind. Die meisten Menschen halten es jedoch für ratsam, sie zu verlassen und sie nicht weiter zu provozieren, wie es in ein paar weiteren Kurven wahrscheinlich der Fall sein wird einen Angriff machen.

Die Art und Weise, diese Tiere zu töten, wie sie vor einigen Jahren praktiziert wurde, war das einzige Überbleibsel der alten Jagdmethode, die in diesem Land existierte. Als bekannt gegeben wurde, dass an einem bestimmten Tag ein Wildbulle getötet werden würde, versammelten sich die Bewohner der Nachbarschaft, manchmal bis zu hundert Reitern und vier- oder fünfhundert Fußsoldaten, alle mit Gewehren oder anderen Waffen bewaffnet. Diejenigen, die zu Fuß gingen, standen auf den Mauern oder kletterten auf Bäume, während die Reiter einen Stier vom Rest der Herde trennten und ihn verfolgten, bis er in Schach stand, woraufhin sie abstiegen und schossen. Bei einigen dieser Jagden wurden zwanzig oder dreißig Schüsse abgefeuert, bevor das Tier bezwungen werden konnte. Bei solchen Gelegenheiten wurde das blutende Opfer verzweifelt wütend , weil seine Wunden schmerzten und von allen Seiten wilde Freudenschreie hallten.

Wenn die Kühe kalben, verstecken sie ihre Jungen eine Woche oder zehn Tage lang an einem abgelegenen Ort und säugen sie zwei- oder dreimal am Tag. Wenn jemand in die Nähe eines der Kälber kommt, kauert es dicht am Boden und versucht sich zu verstecken, ein Beweis für die natürliche Wildheit der Tiere. In einem Fall, in dem ein Kalb gestört wurde, scharrte es wie ein alter Bulle auf dem Boden und versuchte, mit dem Kopf anzustoßen, bis es vor Schwäche umfiel. Es hatte jedoch genug getan, um Alarm zu schlagen, und die ganze Herde kam ihr zu Hilfe und zwang den Eindringling zum Aufbruch: Denn die Dämme erlauben niemandem, ihre Jungen zu berühren, ohne ihn ungestüm anzugreifen. Im Park des Herzogs von Hamilton brüllte im Sommer 1841 ein Kalb, das durch das Vorbeifahren einer Kutsche in seiner Nähe gestört wurde, so ängstlich, dass es die ganze Herde aufscheuchte, obwohl sie sich in beträchtlicher Entfernung befanden.

DER AFRIKANISCHE BÜFFEL (*Bubalus Caffer.*)

IN seiner allgemeinen Form hat der Büffel große Ähnlichkeit mit dem Ochsen; aber es unterscheidet sich von diesem Tier in seinen Hörnern und in einigen Einzelheiten seiner inneren Struktur. Es ist größer als der Ochse; Auch der Kopf ist im Verhältnis größer, die Stirn höher und die Schnauze länger. Die Hörner sind groß und von zusammengedrückter Form, mit scharfer Außenkante; Von der Basis aus sind sie über eine beträchtliche Länge gerade und biegen sich dann leicht nach oben. Die allgemeine Farbe des Tieres ist schwärzlich, mit Ausnahme der Stirn und der Schwanzspitze, die dunkelweiß sind. Der Buckel ist nicht, wie viele vermuten, ein großer fleischiger Klumpen, sondern wird dadurch verursacht, dass die Knochen, die den Widerrist bilden, länger als bei den meisten anderen Tieren verlängert sind. Büffel kommen in den meisten Teilen der heißen Zone und in fast allen warmen Klimazonen vor; Sie leben immer an feuchten und sumpfigen Orten, wo sie sich gerne im Sumpf wälzen. Im wilden Zustand ist der Büffel außerordentlich wild; aber in einigen tropischen Ländern ist er ein vollkommen heimisches Tier und für viele Zwecke sehr nützlich, da er ein Tier voller Geduld und großer Kraft ist. Wenn er in der Landwirtschaft beschäftigt ist, wird ihm ein Messingring durch die Nase gesteckt, wodurch er nach Lust und Laune geführt wird. Büffel sind in den Pontinischen Sümpfen in der Nähe von Rom weit verbreitet, wohin sie im sechsten Jahrhundert aus Indien gebracht wurden. In Indien stellen sie den Reichtum und die Nahrung der Armen dar, die sie auf ihren Feldern beschäftigen und aus ihrer Milch Butter und Käse herstellen. Sie werden wegen ihrer Häute sehr geschätzt; Daraus werden in mehreren Ländern, insbesondere in

England, Militärgürtel, Stiefel und andere Kriegsgeräte hergestellt. Es gibt verschiedene Büffelarten, von denen der Kapbüffel aus Südafrika die bekannteste und wertvollste ist.

Büffel kämpfen in ihrem Heimatland so erbittert miteinander, dass afrikanische Reisende bemerkt haben, dass sie selten ohne abgerissene Ohren und Narben verschiedener Art am Hals und am Körper gefunden werden. Und sie sind nicht weniger heimtückisch als wild und lauern im Verborgenen zwischen den Bäumen, bis ein unglücklicher Passagier vorbeikommt. Dann stürzt sich das Tier plötzlich auf das Opfer und es besteht kaum eine Chance, dass das Opfer entkommt, es sei denn, ein Baum ist in der Nähe. Das wütende Tier gibt sich nicht damit zufrieden, ihn niederzuwerfen und zu töten, sondern steht lange Zeit über ihm, trampelt auf dem Körper herum und zerreißt ihn; Dann streift er mit seiner rauen und stacheligen Zunge die Haut ab. Selbst nach all dem kehrt er immer wieder in den Körper zurück, um sein wildes Gemüt aufs Neue zu befriedigen.

DER BISON. (*Bos oder Bison Bonasus.*)

ES gibt zwei Arten von Bisons; der eine stammt aus Europa, der andere aus Amerika. Der europäische Bison oder Bonasus ist so groß wie ein Stier oder Ochse; Mähne um Rücken und Hals wie ein Löwe; und seine Haare hingen unter seinem Kinn oder Unterkiefer herunter, wie ein großer Bart. Die vorderen Teile seines Körpers sind dick und kräftig, aber die hinteren Teile sind vergleichsweise schlank. Er hat einen kleinen Wulst entlang seines Gesichts, der von der Stirn bis zur Nase reicht und sehr behaart ist. Seine Hörner sind groß, sehr scharf und nach hinten gerichtet, wie die einer wilden Ziege. Der Amerikanische Bison (*B. Americanus*) erreicht eine Größe, die der der größten Ochsenrassen weit überlegen ist, und kommt in fast allen unbewohnten Teilen Nordamerikas vor, von der Hudson's Bay bis Louisiana und den Grenzen von Mexiko. Die Kapitäne Lewis und Clarke sowie Dr. James bezeugen häufig die fast unglaubliche Zahl, in der sich diese Tiere an den Ufern des Missouri versammeln. „Ihre Menge war so groß", sagen die erstgenannten Reisenden, „dass, obwohl der Fluss, einschließlich einer Insel, über die sie gingen, eine Meile breit war, die Herde sich, so dick sie schwimmen konnte, vollständig von einer Seite aus erstreckte." zu den anderen." Und wieder sagen sie: „Wenn es nicht unmöglich wäre, die bewegte Menge zu berechnen, die die ganze Ebene verdunkelte, sind wir überzeugt, dass zwanzigtausend keine übertriebene Zahl wären." Dr. James erzählt uns, dass „mitten am Tag unzählige Tausende von ihnen gesehen wurden, wie sie von allen Seiten zu den stehenden Teichen kamen"; Ihre Wege seien, wie er uns an anderer Stelle mitteilt, „so häufig und fast so auffällig wie die Straßen in den bevölkerungsreichsten Teilen der Vereinigten Staaten".

Diese Wildrinder verteidigen sich auf bewundernswerteste Weise gegen die Wölfe. Wenn sie hören, wie sich ihre wilden Feinde nähern, bilden sie geschickt einen Kreis. Die Schwächsten bleiben in der Mitte, während die Stärksten draußen bleiben und ihren Feinden eine undurchdringliche Phalanx aus Hörnern präsentieren. Die Vignette ist eine Illustration dieses Themas.

Spannende Geschichten über die Büffeljagd, sowohl in den USA als auch in Afrika, sind in Catlins „Nordamerikanische Indianer" und Harris' „Wild Animals and Sports of Southern Africa" zu sehen.

Der Zebu oder Brahmanenbulle. (*Bos Indicus.* **)**

PENNANT beschreibt den Zebu oder Indischen Ochsen als manchmal größer als die größte der europäischen Rassen, und der Buckel auf seinen Schultern wiegt häufig fünfzig Pfund. Es gibt viele Sorten mit und ohne Hörner, die sich in der Größe von der oben genannten unterscheiden und bis hin zu den Maßen eines gewöhnlichen Schweins reichen. Sie sind in ganz Südasien und auch in Afrika verbreitet. In all diesen Ländern tritt der Zebu an die Stelle des Ochsen, sowohl als Lasttier als auch als Nahrungsmittel. Von den Hindus werden sie mit großer Verehrung behandelt und es wird als Sünde angesehen, ihnen das Leben zu nehmen oder ihr Fleisch zu essen. Eine ausgewählte Anzahl wird von jeglicher Arbeit befreit und darf umherwandern und sich von den freiwilligen und frommen Beiträgen der Anhänger ihres Glaubens ernähren.

Ermutigt durch die Duldung, die sie erfahren, geben sie jedes Gemüse frei, das ihnen gefällt, und niemand wagt es, ihnen zu widerstehen oder sie zu vertreiben; oft legen sie sich auf die Straße; Niemand darf sie stören: Jeder muss dem heiligen Ochsen von Brahma Platz machen; Daher sind sie häufig ein Ärgernis, das allein der Aberglaube ertragen würde.

DAS SCHAF. (*Ovis Widder.*)

DAS Schaf war so lange der Herrschaft des Menschen unterworfen, dass nicht mit Sicherheit bekannt ist, von welcher Rasse unsere heimische Spezies abstammt. Es wird jedoch angenommen, dass es vom Mufflon oder Musmon aus Sardinien und Kreta stammt. Dieses Tier ist eines der nützlichsten, die uns jemals von einer großzügigen Vorsehung geschenkt wurden. und in patriarchalischen Zeiten bildete die Zahl der Schafe den Reichtum der Könige und Fürsten. Es ist allgemein bekannt, da sein Fleisch eine der Hauptnahrungsarten des Menschen ist und seine Wolle für die Kleidung von großem Nutzen ist. Obwohl es mittelgroß und gut bedeckt ist, wird es nicht älter als neun oder zehn Jahre. Das Mutterschaf hat jeweils ein oder zwei Junge, und das Junge, das Lamm genannt wird, war schon immer ein Symbol der Unschuld.

In seinem häuslichen Zustand ist er zu gut bekannt, als dass Einzelheiten seiner besonderen Gewohnheiten oder der zur Verbesserung der Rasse angewandten Methoden erforderlich wären. Kein Land produziert feinere

Schafe als England, entweder mit größerem Fell oder besser geeignet für die Bekleidungsindustrie. Die aus Spanien haben zugegebenermaßen feinere Wolle, von der wir einige im Allgemeinen mit unserer eigenen verarbeiten müssen, aber das Gewicht eines spanischen Vlieses ist viel geringer als das von Lincoln oder Tees Water. Merino oder spanische Schafe wurden in den letzten Jahren mit einigem Erfolg auf unseren englischen Weiden eingeführt, und die Wolle der Hybriden, die zwischen dem Merino-Schaf und dem South Down-Schaf gezüchtet werden, soll der Wolle Spaniens nahezu gleichwertig sein.

Bei stürmischem Wetter verstecken sich diese Tiere meist in Höhlen, um der Gewalt der Elemente zu entgehen. Wenn aber solche Rückzugsorte nicht zu finden sind, versammeln sie sich und legen bei Schneefall ihre Köpfe nahe aneinander, wobei ihre Schnauzen zum Boden geneigt sind. In dieser Situation bleiben sie manchmal, bis der Hunger sie dazu zwingt, sich gegenseitig an der Wolle zu nagen, die sich im Magen zu harten Kugeln formt und sie zerstört. Im Allgemeinen werden sie jedoch gesucht und befreit, sobald der Sturm nachgelassen hat.

„Das Schaf", bemerkt Herr Bell, „ist eines der interessantesten Tiere überhaupt, was seine historische Beziehung zum Menschen betrifft." Es war Gegenstand der ersten Opfer und wurde in seinem typischen Charakter als Sühneopfer verwendet; und die Beziehung, die zwischen den patriarchalischen Hirten und ihrer Herde bestand, war von so inniger und sogar liebevoller Natur, dass sie Gegenstand vieler schöner Passagen in der Heiligen Schrift war."

DER RAM

IST das männliche Schaf und ist so stark und wild, dass es mutig einen Hund angreift und oft als Sieger hervorgeht: Es ist sogar bekannt, dass es ungeachtet der Gefahr einen Stier angreift; und da seine Stirn viel härter ist als die jedes anderen Tieres, gelingt es ihm selten, zu siegen. Er überwindet den Stier, der durch das Senken des Kopfes den Schlag des Widders zwischen seinen Augen erhält, der ihn normalerweise zu Boden bringt.

Der walachische Widder.

DIE einzigartige Form der Hörner, die den Kopf dieser Schafrasse zieren, hat uns dazu veranlasst, in dieses Werk eine Figur des Tieres einzufügen, obwohl es sich nur um eine Variante der häufig vorkommenden Art handelt. Die Hörner des Mutterschafs sind ebenfalls verdreht, aber nicht so stark wie die des Widders, die in der Nähe des Kopfes eine spiralförmige Linie bilden. Die Wolle ist viel länger als die des gewöhnlichen Schafes und ähnelt dem Haar der Ziege. Ein schöner Widder dieser Art wurde vor einigen Jahren von Dr. Bowring dem Zoologischen Garten im Regent's Park geschenkt. Es wird dort das Parnass-Schaf genannt, da es vom Berg Parnass gebracht wurde.

DIE ARGALI, ODER WILDE SCHAFE ASIENS,

In der Figur ähnelt er ein wenig einem Widder, aber seine Wolle ähnelt eher dem Haar einer Ziege. Seine Hörner sind groß und nach hinten gebogen und sein Schwanz ist kurz. Er hat die Größe eines kleinen Hirsches, ist aktiv, schnell, wild und kommt in Schwärmen in den felsigen, trockenen Wüsten Asiens vor. Sein Fleisch und Fett sind köstlich. Er wird auch Sibirisches Schaf oder Sibirische Ziege genannt und wird von manchen als der Stammvater der Hausschafe angesehen.

DIE ZIEGE. (*Capra hircus.*)

DIE Ziege galt neben der Kuh und dem Schaf seit jeher, besonders in der Antike und in patriarchalischen Zeiten, als das nützlichste Haustier. Seine Milch ist süß, nahrhaft und heilsam und für Menschen mit schwacher Verdauung besser geeignet als die der Kuh, da sie nicht so leicht im Magen gerinnt. Das Weibchen bringt in der Regel jeweils zwei Junge zur Welt, die man Jungtiere nennt. Dieses Tier ist hervorragend an das Leben in freier Wildbahn angepasst; Er liebt es, Abgründe zu erklimmen, und man sieht ihn oft in friedlicher Sicherheit auf Felsen ruhen, die über das Meer hinausragen. Die Natur hat es in der Tat in gewissem Maße für die Durchquerung dieser Anhöhen geeignet gemacht; Der Huf ist unten hohl und hat scharfe Kanten, so dass er auf dem First eines Hauses genauso sicher gehen kann wie auf dem ebenen Boden. Das Fleisch der Ziege wird selten gegessen; aber das vom Zicklein gilt als sehr delikate Speise und wird auf dem Kontinent häufig gegessen. Im Osten werden die langen, weichen Haare der Ziege zur Herstellung wunderschöner Kaschmirschals verwendet. und aus der Haut wird Marokko-Leder hergestellt. Die Haut des Zickleins ist bekannt dafür, dass sie zur Herstellung von Handschuhen verwendet wird.

Der Steinbock oder Boquetin (*Capra Ibex*)

IST eine Wildziege, die in den Pyrenäen, den Alpen und den höchsten Bergen Griechenlands lebt. Er ist von bewundernswerter Schnelligkeit; sein Kopf ist mit zwei langen, geknoteten Hörnern bewaffnet, die nach hinten geneigt sind; Sein Haar ist rau und von tiefbrauner Farbe. Das Männchen hat nur einen Bart und das Weibchen ist kleiner als das Männchen. Dieses Tier hüpft von Fels zu Fels und springt oft, wenn es verfolgt wird, enorme Abgründe hinab. Es heißt, dass es beim Springen den Kopf zwischen die Vorderbeine beugt, um seinen Sturz abzufangen, indem es teilweise auf seinen Hörnern landet. Es ist bekannt, dass der Steinbock sich gegen den unvorsichtigen Jäger wendet und ihn den Abgrund hinunterstürzt, es sei denn, er hat Zeit, sich hinzulegen und das Tier über sich hinwegziehen zu lassen.

DIE ANTELOPE. (*Antilope cervicapra.*)

DIESE wunderschönen Bewohner der gemäßigten Regionen Afrikas und Südasiens zeichnen sich durch Schnelligkeit und elegante Formen aus. Sie sind schüchtern, harmlos und gesellig. Die Männchen haben Hörner wie die der Ziege und werfen sie nie ab; Sie sind glatt, lang, spiralförmig gedreht und ringförmig. Die allgemeine Haarfarbe ist braun und bei einigen Arten ein wunderschönes Gelb. Die Augen sind außerordentlich hell und wurden von persischen und anderen Dichtern oft mit denen einer schönen Nymphe verglichen. Sie genießen vollkommene Freiheit, ziehen in Herden durch die Wüsten Arabiens und springen mit wunderbarer Beweglichkeit von Felsen zu Felsen. Ihre langen und schlanken Beine passen besonders gut zu ihren Gewohnheiten und Lebensweisen und sind bei manchen Arten so schlank und brüchig, dass sie schon bei einem sehr kleinen Schlag brechen. Die Araber nutzen diesen Umstand aus und fangen sie, indem sie Stöcke auf sie werfen, wodurch ihnen die Beine gebrochen werden.

DIE GAZELLE. (*Antilope Dorcas.*)

„Die wilde Gazelle, auf den Hügeln von Juda,
jubelt und kann dennoch springen
und aus allen lebendigen Bächen trinken
, die auf heiligem Boden sprudeln.
Sein luftiger Schritt und sein herrliches Auge
können in zahmer Entrücktheit vorbeischauen." – BYRON.

DIE Gazelle ist die eleganteste Antilope. Die arabischen Dichter haben der Schönheit dieses Tieres ihre erlesensten Beinamen verliehen, und ihre Beschreibungen wurden in unsere eigene Poesie übernommen. Byron sagt über die dunklen Augen einer östlichen Schönheit:

„Schau dir die der Gazelle an."

Wenn der Perser seine Geliebte beschreibt, ist sie „eine Antilope in Schönheit" – „seine Gazelle beschäftigt seine ganze Seele"; und so sind in ihrer Bildsprache vollkommene Schönheit und Gazelle-Schönheit synonym. Diese Tiere sind in unzähligen Herden von Arabien bis zum Fluss Senegal in Afrika verbreitet. Löwen und Panther ernähren sich von ihnen; und der Mensch jagt sie mit dem Hund, dem Geparden und dem Falken. Die Größe der Gazelle beträgt etwa 20 Zoll, die Haut ist wunderschön glatt, ihr Körper äußerst anmutig, ihr Kopf ungewöhnlich leicht, ihre Ohren flexibel, ihre Augen strahlend und strahlend und ihre Beine so schlank wie ein Schilfrohr.

DIE GÄSSE. (*Antilope Rupicapra.*)

DIE Gämse ist etwa einen Meter lang und zwei Fuß hoch; Seine Hörner sind sechs bis sieben Zoll lang, seine Ohren klein und sein Kopf ähnelt dem einer Ziege. Der Körper ist mit langen braunen Haaren bedeckt, deren Farbton je nach Jahreszeit variiert.

Das Fleisch gilt als herzhaftes Nahrungsmittel und die Haut ist zu einem weichen, geschmeidigen Leder verarbeitet, das in der heimischen Wirtschaft bekannt ist.

Die Gämse kommt nur in den Bergregionen Europas vor, wo sie sich auf hohen und fast unzugänglichen Klippen und Abgründen zusammenhält. Sie sind so scharfsinnig und scheu, dass der Jäger nur mit größter Geduld und Geschick nah genug an sie herankommen kann, um sie zu erschießen. und sie sind so schnell und springen mit so außergewöhnlicher Trittsicherheit, dass es unmöglich ist, sie zu überholen.

„———— ———— ———— Aber auch Tiere haben Vernunft.
Und das wissen wir, wir Männer, die die Gämsen jagen.
Sie wenden sich nie dem Futter zu – klugen Geschöpfen –,
bis sie einen Wächter an ihre Spitze gestellt haben,
der seine Ohren spitzt, wann immer wir uns nähern,
und Alarm mit klarer und durchdringender Pfeife gibt."
SCHILLERS WILHELM TELL.

DER NYL GHAU ODER BLAUER OX. (*Antilopenbild.*)

DER NYL GHAU ODER BLAUER OX. (*Antilopenbild.*)

DIES ist eine große Antilopenart, die in Indien vorkommt. In freier Wildbahn sind diese Tiere sehr wild, aber sie können domestiziert werden und in diesem Zustand häufig ein Zeichen der Vertrautheit und sogar der Dankbarkeit gegenüber denjenigen sein, unter deren Obhut sie stehen. Das Weibchen oder Reh ist viel kleiner als das Männchen und von gelblicher Farbe, wodurch es leicht vom Bock zu unterscheiden ist, der eine graue Tönung hat.

Die Art des Kampfes ist sehr eigenartig und wird wie folgt beschrieben: Zwei der Männchen wurden bei Lord Clive in eine Umzäunung gebracht und dabei beobachtet, wie sie sich in einiger Entfernung voneinander auf den Angriff vorbereiteten, indem sie fielen auf die Knie; Dann schlurften sie aufeinander zu, immer noch auf den Knien; und aus einer Entfernung von wenigen Metern machten sie einen Sprung und schossen mit großer Kraft aufeinander los.

Die folgende Anekdote soll zeigen, dass diese Tiere manchmal wild und bösartig sind und man sich nicht auf sie verlassen kann: – Ein arbeitender Mann, ohne zu wissen, dass das Tier in seiner Nähe war, ging an die Außenseite des Geheges; Der Nyl Ghau schoss mit der Schnelligkeit eines Blitzes mit solcher Gewalt gegen das Holzwerk, dass er es in Stücke zerschmetterte und eines seiner Hörner nahe der Wurzel brach. Der Tod des

Tieres kurz darauf soll auf die Verletzung zurückzuführen sein, die es durch den Schlag erlitten hatte.

Der Nyl Ghau hält sich normalerweise gut versteckt im Dschungel, aber in der Nacht oder am frühen Morgen wandert er manchmal ins offene Gelände, um auf den Maisfeldern der Nachbardörfer zu fressen. Dies ist der von den Eingeborenen gewählte Zeitpunkt, um es anzugreifen. In der Nähe der Stelle, an der sich der Nyl Ghau bekanntermaßen aufhält, wird eine Plattform errichtet, von der aus die Jäger präzise und sicher zielen können.

DAS GNU. (*Antilope Gnu.*)

DIESES sehr einzigartige Tier wird manchmal als gehörntes Pferd bezeichnet; denn es hat die Form und Mähne eines Pferdes, ergänzt durch ein beeindruckendes Paar Hörner, eine Art Bart unterhalb des Kinns und einen Haarkranz unterhalb des Körpers entlang des Brustbeins. Die Gnus leben in Herden zusammen, und wenn sie erschrocken werden, werfen sie ihre Fersen hoch, stürzen sich und kehren zurück, werfen Kopf und Schwanz, bevor sie davongaloppieren; Was sie tun, ist die ganze Herde, die ihrem Anführer einzeln folgt, wie eine Truppe Soldaten. Der Gnu bewohnt die Sandwüsten Südafrikas; und sein Fleisch, das angeblich Rindfleisch ähnelt, wird manchmal von den Kolonisten in der Nähe des Kaps der Guten Hoffnung gegessen. Wenn der Gnu jung gefangen wird, kann er zwar gezähmt werden, aber seine Stimmung ist immer ungewiss, und wenn er beleidigt wird, wirft er sich wie der Nyl Ghau auf die Knie, springt dann auf und schlägt wütend mit seinen Hörnern um sich.

DER HIRSCH. (*Cervus Elaphus.*)

DIESES Tier ist das Männchen des Rothirsches und ist im Allgemeinen für
sein langes Leben bekannt, allerdings ohne gesicherte Grundlage.
Naturforscher stimmen jedoch in diesem Punkt darin überein, dass sein
Leben mehr als vierzig Jahre betragen könnte; aber dass seine Existenz, wie
behauptet wurde, drei Jahrhunderte beträgt, ist zu absurd, als dass man es
glauben könnte. Seine Hörner sind zunächst sehr klein, nehmen aber
allmählich an Größe zu, da sie jedes Jahr abgeworfen und erneuert werden,
bis der Hirsch sein fünftes Lebensjahr vollendet hat, wo sie sehr groß und
verzweigt werden und dies auch für den Rest seines Lebens bleiben. Der
Hirsch ist einer der größten Hirsche und wird nach Vollendung seines
fünften Lebensjahres Hirsch genannt; das Weibchen, Hind genannt, ist ohne
Hörner. Jedes Jahr im April, wenn der Hirsch seine Hörner verloren hat,
scheint er sich seiner vorübergehenden Schwäche bewusst zu sein und
versteckt sich, bis seine neuen gewachsen und verhärtet sind. Dies geschieht
im Allgemeinen in etwa zehn Wochen, selbst wenn der Hirsch ausgewachsen
ist; Seine Hörner wiegen in diesem Alter zwischen zwanzig und dreißig
Pfund. Über die Freude, die man bei der Jagd auf Hirsche, Hirsche und

Rehböcke empfindet, braucht man wenig zu sagen, da dies in diesem Land und in allen Teilen Europas wohlbekannt ist. Die folgende in der Geschichte aufgezeichnete Tatsache wird zeigen, dass der Hirsch über außerordentlichen Mut verfügt, wenn es um seine persönliche Sicherheit geht: – Unter der Herrschaft von Georg dem Zweiten verursachte Wilhelm, Herzog von Cumberland, einen Tiger und … ein Hirsch soll im selben Bereich eingeschlossen werden; und der Hirsch verteidigte sich so kühn, dass der Tiger schließlich aufgeben musste. Das Fleisch des Hirsches gilt als ausgezeichnetes Nahrungsmittel, und seine Hörner sind für Messerschmiede von Nutzen. Sogar ihre Späne werden zur Herstellung von Ammoniak verwendet, das in der Medizin unter dem Namen *Hartshorn sehr geschätzt wird* . Die Schnelligkeit des Hirsches ist sprichwörtlich geworden, und die Beschäftigung mit der Jagd auf dieses Tier galt seit Jahrhunderten als königliches Vergnügen. Zur Zeit von William Rufus und Heinrich dem Ersten war es weniger kriminell, einen Menschen zu töten als einen ausgewachsenen Hirsch. Wenn dieses Tier bei der Jagd ermüdet, wirft es sich oft in einen Wasserteich oder überquert einen Fluss; und wenn er erwischt wird, vergießt er Tränen wie ein Kind.

„An diesen Ort
kam ein armer, zurückgezogener Hirsch, der vom Ziel des Jägers verletzt
worden war, um zu schmachten;
und tatsächlich, mein Herr,
Das elende Tier stieß ein solches Stöhnen aus
, dass ihr Ledermantel sich
fast bis zum Bersten dehnte; und die großen, runden Tränen
strömten einander
in erbärmlicher Verfolgungsjagd über seine unschuldige Nase.“
SHAKESPEARE.

DIE WAPITI (*Cervus Canadensis*)

ER stammt aus Kanada und anderen nördlichen Teilen Amerikas und ist
einer der gigantischsten Vertreter des Hirschstammes. Er erreicht die Größe
unserer größten Ochsen und vereint große Aktivität mit der Kraft von
Körper und Gliedmaßen. Seine Hörner, die er jährlich abwirft, sind sehr
groß, verzweigen sich in schlangenförmigen Kurven und messen von Spitze
zu Spitze mehr als zwei Meter. Diese Tiere machen ein schrilles Geräusch,
das dem Schreien eines Esels ähnelt, und gelten als die dümmsten der
Hirschart. Das Fleisch ist grob und wenig geschätzt, aber wenn die Haut zu
Leder verarbeitet wird, soll sie beim Trocknen nach dem Anfeuchten nicht
hart werden, eine Eigenschaft, die ihr den Vorzug vor fast allen anderen
Arten einräumt. Mehrere dieser prächtigen Tiere befinden sich in der
Sammlung der Zoological Society im Regent's Park, wo sie weiterhin Objekte
von einzigartigem Interesse und Anziehungskraft darstellen. Das Männchen
ist jedoch sehr wild und versucht immer, diejenigen anzugreifen, die sich ihm
nähern; und einmal wurde einer der Gartenbesucher schwer verletzt.

Der Rehbock (*Cervus capreolus*)

GEHÖRT zu den kleinsten Hirscharten, die in diesen Klimazonen bekannt
sind. Er ist nicht länger als drei Fuß und zwei Fuß hoch und wird selten
länger als fünfzehn Jahre alt. Seine Hörner sind etwa neun Zoll lang, rund
und in drei kleine Zweige unterteilt, und seine Farbe ist auf dem Rücken
braun, sein Gesicht teilweise schwarz und teilweise aschefarben, die Brust
und der Bauch gelb und der Rumpf weiß; sein Schwanz ist kurz. Der
Rehbock ist anmutiger, aktiver, schlauer und vergleichsweise schneller als der
Hirsch; Sein Fleisch wird sehr geschätzt. Er ist sehr vorsichtig bei der
Auswahl seiner Nahrung und benötigt ein größeres Stück Land, das der
Wildheit seiner Natur entspricht, die niemals vollständig unterdrückt werden

kann. Keine Kunst kann ihn lehren, mit seinem Hüter vertraut zu sein und auch nicht in irgendeiner Weise mit ihm verbunden zu sein. Diese Tiere haben leicht Angst; und bei ihren Fluchtversuchen rennen sie mit solcher Wucht gegen die Mauern ihres Geheges, dass sie sich manchmal selbst kampfunfähig machen; sie sind auch anfällig für launische Anfälle von Wildheit; und bei diesen Gelegenheiten werden sie wütend mit ihren Hörnern und Füßen auf den Gegenstand ihrer Abneigung einschlagen. Die einzigen Teile Großbritanniens, in denen sie heute vorkommen, sind die schottischen Highlands.

DER DAMHIRSCH. (*Cervus dama.*)

DIES sind die Hirsche, die heute normalerweise in unseren Parks gehalten werden. Die wunderschön gefleckte Art soll von König James I. aus Bengalen und die sehr dunkelbraune aus Norwegen mitgebracht worden sein. Ihre Hörner sind breit und flach; Das Männchen wird Bock genannt, das Weibchen Reh und das Junge Rehkitz. Der Bock wirft jedes Frühjahr seine Hörner ab, die jedes Jahr größer werden, bis er sein fünftes Lebensjahr erreicht hat. Das Wildbret dieses Hirsches ist dem des Rothirsches, der grob und zäh ist, bei weitem überlegen. Die Hirsch- und Hirschleder sind bekannt dafür, dass sie ein besonders weiches und warmes Leder liefern, das für Handschuhe, Gamaschen usw. verwendet wird. Die Hörner werden für die Griffe von Messern usw. verwendet, wie die des Hirsches; und der Abfall wird in ähnlicher Weise zur Herstellung von Ammoniak verwendet. Der Bock ist etwa einen Meter hoch und etwa fünf Fuß lang; das Reh ist etwas kleiner. Der Schwanz ist viel länger als der des Hirsches oder des Rehbocks und beträgt fast siebeneinhalb Zoll.

DER ELCH (*Cervus Alces*)

IST die größte aller Hirscharten. Das Geweih, zunächst einfach und dann in schmale Streifen geteilt, nimmt im fünften Jahr die Form einer dreieckigen Klinge an, die an der Außenkante gezähnt und an der Basis sehr dick ist; Sie nehmen mit zunehmendem Alter zu, bis sie fünfzig oder sechzig Pfund wiegen und an jedem Horn vierzehn Zweige haben. Der Elch lebt in Wäldern, ernährt sich von Ästen und Trieben von Bäumen und bewohnt Europa, Asien und Amerika; im letztgenannten Land ist er unter dem Namen Elchhirsch bekannt. Zwischen dem europäischen Elch und dem amerikanischen Elchhirsch besteht kaum ein Unterschied, obwohl sie in der Neuen Welt größer sind als bei uns, was vielleicht an den ausgedehnten Wäldern liegt, in denen sie vorkommen. Überall sind sie jedoch ängstlich und sanft; zufrieden mit ihrer Weide und niemals bereit, ein anderes Tier zu stören. Das Tempo des Elchs ist ein hoher, schlurfender Trab, aber er läuft mit großer Geschwindigkeit. Früher wurden diese Tiere in Schweden zum Ziehen von Schlitten verwendet, aber ihre Schnelligkeit bot Kriminellen solche Fluchtmöglichkeiten, dass ihr Einsatz mit hohen Strafen verboten wurde. Das Weibchen ist kleiner als das Männchen und hat keine Hörner.

DAS REINHIRSCH (*Cervus Tarandus* oder *Rangifer Tarandus*)

KOMMT in den meisten nördlichen Regionen Europas, Asiens und Amerikas vor und ist im Allgemeinen etwa 1,20 Meter hoch. Die Farbe ist oben braun und unten weiß; aber mit zunehmendem Alter wird das Tier oft grauweiß. Die Hufe sind lang, groß und schwarz. Beide Geschlechter sind mit Hörnern ausgestattet, die des Männchens sind jedoch deutlich die größten. Für die Lappländer ersetzt dieses Tier das Pferd, die Kuh, die Ziege und das Schaf; es ist ihr einziger Reichtum. Die Milch liefert ihnen Käse; das Fleisch, Nahrung; die Haut, Kleidung; Aus den Sehnen werden Bogensehnen hergestellt, und wenn sie gespalten werden, werden daraus Fäden. von den Hörnern Leim; und von den Knochen Löffel. Im Winter versorgt das Rentier den Bedarf an Pferden und zieht Schlitten mit erstaunlicher Geschwindigkeit über die zugefrorenen Seen und Flüsse oder über den Schnee, der zu dieser Zeit das ganze Land bedeckt. Unzählig sind die Verwendungsmöglichkeiten, der Komfort und die Vorteile, die die armen Bewohner dieses trostlosen Klimas aus diesem Tier ziehen. Wir können sie nicht besser zusammenfassen als in der schönen Sprache des Dichters:

„Ihre Rentiere bilden ihren Reichtum. Das sind ihre Zelte,
ihre Gewänder, ihre Betten und all ihr häuslicher Reichtum,
ihre Versorgung, ihre gesunde Kost und ihre fröhlichen Tassen:
Unterwürfig auf ihren Ruf hin, gibt der fügsame Stamm
dem Schlitten den Hals nach und wirbelt ihn schnell
über Hügel und Täler , aufgehäuft zu einer Fläche
aus marmoriertem Schnee, so weit das Auge reicht,
mit einem blauen Kamm aus grenzenlosem, glasiertem Eis.“

Die Art der Jagd auf wilde Rentiere durch die Lappländer, die Esquimaux und die Indianer Nordamerikas ist von Spätreisenden genau beschrieben worden. Kapitän Franklin gibt den folgenden interessanten Bericht über die

Art und Weise, wie die Dog-Rib-Indianer diese Tiere töteten. „Die Jäger gehen in Paaren, der vorderste Mann trägt in einer Hand die Hörner und einen Teil der Haut eines Hirschkopfes und in der anderen ein kleines Bündel Zweige, an denen er von Zeit zu Zeit die Hörner reibt, imitiert die für das Tier typischen Gesten. Sein Kamerad folgt ihm, tritt genau in seine Fußstapfen und hält die Waffen beider in horizontaler Position, so dass die Mündungen unter die Arme dessen ragen, der den Kopf trägt. Beide Jäger haben ein Stück weiße Haut um ihre Stirn, und der vorderste hat einen Streifen davon um seine Handgelenke. Sie nähern sich der Herde nach und nach, indem sie ihre Beine sehr langsam heben, sie dann aber etwas plötzlich absetzen, nach der Art eines Hirsches, und stets darauf achten, gleichzeitig ihren rechten oder linken Fuß anzuheben. Wenn jemand aus der Herde das Fressen unterbricht, um dieses außergewöhnliche Phänomen zu beobachten, bleibt er sofort stehen und der Kopf beginnt, seine Rolle zu spielen, indem er sich die Schultern leckt und andere notwendige Bewegungen ausführt. Auf diese Weise gelangen die Jäger in die Mitte der Herde, ohne Verdacht zu erregen, und haben Zeit, die dicksten herauszusuchen. Der hinterste Mann schiebt dann die Waffe seines Kameraden nach vorne, der Kopf wird gesenkt, und beide schießen fast gleichzeitig. Die Hirsche huschen davon, die Jäger traben hinter ihnen her; Bald darauf machten die armen Tiere Halt, um den Grund ihres Schreckens herauszufinden; Ihre Feinde bleiben im selben Moment stehen, und nachdem sie im Laufen geladen haben, begrüßen sie die Zuschauer mit einer zweiten tödlichen Entladung. Die Bestürzung des Hirsches nimmt zu; sie rennen in größter Verwirrung hin und her; und manchmal wird ein großer Teil der Herde innerhalb weniger hundert Meter vernichtet.“

DIE ACHSE. (*Cervus-Achse.*)

In Ostindien kommt EINE SEHR SCHÖNE HIRSCHART VOR, DIE EINE HELLROTE FARBE HAT, OBWOHL EINIGE DIESER ARTEN AUCH EIN TIEFERES ROT HABEN. Es ist etwa so groß wie ein Damhirsch und oft bunt mit wunderschönen, leuchtend weißen Flecken. Die Hörner sind schlank und dreifach gegabelt. Die Achsenmächte sind ein schüchternes und harmloses Geschöpf, das für die Landschaft, in der es hüpft und wild spielt, eher eine Zierde als für den Menschen nützlich ist. Es ist äußerst fügsam und besitzt einen hervorragenden Geruchssinn. Obwohl es an den Ufern des Ganges beheimatet ist, scheint es das Klima Europas unbeschadet zu überstehen.

DER MOSCHUSHIRSCH. (*Moschus moschiferus.*)

DABEI handelt es sich um eine kleine Hirschart ohne Hörner, die in den weiten Ebenen Zentralasiens lebt. Es zeichnet sich dadurch aus, dass es im Oberkiefer ein Paar Eckzähne oder Stoßzähne besitzt; und diese Zähne, die bei Wiederkäuern im Allgemeinen nicht zu finden sind, sind beim Moschushirsch so lang, dass sie aus den Seiten des Mauls herausragen und bis unter das Kinn reichen. Der Moschushirsch ist äußerst aktiv und erreicht eine erstaunliche Höhe. Das Männchen zeichnet sich dadurch aus, dass es in der Nähe des Nabels einen etwa eiergroßen Beutel besitzt; Dieses enthält eine braune, ölige Substanz mit einem sehr starken Geruch, das bekannte Parfüm namens *Moschus* , das bei den östlichen Nationen so hoch geschätzt wird.

DIE GIRAFFE ODER KAMELOPARD.

(*Kamelopardalis-Giraffa.*)

DIESER höchst bemerkenswerte Wiederkäuer, der in seiner allgemeinen Struktur dem Hirsch nahe kommt, weist neben sehr auffallenden Eigentümlichkeiten auch Verwandtschaftspunkte mit den Antilopen und Kamelen auf.

Der Kopf ist der schönste Teil des Tieres: Er ist klein und die Augen sind groß, leuchtend und sehr voll. Zwischen den Augen und über der Nase ist eine deutlich ausgeprägte Schwellung zu erkennen. Bei diesem Vorsprung handelt es sich nicht um einen fleischigen Auswuchs, sondern um eine Vergrößerung der Knochensubstanz; und es scheint den beiden kleinen Höckern oder Hörnern ähnlich zu sein, mit denen die Oberseite des Kopfes besetzt ist und die, da sie mehrere Zoll lang sind, auf jeder Seite des Kopfes direkt über den Ohren entspringen und enden durch ein dichtes Büschel steifer, aufrechter Haare. Der Hals ist bemerkenswert lang und mit einer sehr kurzen, steifen Mähne versehen, die aufrecht aus der Haut hervorsteht. Die Höhe einer ausgewachsenen Giraffe in freier Wildbahn soll 17 bis 18 Fuß betragen, gemessen von den Hufen bis zur Spitze der Ohren; aber keiner davon in England überschreitet vierzehn Fuß. Auf den ersten Blick erscheinen die Vorderbeine viel länger als die Hinterbeine; Tatsache ist jedoch, dass die Beine gleich lang sind und nur die Widerristhöhe die Ursache für das scheinbare Missverhältnis ist. Le Vaillant war der erste gut informierte Naturforscher, der die Gewohnheiten der Giraffe in ihrem wilden Zustand untersuchte. „Wenn", sagt er, „unter den bekannten Vierbeinern der Größe Vorrang eingeräumt wird, muss die Giraffe ohne Zweifel den ersten Rang einnehmen." Ein Männchen, das ich in meiner Sammlung habe, maß, nachdem ich es getötet hatte, sechzehn Fuß vier Zoll vom Huf bis zum Ende seiner Hörner. Ich verwende diesen Ausdruck, um verstanden zu werden; denn die Giraffe hat keine echten Hörner; aber zwischen seinen Ohren, am oberen Ende des Kopfes, erheben sich in senkrechter und paralleler Richtung zwei Auswüchse des Schädels, die sich ohne Gelenk bis zu einer Höhe von acht bis neun Zoll erstrecken, in einem konvexen Knubbel enden und von diesem umgeben sind eine Reihe kräftiger glatter Haare, die sie um mehrere Linien überragen. Das Weibchen ist im Allgemeinen niedriger als das Männchen ... Aufgrund der Anzahl dieser Tiere, die ich getötet habe oder die ich Gelegenheit hatte, sie zu sehen, kann ich als bestimmte Regel aufstellen, dass die Männchen im Allgemeinen fünfzehn oder sechzehn Fuß groß sind. und die Weibchen zwischen dreizehn und vierzehn Fuß." Die Farbe der Giraffe ist ein helles Rehbraun mit Flecken, die nur wenige Nuancen dunkler sind. Die Beine sind sehr schlank; und trotz der Länge des Halses zeigt es große Schwierigkeiten, etwas vom Boden aufzuheben. Dazu streckt es zuerst einen Fuß aus, dann den anderen; den gleichen Vorgang mehrmals wiederholen; und erst nach mehreren dieser Experimente beugt es endlich seinen Hals und legt seine Lippen und seine Zunge auf den betreffenden Gegenstand. Tatsächlich ist der Hals der Giraffe zwar enorm lang, aber nicht sehr flexibel, da er nur die gleiche Anzahl an Wirbeln oder Gelenken (sieben) enthält wie andere Vierbeiner mit einem viel kürzeren Hals; Es eignet sich hervorragend dazu, dem Tier das Fressen an den Zweigen von Bäumen zu ermöglichen, ist jedoch nicht dazu gedacht, es zum Weiden zu gebrauchen. Es nimmt bereitwillig Früchte und Zweige eines Baumes an, wenn es ihm angeboten wird; Er ergreift das Blattwerk auf höchst einzigartige Weise und streckt eine lange, rötliche und sehr schmale Zunge hervor, die er um alles rollt, was er festhalten möchte. Tatsächlich ist die Zunge ein äußerst bemerkenswertes Organ dieses Tieres, und wir wurden Zeuge einiger amüsanter Taten mit ihr. Im Zoologischen Garten im Regent's Park wurde schon so mancher schönen Dame die künstlichen Blumen, die ihre Haube schmückten, durch die flinke, klauende Zunge des seltenen Objekts ihrer Bewunderung beraubt.

Die Giraffe stammt ursprünglich aus Afrika; und es war lange Zeit nur durch die Beschreibungen von Reisenden bekannt. Es wurde erstmals 1829 nach Europa verschickt; aber seitdem wurden viele eingeführt und mehrere junge Exemplare wurden im Zoologischen Garten im Regent's Park geboren.

Le Vaillant gibt in seinen unterhaltsamen Reisen in Afrika einen animierten Bericht über eine Giraffenjagd: „Nach mehreren Stunden der Ermüdung entdeckten wir an der Biegung eines Hügels sieben Giraffen, denen mein Rudel sofort nachjagte. Sechs von ihnen gingen zusammen los; aber der siebte, von meinen Hunden abgeschnitten, nahm einen anderen Weg. Ich folgte ihm in vollem Tempo, aber trotz der Anstrengungen meines Pferdes war es so weit vor mir, dass ich es, als ich um einen kleinen Hügel bog, ganz aus den Augen verlor. Meine Hunde ließen sich jedoch nicht so leicht aus der Fassung bringen. Sie waren ihr bald so nahe, dass sie gezwungen war, anzuhalten, um sich zu verteidigen. Von dem Ort, wo ich war, hörte ich, wie sie mit aller Kraft ihre Zunge redeten; und da ihre Stimmen alle von derselben Stelle zu kommen schienen, vermutete ich, dass sie das Tier in einer Ecke gefangen hatten, und drängte mich erneut vorwärts. Kaum hatte ich den Hügel umrundet, als ich bemerkte, dass sie von den Hunden umgeben war und versuchte, sie durch heftige Tritte zu vertreiben. Einen Augenblick später war ich auf den Beinen und ein Schuss aus meinem Karabiner brachte sie zu Boden. Bezaubert von meinem Sieg kehrte ich zurück, um meine Leute zu mir zu rufen, damit sie beim Häuten und Zerlegen des Tieres helfen könnten. Als ich zurückkam, fand ich sie unter einem großen Ebenholzbaum stehen, von meinen Hunden angegriffen. Sie war hierher gestolpert und fiel in dem Moment tot um, als ich gerade einen zweiten Schuss abfeuern wollte."

Die Hörner der Giraffe, so klein sie auch sind und mit Haut und Haaren bedeckt sind, sind keineswegs die unbedeutenden Waffen, die sie zu sein scheinen. Wir haben gesehen, wie sie von den Männchen mit furchterregender und rücksichtsloser Gewalt gegeneinander eingesetzt wurden; und wir wissen, dass es sich um die natürlichen Arme der Giraffe handelt, die vom Hüter der heute im Zoologischen Garten lebenden Giraffen am meisten gefürchtet werden, weil sie am häufigsten und plötzlich zum Einsatz kommen. Die Giraffe stößt nicht durch Niederdrücken und plötzliches Anheben des Kopfes an, wie das bei Hirschen, Ochsen oder Schafen der Fall ist; sondern schlägt mit den schwieligen, stumpfen Enden der Hörner mit einer seitlichen Bewegung des Halses gegen den Gegenstand seines Angriffs.

Die Giraffe hat eine besonders ungeschickte Art zu traben, da sie beide Beine gleichzeitig auf einer Seite bewegt. Im Galopp spreizt die Giraffe ihre Hinterbeine weit auseinander und bringt sie bei jedem Schritt auf beiden Seiten der Vorderpfoten weit nach vorne; Auf diese Weise macht das Tier schnelle Fortschritte, obwohl sein Aussehen ziemlich außergewöhnlich ist, und die von der Kraft der Hinterfüße nach hinten geworfenen Steine helfen nicht selten dabei, es zu schützen, wenn es dicht verfolgt wird. Die weibliche Giraffe im Regent's Park war eine sehr schlechte Mutter für ihr erstes Junges, da sie es nicht saugen ließ und es wegschlug, wann immer es sich näherte.

Das arme Ding wurde mit Kuhmilch gefüttert, aber es starb bald. Später
wurden die Jungen freundlicher behandelt und entwickelten sich daher gut.

DAS BAKTRISCHE KAMEL. (*Camelus Bactrianus.*)

„In stillem Entsetzen
überquerte der Kutscher Hassan mit seinen Kamelen die grenzenlose
Wüste.
Auf seinem Rücken trug er einen Krug Wasser,
und in seinem leichten Rucksack befand sich ein dürftiger Vorrat:
In seiner Hand hielt er einen Fächer bemalter Federn,
um ihn zu bewachen sein Gesicht war vom sengenden Sand beschattet;
Die schwüle Sonne hatte den mittleren Himmel erreicht,
und kein Baum und kein Kraut war in der Nähe.
Die Tiere verfolgten mit Schmerzen ihren staubigen Weg,
die Winde brüllten schrill, und die Aussicht war trostlos!“
COLLINS.

DAS TRAMPELTIER stammt aus den Wüsten Asiens und ist im Allgemeinen
braun oder aschefarben. Seine Größe beträgt etwa sechs Fuß. Er ist einer der
nützlichsten Vierbeiner in orientalischen Ländern; Seine Fügsamkeit und
Stärke, seine Ausdauer gegenüber Hunger und Durst und seine Schnelligkeit
machen ihn zu einer äußerst wertvollen Errungenschaft für die Bewohner
dieser Wüstenorte. Die Hauptmerkmale des Kamels sind diese: – Er hat zwei
große und harte Büschel auf seinem Rücken und hat keine Hörner; die
Oberlippe ist geteilt wie die des Hasen; und die Hufe sind klein und sitzen

am Ende zweier langer Zehen, die unten durch eine polsterartige Sohle verbunden sind. Aber das besondere und charakteristische Merkmal des Kamels ist seine Fähigkeit, länger als jedes andere Tier auf Wasser zu verzichten; Dafür hat die Natur eine wunderbare Vorkehrung getroffen, indem sie die Oberfläche eines der vier Mägen, die sie mit allen wiederkäuenden Tieren gemeinsam hat, so angepasst hat, dass sie als Wasserreservoir dient, wo es verbleibt, ohne die anderen Nahrungsmittel zu verderben oder zu vermischen. Durch diese einzigartige Struktur kann es eine ungeheure Menge Wasser auf einen Zug aufnehmen und ist in der Lage, bis zu fünfzehn Tage ohne erneutes Trinken auszukommen. Aber neben diesem Wasserreservoir soll das Tier in Notfällen seine Nahrung auch aus den Höckern auf seinem Rücken beziehen, die aus einer fetthaltigen Substanz bestehen: So werden sie nach langer Entbehrung aufgesaugt. Ein großes Kamel kann zehn oder sogar zwölf Zentner tragen und ist wie der Elefant zahm und fügsam; aber wie er hat er periodische Wutanfälle, und es ist bekannt, dass er in diesen Momenten einen Mann in die Zähne packt, ihn auf den Boden wirft und ihn mit den Füßen zertrampelt. Wie das Pferd gibt er seinem Reiter Sicherheit; und wie die Kuh versorgt er seinen Besitzer mit Fleisch für seinen Tisch und das Weibchen mit Milch als Getränk. Das Fleisch des jungen Kamels gilt als Delikatesse, und die in Wasser verdünnte Milch des Weibchens ist das übliche Getränk der Araber. Die Haare oder Vliese, die im Frühjahr vollständig abfallen, sind denen jedes anderen Haustiers überlegen und werden zu sehr feinen Stoffen für Kleidung, Decken, Zelte und andere Möbel verarbeitet. Das Weibchen bringt ein Jahr lang Junge zur Welt und bringt immer nur einen nach dem anderen zur Welt. Das Kamel kniet nieder, um seine Bürde entgegenzunehmen, und es wird gesagt, dass es sich weigert, aufzustehen, wenn sein Herr ihm ein Gewicht auferlegt, das seine Kräfte übersteigt. Er hat Schwielen an den Knien und an der Brust, die verhindern, dass er sich verletzt, wenn er sich hinkniet, um seine Last aufzunehmen; und er schläft mit gebeugten Knien und der Brust auf der Erde. Die Reife erreicht er nach etwa fünf Jahren und seine Lebenserwartung beträgt vierzig bis fünfzig Jahre.

DAS ARABISCHE KAMEL ODER DROMEDAR.

(*Camelus Dromedarius.*)

EINE ANDERE Kamelart, von geringerer Statur als die erstere, aber viel schneller und mit nur einem harten Bündel auf dem Rücken, wird in ganz Afrika sowie in Asien domestiziert. Man sagt, dass ein Dromedar 100 Meilen pro Tag zurücklegen und dabei 15 Zentner tragen kann. Es wurden Versuche unternommen, das Kamel und das Dromedar auf unseren Inseln in Westindien einzuführen, aber es gelang ihnen nicht; Sie wurden jedoch vergleichsweise in der Nähe von Pisa in Italien eingebürgert. Die in Ägypten als Lasttiere verwendeten Kamele sind allesamt Dromedare; und der erste Versuch, den ein Europäer macht, ein Tier zu besteigen, ist im Allgemeinen ein Dienst, der aufgrund der Eigentümlichkeit der Bewegung des Tieres beim Aufstehen mit einer geringen Gefahr verbunden ist. Denon, der französische Reisende, hat dies mit seiner gewohnten Lebhaftigkeit beschrieben: „Während der französischen Invasion in Ägypten wurde ein Teil der Division Dessaix", zu der der wissenschaftliche Reisende gehörte, „mit Kamelen zu einem entfernten Posten in der Wüste geschickt." Das Kamel, so langsam es auch im Allgemeinen in seinen Bewegungen ist, hebt seine Hinterbeine sehr zügig in dem Moment, in dem der Reiter im Sattel sitzt; der Mann wird so nach vorne geschleudert; eine ähnliche Bewegung der Vorderbeine wirft ihn nach hinten; jede Bewegung wird wiederholt; und erst im vierten Satz, wenn das Dromedar wieder auf den Beinen ist, kann der Reiter sein Gleichgewicht wiedererlangen. Keiner von uns konnte dem ersten Impuls widerstehen, und so konnte auch niemand über seine Gefährten lachen." Macfarlane erzählt uns in seinem Werk über Konstantinopel, dass er bei seinem ersten Kamelabenteuer so unvorbereitet auf die wahrscheinliche Wirkung des von hinten aufsteigenden Tieres gewesen sei, dass er zur unendlichen Belustigung der Türken, die herzlich darüber lachten, über den Kopf geworfen wurde seine Unerfahrenheit.

Obwohl der Name Dromedar allgemein für alle einhöckrigen Kamele verwendet wird, sowohl im allgemeinen Sprachgebrauch als auch in Büchern über Naturgeschichte, heißt es, dass der wahre Dromedar (*El Herie*) lediglich ein besonders schnelles Kamel sei. Tatsächlich scheint der Name Dromedar im Osten für alle höher gezüchteten Kamele verwendet zu werden, deren Genealogie von den Arabern ebenso sorgfältig geführt wird wie die ihrer Pferde.

Mit einer Kraft und Aktivität, die die der meisten Lasttiere übersteigt, fügsam, geduldig gegenüber Hunger und Durst und zufrieden mit kleinen Mengen des gröbsten Futters, ist das Kamel eines der wertvollsten Geschenke der Vorsehung. Das äußere Erscheinungsbild des Tieres lässt jedoch nichts auf seine hervorragenden Eigenschaften schließen. In Form und Proportionen steht es im krassen Gegensatz zu unseren üblichen Vorstellungen von Perfektion und Schönheit. Ein kräftiger Körper, dessen Rücken durch einen großen Buckel entstellt ist; Gliedmaßen lang, schlank und scheinbar zu schwach, um den Rumpf zu stützen; ein langer, dünner, krummer Hals, darüber ein kräftig proportionierter Kopf, sind allesamt ungeeignet, einen positiven Eindruck zu hinterlassen. Dennoch gibt es kein Geschöpf, das besser an seine Situation angepasst ist, und auch keins, bei dem in den Besonderheiten seiner Organisation mehr schöpferische Weisheit zum Ausdruck kommt. Für die Araber und andere Wüstenwanderer bedeutet das Kamel Reichtum, Lebensunterhalt und Schutz zugleich.

DAS LAMA ODER KAMEL AMERIKAS

(*Auchenia glama*)

IST ein sanftes, ängstliches Geschöpf, nicht größer als 1,20 m und normalerweise von brauner Farbe. Es hat in seiner Form eine allgemeine Ähnlichkeit mit dem Kamel; aber statt einer Ausstülpung auf dem Rücken hat es eine auf der Brust. Lamas werden von den Südamerikanern als Lasttiere benutzt und sind so launenhaft und rachsüchtig, dass sie, wenn ihre Treiber sie schlagen, sich sofort hinhocken und nur Liebkosungen sie zum Wiederaufstehen bewegen können. Es ist bekannt, dass sie sich selbst töteten, indem sie in ihrer Wut ihre Köpfe auf den Boden schlugen, wenn sie durch Schläge gegen ihren Willen vorwärts getrieben wurden. Sie drücken ihre Wut aus, indem sie ihren Gegner anspucken. Die *Alpakas* sind viel kleiner als die Lamas und im häuslichen Zustand von unterschiedlicher Farbe. Sie dienen den gleichen Zwecken und unterscheiden sich kaum in ihren Gewohnheiten und ihrer Natur. Die Wolle dieser beiden Tiere wird für verschiedene Zwecke verwendet und ist in mehreren Teilen des neuen und alten Kontinents ein Hauptbestandteil bei der Herstellung von Hüten. und das Fleisch der jungen Lamas gilt in ihrem Heimatland als große Delikatesse und ist ebenso gut wie das der fetten Schafe von Kastilien. In Peru, wo die Tiere gefunden werden, gibt es öffentliche Schlachthöfe für den Verkauf ihres Fleisches.

§ IX. – *Quadrumana oder vierhändige Tiere.*

DER OURANG OUTAN. (*Simia satyrus.*)

TIERE des Affenstammes sind mit Händen statt mit Pfoten ausgestattet; Ihre Ohren, Augen, Augenlider, Lippen und Brüste ähneln denen der menschlichen Spezies. Um die Beschreibung zu erleichtern, werden die Tiere dieses ausgedehnten Stammes üblicherweise in die drei Abteilungen Affen, Paviane und Affen eingeteilt. Affen haben keinen Schwanz, und der Häuptling dieser Art ist der Ourang Outan oder Wilder Mann des Waldes: Er kommt in den Wäldern von Borneo und Sumatra vor. Er ist ein Einzelgänger und meidet die Menschheit. Von den Größten wird gesagt, dass sie 1,80 m groß, sehr aktiv, stark und unerschrocken seien und in der Lage seien, den stärksten Mann zu besiegen. Sie seien außerdem außerordentlich schnell und könnten nicht so leicht lebend gefangen werden. Als Junge kann der Ourang Outan jedoch gezähmt werden: Einem von ihnen, der vor einigen Jahren in London gezeigt wurde, wurde beigebracht, am Tisch zu sitzen, beim Essen einen Löffel oder eine Gabel zu benutzen und Wein aus einem Glas zu trinken. Es war sanft und anhänglich, sehr anhänglich gegenüber seinem Besitzer und gehorsam gegenüber seinen Befehlen.

DER SCHIMPANSE.

(*Simia Troglodytes* oder *Troglodytes niger* .)

DIESER Affe, der in den großen Wäldern Westafrikas lebt, wird allgemein als der Affe angesehen, der in seiner Konformation der menschlichen Spezies am nächsten kommt. Im ausgewachsenen Zustand ist er etwa 1,50 m groß und steht aufrecht, aber das ist eine Haltung, die er von Natur aus nicht bevorzugt, und wenn er auf dem Boden liegt, geht er normalerweise auf allen

Vieren, wobei er die Außenseite seiner Hinterfüße und die Knöchel beansprucht seiner Vorderbeine zur Erde. Seine Haut ist mit langen, groben schwarzen oder dunkelbraunen Haaren bedeckt, die an der Unterseite des Körpers und an den Gliedmaßen spärlich werden; Das Gesicht ist nackt und fleischfarben, und an beiden Seiten hängt ein großer Busch langer Haare wie ein Schnurrbart herab. Der Schimpanse lebt in den Bäumen, auf deren Ästen er sehr aktiv ist, und er ist intelligent genug, um sich aus Ästen eine Art Hütte zu bauen, normalerweise etwa zehn bis vierzig Fuß über dem Boden. Seine Nahrung besteht hauptsächlich aus Früchten, und er soll vor der Gegenwart des Menschen fliehen.

Junge Schimpansen wurden häufig in dieses und andere europäische Länder gebracht und einige von ihnen wurden in unserem Zoologischen Garten ausgestellt. Sie verhalten sich im Allgemeinen sanft und eher melancholisch und zeigen oft viel Zuneigung gegenüber denen, die für sie verantwortlich sind. Über ein zu seiner Zeit in Frankreich ausgestelltes Exemplar gibt Buffon den folgenden interessanten Bericht: „Ich habe gesehen, wie dieses Tier“, sagt er, „seine Hand zeigte, um seine Besucher herauszuführen, oder ernst mit ihnen umherging, als ob es ihm gehörte.“ Unternehmen. Ich habe gesehen, wie es sich an den Tisch setzte, seine Serviette ausbreitete und sich die Lippen abwischte, seinen Löffel und seine Gabel benutzte, um sein Essen zum Mund zu führen, sein Getränk in ein Glas schüttete und Gläser berührte, wenn er eingeladen wurde; Bringen Sie eine Tasse und eine Untertasse zum Tisch, geben Sie Zucker hinein, gießen Sie den Tee ein und lassen Sie ihn abkühlen, bevor Sie ihn trinken. und das alles ohne andere Veranlassung als durch die Zeichen und Worte seines Herrn und oft aus eigenem Antrieb.“ Buffon fügt hinzu, dass es einen Geschmack hatte, den einige unserer jungen Leser zweifellos teilten: „Es hatte eine übermäßige Vorliebe für Zuckerpflaumen.“

DER GORILLA. (*Höhlengorilla.*)

DASS DIESER wunderbare Affe, der kürzlich in der gleichen Region entdeckt wurde, in der auch der Schimpanse lebt, in mancher Hinsicht noch größere Ähnlichkeit mit unserer eigenen Art hat. Er soll eine Höhe von sieben Fuß erreichen, aber die größten bisher erhaltenen Exemplare waren eher weniger als sechs Fuß hoch. Einige Reisende sagen, dass der Gorilla aufrecht geht und die Hände im Nacken ruhen lässt, aber der Zustand seiner Knöchel zeigt, dass er normalerweise, wie der Schimpanse, auf allen Vieren geht. Seine Haut ist mit kurzen, ergrauten Haaren bedeckt und die nackte Haut seines Gesichts und seiner Hände ist schwarz. Der Gorilla ist bei den Negern sehr gefürchtet, die bei der Elefantenjagd durch die von ihm frequentierten Wälder gehen müssen; Das liegt nicht an seinen Zähnen, obwohl sie beeindruckend genug sind, sondern an der enormen Kraft seiner Hände, mit denen er einen Mann in einem Augenblick erwürgen kann, und es wird sogar gesagt, dass die alten Männer keine Gelegenheit verpassen, eine Leistung zu erbringen diese Operation. Es heißt sogar, dass, wenn eine Gruppe von Jägern durch den Wald zieht, manchmal einer von ihnen plötzlich verschwindet und von einem Gorilla eingeholt wird, der auf den niedrigen Ästen eines Baumes lauert; Das Monster erwürgt sein Opfer schnell und lässt den Körper dann fallen.

Der Magot oder Berberaffe (*Inuus Sylvanus*)

IST eine Affenart ohne Schwanz, die in den nördlichen Teilen Afrikas lebt und auch auf dem Felsen von Gibraltar vorkommt. Caubasson erzählt eine lächerliche Anekdote über eines dieser Tiere, das er zahm aufzog und das ihm so sehr anhing, dass es den Wunsch verspürte, ihn überallhin zu begleiten: Als er also den Gottesdienst verrichten musste, stand er unter dem Notwendigkeit, ihn zum Schweigen zu bringen. Eines Tages jedoch entkam das Tier und folgte dem Vater zur Kirche, wo er schweigend auf dem Resonanzboden über der Kanzel kletterte und völlig still lag, bis die Predigt begann. Dann kroch er an den Rand und ahmte, den Prediger übersehend, dessen Gesten auf so groteske Weise nach, dass die ganze Gemeinde vor Lachen erschütterte. Caubasson, überrascht und unzufrieden über diese unpassende Leichtfertigkeit, tadelte seine Zuhörer für ihre

Unaufmerksamkeit; und als sein Vorwurf offensichtlich fehlschlug, verdoppelte er in der Wärme des Eifers seine Gestikulationen und sein Geschrei. Diese ahmte der Affe so genau nach, dass jeglicher Respekt vor ihrem Pastor in der Szene vor ihnen verschwand und sie in lautes und anhaltendes Gelächter ausbrachen. Endlich trat ein Freund des Predigers auf ihn zu; und als er den Grund für diese Heiterkeit erkannte, gelang es ihm mit größter Mühe, eine ernste Miene aufzubringen, während er befahl, den Affen wegzubringen.

DER PAVIAN. (*Cynocephalus.*)

EINE GATTUNG der Quadrumana, die eine große, wilde und beeindruckende Rasse von Tieren umfasst, die, obwohl sie in geringem Maße an der menschlichen Konformation teilhaben, wie die Ourang Outan usw., in ihren Veranlagungen und Gewohnheiten genau das Gegenteil davon sind Sanftmut und Fügsamkeit. Die Paviane sind die hässlichsten aller Quadrumana. Ihre Augen sind klein und liegen unter den Augenbrauen. Ihre Stirn ist niedrig und die Entwicklung der Schnauze und des Gesichts steht in einem enormen Missverhältnis zur Schädelgröße. Ihre große Stärke und ihr wildes Wesen machen sie in den Ländern, in denen sie leben, sehr gefürchtet. Paviane unterscheiden sich von den Affen einerseits und den Affen andererseits dadurch, dass sie kurze Schwänze haben.

Der *Gemeine Pavian* hat eine sandige Farbe mit einem rötlichen Farbton an Schultern, Kopf und Rücken. In jungen Jahren ist es verspielt und gutmütig, mit zunehmendem Alter wird es jedoch mürrisch und wild. Buffon beschreibt ein ausgewachsenes Exemplar, das er sah: „Es war nicht ganz abscheulich, und doch erregte es Entsetzen." Es schien immer in einem Zustand wilder Wildheit zu sein, es knirschte mit den Zähnen, war ständig unruhig und von grundloser Wut erregt. Es war ein kräftig gebautes Tier, dessen nervöse Gliedmaßen und seine zusammengedrückte Form auf große Kraft und Beweglichkeit schließen ließen; und obwohl die Länge und Dicke seines struppigen Fells es viel größer erscheinen ließen, als es tatsächlich war, war es so stark und aktiv, dass es die Angriffe mehrerer unbewaffneter Männer leicht hätte abwehren können."

Der *Kappavian* oder *Chacura* (*Cynocephalus porcarius*) ist so groß wie eine große Dogge, auf dem Rücken mit olivschwarzem Haar und auf der Unterseite mit hellerem Haar bedeckt. Er hat ein Hundegesicht; Die Schnauze ähnelt der eines Schweins und die Krallen sind flach, aber scharf und sehr stark. Es wird gesagt, dass er Ziegen und Schafen folgt, um ihre Milch zu trinken; Er hat Anteil an der menschlichen Geschicklichkeit, wenn es darum geht, die Kerne aus Nüssen zu lösen, und liebt es, mit Kleidungsstücken bedeckt zu sein. er steht aufrecht und ahmt mit Leichtigkeit viele menschliche Handlungen nach. Die List dieser Tiere wird in ihrer Plünderungsart gut veranschaulicht. Sie bilden lange Schlangen, die sich von ihrem Rückzugsort bis zum sichtbaren Objekt erstrecken, und werfen dann das Ergebnis ihres Diebstahls von Hand zu Hand, bis es sicher ist.

Der *Mandrill* ist die größte Pavianart und erreicht eine Höhe von fast 1,50 m, wenn er aufrecht steht. Er unterscheidet sich von anderen Pavianen durch eine große Ausstülpung auf beiden Wangen, die mit zahlreichen roten, blauen und violetten Streifen gekennzeichnet ist.

„Von denjenigen, die in einem häuslichen Staat beobachtet wurden, wird allgemein gesagt, dass sie eine ausgeprägte Vorliebe für vergorene und alkoholische Getränke hatten. Ein bemerkenswert feines Individuum, das lange Zeit in Exeter Change und danach im Surrey Zoological Gardens gehalten wurde, trank täglich seinen Topf Porter und genoss es offensichtlich; Es war ein überaus amüsanter Anblick, ihn mit seinem Quarttopf neben sich in seinem kleinen Sessel sitzen zu sehen und seine kurze Pfeife mit der ganzen Ernsthaftigkeit und Beharrlichkeit eines Holländers zu rauchen. Im Naturzustand machen seine große Stärke und sein bösartiger Charakter den Mandrill zu einem wirklich beeindruckenden Tier. Da sie im Allgemeinen in großen Gruppen marschieren, sind sie den anderen Bewohnern des Waldes mehr als ebenbürtig. Die Bewohner selbst haben Angst, durch den Wald zu gehen, es sei denn, sie sind in großen Gruppen und gut bewaffnet."

DER RÜSSEL.　　DER DIANA-AFFE.
(*Nasalis larvatus.*)　(*Cercopithecus Diana.*)

DER NASENAFFE wird so genannt, weil er eine lange, unverhältnismäßig große Nase hat. Es ist ein Bewohner der Insel Borneo, wo es in Gruppen auf Bäumen in der Nähe seiner Flüsse lebt. Es hat eine wilde Veranlagung. Der Diana-Affe ist nach der gleichnamigen Göttin benannt, wegen der weißen Haarsichel, die seine Stirn schmückt. Es ist sehr verspielt und eines der anmutigsten des Stammes; Es kommt in den heißesten Teilen Afrikas vor. Affen sind kleiner und zahlreicher als Menschenaffen und Paviane. Sie leben fast ausschließlich auf Bäumen. Ihre natürliche Nahrung ist Gemüse – Obst aller Art, Mais und sogar Gras; aber wenn sie domestiziert sind, lernen sie, fast alles zu essen, was auf unseren Tischen serviert wird.

Es gibt nur wenige Menschen, die mit den verschiedenen Mimikformen dieser Tiere und ihren launischen Taten nicht vertraut sind. Anekdoten dieser Art gibt es sehr zahlreich; Wir begnügen uns damit, Folgendes zu sagen: Kapitän Stedman sagt, während er in den Wäldern von Surinam auf der Jagd nach Proviant war, dass er auf zwei dieser Tiere geschossen habe, dass aber die Zerstörung eines von ihnen mit solchen Umständen einhergegangen sei, die für immer eintreten würden halten Sie ihn anschließend davon ab, auf Affenjagd zu gehen. „Als das Geschöpf mich fast am Ufer des Flusses im Kanu sah“, sagt er, „hielt es inne, seinen Gefährten hinterherzuspringen, und saß auf einem Ast, der über das Wasser hinausragte, und untersuchte mich mit den stärksten Zeichen Neugier; während er ungeheuer plapperte und mit unglaublicher Kraft und Beweglichkeit die Zweige schüttelte, auf denen er ruhte. Zu diesem Zeitpunkt legte ich mein Stück auf meine Schulter und holte ihn vom Baum: Aber möge ich nie wieder Zeuge einer solchen Szene sein! Das elende Tier war nicht tot, sondern tödlich verwundet. Ich packte ihn am Schwanz und nahm ihn mit beiden Händen, um seine Qual zu beenden, drehte ihn herum und schlug seinen Kopf gegen die Seite des Kanus. aber das arme Geschöpf lebte noch weiter und blickte mich auf die berührendste Weise an, die man sich vorstellen kann. Daher wusste ich kein anderes Mittel, um seinem Mord ein Ende zu setzen, als ihn unter Wasser zu halten, bis er ertrank. Aber schon dabei wurde mir das Herz schlecht; denn seine kleinen sterbenden Augen folgten mir immer noch scheinbar vorwurfsvoll, bis ihr Licht sie allmählich verließ und das elende Tier verstarb."

Die Art und Weise, wie einige Mitglieder des Affenstamms Schalentiere fangen, ist ein bemerkenswerter Beweis für ihre List und ihren Einfallsreichtum. Da die Austern der tropischen Klimazonen größer sind als unsere, heben die Affen, wenn sie das Meeresufer erreichen, Steine auf und stecken sie zwischen die sich öffnenden Schalen, die dadurch daran gehindert werden, sich zu schließen, und die schlauen Tiere fressen den Fisch an ihrer Seite Leichtigkeit. Um Krebse anzulocken, halten sie ihre Schwänze vor die Höhlen, in denen sie Zuflucht gesucht haben; und wenn die Kreaturen den Köder festgehalten haben, ziehen die Affen plötzlich ihre Schwänze zurück und schleppen so ihre Beute ans Ufer.

Der Affe bringt im Allgemeinen einen nach dem anderen zur Welt, manchmal auch zwei. Es kommt selten vor, dass sie sich fortpflanzen, wenn sie nach Europa gebracht werden; aber diejenigen, die es tun, zeigen ein sehr eindrucksvolles Bild elterlicher Zuneigung. Männchen und Weibchen werden nie müde, ihr Junges zu streicheln. Sie unterrichten es mit nicht geringer Sorgfalt; und korrigieren es oft streng, wenn sie hartnäckig sind oder nicht geneigt sind, von ihrem Beispiel zu profitieren. Sie geben es von einem zum anderen weiter, und wenn das Männchen seine Rücksichtnahme nicht mehr gezeigt hat, ist das Weibchen an der Reihe, seine Zuneigung zu zeigen.

Die Kapuziner- und Klammeraffen

(*Cebus Capucinus* und *Ateles paniscus*)

Die Kapuziner- und Klammeraffen

(*Cebus Capucinus* und *Ateles paniscus*)

SIND beide in Südamerika beheimatet; Sie leben in großen Scharen, ernähren sich von Wurzeln, Früchten und Insekten und sind viel sanfter als die Tiere der Alten Welt. Von den *Kapuzinern* gibt es viele Arten, die sich nur in der Farbe voneinander unterscheiden; Sie sind sehr lebhaft, aktiv und unterhaltsam und etwa einen Fuß lang. Der Klammeraffe hat wie der Kapuziner einen langen Greifschwanz, den er wie eine fünfte Hand benutzt. Die Natur scheint ihnen durch diesen Zusatz das Fehlen eines Daumens mehr als entschädigt zu haben, denn wenn sie wegen der Entfernung nicht in der Lage sind, von einem Baum zum anderen zu springen, bilden sie mit ihren Jungen eine Art Kette auf dem Rücken, an den Schwänzen des anderen herabhängend. Einer von ihnen hält den Ast oben, und die übrigen schwingen wie ein Pendel hin und her, bis der unterste ihn festhalten kann; Der Erste lässt dann seinen Griff los und gerät somit seinerseits unter die Mehrheit. Auf diese Weise können sie große Entfernungen zurücklegen, ohne jemals den Boden zu berühren. Kuriose Beispiele hierfür sind täglich im Zoologischen Garten zu sehen, wo es mehrere dieser Affen gibt.

DIE OUISTITI- UND MARIKINA-AFFEN.

(*Jacchus vulgaris* und *Rosalia* .)

DER OUISTITI oder MARMOZET kommt in Brasilien vor und ist von kleiner Größe, er misst nicht mehr als sieben Zoll, obwohl sein Schwanz fast elf Zoll lang ist. Er wiegt etwa sechs Unzen und ernährt sich wie andere seiner Art nicht nur von Gemüse, sondern auch von Insekten, Vogeleiern und sogar kleinen Vögeln. Sein Gesicht ist fast nackt, von dunkler Fleischfarbe, mit einem weißen Fleck über der Nase; Der Schwanz ist voller Haare und abwechselnd mit aschefarbenen und schwarzen Ringen beringt. Seine Nägel sind scharf und seine Finger wie die eines Eichhörnchens.

Der MARIKINA ist ein wunderschönes kleines Tier, nicht länger als neun Zoll und wird manchmal der Löwenaffe genannt; sein Haar ist lang, weich und glänzend; Sein Kopf ist rund, sein Gesicht braun und seine Ohren sind unter den langen Haaren verborgen, die sein Gesicht umgeben und leuchtend rot sind, während die an seinem Körper und Schwanz eine wunderschöne blassgelbe oder goldene Farbe haben. Er ist sehr verspielt und von scheinbar robustem Temperament, denn wir haben einen gesehen, der fünf oder sechs Jahre in Paris gelebt hat und keine andere besondere Sorge hatte, als ihn den Winter über in einer Kammer aufzubewahren, in der jeden Tag ein Feuer brannte.

DER MUNGU UND DER MUNGU

(*Lemur macaco* und *Lemur albifrons*)

KANN als Verbindungsglied zwischen den Affen und dem echten Vierbeiner angesehen werden. Ihre Gewohnheiten sind nachtaktiv, weshalb sie Lemuren oder Geister genannt werden. Sie verbringen einen beträchtlichen Teil des Tages schlafend, wie eine Kugel zusammengerollt, wobei der große Schwanz zwischen den Hinterbeinen hindurchgeführt und um den Hals geschlungen ist. Sie leben in Gruppen, mehr oder weniger zahlreich, wie die Menschenaffen und Affen, auf Bäumen, klettern mit großer Schnelligkeit und springen mit so großer Kraft, dass sie oft mit einem einzigen Satz drei Fuß hoch steigen. Sie ernähren sich von Früchten, Wurzeln usw. und tragen ihre Nahrung wie die Affen mit den Händen zum Mund; Wenn sie nicht beunruhigt sind, ist ihre Stimme ein schnelles Grunzen. Ihr nächtliches und unauffälliges Verhalten ist wahrscheinlich bis zu einem gewissen Grad für die Seltenheit ihres Auftretens verantwortlich. Sie sind alle Bewohner Madagaskars, aber verwandte Arten kommen auch in Bengalen und anderen Teilen Hindustans, in Ceylon und Java vor. Die oben genannten Exemplare stammen aus dem Zoologischen Garten und sind Weißstirnmakis und Schwarz-Weiß-Lemuren.

BUCH II.

BEWOHNER DER LUFT.

§ I. RAPTORES. *Tagaktive Greifvögel.*

DER GOLDENE ADLER. (*Aquila chrysaëtos.*)

„Aber wen können die verschiedenen Nationen erklären,
der mit geschäftigen Flügeln die bevölkerte Luft pflüget?
Diese spalten die bröckelnde Rinde, um Insekten als Nahrung zu gewinnen.
Diese tauchen den krummen Schnabel in verwandtes Blut:
Einige spuken im Binsenmoor, in den einsamen Wäldern;
Manche baden ihr silbernes Gefieder in den Fluten;
Einige fliegen zum Menschen, seine Hausgötter flehen ihn an,
und versammeln sich um seine gastfreundliche Tür,
warten auf den bekannten Ruf und finden dort Schutz
vor allen geringeren Tyrannen der Luft.
Der gelbbraune Adler setzt seine unreife Brut
hoch oben auf der Klippe ein und füttert seine Jungen mit Blut."
BARBAULD.

DER STEINADLER ist einer der größten und mächtigsten Vögel, die den
Namen Adler erhalten haben. Es wiegt über zwölf Pfund. Seine Länge von
der Schnabelspitze bis zum Ende des Schwanzes beträgt etwa einen Meter;
Die Breite beträgt bei ausgestreckten Flügeln sieben bis acht Fuß. Der
Schnabel ist geil, krumm und sehr stark. Die Halsfedern haben eine rostige
Farbe, der Rest ist dunkelbraun. Die Füße sind bis zu den Krallen befedert,

die einen wunderbaren Griff haben; Die Zehen sind gelb und die vier Krallen sind krumm und stark. Wie bei allen Greifvögeln ist das Weibchen größer und kräftiger.

Adler zeichnen sich durch ihre Langlebigkeit und ihre Fähigkeit aus, lange auf Nahrung zu verzichten. Von allen Vögeln fliegt der Adler am höchsten; und daher gaben ihm die Alten den Beinamen „ *Himmelsvogel*":

„Vogel mit dem breiten und ausladenden Flügel,
deine Heimat ist hoch im Himmel,
wo weit die Stürme ihre Banner werfen
und die Wolken des Sturms vertrieben werden."
Dein Thron ist auf dem Gipfel des Berges,
Deine Felder sind die grenzenlose Luft;
Und graugraue Gipfel, die stolz
den Himmel stützen, sind deine Wohnungen."

Dieser beeindruckende Vogel kann unter seiner eigenen Art als das angesehen werden, was der Löwe unter den Vierbeinern ist; und in vielerlei Hinsicht haben sie eine starke Ähnlichkeit zueinander. Einsam wie der Löwe hält er die Wildnis für sich; Es ist ebenso außergewöhnlich, zwei Adlerpaare im selben Berg zu sehen, wie zwei Löwen in derselben Ebene.

Der Adler kommt in Großbritannien und Irland, in Deutschland und fast allen Teilen Europas vor. Es ist ein Fleischfresser und ernährt sich von Schlangen und Eidechsen, wenn es ihm nicht gelingt, das Fleisch größerer Tiere zu bekommen. Bemerkenswert ist die Geschichte des Adlers, der nach einem schweren Konflikt mit einer Katze, die er gepackt und mit seinen Krallen in die Luft getragen hatte, zu Boden gebracht wurde; Herr Barlow, der ein Augenzeuge der Tat war, fertigte eine Zeichnung davon an, die er anschließend gravierte. In Schottland soll es zwei Fälle gegeben haben, in denen der Adler mit seinen Jungen zu seinem Nest geflogen sei; In beiden Fällen wird jedoch hinzugefügt, dass die Kinder geborgen wurden, ohne dass sie materiell verletzt wurden. Dieser Vogel wurde oft gezähmt, aber in dieser Situation bewahrt er immer noch eine angeborene Liebe zur Freiheit. Das Nest des Adlers besteht aus starken Stöcken und ist im Allgemeinen auf der Spitze eines unzugänglichen Felsens gebaut, von wo aus er mit Blitzgeschwindigkeit auf seine Beute stürzt. Die Inkubationszeit soll dreißig Tage betragen; und wenn die Jungen geschlüpft sind, setzen sowohl das Männchen als auch das Weibchen ihr ganzes Fleiß ein, um für ihre Bedürfnisse zu sorgen. In der Grafschaft Kerry soll ein Bauer einst den Entschluss gefasst haben, ein Adlernest zu plündern, das auf einer kleinen Insel im wunderschönen See von Killarney errichtet worden war. Daher schwamm er während der Abwesenheit der Eltern auf die Insel; und nachdem er das Nest der Jungen geraubt hatte, bereitete er sich darauf vor,

mit den an einer Schnur festgebundenen Adlerjungen zurückzuschwimmen;
Doch während er noch bis zum Kinn im Wasser stand, kehrten die alten
Adler zurück und fielen, da sie ihre Familie vermissten, mit solcher Wut über
den Eindringling her, dass sie ihn trotz all seines Widerstands mit ihren
Schnäbeln und Krallen erledigten.

Ein anderer gebürtiger Kerryer hatte im Umgang mit den Eagles mehr Glück.
In einer Zeit der Knappheit verschaffte er sich und seiner Familie den
Lebensunterhalt, indem er ein Adlernest von der Nahrung plünderte, die die
Eltern für ihre Jungen mitgebracht hatten. Und er war so geschickt, dass er
den Vorrat verlängerte, indem er den Adlerjungen die Flügel abschnitt, um
sie zu versorgen um ihr Fliegen zu verhindern, und zwangen so die alten
Vögel, ihre Aufmerksamkeit weiterhin auf ihre Nachkommen zu richten.

DER SEEEADLER. (*Haliaëtus albicilla.*)

DIESER Vogel, auch Seeadler genannt, unterscheidet sich vom Steinadler durch seine trägen und feigen Gewohnheiten, seine trägen und feigen Gewohnheiten und durch seinen gröberen Geschmack, da die inneren Federn seines Schwanzes weiß sind. Er stammt aus Großbritannien, wo er die hohen Felsen und Klippen bewohnt, die über das Meer hinausragen, und von wo aus er sich auf die Vögel, Fische oder Robben stürzt, die er als Beute ergattern kann. Er ist kleiner als der Steinadler und erreicht selten eine Länge von einem Meter. und bei jungen Vögeln sind die Schwanzfedern braun.

Der Weißkopfseeadler oder Weißkopfseeadler.

(*Haliaëtus leucocephalus.*)

DIESER Vogel ist etwa einen Meter lang und sieben Fuß breit (bis zu den Spitzen der ausgestreckten Flügel). Der Schnabel ähnelt dem des Steinadlers, und am Kinn hängen einige kleine haarige Federn wie ein Bart. Da es sowohl in der kalten als auch in der heißen Zone vorkommt, ist es für schnelle Temperaturwechsel geeignet und sein ganzer Körper ist unter den Federn mit einer Art Daunen bekleidet, weiß und weich wie die des Schwans. Dieser Vogel baut sein Nest auf hohen Klippen am Meeresufer und an den Ufern von Flüssen oder Seen und ernährt sich fast ausschließlich von Fischen.

Es wird von den Anglo-Amerikanern im Allgemeinen mit besonderem Respekt als das gewählte Wahrzeichen ihres Heimatlandes betrachtet. Der große Katarakt von Niagara wird als einer seiner beliebtesten Urlaubsorte erwähnt, nicht nur als Fischerstation, wo er seinen Hunger mit seiner leckersten Nahrung stillen kann, sondern auch wegen der großen Menge an vierfüßigen Tieren , die sich unvorsichtig in den Strom oben wagten, von der Strömung mitgerissen wurden und diese gewaltigen Wasserfälle hinabstürzten:

„Hoch über dem wässrigen Tumult, der still zu sehen ist,
segelt ruhig in majestätischer Gelassenheit,
jetzt inmitten der säulenförmigen Gischt, erhaben verloren,
und jetzt auftaucht, die Stromschnellen hinab geworfen,
gleitet der Weißkopfseeadler und blickt ruhig und langsam
auf O' ähm, all die Schrecken der Szene unten;

Nur die Absicht, sich mit Blut zu sättigen,
vom zerrissenen Opfer der tosenden Flut."

Die Zahl der Raubvögel verschiedener Art, die sich am Fuße der Felsen versammeln, um sich an dem für sie bereitgestellten Bankett zu sättigen, soll unglaublich groß sein, aber sie alle sind gezwungen, dem Adler Platz zu machen, wenn er sich dazu herablässt ernähren Sie sich von toten Tieren; und die Krähe und der Geier unterwerfen sich kampflos der Ausübung dieser Tyrannei, von der sie wissen, dass es vergeblich wäre, ihr zu widerstehen. „Wir haben selbst", sagt Wilson, „gesehen, wie der Weißkopfseeadler, während er auf dem toten Pferdekadaver saß, einen ganzen Schwarm Geier in respektvollem Abstand hielt, bis er seinen eigenen Appetit vollständig gestillt hatte:" und er fügt noch einen weiteren hinzu Zum Beispiel, als viele tausend Baumeichhörnchen auf einer ihrer Wanderungen ertrunken waren, als sie versuchten, den Ohio zu passieren, und nachdem sie den Geiern eine Zeit lang ein reiches Festmahl bereitet hatten, tauchte plötzlich der Weißkopfseeadler unter ihnen auf sofort stoppten sie ihre Feierlichkeiten und vertrieben sie von ihrer Beute, die der Adler mehrere Tage lang allein in ihrem Besitz hielt.

Diese Adler jagen manchmal zu zweit, was ihre große Scharfsinnigkeit zeigt. Im Bewusstsein, dass Wasservögel die Fähigkeit haben, sich durch Sturzflug ihrem Zugriff zu entziehen, schweben sie in einiger Entfernung voneinander über ihrer Beute. Einer von ihnen schießt dann mit großer Geschwindigkeit darauf zu, aber der Wasservogel weicht dem ersten Angriff leicht aus, indem er abtaucht. Der Verfolger erhebt sich dann in die Luft, und sein Gefährte nimmt den Angriff wieder auf, gerade als das Huhn auftauchen will, um zu atmen, und zwingt es, erneut zu stürzen. Die Adler machen abwechselnd auf diese Weise weiter, bis ihr Opfer so erschöpft ist, dass es zur leichten Beute wird.

Dieser Adler greift auch häufig den Fischadler oder Fischfalken an, wenn er von einem erfolgreichen Ausflug mit einem großen Fisch beladen zurückkommt, und zwingt ihn, seine Beute fallen zu lassen; Der Adler sinkt dann mit wunderbarer Geschwindigkeit herab und schafft es im Allgemeinen, den Fisch zu fangen, bevor er das Wasser erreicht.

Der Fischadler oder Angelfalke.

(*Pandion haliaëtus.*)

„Getreu der Jahreszeit ist zu sehen, wie der segelnde Fischadler hoch über
unserer Meeresküste
mit breiten, unbeweglichen Flügeln aufsteigt ;
und langsam kreisend
markiert er jeden losen Nachzügler in der Tiefe unten;
Fliegt wie ein Blitz herab, stürzt sich mit Brüllen
und trägt sein kämpfendes Opfer zum Ufer.“

DIESER Vogel wird immer am Meeresufer oder in der Nähe von Flüssen oder
Seen gefunden, da er sich ausschließlich von Fischen ernährt. Er kommt in
Großbritannien und auch in Amerika häufig vor, wo es große Kolonien gibt,
in denen die Vögel wie Saatkrähen zusammenleben. „Auf der Suche nach
seiner Beute“, sagt Dr. Richardson, „segelt er mit großer Leichtigkeit und
Eleganz in wellenförmigen und geschwungenen Linien in beträchtlicher
Höhe über dem Wasser, bis er seine Beute wahrnimmt und sich dann auf sie
stürzt.“ Es packt den Fisch mit seinen Krallen, manchmal scheint es kaum,
seine Füße ins Wasser zu tauchen, und manchmal taucht es vollständig unter
die Oberfläche mit einer Kraft, die ausreicht, um eine beträchtliche Gischt
aufzuwirbeln. Es taucht jedoch so schnell wieder auf, dass deutlich wird, dass
es keine Fische angreift, die in großer Tiefe schwimmen.“ Die Zehen sind an
der Unterseite mit zahlreichen scharfen Spitzen versehen, die offenbar dem
Vogel dabei helfen sollen, seine rutschige Beute festzuhalten.

Der Fischadler baut ein großes Nest entweder auf Bäumen oder Felsen und
legt zwei oder drei Eier, die einen rötlichen Schimmer haben und am

größeren Ende braun gefleckt sind. Die alten Vögel füttern die Jungen auch, nachdem sie das Nest verlassen haben, und ziehen nur einen Brut pro Jahr auf.

DER SCHWARZE ADLER.

EINIGE Ornithologen vermuten, dass es sich lediglich um den Steinadler in seinem jungen Zustand handelt, andere machen ihn jedoch zu einer eigenständigen Art. Er ist etwa doppelt so groß wie der Rabe. Die Teile um den Schnabel und das Auge herum sind ohne Federn und etwas rötlich; Kopf, Hals und Brust schwarz; in der Mitte des Rückens, zwischen den Schultern, befindet sich ein großer weißer Fleck, der rot gestrichelt ist; ein schwarzer Streifen verläuft über die Federn und wird von einem weißen gefolgt; Der verbleibende Teil des Flügels bis zur Spitze ist dunkelaschefarben. Dieser Vogel hat wunderschöne haselnussbraune Augen voller Lebendigkeit: Seine Beine sind etwas unterhalb des Fußwurzelgelenks befedert, der nackte Teil ist rot; seine Krallen sind sehr lang. Man findet ihn in Frankreich, Deutschland, Polen und in den Alpen, wo er auf der Suche nach Beute die Täler und Wälder mit seinen unaufhörlichen Schreien zum Klingen bringt.

Der Abbé Spallanzani hatte einen Adler dieser Art, der so mächtig war, dass er Hunde töten konnte, die viel größer waren als er selbst. Wenn ein Hund vor ihn gesetzt wurde, sträubte der Vogel die Federn an Kopf und Hals, warf seinem Opfer einen schrecklichen Blick zu, machte einen kurzen Flug und ließ sich sofort auf dem Rücken nieder. Mit einem Fuß hielt es den Kopf fest und sicherte so den Hund vor dem Beißen, mit dem anderen ergriff es eine seiner Flanken und trieb gleichzeitig seine Krallen in den Körper; und in dieser Haltung ging es weiter, bis der Hund unter fruchtlosen Schreien und Anstrengungen starb.

Die Augen von Adlern werden für ihre Brillanz und Stärke gefeiert, was zu der landläufigen Meinung geführt hat, dass sie die Sonne betrachten können, ohne zurückzuschrecken. Allerdings wäre dies, von der überhängenden Augenbraue des Adlers aus gesehen, für den Vogel eine äußerst schwierige Leistung aufführen. Die Augen aller Vögel sind eigenartig konstruiert, um es ihnen zu ermöglichen, sowohl entfernte als auch nahe Objekte mit gleicher Leichtigkeit zu sehen; Zu diesem Zweck sind sie mit einer Membran ausgestattet, die nahe am Rand der Augenlinse angebracht ist und durch die sie nach Belieben bewegt werden kann. Die Augenhöhle besteht aus etwa zwölf bis sechzehn Knochenplatten, die bei Bedarf übereinander gleiten. Vögel sind außerdem mit einem zusätzlichen Augenlid von extrem dünner Beschaffenheit ausgestattet, mit dem sie gelegentlich ihre Augen zu beschatten scheinen.

DER GEIER. (*Vultur Monachus.*)

DER erste Rang in der Beschreibung der Vögel wurde dem Adler gegeben, nicht wegen seiner Größe, sondern weil er edler in seinen Gewohnheiten und zarter in seinem Appetit ist. Aber es gehört zum Stamm der Falken und sollte den Geiern nachgeordnet werden. Der Adler wird sich nicht dem Aas beugen, wenn er nicht von einer Hungersnot bedrängt wird; und verschlingt im Allgemeinen nur das, was er durch sein eigenes Streben verdient hat. Der Geier hingegen ist widerlich gefräßig; und greift selten lebende Tiere an, wenn es mit toten Tieren versorgt werden kann. Der Adler begegnet seinem Feind und stellt sich ihm einzeln entgegen: Der Geier ruft, wenn er Widerstand erwartet, die Hilfe seiner Art herbei und überwältigt seine Beute durch Kombination. Verwesung dient nicht der Abschreckung, sondern nur der Verlockung. Der Geier scheint unter den Vögeln das zu sein, was der Schakal und die Hyäne unter den Vierbeinern sind, die Kadaver jagen und die Toten ausrotten.

Geier können von Adlern leicht durch die Nacktheit ihrer Köpfe und Hälse unterschieden werden, die ohne Federn sind und nur mit einem sehr dünnen Flaum oder ein paar vereinzelten Haaren bedeckt sind; ihre Augen sind stärker ausgeprägt; die des Adlers liegen tiefer in der Höhle und werden von einer überhängenden Augenbraue beschattet. Ihre Krallen sind kürzer und weniger hakenförmig. Die Innenseite der Flügel ist mit dicken Daunen bedeckt, was sie von allen anderen Greifvögeln unterscheidet. Ihre Haltung ist nicht so aufrecht wie die des Adlers und ihr Flug ist schwieriger und schwerer.

In diese Beschreibung können wir den Goldgeier, den Aschegeier und den Braungeier einbeziehen, die in Europa leben; der Geier und der Mönchsgeier Ägyptens; der Bartgeier, der Brasilgeier und der König der Geier Südamerikas. Sie alle stimmen in ihrer Natur überein, denn sie sind gleichermaßen träge, raubgierig und unrein. Der Kondor gehört ebenfalls zum Stamm der Geier.

DER KÖNIGSGEIER. (*Vultur* oder *Sarcorhamphus papa* .)

DER KÖNIGSGEIER oder König der Geier wird so genannt, weil, wenn er inmitten einer ganzen Schar anderer Vögel seiner Art auftaucht, die sich an einem toten Kadaver erfreuen, sich alle vor ihm zurückziehen und respektvoll warten Distanz, bis dieser Monarch sich satt gegessen hat. Er ist ein Bewohner Südamerikas.

Kopf und Hals dieses Vogels sind ohne Federn; der Körper oben rötlich-braun, unten gelblich-weiß: Federkiele grünlich-schwarz; Schwanz schwarz; Krabben hängend und orangefarben. Es ist ungefähr so groß wie ein Truthahn; und zeichnet sich vor allem durch die seltsame Bildung der Haut an Kopf und Hals aus; Diese orangefarbene Haut entspringt der Basis des Schnabels und erstreckt sich von dort auf beiden Seiten des Kopfes. Die Augen sind von einer roten Haut umgeben und die Iris hat die Farbe und den Glanz von Perlen. Auf dem nackten Teil des Halses befindet sich ein

Kragen aus weichen, länglichen Federn. In dieses Halsband steckt der Vogel manchmal seinen ganzen Hals und manchmal einen Teil seines Kopfes hinein, so dass es aussieht, als hätte er seinen Hals in seinem Körper versteckt.

DER KONDOR. (*Vultur gryphus.*)

DIESER Vogel ist drei bis vier Fuß lang und seine Flügel sind im ausgebreiteten Zustand zehn bis zwölf Fuß lang. Sein Schnabel und seine Krallen sind außerordentlich groß und stark; und sein Mut entspricht seiner Stärke. Die Kehle ist nackt und von roter Farbe. Die oberen Teile einiger Individuen (denn sie unterscheiden sich stark in der Farbe) sind schwarz, grau und weiß gefärbt, und der Körper ist scharlachrot. Um den Hals hat es eine weiße Halskrause aus losen, haarigen Federn. Die Federn auf dem Rücken sind im Allgemeinen ziemlich schwarz und vollkommen hell. Diese riesigen Vögel, die in Südamerika beheimatet sind, brüten zwischen den höchsten und unzugänglichsten Felsen. Das Weibchen baut kein Nest, sondern legt zwei weiße Eier, etwas größer als die eines Truthahns, auf den nackten Felsen. Einige Autoren haben bestätigt, dass ein Kondor ein Schaf mit seinen Krallen erbeuten kann, und andere, dass er auf die gleiche Weise Kinder erbeutet hat; Aber diese Geschichten sind offensichtlich absurd, da die Füße und Krallen des Kondors nicht zum Tragen großer Lasten geeignet sind. Sowohl die Krallen als auch der Schnabel sind zwar von außerordentlicher Stärke, aber sie sind dazu bestimmt, Gegenstände in Stücke zu reißen; und folglich finden wir, dass der Kondor sich hauptsächlich von toten oder sterbenden Rindern oder Pferden ernährt, die er in Stücke reißt und dort verschlingt, wo sie liegen. Wenn der Kondor gefressen ist, greifen ihn die Jäger an, aber seine Stärke und Wildheit sind so groß, dass einer von Sir Francis Heads Gefährten, der versuchte, einen gefressenen Kondor zu ergreifen, sagte, er habe noch nie „einen solchen Kampf in seinem Leben" gehabt; obwohl er ein Bergmann aus Cornwall gewesen war und in seinem eigenen Land als ausgezeichneter Ringer galt.

DER BUZZARD. (*Falco Buteo* oder *Buteo vulgaris* .)

„Der edle Bussard hat mir immer am meisten gefallen;
Von geringem Ruf, das ist wahr; denn um nicht zu lügen,
nennen wir ihn aus Höflichkeit nur einen Falken."
HIND UND PANTHER.

Dies ist ein raubgieriger Vogel vom Typ des Habichts, der in England am häufigsten vorkommt. Es ist von träger, träger Natur und bleibt oft den größten Teil des Tages auf demselben Ast sitzen: als wäre es, gleichgültig gegenüber den Verlockungen des Essens oder des Vergnügens, dazu verdammt, wie einige der menschlichen Spezies die ihm zugeteilte Lebensspanne in passiver Kontemplation verbringen. Er ernährt sich von Mäusen, Kaninchen, Fröschen und oft von Aas aller Art. Zu müßig, um sich ein Nest zu bauen, greift es häufig in die alte Behausung einer Krähe ein und füllt sie mit Wolle und anderen weichen Materialien neu aus. Im Allgemeinen ist dieser Vogel, dessen Farbe erheblich variiert, braun mit verschiedenen gelben Flecken; Ab einem bestimmten Alter wird sein Kopf völlig grau. Das Weibchen legt im Allgemeinen zwei oder drei Eier, die meist weiß, manchmal aber auch gelb gefleckt sind. Seine Länge beträgt normalerweise 22 Zoll und seine Breite mehr als 50 Zoll.

Die folgende von Buffon erzählte Anekdote zeigt, dass der Bussard so weit gezähmt werden kann, dass er zu einem treuen Haustier wird. Ein in einer Schlinge gefangener Bussard wurde zu einem Herrn gebracht, der sich verpflichtete, ihn zu zähmen. Zuerst war es wild und wild, aber indem er ihm die Nahrung entzog, gelang es ihm, es dazu zu bringen, zu kommen und aus seiner Hand zu fressen. Indem er diesen Plan verfolgte, machte er ihn sehr vertraut; und nachdem er es etwa sechs Wochen lang verschlossen hatte, begann er, ihm ein wenig Freiheit zu gönnen, traf jedoch die Vorsichtsmaßnahme, beide Schwingen seiner Flügel festzubinden. In diesem Zustand ging es in seinen Garten und kehrte zurück, als es zum Füttern gerufen wurde; Nach einiger Zeit, in der Hoffnung, seiner Treue vertrauen zu können, entfernte er die Bänder, befestigte eine kleine Glocke über der Kralle und befestigte an der Brust ein Stück Kupfer, auf das sein Name eingraviert war. Dann ließ er ihm völlige Freiheit, die es bald missbrauchte; denn es nahm Flügel und flog in den Wald von Belesme. Der Vogel wurde als verloren aufgegeben; aber vier Stunden später stürmte es in die Herrenhalle, verfolgt von fünf anderen Bussarden, die es in sein ehemaliges Asyl getrieben hatten. Nach diesem Abenteuer behielt es seine Treue und schlief jede Nacht unter dem Fenster. Es wurde bald vertraut, war ständig beim Abendessen anwesend, saß in einer Ecke des Tisches und streichelte sein Herrchen oft mit Kopf und Schnabel, wobei es einen schwachen, scharfen Schrei ausstieß, den es jedoch manchmal milderte. Es hatte die einzigartige Neigung, sich vom Kopf zu lösen und mit den roten Mützen der Bauern davonzufliegen; und sie waren beim Auspeitschen so vorsichtig, dass sie ihre Köpfe nackt vorfanden, ohne zu wissen, was aus ihren Mützen geworden war; Es behandelte sogar die Perücken der alten Männer auf die gleiche Weise und versteckte seine Beute in den höchsten Bäumen.

Wilson sagt, dass einer, den er in den Flügel geschossen hat, mehrere Wochen bei ihm gelebt hat, sich aber geweigert hat zu essen. Es vergnügte sich damit, von einem Ende des Raumes zum anderen zu hüpfen, stundenlang am Fenster zu sitzen und auf die Passagiere unten zu schauen. Als man ihn ansprach, nahm er zunächst eine Verteidigungshaltung ein; aber nach einiger Zeit wurde er ziemlich vertraut und ließ zu, dass man ihn anfasste. Obwohl er so lange ohne Nahrung lebte, stellte man bei der Sektion fest, dass sein Magen von fast einem Zoll dickem, festem Fett umhüllt war.

Der Honigbussard. (*Falco* oder *Pernis apivorus* .)

DIESER Bussard frisst Eidechsen, Frösche und Schnecken. Er ernährt sich auch von Bienen- und Wespenlarven, die die Hauptnahrung der Jungvögel bilden. Buffon sagt, dass er im Winter, wenn er fett ist, gut frisst, was bei Vögeln dieser Gattung sehr selten vorkommt. Es fliegt selten, außer von einem Busch zum anderen; aber wenn es auf dem Boden liegt, rennt es mit großer Geschwindigkeit wie ein Haushuhn.

Willoughby beobachtet, dass es sein Nest aus Zweigen baut, auf die es Wolle legt, um seine Eier aufzunehmen. Er sah einen, der ein altes Drachennest zum Brüten in Besitz nahm und seine Jungen mit Wespenlarven fütterte, denn in dem Nest wurden Waben von Wespennestern und in den Mägen der Jungen Fragmente davon gefunden Wespenmaden. Im Nest befanden sich zwei Junge, mit weißen Daunen bedeckt und schwarz gefleckt. Im Kropf eines von ihnen befanden sich zwei ganze Eidechsen, deren Köpfe zum Maul hin lagen, als wollten sie herauskriechen.

Es wäre höchst interessant, herauszufinden, wie dieser Vogel ein Wespennest angreift. Die dichte Befiederung um die Basis des Schnabels ist zweifellos ein Schutz gegen die Stiche der Insekten, die sie angreifen.

DER Habicht (*Falco* oder *Astur palumbarius*)

BRÜTET in hohen Bäumen in Schottland und vernichtet eine große Menge
Kleinwild, das er mit seinen scharfen und krummen Krallen ergreift und zu
seinem Nest trägt. Er gehört zum Stamm der Habichte und ist etwas größer
als der Mäusebussard; Sein Schnabel ist blau und er hat einen weißen Streifen
über jedem Auge sowie einen großen weißen Fleck auf jeder Seite des Halses.
Die allgemeine Farbe des Gefieders ist tiefbraun; Brust und Bauch weiß, quer
schwarz gestreift; und die Beine gelb. Buffon, der zwei junge Habichte
aufzog, ein Männchen und ein Weibchen, machte folgende Beobachtungen:
„Bevor der Habicht seine Federn abgeworfen hat, also im ersten Jahr, ist er
auf der Brust und am Bauch mit länglichen braunen Flecken gekennzeichnet
; aber nachdem es zwei Häutungen hinter sich hat, verschwinden sie, und an
ihre Stelle treten Querstäbe, die für den Rest seines Lebens bestehen
bleiben." Er bemerkt weiter: „Obwohl das Männchen viel kleiner als das
Weibchen war, war es wilder und bösartiger." Der Habicht kommt in
Frankreich und Deutschland vor; In England ist es nicht üblich, in
Schottland jedoch eher. In früheren Zeiten war der Brauch, einen Falken
oder Falken an der Hand zu tragen, Männern von hohem Rang vorbehalten;
Daher gab es unter den Walisern ein Sprichwort: „Man kann einen
Gentleman an seinem Falken, seinem Pferd und seinem Windhund
erkennen." Sogar die Damen dieser Zeit nahmen an diesem galanten Sport
teil und wurden auf Bildern mit Falken auf ihren Händen dargestellt.
Gegenwärtig wird in diesem Land das Feilschen fast gänzlich abgeschafft, da
die mit ihm verbundenen Kosten, die sehr beträchtlich waren, es auf Fürsten
und Männer von höchstem Rang beschränkten. Zur Zeit Jakobs des Ersten
soll Sir Thomas Monson tausend Pfund für einen Abguss von Hawks
gegeben haben. Unter Eduard dem Dritten wurde der Diebstahl eines Falken
zum Verbrechen erklärt; Das Entnehmen seiner Eier, selbst auf dem eigenen
Grundstück, wurde mit einer Freiheitsstrafe von einem Jahr und einem Tag
und nach Belieben des Königs mit einer Geldstrafe bestraft. So groß war die

Freude, die unsere Vorfahren an diesem königlichen Sport hatten, und so groß waren die Mittel, mit denen sie sich bemühten, ihn zu sichern. Die in diesen Königreichen hauptsächlich verwendeten Falken oder Falken waren der Habicht, der Wanderfalke, der Islandfalke und der Gerfalke. Das meist gejagte Wild waren Kraniche, Wildgänse, Fasane und Rebhühner. Der Herzog von St. Albans ist immer noch der erbliche Großfalkenmeister Englands, aber das Amt wird derzeit nicht ausgeübt, außer zu seinem eigenen Vergnügen.

DER SPARROHWK. (*Falco* oder *Accipiter nisus* .)

DER SPERBER ist ein kühner Vogel; die Länge des Männchens beträgt zwölf Zoll, die des Weibchens fünfzehn; Der Schnabel ist kurz, krumm und von bläulicher Farbe, aber zur Spitze hin sehr schwarz; die Zunge ist schwarz und leicht gespalten; Die Augen sind mittelgroß. Der Scheitel des Kopfes ist dunkelbraun; über den Augen, im hinteren Teil des Kopfes, befinden sich manchmal weiße Federn; Die Wurzeln der Federn von Kopf und Hals sind weiß, der Rest der Oberseite, des Rückens, der Schultern, der Flügel und des Halses dunkelbraun. Die Flügel reichen im geschlossenen Zustand kaum bis zur Schwanzmitte; die Schenkel sind kräftig und fleischig, die Beine lang, schlank und gelb; Die Zehen sind ebenfalls lang und die Krallen schwarz. Das Weibchen legt etwa fünf Eier, die am stumpfen Ende braune Flecken aufweisen. In der Wildnis ernähren sie sich nur von Vögeln und besitzen eine über ihre Größe hinausgehende Kühnheit und Tapferkeit; aber im häuslichen Zustand lehnen sie rohes Fleisch und Mäuse nicht ab. Sie können gehorsam und gefügig gemacht und leicht für die Jagd auf Wachteln und Rebhühner ausgebildet werden.

DER DRACHEN. (*Falco Milvus* oder *Milvus regalis* .)

DER DRACHEN. (*Falco Milvus* oder *Milvus regalis* .)

DIESER Vogel zum Stamm der Falken gehört, wird er als unedel bezeichnet, weil er nie zum Falkenfang eingesetzt wird. Von anderen Raubvögeln unterscheidet man ihn leicht durch seinen gegabelten Schwanz und die langsamen, kreisförmigen Wirbel, die er in der Luft beschreibt, wenn er aus den Wolkenregionen eine junge Ente oder ein Huhn erspäht, die sich zu weit von der Brut entfernt haben. Wenn dies der Fall ist, stürzt sich der Drachen mit der Schnelligkeit eines Pfeils auf ihn, packt ihn mit seinen Krallen und trägt ihn in sein Nest. Es ist jedoch ein großer Feigling, und wenn die Henne es anfliegt, was sie immer tut, wenn sie es sieht, lässt es das Huhn fallen und fliegt davon. Er ist größer als der Mäusebussard; und obwohl es etwas weniger als drei Pfund wiegt, beträgt die Länge seiner Flügel mehr als fünf Fuß. Kopf und Hals haben eine blasse Aschefarbe mit unterschiedlichen Längslinien entlang der Federschäfte; der Rücken ist rötlich; die kleineren Reihen der Flügelfedern sind bunt, schwarz, rot und weiß; Die Federn, die die Innenseite der Flügel bedecken, sind rot, mit schwarzen Flecken in der Mitte. Die Augen sind groß, die Beine und Füße gelb, die Krallen schwarz. Es ist ein hübscher Vogel und scheint fast immer auf den Flügeln zu sein. Es ruht in der Luft und scheint beim Fliegen nicht die geringste Anstrengung zu unternehmen, sondern eher mit der sanftesten Brise zu gleiten.

DER FALKE.

DER FALKE ist ein Raubvogel, von dem es mehrere Arten gibt. Von diesen ist der *Gerfalke (Falco Gyrfalco)* der größte und kommt in den nördlichen Teilen Europas vor; Er ist neben dem Adler der beeindruckendste, aktivste und unerschrockenste aller gefräßigen Vögel und wird in der Falknerei am meisten geschätzt. Der Schnabel ist schief und bläulich; die Iris des Auges ist dunkel; und das ganze Gefieder von weißlicher Farbe, gezeichnet mit dunklen Linien auf der Brust und dunklen Flecken auf dem Rücken.

DER WANDERFALKE. (*Falco peregrinus.*)

DER WANDERFALKE, die häufigste Art, ist 15 bis 18 Zoll lang. Der Schnabel ist an der Basis blau und an der Spitze schwarz; Kopf, Rücken, Schulterblätter und Flügeldecken sind in tiefem Schwarz und Blau gehalten; der Hals, der Hals und der obere Teil der Brust sind weiß und gelb gefärbt; die Unterseite der Brust, des Bauches und der Schenkel sind grauweiß; und der Schwanz ist schwarz und blau. Wilson zählt nicht weniger als zehn Sorten auf, die hauptsächlich von Alter, Geschlecht und Land abhängen. Man findet ihn mehr oder weniger häufig in ganz Europa, vor allem in den Gebirgsregionen Nord- und Südamerikas, wo er sich in Felsspalten aufhält, insbesondere solchen, die der Mittagssonne ausgesetzt sind. Er brütet auf den Klippen in mehreren Teilen Englands, scheint aber in Schottland und Wales häufiger vorzukommen. Seine Nahrung besteht hauptsächlich aus kleinen Vögeln; aber er hat Bedenken, die größeren Arten nicht anzugreifen, und liefert manchmal sogar dem Drachen den Kampf an. Falken erbeuten ihre Beute selten am Boden, wie die unedleren Vögel der Klasse, zu der sie gehören; Aber stürzen Sie sich von oben auf ihn, in einem senkrechten Abstieg, während er durch die Luft fliegt, tragen Sie ihn durch den vereinten Impuls der Stärke und Schnelligkeit Ihres Angriffs nach unten, stecken Sie Ihre Krallen in sein Fleisch und tragen Sie ihn triumphierend in die Luft Ort ihres Rückzugs. Wie die meisten Raubtiere werden sie allein durch den Druck des Hungers zur Tat angeregt und verharren während des Verdauungsprozesses inaktiv und nahezu bewegungslos, bis der erneute Appetit sie zu weiterer Anstrengung anregt. In den verschiedenen Phasen seines Wachstums war der Wanderfalke unter verschiedenen englischen Namen bekannt. Die korrekte Bezeichnung unter Falknern ist „Slight Falcon", wobei die Bezeichnung „Falcon Gentle" auf alle Arten gleichermaßen anwendbar ist, wenn sie handhabbar gemacht werden. Im unreifen Zustand wird dieser Falke aufgrund der vorherrschenden Farbe seines Gefieders auch Roter Falke genannt. Das Männchen wird Tiercel genannt, um es vom Weibchen zu unterscheiden, das beim Falkenstamm üblicherweise ein Drittel größer als das Männchen ist.

In China soll es eine Sorte geben, die braun und gelb gesprenkelt ist und vom Kaiser von China auf seinen Sportausflügen verwendet wird, wenn er normalerweise von seinem großen Falkner und Tausenden von untergeordnetem Rang begleitet wird. An jedem Vogel ist ein silbernes Schild an seinem Fuß befestigt, auf dem der Name des Falkners steht, der für ihn zuständig ist, damit es, falls es verloren gehen sollte, der richtigen Person zurückgegeben werden kann; sollte er jedoch nicht gefunden werden, wird der Name einem anderen Offizier übergeben, der „Hüter verlorener Vögel" genannt wird und der, um seine Situation bekannt zu machen, seine Standarte an einer auffälligen Stelle inmitten der Jägerarmee aufstellt.

In Syrien gibt es eine Falkenart, die von den Einwohnern Shaheen (*Falco peregrinator*) genannt wird und die ein so wildes und mutiges Wesen hat, dass sie jeden Vogel, wie groß oder mächtig er auch sein mag, angreift. „Gäben es nicht", sagt Dr. Russel in seinem Bericht über Aleppo, „mehrere Herren in England, die diese Tatsache bezeugen, würde ich es bei diesem Vogel, der etwa die Größe einer Taube hat, kaum wagen, dies zu behaupten." , die Bewohner nehmen manchmal große Adler mit. Diesem Falken wurde früher beigebracht, den Adler unter dem Trieb zu packen, und indem man ihm so den Gebrauch eines einzigen Flügels entzog, fielen beide Vögel gleichzeitig zu Boden; Aber die gegenwärtige Methode besteht darin, dem Falken beizubringen, sich auf dem Rücken zwischen den Flügeln zu fixieren, was den gleichen Effekt hat, nur dass der Falkner mehr Zeit hat, seinem Falken zu Hilfe zu kommen, wenn der Vogel langsamer herabstürzt. aber in jedem Fall wird der Falke unweigerlich zerstört, wenn er nicht sehr schnell vorgeht. Ich habe die Shaheen nie auf Adler fliegen sehen, da dieser Sport vor meiner Zeit nicht mehr genutzt wurde; aber ich habe ihn oft gesehen, wie er Reiher und Störche erlegte. Wenn der Falke abgeworfen wird, fliegt er eine Zeit lang in einer horizontalen Linie, nicht sechs Fuß über dem Boden; Dann steigt er mit erstaunlicher Schnelligkeit senkrecht auf, ergreift seine Beute unter dem Flügel, und beide fallen zusammen zu Boden."

DER MERLIN (*Falco æsalon*)

IST die kleinste britische Art des Falkenstamms und unterscheidet sich, wie
der Name schon sagt, in der Größe nicht sehr von der Amsel; Das Wort
Merlin bedeutet auf Französisch eine kleine *Merle* oder Amsel. Obwohl der
Merlin klein ist, steht er den anderen Falken an Mut nicht nach; Es ist für
seine Kühnheit und seinen Mut bekannt und greift oft ein ausgewachsenes
Rebhuhn oder eine Wachtel auf einen Schlag an und tötet es. Aber er
unterscheidet sich von den Falken und allen anderen raubgierigen Arten
dadurch, dass Männchen und Weibchen gleich groß sind. Der Rücken dieses
Vogels ist bunt, dunkelblau und braun; die Federn der Flügel sind schwarz,
mit rostigen Flecken; Der Schwanz ist etwa fünf Zoll lang, dunkelbraun oder
schwärzlich und hat quer verlaufende weiße Streifen. Die Brust ist gelblich
weiß mit nach unten gerichteten rostbraunen Streifen. die Beine sind lang,
schlank und gelb; die Krallen schwarz. Der Kopf ist von einer Reihe
gelblicher Federn umgeben, die einer Krone ähneln. Beim Männchen sind
die Federn am Hinterteil, neben dem Schwanz, blauer; ein Zeichen, anhand
dessen die Falkner das Geschlecht des Vogels leicht erkennen können. Der
Merlin brütet hier nicht, sondern besucht uns im Oktober: Er fliegt tief, mit

großer Geschwindigkeit und Leichtigkeit. Zur Zeit der Falknerei galt der Merlin als Falke der Dame.

In alten Zeiten – in alten Zeiten,
als Damen eine seltsame Freude
an Falken, Hunden und Sportarten hatten,
war ein Merlin ein angenehmer Anblick.

„Es war sanft, als
es in fröhlichem Gewand am Handgelenk seiner Dame stand;
Bis seine Kapuze hochgezogen wurde und er seine Beute sah,
als sein Auge den blutigen Vogel verriet.“

Der Turmfalke (*Falco tinnunculus*)

IST der häufigste aller britischen Falken und kann in fast allen Teilen des Landes beobachtet werden, wie er auf der Suche nach Mäusen und anderen Kleintieren über den Feldern schwebt. Sein Flug ist sehr eigenartig. Er bewegt sich jeweils nur über eine kurze Strecke vorwärts und schwebt dann durch sehr kurze, aber schnelle Bewegungen seiner Flügel in der Luft. Wenn keine Beute unter ihm auftaucht, geht er ein wenig weiter und bleibt wieder stehen, doch sobald sich eine Maus oder ein anderer kleiner Vierbeiner im Gras bewegt, schließen sich seine Flügel und er sinkt mit größter Geschwindigkeit herab. Der Turmfalke ernährt sich auch von kleinen Vögeln und Insekten.

Der Turmfalke ist ein hübscher kleiner Falke mit einer Länge von zwölf bis fünfzehn Zoll, einem blauen Schnabel und gelben Ohren und Füßen. Sein Gefieder ist rotbraun oder rehbraun und elegant mit schwarzen Flecken und Streifen gekennzeichnet. Sein Nest wird zwischen Felsen oder in den Löchern und Ecken alter Gebäude und Kirchtürme gebaut, und das Weibchen legt vier oder fünf Eier, die rötlich-weiß mit braunen Flecken sind.

DER SEKRETÄR-VOGEL. (*Serpentarius reptilivorus.*)

DIESER einzigartige Vogel, der im südlichen Afrika heimisch ist, unterscheidet sich von allen anderen Raubvögeln durch die große Länge seiner Beine, die so lang sind, dass einige Naturforscher ihn zu den Watvögeln zählen. Im aufrechten Zustand wird er zwischen drei und vier Fuß hoch und ist auf dem Rücken bläulich-aschefarben und auf der Unterseite fast weiß; sein Schwanz ist lang und die beiden mittleren Federn sind viel länger als die anderen und reichen fast bis zum Boden; und der Hinterkopf ist mit einem Büschel schwarzer Federn geschmückt, die der Vogel nach Belieben heben kann. Von diesem Büschel hat der Vogel seinen Namen erhalten; Die niederländischen Kolonisten am Kap der Guten Hoffnung glaubten darin eine gewisse Ähnlichkeit mit der Feder eines Angestellten zu sehen, die hinter seinem Ohr steckte, und nannten ihn dementsprechend den Sekretärsvogel. Büroangestellte und Sekretärinnen sind zweifellos auf ihre Weise nützliche Persönlichkeiten, und der Sekretär Bird findet, obwohl er seine Feder nicht hinter dem Ohr hervorholen kann, eine Fülle von Aufgaben zu erledigen, wenn auch von ganz anderer Art als die friedlichen Arbeiten seiner Namensvetter. Er ist der große Vernichter der Schlangen und anderen Reptilien, die in vielen Teilen des südlichen Afrikas wimmeln und deren Zahl ohne ihn zu einer echten Plage werden würde. Und hier möchten wir unsere jungen Leser dazu aufrufen, die wunderbare Art und Weise zu bewundern, in der die Struktur eines Falken durch die Hand des Schöpfers verändert wurde, um ihn an eine bestimmte Lebensweise anzupassen. Wenn der Vogel auf eine Schlange losgeht, um ihn anzugreifen, heben seine langen, von harten Hornschuppen geschützten Beine seinen Körper in eine beträchtliche Höhe über dem Boden, was ihm eine vorteilhafte Position verschafft und ihm gleichzeitig ermöglicht, sich mit großer Geschwindigkeit zu bewegen. Einer der großen und kräftigen Flügel, am Ende mit einem starken Sporn bewaffnet, wird ein wenig vom Körper abgehoben und wie ein Schild nach vorne gehalten, aber ständig geschüttelt, als ob er die Aufmerksamkeit des Feindes ablenken wollte, und somit wie ein Als geschickter Boxer kämpft der Sekretär mit seinem Gegner und macht sich auf den Weg zu seiner beabsichtigten Beute. Als er sich nähert, wartet er auf den Moment, in dem die Schlange sich auf ihn stürzen wird. Ein einziger Schlag mit dem Spornflügel reicht meist aus, um das sich windende Reptil hilflos in den Boden zu legen; es wird dann bald verschickt und ebenso schnell verschluckt. Eine Vorstellung von der Menge der von diesem Vogel zerstörten Reptilien kann man aus der Aussage von Le Vaillant gewinnen, dass der von ihm untersuchte Bestand eines von ihnen elf Eidechsen, drei Schlangen von der Länge eines Menschenarms und elf kleine Schildkröten sowie eine enthielt gut, viele Insekten. Die Bewohner der Kapkolonie sind sich der Dienste, die ihnen der Sekretär Bird erweist, durchaus bewusst und halten ihn manchmal unter ihrem Geflügel, um sie vor schädlichen Tieren zu schützen. Es wird gesagt, dass er sich unter diesen Umständen sehr anständig verhält und seinen Gefährten selten Schaden zufügt, es sei denn, seine Nahrungsvorräte wurden vernachlässigt.

DER HENNENWEGE, (*Circus cyaneus*)

WIRD in Wäldern, Heiden und anderen abgelegenen Gebieten beobachtet, insbesondere in der Nähe von Sumpfgebieten, wo es eine große Anzahl von Bekassinen, Waldschnepfen und Wildenten vernichtet. Es ist etwa siebzehn Zoll lang und drei Fuß breit; sein Schnabel ist schwarz und die Cere gelb. Der Oberkörper ist bläulichgrau; und der Hinterkopf, die Brust, der Bauch und die Schenkel sind weiß. Die Beine sind lang, schlank und gelb; und die Krallen schwarz.

§ II. – *Nächtliche Greifvögel.*

Die gehörnte Eule (*Bubo maximus*)

IST eine der größten Eulenarten und hat zwei lange Büschel, die aus ihrem Kopf über den Ohren wachsen und aus sechs Federn bestehen, die sie nach Belieben heben oder niederlegen kann. Seine Augen sind groß und von einer orangefarbenen Iris umgeben; die Ohren sind groß und tief und der Schnabel schwarz; Brust, Bauch und Schenkel sind mattgelb und mit braunen Streifen versehen. der Rücken, die Flügeldecken und die Federkiele sind braun und gelb; und der Schwanz ist mit dunklen und roten Balken markiert. Sie kommt im Norden und Westen Englands sowie in Wales vor. Die Beschaffenheit des Sehorgans der Eule ist so eigenartig und ähnelt in ihrer Natur so sehr der der Katze, dass sie in der Dämmerung viel besser sehen kann als bei Tageslicht. Die Schleiereule sieht in größerer Dunkelheit als die anderen; und im Gegenteil, der Uhu ist in der Lage, seine Beute bei Tag zu verfolgen, wenn auch mit Schwierigkeiten. Eulen werden manchmal von Personen auf dem Land gezähmt, die sie sorgfältig in einem häuslichen Zustand aufziehen, weil sie dazu neigen, Mäuse und anderes Ungeziefer zu jagen und zu verschlingen, von dem sie die Häuser mit der gleichen Gewandtheit wie Katzen säubern. Die Eule ist ein Einzelgänger und soll sich im Winter in Höhlen in Türmen und alten Mauern zurückziehen und diese Jahreszeit im Schlaf verbringen.

„Der einsame Vogel der Nacht
fliegt nun durch den blassen Schatten
und verlässt den von der Zeit erschütterten Turm,

wo er, geschützt vor der Glut des Tages,
in philosophischer Düsternis
unter seiner Efeulaube lag." CARTER.

DER HARFANG ODER DIE GROSSE SCHNEE-EULE.

DIE HARFANG oder GROßE SCHNEEEULE (*Surnia nyctea*) ist eine weitere Art, die ihre Beute gelegentlich bei Tageslicht erbeutet. In England ist er selten zu sehen, besucht aber häufig Nordbritannien, insbesondere die Orkney- und Shetlandinseln. Sie ist eine der wenigen Eulen, die sich von Fischen ernährt, in die sie im Wasser mit ihren Krallen eindringt und sie in ihr Nest verschleppt. Diese Eulen kommen in den nördlichen Teilen Nordamerikas sehr häufig vor und werden nicht nur von den Indianern, sondern auch von den im Pelzhandel tätigen Europäern gefressen.

Die weiße Eule, die Schleiereule oder die Kreischeule.

(*Srix flammea.*)

„-- von jenem efeuumrankten Turm aus
beklagt sich die trübselige Eule bis zum Mond
über solche, die in der Nähe ihrer geheimen Laube umherwandern und
ihre alte einsame Herrschaft belästigen." GRAU.

DIESER Vogel ist etwa so groß wie eine große Taube. Sein am Ende hakenförmiger Schnabel ist mehr als anderthalb Zoll lang. Es gibt einen Kreis oder Kranz aus weißen, weichen und flaumigen Federn, die von gelben Federn umgeben sind, beginnend bei den Nasenlöchern auf jeder Seite, um das Auge herum und unter dem Kinn verlaufend, was ein wenig der Kapuze ähnelt, die Frauen früher trugen; so dass die Augen scheinbar in der Mitte der Federn versunken sind und nur die Spitze des Schnabels aus ihnen herausragt. Die Brust und die Federn an der Innenseite der Flügel sind weiß und mit einigen dunklen Flecken versehen; Die oberen Teile des Körpers haben eine schöne blassgelbe Farbe mit bunten schwarzen und weißen Flecken. Die Beine sind bis zu den Füßen mit einer dicken Daunendecke bedeckt, die Zehen sind jedoch nur von dünnen Haaren umgeben.

In der antiken Mythologie war eine weitere häufig vorkommende Art, die *Waldeule (Syrnium aluco)*, Minerva, der Göttin der Weisheit, geweiht; in

Anspielung auf die Träume weiser Männer, die im Ruhestand und nachts lernen.

„Jetzt guckt die Einsiedler-Eule
aus der Scheune oder aus der verdrehten Bremse;
Und der blaue Nebel kriecht langsam und
kräuselt sich über den silbernen See."
CUNNINGHAM.

§ III. – *Insessores oder Sitzvögel.*

Der Metzgervogel oder Würger.

(*Lanius Excubitor.*)

DER GROßE METZGERVOGEL oder WÜRGER ist etwa so groß wie eine Drossel; Sein Schnabel ist schwarz, einen Zoll lang und am Ende hakenförmig. Es ist nur ein gelegentlicher Besucher in diesem Land, wo man es normalerweise zwischen Herbst und Frühling antrifft. „Der Würger", sagt Herr Yarrell, „ernährt sich von Mäusen, Spitzmäusen, kleinen Vögeln, Fröschen, Eidechsen und großen Insekten." Nachdem es seine Beute getötet hat, fixiert es den Körper in einer Astgabel oder an einem scharfen Dorn, um leichter kleine Stücke davon abzureißen. Aufgrund ihrer Gewohnheit, ihr Fleisch zu töten und aufzuhängen, werden die Würger „Metzgervögel" genannt." Kopf, Rücken und Rumpf sind aschefarben; das Kinn und der untere Teil des Körpers sind weiß; Brust und Hals variierten mit einander kreuzenden dunklen Linien; die Spitzen der Flügelfedern sind größtenteils weiß; es hat einen schwarzen Fleck am Auge; die äußersten Schwanzfedern des Männchens sind ganz weiß; Bei den beiden mittleren sind nur die Spitzen weiß, der Rest der Federn ist schwarz, ebenso die Beine und Füße. Es baut sein Nest zwischen dornigen Sträuchern und Zwergbäumen und stattet es mit Moos, Wolle und Flaumkräutern aus, in die das Weibchen fünf oder sechs Eier legt. Eine Besonderheit dieser Vogelart besteht darin, dass sie nicht wie die meisten anderen Vögel die Jungen aus dem Nest vertreibt, sobald sie sich selbst versorgen können, sondern dass die ganze Brut in einer Familie zusammenlebt. Der Metzgervogel jagt alle kleinen Vögel auf seinen Flügeln und wagt es manchmal, Rebhühner und sogar junge Hasen anzugreifen. Drosseln und Amseln sind häufig ihre Beute: Der Würger heftet sich mit seinen Krallen an sie, spaltet mit seinem Schnabel den Schädel und ernährt sich in aller Ruhe von ihnen. Aus diesem Grund ordnete Linné die Würger den Raubvögeln zu; aber moderne Naturforscher haben sie den Insektenfressern zugeordnet, da Insekten ihre Hauptnahrung sind. Es ist leicht, diese Vögel aus der Entfernung zu unterscheiden, nicht nur durch ihre Gruppenbewegung, sondern auch durch ihre Flugweise, die immer auf und ab geht, selten in einer geraden Linie oder schräg.

Der kleine Metzgervogel (*Lanius collurio*), in Yorkshire *Flusher genannt* , ist etwa so groß wie eine Lerche und hat einen großen Kopf. An den Nasenlöchern und Mundwinkeln hat es schwarze Haare oder Borsten; und rund um die Augen ein großer schwarzer Längsfleck; die Rückseite und die Oberseite der Flügel haben eine rostige Farbe; der Kopf und der Rumpf sind fleischig; Der Hals und die Brust sind weiß und rot gefleckt. Es baut sein Nest aus Pflanzenstängeln und das Weibchen legt sechs Eier, die fast alle weiß sind, mit Ausnahme des stumpfen Endes, das von braunen oder dunkelroten Markierungen umgeben ist. Das Weibchen ist etwas größer als das Männchen; Der Kopf hat eine rostrote Farbe, gemischt mit Grau; Brust, Bauch und Seiten von schmutzigem Weiß; der Schwanz ist tiefbraun; das äußere Gespinst der äußeren Federn ist weiß. Seine Manieren ähneln denen des großen Metzgervogels. Er jagt häufig junge Vögel, die er im Nest aufnimmt; Es ernährt sich auch von Heuschrecken, Käfern und anderen Insekten. Während der Brutzeit merkt das Weibchen durch laute und heftige Schreie schnell, dass es sich einer Person nähert.

(*Cinclus aquaticus*)

KOMMT in den meisten Teilen dieser Insel vor und ist etwa so groß wie die Amsel. Er ernährt sich von Wasserinsekten und kleinen Fischen. Der Kopf und die Oberseite des Halses haben eine Art Umbrafarbe, manchmal auch Schwarz mit einem Rotton; Der Rücken und die Flügeldecken sind schwarz und aschefarben, Kehle und Brust sind vollkommen weiß.

Man sagt, dass der Wasseramsel genauso leicht auf dem Grund eines Sees oder Flusses entlanglaufen kann wie an Land; Dies ist jedoch bei weitem nicht der Fall, da es, obwohl es bereitwillig ins Wasser eintaucht, auf ganz außergewöhnliche Weise mit dem Kopf nach unten herumzutaumeln scheint. Sogar an Land geht der Vogel unbeholfen, da seine Füße am besten an die rutschigen Steine angepasst sind, auf denen er den größten Teil seines Lebens verbringt, und auf die Insekten achten, die er am Wasserrand aufsammelt. Seine Bewegungen unter Wasser werden in Wirklichkeit mit den Flügeln ausgeführt, der Vogel fliegt förmlich durch das Wasser. Wenn es gestört wird, flirtet es normalerweise mit dem Schwanz und macht ein zwitscherndes Geräusch. Sein Lied im Frühling soll sehr schön sein. An manchen Orten soll dieser Vogel ein Zugvogel sein.

DIE Amsel. (*Turdus Merula.*)

„Der lächelnde Morgen, die atmende Quelle,
lädt die melodischen Vögel zum Singen ein;
Und während sie aus jedem Strahl trällern,
bringt die Liebe die universelle Welt zum Schmelzen.“
HAMMER.

DIESER bekannte Sänger steigt nicht wie die Lerche in die Wolken, um seine Stimme durch die Luft erklingen zu lassen; bleibt aber in den schattigen Hainen, die er mit seinen melodischen Noten erfüllt. Früh im Morgengrauen und spät in der Abenddämmerung setzt er seine angenehme Melodie fort;

und wenn er im engen Raum eines Käfigs eingesperrt ist, ist er immer noch fröhlich und fröhlich und bemüht sich, die Freundlichkeit seines Wärters zu vergelten, indem er ihm seine natürlichen Melodien vorsingt; und vergnügt sich seine lästigen Stunden der Gefangenschaft, indem er die Pfeife seines Herrn studiert und nachahmt. Amseln bauen ihre Nester mit großer Kunstfertigkeit, indem sie die Außenseite aus Moos und dünnen Zweigen herstellen, die zusammengeklebt und mit Lehm ausgekleidet sind, und den Lehm mit weichen Materialien wie Haaren, Wolle und feinem Gras bedecken. Das Weibchen legt vier oder fünf Eier von bläulich-grüner Farbe, die überall braun gefleckt sind. Der Schnabel ist gelb, aber beim Weibchen sind der obere Teil und die Spitze schwärzlich; Die Innenseite des Mundes und der Umfang der Augenlider sind gelb. Der Name dieses Vogels bringt die allgemeine Farbe seines Körpers ausreichend zum Ausdruck. Er ernährt sich von Beeren, Früchten, Insekten usw.

DIE MISSELDROSSEL. (*Turdus viscivorus.*)

DIE MISSELDROSSEL , die so genannt wird, weil sie sich von den Beeren der Mistel ernährt, unterscheidet sich nur wenig von der Singdrossel, außer in der Größe. Er ist größer als die Wacholderdrossel, während die Drossel kleiner ist. Das Weibchen legt fünf oder sechs bläuliche Eier mit einem grünen Schimmer und dunklen Flecken.

Die Singdrossel oder *Throstle* (*Turdus musicus*) ist einer der besten Sänger der Abendhymne im Hain. Seine Stimme ist laut und süß; Die Melodie seines Liedes ist abwechslungsreich, und obwohl es nicht so tief im allgemeinen Diapason des Waldkonzerts liegt wie das der Amsel, füllt es sich doch angenehm und dringt durch das minderwertige Trällern kleinerer Interpreten hindurch. Seine Brust ist gelblich weiß und mit schwarzen oder braunen Flecken wie Hermelinflecken gesprenkelt.

Die Bezeichnungen Merle für die Amsel und Mavis für die Drossel werden hauptsächlich von Dichtern verwendet.

„Fröhlich ist es im schönen grünen Wald,
wenn die Mavis und Merle singen,
wenn der Hirsch vorbeifegt und die Hunde schreien
und das Horn des Jägers ertönt."
SCOTT.

„Erfreuen Sie sich an diesem schönen Baum,
wo die süße Merle und die trällernde Mavis sind."
DRAYTON.

Der Rotdrossel (*Turdus iliacus*)

IST eher kleiner als die Singdrossel; aber der Oberkörper hat die gleiche Farbe; die Brust war nicht so stark fleckig; Die Bezüge der Federn an der Unterseite der Flügel, die bei der Drossel gelb sind, sind bei diesem Vogel orangefarben; Durch welche Merkmale wird es im Allgemeinen unterschieden? Der Körper ist weiß, der Hals und die Brust gelblich und mit dunklen Flecken versehen. Es ist ein Zugvogel auf dieser Insel, baut sein Nest in Hecken und legt sechs bläuliche Eier. Wie die Wacholderdrossel verlässt sie uns im Frühling, weshalb uns ihr Gesang völlig unbekannt ist; aber es soll sehr angenehm sein. Es ist ein heikles Essen; und die Römer schätzten es so sehr, dass sie Tausende von ihnen in Volieren zusammenhielten und sie mit einer Art Paste aus zerdrückten Feigen und Mehl fütterten, um die Zartheit und den Geschmack ihres Fleisches zu verbessern. Unter dieser Leitung wurden diese Vögel gemästet, zum großen Gewinn ihrer Besitzer, die sie für drei Denare oder etwa zwei Schilling Sterling pro Stück an römische Genießer verkauften, was in dieser frühen Zeit ein hoher Preis war.

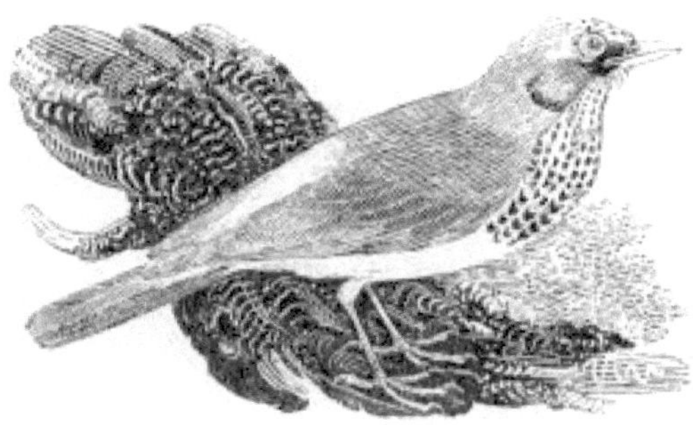

Das Feldfeuer (*Turdus pilaris*)

IST ein bekannter Vogel in diesem Land. Wacholderdrosseln fliegen in Schwärmen zusammen mit Rotdrosseln und Staren und wechseln je nach Jahreszeit ihren Aufenthaltsort. Sie bleiben im Winter bei uns und verschwinden im Frühling so pünktlich, dass nach dieser Zeit kein einziger mehr zu sehen ist. Das Fleisch gilt als große Delikatesse und wird in Deutschland, wo es als *Krammsvögel bekannt ist* , sehr geschätzt und dutzendweise auf den Märkten Westfalens verkauft. Ihr Lieblingsessen ist die Wacholderbeere, daher der deutsche Name. Der Kopf ist aschefarben und schwarz gefleckt; der Rücken und die Flügeldecken sind tief kastanienbraun; der Hintern ist fleischig; und der Schwanz ist schwarz, mit Ausnahme des unteren Teils der beiden mittleren Federn, der aschefarben ist, und der Oberseiten der äußeren Federn, die weiß sind. Sie versammeln sich in großen Schwärmen; und es wird angenommen, dass sie wie die Krähe Wache halten, um das Herannahen einer Gefahr zu erkennen und anzukündigen. Wenn jemand sich einem Baum nähert, der mit ihnen bedeckt ist, bleiben sie furchtlos, bis jemand am Ende des Busches, der sich auf seinen Flügeln erhebt, einen lauten und eigentümlichen Schreckenston von sich gibt. Dann fliegen sie alle weg, bis auf einen, der so lange weiterfliegt, bis die Person noch näher kommt, um sozusagen die Realität der Gefahr zu bestätigen, und dann fliegt auch er davon und wiederholt den Alarmton.

Herr Knapp sagt in seinem „Journal of a Naturalist", dass in der Grafschaft Gloucestershire die ausgedehnten Tiefebenen des Flusses Severn bei offenem Wetter von gewaltigen Schwärmen dieser Vögel besucht werden.

DIE RINGOUZEL. (*Turdus torquatus.*)

DIE RINGDROSSEL unterscheidet sich von der Wacholderdrossel und dem Rotdrossel, mit denen sie nahezu verwandt ist, dadurch, dass sie eher im Sommer als im Winter auf den britischen Inseln zu Gast ist. Es kommt nur in den wildesten und gebirgigsten Gegenden vor; besonders in den walisischen Bergen und im Dartmoor in Devonshire, wo es bekanntermaßen brütet.

Der Spottvogel (Turdus polyglottus)

ES handelt sich ebenfalls um eine Art, die sowohl in Nord- als auch in Südamerika sowie auf den westindischen Inseln vorkommt. Er hat einen wunderschönen Gesang, den er variiert, indem er die Töne fast aller anderen Vögel nachahmt, so dass eine Person, die an seinem Lieblingsplatz vorbeikommt, mit einem kompletten ornithologischen Konzert beglückt wird, alles von einem einzigen Interpreten. Leider entspricht der Geschmack der Spottdrossel nicht seinen musikalischen Fähigkeiten. Sein Nachahmungstalent ist so groß, dass er jedes Geräusch nachahmt, das er hört, und da er all seine Nachahmungen frei in seine Lieder einbringt, unterbricht er oft die entzückendste Melodie mit dem Schrei eines Falken, dem Bellen eines Hundes, dem Gekreische von … eine Katze oder ähnliche unharmonische Geräusche.

Das Rotkehlchen oder Rotkehlchen.

(*Erythacus rubecula.*)

„Der Rotkehlchen wird oft in den Abendstunden
seine kleine Hilfe leisten,
mit grauem Moos und dem Sammeln von Blumen,
um den Boden zu schmücken, auf dem du gelegen bist.“
COLLINS.

DER ROTKEHLCHEN oder *Rotkehlchen* , wie er im Volksmund genannt wird, scheint seit jeher mehr als jeder andere Vogel den Schutz des Menschen genossen zu haben. Die hübsche Gestalt, die Schönheit seines Gefieders, die Schnelligkeit seiner Bewegungen, seine Vertrautheit mit uns im Winter und vor allem die Melodie und Süße seiner Stimme verlangen unsere Bewunderung und haben ihm die Sicherheit gegeben, die er hat genießt unter uns; Allerdings wurde auch die Hilfe der Fabel in Anspruch genommen, um ihn vor den Angriffen gedankenloser Jungen zu schützen.

„Kleiner Vogel mit rotem Busen,
Willkommen in meinem bescheidenen Schuppen!
Höfische Kuppeln von hohem Grad
haben keinen Platz für dich und mich;
Die launische Menge von Stolz und Vergnügen
Nichts stört ein müßiges Lied.
Täglich stehle ich an meinem Tisch,
während ich mein spärliches Essen auswähle;
Zweifle nicht, auch wenn es wenig ist,
aber ich werde einen Krümel für dich werfen;
Gut belohnt, wenn ich
Freude in deinem flüchtigen Blick entdecke;
Und siehe, wenn du dich satt isst,
fülle deine Brust und wische deinen Schnabel ab.
LANGHORNE.

Im Winter besucht das Rotkehlchen, getrieben durch den starken Hungerreiz, unsere Scheunen, Gärten und Häuser und lässt sich oft plötzlich auf dem rustikalen Boden nieder; wo er, mit seinen großen Augen unaufhörlich geöffnet und schief auf die Gesellschaft blickend, eifrig die Brotkrümel aufsammelt, die vom Tisch fallen, und dann zum benachbarten Busch fliegt, wo er durch seine trillernden Töne seine Dankbarkeit zum Ausdruck bringt für die Freiheit, die ihm gewährt wurde. Man findet ihn in den meisten Teilen Europas, aber nirgendwo so häufig wie in Großbritannien. Sein Schnabel ist düster; seine Stirn, sein Kinn, seine Kehle und seine Brust sind von einer tief orangefarbenen Farbe, die ins Zinnoberrot tendiert; sein Hinterkopf, sein Nacken, sein Rücken und sein Schwanz sind von blasser olivbrauner Farbe; die Flügel sind etwas dunkler, die Ränder gehen ins Gelbe über; Die Beine und Füße haben die Farbe des Schnabels. Das Weibchen baut sein Nest im Allgemeinen in der Spalte einer moosigen Böschung, in der Nähe von Orten, die von Menschen häufig besucht werden, oder in einem Teil einer menschlichen Behausung. Es ist bekannt, dass Rotkehlchen in Sägegruben gebaut haben, in denen täglich Menschen arbeiteten, und an verschiedenen anderen ebenso außergewöhnlichen Orten. Als der Kristallpalast in Sydenham eingerichtet wurde, bauten mehrere Rotkehlchen ihre Nester in Löchern der großen Wurzeln, die zur Anhebung der Blumenbeete im Gebäude dienten. Sie zeigten so wenig Angst, dass ihre leuchtenden Augen aus Löchern blickten, an denen jeden Augenblick Menschen vorbeikamen. Der elegante Dichter der Jahreszeiten gibt uns in den folgenden Zeilen eine sehr genaue und anschauliche Beschreibung dieses Vogels:

„——— – Halb ängstlich
schlägt er zuerst gegen das Fenster: dann setzt er sich zügig

auf den warmen Herd; Dann hüpft er auf dem Boden,
blickt die ganze lächelnde Familie schief an
und pickt und zuckt zusammen und fragt sich, wo er ist,
bis, vertrauter geworden, die Tischkrümel
seine schlanken Füße anziehen."

Ein altes lateinisches Sprichwort sagt uns, dass zwei Rotkehlchen sich nicht vom selben Baum ernähren; Es ist sicher, dass der Rotkehlchen ein äußerst kämpferischer Vogel ist und dass er nicht in großer Harmonie und Freundschaft mit seinesgleichen und seines Geschlechts lebt. Das Männchen kann vom Weibchen an der Farbe seiner Beine unterschieden werden, die schwärzer sind.

Das Rotkehlchen begleitet den Gärtner beim Ausheben seiner Rabatten; und wird mit großer Vertrautheit und Zahmheit die Würmer fast in der Nähe seines Spatens aussuchen.

DIE NACHTIGALL. (*Philomela luscinia.*)

„Süßer Vogel, der den Lärm der Torheit meidet,
am musikalischsten, am melancholischsten!
Dich, Sängerin, oft, die Wälder unter dir,
ich werbe, deinen gleichmäßigen Gesang zu hören."
MILTON.

DIE NACHTIGALL kann sich in puncto Gefieder kaum rühmen: Kopf und Rücken sind blass lohfarben und haben einen leichten olivfarbenen Schimmer. die Brust und der obere Teil des Bauches neigen sich zu einem gräulichen Farbton, und der untere Teil des Bauches ist fast weiß; das äußere Gespinst der Federkiele ist rotbraun; der Schwanz ist mattrot; die Beine und Füße aschefarben; die Iris-Haselnuss; und die Augen groß, hell und starrend. Aber es ist kaum möglich, eine Vorstellung von der außergewöhnlichen Kraft zu geben, die dieser kleine Vogel in seinem Hals besitzt, was die

Klangausdehnung, die Süße des Tons und die Vielseitigkeit der Töne betrifft. Sein Lied besteht aus mehreren musikalischen Passagen, die jeweils nicht länger als ein Drittel einer Minute dauern; Aber sie sind so vielfältig, der Übergang von einem Ton zum anderen ist so phantasievoll und schnell und die Melodie so süß und sanft, dass selbst der vollendetste Musiker beim Hören ein tiefes Gefühl der Bewunderung empfindet. Manchmal läuft es freudig und fröhlich mit der Geschwindigkeit des Blitzes den Diapason hinunter und berührt fast gleichzeitig die Höhen und die Basis; zu anderen Zeiten, traurig und klagend, zieht die unglückliche *Philomela* schwerfällig ihre langen Noten und atmet eine entzückende Melancholie ein. Diese wirken wie traurige Seufzer; die anderen Modulationen ähneln dem Lachen der Fröhlichen. Einsam auf dem Zweig eines kleinen Baumes und vorsichtig in einer gewissen Entfernung vom Nest, wo die Versprechen seiner Liebe unter der pflegenden Brust seines Partners aufbewahrt werden, erfüllt das Männchen ständig die stillen Wälder mit seinen harmonischen Klängen und während der Die ganze Nacht über unterhält er sein Weibchen und entlohnt es für die lästigen Pflichten der Brutzeit. Die Nachtigall singt nicht nur tagsüber in Abständen, sondern wartet auch, bis die Amsel und die Drossel ihren Abendruf ausgesprochen haben, bis sich die Stock- und Ringeltauben durch ihr leises Murmeln gegenseitig zur Ruhe gebracht haben, und dann schüttet sie ihr ganzes Feuer aus Flut der Melodie:

„—— – Zuhören Philomela gedenkt,
ihnen Freude zu bereiten, und beabsichtigt, in Gedanken
Elate, ihre Nacht ihren Tag zu übertreffen."
THOMSON.

Es ist ein großes Erstaunen, dass ein so kleiner Vogel mit einer so starken Lunge ausgestattet sein kann. Wenn der Abend ruhig ist, wird angenommen, dass sein Gesang über eine halbe Meile weit zu hören ist. Dieser Vogel, der Schmuck und Charme unserer Frühlings- und Frühsommerabende, kommt im April an und singt bis Juni, verschwindet aber plötzlich etwa im September oder Oktober, wenn er uns verlässt, um den Winter im Norden Afrikas zu verbringen Syrien. Seine Besuche in diesem Land beschränken sich auf bestimmte Landkreise, hauptsächlich im Süden und Osten; Obwohl es in der Umgebung von London und entlang der Südküste in Sussex, Hampshire und Dorsetshire reichlich vorhanden ist, kommt es weder in Cornwall noch in Wales vor. Sobald die Jungen geschlüpft sind, verstummt der Gesang des Männchens und er stößt nur noch ein lautes Krächzen aus, um Alarm zu schlagen, wenn sich jemand dem Nest nähert. Nachtigallen werden manchmal aufgezogen und zum Gefängnis eines Käfigs verdammt; In diesem Zustand singen sie zehn Monate im Jahr, in ihrem wilden Leben jedoch nur so viele Wochen. Bingley sagt, dass eine Nachtigall im Käfig viel süßer singt als die, die wir im Frühling im Ausland hören.

Die Nachtigall ist wegen ihres Gesangs die am meisten gefeierte gefiederte
Rasse. Die Dichter haben es zu allen Zeiten zum Thema ihrer Verse gemacht;
Einige davon können wir nicht widerstehen:

„Die Nachtigall, sobald April
ihren ausgeruhten Sinnen ein vollkommenes Erwachen beschert,
Die späte, nackte Erde, stolz auf neue Kleidung, entspringt,
singt ihr Leid aus ——.“
SIR PHILIP SIDNEY.

„—— —— —— Tier und Vogel, sie
schlichen zu ihrem grasbewachsenen Lager, diese zu ihren Nestern ;
alle außer der wachen Nachtigall;
Sie sang die ganze Nacht ihren verliebten Diskant.
MILTON.

„Und in dem mit Veilchen geschmückten Tal,
wo die liebeskranke Nachtigall
allabendlich ihr trauriges Lied zu dir trauert.“
MILTON.

„O Nachtigall, die
am Abend, wenn alle Wälder still sind, auf deinem blühenden Zweig trällert,
Du erfüllst das Herz des Liebenden mit frischer Hoffnung,
während die fröhlichen Stunden auf den günstigen Mai leiten, Deine
flüssigen Noten, die das Auge des Tages
zuerst schließen
vor dem flachen Kuckucksschein gehört,
Zeichen für Erfolg in der Liebe. Oh, wenn Jupiters Wille
diese Liebeskraft mit deiner sanften Liebe verbunden hat,
dann singe jetzt rechtzeitig, bevor der unhöfliche Vogel des Hasses
mein hoffnungsloses Schicksal in einem nahegelegenen Hain vorhersagt;
Wie du von Jahr zu Jahr zu spät
zu meiner Erleichterung
gesungen hast , aber keinen Grund hattest, warum:
Ob die Muse oder die Liebe dich seine Gefährtin nennen,
ich diene beiden, und von ihrem Gefolge bin ich.“
MILTON.

„—— – Jetzt ist die angenehme Zeit,
die Kühle, die Stille, außer dort, wo Stille nachgibt,
Für den nachtträllernden Vogel, der, jetzt wach,
sein liebevolles Lied am süßesten stimmt.“
MILTON.

„Wie alle Dinge lauschen, während deine Muse sich beklagt.
Solch eine Stille wartet auf Philomelas Klänge,
an einem stillen Abend, wenn die flüsternde Brise
auf den Blättern weht und auf den Bäumen erlischt."
PAPST.

„Es gibt eine Rosenlaube am Bendemeer-Bach,
und die Nachtigall singt das ganze Jahr über;
In den Tagen meiner Kindheit war es wie ein süßer Traum,
in den Rosen zu sitzen und dem Gesang des Vogels zu lauschen.

„Diese Laube und ihre Musik vergesse ich nie,
aber oft, wenn ich allein bin, in der Blüte des Jahres,
denke ich: Singt die Nachtigall dort schon?"
Leuchten die Rosen am ruhigen Bendemeer noch?"
MOORE.

Die Schwarzkappe (*Curruca atricapilla*)

IST ein sehr kleiner Grasmücke, der nicht mehr als eine halbe Unze wiegt. Die Oberseite des Kopfes ist schwarz, daher hat er seinen Namen; der Hals aschefarben, der Rücken aschbraun, die Flügel düster gefärbt, der Schwanz fast gleich; der untere Teil des Halses, der Kehle und der obere Teil der Brust sind von blasser Aschefarbe; der untere Teil des Bauches ist weiß.

Die Mönchsgrasmücke besucht uns etwa Mitte April und zieht sich im September zurück; Es besucht häufig Gärten und baut sein Nest in Bodennähe. Das Weibchen legt fünf hellrotbraune Eier, die mit dunkleren Flecken übersät sind. Dieser Vogel singt süß und ähnelt der Nachtigall so sehr, dass er in Norfolk als Schein-Nachtigall bezeichnet wird. White bemerkt, dass es normalerweise eine volle, süße, tiefe, laute und wilde Pfeife hat, der Ton jedoch nur von kurzer Dauer ist und seine Bewegungen flüchtig sind; aber wenn es ruhig sitzt und ernsthaft singt, ergießt es eine sehr süße, aber innere Melodie; und drückt eine große Vielfalt an Modulationen aus, die vielleicht jedem unserer Grasmücken überlegen sind, mit Ausnahme der Nachtigall. Während es singt, ist seine Kehle stark gebläht.

DER WREN. (*Troglodytes vulgaris.*)

„Schnell an meiner Couch, freundlicher Gast,
der Zaunkönig hat sein moosiges Nest geflochten;
Aus geschäftigen Szenen und helleren Himmeln
fliegt sie, um mit Unschuld zu lauern;
Sie hofft darauf, in sicherer Ruhe zu wohnen,
und nichts ahnt die Waldzelle."
T. WARTON.

DER ZAUNKÖNIG ist ein sehr kleiner Vogel; Aber als ob die Natur beabsichtigt hätte, den Mangel an Größe und Masse der Individuen dadurch zu kompensieren, dass sie sie stärker vervielfachte, ist dieser kleine Vogel einer der produktivsten des gefiederten Stammes, sein Nest enthält oft mehr als achtzehn Eier. von weißlicher Farbe und nicht viel größer als eine Erbse. Männchen und Weibchen gelangen durch ein in der Mitte des Nestes angebrachtes Loch hinein, das aufgrund seiner Lage und Größe nur für sie selbst zugänglich ist. Der Zaunkönig wiegt nicht mehr als drei Drachmen. Seine Noten sind sehr süß und können mit denen des Rotkehlchens mitten im Winter konkurrieren, wenn die Kälte des Wetters die anderen Sänger zum Schweigen verurteilt hat. Wie das Rotkehlchen nähert es sich häufig der Behausung des Menschen und belebt den ländlichen Garten während des größten Teils des Jahres mit seinem Gesang. Es beginnt früh im Frühjahr mit dem Nestbau, verlässt es jedoch häufig, bevor es ausgekleidet ist, und sucht nach einem sichereren Ort. Der Zaunkönig beginnt nicht, wie bei den meisten anderen Vögeln üblich, zuerst mit dem Bau des Nestbodens. Beim Anlegen an einen Baum besteht seine Hauptaufgabe darin, den Umriss der Rinde nachzuzeichnen und sie so mit gleicher Kraft an allen Teilen zu befestigen. Anschließend werden nacheinander die Seiten und die Oberseite geschlossen, so dass nur ein kleines Loch für den Eingang übrig bleibt.

Der Weidenzaunkönig. (*Sylvia trochilus.*)

DER WEIDENZAUNKÖNIG ist etwas größer als der gewöhnliche Zaunkönig. Die oberen Körperteile sind blass olivgrün; Die Unterseite ist blassgelb und über die Augen verläuft ein gelber Streifen. Die Flügel und der Schwanz sind braun mit gelbgrünem Rand; und die Beine neigen zur Gelbfärbung. Dieser Vogel ist ein Zugvogel, der uns normalerweise etwa Mitte April besucht und gegen Ende September abreist. Das Weibchen baut sein Nest in Löchern an den Wurzeln von Bäumen, in Mulden trockener Ufer und an ähnlichen Orten. Es ist rund und dem Nest des Zaunkönigs nicht unähnlich. Die Eier sind dunkelweiß, mit rötlichen Flecken markiert und es gibt fünf an der Zahl. Ein Weidenzaunkönig hatte in einer Böschung eines der Felder von Mr. White in der Nähe von Selborne gebaut. Ein Freund und er selbst beobachteten diesen Vogel, als sie in ihrem Nest saß, achteten aber besonders darauf, sie nicht zu stören, obwohl sie sie mit einem gewissen Maß an Eifersucht beäugte. Einige Tage später, als sie denselben Weg passierten, wollten sie beobachten, wie die Brut weiterging; aber es konnte kein Nest gefunden werden, bis Mr. White zufällig ein großes Bündel langen grünen Mooses aufhob, das sozusagen achtlos über das Nest geworfen worden war, um das Auge eines unverschämten Eindringlings in die Irre zu führen.

Mr. White unterschied nicht weniger als drei Arten des Zaunkönigs. „Ich habe jetzt", schreibt er, „nachdem ich darüber nicht mehr diskutieren konnte, drei verschiedene Arten des Zaunkönigs ausgemacht, die ständig und ausnahmslos unterschiedliche Laute verwenden." „Ich habe jetzt Exemplare der drei Arten vor mir liegen und kann erkennen, dass es drei Größenabstufungen gibt und dass der kleinste schwarze Beine hat und die anderen beiden fleischfarbene. Der gelbste Vogel ist bei weitem der größte und hat Federkiele und Armfedern mit weißen Spitzen, die die anderen nicht haben. Letzterer hält sich nur in den Baumkronen und hohen Buchenwäldern auf und gibt hin und wieder in kurzen Abständen ein zischendes, heuschreckenartiges Geräusch von sich, wobei er beim Singen ein wenig mit den Flügeln zittert." Mr. Markwich erklärte jedoch, dass er absolut nicht in der Lage sei, mehr als eine Art zu entdecken.

Der Goldhaubenzaunkönig (*Regulus cristatus*)

Mit einer Länge von nur 7,5 cm IST ER DER KLEINSTE BRITISCHE VOGEL. Er hat eine olivfarbene Farbe und einen wunderschönen Kamm aus goldgelben Federn auf dem Kopf. Dieser bezaubernde kleine Vogel kommt im Allgemeinen in Tannenwäldern vor; Es ernährt sich von Insekten und hat einen sanften und angenehmen Gesang.

Die Grauwasserstelze. (*Motacilla boarula.*)

ES gibt keinen Bach, der sich an zwei blumigen Ufern entlang plätschert, keinen Bach, der sich durch die grüne Wiese schlängelt, in dem sich dieses wunderschön gefärbte und elegant geformte kleine Geschöpf nicht aufhält. Wir sehen sie sogar in den Straßen von Landstädten, wie sie mit schnellem Tempo der halb ertrunkenen Fliege oder Motte folgen, die der Bach am Straßenrand davonträgt. Neben dem Rotkehlchen und dem Sperling sind sie die Kühnsten, die sich unseren Behausungen nähern. Die Bachstelzen sind viel in Bewegung; selten Barsche, und sie flirten ständig mit ihren langen und schlanken Schwänzen (woher sie ihren Namen haben), hauptsächlich nachdem sie etwas Nahrung vom Boden aufgenommen haben, als ob dieser Schwanz eine Art Hebel oder Gegengewicht wäre, mit dem der Körper auf dem Boden balanciert wird Beine. Man beobachtet, dass sie häufiger jene Bäche aufsuchen, zu denen Frauen kommen, um ihre Wäsche zu waschen; Wahrscheinlich wissen sie nicht, dass die Seife, deren Schaum auf dem Wasser schwimmt, die Insekten anzieht, die ihnen am angenehmsten sind.

Gescheckte Bachstelzen.

ES gibt zwei häufige Arten von Bachstelzen, die Gebirgsstelze und die Bachstelze. Die Gebirgsstelze zieht sich in ihren Gewohnheiten zurück und ist in ihren Bewegungen viel langsamer; Seine Brust ist gelb und seine Flügel gräulich, aber die Bachstelze, ein sehr lebhafter kleiner Vogel, der immer in Aufregung zu sein scheint, ist schwarz und geht in Aschefarbe und Weiß über. Außerdem ist es mutig und nimmt das ihm zugeworfene Futter mit so viel Selbstvertrauen an wie ein Rotkehlchen.

Die Schafstelze (*Budytes flava*) ist eine weitere Bachstelzenart. Der Rücken des Männchens ist olivgrün und der untere Teil des Körpers gelb, während die Brust des Weibchens fast weiß ist. Diese Vögel halten sich nicht häufig an Flussufern auf, sondern wandern im Allgemeinen im Gras von Wiesen umher und folgen Schafen. Sie sind Sommergäste in England.

White sagt: „Während die Kühe auf den feuchten, niedrigen Weiden weiden, rennen Bruten weißer und grauer Bachstelzen um sie herum, dicht an ihre Nase und unter ihre Bäuche, und nutzen dabei die Fliegen, die sich auf ihren Weiden niederlassen." Beine und finden wahrscheinlich Würmer und Larven, die durch das Trampeln ihrer Füße aufgescheucht werden. Die Natur ist ein solcher Ökonom, dass die widersprüchlichsten Tiere sich gegenseitig zunutze machen können."

„Aus Interesse entstehen seltsame Freundschaften!"

DIE SCHWALBE. (*Hirundo Rustica.*)

„Von der Hütte mit niedrigem Dach aus
sehen Sie die klappernde Schwalbenquelle;
Sie schießt durch die einbogige Brücke und
senkt schnell ihren gesprenkelten Flügel."
CUNNINGHAM.

SCHWALBEN unterscheiden sich leicht von allen anderen Vögeln, nicht nur durch ihre allgemeine Struktur, sondern auch durch ihren zwitschernden Ton und ihre Art zu fliegen, oder besser gesagt, von Ort zu Ort zu huschen.

Sie erscheinen im April in Großbritannien und bauen sich ein Nebengebäude oder einen Teil einer menschlichen Behausung auf, wo sie ihre Eier legen und ihre Jungen ausbrüten. Etwa im August verschwinden sie und kehren erst im folgenden Frühjahr zurück. Schwalben, die in einem Käfig gehalten werden, mausern sich zu Weihnachten und leben selten bis zum Frühjahr.

Es gibt mehrere Arten der Schwalbe: Ihre allgemeinen Merkmale sind ein kleiner Schnabel, aber ein großes, breites Maul, das zum Verschlucken fliegender Insekten, ihrer natürlichen Nahrung, dient; und langer, gegabelter Schwanz und ausgedehnte Flügel, damit sie ihre Beute verfolgen können. Die gemeine Schwalbe lebt unter der Dachtraufe von Häusern oder in Schornsteinen nahe der Spitze; Aufgrund ihrer Vorliebe für die letztgenannte, eher ungewöhnliche Situation wird sie häufig als

Rauchschwalbe bezeichnet. Der Martin wächst auch unter Dachvorsprüngen und am häufigsten an der oberen Ecke oder Seite unserer Fenster und scheint beim Anblick von Menschen keine Angst zu haben, kann jedoch nicht gezähmt oder sogar lange in einem Käfig gehalten werden. Die Beschaffenheit des Schwalbennestes verdient eine genaue Beobachtung: wie der Schlamm aus Meeresküsten, Flüssen oder anderen Gewässern gewonnen wird; Wie gemauert und zu einem soliden Gebäude geformt wurde, das stark genug ist, um eine ganze Familie zu ernähren und dem „stürmenden Sturm" standzuhalten, sind Wunder, die unseren Geist zu Ihm erheben sollten, der ihnen diesen Instinkt verliehen hat.

Es wird berichtet, dass ein Schwalbenpaar zwei Jahre lang sein Nest auf dem Griff einer Gartenschere baute, die an den Brettern eines Nebengebäudes befestigt war; und deshalb muss ihr Nest verdorben worden sein, wann immer das Werkzeug gebraucht wurde. Und was noch seltsamer ist: Ein Vogel derselben Art baute sein Nest auf den Flügeln und dem Körper einer Eule, die zufällig tot und trocken am Dachsparren einer Scheune hing und so locker, dass sie von jedem Windstoß bewegt wurde . Diese Eule mit dem Nest auf den Flügeln und den Eiern im Nest wurde als Kuriosität in das Museum von Sir Ashton Leaver gebracht. Dieser Herr war beeindruckt von der Einzigartigkeit des Anblicks und schenkte dem Überbringer eine große Muschel mit der Bitte, er solle sie genau dort anbringen, wo die Eule gehangen hatte. Der Mann tat es; und im darauffolgenden Jahr baute ein Schwalbenpaar, wahrscheinlich dasselbe Schwalbenpaar, sein Nest im Panzer und legte Eier.

Moderne Dichter haben die Schwalben nicht vergessen; und unser unsterblicher Shakespeare erwähnt den Martin in Macbeth auf folgende Weise:

„Dieser Gast des Sommers,
der Tempelbesucher Martlet, stimmt,
bei seinem geliebten Herrenhaus, zu, dass der Atem des Himmels
hier betörend duftet. Kein Vorsprung, kein Fries,
kein Stützpfeiler, kein Aussichtspunkt, aber dieser Vogel
hat sein hängendes Bett und seine Wiege geschaffen:
Wo sie am meisten brüten und herumlungern, habe ich beobachtet,
ist die Luft zart."

„Die Schwalbe", schreibt Sir Humphry Davy, „ist einer meiner Lieblingsvögel und ein Rivale der Nachtigall, denn sie beflügelt meinen Sehsinn ebenso wie der andere meinen Hörsinn." Er ist der frohe Prophet des Jahres, der Vorbote der besten Jahreszeit – er lebt ein Leben voller Freude inmitten der lebhaftesten Formen der Natur – der Winter ist ihm unbekannt; und er verlässt im Herbst die grünen Wiesen Englands, um zu den Myrrhen- und Orangenhainen Italiens und zu den Palmen Afrikas zu gelangen; Er hat immer Ziele, die es zu verfolgen gilt, und sein Erfolg ist sicher. Sogar die für seine Beute ausgewählten Wesen sind poetisch, schön und vergänglich. Die Ephemeren werden durch ihn vor einem langsamen und anhaltenden Tod am Abend gerettet und in einem Moment getötet, in dem sie nichts als Vergnügen gekannt haben. Er ist der ständige Vernichter von Insekten, der Freund des Menschen und kann als heiliger Vogel angesehen werden. Sein Instinkt, der ihm die bestimmte Zeit vorgibt und ihn lehrt, wann und wohin er sich bewegen soll, kann als einer göttlichen Quelle entspringend betrachtet werden; und er gehört zu den Orakeln der Natur, die die schreckliche und verständliche Sprache einer gegenwärtigen Gottheit sprechen.“

Die Rauchschwalbe ist an Kopf, Hals, Rücken und Rumpf von leuchtend schwarzer Farbe mit violettem Schimmer und manchmal mit einem blauen Schimmer; Hals und Hals haben die gleiche Farbe; Brust und Bauch sind weiß mit einem Hauch Rot. Der Schwanz ist gegabelt und besteht aus zwölf Federn. Die Flügel haben die gleiche Farbe wie der Rücken. Schwalben ernähren sich von Fliegen und anderen Insekten; und jagen ihre Beute im Allgemeinen im Flug:

"Weg! weg! du Sommervogel;
Denn die stöhnende Stimme des Herbstes ist zu hören,
in wildem Rhythmus und immer stärker werdendem Wellengang,
um von der strengen Annäherung des Winters zu erzählen.“

HAUSMARTIN ODER FENSTERSCHWALBE.

(*Hirundo urbica.*)

DER MARTIN ist etwas kleiner als die Schwalbe, mit einem verhältnismäßig großen Kopf und einem breiten Maul; die Farbe der oberen Teile ist bläulich schwarz, der Rumpf und alle unteren Teile des Körpers weiß, der Schnabel schwarz; die Beine sind mit kurzen weißen Daunen bedeckt.

Diese Vögel beginnen etwa Mitte April zu erscheinen und kümmern sich eine Zeit lang nicht um die Nidifizierung, sondern treiben und spielen, als wollten sie sich von der Strapaze der Reise erholen.

Sollte sich das Wetter als günstig erweisen, beginnt es Anfang Mai mit dem Bau und baut sein Nest im Allgemeinen unter der Dachtraufe eines Hauses, oft an einer senkrechten Wand: Ohne einen vorspringenden Sims, der irgendeinen Teil des Nestes stützt, sind größte Anstrengungen erforderlich, um dorthin zu gelangen das erste Fundament fest verankert, um den Überbau sicher zu tragen. Bei dieser Gelegenheit klammert es sich nicht nur mit seinen Krallen fest, sondern stützt sich teilweise auch dadurch ab, dass es seinen Schwanz stark gegen die Wand neigt und ihn so zum Drehpunkt macht; und so fixiert, verputzt es die Materialien in die Oberfläche des Ziegels oder Steins. Damit dieses Werk aber, obwohl es noch weich ist, nicht unter seinem eigenen Gewicht sinkt, hat der vorausschauende Architekt die Klugheit und Nachsicht, nicht zu schnell voranzukommen; Indem er jedoch nur morgens baut und den Rest des Tages dem Essen und der Unterhaltung widmet, gibt er ihm genügend Zeit zum Trocknen und Aushärten. Durch diese Methode ist das Nest innerhalb von etwa zehn Tagen stabil, kompakt und warm und perfekt für alle Zwecke geeignet, für die es bestimmt ist. Aber nichts ist üblicher, als dass der Haussperling, sobald die Schale fertig ist, sie ergreift, den Besitzer ausstößt und sie nach seiner eigenen Art auskleidet. Manchmal erweisen sich die Martins jedoch als zu schlau für den Spatz; Als der Eindringling hartnäckig das Nest behielt, sammelten die Martins, wie man weiß, überall in der Nachbarschaft ein und brachten jeweils ein Stück Schlamm mit, mit dem die Öffnung des Nestes bald sicher verschlossen wurde und der unglückliche Spatz dann zurückgelassen wurde an Hunger sterben. Der Martin kehrt für mehrere Saisons zum selben Nest zurück, wo er gut geschützt und vor den Schäden des Wetters geschützt ist. Sie züchten die jüngste aller unserer Schwalben und bringen oft sogar erst zu Weihnachten noch unflügge Junge zur Welt.

Der erste Schlupf besteht aus fünf Eiern, die weiß sind und am dickeren Ende dunkelbraun werden; der zweite von drei oder vier; und von einem dritten, von nur zwei oder drei. Während die Jungvögel an das Nest gebunden sind, werden sie von den Eltern gefüttert, indem sie sich mit den Krallen an der Außenseite festhalten; aber sobald sie fliegen können, erhalten sie ihre Nahrung auf dem Flügel durch eine schnelle und fast unmerkliche Bewegung.

„Willkommen, willkommen, gefiederter Fremder,
jetzt schenkt die Sonne der Natur ein Lächeln;
Sicher angekommen und frei von Gefahr.
Willkommen auf unserer blühenden Insel."
FRANKLIN.

DER SWIFT, (*Cypselus apus*)

SIE wird manchmal auch als Black Martin bezeichnet, kommt später in England an und reist früher ab als jede unserer Schwalben. Der Mauersegler ist der größte Schwalbenstamm und der schnellste in seinem Flug. Sein Nest, das im Allgemeinen in den Spalten alter Türme und Kirchtürme gebaut wird, besteht aus getrocknetem Gras, Federn, Fäden und ähnlichen Materialien, die durch eine Art Speichel zusammengeklebt werden, mit dem der Vogel versorgt wird. Der Vogel sammelt sie auf dem Flügel ein und nimmt sie mit großer Geschicklichkeit auf. Sie landen selten auf dem Boden, und wenn sie versehentlich auf eine ebene Fläche fallen, können sie sich aufgrund der Kürze ihrer Beine und der Länge ihrer Flügel nur schwer wieder erholen. Während der Hitze des Tages bleiben sie in ihren Höhlen und machen sich morgens und abends auf die Suche nach Nahrung. Man kann sie dann in Schwärmen sehen, wie sie um ein hohes Gebäude herumwirbeln oder in der Luft eine endlose Reihe von Kreisen über Kreisen beschreiben. Mauersegler fliegen höher und kreisen mit kräftigeren Flügeln als die Schwalben, mit denen sie sich nie vermischen.

Der Ziegenlutscher. (*Caprimulgus Europæus.* **)**

DIESER neugierige Vogel, auch Ziegenmelker und Farnkauz genannt, kommt etwa Mitte Mai aus Afrika in dieses Land und reist normalerweise Ende August ab. Diese Vögel sind im Allgemeinen in niedrigen Büschen oder zwischen großen Farnbüscheln anzutreffen und fliegen im Allgemeinen nachts. Daher der Name Farnkauz. Der Schnabel ist mit Borsten versehen, und an der mittleren Zehe jedes Fußes befindet sich eine kammartig gezahnte Klaue. Das Weibchen legt seine Eier ohne Nest auf den Boden und legt nur zwei. Der Name Goatsucker entstand aus der absurden Idee, dass dieser Vogel die Ziegenmilch saugte, weil er die Angewohnheit hatte, in der Nähe von Kühen oder Ziegen auf dem Boden zu liegen und die Fliegen, die sie quälen, zu fangen, indem er sich an deren Euter festsetzte. Herr Waterton, der sicherlich der engste Beobachter der Natur ist, der jemals über Naturgeschichte geschrieben hat, erklärt in einem seiner sehr interessanten Werke, dass er die Goatsuckers oft gesehen hat, wie sie auf diese Weise Insekten fingen und sich so als beste Freunde erwiesen Den Tieren wird vorgeworfen, sie seien lästig.

DIE FELCHERCHE. (*Alauda arvensis.*)

„Geh, melodischer Vogel, der den Himmel erfreut,
zu Daphnes Fenster, schnell deinen Weg;
Und dort erheben sich auf zitternden Schwingen
Und dort entfaltet sich deine Gesangskunst."
SHENSTONE.

DIE FELDLERCHE unterscheidet sich von den meisten anderen Vögeln durch den langen Sporn an der Hinterzehe, die erdige Farbe ihrer Federn und durch ihren Gesang, wenn sie in die Luft steigt. Diese Vögel nisten im Allgemeinen auf Wiesen im hohen Gras, und die Farbe ihres Gefieders ähnelt so sehr der des Bodens, dass der Körper des Vogels beim Laufen kaum zu erkennen ist.

„Die Gänseblümchenblätter, die er liebt, wo üppige Grasbüschel
den Hügelkamm krönen: Dort gründet er mit seinem Gefährten
ihr einsames Haus aus verdorrten Kräutern
und gröbstem Speergras; Als nächstes folgt die innere Arbeit,
mit immer feineren Fasern, die
ihn mit seiner gesprenkelten Brust merkwürdig runden."
GRAHAME.

Lerchen brüten zweimal im Jahr, im Mai und Juli, und ziehen in kurzer Zeit ihre Jungen groß. Sie werden im Winter in großen Mengen gefangen und gelten als erlesenes und delikates Nahrungsmittel. Es ist eine traurige Beobachtung, dass der Mensch sich von genau diesen Vögeln ernähren und seinen Geschmackssinn verwöhnen sollte, die so oft seinen Gehörsinn mit ihren Liedern erfreut haben, wenn sie der erfreuten Schöpfung die Rückkehr ihres besten Freundes einläuten Sonne. Bemerkenswert ist die instinktive Wärme der Verbundenheit, die das Lerchenweibchen gegenüber seiner eigenen Art hegt, auch wenn es sich nicht um ihr Nesthäkchen handelt. „Im Monat Mai", sagt Buffon, „wurde mir ein junger Hühnervogel gebracht, der ohne Hilfe nicht fressen konnte. Ich ließ sie aufziehen; und sie war kaum flügge, als ich von einem anderen Ort ein Nest mit drei oder vier noch nicht flüggen Lerchen erhielt. Diese Neuankömmlinge, die nur wenig jünger waren als sie, gefielen ihr sehr; Sie kümmerte sich Tag und Nacht um sie, hütete sie unter ihren Flügeln und fütterte sie mit ihrem Schnabel. Nichts konnte ihre zärtlichen Ämter unterbrechen. Wenn ihr die Jungen entrissen wurden, flog sie zu ihnen, sobald sie befreit waren, und dachte nicht daran, selbst zu fliehen, was sie hundertmal hätte tun können. Ihre Zuneigung wuchs in ihr; sie vernachlässigte Essen und Trinken; Schließlich brauchte sie die gleiche Unterstützung wie ihre adoptierten Sprösslinge und starb schließlich, verzehrt von mütterlicher Fürsorge. Keiner der Jungen überlebte sie lange. Sie starben einer nach dem anderen; so wichtig waren ihre Sorgen, die gleichermaßen zärtlich und vernünftig waren."

Die Lerche steigt fast senkrecht und durch aufeinanderfolgende Federn in die Luft, wo sie in enormer Höhe schwebt. Sein Abstieg erfolgt in einer schrägen Richtung, sofern er nicht von einem gefräßigen Raubvogel bedroht oder von seinem Partner angezogen wird, wenn er wie ein Stein zu Boden fällt. Beim ersten Verlassen der Erde sind seine Töne schwach und unterbrochen; aber wenn es ansteigt, schwellen sie allmählich zu ihrem vollen Ton an. Da der Flug der Lerche immer bei Sonnenaufgang stattfindet, gibt es etwas in der Landschaft, das ihren Gesang besonders reizvoll macht: Der Eröffnungsmorgen, die gerade durch die Strahlen der zurückkehrenden Sonne vergoldete Landschaft und die Schönheit der umliegenden Objekte tragen dazu bei um unsere Freude an der angenehmen Melodie zu steigern.

„—— Aufspringt die Lerche, mit
schriller Stimme und laut, der Bote des Morgens,
Bevor die Schatten noch fliegen, singt er, beritten,
inmitten der dämmernden Wolken und
ruft aus ihren Schlupfwinkeln die melodischen Nationen herauf."
THOMSON.

"Ach! Es ist nicht dein Nebor süß,
die schöne Lerche, Begleiter treffen!
Ich beuge dich und besiege das taufrische Nass!
Mit gesprenkelter Brust,
wenn sie nach oben springt, blythe, um
den violetten Osten zu begrüßen."
VERBRENNUNGEN.

„Frühe, fröhliche, aufsteigende Lerche,
sanfter Lichtleiter, Morgenschreiber,
in fröhlichen, erfreulichen Tönen."
SIR JOHN DAVIS.

DIE Lerche. (*Alauda arborea.*)

DIESE Art ist kleiner als die Feldlerche und ihre Stimme ist tiefer; Es hat auch einen Kreis aus weißen Federn, die den Kopf von Auge zu Auge umgeben, wie eine Krone oder einen Kranz, und die äußerste Feder des Flügels ist viel kürzer als die zweite, während sie bei der gemeinen Lerche fast gleich sind. Dieser Vogel ahmt manchmal die Nachtigall nach; womit er oft verwechselt wird, wenn er während einer stillen Nacht im Hain seine süße Melodie erklingen lässt. Diese Vögel sitzen und sitzen auf Bäumen, im Gegensatz zur Lerche, die immer am Boden bleibt. Sie bauen ihr Nest am Fuße eines Busches, am Fuß einer Hecke oder im hohen, trockenen Gras. Die Zahl ihrer Eier beträgt etwa vier, sie haben eine blasse Blütenfarbe, sind wunderschön gesprenkelt und rot und gelb getrübt. Wie die Feldlerche versammeln sie sich bei frostigem Wetter in großen Schwärmen. Ihre übliche Nahrung besteht aus kleinen Käfern, Raupen und anderen Insekten sowie den Samen zahlreicher Wildpflanzenarten.

„Hell über den grünen Hügeln erhob sich der Morgenstrahl,
das Lied der Heidelerche hallte in der Ebene wider,
die schöne Natur spürte die warme Umarmung des Tages
und lächelte während ihrer ganzen lebhaften Herrschaft."
LANGBOURN.

Die Meise oder Tom-Meise. (*Parus cæruleus.*)

DIE LANGSCHWANZMEISE. (*Parus caudatus.*)

DIE gemeine Meise oder Tom-Meise ist ein sehr kleiner Vogel, nur zehn Zentimeter lang. Er hat einen blauen Kopf mit weißen Wangen und einem weißen Streifen über jedem Auge; Sein Rücken ist grünlich, seine Flügel und sein Schwanz blau und die Unterseite seines Körpers gelb. Dieser Vogel und alle mit ihm verwandten Arten ernähren sich von Insekten und Samen. Wenn die Meise in einem Käfig gehalten wird, ist es wirklich amüsant zu sehen, mit welcher Geschwindigkeit sie auf jede Fliege oder Motte schießt, die unvorsichtig in ihre Reichweite kommt. Wenn es an dieser Art von Nahrung mangelt, wie es im Winter gewöhnlich der Fall ist, ernährt es sich von verschiedenen Samenarten, insbesondere von der Sonnenblume, die es geschickt aufrecht zwischen seinen Krallen hält und mit seinem scharfen kleinen Schnabel kraftvoll bis zur schwarzen Hülle zuschlägt spaltet sich und gibt seinen weißen Inhalt an den ausdauernden Vogel ab. Seine Hauptnahrung besteht aus Insekten, die er in den Ritzen der Baumrinde sucht, und wenn er auf diese Weise beschäftigt ist und sich in jeder möglichen Position an den Zweigen festklammert, sieht er aus wie ein sehr kleiner blauer Papagei. Im Winter besucht die Meise unsere Gärten und Obstgärten, wo man sie oft dabei beobachten kann, wie sie die Knospen von Obstbäumen in Stücke pflückt. aber indem er dies tut, fügt er dem Gärtner kaum oder gar keinen Schaden zu, da sein Ziel darin besteht, Insekten zu fangen, die im folgenden Sommer wahrscheinlich weitaus mehr Unheil anrichten würden. Das Nest der Meise wird in einem Baum- oder Mauerloch gebaut; Das Weibchen legt normalerweise acht oder zehn Eier und verteidigt im Sitzen sein Nest mit großem Mut, indem es so heftig auf die Finger der Jungen pickt, dass es in einigen Teilen des Landes unter dem Namen Billy Biter bekannt ist. Die *Schwanzmeise* ist auch ein häufig vorkommender Vogel in Hecken, Obstgärten und Plantagen. Er ist ein aktiver, lebhafter kleiner Kerl und ähnelt in seinen Gewohnheiten der Meise.

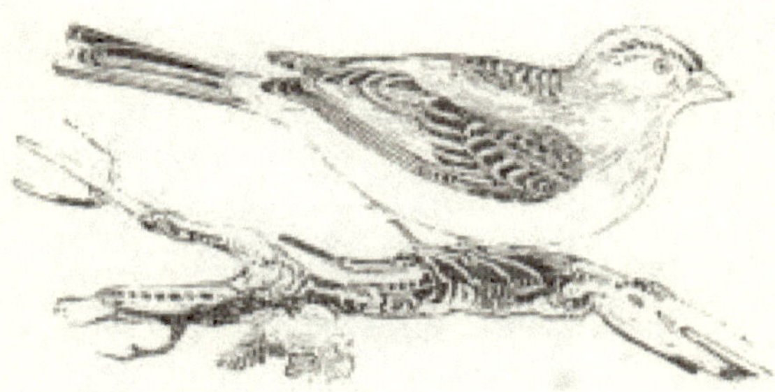

DER GELBHAMMER ODER DIE GELBE AMER.
(*Emberiza citrinella.*)

DIESER Vogel ist etwas größer als der Spatz. Sein Kopf ist grüngelb und braun gefleckt; Hals und Bauch sind gelb; die Brust und die Seiten, unter den Flügeln, mit Rot vermischt. Diese Vögel bauen ihre Nester auf dem Boden in der Nähe eines Busches, wo das Weibchen fünf oder sechs Eier legt. Manchmal kann man die Goldammer auf dem Finger eines armen Mannes oder einer armen Frau in den Straßen Londons sitzen sehen, in einem Zustand völliger Zahmheit; Dies ist jedoch die vorübergehende Wirkung einer Vergiftung, und kurz nachdem der Vogel gekauft und nach Hause gebracht wurde, stirbt er, überwältigt von der Kraft des Laudanums, das ihm gegeben wurde.

Dieser Vogel ernährt sich von Samen und verschiedenen Arten von Insekten und ist auf jedem Feldweg, an jeder Hecke, im ganzen Land verbreitet, wo er vor dem Reisenden und in den Büschen herumflattert. Zu seinem Glück haben wir uns noch nicht an den Geschmack der Eingeborenen Italiens gewöhnt, wo die Goldammer täglich der Delikatesse der Tafel zum Opfer fällt und ihr Fleisch als sehr köstliches Essen gilt. Dort wird er oft gemästet, um den Gaumen der Feinschmecker zu befriedigen.

Der Ortolan (*Emberiza hortulana*), eine weitere Art derselben Gattung, ist in den zentralen und südlichen Provinzen Europas verbreitet, wo er als Nahrungsmittel mit ausgezeichnetem Geschmack gilt. Wenn es zum ersten Mal eingenommen wird, ist es oft sehr mager, aber wenn man es mit reichlich Nahrung versorgt, soll es so gierig sein, dass es frisst, bis es vor Übersättigung stirbt.

Der Steinmeisser und der Whin-Chat.

(*Saxicola ænanthe* und *S. rubetra* .)

DER STEINSCHMÄTZER ist einer unserer frühesten Besucher und kann in allen Teilen Großbritanniens gefunden werden. Im Norden hält er sich im Allgemeinen häufig auf Steinhaufen, Ruinen oder den Trockenmauern von Grabstätten auf, und obwohl er ein sehr hübscher Vogel ist und in der Frühsaison süß singt, haben ihm seine Aufenthalte einen schlechten Ruf eingebracht. Der gewöhnliche Alarmton ähnelt dem Geräusch, das entsteht, wenn Steine mit einem Hammer zertrümmert werden, und da er diesen Ton von der Spitze des Haufens ausstößt, der vielleicht die Knochen eines durch den Sturm umgekommenen Menschen oder seine eigene Hand bedeckt, ist dies bei der Volksphantasie nicht der Fall Der Steinschmätzer wurde auf unnatürliche Weise mit dem Aberglauben in Verbindung gebracht, der zum Ort der Gräber gehört. Unter diesem Steinhaufen oder in einer berachbarten Brachfläche kann man sein Nest entdecken, das aus Moos und getrocknetem Gras besteht, mit Haaren, Federn oder Wolle ausgekleidet ist und fünf oder sechs Eier von zartem bläulichem Weiß enthält. Diese Vögel versammeln sich etwa Mitte Juli in den südlichen Hügeln; Sie werden dann in großer Zahl in Schlingen aus Rosshaar gefangen, die zwischen zwei gegeneinander gedrehten Torfstücken befestigt werden.

Der Whin Chat ist ein wunderschöner Vogel von kompakter Form und einem reichen und eleganten Gefieder. Sein besonders sanfter und süßer Gesang ist im Frühling an den buschigen Rändern und am Ginster ausgedehnter Heiden zu hören. Sein Nest, das in dicken Grasbüscheln und unter Büschen gebaut ist, wird sorgfältigst versteckt. Gewöhnlich nähert man sich ihm durch ein Labyrinth, auf das das Aufsteigen des Vogels keinen Hinweis gibt, und man kann lange vergeblich danach suchen, wenn auch vielleicht immer nicht mehr als einen Meter entfernt. Die Eier sind bläulichgrün, ohne Flecken und es sind nie mehr als sechs Eier vorhanden.

Die folgenden Zeilen, die Frau Charlotte Smith an den englischen Ortolan oder Steinschmätzer gerichtet hat, spielen auf die törichte Schüchternheit dieses Vogels an:

„Um euch zu fangen, Hirtenjungen, bereitet ihr
den hohlen Rasen vor, die drahtige Schlinge,
dieser schwachen Schrecken, die ihr wohl kennt,
die euch vergeblich fürchten lassen,
die Schatten, die über den Hügeln schweben, oder den murmelnden Sturm, der die Steine
eines alten Leuchtturms umgibt , während er stöhnt

,
Scarce bewegt den Kopf einer Distel.
Und wenn eine Wolke die Sonne verdunkelt,
rennst du mit schwachem und flatterndem Herzen
in die Falle, die du meiden solltest,
und gehst erst, wenn du tot bist."

DER SPATZ. (*Passer Domesticus.*)

DIESER Vogel ist neben dem Rotkehlchen der mutigste der kleinen gefiederten Stämme, die unsere Scheunen und Häuser bevölkern: Er ist ein mutiges kleines Geschöpf und kämpft unerschrocken gegen Vögel, die zehnmal größer sind als er selbst. Spatzen werden beschuldigt, große Mengen Mais vernichtet zu haben, und in mehreren Landkreisen setzt der Grundbesitzer oder Bauer einen Preis auf den Kopf eines Spatzen; Aber der Bauer wird durch den Plan am meisten geschädigt, da die guten Spatzen, indem sie das Land von Raupen befreien, den Getreideverlust, den sie zerstören, mehr als ausgleichen. Herr Bradley zeigt in seiner Abhandlung über Viehzucht und Gartenarbeit durch eine Berechnung, dass ein Spatzenpaar während der Zeit, in der es seine Jungen zu füttern hat, jede Woche durchschnittlich dreitausenddreihundertsechzig Raupen zerstört .

Dieser Vogel ist leicht zu zähmen und hüpft mit großer Vertrautheit im Haus und auf dem Tisch herum. Er ernährt sich von allem und isst besonders gern in kleine Stücke geschnittenes Fleisch. Der Gesang des Spatzen, wenn man sein Zwitschern überhaupt so nennen kann, ist alles andere als angenehm: Dies liegt jedoch nicht daran, dass es ihm an Kräften mangelt, sondern daran, dass er einzig und allein auf den Ton des Muttervogels achtet. Ein Sperling wurde, als er flügge war, aus dem Nest genommen und unter einem Hänfling erzogen; er hörte auch zufällig einen Stieglitz; und sein Lied war folglich eine Mischung aus beidem. Das Männchen zeichnet sich besonders durch einen pechschwarzen Fleck unter dem Schnabel auf weißlichem Grund aus. Spatzen kommen in fast jedem Land der Welt vor.

DER LINNET, (*Fringilla linota* oder *Linota cannabina* .)

IST etwa so groß wie ein Stieglitz; und gleicht durch eine äußerst melodische Stimme den Mangel an Abwechslung in seinem Gefieder aus, das, außer bei den rotbrüstigen Arten, fast ausschließlich eine Farbe hat. Seine musikalischen Talente werden wie die vieler anderer Vögel mit der Gefangenschaft belohnt; denn wegen seines Gesangs wird es in Käfigen gehalten.

Der Rotbarsch (*Fringilla linaria*) ist eine kleine Hänflingsart, die kaum mehr als zehn Zentimeter lang ist und sich durch einen tief blutroten Fleck auf dem Scheitel seines Kopfes auszeichnet. Er besucht Großbritannien im Herbst und bleibt den Winter über bei uns. Sein liebster Sommersitz liegt weit weg im Norden. Rotstangen werden im Herbst in großer Zahl von Vogelfängern gefangen. Ihr einziger Gesang ist ein zwitschernder Ton, aber sie werden oft mit einer Klammer und einer Kette an einen offenen Käfig gebunden und darauf trainiert, ihr Wasser in einem Eimer zu schöpfen.

Der Grüne Hänfling ist etwas größer als der Haussperling. Sein Kopf und sein Rücken sind gelbgrün, die Ränder der Federn sind gräulich; der Rumpf und die Brust sind gelber. Das Gefieder des Weibchens ist viel weniger lebhaft und neigt zu Braun. Sein Gesang ist unbedeutend, aber in der Gefangenschaft wird er zahm und fügsam und fängt die Töne anderer Vögel ein.

DER KANARISCHE VOGEL. (*Fringilla* oder *Carduelis canaria* .)

WIE sein Name schon sagt, stammt dieser Vogel aus den Kanarischen Inseln; wo er in seinem wilden Zustand ein dunkelgraues Gefieder und eine viel stärkere Stimme hat als in einem Käfig. In unseren nördlichen Ländern unterliegen seine Federn einer großen Veränderung; und der Vogel wird oft ganz weiß oder gelb. Über diesen Vogel sagt Buffon: „Wenn die Nachtigall die Sängerin des Waldes ist, ist der Kanarienvogel der Musiker der Kammer; der erste verdankt alles der Natur, der zweite etwas der Kunst. Mit einer geringeren Orgelstärke, einem geringeren Stimmumfang und einer geringeren Tonvielfalt hat der Kanarienvogel ein besseres Gehör, eine größere Fähigkeit zur Nachahmung und ein besser behaltendes Gedächtnis. Und da die Verschiedenheit des Genies, besonders bei den niederen Tieren, in hohem Maße von der Vollkommenheit ihrer Sinne abhängt, wird der Kanarienvogel, dessen Hörorgan für die Aufnahme und Speicherung fremder Eindrücke empfänglicher ist, geselliger, zahmer und vertrauter ; ist zu Dankbarkeit und sogar Zuneigung fähig; Seine Liebkosungen sind liebenswert, seine kleinen Launen unschuldig und sein Zorn tut weder weh noch beleidigt er ihn. Seine Ausbildung ist einfach; wir erziehen es gerne, weil wir es unterrichten können. Es verlässt die Melodie seiner eigenen natürlichen Note, um der Melodie unserer Stimmen und Instrumente zu lauschen. Es begleitet uns und vergeltet die Freude, die es empfängt, mit Zinsen, während die Nachtigall, stolzer auf ihr Talent, den Wunsch zu haben scheint, es in seiner ganzen Reinheit zu bewahren; zumindest scheint sie unserem Talent sehr wenig Wert beizumessen, und das ist sie mit großem Wert Schwierigkeit, dass man ihm jede unserer Arien beibringen kann. Es verachtet sie und kehrt immer wieder zu seinen eigenen wilden Holznoten zurück. Seine Pfeife ist ein Meisterwerk der Natur, das die menschliche Kunst weder verändern noch verbessern kann; während das des Kanarienvogels ein Modell aus geschmeidigeren Materialien ist, die wir nach Belieben formen können; und deshalb trägt es in viel größerem Maße zu den Freuden der Gesellschaft bei. Es singt zu jeder Jahreszeit, erheitert uns auch bei trübem Wetter und trägt zu unserem Glück bei, indem es die Jungen amüsiert und die Einsiedler erfreut, die Langeweile im Kloster verzaubert und die Seele der Unschuldigen und Gefangenen erfreut." Im domestizierten Zustand brütet er im Allgemeinen zweimal im Jahr; und es kommt manchmal vor, dass das Weibchen seine Eier zum zweiten Mal legt, bevor die erste Brut flügge ist. Das Männchen nimmt dann gutmütig seinen Platz auf den Eiern ein, während es die Jungen füttert, und füttert sie wiederum, wenn es im Nest sitzt. Sie sind sehr leicht zu zähmen, wenn sie mit Aufmerksamkeit und Freundlichkeit erzogen werden. Sie nehmen ihr Futter aus der Hand, setzen sich oft auf die Schulter ihres Frauchens und fressen aus ihrem Mund. Der Kanarienvogel wird manchmal und mit Erfolg mit dem Hänfling oder dem Stieglitz verglichen; und das Ergebnis ist ein wunderschöner Vogel, der an den Talenten und dem Gefieder beider teilhat.

Kanarienvögel leben in unserem Klima zwölf bis dreizehn Jahre und singen bis zum Ende ihres Lebens gut.

Die folgende merkwürdige Anekdote über einen dieser Vögel wird von Dr. Darwin erzählt: „Als ich einen Kanarienvogel im Haus eines Herrn in der Nähe von Tutbury in Derbyshire beobachtete, wurde mir erzählt, dass er immer ohnmächtig wurde, wenn sein Käfig gereinigt wurde; und ich wollte das Experiment sehen. Als der Käfig von der Decke genommen und der Boden herausgezogen wurde, begann der Vogel zu zittern und wurde an der Schnabelwurzel ganz weiß. Dann öffnete er seinen Mund, als wollte er Luft holen, und atmete schnell; richtete sich gerader auf seine Stange, ließ die Flügel hängen, breitete den Schwanz aus, schloss die Augen und wirkte eine halbe Stunde lang ziemlich steif; bis er schließlich unter viel Zittern und tiefem Atmen allmählich zu sich selbst kam."

Vor einigen Jahren stellte ein Franzose in London vierundzwanzig Kanarienvögel aus, von denen viele seiner Aussage nach zwischen achtzehn und fünfundzwanzig Jahre alt waren. Einige von ihnen balancierten mit dem Kopf nach unten auf ihren Schultern und hielten ihre Beine und ihren Schwanz in die Luft. Einer von ihnen nahm einen dünnen Stock in die Krallen, steckte den Kopf zwischen die Beine und ließ sich umdrehen, als ob er gerade geröstet würde. Ein anderer balancierte sich selbst und wurde an einer Art schlaffem Seil hin und her geschwungen. Ein dritter war in Militäruniform gekleidet, hatte eine Mütze auf dem Kopf, trug ein Schwert und eine Tasche und trug ein Feuerschloss in einer Klaue: Nachdem er einige Zeit aufrecht gesessen hatte, befreite sich dieser Vogel auf Befehl aus seinem Gewand. und flog zum Käfig. Ein vierter wurde beschossen, fiel wie tot um, wurde in eine kleine Schubkarre gesteckt und von einem seiner Kameraden weggerollt!

DER BUCHFINK. (*Fringilla cœlebs.*)

DER BUCHFINK hat die gleichen Abmessungen wie der Spatz, ist jedoch leichter und eleganter geformt. Sein Nest, das von der schönsten und aufwendigsten Bauweise ist, besteht aus Moosen und Flechten, die mit Wolle, Haaren und Federn verwoben und ausgekleidet sind. „Vier oder fünf Eier", sagt Mr. Waterton, „ist die übliche Anzahl, die das Nest des Buchfinkens enthält, und manchmal sind es nur drei." Der Dornbusch und die meisten immergrünen Sträucher, die Sprossen an den Stämmen von Waldbäumen, die Waldrebe, die Ginsterrose, die wilde Rose und gelegentlich auch die Brombeersträucher sind die bevorzugten Nidifikationsplätze dieses Vogels. Wie alle seine Artgenossen bedeckt er seine Eier nie, wenn er sich aus dem Nest zurückzieht, denn seine Jungen schlüpfen blind. Der Gesang dieses Vogels hat für mich etwas besonders Erfreuliches. Vielleicht kann die

Assoziation von Ideen den Wert der Melodie ein wenig steigern; Denn wenn ich den ersten Ton des Buchfinkens höre, weiß ich, dass der Winter kurz vor seinem Abschied steht und dass Sonnenschein und schönes Wetter nicht mehr fern sind. Der Buchfink singt nie, wenn er auf dem Flügel ist; aber es trällert ununterbrochen auf den Bäumen und in den Hecken, von Anfang Februar bis zur zweiten Juliwoche; und dann (wenn der Vogel in einem Zustand der Freiheit ist) hört sein Gesang völlig auf."

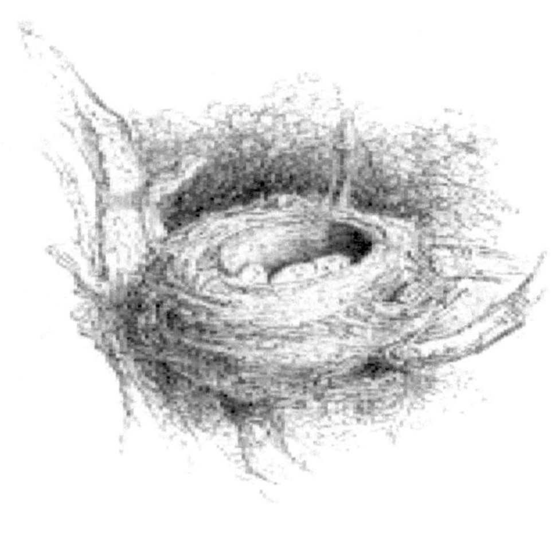

DER Gimpel. (*Loxia pyrrhula.*)

DIES ist ein sehr gelehriger Vogel, der mit seiner Stimme, deren Sanftheit wirklich bezaubernd ist, fast den Klang einer Pfeife oder die Pfeife eines Menschen imitieren kann. Vogelliebhaber gehen davon aus, dass er alle anderen kleinen Vögel mit Ausnahme des Hänflings durch die Sanftheit seiner Töne und die Vielfalt seiner Töne übertrifft. In der Gefangenschaft scheint seine Melodie für ihn selbst ein ebenso großer Trost wie ein Vergnügen für seinen Meister zu sein. Tagsüber und auch wenn der Abend das künstliche Licht von Kerzen erfordert, setzt der Dompfaff seine melodischen Bemühungen fort und weckt, wenn sich andere Vögel in der Wohnung befinden, sie sanft zu der angenehmen Aufgabe, gemeinsam mit ihm zu singen. Seine Noten liegen auf einer der tiefsten Tonarten der Vogelskala.

Das Gefieder des Dompfaffs ist wunderschön, wenn auch einfach und einheitlich und besteht nur aus drei oder vier Farben. Beim Männchen ziert eine schöne scharlachrote oder purpurrote Farbe Brust, Hals und Kiefer bis zu den Augen; der Scheitel des Kopfes ist schwarz; Bürzel und Schwanz sind weiß; der Hals und der Rücken sind grau oder bleifarben. Der Name dieses Vogels kommt daher, dass sein Kopf und Hals, wie beim Stier, im Verhältnis zum Körper sehr groß sind. Das Weibchen teilt die Farbbrillanz im Gefieder nicht mit dem Männchen. Dompfaffen bauen ihre Nester in Gärten und Obstgärten und besonders an Orten mit vielen Obstbäumen, da sie leidenschaftlich gern Früchte essen und diese oft vernichten, bevor sie reif sind.

DER STIEGEL.

(*Fringilla carduelis* oder *Carduelis elegans* .)

DIESER Vogel wird auch Distelfink genannt, wegen seiner Vorliebe für die Samen dieser Pflanze. Er ist sehr schön, sein Gefieder ist elegant abwechslungsreich, seine Gestalt klein, aber angenehm, und seine Stimme ist nicht laut, sondern süß. Er lässt sich leicht zähmen und wird oft als Gefangener mit einer Kette um den Körper vorgeführt. Mit Mühe, aber dennoch erstaunlicher Geschicklichkeit zieht er abwechselnd zwei kleine Eimer hoch, von denen einer sein Fleisch und der andere sein Getränk enthält. Wenn er alt ist, wenn er gefangen wird, wird der Stieglitz nach ein paar Wochen, wenn er gut gepflegt und sanft behandelt wird, so vertraut, als wäre er von der Hand seines Wärters aufgezogen worden. Einigen hat man beigebracht, ein kleines Geschütz abzufeuern und die Drillübungen zum großen Erstaunen der Zuschauer durchzuführen; aber die grausame und harte Behandlung, der Tiere ausgesetzt sind, wenn man ihnen Darbietungen beibringt, die ihrer Natur völlig zuwiderlaufen, sollte uns davon abhalten, solche Vorführungen zu fördern.

Dieser Vogel ist sich der Schönheit seines Gefieders bewusst und betrachtet sich gerne in einem Glas, das zu diesem Zweck manchmal hinten im Käfig befestigt wird. Die Kunst, mit der es sein Nest komponiert und baut, ist wirklich bewundernswert ; es ist im Allgemeinen mit Moos, kleinen Zweigen, Rosshaar und anderen geschmeidigen Materialien verwoben; Die Innenseite ist sorgfältig mit feinen Daunen und Wollgrasbüscheln gefüllt. Dort legt das Weibchen fünf bis sechs weißliche Eier ab, die am oberen Ende mit violetten Punkten markiert sind.

„Der Stieglitz webt mit Weidendaunen
und Cannach-Büscheln seinen wunderbaren Wohnsitz; Und oft hängt
die winzige Hängematte
am geschmeidigen Ende
des Platanensprays zwischen den breitblättrigen Trieben und schwingt bei
jedem Sturm.
Manchmal ist es im nächsten Dickicht verborgen;
Manchmal in einer üppigen Hecke, wo sich der Dornbusch,
das Brombeerstrauch und der Pflaumenbaumzweig
durch die Dornen schlängeln, überragt von den Blüten
der Kletterwicke und des wilden Geißblattes.“
GRAHAME.

Die folgenden Zeilen wurden von Cowper über einen in seinem Käfig verhungerten Stieglitz geschrieben. Der Stieglitz spricht: —

„Die Zeit war, als ich frei war wie die Luft.
Der flaumige Samen der Distel war mein Essen,
mein Getränk der Morgentau;
Ich setzte mich nach Belieben auf jede Gischt,
meine Gestalt war vornehm, mein Gefieder fröhlich,
meine Stränge für immer neu.

„Aber farbenprächtiges Gefieder, lebhaftes Gefieder
und vornehme Gestalt waren alles umsonst
und von vergänglichem Alter;
Denn gefangen und eingesperrt und verhungert,

In sterbenden Seufzern passierte mein kleiner Atem
bald das drahtige Gitter.

„Danke, sanfter Autor meiner Leiden,
Danke für diesen äußerst wirksamen Abschluss
und die Heilung aller Krankheiten.
Unterdrücke niemals deine Grausamkeit!
Denn wenn du mir weniger gezeigt hättest,
wäre ich immer noch dein Gefangener gewesen.“

DER CROSSBILL. (*Loxia curvirostra.*)

DER FICHTENKREUZSCHNABEL ist in den ausgedehnten Kiefernwäldern
Nordeuropas beheimatet und kommt in England keineswegs häufig vor. Der
Schnabel dieses einzigartigen Vogels ist von beträchtlicher Länge, und die
Mandibeln zur Spitze hin sind sehr scharf und stark und in entgegengesetzte
Richtungen gebogen, so dass sich die Spitzen im geschlossenen Zustand
kreuzen, woher der Vogel seinen Namen hat. Diese merkwürdige
Organisation ermöglicht es ihnen, ihre Nahrung, die hauptsächlich aus den
Samen der Tannenzapfen besteht, mit größter Leichtigkeit zu erhalten. Diese
Samen sind für eine beträchtliche Zeit nach ihrer Reifung so fest in ihren
holzigen Schuppen eingeschlossen, dass der Schnabel eines gewöhnlichen
Vogels sie nicht erreichen könnte. Der Fichtenkreuzschnabel fixiert sich quer
zum Kegel, bringt die Mandibeln seines Schnabels direkt übereinander und
führt sie zwischen die Schuppen ein. Dann drückt er sie seitlich, so dass sich
die Schuppen öffnen. Die Mandibeln werden erneut zwischen den Schuppen
in Kontakt gebracht und der Vogel pflückt dann mit seinen Spitzen den

Samen heraus. Es ist sehr interessant festzustellen, dass eine so anomale Struktur wie die des Fichtenkreuzschnabels dem Geschöpf wirklich zugute kommt und nicht, wie früher ziemlich leichtfertig behauptet wurde, ein Defekt oder Irrtum der Natur ist.

Der Star oder Star (*Sturnus vulgaris*)

HAT etwa die Größe und Form einer Amsel; die Federspitzen am Hals und Rücken sind gelb; die Federn unter dem Schwanz sind aschefarben; Die anderen Teile des Gefieders sind schwarz mit einem violetten oder tiefblauen Glanz, der sich je nach Lichteinwirkung verändert. Bei der Henne sind die Federspitzen an Brust und Bauch bis zur Kehle weiß; Dies ist ein wesentlicher Punkt bei der Wahl des Vogels, da das Weibchen kein Sänger ist. Sie legt vier oder fünf Eier, die leicht mit einem grünlichen Blaustich gefärbt sind. Stare bauen in hohlen Bäumen und Felsspalten und Mauern, sind sehr leicht zu zähmen und können alle Wörter oder Modulationen, die ihnen beigebracht werden, zu ihren natürlichen Tönen hinzufügen.

In der Wintersaison versammeln sich Stare in großen Schwärmen und sind möglicherweise aus großer Entfernung an ihrer wirbelnden Flugweise zu erkennen. Der Abend ist die Zeit, in der sie sich in größter Zahl versammeln und sich in Moore und Sümpfe begeben. Sterne hat den Star in seiner „Sentimentalen Reise" verewigt: „Der Vogel flog zu der Stelle, an der ich ihn zu befreien versuchte, steckte seinen Kopf durch das Gitter und drückte seinen Kopf dagegen, als wäre er ungeduldig. – ‚Ich fürchte, armer Mensch.' „Kreatur", sagte ich, „ich kann dich nicht freilassen." – „Nein", sagte der Star, „ich kann nicht raus." „Verkleide dich immer noch, wie du willst, Sklaverei", sagte ich, „noch bist du ein bitterer Trank!" "

DER SATIN-BOWER-VOGEL.

(*Ptilonorhynchus holosericeus.*)

DIESER einzigartige Vogel wurde der Öffentlichkeit erstmals von Herrn Gould in seinem großartigen Werk „Birds of Australia" vorgestellt, aus dem die folgenden Auszüge mit Genehmigung des Autors stammen. Der bemerkenswerteste Umstand in Bezug auf diesen Vogel ist die Errichtung eines Laubenhauses, dessen Zweck, wie es scheint, eine Art Spielplatz oder Versammlungssaal zu sein scheint.

„Der Seidenlaubenvogel", sagt Herr Gould, „ist keine stationäre Art, sondern scheint sich von einem Teil eines Bezirks zum anderen zu bewegen, entweder um die Natur zu verändern oder um einen reichlicheren Vorrat an Vögeln zu erhalten." Essen. Den vielen Exemplaren nach zu urteilen, die ich seziert habe, scheint es, dass es sich insgesamt um Körnerfresser und Fruchtfresser handelt; oder, wenn dies nicht ausschließlich der Fall ist, dass Insekten nur einen kleinen Teil seiner Nahrung ausmachen. Die von ihm bewohnten Büsche sind mit riesigen Feigenbäumen übersät, von denen einige bis zu 200 Fuß hoch sind; Unter den hohen Zweigen findet der Seidenlaubenvogel in der kleinen wilden Feige, mit der die Zweige beladen sind, einen reichlichen Vorrat an Lieblingsnahrung: Diese Art verübt auch erhebliche Schäden an reifendem Mais. Es scheint, dass es bestimmte Zeiten am Tag zum Fressen gibt, und als ich so zwischen den niedrigen strauchähnlichen Bäumen beschäftigt war, habe ich mich bis auf wenige Fuß genähert, ohne Alarm zu erregen; aber zu anderen Zeiten habe ich diesen Vogel äußerst scheu gefunden, besonders die alten Männchen, die nicht selten auf dem obersten Ast des höchsten Baumes sitzen, von wo aus sie die ganze Umgebung überblicken und die Bewegungen der Weibchen und ihrer Jungen im Unterholz beobachten können unten. Neben dem lauten Flüssigkeitsruf, der dem Männchen eigen ist, geben beide Geschlechter häufig einen rauen, unangenehmen, gutturalen Ton von sich, der auf Überraschung oder Unmut schließen lässt. Die Zahl der alten schwarzen Männchen ist im Vergleich zu den Weibchen und jungen Männchen im grünen Kleid außerordentlich gering, weshalb ich und andere Umstände zu der Annahme geführt haben, dass mindestens zwei, wenn nicht drei Jahre vergehen, bevor sie diese erreichen das reiche seidenartige Gefieder, das, wenn es einmal vollkommen angelegt ist, meiner Meinung nach nie wieder abgeworfen wird. Die oben erwähnten außergewöhnlichen laubenartigen Strukturen werden gewöhnlich unter dem Schutz der Äste eines überhängenden Baumes im abgeschiedensten Teil des Waldes platziert und unterscheiden sich erheblich in der Größe. Die Basis besteht aus einer ausgedehnten und ziemlich konvexen Plattform aus fest verflochtenen Stöcken, auf deren Mitte die Laube selbst aufgebaut ist: Diese besteht ebenso wie die Plattform, auf der sie steht und mit der sie verflochten ist, aus Stöcken und Stöcken Zweige, aber von schlankerer und flexiblerer Art, wobei die Spitzen der Zweige so angeordnet sind, dass sie sich nach innen krümmen und sich oben fast treffen; im Inneren der Laube sind die Materialien so platziert, dass die Gabeln der Zweige immer dort sind nach außen gerichtet, wodurch der Durchgang der Vögel nicht im geringsten behindert wird. Das Interesse dieser merkwürdigen Laube wird durch die Art und Weise, wie sie am und in der Nähe des Eingangs mit den farbenfrohsten Gegenständen geschmückt ist, die man sammeln kann, wie den blauen Schwanzfedern des Rosenschnabel- und Pennantian-Papageien, noch verstärkt. gebleichte Knochen, Schneckenhäuser usw.; Einige der Federn stecken zwischen den Zweigen, andere mit Knochen und Muscheln liegen verstreut in der Nähe der Eingänge. Die Neigung dieser Vögel, jedes attraktive Objekt aufzuheben und mit ihm davonzufliegen, ist den Eingeborenen so gut bekannt, dass sie die Ausläufe immer nach kleinen fehlenden Gegenständen absuchen, wie z. B. einem Pfeifenkopf usw., die vorhanden gewesen sein könnten versehentlich ins Gebüsch gefallen. Ich selbst fand am Eingang eines von ihnen einen kleinen, sorgfältig gearbeiteten steinernen Tomahawk von anderthalb Zoll Länge zusammen mit einigen Streifen blauer Baumwolllappen, die die Vögel zweifellos in einem verlassenen Lager der Eingeborenen gesammelt hatten . Zu welchem Zweck diese seltsamen Lauben gebaut wurden, ist vielleicht noch nicht vollständig geklärt; Sie dienen sicherlich nicht als Nest, sondern als Zufluchtsort für viele Individuen beiderlei Geschlechts, die, wenn sie sich dort versammelt haben, auf spielerische und spielerische Weise durch und um die Laube laufen, und das so häufig, dass es selten vorkommt völlig verlassen."

DER RABE. (*Corvus Corax.*)

„Der Rabe sitzt
auf dem Rabenstein,
und sein schwarzer Flügel huscht
über den milchweißen Knochen;
Hin und her, während die Nachtwinde wehen,
schwingt der Kadaver des Attentäters:
Und dort allein, auf dem Rabenstein,
schlägt der Rabe mit seinen dunklen Flügeln.
Die Fesseln knarren – und sein Ebenholzschnabel
knarrt bis zum Ende des hohlen Klangs:
Und dies ist die Melodie im Licht des Mondes,
zu der die Hexen ihre Runde tanzen."
BYRONS MANFRED.

DER RABE ist etwa 26 Zoll lang und wiegt etwa drei Pfund. Der Schnabel ist kräftig, schwarz und an der Spitze hakenförmig. Das Gefieder des gesamten Körpers ist von leuchtendem Schwarz und mit tiefem Blauglanz überzogen; die Rückseite des unteren Teils neigt sich zu einer düsteren Farbe. Er hat ein starkes und robustes Wesen und bewohnt alle Klimazonen der Welt. Er baut sein Nest in Bäumen; und das Weibchen legt fünf oder sechs Eier von blassgrüner Farbe mit braunen Flecken. Es wird gesagt, dass sich die Lebensdauer dieses Vogels auf ein Jahrhundert erstreckt; und sogar über diesen Zeitraum hinaus, wenn wir den Berichten mehrerer Naturforscher zu diesem Thema Glauben schenken dürfen. Der Rabe vereint den unersättlichen Appetit der Krähe mit der Unehrlichkeit der Morgenröte und der Fügsamkeit fast aller anderen Vögel. Er ernährt sich hauptsächlich von Kleintieren; und soll Kaninchen, junge Enten und Hühner und manchmal sogar Lämmer zerstören, wenn sie in einem schwachen Zustand fallen gelassen werden. In den nördlichen Regionen jagt er zusammen mit dem Eisbären, dem Polarfuchs und dem Adler Aas. Das Geruchsvermögen dieser Vögel muss sehr ausgeprägt sein; denn an den kältesten Wintertagen wurden in der Hudson's Bay, wenn jede Art von Ausfluss durch den Frost fast augenblicklich zerstört wird, Büffel und andere Tiere getötet, obwohl keiner dieser Vögel gesehen wurde; aber innerhalb weniger Stunden wurden Dutzende von ihnen an der Stelle versammelt gefunden, um das Blut und die Innereien aufzusammeln. Der Rabe besitzt viele unterhaltsame und schelmische Eigenschaften; er ist aktiv, neugierig, klug und frech; Von Natur aus ein Vielfraß, aus Gewohnheit ein Dieb, von Natur aus ein Geizhals und in der Praxis ein Schurke. Er liebt es, jedes kleine Geldstück, Glasscherben oder alles, was glänzt, aufzuheben, das er sorgfältig unter der Dachtraufe oder an einem anderen unzugänglichen Ort versteckt. Er ist leicht zu zähmen; und kann, wie der Papagei und der Star, die menschliche Stimme imitieren, indem er Worte artikuliert. Am Sitz des Marquis von Aylesbury in Wiltshire streifte ein zahmer Rabe, dem das Sprechen beigebracht worden war, im Park umher, wo er häufig von Krähen, Krähen und anderen Mitgliedern seines neugierigen Stammes begleitet und umlagert wurde. Als sich eine beträchtliche Anzahl davon um ihn versammelt hatte, hob er seinen Kopf und rief mit heiserer und hohler Stimme „Holloa!" Dies würde seine schwarzen Brüder sofort in die Flucht schlagen und zerstreuen; während der Rabe den Schrecken zu genießen schien, den er verursacht hatte. Im domestizierten Zustand leistet der Rabe große Dienste, sowohl als Aasfresser als auch als Wachmann, wobei er in letzterem Fall wachsamer und wachsamer ist als fast jedes andere Tier. Der Rabe war das Banner der einfallenden Dänen, und die Vorurteile, die dadurch gegenüber dem Vogel entstanden sind, sind noch nicht ganz ausgestorben. Über seine Beharrlichkeit im Inkubationsakt erzählt Herr White die folgende einzigartige Anekdote:

„In der Mitte eines Wäldchens in der Nähe von Selborne stand eine Eiche, die, obwohl im Großen und Ganzen wohlgeformt und hoch, sich in der Mitte des Stammes zu einem großen Auswuchs auswölbte. Auf diesem Baum hatte ein Rabenpaar für eine solche Reihe von Jahren seinen Wohnsitz eingerichtet, dass die Eiche den Titel „Der Rabenbaum" erhielt. Die benachbarten Jugendlichen unternahmen viele Versuche, an dieses Nest zu gelangen: Die Schwierigkeit weckte ihre Neigungen, und jeder war ehrgeizig, die beschwerliche Aufgabe zu meistern; Als sie aber an der Anhöhe ankamen, stand sie ihnen so im Weg und war so weit außerhalb ihrer Reichweite, dass die kühnsten Burschen abgeschreckt wurden und das Unterfangen als zu gefährlich einsahen. So bauten die Raben in vollkommener Sicherheit Nest für Nest weiter, bis zu dem verhängnisvollen Tag, an dem der Wald eingeebnet werden sollte. Das war im Februar, wenn diese Vögel normalerweise sitzen. Die Säge wurde an den Stamm angelegt, die Keile wurden in die Öffnung gesteckt, das Holz hallte von den schweren Schlägen des Holzhammers wider, der Baum nickte seinem Fall zu; aber der Damm blieb weiterhin sitzen. Als der Vogel schließlich nachgab, wurde er aus seinem Nest geschleudert; Und obwohl ihre elterliche Zuneigung ein besseres Schicksal verdient hätte, wurde sie von den Zweigen niedergepeitscht, was sie tot zu Boden brachte!"

Das Krächzen des Raben galt früher als Zeichen eines schlechten Omens:

„Der Rabe krächzte, als sie beim Essen saß,
und die alte Frau wusste, was er sagte;
Und sie wurde blass bei der Geschichte des Raben,
und ihr wurde schlecht, und sie legte sich zu Bett."

DIE AASKRÄHE. (*Corvus corone.*)

DIESER Vogel ist kleiner als der Rabe. Der Schnabel ist kräftig, dick und gerade. Die allgemeine Farbe ist schwarz, mit Ausnahme der Enden der Federn, die einen gräulichen Farbton haben. Seine Freude besteht darin, sich von Kadavern und toten Tieren oder auf dem Galgen ausgesetzten Übeltätern zu ernähren. Er schläft auf Bäumen und nimmt sowohl tierische als auch pflanzliche Nahrung zu sich. Krähen leben wie Krähen gesellig und fliegen oft in großen Gruppen auf den Feldern oder im Wald. Auf den Hochlandmooren nehmen Krähen den Platz ein, den Krähen im Tiefland ausfüllen; und da die Krähe eine sehr raue und unhöfliche Stimme hat, pflegen die Tiefländer Schottlands zu sagen, dass die Hochlandkrähen „Gälisch sprechen". Sie sind große Zerstörer der Eier von Rebhühnern, da sie diese oft mit ihren Schnäbeln durchbohren und sie auf diese Weise über weite Strecken durch die Luft tragen, um ihre Jungen zu füttern. Das Weibchen legt fünf bis sechs Eier.

Herr Montagu gibt an, dass er einmal eine Krähe gesehen hat, die eine Taube
verfolgte, die sie wie ein Falke mehrmals ansprang; aber die Taube entkam,
indem sie durch die Tür eines Hauses flog. Er sah, wie ein anderer eine Taube
vom Dach einer Scheune tot schlug. Die Krähe ist ein so kühner Vogel, dass
weder der Milan, der Bussard noch der Rabe sich ihrem Nest nähern können,
ohne vertrieben zu werden. Wenn er Junge hat, greift er sogar den
Wanderfalken an und bringt ihn manchmal mit einem einzigen Sprung zu
Boden.

DER TURM. (*Corvus frugilegus.*)

DAS Krächzen dieser Vögel auf den Wipfeln hoher Bäume in der Nähe von
Herrenhäusern und mitten in Städten ist nicht sehr angenehm; Dennoch
üben alte Gewohnheiten, mit denen wir uns abgefunden haben, einen ebenso
großen Einfluss auf uns aus, als ob sie Vergnügen bereiten würden. Daher
wurde selten versucht, eine Kolonie zu zerstören; Allerdings machen der
Lärm und andere Unannehmlichkeiten, die diese Vögel mit sich bringen, ihre
Nähe oft problematisch. Sie ernähren sich ausschließlich von Mais und
Insekten und sind kaum größer als die Krähen. In Suffolk und in einigen
Teilen von Norfolk liegt es für die Bauern daran, die Zucht von Saatkrähen
zu fördern, da dies die einzige Möglichkeit ist, ihre Ländereien von der Made
zu befreien, die den Maikäfer hervorbringt und in diesem Zustand die
Maiswurzeln zerstört und Gras in einem solchen Ausmaß, dass Fälle bekannt
sind, in denen der Rasen von Weideland mit dem Fuß umgedreht werden
konnte. Die Bauern in einer nördlichen Grafschaft führten vor vielen Jahren
einen Vernichtungskrieg gegen die Rooks, aber schon im nächsten Jahr
wurden die Ernten so vollständig von Maden vernichtet, dass dieselben
Besitzer erhebliche Kosten auf sich nehmen mussten, um die Rooks
zurückzugewinnen . Junge Saatkrähen ernähren sich gut, sollten aber vor dem
Anrichten gehäutet werden. Die Farbe ist schwarz, aber heller als die der
Krähe, deren Form der Turm ähnelt. Das Weibchen legt die gleiche Anzahl
Eier; und das Männchen teilt mit ihr die Mühe, Stöcke zu holen und sie zu

verflechten, um das Nest zu bauen, ein Vorgang, der mit vielen Kämpfen und Streitereien mit den anderen Saatkrähen verbunden ist.

Neuankömmlinge werden von den alten Bewohnern oft heftig geschlagen und oft sogar ganz vertrieben; Ein Beispiel hierfür ereignete sich im Jahr 1783 in der Nähe von Newcastle. Nach einem erfolglosen Versuch, sich in einer Kolonie in nicht großer Entfernung von der Börse niederzulassen, sahen sich zwei Türme gezwungen, den Versuch aufzugeben und auf der Turmspitze Zuflucht zu suchen Das Gebäude; und obwohl sie ständig von anderen Saatkrähen unterbrochen wurden, bauten sie ihr Nest oben auf *der Fahne* und zogen ihre Jungen auf, ungestört vom Lärm der Bevölkerung unten. Das Nest und seine Bewohner wurden natürlich bei jedem Windwechsel umgedreht! Sie kehrten zurück und bauten ihr Nest jedes Jahr an derselben Stelle, bis 1793, bald darauf wurde der Turm abgerissen. In eine kleine Kupferplatte von der Größe eines Uhrenpapiers war eine Darstellung der Turmspitze und des Nestes eingraviert; und die Einwohner und andere Personen waren so erfreut darüber, dass so viele Exemplare verkauft wurden, wie dem Kupferstecher einen Gewinn von zehn Pfund einbrachten. Der Holzschnitt von Bewick auf der Titelseite seiner Select Fable gibt einen Blick auf die alte Börse mit dem Turmnest auf der Fahne.

Es ist amüsant zu sehen, wie Saatkrähen bei Sonnenuntergang so dicht wie eine Wolke über einem Hain schweben und nach mehreren beschriebenen Wirbeln in der Luft und unaufhörlichem Krächzen zu ihrem eigenen Nest zurückkehren und sich dort ein paar Minuten niederlassen, um sich auszuruhen Die Morgendämmerung ruft sie wieder auf die Weide auf den benachbarten Feldern.

Dr. Darwin hat bemerkt, dass ein instinktives Gefühl der vom Menschen ausgehenden Gefahr bei Saatkrähen deutlich ausgeprägter ist als bei den meisten anderen Vögeln. Jeder, der sie auch nur ein wenig beachtet hat, wird sehen, dass sie offensichtlich erkennen, dass die Gefahr größer ist, wenn ein Mann mit einer Waffe bewaffnet ist, als wenn er keine Waffe bei sich hat. Wenn im Frühling des Jahres jemand mit einer Waffe in der Hand unter einer Kolonie hindurchgeht, erheben sich die Bewohner der Bäume auf ihren Flügeln und schreien den unflüggen Jungen zu, sie sollen sich vor den Augen des Feindes in ihre Nester zurückziehen . Die Landbevölkerung, die diesen Umstand so regelmäßig beobachtet, behauptet, dass Rooks Schießpulver riechen kann.

DIE DOHLE. (*Corvus monedula.*)

DIESER Vogel ist viel kleiner als die Krähe. Er hat einen großen Kopf und einen langen Schnabel, der im Verhältnis zu seiner Körpergröße steht. Die Farbe des Gefieders ist schwarz, an einigen Stellen tendiert sie jedoch zu einem bläulichen Farbton; Der vordere Teil des Kopfes ist von tieferem Schwarz. Die Dohle ernährt sich von Nüssen, Früchten, Samen und Insekten; und baut alte Burgen, Türme, Klippen und alle öden und ruinösen Orte. Das Weibchen legt fünf oder sechs Eier, die kleiner, blasser und mit weniger Flecken versehen sind als die der Krähe.

Dohlen sind leicht zu zähmen und man kann ihnen ohne großen Aufwand beibringen, mehrere Wörter auszusprechen. Sie verstecken Teile ihrer Nahrung, die sie nicht essen können, und oft auch kleine Geldstücke oder Spielsachen, was bei unschuldigen Personen für den Moment häufig den Verdacht eines Diebstahls hervorruft. In der Schweiz gibt es eine Variante der Dohle, die einen weißen Ring um den Hals trägt. In Norwegen und anderen kalten Ländern wurden sie völlig weiß gesehen. Im Naturzustand fressen Dohlen und Saatkrähen häufig gemeinsam, und die Dohlen kommen den Saatkrähen morgens entgegen und begleiten sie auch nachts ein Stück auf ihrem Rückzug.

DIE ELSTER. (*Pica caudata.*)

„Von Ast zu Ast streift die ruhelose Elster
und plappert im Flug." GISBORNE.

DIESER Vogel ähnelt der Dohle, außer im Weiß der Brust und Flügel und der Länge des Schwanzes. Das Schwarz der Federn wird von einem wechselnden Glanz von Grün und Lila begleitet. Es handelt sich um ein sehr redseliges Geschöpf, dem man beibringen kann, die menschliche Stimme ebenso zu imitieren wie jedes andere gefiederte Geschöpf.

Plutarch erzählt die einzigartige Geschichte einer Elster, die einem Friseur in Rom gehörte und fast jedes Geräusch, das sie hörte, auf wunderbare Weise nachahmen konnte. Eines Tages erklangen vor dem Laden einige Trompeten; und einen oder zwei Tage lang war die Elster ganz stumm und wirkte nachdenklich und melancholisch. Das überraschte alle, die es wussten; und sie vermuteten, dass der Klang der Trompeten den Vogel so betäubt hatte, dass er gleichzeitig seine Stimme und sein Gehör verlor. Dies war jedoch nicht der Fall; Denn, so sagt der Autor, der Vogel sei die ganze Zeit mit tiefgründiger Meditation beschäftigt gewesen und habe gelernt, wie man den Klang der Trompeten nachahmen könne; Dementsprechend wurden im ersten Versuch alle Wiederholungen, Stopps und Änderungen perfekt nachgeahmt. Diese neue Lektion ließ es jedoch alles, was es zuvor gelernt hatte, völlig vergessen.

Die Elster ernährt sich von allem; Würmer, Insekten, Fleisch, Käse, Brot, Milch und alle Arten von Samen, und auch kleine Vögel, wenn sie ihm in den Weg kommen: Die Jungen der Amsel und der Drossel und sogar ein streunendes Huhn fallen oft um Opfer seiner Raubgier. Es liebt es, Geldstücke zu verstecken oder Kleidungsstücke zu tragen, die es heimlich und mit viel Geschick in sein Loch trägt. Seine List zeigt sich auch in der Art und Weise, wie er sein Nest baut, das er überall mit Weißdornzweigen bedeckt, deren Dornen nach außen ragen; Innen ist es mit faserigen Wurzeln,

Wolle und langem Gras ausgekleidet und dann rundherum mit Schlamm und Lehm verputzt. Der Baldachin darüber besteht aus den schärfsten Dornen, die so miteinander verwoben sind, dass sie jeden Zutritt verwehren, außer durch die Tür, die gerade groß genug ist, um den Besitzern den Aus- und Rücktritt zu ermöglichen. In dieser Festung ziehen die Vögel ihre Brut in Sicherheit auf, geschützt vor allen Angriffen, aber denen des kletternden Schuljungen, für den seine zerrissenen und blutigen Hände oft ein zu hoher Preis für die Eier oder die Jungen sind.

Es gibt viele Aberglauben über Elstern; und es ist einzigartig, dass in allen südlichen und mittleren Bezirken Englands zwei Elstern zusammen als Glücksbringer gelten; während sie in Lancashire und anderen nördlichen Grafschaften als Zeichen von Unglück gelten. Das Geschwätz der Elstern sollte früher die Ankunft von Fremden vorhersagen.

DER CORNISH CHOUGH (*Pyrrhcorax graculus*)

ENTSPRICHT in Form und Farbe der Dohle, ist aber etwas größer. Der Schnabel und die Beine sind rot gefärbt, weshalb der Vogel häufig auch die rotbeinige Krähe genannt wird. Es ist ein Bewohner von Cornwall, Wales und allen Westküsten Englands und ist im Allgemeinen zwischen Felsen in der Nähe des Meeres zu finden, wo es baut, sowie in alten ruinösen Burgen und Kirchen am Meer. Die Stimme der Dohle ähnelt der der Dohle, übertrifft sie jedoch an Heiserkeit und Stärke.

Herr Montagu beschreibt eine Alpendohle, die sich im Besitz eines Freundes befindet, und sagt: „Seine Neugier ist grenzenlos, er versäumt es nie, alles zu untersuchen, was ihm neu ist: Wenn der Gärtner beschneidet, untersucht er den Nagelkasten, entfernt die Nägel und ..." verstreut die Fetzen. Sollte eine Leiter an der Wand stehen bleiben, steigt er sofort auf und geht rund um die Wand. Und wenn der Hungrige an einer geeigneten Stelle herabsteigt und sofort zum Küchenfenster geht, wo er unaufhörlich mit seinem Schnabel klopft, bis er gefüttert oder eingelassen wird. Wenn er eintreten darf, besteht sein erster Versuch darin, die Treppe hinaufzusteigen; und wenn er nicht unterbrochen wird, geht er so hoch wie er kann und gelangt in jedes Zimmer im Dachgeschoss; aber seine Absicht ist es, auf das Dach des Hauses zu gelangen. Er lässt sich überaus gern streicheln und wartet jede Stunde ruhig darauf, gestreichelt zu werden; aber er verabscheut einen Angriff mit Gewalt und Wirkung, sowohl mit dem Schnabel als auch mit den Klauen, und wird sich an letzteren so festhalten, dass er nur mit Mühe davon loskommen kann."

DER Eichelhäher (*Garrulus Glandarius*)

IST kleiner als die Elster und ähnelt ihr mehr in ihren Lebensgewohnheiten als in der Form und Farbe ihres Körpers. Wie er ist er gesprächig und bereit, alle Geräusche nachzuahmen, prahlt aber mit Zierfarben, die der Elster fehlen. Der fähigste Maler kann keine Farbe erzeugen, die der Helligkeit der karierten Tafeln aus Weiß, Schwarz und Blau gleichkommt, die die Seiten seiner Flügel schmücken. Sein Kopf ist mit Federn bedeckt, die nach Belieben bewegt werden können und deren Bewegung Ausdruck der inneren Zuneigung des Vogels ist, unabhängig davon, ob er durch Angst, Wut oder Verlangen angeregt wird.

Ein Eichelhäher, der von einer Person im Norden Englands gehalten wurde, hatte gelernt, beim Herannahen von Rindern einen Schäferhund anzuhetzen, indem er pfiff und ihn bei seinem Namen rief. Eines Winters, während eines strengen Frosts, war der Hund auf diese Weise aufgeregt, eine Kuh anzugreifen, die ein großes Kalb hatte, als das arme Ding auf das Eis fiel und schwer verletzt wurde. Der Eichelhäher wurde als lästig beklagt und sein Besitzer musste ihn vernichten.

Die Henne legt fünf oder sechs Eier von mattweißer Farbe mit braunen Flecken.

DIE ROLLE (*Coracias garrula*)

IST ungefähr so groß wie der Eichelhäher. Sein Schnabel ist schwarz, scharf und etwas hakenförmig. Der Kopf ist von schmutzigem Grün, gemischt mit Blau; Von dieser Farbe ist auch die Kehle, mit weißen Linien in der Mitte jeder Feder; die Brust ist blassblau wie die der Taube; die Mitte des Rückens, zwischen den Schultern, ist rot; der Bürzel und die kleineren Flügeldecken sind dunkelblau; Die Füße sind kurz und wie die einer Taube von schmutzig gelber Farbe.

Der Roller ist wilder als der Eichelhäher und hält sich häufig in den dichtesten Wäldern auf; Es baut sein Nest hauptsächlich auf Birken. Er ist ein Zugvogel und zieht in den Monaten Mai und September. In Afrika soll er im Herbst in großen Schwärmen fliegen und häufig auf Kulturflächen zusammen mit Saatkrähen und anderen Vögeln auf der Suche nach Würmern, Insekten, Samen, Beeren, Wurzeln und bei Bedarf auch kleinen Fröschen gesehen werden.

DER EISVOGEL (*Alcedo ispida*)

IST der Halcyon der Alten, und sein Name erinnert uns an die lebhaftesten Ideen. Man glaubte, dass der Gott der Stürme und Gewitter es unterließ, die Ruhe der Wellen zu stören, solange das Weibchen auf seinen Eiern saß, und die *Halcyon-Tage* waren für Seefahrer der alten Zeit die sichersten Zeiten, um ihre Reisen durchzuführen:

„So fest wie der Fels und so ruhig wie die Flut,
wo die friedliebende Halcyon ihre Brut ablegt."

Aber obwohl dies eine Analogie zu einem natürlichen Zufall zwischen der Brutzeit der Eisvögel und einem Teil des Jahres aufweist, in dem das Meer weniger stürmisch ist, würde die Mythologie doch ihre Fantasie beanspruchen und das, was nichts anderes als das Gewöhnliche war, in Wunder verwandeln Lauf der Natur.

Dieser Vogel ist fast so klein wie ein gewöhnlicher Spatz, aber Kopf und Schnabel erscheinen proportional zu groß für den Körper. Das leuchtende Blau des Rückens und der Flügel fordert unsere Bewunderung, da es je nach Lichtwinkel, unter dem sich der Vogel dem Auge präsentiert, in tiefes Lila oder lebendiges Grün wechselt. Im Allgemeinen hält er sich an den Ufern von Flüssen auf, um kleine Fische zu fangen, von denen er sich ernährt und die er in erstaunlichen Mengen aufnimmt, indem er sich eine gewisse Zeit lang in einiger Entfernung über dem Wasser ausbalanciert und dann mit ihnen auf die Fische schießt zielsicheres Ziel. Es taucht senkrecht ins Wasser, wo es einige Sekunden lang verharrt, und zieht dann den Fisch hoch, den es an Land trägt, totschlägt und anschließend verschluckt. Wenn es keinen hervorstehenden Ast findet, setzt es sich auf einen Stein am Rande oder sogar auf den Kies; aber sobald es den Fisch wahrnimmt, springt es zwölf bis fünfzehn Fuß in die Höhe und stürzt sich aus dieser Höhe auf seine Beute.

Der Eisvogel legt sieben oder mehr Eier in ein Loch am Ufer des Flusses oder Baches, den er häufig besucht. Dr. Heysham ließ in Carlisle von einem Jungen ein Weibchen lebend zur Welt bringen, der sagte, er habe es sich in der Nacht zuvor geschnappt, als er auf seinen Eiern saß. Seine Informationen zu diesem Thema lauteten: „Nachdem er diese Vögel oft an einem Ufer des Flusses Peteril beobachtet hatte, beobachtete er sie genau und sah sie schließlich in ein kleines Loch im Ufer verschwinden. Das Loch war zu eng, um seine Hand hineinzulassen; aber da es aus weicher Form gefertigt war, konnte er es leicht vergrößern. Es war über einen halben Meter lang; Am Ende wurden die Eier, von denen es sechs waren, auf die bloße Form gelegt, ohne dass auch nur das geringste Anzeichen eines Nestes zu sehen war." Die Eier waren erheblich größer als die der Goldammer und von transparenter weißer Farbe. Aus einem noch späteren Bericht geht hervor, dass die Richtung der Löcher immer nach oben zeigt; dass sie am Ende vergrößert sind und dort eine Art Bettung haben, die aus den Knochen kleiner Fische und einigen anderen Substanzen besteht, offensichtlich den Abfällen der Elterntiere. Diese Einstreu ist im Allgemeinen einen halben Zoll dick und mit Erde vermischt; und darauf legt das Weibchen seine Eier ab und brütet sie aus. Wenn die Jungen fast voll gefiedert sind, sind sie äußerst gefräßig; Und da die alten Vögel ihnen nicht alle Nahrung bieten, die sie verschlingen können, zwitschern sie ständig und können durch ihren Lärm entdeckt werden.

DER PARADIESVOGEL. (*Paradisea apoda.*)

ES gibt mehrere verschiedene Arten dieser Vögel, von denen die bekanntesten die großen und kleinen Smaragd-Paradiesvögel sind, die sich im Aussehen sehr ähneln und beide als Schmuck für Damenkleider nach Europa importiert werden. Ihr Aussehen soll beim Fliegen in ihren heimischen Wäldern am schönsten sein. M. Lesson, ein französischer Naturforscher, berichtet wie folgt: „Kurz nach unserer Ankunft in diesem für Naturforscher vielversprechenden Land (Neuguinea) war ich auf einem Jagdausflug. Kaum war ich einige hundert Schritte in diesen uralten Wäldern gegangen, den Töchtern der Zeit, deren düstere Tiefe vielleicht der großartigste und stattlichste Anblick war, den ich je gesehen hatte, als ein Paradiesvogel auf mich aufmerksam wurde: Er flog anmutig und herein Wellen; Die Federn an seinen Seiten bildeten eine elegante und luftige Wolke, die ohne Übertreibung keine entfernte Ähnlichkeit mit einem strahlenden Meteor aufwies. Überrascht, verblüfft und eine unaussprechliche Befriedigung genießend, verschlang ich diesen herrlichen Vogel mit meinen Augen; aber meine Aufregung war so groß, dass ich vergaß, darauf zu schießen, und mich erst wieder daran erinnerte, dass ich ein Gewehr in der Hand hatte, als es weit weg war."

Der Kopf ist klein, aber mit Farben geschmückt, die mit den hellsten Farbtönen des gefiederten Stammes wetteifern; Der Hals ist wunderschön rehbraun und der Körper sehr klein, aber mit langen, brauneren und goldfarbenen Federn bedeckt. Die beiden mittleren Federn des Schwanzes sind kaum mehr als Filamente, außer an der Spitze und in der Nähe der Basis. Obwohl der Körper nicht größer als der einer Drossel ist, beträgt die Gesamtlänge 60 cm. Dieser Vogel wird von Damen seit langem als Kopfschmuck geschätzt; Und da denen, die zu diesem Zweck nach Europa geschickt wurden, aus Bequemlichkeitsgründen immer die Beine abgeschnitten waren, wurde berichtet und glaubte einst, dass der Paradiesvogel keine Beine hatte, sondern dass er immer auf den Flügeln lebte. Tatsächlich kam es zu diesem Thema unter den früheren Naturforschern zu einer heftigen Kontroverse.

Der Heimatort dieser Vögel ist Neuguinea und die benachbarten Inseln, wo sie im Allgemeinen in Schwärmen von dreißig bis vierzig auf Feigen- oder Teakbäumen anzutreffen sind. Sie fliegen immer gegen den Wind, damit dieser ihr helles und ausladendes Gefieder nicht zerzaust, denn wenn der Wind von hinten käme, würde er ihnen die langen Schwänze über den Rücken wehen. Sie suchen Schutz vor Stürmen im dichtesten Dickicht und ernähren sich hauptsächlich von Feigen, den Beeren des Teakholzes und Insekten. Der Ton des Paradiesvogels ist sehr unangenehm und ähnelt dem Krächzen eines Raben; man hört es vor allem bei windigem Wetter, wenn sie Angst davor haben, auf den Boden geworfen zu werden.

Der Kleiber

(*Sitta Europæa*)

und die Kriechpflanze (*Certhia Familiaris*)

IST kleiner als der Buchfink. Kopf, Hals und Schnabel sind aschefarben; die Seiten unter den Flügeln rot; der Hals und die Brust sind blassgelb; das Kinn weiß und die Federn unter dem Schwanz rot, mit weißen Spitzen. Der Kleiber ernährt sich von Insekten und auch von Nüssen, die er in der hohlen Stelle eines Baumes hortet; und es ist eine Freude zu sehen, wie er eine Nuss aus dem Loch holt, sie zuerst in einen Spalt steckt, dann mit dem Kopf nach unten darüber steht und mit aller Kraft darauf schlägt, die Schale zerbricht und den Kern auffängt. Die Henne hängt so sehr an ihrer Brut, dass sie, wenn sie aus ihrem Nest gerissen wird, um den Kopf des Raubtiers herumflattert und wie eine Schlange zischt. Die Kleiber sind scheue und einzelgängerische Vögel, die sich wie die Spechte häufig in Wäldern aufhalten und mit überraschender Leichtigkeit an den Bäumen auf und ab rennen. Sie bewegen ihren Schwanz oft nach Art der Bachstelze. Sie wandern nicht, sondern nähern sich im Winter bewohnten Orten und werden manchmal in Obstgärten und Gärten gesehen. Das Weibchen legt seine Eier in Baumhöhlen.

DER CREEPER. (*Certhia Familiaris.* **)**

DIE SCHLINGPFLANZEN sind in den meisten Ländern der Erde verbreitet und ernähren sich hauptsächlich von Insekten, auf deren Suche sie mit großer Beweglichkeit spiralförmig um die Stämme und Äste der Bäume herumlaufen.

Der Gemeine Schlingpflanze ist etwa fünf Zoll lang; Seine Farbe ist gelbbraun, die Spitzen der Federn sind weiß oder hellbraun. Sein Nest besteht aus trockenem Gras und Rinde und wird in die Mulde eines verfallenen Baumes gelegt.

Der Mauerkriechvogel oder Spinnenfänger

(*Tichodroma muraria*)

IST größer als ein Haussperling. Es hat einen langen, schlanken, schwarzen Schnabel; Kopf, Hals und Rücken sind aschefarben, die Vorderseite des Halses und der Kehle sind tiefschwarz; die Brust ist weiß; Die Flügel sind eine Mischung aus Bleifarbe und Rot. Es ist ein lebhafter und fröhlicher Vogel mit einer angenehmen Note. Felsspalten und -spalten sowie die Mauern alter Gebäude sind seine Lieblingsplätze, und manchmal, aber sehr selten, auch Baumstämme. Er ernährt sich von Insekten und liebt besonders Spinnen und deren Eier. Das Nest wird in den Spalten der unzugänglichsten Felsen und in den Spalten von Ruinen in großer Höhe gebaut.

Der Leiervogel Australiens.

(Menura superba.)

DIESER Vogel kommt in New South Wales in der Nähe von Port Philip vor, aber nur das Männchen besitzt den prächtigen Schwanz, der ihm seinen Namen verdankt. Es ernährt sich von Schnecken und baut ein Nest wie eine Elster.

„Von allen Vögeln, die ich je getroffen habe", sagt Herr Gould, „ist der Menura bei weitem der schüchternste und am schwierigsten zu bekommen." Während ich im Gebüsch war, war ich tagelang von diesen Vögeln umgeben und stieß ihre lauten und flüssigen Rufe aus, ohne dass ich sie zu Gesicht bekommen konnte; und nur durch äußerste Beharrlichkeit und äußerste Vorsicht gelang es mir, dieses wünschenswerte Ziel zu erreichen; Was noch schwieriger wurde, weil sie häufig die fast unzugänglichen und steilen Seiten von Schluchten und Schluchten besuchten, die mit Wirrwarr von Schlingpflanzen und schattenspendenden Bäumen bedeckt waren: das Knacken eines Stocks, das Herunterrollen eines kleinen Steins oder jedes andere Geräusch , wie gering es auch sein mag, reicht aus, um es zu alarmieren; und niemand außer denen, die diese rauen, heißen und erstickenden Büsche durchquert haben, kann die übermäßige Arbeit, die mit der Verfolgung der Menura einhergeht, vollständig verstehen. Unabhängig davon, ob er über Felsen oder umgestürzte Baumstämme klettert, muss der Sportler mit äußerster Vorsicht unter und zwischen den Ästen kriechen und kriechen und darauf achten, nur dann voranzukommen, wenn die Aufmerksamkeit des Vogels mit dem Singen oder dem Aufkratzen der Blätter auf der Suche beschäftigt ist von Lebensmitteln: Um ihre Wirkung zu beobachten, muss man völlig bewegungslos bleiben und sich nicht im Geringsten wagen, sich zu bewegen, sonst verschwindet sie wie durch Zauberei aus dem Blickfeld. Obwohl ich so viel über die Vorsicht des Menura gesagt habe, ist er nicht immer so wachsam: In einigen der leichter zugänglichen Büsche, durch die Straßen geschnitten wurden, kann man ihn häufig sehen, und offenbar kommt man dem Vogel sogar zu Pferd nahe heran Sie zeigten weniger Angst vor diesen Tieren als vor Menschen. In Illawarra wird er manchmal erfolgreich von Hunden verfolgt, die darauf trainiert sind, sich plötzlich auf ihn zu stürzen. Wenn er dann sofort auf den Ast eines Baumes springt und seine Aufmerksamkeit durch den Hund erregt wird, der unten bellend steht, kann er leicht angesprochen und erschossen werden. Eine andere erfolgreiche Art, Exemplare zu beschaffen, besteht darin, den Schwanz eines vollgefiederten Männchens im Hut zu tragen, ihn ständig in Bewegung zu halten und die Person zwischen den Büschen zu verstecken, wenn die Aufmerksamkeit des Vogels durch das scheinbare Eindringen eines anderen gefangen wird Wenn ein Vogel seines eigenen Geschlechts ist, wird er in die Reichweite des Gewehrs gelockt: Wenn der Vogel durch die umgebenden Gegenstände nicht sichtbar ist, wird ihn im Allgemeinen jedes ungewöhnliche Geräusch, wie ein schriller Pfiff, dazu veranlassen, sich für einen Moment zu zeigen, indem er verursacht Er solle ihn mit fröhlicher und munterer Miene auf einen benachbarten Ast springen lassen, um die Ursache der Störung herauszufinden: Dieser Umstand muss sofort ausgenutzt werden, sonst befindet er sich im nächsten Moment möglicherweise auf halber Höhe der Schlucht. Das Schießen dieses Vogels unterscheidet sich so völlig von allem, was in Europa praktiziert wird, dass selbst der erfahrenste Schuß nur geringe Chancen hat, wenn er nicht mit der besonderen Natur des Landes und den Gewohnheiten des Vogels vertraut ist. Der Menura versucht selten, wenn überhaupt, durch Fliegen zu entkommen; Durch seine außergewöhnliche Laufkraft entgeht es der Verfolgung leicht. Keiner ist bei der Beschaffung von Exemplaren so effizient wie der nackte Schwarze, dessen geräuschlose und gleitende Schritte es ihm ermöglichen, sich ungehört und unmerklich an ihn zu schleichen, und mit der Waffe in der Hand lässt er ihn selten entkommen, und in vielen Fällen tötet er ihn sogar es mit seinen eigenen Waffen.

„Der Leiervogel hat ein wanderndes Wesen, und obwohl er sich wahrscheinlich im selben Busch aufhält, ist er ständig damit beschäftigt, ihn von einem Ende zum anderen zu durchqueren, von der Bergspitze bis zum Grund der Schluchten, deren steile und schroffe Schluchten sind Die Seiten stellen für seine langen Beine und kräftigen, muskulösen Oberschenkel kein Hindernis dar: Er ist auch zu außergewöhnlichen Sprüngen fähig; und ich habe gehört, dass es zehn Fuß senkrecht aus der Erde springen wird. Es scheint, dass es sich um einsame Gewohnheiten handelt, da ich nie mehr als ein Paar zusammen gesehen habe, und dies auch nur in einem einzigen Fall; Sie waren beide Männchen und jagten einander mit äußerster Geschwindigkeit umher, offenbar im Spiel, und machten ab und zu eine Pause, um ihre lauten, schrillen Rufe auszustoßen. Dabei trugen sie den Schwanz horizontal, wie sie es immer tun, wenn sie schnell durch den Busch rennen. Dies war die einzige Position, in der dieses große Organ zu solchen Zeiten bequem getragen werden konnte. Unter ihren vielen merkwürdigen Gewohnheiten ist die einzige, die denen der *Gallinacæa überhaupt nahe kommt*, die Bildung kleiner runder Hügel, die tagsüber ständig besucht werden und auf denen das Männchen ständig herumtrampelt und sich gleichzeitig aufrichtet und ausbreitet Er streckte seinen Schwanz auf die anmutigste Art und Weise aus und stieß seine verschiedenen Schreie aus, manchmal stieß er seine natürlichen Laute aus, manchmal verspottete er die anderer Vögel und sogar das Heulen des einheimischen Hundes oder Dingos. Der frühe Morgen und der Abend sind die Zeiten, in denen es am lebhaftesten und aktivsten ist."

Es gibt eine andere Leiervogelart, die ebenfalls in New South Wales vorkommt und der Herr Gould zu Ehren des verstorbenen Prinzgemahls den Namen *Menura Alberti gegeben hat.*

DER KOLIBRI. (*Trochilus colubris.* **)**

ES gibt zahlreiche Arten von Kolibris, aber die oben dargestellte ist eine der häufigsten. Sie sind in Südamerika, insbesondere in Brasilien, reichlich vorhanden; Sie sind so klein und so leuchtend in ihren Farben, dass sie, wenn man sie in den strahlenden Strahlen einer tropischen Sonne umherflattern sieht, wie fliegende Edelsteine aussehen. Sie sind äußerst aktiv, flitzen umher und stoßen auf der Suche nach Nahrung mit ihren langen Schnäbeln und flexiblen Zungen in jede Blume, die sie sehen. Manchmal schweben sie lange Zeit zusammen in der Luft und schwingen ihre Flügel mit solcher Geschwindigkeit, dass sie nicht deutlich gesehen werden können, sondern wie ein Nebel um den Körper des Vogels erscheinen, während sie das seltsame Summen von sich geben, aus dem die Vögel entstehen Der Vogel hat seinen Namen. Manchmal streiten sie sich, wenn sich ihre kleinen Kehlen aufblähen, ihr Kamm, ihre Schwänze und ihre Flügel sich ausdehnen, und sie kämpfen mit unvorstellbarer Wut, bis einer von ihnen erschöpft zu Boden fällt. Die häufigste Art ist *Trochilus colubris* , der Rubinkehlkolibri, und einer von ihnen wurde mehr als drei Monate lang in einem Käfig am Leben gehalten, indem man ihn mit Zucker und Wasser fütterte. Diese Art kommt in Nordamerika vor, wo sie im Sommer nach Norden zieht, und ist dort sogar in Kanada und im Land der Hudson's Bay zu sehen.

Der Wiedehopf. (*Upupa-Epops.*)

DIES ist ein kleiner Vogel, der von der Spitze des Schnabels bis zum Ende des Schwanzes nicht mehr als zwölf Zoll misst. Der Schnabel ist scharf, schwarz und etwas gebogen. Der Kopf ist mit einem sehr schönen, großen beweglichen Kamm geschmückt, einer Art leuchtendem Heiligenschein, dessen Strahlung den Kopf fast in die Mitte eines goldenen Kreises platziert. Dieser hübsche Schmuck, den der Vogel nach Belieben aufstellt oder fallen lässt, besteht aus einer doppelten Federreihe, die vom Schnabel bis zum blassroten Nacken reicht. Die Brust ist weiß mit nach unten gerichteten schwarzen Streifen; Die Flügel und der Rücken sind mit weißen und schwarzen Querlinien variiert. Die Nahrung des Wiedehopfs besteht hauptsächlich aus Insekten, mit deren Überresten sein Nest manchmal so gefüllt ist, dass es äußerst anstößig wird. Dieser Vogel mit den schönen Hauben kommt in diesem Land überhaupt nicht häufig vor und ist ein Einzelgänger; zwei von ihnen sieht man selten zusammen, während man ihn in Ägypten, wo Wiedehopfe sehr verbreitet sind, oft in kleinen Schwärmen sieht. Das Weibchen baut sein Nest im Allgemeinen in einem hohlen Baum, wobei die verwendeten Materialien außer den Resten ihrer Nahrung sehr spärlich sind und tatsächlich aus einigen getrockneten Grashalmen und Federn bestehen. Sie legt jeweils vier bis sieben Eier, die blass lavendelgrau sind und etwa anderthalb Zoll lang sind. Die Jungen schlüpfen in der Regel im Juni; es wird jedoch gesagt, dass im Laufe des Jahres zwei oder drei Bruten entstehen. Der Name spielt auf den Ton des Vogels an, der dem Wort „Hoop" ähnelt, das mehrmals mit leiser Stimme wiederholt wird.

Obwohl dieser Vogel gelegentlich sowohl in England als auch in Schottland anzutreffen ist, brütet er bei uns selten. Er ist in Italien weit verbreitet, wo sein seltsamer, erschreckender Schrei oft zu hören ist, ohne dass der Vogel gesehen wird, da er sich zwischen Bäumen versteckt. Es ist auch an den Ufern der Garonne in Frankreich keine Seltenheit, wo man ihn beobachten kann, wie er auf der Suche nach den Insekten, von denen er sich ernährt, zwischen den Weiden über den Boden gleitet.

Es gibt mehrere Arten dieser großartigen Familie. Der brillanteste ist zweifellos der Upupa Superba oder Grand Promerops von Neuguinea. „Es gibt vielleicht keinen außergewöhnlicheren Vogel", sagt Sonnerat. Sein Körper ist zart und schlank, und obwohl er eine längliche Form hat, erscheint er im Vergleich zum Schwanz übermäßig klein. Es scheint der Natur ein Vergnügen zu sein, dieses ohnehin schon so einzigartige Wesen mit ihren leuchtendsten Farben zu malen. Der Kopf, der Hals und der Bauch sind glitzernd grün; Die Federn, die diese Teile bedecken, haben für das Auge und die Berührung den Glanz und die Weichheit von Samt; die Rückseite ist veränderlich violett; Die Flügel haben die gleiche Farbe und erscheinen je nach dem Licht, in dem sie gehalten werden, blau, violett oder tiefschwarz, immer jedoch imitieren sie Samt." Dieser Vogel ist selten und selbst in den vollständigsten Sammlungen ist selten ein Exemplar zu sehen.

§ IV. – *Scansores oder Kletterer.*

DER KUCKUCK. (*Cuculus canorus.*)

„Gegrüßet seist du, schöne Fremde des Waldes,
Wächter der Quelle!
Jetzt repariert der Himmel deinen ländlichen Sitz,
und die Wälder begrüßen dich.

„Sobald das Gänseblümchen das Grün schmückt,
hören wir deine bestimmte Stimme;
Hast du einen Stern, der deinen Weg leitet
oder das rollende Jahr markiert?

„Entzückender Besucher! Mit dir
grüße ich die Zeit der Blumen,
wenn der Himmel erfüllt ist von süßer Musik,
von Vögeln in den Lauben.“
LOGAN.

DIE bekannten Töne dieses Vogels werden trotz ihrer Monotonie im
Frühling gerne gehört, als sicherer Vorbote für schönes Wetter. Der
Kuckuck ist im Allgemeinen etwa Mitte April zum ersten Mal zu hören und
hört gegen Ende Juni auf. Dieser Vogel ist so scheu, dass man ihn selten
sieht, wenn er seinen einzigartigen Ton ausspricht. Das Weibchen baut kein
Nest, sondern legt seine Eier in das eines anderen Vogels.

Der Kuckuck ist etwas kleiner als die Elster, seine Länge beträgt von der Spitze des Schnabels bis zum Ende des Schwanzes etwa zwölf Zoll. Er zeichnet sich durch seine runden, hervorstehenden Nasenlöcher aus; der untere Teil des Körpers ist gelblich gefärbt, mit schwarzen Querlinien am Hals und über der Brust; Der Kopf, der Oberkörper und die Flügel sind wunderschön mit schwarzen und gelbbraunen Streifen gezeichnet, und auf der Oberseite des Kopfes befinden sich einige weiße Flecken. Der Schwanz ist lang und an der Außenseite bzw. an den Rändern der Federn befinden sich mehrere weiße Flecken; Die Grundfarbe des Körpers ist eine Art Grau. Die Beine sind kurz und mit Federn bedeckt, und die Füße bestehen aus vier Zehen, zwei vorne und zwei hinten.

Wir verdanken die Beobachtungen von Dr. Jenner für den folgenden Bericht über die Gewohnheiten und die Sparsamkeit dieses einzigartigen Vogels bei der Entsorgung seiner Eier. Er gibt an, dass der Kuckuck es während der Zeit, in der der Heckensperling seine Eier legt, was im Allgemeinen vier bis fünf Tage dauert, schafft, sein Ei unter die anderen zu legen und die künftige Pflege vollständig dem Heckensperling zu überlassen. Dieses Eindringen führt oft zu einer Störung; denn der alte Heckensperling wirft von Zeit zu Zeit, während er sitzt, nicht nur einige seiner eigenen Eier weg, sondern verletzt sie manchmal auch so, dass sie verwirrt werden, so dass es häufig vorkommt, dass nicht mehr als zwei oder drei davon übrig bleiben Die Eier des Muttervogels sind geschlüpft. Aber was sehr bemerkenswert ist, es wurde nie beobachtet, dass sie das Ei des Kuckucks entweder ausgeworfen oder verletzt hat. Wenn der Heckensperling seine übliche Zeit eingestellt und den jungen Kuckuck und einige seiner eigenen Nachkommen aus der Schale gelöst hat, werden bald seine eigenen Jungen und alle noch nicht geschlüpften Eier herausgeworfen: Der junge Kuckuck bleibt dann drin Der vollständige Besitz des Nestes ist der alleinige Gegenstand der künftigen Fürsorge des Pflegeelternteils. Die Jungvögel werden vorher nicht getötet, auch die Eier werden nicht zerstört; aber sie werden zusammen umkommen gelassen, entweder verheddert in dem Busch, der das Nest enthält, oder liegend auf dem Boden darunter. Am 18. Juni 1787 untersuchte Dr. Jenner das Nest eines Heckensperlings, das damals die Eier eines Kuckucks und drei Heckensperlinge enthielt. Als man es am folgenden Tag besichtigte, stellte sich heraus, dass der Vogel geschlüpft war; doch das Nest enthielt damals nur einen jungen Kuckuck und einen Heckensperling. Das Nest war so nahe am Ende einer Hecke platziert, dass er deutlich sehen konnte, was darin vorging; und zu seinem großen Erstaunen sah er den jungen Kuckuck, obwohl er erst vor Kurzem geschlüpft war, gerade dabei, den jungen Heckensperling auszutreiben. Die Art und Weise, dies zu erreichen, war merkwürdig; Mit Hilfe seines Rumpfes und seiner Flügel schaffte es das kleine Tier, den Vogel auf seinen Rücken zu bringen, und indem er seine Ellbogen anhob, um ihm eine Unterkunft für seine Last zu schaffen, kletterte er mit ihm rückwärts an der Seite des Nestes hinauf, bis es die Spitze erreichte ; Dort ruhte es sich einen Augenblick aus, warf dann mit einem Ruck seine Ladung ab und löste sie ganz aus dem Nest. Nachdem es eine kurze Zeit in dieser Situation verharrte und mit den Enden seiner Flügel herumtastete, als wollte es sich davon überzeugen, dass das Geschäft richtig ausgeführt worden war, ließ es sich wieder ins Nest fallen. Dr. Jenner machte mehrere Experimente in verschiedenen Nestern, indem er dem jungen Kuckuck wiederholt ein Ei hineinlegte, das seiner Meinung nach immer auf die gleiche Weise entsorgt wurde. Es ist sehr bemerkenswert, dass die Natur offenbar für die einzigartige Veranlagung des Kuckucks bei seiner Entstehung in dieser Zeit gesorgt hat; denn anders als bei anderen frisch geschlüpften Vögeln ist sein Rücken von den Schulterblättern abwärts sehr breit, mit einer beträchtlichen Vertiefung in der Mitte, die offenbar ausdrücklich dazu gedacht ist, dem Ei der Hecke eine sicherere Unterbringung zu ermöglichen. Der Kuckucksjunge ist entweder ein Spatz oder sein Junges, während der junge Kuckuck damit beschäftigt ist, einen von ihnen aus dem Nest zu entfernen. Wenn es etwa zwölf Tage alt ist, ist diese Höhle völlig ausgefüllt, der Rücken nimmt die Form von Nestvögeln im Allgemeinen an, und zu diesem Zeitpunkt hört die Neigung, seinen Gefährten auszustoßen, vollständig auf. Die Kleinheit des Kuckuckseis, die im Allgemeinen kleiner ist als die des Heckensperlings, ist ein weiterer Umstand, der bei dieser überraschenden Transaktion berücksichtigt werden muss, und scheint der Grund dafür zu sein, dass der Elternkuckuck es nur in das Nest solcher kleinen Vögel legte wie diese. Wenn sie dies im Nest eines Vogels tun würde, der ein größeres Ei und damit ein größeres Nestling hervorbringt, würde der Plan wahrscheinlich scheitern, und der junge Kuckuck wäre der Aufgabe, alleiniger Besitzer des Nestes zu werden, nicht gewachsen, und könnte es sogar der Übermacht seiner Partner zum Opfer fallen. Dr. Jenner beobachtet, dass manchmal die Eier zweier Kuckucke im selben Nest abgelegt werden; und gibt den folgenden Fall an, der unter seine Beobachtung fiel. Zwei Kuckucke und ein Heckensperling schlüpften im selben Nest; Das Ei eines Heckensperlings blieb ungeschlüpft. Wenige Stunden später begann ein Wettstreit zwischen den Kuckucken um den Besitz des Nestes; und dies dauerte unbestimmt bis zum Nachmittag des folgenden Tages, als das eine, das etwas größer war, das andere zusammen mit dem jungen Heckensperling und dem noch nicht geschlüpften Ei hervorbrachte. Der Wettbewerb, fügt er hinzu, war sehr bemerkenswert; Die Kämpfer schienen abwechselnd im Vorteil zu sein, da jeder den anderen mehrere Male fast bis zur Spitze des Nestes trug und dann wieder unter der Last seiner Last niedersank; Bis schließlich nach verschiedenen Bemühungen der stärkste der beiden die Oberhand gewann und anschließend vom Heckensperling großgezogen wurde.

Der amerikanische Kuckuck oder Kuhvogel unterscheidet sich in seinen Gewohnheiten deutlich vom europäischen Kuckuck, da er wie andere Vögel ein Nest für seine Eier baut und seine Jungen selbst ausbrütet.

DER GEMEINE GRÜNE SPECHT

(*Picus viridis*)

VERDANKT ER seiner Angewohnheit, Insekten aus Baumspalten und Löchern in der Rinde zu picken. Der Schnabel ist gerade, kräftig und am Ende eckig; und ist bei den meisten Arten keilförmig geformt, um die Bäume zu durchbohren. Die Nasenlöcher sind mit Borsten besetzt. Die Zunge ist schlank und zylindrisch und fühlt sich hart und knochig an. Der Specht besitzt, wie der Kolibri, wenn auch zu einem anderen Zweck, die bemerkenswerte Eigenschaft, seine Zunge herauszustrecken und Insekten in beträchtlicher Entfernung von seinem Schnabel zu fangen. Um die stärkeren Insekten effektiv zu fangen, ist die Zunge am Ende mit Widerhaken versehen und mit klebrigem Sekret versehen. Die Zehen dieses Vogels sind zwei nach vorne und zwei nach hinten gestellt; und der Schwanz besteht aus zehn harten, steifen und spitzen Federn. Man sieht oft einen Specht, der an seinen Krallen hängt und sich mit der Brust an den Stamm eines Baumes lehnt; Als er, nachdem er seinen Schnabel mit großer Kraft und Lärm gegen die Rinde geschossen hat, mit großer Schnelligkeit um den Baum herumläuft, hat dieses Manöver die Landbevölkerung zu der Annahme veranlasst, dass er umhergeht, um zu sehen, ob er den Baum nicht durchbohrt hat Tatsache ist, dass der Vogel auf der Suche nach den Insekten ist, die er durch seinen Schlag vertrieben zu haben hofft.

Die folgenden Zeilen aus Moores wunderschönem Lied spielen auf den Lärm an, den der Specht bei der Nahrungssuche macht:

„Durch den Rauch, der sich so anmutig über den grünen Ulmen kräuselte, wusste ich

, dass ein Häuschen in der Nähe war,
und ich sagte, wenn es Frieden auf der Welt gibt,
könnte ein demütiges Herz hier darauf hoffen.
Jedes Blatt ruhte, und ich hörte kein Geräusch,
außer dem Specht, der auf die hohle Buche klopfte.

Tatsache ist, dass dieses Schlagen gegen die Rinde keinen anderen Zweck hat, als die Insekten, die sich in der Rinde befinden, aufzuwecken und sie zum Herauskommen zu zwingen, was sie aus Angst vor dem Lärm tun, wenn der Specht, der sich umdreht, sie fängt unversehens und ernährt sich von ihnen: Wenn die Insekten dem trügerischen Ruf nicht folgen, stößt er mit seiner langen Zunge in das Loch und holt auf diese Weise seine widerstrebende Beute heraus. Das Gefieder dieses Vogels ist eine Mischung aus Rot und Grün, zwei Farben, deren Annäherung immer zu Harmonie in den Werken der Natur führt. Sie nisten sich in Baumhöhlen ein, wo das Weibchen fünf oder sechs weißliche Eier legt, ohne ein Nest zu bauen, und verlässt sich beim Ausbrüten auf die natürliche Wärme seines Körpers.

Der Grünspecht wird häufiger am Boden gesehen als die anderen Arten, insbesondere dort, wo Ameisenhaufen sind. Es steckt seine lange Zunge in die Löcher, durch die die Ameisen herauskommen, und zieht sie in Hülle und Fülle heraus. Manchmal bricht es mit seinen Füßen und seinem Schnabel in das Nest ein und verschlingt die Ameisen und ihre Eier in aller Ruhe. Die Jungen klettern die Bäume auf und ab, bevor sie fliegen können; Sie schlafen sehr früh und ruhen bis zum Tag in ihren Löchern. Es gibt viele verschiedene Spechtarten, von denen fünf in diesem Land verbreitet sind.

DER WALKER. (*Yunx Torquilla.*)

DIESER Vogel, erzählt uns Herr Gould, hat seinen englischen Namen von seiner Gewohnheit erhalten, seinen Kopf und Hals in verschiedene Richtungen zu bewegen, und zwar mit einer wellenförmigen Bewegung, wie die einer Schlange; tatsächlich wird er in einigen Teilen Englands

Schlangenvogel genannt. Wenn man ihn in seinem gewohnten Rückzugsort in einem Baumloch findet, gibt er ein lautes zischendes Geräusch von sich, stellt die Kronenfedern in die Höhe und windet Kopf und Hals abwechselnd mit grotesken Verrenkungen zu beiden Schultern, wodurch er für einen Schüchternen zum Objekt des Schreckens wird Eindringling; und der Vogel nutzt einen Moment der Unentschlossenheit und huscht blitzschnell aus einer Situation, in der ein Entkommen unmöglich schien.

Der Wendehals legt seine Eier auf verrotteten Holzstücken in einem hohlen Baum ab und baut kaum ein Nest. Wenn die Vögel jung gefangen werden, sind sie leicht zu zähmen.

DER TUKA (*Rhamphastos tucanus*)

STAMMT aus Südamerika und fällt durch die Größe und Form seines Schnabels sehr auf; die bei einigen Arten fast so lang und groß ist wie der Körper selbst. Die Länge ihres Körpers beträgt etwa 18 Zoll (die Größe einer Elster); Der Kopf ist groß und kräftig und der Hals kurz, um die Masse eines solchen Schnabels leichter tragen zu können. Kopf, Hals und Flügel sind schwarz; die Brust hat eine wunderschöne orange-safranfarbene Farbe; der untere Teil des Körpers und die Oberschenkel sind zinnoberrot; der Schwanz schwarz. Mr. Goulds Exemplar stellt einen schmalen strohfarbenen Gürtel in der Mitte der Brust dar, der den Orangeton vom Zinnoberrot trennt. Einer dieser Vögel, der in einem Käfig gehalten wurde, liebte Früchte sehr, hielt sie eine Zeit lang in seinem Schnabel, berührte sie mit großer Freude mit der Spitze seiner gefiederten Zunge und warf sie dann durch einen plötzlichen

Aufruhr in die Kehle Ruck; Es ernährte sich auch von kleinen Vögeln, Insekten, Raupen usw.

DER GRAUE PAPAGEI. (*Psittacus erythacus.*)

DIE Zunge des Papageis ist einer schwarzen weichen Bohne nicht unähnlich und füllt den Raum seines Schnabels so vollständig aus, dass der Vogel leicht Laute modulieren und Worte artikulieren kann; Der Schnabel besteht aus zwei beweglichen Teilen, was eine Besonderheit darstellt, die fast ausschließlich diesem Vogelstamm eigen ist. Der Schnabel des Papageis ist stark gebogen und hilft ihm beim Klettern, indem er sich damit an den Ästen der Bäume festhält und dann seine Beine nach oben zieht; Dann bewegt er wieder den Schnabel und danach die Füße vor, denn seine Beine sind nicht dazu geeignet, von Ast zu Ast zu hüpfen, wie es bei anderen Vögeln der Fall ist. Es gibt mehrere Geschichten über die Klugheit dieser Vögel und über die Geschicklichkeit ihrer Fragen und Antworten, aber sie waren zweifellos das Ergebnis des Zufalls.

Dr. Goldsmith sagt, dass ein Papagei, der König Heinrich dem Siebten gehörte und in einem Raum neben der Themse in seinem Palast in Westminster gehalten wurde, gelernt hatte, viele Sätze der Bootsführer und Passagiere zu wiederholen. Eines Tages fiel es unglücklicherweise beim Spielen auf seiner Stange ins Wasser. Kaum hatte der Vogel seine Situation erkannt, rief er laut: „Ein Boot! zwanzig Pfund für ein Boot!" Ein Wassermann, der sich zufällig in der Nähe der Stelle befand, an der der Papagei schwamm, nahm ihn sofort auf und gab ihn dem König zurück. Da der Vogel ein Favorit war, verlangte er, dass ihm die Belohnung ausgezahlt würde, die der Vogel gerufen hatte. Dies wurde abgelehnt; aber es wurde vereinbart, dass der Mann sich, da der Papagei eine Belohnung angeboten hatte, noch einmal auf dessen Entscheidung bezüglich der Summe, die er erhalten sollte, berufen sollte. „Gib dem Schurken eine Grütze", schrie der Vogel in dem Moment, in dem die Anspielung gemacht wurde.

Das Gedächtnis von Papageien ist sehr erstaunlich, und sie können nicht nur Reden nachahmen, sondern auch Verse von Liedern singen und Gesten und Handlungen nachahmen. Scaliger sah einen, der den Tanz der Savoyer aufführte und gleichzeitig ihr Lied wiederholte. Das Lied wurde gut nachgeahmt, aber als der Vogel versuchte, zu springen, tat er dies mit der schlimmsten Anmut, die man sich vorstellen kann, denn er drehte sich auf den Zehenspitzen um und taumelte immer wieder auf äußerst ungeschickte Weise zurück.

Willoughby erzählt uns von einem Papagei, der, als jemand zu ihm sagte: „Lache, lach, lach", entsprechend lachte und im nächsten Moment laut schrie: „Was für ein Idiot, mich zum Lachen zu bringen!" Ein anderer, der mit seinem Herrn alt geworden war, teilte mit ihm die Gebrechen des Alters. Gewöhnt, kaum etwas anderes zu hören als die Worte „Ich bin krank"; als jemand fragte: „Wie geht es dir, Poll?" „Ich bin krank", antwortete es in einem traurigen Ton und streckte sich aus, „Ich bin krank."

Papageien sind in Ost- und Westindien sehr zahlreich, wo sie sich in Gruppen wie Krähen versammeln und in Baumhöhlen bauen. Das Weibchen legt zwei oder drei Eier, die mit kleinen Flecken markiert sind, ähnlich denen des Rebhuhns. In unserem Klima brüten sie nie, obwohl sie hier bis ins hohe Alter leben. Sie ernähren sich ausschließlich von Gemüse, aber wenn sie zahm sind, nehmen sie aus dem Mund ihres Herrchens oder Frauchens jede Art von gekautem Fleisch und hauptsächlich Eier, die sie offenbar besonders mögen. Sie beißen oder kneifen sehr stark, und einige von ihnen haben so viel Kraft in ihrem Schnabel, dass sie einem Mann leicht den Finger brechen könnten. Der Papagei hat ein Gefühl für Anhaftung und Rache; und wenn sie in ihrer mimischen Haltung große Freude am Anblick ihrer Fresser zeigen, fliegen sie auch mit Wut ins Gesicht derer, die sie einst beleidigt oder verletzt haben.

DER GRÜNE PAPAGEI (*Psittacus amazonicus*)

ER kommt in England vielleicht häufiger vor als der Graupapagei, stammt ursprünglich aus Südamerika und hat seinen Namen vom großen Fluss Amazonas, an dessen Ufern er häufig vorkommt. In seinem Heimatland fügt er den Plantagen großen Schaden zu, und tatsächlich sind viele Papageien in dieser Hinsicht ebenso schädlich wie schön in ihrem Gefieder. Der Grüne Papagei ähnelt in seinen Gewohnheiten der Graupapagei und kann ebenfalls beigebracht werden, mit großer Deutlichkeit zu sprechen.

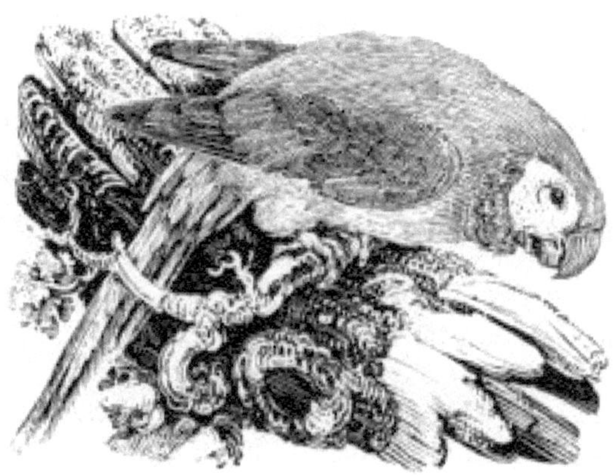

DER BLAU-GELBE ARA (*Psittacus* oder *Macrocercus aracanga*)

IST einer der größten Papageien und mit den schönsten Farben bemalt, die die Natur zu bieten hat. Der Schnabel ist ungewöhnlich stark; und der Schwanz ist proportional länger als der aller Papageienstämme. Seine Stimme ist wild und zitternd und klingt manchmal wie das Lachen eines alten Mannes; und es scheint das Wort „Arara" auszusprechen, was dazu führt, dass es in seinem Heimatland diesen Namen trägt.

Wenn es zahm ist, frisst es fast alle menschlichen Nahrungsmittel und isst besonders gern Brot, Rindfleisch, gebratenen Fisch, Gebäck und Zucker. Mit seinem Schnabel knackt er Nüsse und mit seinen Krallen pflückt er geschickt die Kerne heraus. Es kaut die Beerenfrüchte nicht, sondern saugt sie, indem es seine Zunge gegen den oberen Teil seines Schnabels drückt; und die härtere Art von Nahrung, wie Brot und Gebäck, zerquetscht oder kaut es, indem es die Spitze des unteren Teils darauf drückt der hohlste Teil des Oberkiefers.

Der Scharlachrote Ara (*M. Macao*) ist eine weitere große Art von leuchtend roter Farbe mit einigen blauen und gelben Federn an den Flügeln und blauen an der Schwanzbasis. Früher kam sie auf den Westindischen Inseln häufig vor, heute ist sie dort jedoch selten geworden. Seine Stimme ist sehr laut und rau.

DAS RINGPAROKETT. (*Palæornis Alexandri.*)

DIESE wunderschöne Art, die nicht weniger wegen der Eleganz ihrer Form als auch wegen ihrer Fügsamkeit und Nachahmungskraft bemerkenswert ist, soll die erste Papageienart gewesen sein, die den Alten bekannt war, von der Zeit Alexanders des Großen bis zur Zeit Neros . Es ist etwa fünfzehn Zoll lang; sein Schnabel ist dick und rot; der Kopf und der Körper sind hellgrün; Hals, Brust und die gesamte Unterseite sind heller gefärbt. Es hat einen roten Kreis oder Ring, der den Hals umgibt und auf der Rückseite etwa die Breite eines kleinen Fingers hat; wird aber zu den Seiten hin allmählich schmaler und endet unter dem unteren Schnabel. Der untere Teil des Körpers ist von einem so schwachen Grün, dass er fast gelb erscheint. Der Schwanz ist ebenfalls gelbgrün und die Beine und Füße sind aschefarben.

DAS WARBLING GRASS PAROKETT.

(*Melopsittacus undulatus.*)

EINE GROßE Anzahl von Paroquets verschiedener Arten, und die meisten von ihnen leben und suchen ihre Nahrung eher auf dem Boden als in Bäumen. Einer von ihnen wird *Ground Paroquet genannt* , da man ihn nie auf Bäumen sitzen sieht, sondern immer zwischen Gras und Kräutern umherläuft. Der Warbling Grass Paroquet ist ein bekannter und wunderschöner kleiner australischer Vogel, von dem in den letzten Jahren beträchtliche Mengen in dieses Land importiert wurden. Es ist zu Recht ein Favorit, sowohl wegen seiner Eleganz als auch wegen seines sanften, trillernden Tons, der sich stark von den rauen Schreien vieler Arten seines Stammes unterscheidet. Allerdings kann es wegen seiner Größe heftig schreien. Im Landesinneren Australiens kommen diese bezaubernden kleinen Vögel in unzähligen Scharen vor. Sie ernähren sich hauptsächlich von den Samen von Gräsern, die sie beim Laufen auf dem Boden aufsammeln, aber sie setzen sich auch in Scharen auf die Eukalyptusbäume, um Schutz vor der Mittagshitze zu suchen, und auch bevor sie sich auf eine Expedition auf der Suche nach Wasser begeben.

DER KAKADU. (*Plyctolophus galeritus.*)

DIESER Vogel unterscheidet sich von den Papageien durch einen schönen Kamm, der aus einem Büschel eleganter Federn besteht, den er nach Belieben heben oder senken kann. Wir treffen auf ein wunderschönes weißes Gefieder und die inneren Federn des Kamms in einem angenehmen Gelb, mit einem Fleck derselben Farbe unter jedem Auge und einem auf der Brust. Die Kakadus sind auf den Indischen Inseln und in Australien beheimatet, wo sie in großer Zahl vorkommen. Ihre Nahrung besteht aus Samen und weichen, steinigen Früchten, deren kräftiger Schnabel es ihren ermöglicht, sich leicht zu brechen. Sie lassen sich leicht zähmen, wenn man sie in jungen Jahren einnimmt. Danach werden sie vertraut und sogar anhänglich, aber ihre Nachahmungskräfte gehen selten über ein paar Worte hinaus, die zu ihrem eigenen Kakaduschrei hinzugefügt werden.

Im wilden Zustand sind sie scheu und können nicht leicht angesprochen werden. Das Fleisch der Jungvögel gilt als sehr schmackhaft. Das Weibchen soll sein Nest in den faulen Ästen der Bäume bauen und dabei nichts anderes als die Ansammlung von pflanzlichem Schimmel verwenden, der sich aus den verrotteten Teilen des Astes gebildet hat. Die Eier sind weiß, ohne Flecken; Es gibt nicht mehr als zwei Junge gleichzeitig. Die Eingeborenen finden das Nest zunächst anhand der Rinden- und Zweigstücke, die die alten Vögel von den angrenzenden Bäumen abreißen, in denen sich das Nest befindet. Es ist eine bemerkenswerte Tatsache, dass die Rinde des Baumes, in dem sich das Nest befindet, niemals abgeschält wird.

Mr. Bennet sagt, wenn er über den großen schwarzen Kakadu von New Holland spricht, dass dieser Vogel, wenn er am Stamm eines Baumes Anzeichen dafür sieht, dass sich darin eine Larve befindet, eifrig daran arbeitet, mit seinem kräftigen Schnabel an ihn heranzukommen, und das sollte er auch tun Befindet sich das Objekt seiner Verfolgung tief im Wald,

wie es oft vorkommt, wird der Stamm so stark zerhackt, dass ein leichter
Windstoß den Baum auf den Boden legt.

§ V. – *Hühnervögel.*

DER PFAU. (*Pavo cristatus.*)

ERSTAUNT über die unvergleichliche Schönheit dieses Vogels konnten die
Alten nicht anders, als ihrer lebhaften und kreativen Fantasie freien Lauf zu
lassen, um die Pracht seines Gefieders zu erklären. Sie machten ihn zum
Liebling der kaiserlichen Juno, der Schwester und Frau Jupiters; und nicht
weniger als die hundert Augen von Argus wurden herausgezogen, um seinen
Schwanz zu schmücken; Tatsächlich gibt es kaum etwas in der Natur, das mit
dem überragenden Glanz der Pfauenfedern mithalten kann. Der wechselnde
Glanz seines Halses überstrahlt das tiefe Azurblau des Ultramarins; und bei
der geringsten Entwicklung nimmt es den grünen Farbton des Smaragds und
den violetten Farbton des Amethysts an. Sein Kopf, der klein und fein
geformt ist, hat mehrere seltsame weiße und schwarze Streifen um die Augen
und wird von einem eleganten Federbusch oder Federbüschel gekrönt, von
denen jedes aus einem schlanken Stiel und einem kleinen Büschel an der
Spitze besteht Spitze. Die breiten und bunten Scheiben seiner Schleppe,
deren Mittelpunkt der Hals, der Kopf und die Brust des Vogels sind, werden
mit bewusstem Stolz zur Schau gestellt und aus verschiedenen Winkeln den
Lichtreflexionen ausgesetzt und erregen unsere Bewunderung. Durch eine

außergewöhnliche Mischung der hellsten Farben zeigt es gleichzeitig den Reichtum von Gold und die blasseren Farbtöne von Silber, gesäumt von bronzefarbenen Rändern und umgebenden augenähnlichen Flecken aus Dunkelbraun und Saphir. Die Henne teilt die Schönheit des Hahns nicht und ihre Federn sind im Allgemeinen hellbraun. Sie legt jeweils nur wenige Eier, meist im Abstand von drei bis vier Tagen; Sie sind weiß und fleckig, wie die Eier der Truthahn. Sie sitzt siebenundzwanzig bis dreißig Tage.

Die lauten Schreie des Pfaus sind schlimmer als das raue Krächzen des Raben und ein sicherer Vorbote von schlechtem Wetter; und seine Füße, ungeschickter als die des Truthahns, bilden einen traurigen Kontrast zur Eleganz seines Gefieders:

„Obwohl die Federn des Pfaus in satten Farben geschmückt sind,
schreit doch Entsetzen aus seiner widersprüchlichen Kehle."

Das Ausbreiten des Zuges, das Anschwellen von Kehle, Hals und Brust und das schnaufende Geräusch, das sie zu bestimmten Zeiten von sich geben, sind Beweise dafür, dass der Truthahn und der Pfau in der Familienkette der beseelten Wesen nahezu verbündet sind.

Das Fleisch des Pfaus galt in der Antike als fürstliches Gericht; und der ganze Vogel wurde mit konservierten Hals- und Schwanzfedern auf dem Tisch serviert; Heutzutage können jedoch nur noch wenige Menschen ein solches Essen genießen, da es viel gröber ist als das Fleisch des Truthahns. Die Italiener haben den Pfau so lakonisch beschrieben: „Er hat das Gefieder eines Engels, die Stimme eines Teufels und den Magen eines Diebes."

DIE TÜRKEI (*Meleagris Gallo-Pavo*)

WAR ursprünglich ein Bewohner Amerikas, von wo aus er von einigen jesuitischen Missionaren nach Europa gebracht wurde, weshalb er in einigen Teilen des Kontinents als Jesuit bezeichnet wird. Die allgemeine Farbe der Federn ist gelbbraun und schwarz; und Truthähne haben rund um den Kopf, besonders am Schwanz, nackte und knollige Fleischklumpen von leuchtend roter Farbe. An der Basis des Oberkiefers hängt ein langer, fleischiger Fortsatz, der nach Belieben verlängert und verkürzt zu werden scheint. Die Henne legt fünfzehn bis zwanzig Eier, die weißlich und sommersprossig sind. Die Küken sind sehr empfindlich und erfordern große Sorgfalt und aufmerksame Pflege, bis sie in der Lage sind, ihr Futter zu suchen. In der Grafschaft Norfolk ist die Truthahnzucht, die dort einen bedeutenden Handelszweig darstellt, zu großer Vollkommenheit gelangt; und einige mit einem Gewicht von jeweils mehr als zwanzig Pfund wurden dort aufgezogen. Sie scheinen eine natürliche Abneigung gegen alles zu haben, was rot ist.

Obwohl sie extrem dazu neigen, untereinander zu streiten, sind sie im Allgemeinen schwach und feige gegenüber anderen Tieren und fliehen vor fast jedem Lebewesen, das es wagt, sich ihnen entgegenzustellen. Im Gegenteil, sie verfolgen alles, was ihnen Angst zu machen scheint, insbesondere kleine Hunde und Kinder; und nachdem sie diese Gegenstände ihrer Abneigung zum Vorschein gebracht haben, zeigen sie ihren Stolz und ihre Befriedigung, indem sie ihr Gefieder zur Schau stellen, in ihrer weiblichen Schleppe umherstolzieren und ihren eigentümlichen Ton der Selbstbejahung von sich geben. Es sind jedoch einige Fälle vorgekommen, in denen der Truthahn einen beträchtlichen Anteil an Mut und Tapferkeit bewiesen hat; wie aus der folgenden Anekdote hervorgeht: – Ein Herr aus New York empfing aus einem fernen Teil einen Truthahnhahn und eine Henne und mit ihnen ein Paar Zwerghühner; die alle zusammen mit seinem anderen Geflügel auf den Hof gebracht wurden. Einige Zeit später, als er sie vom Scheunentor aus fütterte, bog plötzlich ein großer Falke um die Ecke der Scheune und stürzte sich auf die Zwerghenne. Sie gab sofort Alarm, und zwar durch ein für sie natürliches Geräusch solche Anlässe; Da flog der Truthahnhahn, der sich in einer Entfernung von etwa zwei Metern befand und ohne Zweifel die Absicht des Falken verstand, mit solcher Heftigkeit auf den Tyrannen los und versetzte ihm einen so heftigen Schlag mit den Sporen, dass er vom Boden gestoßen wurde Henne in beträchtlicher Entfernung; Auf diese Weise wurde der Zwerghühner vor der Zerstörung gerettet.

Der wilde Truthahnhahn ist in den amerikanischen Wäldern ein Objekt von großem Interesse. Es sitzt auf den Wipfeln von Laubzypressen und Magnolien:

„Auf der Spitze
deiner Magnolie
kündigt die laute Stimme der Türkei die Morgendämmerung an: Von Baum
zu Baum
breitet sie den erwachenden Wachton weit und breit aus,
bis die ganzen Wälder von dem Schrei widerhallen.“
SOUTHEY.

DAS PERLHÜHNER ODER PINTADO.

(*Numida Meleagris.*)

DIESER VOGEL, DER AUCH *Perlenhuhn* genannt wird , wurde ursprünglich aus Afrika mitgebracht, wo die Rasse weit verbreitet ist, und scheint den Römern gut bekannt gewesen zu sein, die das Fleisch dieses Geflügels als Delikatesse schätzten und dies auch zugaben bei ihren Banketten. Damals erhielt es den Namen „Numidische Henne" oder „ *Meleagris* ", weil der Legende nach die Schwestern Meleagers, die unaufhörlich seinen Tod beklagten, von Diana in Perlhühner verwandelt wurden. Obwohl sie inzwischen bei uns domestiziert sind, behalten sie tatsächlich immer noch einen Großteil ihrer ursprünglichen Freiheit und sehen dumm aus. Ihr Lärm ist sehr unangenehm: Es ist ein knarrender Ton, der, wenn er unaufhörlich wiederholt wird, am Ohr kratzt und sehr neckend und unangenehm wird. Sie gehören zur Vogelklasse der *Pulveratores* ; Sie kratzen den Boden ab und wälzen sich wie gewöhnliche Hühner im Staub, um kleine Insekten loszuwerden, die sich in ihren Federn festsetzen.

Der Pintado ist etwas größer als die gewöhnliche Henne; der Kopf ist ohne Federn und mit nackter Haut von bläulicher Farbe bedeckt; Auf der Oberseite befindet sich ein schwieliger Vorsprung von konischer Form. An der Basis des Schnabels hängt auf jeder Seite ein loses Flechtwerk, das beim Weibchen rot und beim Männchen bläulich ist. Die allgemeine Farbe des Gefieders ist ein dunkles bläuliches Grau, gesprenkelt mit runden weißen Flecken unterschiedlicher Größe, die an Perlen erinnern, weshalb diesem Vogel der Beiname „ *Perlmutt*" verliehen wurde; der auf den ersten Blick aussieht, als wäre er von einem heftigen Hagelschauer niedergeprasselt worden.

Wenn diese Vögel in jungen Jahren trainiert werden, können sie leicht gezähmt werden. M. Bruë berichtet uns, dass er, als er an der Küste Senegals war, von einer afrikanischen Prinzessin zwei Perlhühner geschenkt bekam. Diese beiden Vögel waren ihm so vertraut, dass sie sich dem Tisch näherten und von seinem Teller aßen; und wenn sie die Freiheit hatten, am Strand herumzufliegen, kehrten sie immer zum Schiff zurück, wenn die Mittags- oder Abendessenglocke läutete.

Es wird behauptet, dass sich der Pintado im wilden Zustand in großen Schwärmen zusammenschließt. Dampier spricht davon, zwischen zwei- und dreihundert von ihnen zusammen auf den Kapverdischen Inseln gesehen zu haben. Sie wurden ursprünglich etwas früher als im Jahr 1260 von der Küste Afrikas in unser Land eingeführt.

In Jamaika, wo sie verwildert sind und die Plantagen sehr zerstört haben, werden sie manchmal, wie uns Herr Gosse erzählt, durch die folgende List gefangen: – Eine kleine Menge Mais wird eine Nacht lang in gehaltvollem Rum eingeweicht und dann gegart In ein flaches Gefäß geben, mit etwas frischem Rum und dem Wasser aus geriebenem, bitterem Maniok füllen.

Dieses wird in einem umzäunten Gelände deponiert, auf das die Räuber zurückgreifen. Anschließend wird eine kleine Menge geriebener Maniok darüber gestreut und stehen gelassen. Die Vögel fressen das medizinische Futter gierig und schwanken bald betrunken umher, können nicht entkommen und begnügen sich damit, den Kopf in eine Ecke zu stecken. Es ist fast unnötig zu beobachten, dass sie in diesem Zustand zu einer leichten Beute werden. Auf diese Weise werden in Deutschland oft Tauben von Wilderern gefangen.

Dieser Vogel hat in diesem Land in den letzten Jahren stark zugenommen und man sieht ihn oft in Geflügelläden und auf Märkten hängen; Die große Menge an ihnen hat ihren Wert erheblich verringert, und sie verkaufen sich jetzt proportional wie andere Hühner. Die Eier sind kleiner und runder als die der gewöhnlichen Henne und haben eine gesprenkelte rotbraune Farbe. Sie gelten als sehr delikates Nahrungsmittel.

Der Hügelvogel Australiens.

(*Megapodius tumulus.*)

ES ist bemerkenswert, dass dieser Vogel seine Eier nicht durch Inkubation ausbrütet. Als Ablageort für seine Eier sammelt es einen großen Haufen verwesenden Gemüses an und schafft so eine Brutstätte, die durch die Zersetzung der angesammelten Materie entsteht und durch deren Hitze die Jungen schlüpfen. Die Menge dieses Hügels variiert zwischen zwei und vier Karrenladungen und ist nicht das Werk eines einzelnen Vogelpaares, sondern das Ergebnis der vereinten Arbeit vieler.

Herr Gould berichtet in seinem Werk *„Birds of Australia"* *über die Entdeckung eines dieser Nester durch Herrn Gilbert:*

„Ich landete neben einem Dickicht und hatte mich noch nicht weit vom Ufer entfernt, als ich zu einem Hügel aus Sand und Muscheln kam, mit einer leichten Mischung aus schwarzer Erde, dessen Basis auf einem Sandstrand ruhte, nur wenige Fuß über hohen … Wasserzeichen; Es war von dem großen, gelb blühenden Hibiskus umhüllt und hatte eine konische Form, einen Umfang von zwanzig Fuß an der Basis und eine Höhe von etwa fünf Fuß. Als er den Eingeborenen darauf hinwies und ihn fragte, was es sei, antwortete er: „Oooregoorga Rambal", Haus oder Nest der Dschungelvögel. Dann kletterte ich an den Seiten hoch und fand zu meiner größten Freude einen jungen Vogel in einem etwa zwei Fuß tiefen Loch; Es lag auf ein paar trockenen, verwelkten Blättern und schien erst ein paar Tage alt zu sein. Bisher war ich davon überzeugt, dass diese Hügel einen Zusammenhang mit der Brutweise des Vogels hatten; aber ich war immer noch skeptisch hinsichtlich der Wahrscheinlichkeit, dass diese jungen Vögel aus einer so großen Tiefe aufsteigen würden, wie die Eingeborenen es darstellten, und meine Vermutungen wurden dadurch bestätigt, dass ich den Eingeborenen in diesem Fall nicht dazu bewegen konnte, nach den Eiern zu suchen, was seine Entschuldigung war Er wusste jedoch, dass es keinen Nutzen haben würde, da er keine Spuren der alten Vögel sah, die sich kürzlich dort aufgehalten hatten. Ich kümmerte mich mit größter Sorgfalt um den Jungvogel und hatte vor, ihn nach Möglichkeit aufzuziehen; Ich besorgte mir daher eine mittelgroße Kiste und legte eine große Portion Sand hinein. Da es sich ziemlich reichlich von geriebenem Mais ernährte, war ich voller Hoffnung auf Erfolg; aber es erwies sich als so wild und widerspenstig, dass es sich mit einer so engen Gefangenschaft nicht abfinden wollte, und entkam am dritten Tag. Während seiner Zeit in Gefangenschaft war er unaufhörlich damit beschäftigt, den Sand zu Haufen zusammenzukratzen, und die Geschwindigkeit, mit der er den Sand von einem Ende der Kiste zum anderen warf, war für einen so jungen und kleinen Vogel ziemlich überraschend Die Größe darf nicht größer sein als die einer kleinen Wachtel.

„Nachts war es so unruhig, dass ich durch den Lärm, den es bei seinen Fluchtversuchen machte, ständig wach gehalten wurde. Zum Aufkratzen des Sandes benutzte es nur einen Fuß, und nachdem es sozusagen eine Handvoll gepackt hatte, warf es den Sand hinter sich her, mit nur geringer scheinbarer Anstrengung und ohne seine Standposition auf dem anderen Bein zu verändern: Diese Angewohnheit schien so zu sein das Ergebnis einer angeborenen ruhelosen Veranlagung und des Wunsches, seine kräftigen Füße zu benutzen und nur wenig mit seiner Ernährung zu tun zu haben; denn obwohl Mais mit dem Sand vermischt war, bemerkte ich nie, dass der Vogel bei dieser Beschäftigung etwas davon aufhob.

„Bis zum 6. Februar erhielt ich weiterhin die Eier, ohne Gelegenheit zu haben, sie vom Hügel entfernt zu sehen; Als ich Knocker's Bay erneut besuchte, hatte ich die Befriedigung, zwei aus einer Tiefe von sechs Fuß in einem der größten Hügel, die ich damals gesehen hatte, aufgenommen zu sehen. In diesem Fall verliefen die Löcher in einer schrägen Richtung von der Mitte zum äußeren Hang des Hügels hinab, so dass die Eier zwar sechs Fuß tief vom Gipfel, aber nur zwei bis drei Fuß von der Seite entfernt waren. Man sagt, dass die Vögel in jedes Loch nur ein einziges Ei legen, und nachdem das Ei abgelegt wurde, wird die Erde sofort leicht nach unten geworfen, bis das Loch gefüllt ist; Anschließend wird der obere Teil des Hügels geglättet und abgerundet. Es ist leicht zu erkennen, wann gerade ein Dschungelgeflügel gegraben hat, an dem deutlichen Abdruck seiner Füße oben und an den Seiten des Hügels und daran, dass die Erde so leicht darüber geworfen wird, dass man mit einem dünnen Stock die Richtung des Lochs bestimmen kann kann leicht erkannt werden; Die Leichtigkeit oder Schwierigkeit, den Stock nach unten zu stoßen, gibt an, wie lange seit dem Einsatz der Vögel vergangen ist. Bisher ist es ganz einfach; aber um an die Eier zu gelangen, bedarf es nicht geringer Anstrengung und Ausdauer. Die Eingeborenen graben sie nur mit ihren Händen aus und machen nur genügend Platz, um ihre Körper hineinzulassen und die Erde zwischen ihren Beinen herauszuwerfen; indem sie nur mit ihren Fingern graben, sind sie imstande, die Richtung des Lochs mit größerer Sicherheit zu bestimmen, der manchmal in einer Tiefe von mehreren Fuß abrupt im rechten Winkel abbiegt, weil sein direkter Kurs durch einen Holzklumpen oder ein anderes Hindernis behindert wird."

Aller Wahrscheinlichkeit nach hat die Natur, indem sie diese Art der Fortpflanzung gewählt hat, die zarten Vögel auch mit der Fähigkeit ausgestattet, sich von frühester Kindheit an zu ernähren; und die enorme Größe des Eies würde ebenfalls zu dieser Schlussfolgerung führen, da man vernünftigerweise annehmen kann, dass der Vogel in einem so großen Raum viel weiter entwickelt ist, als dies normalerweise bei Eiern kleinerer Größe der Fall ist. Die Eier sind vollkommen weiß, haben eine lange, ovale Form, drei dreiviertel Zoll lang und zweieinhalb Zoll im Durchmesser.

Es gibt mehrere andere australische Vögel, die ihre Eier auf dieselbe einzigartige Weise ausbrüten. Einer davon ist der Indianerfasan (*Leipoa ocellata*) und ein anderer der Buschtruthahn (*Talegalla Lathami*). Der Kopf und Hals des letzteren sind wie beim Truthahn mit nackter Haut bedeckt, aber der untere Teil ist stark verdickt, warzig und leuchtend gelb.

Der Fasan. (*Phasianus colchicus* **.)**

DER Name dieses Vogels deutet darauf hin, dass er ursprünglich an den Ufern des Flusses Phasis in Armenien heimisch war; Wie und wann er auswanderte und begann, unsere Wälder zu besuchen, ist unbekannt. Er hat die Größe eines gewöhnlichen Hahns; der Schnabel hat eine blasse Hornfarbe; die Nasenlöcher waren gewölbt; Die Augen sind gelb und von einer nackten, warzigen Haut umgeben, von wunderschönem Scharlach, fein gefleckt mit Schwarz; Unmittelbar unter jedem Auge befindet sich ein kleiner Fleck kurzer, dunkelviolett glänzender Federn. Die oberen Teile des Kopfes und des Halses sind tiefviolett und variieren bis hin zu glänzendem Grün und Blau. die unteren Teile des Halses und der Brust sind rötlich kastanienbraun mit schwarzen eingekerbten Rändern; die Seiten und der untere Teil der Brust haben die gleiche Farbe, mit schwarzen Spitzen an jeder Feder, die bei verschiedenen Lichtverhältnissen zu glänzendem Lila variieren; Tatsächlich ist die gesamte Farbe dieses halb domestizierten Vogels sehr schön und vereint die Helligkeit von tiefem Gelbgold mit den feinsten Farbtönen von Rubin und Türkis mit grünen Reflexen. das Ganze wird durch mehrere glänzende schwarze Flecken hervorgehoben; Aber auch hier, wie bei jeder anderen Art prächtig gefiederter Vögel, hat die Natur aus klugen, uns unbekannten Gründen dem Weibchen die bewundernswerte Schönheit des

Gefieders vorenthalten, die dem Männchen zusteht. Der Fasan lebt in den Wäldern, die er in der Abenddämmerung verlässt, um Maisfelder und andere abgelegene Orte zu durchstreifen, wo er sich mit seinen Weibchen von Eicheln, Beeren, Getreide und Pflanzensamen , hauptsächlich aber von Ameiseneiern, ernährt er ist besonders gern. Sein Fleisch gilt zu Recht als besseres Fleisch als jedes Haus- oder Wildgeflügel, da es die Zartheit des gewöhnlichen Huhns mit einem besonderen Eigengeschmack vereint. Das Weibchen legt in freier Wildbahn einmal im Jahr achtzehn bis zwanzig Eier; Aber es ist vergeblich, dass wir versucht haben, diesen Vogel vollständig zu domestizieren, da er niemals geduldig eingesperrt bleiben wird und, wenn er jemals in eingesperrter Haltung brütet, sehr nachlässig mit seiner Brut umgeht.

Es gibt große Arten von Fasanen von außergewöhnlicher Schönheit und leuchtenden Farben: Viele davon, wie die Gold- und Silberfasanen (*Phasianus pictus* und *P. Nycthemerus*), die aus den reichen Provinzen Chinas stammen, werden in Volieren dieses Königreichs gehalten .

Dieser wunderschöne Vogel wird in der folgenden Passage elegant beschrieben:

"Sehen! Aus der Bremse springt der surrende Fasan,
und jubelnde Reittiere auf triumphierenden Flügeln;
Kurz ist seine Freude; er fühlt die feurige Wunde,
flattert im Blut, und keuchend schlägt er auf den Boden:
Ah! Was nützen seine glänzenden, wechselnden Farben,
sein purpurner Kamm, seine scharlachroten Augen,
das leuchtende Grün, das seine leuchtenden Federn entfalten,
seine bemalten Flügel und seine Brust, die vor Gold flammt!"
WINDSOR FOREST DES PAPSTES.

Das rotbeinige Rebhuhn. (*Perdix rufus.*)

DIESE Rebhühner stammen aus Guernsey und Jersey; kommen aber auch sehr häufig an den angrenzenden Küsten Frankreichs vor. In den letzten Jahren haben sie sich in England sehr schnell ausgebreitet; und da sie stärker und wilder sind als das Rebhuhn, wird dieses selten, wo es viele Rotbeinhühner gibt. In den westlichen Regionen Frankreichs kommen sie sehr häufig vor und ihr Fleisch ist prall und saftig. In England ist es genauso weiß wie in Frankreich, aber trockener. Die Seitenfedern sind sehr hübsch gesprenkelt, und hinter dem Auge beginnt ein kräftiger schwarzer Fleck, der auf der Brust eine Art Kragen bildet. Die Augenlider sind leuchtend rot, ebenso der Schnabel und die Füße, und die Krallen sind braun. Sie bauen ihre Nester auf dem Boden; Manchmal findet man sie aber auch sitzend auf Bäumen, auf einem Zaun oder einem Palisadenzaun.

Das Rebhuhn (*Perdix cinerea*)

DAS Gewicht beträgt etwa 14 Unzen. Das Gefieder ist zwar nicht besonders prachtvoll, aber dennoch sehr ansprechend für das Auge, da es eine Mischung aus Braun- und Rehfarben ist, durchsetzt mit Grau- und Aschetönen. Der Kopf ist klein und hübsch; Der Schnabel ist kräftig, aber kurz und ähnelt dem aller anderen körnerfressenden Vögel. Das Weibchen legt fünfzehn oder achtzehn Eier und führt ihre Brut mit größter Sorgfalt durch die Maisfelder. Junge Rebhühner gehören zu den Vögeln, die schnell davonlaufen, sobald sie aus dem Panzer schlüpfen, und man kann manchmal beim Laufen mit einem noch verbliebenen Teil des Panzers auf dem Kopf beobachtet werden. Besonders interessant ist die Zuneigung der Rebhühner zu ihren Nachkommen. Beide Eltern führen sie zum Füttern hinaus: Sie zeigen ihnen die richtigen Stellen für ihr Futter und helfen ihnen dabei, es zu finden, indem sie mit den Füßen den Boden kratzen. Sie sitzen oft dicht beieinander und bedecken die Jungen mit ihren Flügeln; und aus dieser Position sind sie nicht leicht aufzurütteln. Wenn sie jedoch gestört werden, kennen die meisten Menschen, die sich mit ländlichen Angelegenheiten auskennen, die daraus resultierende Verwirrung. Das erste Alarmsignal gibt das Männchen durch einen eigentümlichen Notschrei ab; sich im selben Moment noch unmittelbarer in die Gefahr zu begeben, um den Feind in die Irre zu führen. Er flattert mit hängenden Flügeln über den Boden und zeigt alle Anzeichen von Schwäche. Durch diese List gelingt es ihm selten, die Aufmerksamkeit des Eindringlings so weit zu erregen, dass das Weibchen die hilflose, noch unflügge Brut an einen sicheren Ort geleiten kann.

Das Nest liegt normalerweise auf dem Boden; Aber auf der Farm von Lion Hall in Essex, die Colonel Hawker gehörte, baute ein Rebhuhn im Jahr 1788 auf der Spitze einer Kopfeiche sein Nest und schlüpfte aus sechzehn Eiern! Was diesen Umstand noch bemerkenswerter macht, ist die Tatsache, dass der

Baum dort, wo sich ein Fußweg befand, die Stangen eines Zauntritts befestigt hatte; und die Passagiere entdeckten und störten sie, als sie hinübergingen, bevor sie sich in die Nähe setzen konnte. Als die Brut geschlüpft war, kletterten die Vögel die kurzen und rauen Äste hinunter, die rund um den Stamm des Baumes wuchsen, und erreichten sicher den Boden. Sowohl unter Sportlern als auch unter Naturforschern herrscht seit langem die Meinung vor, dass das Rebhuhnweibchen keines der braunen Brustfedern wie das Männchen besitzt. Dies ist jedoch ein Fehler; Da es Herrn Montague gelang, neun Vögel an einem Tag zu töten, wobei sich das Lorbeerzeichen auf der Brust nur wenig veränderte, ließ man ihn alle öffnen und entdeckte, dass fünf von ihnen Weibchen waren. Als er das Gefieder sorgfältig untersuchte, stellte er fest, dass die Männchen nur an der überragenden Helligkeit der Farbe um den Kopf herum erkannt werden konnten; Das allein, nach dem ersten oder zweiten Jahr, scheint das wahre Unterscheidungsmerkmal zu sein. Sie fliegen in Schwärmen bis etwa zur dritten Februarwoche, dann trennen sie sich und paaren sich; aber wenn das Wetter sehr streng ist, ist es nicht ungewöhnlich, dass sie sich wieder versammeln. Es wird uns erzählt, dass ein Wildhüter in Dorsetshire, als er hörte, wie ein Rebhuhn einen verzweifelten Schrei ausstieß, durch das Geräusch in ein Haferfeld gelockt wurde, als der Vogel sehr aufgeregt um ihn herumlief; Als er zwischen den Maiskolben hinschaute, sah er mitten in ihrer jungen Brut eine große Schlange, die er tötete; Als er bemerkte, dass sich sein Körper stark ausdehnte, öffnete er ihn, als zu seinem Erstaunen zwei junge Rebhühner aus ihrem Gefängnis rannten und sich zu ihrer Mutter gesellten. zwei weitere wurden tot in seinem Magen aufgefunden. Rebhühner haben schon immer einen herausragenden Platz auf den Tischen der Luxusklasse eingenommen: Wir haben ein altes Distichon:

„Wenn das Rebhuhn den Schenkel einer Waldschnepfe hätte,
wäre es der beste Vogel, der je geflogen ist."

DIE WACHTEL (*Coturnix dactylisonans*)

IST ein kleiner Vogel mit einer Länge von nicht mehr als sieben Zoll. Die Farbe der Brust ist schmutzig blassgelb und die Kehle hat eine kleine Mischung aus Rot: Der Kopf ist schwarz und der Körper und die Flügel haben schwarze Streifen auf einem haselnussbraunen Grund. Seine Gewohnheiten und Lebensweise ähneln denen des Rebhuhns, und es wird entweder von Lockvögeln in Netzen gefangen oder mit Hilfe des Setzhundes geschossen, wobei sein Ruf leicht nachgeahmt werden kann, indem man zwei Kupferstücke gegeneinander klopft. Das Fleisch der Wachtel ist sehr köstlich und kommt im Geschmack dem des Rebhuhns am nächsten. Wachteln sind Zugvögel, die einzige Besonderheit, die sie von allen anderen Geflügelarten unterscheidet; und an der Westküste des Königreichs Neapel tauchten manchmal so gewaltige Zahlen auf, dass an einem Tag innerhalb von drei oder vier Meilen hunderttausend gefangen wurden. In einigen Teilen des Südens Russlands sind sie in so großer Menge vorhanden, dass sie bei ihrer Wanderung zu Tausenden gefangen und in Fässern nach Moskau und St. Petersburg geschickt werden. Das Weibchen legt selten mehr als sechs oder sieben Eier.

Die alten Athener hielten diesen Vogel nur zum Spaß, um miteinander zu kämpfen, wie es Wildhähne tun, und aßen nie das Fleisch. Die Wachtel war das wilde Geflügel, das Gott dem auserwählten Volk Israel als Nahrung für die Wüste schicken wollte.

Die Chinesische Wachtel ist ein wunderschöner kleiner Vogel und wird in China oft in Käfigen gehalten, und zwar zu dem einzigen Zweck, wie es heißt, den Menschen im Winter die Hände zu wärmen; Wenn man den weichen, warmen Körper des Vogels in die Hand nimmt, verbreitet sich eine angenehme Wärme durch ihn. Außerdem ist es sehr kampflustig und wird im Kampf eingesetzt.

DIE AMERIKANISCHE WACHTEL (*Ortyx virginianus*)

IST größer als die Wachtel und liegt irgendwo zwischen einer Wachtel und einem Rebhuhn.

Die KALIFORNISCHE WACHTEL (*O. californicus*) zeichnet sich durch einen merkwürdigen Kamm oder Federbüschel auf dem Scheitel des Kopfes aus.

DAS ROTHAHHN. (*Lagopus scoticus.*)

„Hoch auf jubelnden Flügeln erhob sich der Heath-Cook
und blies seinen schrillen Schall über ewigen Schnee."
ROGERS.

DIESER VOGEL WIRD VON EINIGEN ORNITHOLOGEN *Moorhahn* genannt ,
von anderen *Rotwild* . Der Schnabel ist schwarz und kurz; Über den Augen
liegt eine nackte, leuchtend rote Haut. Die allgemeine Farbe des Gefieders
ist rot und schwarz, bunt und miteinander vermischt, mit Ausnahme der
Flügel, die bräunlich und rot gefleckt sind, und des Schwanzes, der schwarz
ist; Die Füße sind bis zu den Krallen mit dicken Federn bedeckt. Es ist im
Norden Englands, in Schottland und in Wales verbreitet; und bietet nicht nur
den Adligen und Herren jener Länder, die das Schießen lieben, große
Abwechslung, sondern entlohnt sie auch gut für ihre Mühe, da das Fleisch
sehr empfindlich ist und auf unserem Tisch einen gleichberechtigten Platz
mit dem des Rebhuhns einnimmt der Fasan. Die Saison des
Moorhuhnschießens beginnt am 12. August. Im Winter kommen sie in
Schwärmen von manchmal fünfzig bis einhundert Exemplaren vor, die von
Jägerrudeln bezeichnet werden , und werden bemerkenswert scheu und wild,
so dass der Jäger sich ihnen selten auf hundert Meter nähert. Sie halten sich
in der Nähe der Gipfel der Heidehügel auf und steigen selten in die tiefer
gelegenen Gebiete hinab. Hier ernähren sie sich von den Bergbeeren und den
zarten Wipfeln der Heide. Die Henne legt sieben bis acht Eier von
rotschwarzer Farbe.

Das Schneehuhn oder Schneehuhn

(*Lagopus vulgaris*)

IST etwas größer als eine Taube; Sein Schnabel ist schwarz und sein Gefieder
ist im Sommer von blassbrauner Farbe, elegant gesprenkelt mit kleinen
Streifen und dunklen Flecken. Kopf und Hals sind mit breiten schwarzen,
rostfarbenen und weißen Streifen markiert; Die Flügel und der Bauch sind
weiß. Das Schneehuhn liebt hochgelegene Situationen, in denen es der

strengsten Kälte trotzt. Es kommt in den meisten nördlichen Teilen Europas und Amerikas vor, sogar bis nach Grönland. In diesem Land trifft man ihn nur auf den Gipfeln einiger unserer höchsten Hügel an, hauptsächlich in Schottland sowie auf den Hebriden und Orkneys, manchmal aber auch in Cumberland und Wales. Im Winter wird sein Gefieder reinweiß, mit Ausnahme der Schwanzfedern, die schwarz bleiben.

DER SCHWARZE HAHN (*Tetrao tetrix*)

WIEGT etwa vier Pfund; aber das Weibchen, das gewöhnlich die Grauhenne genannt wird, ist oft nicht mehr als zwei Jahre alt. Das Gefieder des gesamten Körpers des Männchens ist schwarz und am Hals und am Rumpf mit leuchtendem Blau überzogen; Die Flügeldecken sind dunkelbraun, die Federkiele schwarz und weiß. Der Schwanz ist beim Männchen stark gegabelt. Diese Vögel paaren sich nie; aber im Frühjahr versammeln sich die Männchen an ihren gewohnten Plätzen auf den Gipfeln der Heideberge, wo sie krähen und mit den Flügeln schlagen:

er das riesige Auerhuhn
herab , prahlte
mit seiner Brust in unterschiedlichem Grün und krähte und schlug mit
seinen glänzenden Flügeln."
GISBORNE.

Auf dieses Signal hin greifen die Weibchen auf sie zurück. Die Männchen sind sehr streitsüchtig und kämpfen wie Kampfhähne miteinander. Bei diesen Gelegenheiten achten sie so sehr auf ihre eigene Sicherheit, dass manchmal zwei oder drei auf einen Schlag getötet wurden; und es kam vor, dass sie mit einem Stock niedergeschlagen wurden.

Wie der Capercalzie oder Waldhahn, eine größere Art dieser Gattung, sind diese Vögel in Russland, Sibirien und anderen nördlichen Ländern verbreitet, hauptsächlich in bewaldeten und bergigen Gegenden; und in den nördlichen Teilen unserer eigenen Insel auf unkultivierten Mooren.

DER CAPERCALZIE (*Tetrao urogallus*)

WAR früher auch ein Bewohner der Wälder Schottlands, ist aber in Großbritannien seit vielen Jahren ausgestorben. Das Männchen ist so groß wie ein großer Truthahn, das Weibchen deutlich kleiner. Es wurden mehrere Versuche unternommen, das Auerhuhn zu züchten und in diesem Land zu domestizieren, jedoch ohne Erfolg. Mittlerweile sind sie in Schweden am zahlreichsten anzutreffen, wo sie als Nahrungsmittel sehr geschätzt werden. In den letzten Jahren wurden sie auf den englischen Markt gebracht und gelten als sehr schmackhaft.

DER GEMEINSAME HAHN. (*Gallus Domesticus.*)

„Während der Hahn mit lebhaftem Lärm
die Rückseite der Dunkelheit zerstreut;
Und zum Stapel oder zum Scheunentor
stolziert Stoutly seine Damen vor." MILTON.

DIESER Vogel ist so bekannt, dass es unnötig wäre, viel über ihn zu sagen.
Sein Gefieder ist vielfältig und wunderschön, sein Mut sehr groß und
sprichwörtlich, und sein intuitives Wissen über die Zeit des Sonnenaufgangs
hat die genauesten Forschungen der Naturforscher verblüfft. Wenn er von
guter Rasse ist und das Kämpfen gut erlernt hat, wird er lieber sterben, als
seinem Gegner nachzugeben. Die Henne legt eine große Anzahl Eier und
schlüpft auf einmal bis zu dreizehn; aber dies wird als die extreme Zahl
angesehen, da sie so viele sind, wie sie gut abdecken kann. Im abgeschiedenen
Brutzustand frisst sie sehr wenig; Und doch ist sie so mutig und stark, dass
sie sich erhebt und jeden Menschen oder jedes Tier bekämpft, das es wagt,
sich ihrem Nest zu nähern. Es ist unmöglich, sich vorzustellen, wie sie mit
einer so dürftigen Nahrung, die sie zu sich nimmt, einundzwanzig Tage lang
ständig so viel Wärme aus ihrem Körper abgeben kann, dass das Fahrenheit-
Thermometer auf sechsundneunzig Grad steigen könnte. Das Fleisch dieses
Vogels ist zart und gesund und wird allgemein als nahrhaftes und
angenehmes Nahrungsmittel geschätzt.

Es gibt verschiedene Arten von Familien dieses Vogels. Der Hamburger
Hahn hat ein wunderschönes Federbüschel um seine Ohren und auf seinem

Kopf; und die Beine und Zehen des Zwerghuhns sind vollständig befiedert, was für den Vogel eher ein Hindernis als eine Zierde darstellt.

Der grausame Sport des Hahnenkampfs lässt sich bis in die früheste Antike zurückverfolgen. Die Athener scheinen es aus Indien erhalten zu haben, wo es noch heute mit einer Art Raserei verfolgt wird; und uns wird gesagt, dass die Chinesen bei einer Schlacht manchmal nicht nur ihr gesamtes Eigentum, sondern auch ihre Frauen und Kinder aufs Spiel setzen. Die Religion der Griechen konnte dieses Spiel nicht mit Vergnügen sehen, und deshalb war der Hahnenkampf nur einmal im Jahr erlaubt; aber die Römer übernahmen die Praxis mit Begeisterung und führten sie auf dieser Insel ein. Heinrich der Achte. begeistert von diesem Sport und veranlasste den Bau eines geräumigen Hauses zu diesem Zweck, das, obwohl es jetzt einer ganz anderen Nutzung zugeführt wird, immer noch den Namen „Cockpit" trägt. Der so genannte Teil unserer Schiffe scheint auch darauf hinzudeuten, dass in früheren Zeiten die Ablenkung von Hahnenkämpfen erlaubt war, um die mühsamen Stunden einer langen Reise zu verkürzen. Der Hahn war bei den Dichtern ein Thema von großem Interesse; und wurde von ihnen sehr häufig „Chanticleer" genannt:

„Auf diesem Gehöft lebte der edle Chanticleer, ohne seinesgleichen
, der laut krähte." DRYDEN.

„Der gefiederte Sänger Chanticleer
hatte sein Signalhorn aufgezogen
und dem ersten Dorfbewohner
die Ankunft des Morgens verkündet." CHATTERTON.

BANKIVA-HAHN. – JAGO-HAHN UND HENNE. – SPANISCHER HAHN UND HENNE.

AUS dem Bankiva-Geflügel sollen fast alle verschiedenen Geflügelarten hervorgegangen sein, die in britischen Geflügelhöfen zu finden sind. Er ist auf der Insel Java beheimatet und zeichnet sich durch einen rot gezackten Kamm, rote Kehllappen sowie aschgraue Beine und Füße aus. Der Hahn hat einen dünnen, gezackten Kamm und Kehllappen unter dem Maul. Die Halsfedern sind lang, fallen herab, sind an den Spitzen abgerundet und von feinster Goldfarbe. Kopf und Hals sind rehbraun, die Flügeldecken dunkelbraun und schwarz; der Schwanz und der Bauch sind schwarz. Die Henne hat eine düstere aschgraue und gelbliche Farbe und einen viel kleineren Kamm und Bart als der Hahn.

DAS PADUAN- ODER JAGO-GEFLÜGEL.

(*Gallus giganteus.*)

DIE wilde Art, von Marsden das Jago-Geflügel genannt, stammt aus Java und Sumatra und wird von Temminck als das Original dieser schönen Rasse angesehen, obwohl wenig über die wilde Art bekannt ist, außerdem ist sie doppelt so groß des Bankiva oder gewöhnlichen Geflügels. Marsden sagt, er habe im Osten einen Hahn dieser Art gesehen, der groß genug sei, um Krümel von einem Esstisch zu pflücken. Sie sollen zwischen acht und zehn Pfund wiegen. Die Kämme sowohl des Hahns als auch der Henne sind groß, häufig doppelt, in Form einer Krone mit einem büscheligen Federkamm, der bei der Henne am größten ist; die Stimme ist stärker und rauer als die anderer Vögel; aber die merkwürdigste Besonderheit besteht darin, dass sie erst etwa zur Hälfte ausgewachsen sind. Die Cochin-China-Hühner sollen eine Variante der Jago-Hühner sein. Es gibt zahlreiche Hybriden und Sorten des Jago-Geflügels, die unter verschiedenen Namen in Geflügelhöfen zu finden sind, aber alle legen schöne, große Eier und werden wegen des hervorragenden Geschmacks ihres Fleisches hoch geschätzt. Eine der interessantesten dieser Sorten heißt

DAS SPANISCHE GEHÜHNER,

Der Körper und die Schwanzfedern sind von sattem Schwarz, mit gelegentlich etwas Weiß auf der Brust. Der Hahn dieser Art ist ein höchst majestätischer Vogel; Sein Auftreten ist ernst und stattlich, und seine Augen sind von einem Ring aus braunen Federn umgeben, aus denen ein schwarzes Büschel hervorragt, das die Ohren bedeckt. Hinter dem Kamm und unter den Kehllappen befinden sich weitere ähnliche Federn. Die Beine und Füße sind bleifarben, mit Ausnahme der Fußsohle, die gelblich ist.

Das Zwerghuhn

ist eine kleine Art mit kurzen Beinen, die meist bis zu den Zehen befiedert sind, so dass sie manchmal das Gehen behindern. Viele Zwerghuhnzüchter bevorzugen solche mit klaren, hellen Beinen ohne jegliche Federspuren. Der ausgewachsene Zwerghuhn sollte einen rosafarbenen Kamm, einen gut befiederten Schwanz, volle Nackenhaare und eine stolze, lebhafte Haltung haben und nicht mehr als ein Pfund wiegen. Die Nankeen-Farben und die Schwarzen sind die größten Favoriten. Bei letzterer Farbe sollte der Vogel keine Federn anderer Art in seinem Gefieder haben. Die Federn des Nankeen-Vogels sollten schwarz umrandet sein, seine Flügel sollten violett sein, seine Schwanzfedern sollten schwarz sein, seine Nackenhaare sollten leicht violett gespickt sein und seine Brust sollte schwarz sein, mit weißen Rändern an den Federn. Die Hennen sollten klein und sauberbeinig sein und im Gefieder zum Hahn passen.

DER DODO. (*Didus ineptus.*)

SCHNELLIGKEIT wurde im Allgemeinen als die Eigenschaft von Vögeln angesehen, aber der Dodo scheint nie Anspruch auf diese Auszeichnung gehabt zu haben. Anstatt durch sein Erscheinen die Idee der Schnelligkeit zu erregen, wirkt es in den erhaltenen Zeichnungen auf die Fantasie als etwas Unhandliches und Untätigstes aller Natur. Sein Körper ist massiv, fast rund und mit grauen Federn bedeckt. Es wird gerade noch von zwei kurzen, dicken Beinen gestützt, die wie Säulen aussehen; während sich Kopf und Hals auf geradezu groteske Weise daraus erheben. Der dicke und schmale Hals ist mit dem Kopf verbunden, der aus zwei riesigen Kiefern besteht, die sich weit über das Auge hinaus öffnen. Der Dodo bewohnte früher die Insel Frankreich; Aber es ist schon lange ausgestorben – und zwar so lange, dass die bloße Tatsache, dass es jemals existiert hat, unter Naturforschern und Wissenschaftlern umstritten ist. Zahlreiche Beweise, sowohl in Form von alten Bildern als auch in Schriften, wurden vorgelegt, um zu beweisen, dass der Dodo kein fabelhafter Vogel ist, und seine Realität wird mittlerweile allgemein anerkannt. Tatsächlich liegen uns sehr verlässliche Zeugnisse vor, dass ein einziges Exemplar im Jahr 1638 tatsächlich in London öffentlich ausgestellt wurde.

Die frühesten Naturforscher, die ihn beschrieben, hielten den Dodo für eine Art Truthahn, da er im Geschmack seines Fleisches diesem Vogel ähnelte. Spätere Naturforscher hielten es für eine Art Schwan, und dieser Meinung folgte der berühmte Buffon. Andere dachten, es sei eine Art Geier; und andere ordneten ihn, der Kürze seiner Flügel nach zu urteilen, dem Straußstamm zu. Moderne Naturforscher sind jedoch nach sorgfältiger Untersuchung der erhaltenen Knochen des Vogels der Meinung, dass es sich um eine Riesentaube handelte. Ein ganzes Exemplar existierte vor etwa hundert Jahren im Ashmolean Museum in Oxford, aber nur ein Teil des Vogels und einer der Füße sind erhalten; Im British Museum ist auch ein Fuß erhalten. Es gibt einen Hinweis auf diese ausgestorbene Art in Humboldts Kosmos. (Siehe Bohns Ausgabe, Bd. I, Seite 29, und eine Anmerkung zum Dodo von Dr. Mantell am Ende des Bandes.)

Der *Solitaire* ist ein weiterer bemerkenswerter Vogel, der früher auf Mauritius und den angrenzenden Inseln zu finden war, heute aber ausgestorben ist.

Die Ringeltaube, Cushat oder Ringeltaube

(*Columba palumbus*)

IST die größte auf unserer Insel vorkommende Taube, wodurch sie sich von allen anderen unterscheidet; Sein Gewicht beträgt etwa zwanzig Unzen, seine Länge achtzehn Zoll und sein Umfang etwa dreißig. Sie wird üblicherweise als Ringeltaube bezeichnet. Dieser Vogel hat eine bläulich-graue Farbe, wobei die Federn an den Seiten des Halses mit weißen Spitzen versehen sind und mehrere unvollkommene Ringe bilden; Die Rasse ist in Großbritannien verbreitet. Seine Gewohnheiten ähneln denen anderer Vögel des Stammes, aber er hängt so stark an seiner natürlichen Freiheit, dass sich alle Versuche, ihn zu domestizieren, bis auf wenige Ausnahmen, bisher als erfolglos erwiesen haben.

Diese Vögel bauen ihre Nester hauptsächlich auf Kiefern oder Stechpalmen, wobei getrocknete Stöcke grob zusammengeworfen werden. und die Eier, die man häufig durch den Nestboden sehen kann, sind größer als die der Haustaube.

Mr. Montague züchtete eine seltsame Schar Vögel, die in vollkommener Freundschaft zusammenlebten; es bestand aus einer gewöhnlichen Taube, einer Ringeltaube, einer weißen Eule und einem Sperber; Die Ringeltaube war Herrin des Ganzen.

DIE STOCKTAUBE. (*Columba ænas.*)

„Die Stocktaube, Einsiedlerin, mit ihrem Gefährten,
verbirgt ihr liebevolles Glück im Hain,
und das Murmeln scheint sich zu wiederholen:
Dass May die Mutter der Liebe ist." CUNNINGHAM.

DIESER Vogel wird Stocktaube genannt, weil er in Baumstämmen wächst, die umgestürzt sind und dick und borstig geworden sind; und nicht, wie manche vermuten, weil es der Bestand oder das Original ist, aus dem alle zahmen Tauben hervorgegangen sind. Manchmal legen diese Vögel ihre Eier in verlassenen Kaninchenbauen auf der Grasnarbe ab, ohne ein Nest zu bauen.

Die Farbe der Stocktaube ist im Allgemeinen tief schiefer- oder bleifarben, mit schwarzen Ringen um die Federn. Während die Buchenwälder weite Landstriche bedeckten, wurden sie von diesen Vögeln in Scharen heimgesucht, die sich oft über eine Länge von mehr als einer Meile erstreckten, wenn sie morgens zum Fressen hinausgingen. Man findet sie immer noch in beträchtlichen Mengen in vielen Teilen Englands, aber nie in Schottland, wo sie ihre Nester in Baumhöhlen bauen; nicht wie die Ringeltaube, auf Zweigen. Ihr Murmeln oder Gurren am Morgen und in der Abenddämmerung ist äußerst angenehm und verleiht der Einsamkeit des Hains eine angenehme Melancholie. Der Dichter der Jahreszeiten drückt dies in den folgenden Zeilen mit einem schönen Beispiel nachahmender Harmonie aus:

„—— die Stocktaube haucht
ein melancholisches Murmeln durch das Ganze.“
Frühling.

Wordsworth gibt auch eine erfreuliche Beschreibung des traurigen Gurrens dieser Vögel:

noch heute
eine Stocktaube singen oder seine heimelige Geschichte erzählen ;
Seine Stimme war zwischen Bäumen vergraben,
doch der Wind konnte sie nicht erreichen;
Er hörte nicht auf; aber gurrte und gurrte;
Und etwas nachdenklich warb er;
Er sang von der Liebe mit leiser Verschmelzung,
langsam am Anfang und nie endend;
Von ernsthaftem Glauben und innerer Freude
war das das Lied – das Lied für mich.“

DIE FELSENTAUBE. (*Columba livia.*)

DIE Form dieses Vogels, der den ursprünglichen Bestand unserer Haustauben darstellt, ist wohlbekannt, und das Gefieder der Wildvögel ähnelt genau dem der häufigsten Art, die man in unseren Taubenschlägen sieht – bläulich-grau, mit schwarzen Streifen über die Flügel. In seinem wilden Zustand bewohnt er die Hohlräume hoher Felsen und Klippen an der Meeresküste, wo er in unserem Land reichlich vorkommt. Die weibliche Taube legt jeweils zwei Eier, aus denen in der Regel ein Männchen und ein Weibchen hervorgehen. Es ist erfreulich zu sehen, wie gern das Männchen auf den Eiern sitzt, damit sein Partner sich ausruhen und ernähren kann. Wenn die Jungen geschlüpft sind, werden sie mit der Ernte der Mutter gefüttert, die die Fähigkeit hat, die halb verdauten Erbsen, die sie geschluckt hat, aufzudrängen, um sie ihren Jungen zu geben. Die Jungen nehmen mit offenem Mund diesen Zuneigungsbeweis entgegen und werden so dreimal täglich gefüttert.

Es gibt mehr als zwanzig Sorten der Haustaube, von denen die Brieftauben am berühmtesten sind. Ihren Namen verdanken sie der Tatsache, dass sie manchmal eingesetzt werden, um Briefe oder kleine Päckchen von einem Ort zum anderen zu transportieren. Die Geschwindigkeit ihres Fluges ist wunderbar. Lithgow versichert uns, dass einer von ihnen einen Brief in 48 Stunden von Babylon nach Aleppo befördern wird (was für einen Mann normalerweise eine dreißigtägige Reise bedeutet). Um ihre Geschwindigkeit einigermaßen genau zu messen, schickte ein Herr vor vielen Jahren mit einer unbedeutenden Wette eine Brieftaube aus London mit der Kutsche zu einem Freund nach Bury St. Edmunds und dazu einen Wunschbrief dass die Taube zwei Tage nach ihrer Ankunft dort genau zu dem Zeitpunkt ausgeworfen werden könnte, als die Stadtuhr neun Uhr morgens schlug. Dies geschah also, und die Taube kam am selben Morgen um halb elf Uhr in London an, nachdem sie in zweieinhalb Stunden zweiundsiebzig Meilen geflogen war. Ein Beispiel noch größerer Geschwindigkeit wird von Herrn Yarrell erwähnt, bei dem ein Flugzeugträger in anderthalb Stunden von Rouen nach Gent flog, hundertfünfzig Meilen in gerader Linie. Vom Moment seiner Befreiung an richtet sich sein Flug durch die Wolken in großer Höhe auf seine Heimat zu. Mit einem völlig unvorstellbaren Instinkt schießt es in einer geraden Linie weiter zu genau der Stelle, von der es genommen wurde, aber wie es seinen Flug so genau lenken kann, wird uns wahrscheinlich für immer unbekannt bleiben.

„Angeführt von welcher Karte transportiert die schüchterne Taube
die Kränze der Eroberung oder die Gelübde der Liebe?
Sagen Sie durch die Wolken, auf welchen Kompass ihr Flug zeigt?
Monarchen haben zugeschaut, und Nationen haben den Anblick gesegnet.
Stapeln Sie Steine auf Felsen, lassen Sie Wälder und Berge emporsteigen,

verdunkeln Sie ihre heimischen Schatten, ihren heimischen Himmel: –
„Es ist umsonst!" Sie geht durch die weglose Wildnis des Äthers
und leuchtet schließlich dort, wo all ihre Sorgen ruhen.
Süßer Vogel, deine Wahrheit werden Harlems Mauern bezeugen,
und ungeborene Zeitalter werden dein Nest weihen." ROGERS.

Die Brieftaube unterscheidet sich leicht von den anderen Sorten durch einen breiten Kreis nackter weißer Haut um die Augen, durch den großen fleischigen Zweig an der Basis ihres Schnabels und durch ihre dunkelblaue oder schwärzliche Farbe.

Der Versuch, alle Spielarten der zahmen Taube zu beschreiben, wäre ebenso fruchtlos wie unnötig; denn die menschliche Kunst hat die Farbe und Gestalt dieses Vogels so sehr verändert, dass Taubenzüchter durch die Paarung eines Männchens und eines Weibchens verschiedener Art, wie sie es ausdrücken, „sie bis zur Feder züchten" können. Daher haben wir die verschiedenen Namen von Carriers, Tumblers, Jacobins, Croppers, Pouters, Bunts, Turbits, Shakers, Fantails, Owls, Nuns usw., die alle zunächst versehentlich von Rockdove abgewichen sein könnten, und das ist auch der Fall wurde durch Kreuzung, Ernährung und Klima weiter verbessert. Ein echtes Postsystem, bei dem Tauben die Boten waren, wurde von Sultan Noureddin Mahmoud eingeführt, das etwa ein Jahrhundert lang Bestand hatte und 1258 aufhörte, als Bagdad in die Hände der Moguln fiel.

DIE SCHILDOTAUBE. (*Columba turtur.*)

„Geh, schöne und sanfte Taube,
und grüße den Morgenstrahl;
Denn siehe! Die Sonne scheint hell oben,
und der Regen ist vorüber." BOWLES.

DIESE Taube weckt in Herz und Geist die angenehmsten Erinnerungen; sein Name ist fast gleichbedeutend mit Treue und beständiger Zuneigung. Der Mann oder die Frau hängen so sehr an ihrem jeweiligen Partner, dass man vielleicht mit mehr Poesie als Wahrheit sagt, dass, wenn einer stirbt, der andere niemals überleben wird; Der Autor dieser Beobachtungen war jedoch Augenzeuge des Todes eines Turteltaubenweibchens, das leider in Abwesenheit des Männchens von einem Spaniel getötet wurde; Der trostlose Überlebende kam, nachdem er überall vergeblich nach seiner Gefährtin gesucht hatte, kam und setzte sich traurig auf den gewohnten Trog und wartete geduldig darauf, dass sie dorthin zurückkehrte, um Essen zu holen; aber nach zwei Tagen vergeblicher Erwartung verspürte er durch spontane Enthaltsamkeit Sehnsucht und starb an diesem Ort. Solche Beispiele sind nicht üblich; und wir glauben, dass das Erscheinen eines anderen Weibchens, wenn es nicht domestiziert wird, zum Zeitpunkt der Paarung allen natürlichen Hang zur Beständigkeit zunichte macht und dem vielberühmten, trostlosen Witwentum ein Ende setzt. Ihre allgemeine Farbe ist ein bläuliches Grau; Brust und Hals sind weißlich-violett, mit einem Ringel aus wunderschönen weißen Federn mit schwarzen Rändern an den Seiten des Halses. Nichts kann das Gefühl ausdrücken, das in einem fühlenden Geist erregt wird, wenn an einem schönen Frühlingsabend die zarten und süß klagenden Noten der Turteltaube aus dem Hain atmen:

„Tief im Wald höre ich deine Stimme und liebe
deinen sanften, klagenden Gesang, dein zartes Gurren;
Oh, was für eine gewinnende Art hast du zu umwerben,
Sanftester deiner ganzen Rasse – süße Turteltaube!
Dein Ton vergeht nicht,
wie die leichte Musik eines Sommertages;
Die Stimme der Freude zum Schweigen bringen und der Torheit treu bleiben
und in der Brust eine sanfte Melancholie erwecken."
ENGLISCH.

DER STRAUSS. (*Struthio Camelus.*)

DIESER Vogel stammt ursprünglich aus Afrika und ist so groß, dass er, wenn er seinen Kopf hält, eine Höhe von sieben bis acht Fuß erreicht. Der Kopf ist im Vergleich zum Körper sehr klein, kaum größer als eine der Zehen, und ist wie der Hals mit einer Art Daunen oder dünnem Haar anstelle von Federn bedeckt. Die Seiten und Schenkel sind völlig nackt und fleischfarben. Der untere Teil des Halses, wo die Federn beginnen, ist weiß. Die Flügel sind im Verhältnis zur Größe des Vogels sehr kurz und tatsächlich zu klein, um ihm das Fliegen zu ermöglichen; aber wenn er rennt, was er mit einer seltsamen Sprungbewegung ausführt, hebt er seine kurzen Flügel und hält sie zitternd über seinen Rücken, wo sie als eine Art Segel zu dienen scheinen, um den Wind zu sammeln und den Vogel weiterzutragen. Die Geschwindigkeit, die es dadurch erreichen wird, ist enorm. Der schnellste Windhund kann ihn nicht überholen; und tatsächlich kann ein Araber auf seinem Pferd nicht hoffen, einen Strauß zu fangen, ohne auf Kriegslist zurückzugreifen. Geschickt wirft er ihm beim Laufen einen Stock zwischen die Beine und kann ihn so festhalten, indem er ihm ein Bein stellt.

Im Flug schleudert es die Kieselsteine hinter sich wie einen Schuss gegen den Verfolger. Und das ist nicht ihre einzige Art, sich zu ärgern. Es ist bekannt, dass sie Männer mit ihren Klauen angreifen, mit denen sie mit ungeheurer Kraft zuschlagen können. Die Rückenfedern des Hahns sind pechschwarz, bei der Henne nur dunkel und so weich, dass sie einer Art Wolle ähneln. Der Schwanz ist dick, buschig und rund; beim Hahn weißlich, bei der Henne dunkel, mit weißen Spitzen. Dies sind die Federn, die so häufig zur Verzierung der Kopfbedeckungen von Damen und der Helme von Kriegern benötigt werden.

Der Strauß schluckt alles, was ihm in den Sinn kommt, Leder, Glas, Eisen, Brot, Haare usw., aber die alte Vorstellung, dass der Strauß Metalle verdauen könne, ist sicherlich falsch. Ein Strauß im Zoologischen Garten im Regent's Park wurde durch das Verschlucken des Sonnenschirms einer Dame getötet.

„Über die wilde Wüste streunen die dummen Strauße
auf hinterhältiger Suche, um sich eine dürftige Mahlzeit zu holen,
deren heftige Verdauung den gehärteten Stahl zernagt."
MICKLES LUSIADE.

Es handelt sich um polygame Vögel, wobei ein Männchen im Allgemeinen mit zwei oder drei, manchmal auch mit fünf Weibchen gesehen wird. Nachdem das Straußweibchen seine Eier im Sand abgelegt hat, vertraut es darauf, dass sie durch die Hitze des Klimas ausgebrütet werden; Im Buch Hiob gibt es eine schöne Passage über diese Gewohnheit des Straußes, „der seine Eier in der Erde lässt und sie im Staub erwärmt; und vergisst, dass der Fuß sie zermalmen könnte oder dass das wilde Tier sie zerbrechen könnte. Sie ist ihren Jungen gegenüber verhärtet, als ob sie nicht ihre wären. Ihre Arbeit ist vergeblich; ohne Furcht, denn Gott hat ihr die Weisheit genommen; Er hat ihr auch kein Verständnis vermittelt. Wann immer sie ihren Kopf in die Höhe erhebt, verachtet sie das Pferd und seinen Reiter."

Es scheint jedoch, dass das Straußweibchen wie andere Vögel, wenn auch im Allgemeinen nur nachts, auf seinen Eiern sitzt und seine Jungen großzieht. Die Eier sind so groß wie der Kopf eines kleinen Kindes und haben eine harte Steinschale. Es ist bekannt, dass eines davon mehr als drei Pfund wiegt. Die Inkubationszeit beträgt sechs Wochen. Dass Strauße große Zuneigung zu ihren Nachkommen hegen, lässt sich aus der Aussage von Professor Thunberg ableiten, der sagt, er sei einmal an der Stelle vorbeigeritten, wo eine Straußhenne in ihrem Nest saß, als der Vogel aufsprang und ihn verfolgte, offensichtlich mit Aussicht um zu verhindern, dass er ihre Eier oder Jungen bemerkt. Jedes Mal, wenn er sein Pferd zu ihr drehte, wich sie zehn oder zwölf Schritte zurück, aber sobald er wieder weiterritt, verfolgte sie ihn, bis er eine beträchtliche Entfernung von der Stelle erreicht hatte, an der er sie gestartet hatte. In den tropischen Regionen züchten manche Menschen Strauße in Schwärmen, da sie ohne große Mühe gezähmt werden können. Als M. Adanson in Podar, einer französischen Fabrik am Südufer des Flusses Niger, war, boten ihm zwei junge, aber ausgewachsene Strauße, die zur Fabrik gehörten, einen sehr amüsanten Anblick. Sie waren so zahm, dass zwei kleine Schwarze zusammen auf dem Rücken des größten Tieres saßen. Kaum spürte er ihr Gewicht, begann er so schnell wie möglich zu rennen und trug sie mehrmals um das Dorf herum, und es war unmöglich, ihn anders aufzuhalten, als indem er den Durchgang versperrte. Dieser Anblick gefiel Herrn Adanson so sehr, dass er wünschte, er würde sich wiederholen, und um ihre Kräfte auf die Probe zu stellen, wies er einen ausgewachsenen Neger an, den kleineren und zwei andere den größeren der Vögel zu besteigen. Diese Belastung schien in keinem Missverhältnis zu ihrer Stärke zu stehen. Anfangs liefen sie in ziemlich schnellem Trab, aber als sie etwas erhitzt wurden, breiteten sie ihre Flügel aus, als wollten sie den Wind einfangen, und bewegten sich so schnell, dass sie kaum den Boden zu berühren schienen. Der Fuß des Straußes hat nur zwei Zehen, von denen einer extrem groß und kräftig ist.

DIE RHEA (*Rhea Americana*)

DER AMERIKANISCHE STRAUß ist etwa halb so groß wie die afrikanische Art.
Sein Kopf ist mit Federn bedeckt und jeder seiner Füße besteht aus drei
Zehen. Er kommt in den großen Ebenen Südamerikas vor und ist wie der
afrikanische Strauß polygam. Das Kuriose an der Sache ist jedoch, dass die
Weibchen ihre Eier oft fast überall auf dem Boden ablegen und das
Männchen sich die Mühe macht, sie einzusammeln Sie legen sie in eine Art
Nest und sitzen darauf, bis die Jungvögel geschlüpft sind. Bei dieser
Beschäftigung werden die Männchen oft sehr wild und greifen jeden an, der
ihnen zu nahe kommt.

Der Kasuar (*Casuarius galeatus*)

ANSTELLE der schönen Federn des Straußes sind seine Flügel nur mit fünf steifen Stacheln ohne Widerhaken versehen, die seltsam aus den Federn des Körpers hervorstehen. Sein Gefieder ist schwarz; sein Kopf ist klein und gesenkt, mit einer Hornkrone oder einem Hornhelm und mit nackter roter Haut bedeckt; Kopf und Hals sind ohne Federn; Um den Hals herum befinden sich zwei Ausstülpungen von bläulicher Farbe, die an die Kehllappen eines Hahns erinnern. Die Federn bestehen aus langen, schlanken, einzelnen Widerhaken, die an beiden Seiten des Körpers herabhängen, so dass er aus der Ferne aussieht, als wäre er vollständig mit den Haaren eines Bären und nicht mit dem Gefieder eines Vogels bedeckt. Seine Größe beträgt etwa fünf Fuß. Der Kasuar ist genauso gefräßig wie der Strauß und frisst wahllos alles, was ihm in den Weg kommt, und scheint keinerlei Vorliebe bei der Wahl seiner Nahrung zu haben. Die holländischen Reisenden behaupten, er könne nicht nur Glas, Eisen und Steine, sondern sogar brennende Kohlen verschlingen, ohne die geringste Angst zu zeigen oder den geringsten Schaden zu erleiden; und es wird gesagt, dass der Durchgang seiner Nahrung so schnell erfolgt, dass sogar Eier unversehrt bleiben. Er stammt aus einigen indischen Inseln. Die Eier des Weibchens haben einen Umfang von fast fünfzehn Zoll und eine grünliche Farbe. Vom Kasuar heißt es, er habe den Kopf eines Kriegers, das Auge eines Löwen, die Bewaffnung eines Stachelschweins und die Schnelligkeit eines Renners.

Ein Kasuar, der einst in der Menagerie des Museums in Paris aufbewahrt wurde, verschlang jeden Tag zwischen drei und vier Pfund Brot, sechs oder sieben Äpfel und einen Bund Karotten. Im Sommer trank er etwa vier Liter Wasser am Tag, im Winter etwas mehr. Es schluckte sein gesamtes Futter herunter, ohne dabei blaue Flecken zu hinterlassen. Dieser Vogel war manchmal schlecht gelaunt und boshaft und sehr gereizt, wenn sich ihm jemand näherte, der schmutzig oder zerlumpt aussah oder rot gekleidet war, und versuchte häufig, ihn anzugreifen, indem er mit den Füßen nach vorne trat. Es ist bekannt, dass er aus seinem Gehege springt und einem Mann mit seinen Krallen die Beine zerreißt.

Der Kasuar ist sehr kräftig und kräftig; Da sein Schnabel im Verhältnis viel stärker ist als der des Straußes, verfügt er über die Fähigkeit, sich mit großem Vorteil zu verteidigen und fast jede harte Substanz leicht herunterzuziehen und in Stücke zu brechen. Es schlägt auf sehr gefährliche Weise mit den Füßen nach hinten oder vorne, ähnlich dem Tritt eines Pferdes, auf jeden Gegenstand, der es beleidigt, und rennt mit überraschender Schnelligkeit.

DIE EMEU. (*Dromaius Novæ Hollandiæ.*)

DER Kopf dieses Vogels hat keinen Hornkamm und ist gefiedert, aber die Wangen und die Kehle sind fast nackt. Die allgemeine Farbe ist ein mattes Braun mit schmuddeligen Grauflecken, und die Jungen sind schwarz gestreift. Im Aussehen ähnelt er stark dem Strauß, neben dem er der größte bekannte Vogel ist, ist aber von stämmigerem und ungeschickterem Körperbau, aber gleichzeitig sehr schnell und stark und in der Lage, eine beeindruckende Verteidigung gegen seine Jäger zu leisten und ihre Hunde, indem sie auf sehr heftige und gefährliche Weise treten. Es ist jedoch sehr fügsam und kann, wenn es jung eingenommen wird, leicht gezähmt werden. Das Fleisch gilt als ausgezeichneter Verzehr und soll einen Geschmack haben, der zwischen einem Spanferkel und einem Truthahn liegt. Das einzige Geräusch, das dieser Vogel von sich gibt, ist ein leises Trommelgeräusch, das durch eine an der Lunge angebrachte Klappe erzeugt wird. Das Emeu-Weibchen legt seine Eier an verschiedenen Stellen ab, doch das Männchen sammelt sie später ein, indem es sie an eine Stelle rollt, wenn es darauf sitzt.

DER APTERYX. (*Apteryx Australis.*)

DIESER seltsame Vogel, der die kürzesten Flügel aller seiner Art hat, kommt nur in Neuseeland vor, wo er von den Eingeborenen in Anlehnung an seinen Schrei *Kivi-Kivi genannt wird.* Er ist kleiner als jede der gerade beschriebenen Arten flügelloser Vögel und seine Beine sind kurz und kräftig; Es hat drei starke Vorderzehen an jedem Fuß und eine kurze Hinterzehe, die mit einer sehr starken Klaue bewaffnet ist. Der Körper des Apteryx ähnelt in seiner Form etwa dem des Kasuars; der Hals ist ziemlich lang und wie der Kopf mit Federn bekleidet; Aber der merkwürdigste Teil des Vogels ist sein Schnabel, der lang, eher schlank und leicht gebogen ist und dessen Nasenlöcher ganz an der Spitze liegen. Diese merkwürdige Struktur des Schnabels soll es dem Vogel ermöglichen, leichter an die Würmer und Insekten zu gelangen, von denen er sich ernährt und die er aus seinen Löchern im Boden zieht. Er läuft schnell, aber nur nachts, und wenn er in Bewegung ist, könnte man ihn leicht mit einem kleinen dunkelbraunen Vierbeiner verwechseln. Das Gefieder ähnelt in seiner Beschaffenheit dem des Emeu, und die Häute werden von den Neuseeländern sehr geschätzt, die sie zur Herstellung von Umhängen verwenden.

Zu den vielen merkwürdigen Merkmalen dieses Vogels gehört seine Gewohnheit, sich im Ruhezustand auf die Spitze seines langen Schnabels zu stützen. Wenn es gejagt wird, kratzt es mit seinen kräftigen Füßen ein Loch in den Sand, in dem es sich versteckt; oder es rennt in eine natürliche Höhle, wenn es in der Nähe eine gibt, wo es für seine Verfolger schwer zugänglich ist und oft eine tapfere Verteidigung darstellt.

DIE TRANGE (*Otis tarda*)

IST ein großer und schöner Vogel, der früher in einigen Teilen Englands häufig vorkam, heute aber hier so selten geworden ist, dass der Fang eines Exemplars als etwas Bemerkenswertes angesehen wird. In einigen Teilen des europäischen Kontinents ist es immer noch reichlich vorhanden. Die männliche Trappe ist fast einen Meter lang und hat einen gräulichen Kopf und Hals, einen gelbbraunen oder hellbraunen Rücken mit vielen schwarzen Streifen und einen weißen gesamten unteren Teil des Körpers. Auf jeder Seite des Kinns entspringt ein Büschel schlanker Federn von etwa sieben Zoll Länge, die wie ein Paar steifer Schnurrbärte abstehen. Das Weibchen ist viel kleiner als das Männchen und etwa einen Meter lang; Sie unterscheidet sich von ihrem Partner auch durch das Fehlen der Büschel am Kinn, obwohl diese in einigen Fällen beim Weibchen vorhanden sind, aber kürzer als beim Männchen.

Die Trappe ernährt sich von grünem Gemüse und Insekten und soll auch kleine Vierbeiner und Reptilien töten und fressen. Sie sind polygam, und wenn das Weibchen seine zwei oder drei Eier in einer leichten

Bodenvertiefung abgelegt und mit dem Brüten begonnen hat, verlässt das Männchen es höchst unhöflich und zieht sich zurück, um es sich in einem benachbarten Sumpfgebiet gemütlich zu machen. Früher ging man davon aus, dass der männliche Trappe seinen Gefährten so viel Aufmerksamkeit schenkte, dass er sie mit Wasser versorgte, das er ihnen in einem großen Beutel, der fast eine Gallone fassen konnte, unter der Kehle brachte. Es ist wahr, dass das Weibchen dieses Anhängsel nicht hat; aber moderne Naturforscher stimmen alle darin überein, dass man den männlichen Vogel nie in Gesellschaft des Weibchens sieht, nachdem dieses begonnen hat zu sitzen. Die Verwendung dieses Beutels ist daher immer noch Gegenstand von Kontroversen.

Das Weibchen legt seine Eier zwischen Klee oder häufiger in Maisfeldern ab, wobei das Nest lediglich eine in den Boden gekratzte Mulde ist. Die Anzahl der Eier beträgt zwei, manchmal auch drei, und ihre Farbe ist gelbbraun mit Tendenz zu Grün.

Eine Besonderheit der Trappe, die den meisten Naturforschern auffällt, ist die extreme Geschwindigkeit, mit der sie laufen kann. Sie gleiten über den Boden und strecken die Flügel auf die gleiche Weise wie der Strauß über den Rücken. Man sagt, dass es in früheren Zeiten, als die Rasse verbreiteter war, üblich war, die Jungvögel mit Windhunden zu jagen, bevor sie die Fähigkeit zum Fliegen erlangt hatten.

Als Nahrungsmittel wurde das Fleisch der Trappe seit jeher sehr geschätzt.

Es gibt mehrere andere Arten, die sowohl in Asien als auch in Afrika vorkommen.

DER KRAN. (*Grus cinerea.*)

KRANICHE KOMMEN häufig in sumpfigen Gebieten vor und ernähren sich von kleinen Fischen und Wasserinsekten. Ihre langen Schnäbel ermöglichen es ihnen, das Wasser und den Schlamm nach Beute abzusuchen, und ihr langer Hals verhindert, dass sie sich bücken müssen, um die Gegenstände ihrer Suche zwischen ihren Füßen aufzuheben. Der Oberkopf, die Kehle und die Halsseiten sind schwärzlich gefärbt; Der Rücken, die Flügel und der Körper sind aschefarben. Die Tertialfedern der Flügel sind sehr lang und haben lockere Netze, die elegante Federn bilden, die über die Seiten des Schwanzes fallen. Früher waren sie in den Moorgebieten Lincolnshire und Cambridgeshire häufig anzutreffen, heute sind sie in England nicht mehr so häufig anzutreffen wie früher. Auf ihrem Flug steigen Kraniche hoch in die Luft, aber ihre Stimmen sind auch dann zu hören, wenn die Vögel für das Auge nicht mehr wahrnehmbar sind, und es heißt, dass ihre Sicht so scharf ist, dass sie jedes Maisfeld aus großer Entfernung entdecken oder ein anderes Essen, das sie gern mögen, und steigen dann aus und genießen es. Diese Plünderungen begehen sie meist nachts, indem sie den Boden niedertrampeln, als wäre er von einer Armee überrannt worden. Sie bilden sich in der Regel keilförmig in der Luft.

„―――― – Teilweise weiser,
gemeinsam, in ihrer Gestalt weiträumig, keilen sich ihren Weg,
kennen die Jahreszeiten und ziehen mit
ihrer luftigen Karawane hoch über die Meere
fliegend und über das Land, mit gegenseitigen Flügeln, die
ihren Flug erleichtern. So steuert der umsichtige Kranich
seine jährliche Reise, getragen vom Wind. Die Luft
schwebt, während sie vorbeiziehen, angefächert von zahllosen Flügeln."
MILTON.

Dieser Vogel erreicht ein beträchtliches Alter, und da er leicht zu zähmen ist, wurde festgestellt, dass der Kranich oft sein vierzigstes Lebensjahr erreicht. Sein Nest wird normalerweise zwischen Schilf und Seggen eines Sumpfgebiets gebaut, manchmal aber auch auf einer Gebäuderuine. Das Weibchen legt zwei hellbraune Eier mit dunkleren Flecken.

Laut Kolben werden sie oft in großen Schwärmen in den Sumpfgebieten rund um das Kap der Guten Hoffnung beobachtet. Er sagt, er habe noch nie einen Schwarm von ihnen auf dem Boden gesehen, von dem nicht einige offenbar als Wächter aufgestellt worden wären, um Ausschau zu halten, während die anderen beim Fressen waren und die übrigen bei drohender Gefahr sofort Bescheid gaben. Diese Wächter stehen auf einem Bein und strecken von Zeit zu Zeit ihren Hals, als wollten sie beobachten, dass alles in Sicherheit ist. Sobald eine Gefahr erkannt wird, ist die ganze Herde augenblicklich auf der Flucht. Kolben fügt auch hinzu, dass jeder der wachenden Kraniche, die auf ihren linken Beinen ruhen, in der Nacht einen Stein von beträchtlichem Gewicht in ihrer rechten Klaue hält, damit sie, wenn sie vom Schlaf überwältigt werden, durch das Fallen des Steins geweckt werden können.

Der Balearenkranich oder gekrönte DEMOISELLE (*Balearica pavonina*)

IST SIE , wie der Name schon sagt, auf Mallorca und Menorca im Mittelmeer heimisch, die früher Balearen genannt wurden, heute kommt sie jedoch hauptsächlich auf den Kapverdischen Inseln vor. Die Form seines Körpers ist der des gewöhnlichen Kranichs nicht unähnlich, aber er hat ein Haupt- und Unterscheidungszeichen auf dem Kopf; Das heißt, es handelt sich um ein Haarbüschel oder besser gesagt um kräftige graue Borsten, die wie Strahlen in alle Richtungen abstehen, weshalb diese Art auch ihren anderen Namen „Kronenreiher" hat. Sie schlafen und fressen wie Pfauen.

Der Prachtlibelle oder Numidische Kranich (*Anthropoides virgo*) zeichnet sich durch die Anmut und Symmetrie seiner Form und die Eleganz seines Verhaltens aus. Sie ist etwas größer als die oben beschriebene Art und kommt in vielen Teilen Afrikas vor. Auf der Suche nach kleinen Fischen, Fröschen usw., die seine Lieblingsnahrung sind, besucht er häufig feuchte und sumpfige Orte. Es ist leicht zu domestizieren.

DER STORCH. (*Ciconia alba.*)

HALS , Kopf, Brust und Körper dieses Vogels sind weiß, der Rumpf und die Außenfedern der Flügel sind schwarz; die Augenlider nackt; Der Schwanz ist weiß und die Beine sind lang, schlank und von roter Farbe. Störche sind Zugvögel. Wenn sie Europa verlassen, versammeln sie sich in einer bestimmten Nacht und treten alle gleichzeitig ihren Flug an. Da sie sich von Fröschen, Eidechsen, Schlangen und anderen schädlichen Kreaturen ernähren, ist nicht zu erwarten, dass der Mensch ihnen feindlich gegenübersteht, und deshalb sind sie bei den Nationen, die sie besuchen, im Allgemeinen beliebt. In den Niederlanden gibt es Gesetze, die die Zerstörung dieser Tiere verbieten. Deshalb sind sie in Holland weit verbreitet und bauen ihre Nester und ziehen ihre Jungen auf den Dächern von Häusern und Schornsteinen mitten in den meistbesuchten und bevölkerungsreichsten Städten auf. Dutzende Menschen können sie bei einem Spaziergang sehen über die Märkte, wo sie sich von den Innereien ernähren. An manchen Orten soll der Storch dem Haus, auf dem er sein Nest baut, Glück bringen, und die Bewohner stellen Kisten auf ihre Dächer, um die Vögel dazu zu bewegen, dort ihren Wohnsitz zu nehmen.

Der Storch ähnelt in seinem Körperbau stark dem Kranich, wirkt jedoch etwas korpulenter. Ersteres legt vier Eier, während letzteres nur zwei legt.

Man sagt, dass Störche Ägypten in so großer Zahl besuchen, dass die Felder und Wiesen weiß vor ihnen sind. Die Ägypter sind jedoch nicht unzufrieden mit dem Anblick; Da Frösche dort in so großer Zahl erzeugt werden, würden die Störche sie nicht verschlingen, sie würden alles überrennen. Zwischen Belba und Gaza sind die Felder Palästinas aufgrund des Überflusses an Mäusen und Ratten oft zur Wüste geworden; und wenn sie nicht zerstört würden, könnten die Bewohner keine Ernte haben. Das Wesen des Storchs ist sanft und ruhig; Es ist leicht zu zähmen und kann darauf trainiert werden, in Gärten zu leben, in denen es Insekten und Reptilien entfernt. Es hat eine ernste Ausstrahlung und einen traurigen Aspekt; dennoch zeigt er, wenn er durch ein Beispiel geweckt wird, ein gewisses Maß an Fröhlichkeit; denn es macht mit, wenn die Kinder herumtollen und mit ihnen spielen.

Während ihrer Wanderungen werden Störche in großen Mengen beobachtet. Dr. Shaw sah drei Schwärme von ihnen, die Ägypten verließen und den Berg Karmel überquerten, von denen jeder fast eine halbe Meile breit zu sein schien; und er sagt, dass die Überfahrt drei Stunden dauerte.

Der Storch war, wie der Ibis, ein Gegenstand der Verehrung der Alten, und ihre Tötung war ein Verbrechen, das mit dem Tode bestraft wurde. Der Storch zeichnet sich durch seine große Zuneigung zu seinen Jungen aus. Dies wurde auf bemerkenswerte Weise während der großen Feuersbrunst von Delft in Holland deutlich, bei der man beobachtete, wie eine Storchfrau alle Anstrengungen unternahm, um ihre junge Familie zu entführen, und diese Liebesarbeit fortsetzte, bis der Rauch und die Flammen ihre eigene Flucht verhinderten und sie umkam mit ihrer Brut.

DER ADJUTANT (*Leptoptilus argala*)

AUCH Riesenkranich genannt, ist ein Storchvogel und stammt aus Indien und anderen warmen Ländern. Kopf und Hals sind wie beim Strauß frei von Federn; Ersteres sieht aus, als wäre es aus Holz; letzteres von fleischfarbener Farbe. Die Flügeldecken und der Rücken sind schwarz mit einem bläulichen Schimmer; der untere Teil des Körpers weißlich; Die Beine sind lang, ohne Federn und von gräulicher Farbe, ebenso wie die Oberschenkel, die genauso schlank zu sein scheinen wie das Bein. Der Schnabel ist enorm groß und der Vogel klappert gern die beiden Mandibeln zusammen. Unter dem Kinn befindet sich eine Art Beutel oder Beutel, der wie die Wamme einer Kuh vor dem Hals herabhängt; Darin bewahrt der Adjutant alle Vorräte auf, die ihm in den Weg fallen könnten, nachdem seine unmittelbaren Bedürfnisse befriedigt wurden. Er ist ein äußerst gefräßiger Vogel und verschlingt jede Art von Nahrung, und da er nichts gegen Aas hat, ist seine Anwesenheit in Städten erwünscht, wo er den Geiern, Krähen, Hunden und Schakalen bei der Erfüllung ihrer Aufgaben als Aasfresser hilft. Tatsächlich ist seine Habgier so groß, dass er so unnährliche Substanzen wie Knochen mit einem solchen Eifer und Genuss verschluckt, dass er den Namen „ *Knochenfresser* " oder „Knochennehmer" erhalten hat. Wenn er durch die Häuser kommt, muss er sorgfältig beobachtet werden, da seine Schluckkraft so groß ist, dass ein Geflügel, ein Kaninchen oder sogar eine Hammelkeule mit einem einzigen Bissen weggeworfen wird. Sir E. Horne gibt an, dass im Magen eines Adjutanten eine fast einen Fuß lange Schildkröte und eine große schwarze

Katze gefunden wurden; Daraus können wir erkennen, dass der Adjutant in seiner Ernährung keineswegs zimperlich ist.

Der Adjutant ist tatsächlich ein sehr riesiger Vogel. Seine Flügellänge beträgt von Spitze zu Spitze oft 4 bis 15 Fuß, und wenn er aufrecht steht, erreicht er eine Höhe von 1,50 m.

Dr. Latham gibt in seiner „Allgemeinen Geschichte der Vögel" einige sehr interessante Informationen über die Gewohnheiten dieses Vogels. „Einer von ihnen, ein junger Vogel von etwa fünf Fuß Höhe, wurde zahm aufgezogen und dem Häuptling der Bananas vorgestellt, wo M. Speakman lebte; und da er es gewohnt war, in der großen Halle gefüttert zu werden, gewöhnte er sich bald daran, diesen Ort täglich zur Essenszeit aufzusuchen und sich häufig hinter den Stuhl seines Herrn zu setzen, bevor die Gäste eintraten. Die Diener waren verpflichtet, genau zu wachen und die Vorräte mit Ruten zu verteidigen; Dennoch ergriff es häufig etwas und entwendete sogar ein ganzes gekochtes Huhn, das es in einem Augenblick verschlang. Sein Mut ist nicht gleichbedeutend mit seiner Gier, denn ein acht- oder zehnjähriges Kind bringt es schnell mit einer Gerte in die Flucht. Alles wird im Ganzen verschlungen, und seine Kehle ist so gefällig, dass nicht nur ein Tier von der Größe einer Katze verschlungen wird, sondern auch eine zerbrochene Rinderkeule nur für zwei Bissen reicht."

Eine weitere Adjutantenart (*Leptoptilus marabou*) kommt im tropischen Afrika vor. Er ist noch hässlicher als der indische Vogel, der nicht viel Schönheit zu bieten hat, aber nicht nur als Aasfresser wertvoll ist, sondern auch wegen seiner schönen Federn, die Maraboutfedern genannt werden und die so oft für Damenkopfbedeckungen verwendet werden.

Der Reiher. (*Ardea cinerea.*)

DIE Gewohnheiten des Reihers sind eigenartig. Auf einem Stein oder einem Baumstumpf sitzend, an der einsamen Strömung eines Baches, den Hals und den langen Schnabel halb zwischen den Schultern vergraben, wird er den ganzen Tag geduldig und ungerührt auf den Tod eines Kleinen warten Fisch oder das Hüpfen eines Frosches; aber sein Appetit ist unstillbar.

Dieser Vogel ist von der Schnabelspitze bis zum Ende der Krallen etwa einen Meter lang; bis zum Ende des Schwanzes etwa achtunddreißig Zoll; Seine Breite beträgt bei ausgestreckten Flügeln etwa fünf Fuß. Das Männchen zeichnet sich durch einen Kamm oder ein Büschel schwarzer Federn aus, die am Hinterteil seines Kopfes herabhängen, was in ritterlichen Zeiten von großem Wert war und als besonderes Unterscheidungsmerkmal galt, wenn es über dem Federbusch aus Straußenfedern getragen wurde.

Vergil zählt den Reiher zu den Vögeln, die von dem herannahenden Sturm betroffen sind und ihn vorhersagen:

„Wenn wachsame Reiher ihren Wasserstand verlassen
und mit aufgerichtetem Flug emporsteigen,
steigen sie in den Himmel auf und schweben über dem Anblick.“
DRYDEN.

Obwohl der Reiher hauptsächlich in der Nähe von Sümpfen und Seen lebt, baut er sein Nest auf den Wipfeln der höchsten Bäume. In seinen Gewohnheiten ähnelt es dem Turm: Eine große Anzahl von Reihern lebt in einer sogenannten Reiherkolonie zusammen, wie es Türken in einer Kolonie tun. Das Weibchen legt vier große Eier von hellgrüner Farbe; Die natürliche Lebensdauer dieses Vogels soll mehr als 60 Jahre betragen.

In England zählten Reiher früher zu den königlichen Wildtieren und waren als solche durch die Gesetze geschützt; und als die Falknerei in Mode war, war die Verfolgung des Reihers ein beliebtes Vergnügen.

„——— – Nun, wie der müde Hirsch,
der sich in Schach hält, provoziert der Hern ihre Wut;
Dicht an seinem trägen Flügel mit flaumigen Federn
bedeckt er seinen verhängnisvollen Schnabel und versteckt vorsichtig
den gut getarnten Betrüger. Der Falke schießt
wie ein Blitz von oben herab, und in seiner Brust
empfängt er den latenten Tod: Senkrecht fällt er,
springt von der Erde ab und
befleckt mit seinem rieselnden Blut ihr buntes Gefieder. Sehen Sie, leider!
Der Falkner in Verzweiflung, sein Lieblingsvogel liegt tot zu seinen Füßen:
Er beweint ihr Schicksal um seine liebste Freundin ;
er denkt über Rache nach,
er stürmt, er schäumt, er lässt der Wut freien Lauf;
Er will auch nicht lange auf die Mittel zurückgreifen; Der Hern ist ermüdet,
erschöpft von der Zahl und den Erträgen, und
er fällt auf die Erde. seine grausamen Feinde kreisen umher und
beleidigen nach Belieben." SOMERVILLE.

Es ist äußerst gefährlich, sich einem verwundeten Reiher zu nähern, und dabei ist äußerste Vorsicht geboten. Obwohl er scheinbar fast tot ist, schießt er dennoch auf das Gesicht seines Feindes und fügt ihm manchmal eine schwerste Wunde zu.

DIE Rohrdommel (*Botaurus stellaris*)

IST nicht ganz so groß wie der Reiher; Sein Kopf ist klein, schmal und an den Seiten zusammengedrückt. Der Scheitel ist schwarz, der Hals und die Halsseiten rot mit schmalen schwarzen Linien und der Rücken ist blassrot, mit Gelb gemischt. Die Krallen sind lang und schlank, wobei die Innenseite der mittleren Krallen gezahnt ist, damit er seine Beute besser festhalten kann. Der Schnabel ist etwa zehn Zentimeter lang. Der bemerkenswerteste Charakter dieses Vogels ist das hohle und doch laute Grollen seiner Stimme; Sein Brüllen ist zur Zeit des Sonnenuntergangs aus einer Entfernung von einer Meile zu hören, und es ist zunächst kaum möglich, sich vorzustellen, wie ein solcher Klangkörper, der dem Brüllen eines Ochsen ähnelt, von einem verhältnismäßig kleinen Vogel erzeugt werden kann. Früher glaubte man, dass das dröhnende Geräusch entsteht, wenn der Vogel seinen Schnabel in den Schlamm steckt; daher Thomson:

„—— So
weiß die Rohrdommel, wie spät es ist, mit dem Schnabel,
der den tosenden Sumpf zum Beben bringt."

Und auch Southey beschreibt den eigentümlichen Lärm dieses Vogels in seinem Gedicht von Thalaba:

„Und als am Abend über die sumpfige Ebene
der Boom der Rohrdommel weit kam,
deutlich in der Dunkelheit sichtbar —

über dem anhaltenden Licht des niedrigen Horizonts
erhoben sich die nahen Ruinen des alten Babylon."

Manchmal schwebt die Rohrdommel am Abend plötzlich geradeaus, manchmal auch spiralförmig, so hoch in der Luft, dass sie für das Auge nicht mehr wahrnehmbar ist. Wenn es vom Bussard oder anderen Raubvögeln angegriffen wird, verteidigt es sich mit großem Mut und schlägt solche Angreifer im Allgemeinen zurück; Es zeigt auch keine Anzeichen von Angst, wenn es vom Sportler verwundet wird, sondern blickt ihn mit einem scharfen, unerschrockenen Blick an. und wenn es bis zum Äußersten getrieben wird, greift es ihn mit äußerster Kraft an, verletzt seine Beine oder zielt mit seinem scharfen und durchdringenden Schnabel auf seine Augen. Früher genoss es auf den Tischen der Großen hohes Ansehen und erlangt nun wieder seinen Ruf als modisches Gericht zurück. Das Fleisch gilt als köstlich. Im Herbst wechselt es seinen Aufenthaltsort und beginnt seine Reise immer bei Sonnenuntergang. Seine Vorsichtsmaßnahmen zur Verschleierung und Sicherheit scheinen mit großer Sorgfalt und Umsicht getroffen zu werden. Meist sitzt er mit erhobenem Kopf im Schilf; und so kann er aufgrund seines langen Halses über ihre Spitzen hinwegsehen, ohne selbst vom Sportler wahrgenommen zu werden. Die Hauptnahrung dieser Vögel besteht im Sommer aus Fischen und Fröschen; aber im Herbst suchen sie in den Wäldern nach Mäusen, die sie mit großer Geschicklichkeit erbeuten und stets im Ganzen verschlingen. Um diese Jahreszeit werden sie normalerweise sehr fett.

Der Löffelschnabel (*Platalea leucorodia*)

IST ein großer Vogel; Die Farbe des gesamten Körpers ist weiß, und die Ähnlichkeit des Schnabels mit einem Löffel hat zu der Bezeichnung des Vogels geführt. Bei manchen Exemplaren wechselt das Gefieder von weiß nach rosa. Auf der Rückseite des Kopfes befindet sich ein wunderschöner weißer Kamm, der nach hinten geneigt ist. Die Beine und Füße sind schwarz. Die Weisheit der Vorsehung zeigt sich am deutlichsten in der Gestaltung des Schnabels, der vollständig an die Gewohnheiten und die Art der Fütterung dieser Vögel angepasst ist: Die Frösche und Fische, die die Hauptnahrung des Löfflers darstellen, können oft dem Dünnen und Engen entkommen Schnabel des Reihers und anderer Vögel, aber die Mandibeln dieses Vogels sind am Ende so groß, dass die Beute nicht zur Seite rutschen kann. Wie Saatkrähen und Reiher bauen Löffler ihre Nester auf den Wipfeln hoher Bäume und legen drei oder vier Eier, die weiß, mit blassroten Sprenkeln und so groß sind wie die einer Henne. Diese Vögel sind während der Brutzeit sehr laut. Der Löffler wandert im Sommer nordwärts und kehrt bei Einbruch des Winters in südliche Gefilde zurück; und kommt in allen mittleren Tieflandländern zwischen den Färöer-Inseln und dem Kap der Guten Hoffnung vor.

Der *Amerikanische* oder *Rosalöffler* (*Platalea Ajaja*) ist sehr schön. Seine Farbe ist weiß mit rosa Schattierungen, die sich an den Flügeln und am Schwanz ins satte Karminrot vertiefen. Die Füße sind halb mit Schwimmhäuten versehen, und man findet den Vogel im Allgemeinen an der Meeresküste, wo er auf der Suche nach kleinen Schalentieren verschiedener Art, von denen er sich ernährt, ins Meer watet.

DER IBIS. (*Ibis religiosa.*)

DER IBIS galt bei den alten Ägyptern als heiliger Vogel, der diese Vögel in ihren Tempeln herumlaufen ließ und ihre Körper nach dem Tod mit der gleichen Sorgfalt einbalsamierte wie die ihrer Priester und Könige. Der Grund für diese Verehrung ist nicht eindeutig geklärt. Einige Autoren gehen davon aus, dass sie auf die Dienste zurückzuführen ist, die der Vogel bei der Vernichtung von Schlangen und anderen schädlichen Kreaturen geleistet hat. andere weisen auf eine fantasievolle Ähnlichkeit zwischen dem Vogel und einer der Mondphasen hin; und andere wiederum beziehen sich auf die Ankunft der Vögel in Ägypten etwa zur Zeit der jährlichen Überschwemmung des Nils. Der heilige Ibis hat einen langen, kräftigen, gebogenen schwarzen Schnabel; Kopf und Hals sind schwarz und nackt, das Gefieder ist weiß, die Flügelspitzen sind schwarz. Eine andere Art, der *Glanzibis (Ibis falcinellus)*, teilte die Verehrung der Ägypter mit dem Heiligen Ibis; Er hat einen schlankeren Schnabel als der Heilige Ibis und sein wunderschön glänzendes Gefieder ist oben dunkelgrün und unten rotbraun. Dieser Vogel ist im Süden Europas verbreitet und Exemplare wurden in England geschossen. Der *Scharlachrote Ibis (Ibis rubra)* ist eine wunderschöne Art, die zusammen mit dem Rosalöffler die Ufer der großen Flüsse Südamerikas schmückt.

Der Brachvogel. (*Numenius arquatus.*)

„Besänftigt durch das Rauschen der Meeresküste,
sein dunkelgraues Gefieder schwebt dem Sturm entgegen,
vermischt der Brachvogel sein melancholisches Wehklagen
mit den heiseren Geräuschen, die das rauschende Wasser ergießt.“
MISS WILLIAMS.

„Wild wie der Schrei des Großen Brachvogels,
Von Fels zu Fels flog das Signal."
SIR WALTER SCOTT.

DER BRACHVOGEL ist ein großer Vogel mit einem Gewicht von etwa 24 Unzen; und kommt im Winter an der Meeresküste auf allen Seiten Englands vor. Die mittleren Teile der Federn von Kopf, Hals und Rücken sind schwarz, die Ränder oder Außenseiten aschefarben mit einer Mischung aus Rot; und der untere Teil des Körpers weiß. Der Schnabel ist regelmäßig nach unten gebogen und an der Spitze weich. Das Fleisch dieses Vogels kann in Geschmack und Feinheit dem Fleisch jedes anderen Wasservogels Konkurrenz machen, und die Menschen in Suffolk sagen sprichwörtlich:

„Ein Brachvogel, sei sie weiß, sei sie schwarz,
sie trägt zwölf Pence auf dem Rücken:"

Es muss jedoch zugegeben werden, dass die Qualität und Güte des Fleisches von Brachvögeln von der Art ihrer Nahrungsaufnahme und der Jahreszeit, in der sie gefangen werden, abhängt. Wenn sie sich am Meeresufer aufhalten, entwickeln sie eine Art von Würze, die so stark ist, dass sie, wenn man sie nicht mit Essig auf den Spieß beträufelt, kein angenehmes Essen sind.

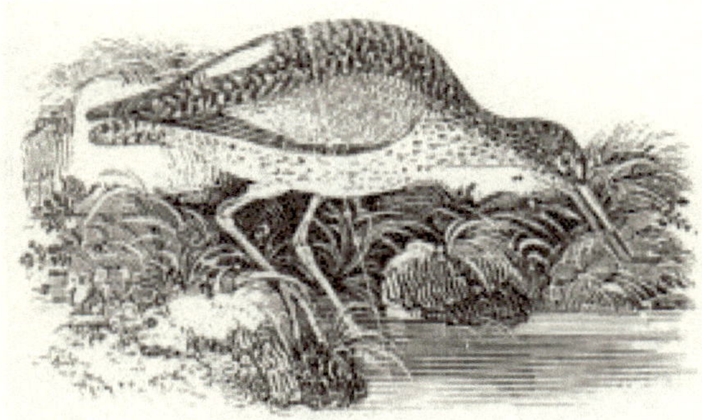

Der Rotschenkel. (*Totanus calidris.*)

DIESER Vogel erhielt seinen Namen von der Farbe seiner Beine, die purpurrot sind. Von der Größe her liegt er zwischen dem Kiebitz und der Bekassine und wird manchmal auch *Teichschnepfe genannt* . Der Kopf und der Rücken haben eine düstere Aschefarbe mit schwarzen Flecken, die Kehlkopfpartie ist schwarz und weiß gefärbt, wobei das Schwarz entlang der Federn nach unten gezogen ist. Die Brust ist weißer und weist weniger Flecken auf. Der Rotschenkel erfreut sich an den Moorgebieten sowie an feuchten und sumpfigen Böden, wo er brütet und seine Jungen großzieht. Das Weibchen legt vier weißliche Eier mit olivfarbenen Strichen und unregelmäßigen schwarzen Flecken. Pennant und Latham sagen, dass es bei

Störung um sein Nest herumfliegt und dabei ein Geräusch wie ein Kiebitz macht. Es ist an der Meeresküste nicht so häufig wie einige andere seiner Art. Wir müssen hier bemerken, dass dieser Vogel oft mit anderen verwechselt wurde. Tatsache ist, dass mehrere Vögel, die ihr Gefieder wechseln und je nach Alter, Jahreszeit und Klima, in dem sie leben, ihre Größe vergrößern oder verkleinern, alle Nomenklatoren auf die Probe stellen und alle Klassifizierungen durcheinander bringen.

DIE SCHNEE (*Limosa ægocephala*)

KOMMT in verschiedenen Teilen Großbritanniens vor und ist etwas größer als die Waldschnepfe, der sie im Aussehen sehr ähnelt. Im Frühling und Sommer hält es sich in den Mooren und Sümpfen auf, wo es seine Jungen großzieht und sich von kleinen Würmern und Insekten ernährt; aber im Winter sucht es die Salzwiesen und die Meeresküste auf, wo es sich von den Schalentieren und Meerestieren ernährt, die die zurückgehende Flut zurückgelassen hat. Eine Besonderheit dieses Vogels ist die Form seines Schnabels, der leicht nach oben gebogen ist. Kopf, Hals und Rücken sind rotbraun; der untere Teil des Körpers ist weiß; die Beine sind dunkel und manchmal schwarz.

Die Uferschnepfe wird von Feinschmeckern als große Delikatesse sehr geschätzt und sehr gut verkauft. Es wird in Netzen gefangen, in die es von einem *abgestandenen* oder ausgestopften Vogel gelockt wird, und zwar auf die gleiche Weise und in der gleichen Jahreszeit wie die Halskrausen und Vögel.

DER RUFF UND DER REEVE. (*Machetes pugnax.*)

ES ist merkwürdig zu sehen, wie die schöpferische Kraft der Vorsehung bei unserer Beobachtung natürlicher Objekte alle Formen und Gestalten in der Zusammensetzung der Arten ausprobiert zu haben scheint. Beim Hahnenvogel dieser Art umschließt ein Kreis oder Kragen aus langen Federn, der etwas einer Halskrause ähnelt, den Hals unter dem Kopf, weshalb der Vogel den Namen Halskrause erhalten hat. Er ist etwa 30 cm lang und hat einen etwa 2,5 cm langen Schnabel. Die Federfarben der Männchen haben eine wunderbare und nahezu unendliche Vielfalt; so dass man im Frühling kaum zwei genau gleiche Exemplare finden kann; aber nach der Mauser werden sie alle wieder gleich.

Die Männchen werden aufgrund ihrer streitsüchtigen Art manchmal Kämpfer genannt. Es ist ein Zugvogel und kommt im Frühjahr in die Sümpfe von Lincolnshire und an andere ähnliche Orte. Mr. Pennant erzählt uns, dass im Laufe eines einzigen Morgens mehr als sechs Dutzend in einem Netz gefangen wurden und dass ein Vogelfänger in einer Saison zwischen vierzig und fünfzig Dutzend gefangen hat.

DAS Weibchen wird Reeve genannt und sein Fleisch gilt als große Delikatesse für den Tisch. Sie sind kleiner als die Hähne und ihre Federn verändern sich nicht. Ruff und Reeve werden in Netzen gefangen. Früher wurden sie in großer Zahl in vielen Teilen Englands gesehen, insbesondere auf der Isle of Ely und in den Mooren von Lincolnshire. Die im Laufe dieses Jahrhunderts vorgenommenen Verbesserungen bei der Entwässerung und Bewirtschaftung haben diesen Vögeln ihre gewohnten Aufenthaltsorte entzogen und sie sind nicht mehr häufig anzutreffen. Ein Schriftsteller des letzten Jahrhunderts sagte, er habe den Boden so mit Nestern und Eiern von Regenpfeifern und Vögten bedeckt gesehen, dass „man kaum einen Schritt machen konnte, ohne darauf zu treten". Sie kommen heute am häufigsten an den Küsten Südschottlands und Northumberlands vor.

Reeves werden für den Tisch gemästet, indem man sie mit gekochtem Reis oder Weizen, Brot und Milch, Hanfsamen usw. füttert. Sie müssen während des Prozesses in einem dunklen Raum aufbewahrt werden, da der kleinste Lichtschein das Signal für einen wütenden Kampf ist.

DIE SCHNECHE. (*Scolopax gallinago.*)

„Die Bekassine fliegt schreiend vom sumpfigen Rand herab
und türmt sich in luftigen Kreisen über den Wald;
Immer noch in Abständen zu hören; und kehrt oft zurück
und bückt sich, als würde er niedersteigen; dann rollt sie sich
mit plötzlicher Angst in die Höhe, schreit und bückt sich wieder,
ihre Lieblingslichtung will sie nur ungern verlassen." GISBORNE.

DIE SCHNEPFE wiegt etwa vier Unzen. Eine blassrote Linie teilt den Kopf in Längsrichtung; das Kinn unter dem Schnabel ist weiß; der Hals ist eine Mischung aus Braun und Rot; der untere Teil des Körpers ist fast ganz weiß. Der Rücken und die Flügel haben eine dunkle Farbe. Das Fleisch ist zart, süß und kommt im Geschmack dem der Waldschnepfe gleich. Bekassinen ernähren sich vor allem von kleinen roten Würmern und Insekten, die sie an schlammigen und sumpfigen Orten, an den Ufern von Bächen und Bächen sowie am lehmigen Rand von Teichen finden. Man sagt, dass Bekassinen den ganzen Sommer über bei uns bleiben und sich in Mooren und Sümpfen niederlassen, wo sie vier oder fünf Eier legen; aber die meisten von ihnen sind Zugvögel und werden oft in großen Schwärmen gesehen, wenn sie durch starken Frost zu geschützten Quellen gezwungen werden. Herr Daniel gibt an, dass es vor etwa dreißig Jahren in den Mooren von Cambridgeshire so viele Bekassinen gab, dass im Milton-Fenn in einer Nacht und von einem einzigen Mann so viele wie möglich mit einem Lerchennetz gefangen wurden in einem kleinen Korb aufbewahrt werden.

Die Waldschnepfe (*Scolopax Rusticola*)

IST etwas kleiner als das Rebhuhn. Die Oberseite des Körpers ist farbenfroh in Rot, Schwarz und Grau gehalten und sehr schön. Vom Schnabel fast bis zur Mitte des Kopfes hat es eine rötliche Aschefarbe. Der untere Teil des Körpers ist grau mit quer verlaufenden braunen Linien; Unter dem Schwanz ist die Farbe etwas gelblich; Das Kinn ist weiß mit einer gelben Tinktur. Waldschnepfen sind Zugvögel, die im Herbst nach Großbritannien kommen und zu Frühlingsbeginn wieder abreisen; Sie paaren sich, bevor sie gehen, und man sieht sie in Zahnspangen fliegen.

Die Farben dieses schüchternen Vogels machen es schwierig, ihn zwischen den verdorrten Stengeln und Blättern von Farn, Stöcken, Moos und Gras zu erkennen, die den Hintergrund der Landschaft bilden, die ihn in seinen feuchten und einsamen Rückzugsorten schützt. Nur aus Gewohnheit ist es dem Jäger möglich, ihn zu entdecken, und seine charakteristischen Merkmale sind das volle Auge und der glänzende silberne Schwanz mit der weißen Spitze des Vogels. Das Fleisch genießt einen hohen Stellenwert und ist daher sehr begehrt. Es ist kaum notwendig zu beachten, dass beim Zubereiten einer Waldschnepfe am Spieß die Eingeweide nicht herausgezogen werden, sondern auf geröstete Brotscheiben fallen und als köstliche Soße genossen werden. Nach einigen späteren Beobachtungen scheint es, dass mehrere Individuen der Art das ganze Jahr über bei uns bleiben. Sie halten sich besonders in feuchten und sumpfigen Wäldern auf, in dichten Hecken in der Nähe von Bächen und an Orten, an denen sie ihre Nahrung finden, die aus sehr kleinen Insekten besteht, die sie im feuchten Boden finden.

„Der frühe Besuch und Aufenthalt der Waldschnepfe
von langer Dauer in unserem gemäßigten Klima
kündigt eine großzügige Ernte an." PHILIPS.

DER KNOTEN (*Tringa Canutus*)

IST ein kleiner Vogel, dessen Kopf und Rücken düster aschefarben oder dunkelgrau sind; während der untere Teil des Körpers reinweiß ist oder durch schwarze Linien variiertes Weiß. Die Seiten unter den Flügeln sind braun gefleckt. Der Vogel wiegt etwa viereinhalb Unzen und erscheint in der Regel zu Beginn des Winters in Lincolnshire. Dort bleibt er zwei bis drei Monate lang und fliegt dann in Schwärmen davon. Sie werden in großer Zahl mit Netzen gefangen, in die sie von geschnitzten Holzfiguren gelockt werden, die so bemalt sind, dass sie sich selbst darstellen, und in die sie hineingesteckt werden, ganz ähnlich wie die Halskrause. Wenn der Knoten fett ist, gilt sein Fleisch als ausgezeichnetes Nahrungsmittel. Es wird auch zum Verkauf gemästet und gilt dann als gleichwertig mit der Halskrause im Geschmack. Die Einnahmesaison dauert von August bis November, danach zwingt der Frost zum Verschwinden. Dieser Vogel soll ein Lieblingsgericht von Knut dem Großen gewesen sein; und Camden bemerkt, dass sein Name von seinem – Knute oder Knout, wie er genannt wurde – abgeleitet ist, der im Laufe der Zeit in Knot geändert wurde.

Der Regenpfeifer (*Squatarola cinerea*)

IST etwa zwölf Zoll lang und hat eine Flügelbreite von vierundzwanzig Zoll. Der Kopf, der Rücken und die Flügeldecken sind schwarz, mit grünlich-weißen Spitzen; das Kinn weiß; der Hals ist mit braunen oder dunklen Flecken gefleckt; die Brust und die Schenkel sind weiß. Der Geschmack des Fleisches ist, wenn der Vogel zur richtigen Jahreszeit gefangen wird, delikat und herzhaft; zu anderen Zeiten ist es hart und hat einen starken und würzigen Geschmack. Dieser Vogel kommt im Allgemeinen in kleinen Rudeln vor und kommt bei weitem nicht so häufig vor wie der schöne Goldregenpfeifer. Das Männchen wird im Frühjahr auf der Unterseite vollständig schwarz oder schwarz mit weißen Flecken und Flecken.

Der Grauregenpfeifer kommt in den nördlichen Teilen Europas vor und brütet angeblich in Ägypten, Java und Japan. Wie der Kampfläufer ist er ein äußerst streitsüchtiger Vogel und kämpft im Frühling heftig. Wenn die Jungen geschlüpft sind, sind sie mit dicken, weichen Daunen bedeckt und beginnen sofort, ihren Eltern zu folgen und nach Nahrung zu suchen.

Der Goldregenpfeifer (*Charadrius pluvialis*)

IST ungefähr so groß wie ersteres. Die Farbe der gesamten Oberseite ist schwarz, dicht besetzt mit gelbgrünen Flecken; die Brust braun, mit Flecken wie auf dem Rücken; Der Körper ist weiß. Auch das Männchen dieser Art ist im Frühjahr unterseits schwarz. Das Fleisch ist süß und zart und wird daher in diesem und anderen Ländern als erlesenes Gericht geschätzt.

Der Goldregenpfeifer frisst hauptsächlich nachts, tagsüber kann man ihn schlafend oder sitzend auf dem Boden beobachten. Die Vogeleltern sind bei der Bewachung ihrer Jungen sehr vorsichtig. Wenn sich ein Eindringling ihrem Nest nähert, wenden sie alle möglichen Tricks an, um seine Aufmerksamkeit abzulenken.

Die „Regenpfeifer-Eier", die häufig an den Tischen der Opulenten und Luxuriösen zu sehen sind, stammen nicht vom Regenpfeifer, sondern vom Kiebitz.

DER DOTTREL (*Charadrius morinellus*)

WIRD sprichwörtlich als dummer Vogel bezeichnet, doch warum das so ist, lässt sich kaum sagen. Seine Länge beträgt etwa zehn Zoll; Der Schnabel ist nicht ganz einen Zoll lang und schwarz. Die Stirn ist braun und grau gesprenkelt; die Oberseite des Kopfes ist schwarz; und über jedem Auge befindet sich eine gewölbte weiße Linie. Der Rücken und die Flügel sind hellbraun; die Brust ist blass matt orange; Die Körpermitte ist schwarz, der Rest und die Schenkel sind rötlichweiß. Der Schwanz ist braun, zum Ende hin schwarz und hat eine weiße Spitze. Dieser Vogel ist ein Zugvogel und taucht im April in Lincolnshire, Cambridgeshire und Derbyshire auf, verlässt diese Grafschaften jedoch bald und wandert weiter nach Norden, wo er in den Bergen im Norden Englands und Schottlands brütet. Im April und manchmal auch im September werden Dottrels in Wiltshire und Berkshire gesehen. Sie werden, wie andere Vögel auch, im Allgemeinen nachts gefangen; Wenn sie vom Licht einer Fackel geblendet werden, wissen sie nicht, wohin sie aus Sicherheitsgründen fliegen sollen, da der ganze Ort im Dunkeln liegt, und wählen im Allgemeinen genau die Stelle aus, die sie meiden sollten. Es sind viele lächerliche Geschichten über die Gesten dieses Vogels verbreitet worden, und über sein Bestreben, die Handlungen des Vogelfängers nachzuahmen, und dadurch in die Falle zu geraten, die ihm gelegt wurde; aber man sollte ihnen überhaupt nicht glauben.

Der Kiebitz oder Kiebitz.

(*Vanellus cristatus.*)

DIESER bekannte Vogel kommt in fast allen Ländern vor und hat die Größe einer gewöhnlichen Taube. Das Weibchen legt vier oder fünf Eier von gelber Farbe, die überall mit großen schwarzen Flecken und Strichen versehen sind. Kiebitze bauen ihre Nester auf dem Boden in der Mitte eines Feldes oder einer Heide, offen und sichtbar, und legen nur ein paar Strohhalme unter die Eier. Sobald die Jungen geschlüpft sind, verlassen sie sofort das Nest und rennen mit der Schale davon auf dem Rücken und der Mutter folgend, nur mit einer Art Daunen bedeckt, wie junge Enten. Die Eltern wurden von der Natur mit der aufmerksamsten Liebe und Fürsorge für ihren Nachwuchs beeindruckt; Denn wenn sich der Vogelvogel oder ein anderer Feind dem Nest nähert, verringert das vor Angst keuchende Weibchen seinen Ruf, um seine Feinde glauben zu lassen, dass es viel weiter entfernt ist, und täuscht dadurch diejenigen, die nach seiner Brut suchen. Manchmal tut sie auch so, als wäre sie verwundet, und stößt einen leisen Schrei aus, während sie davonhumpelt, um den Vogelfänger aus ihrem Nest zu führen. Dieser Vogel ist wirklich schön, obwohl er nicht die Farbenpracht aufweist, mit der sich andere Arten des gefiederten Stammes rühmen können: Er wiegt etwa ein halbes Pfund. Der Kopf und der Kamm, der ihn elegant schmückt, sind schwarz; Dieser Kamm besteht aus Federn ohne Schwimmhäute und ist etwa zehn Zentimeter lang. Die Rückseite ist dunkelgrün mit glänzenden Blautönen; die Kehle ist schwarz; Der hintere Teil des Halses und die Brust sind weiß. Wenn der Kiebitz auf der Suche nach Nahrung ist, stampft er mit den Füßen auf den Boden, und wenn die Regenwürmer, erschrocken über den Lärm, auftauchen, ergreift er sie und verschlingt sie. Seine Stimme, die man nachts an den sumpfigen Orten entlang der Meeresküste hört, ähnelt dem Klang von *Kiebitz* oder *Teewit* , und daher ist sein Name in mehreren Teilen Großbritanniens; Er wird von mehreren Ornithologen auch der *Große*

Regenpfeifer genannt. Dieser Vogel ist einer von denen, die im Winter die Aufmerksamkeit der Vogelliebhaber auf sich ziehen:

„Mit schlachtender Waffe streifen die unermüdlichen Vogeljäger umher,
wenn der Frost alle kahlen Haine weiß gemacht hat;
Wo Tauben in Scharen die blattlosen Bäume beschatten
und einsame Waldschnepfen die Wasserlichtung heimsuchen.
Er hebt seine Röhre und richtet sie mit seinem Auge aus;
Gerade bricht ein kurzer Donner durch den gefrorenen Himmel:
Oft, wie sie in luftigen Ringen über die Heide gleiten,
spüren die lärmenden Kiebitze den bleiernen Tod:
Oft, während die aufsteigenden Lerchen ihre Töne vorbereiten,
fallen sie und lassen ihr kleines Leben in der Luft." PAPST.

Die folgende Anekdote aus Bewicks „Geschichte der Vögel" zeigt die häusliche Natur des Kiebitz sowie die Kunst, mit der er die Achtung vor Tieren in Einklang bringt, die sich wesentlich von ihm unterscheiden und allgemein als feindlich gegenüber jeder Art des gefiederten Stammes angesehen werden . Zwei Kiebitze wurden einem Geistlichen geschenkt, der sie in seinen Garten setzte; Einer von ihnen starb bald, aber der andere sammelte weiterhin die Nahrung, die der Ort hergab, bis der Winter ihn seiner üblichen Versorgung beraubte. Die Notwendigkeit zwang es bald, sich dem Haus zu nähern, wodurch es sich nach und nach an gelegentliche Unterbrechungen durch die Familie gewöhnte. Als eine der Dienerinnen schließlich Gelegenheit hatte, mit einem Licht in die Hinterküche zu gehen, bemerkte sie, dass der Kiebitz immer seinen „Pipi-Witz"-Schrei ausstieß, um Einlass zu erhalten. Der Vogel kam mir bald bekannter vor; Als der Winter vorrückte, näherte er sich bis zur Küche, aber mit großer Vorsicht, da dieser Teil des Hauses im Allgemeinen von einem Hund und einer Katze bewohnt war, deren Freundschaft der Kiebitz jedoch schließlich so gut verband, dass es ihm gehörte Es war üblich, dass er sich, sobald es dunkel wurde, an den Kamin zurückzog und den Abend und die Nacht mit seinen beiden Gefährten verbrachte, dicht neben ihnen saß und die Annehmlichkeiten eines warmen Kamins genossen hatte. Sobald der Frühling kam, unterbrach er seine Besuche im Haus und begab sich in den Garten; aber als der Winter nahte, nahm er Zuflucht zu seinem alten Obdach und seinen Freunden, die ihn sehr herzlich aufnahmen. Sicherheit erzeugte Unverschämtheit; Was zunächst mit Vorsicht erlangt wurde, wurde später ohne Vorbehalt genommen; er vergnügte sich oft damit, sich in der Schüssel zu waschen, die für den Hund zum Trinken da war; und während er so beschäftigt war, zeigte er Anzeichen größter Empörung, wenn einer seiner Gefährten es wagte, ihn zu unterbrechen. Er starb in der von ihm gewählten Anstalt und wurde an etwas erstickt, das er vom Boden aufgehoben hatte.

Das Wasserhuhn (*Gallinula chloropus*)

WIRD auch *Moor-Huhn* , *Moor-Blässhuhn* und *Gallinule genannt* . Die Brust ist bleifarben, der untere Teil des Körpers tendiert zu Aschefarbe und der Rücken ist dunkelolivbraun. Beim Schwimmen oder Gehen flirtet sie oft mit dem Schwanz. Wasserhühner ernähren sich von Wasserpflanzen und Wurzeln sowie von den kleinen Insekten, die daran haften; Sie werden gegen Ende September fett, und ihr Fleisch wird dann als dem der Krickente nahezu gleichwertig angesehen; Dennoch kann es selten ganz auf seinen Fischgeschmack verzichten. Sie bauen ihre Nester zwischen Schilf, hohem Gras, Wurzeln und Baumstümpfen am Wasser und brüten im Laufe eines Sommers zwei- oder dreimal; Die Eier sind weiß mit einem grünen Schimmer und mit braunen Flecken übersät.

Es gibt nur sehr wenige Länder auf der Welt, in denen diese Vögel nicht vorkommen. Im Sommer bevorzugen sie im Allgemeinen die kalten Bergregionen und im Winter niedrigere und wärmere Lagen.

„Die Fische springen und das Wasserhuhn
taucht auf und ab. Ein Sturm zieht auf."
SCHILLER. – WILHELM TELL.

Der Maiskönig oder die Landschiene

(*Ortygometra crex*)

IST ein Zugvogel, der im April in England auftaucht und im Oktober abfliegt. Bei seiner Ankunft ist es sehr mager, wird aber übermäßig fett, bevor es die Insel verlässt. Ihre Lieblingsaufenthaltsorte sind kalte und feuchte Hochlandgebiete, Maisfelder in der Nähe von Wasser und sumpfiges Grasland. Ihr Schrei ist eine seltsame Reihe kurzer Töne, alle in der gleichen Tonart und von gleicher Länge. Das Geräusch, crec, crec, crec, wurde mit dem Geräusch verglichen, das entsteht, wenn man mit dem Finger über die Zähne eines Kamms fährt. Die Beine des Wachtelkönigs sind für die Größe des Vogels ungewöhnlich lang und hängen herab, während er auf den Flügeln ist. Sein Fleisch wird wegen seines delikaten Geschmacks sehr geschätzt. Dieser Vogel wird in diesem Land nie auf dem Flügel gesehen und ist äußerst schwer zu fangen; Man kann sie nicht dazu bringen, sich wie Rebhühner und viele andere Vögel zu erheben, und es nützt auch nicht viel, in ihre Deckung einzudringen. Sie gleiten durch das Korn, ohne das geringste wahrnehmbare Rascheln und mit erstaunlicher Geschwindigkeit, wenn man die Größe des Vogels bedenkt, und wenn der Jäger in die Richtung des Geräusches folgt, verstummt es für eine Weile und ist dann vielleicht von weitem zu hören an der Hinterseite; Folgt er ihm noch einmal, dauert es nicht lange, bis sich das Geräusch in seine frühere oder eine andere Richtung verlagert.

Einige Autoren sagen, der Wachtelkönig sei eine Art natürlicher Bauchredner und könne den Anschein erwecken, als käme seine Notiz aus einer ganz anderen Richtung als der Stelle, an der er versteckt liegt. Es ist jedoch wahrscheinlich, dass die Täuschung auf die erstaunliche Geschwindigkeit zurückzuführen ist, mit der der Vogel durch die Decken fliegt, in denen er normalerweise zu finden ist. Und da sie niemals zum Aufstehen gebracht werden können, hat der Beobachter nur selten die Möglichkeit zu entscheiden, ob sich der Vogel an der Stelle befand, von der sein Schrei zu kommen schien oder nicht.

Das Nest wird in einem Loch im Boden gebaut und mit toten Blättern, Moos und anderen weichen Substanzen ausgekleidet. Im Allgemeinen gibt es zehn, zwölf oder vierzehn Eier. Der eigentümliche Schrei, an dem der Vogel erkannt wird, wird nur während der Brutzeit ausgesprochen.

Gelegentlich zeigt sich, dass Wachtelkönige eine große Vorliebe für Wasser haben. Craven erzählt in seinem „Young Sportsman's Manual" eine Anekdote über einen jungen Vogel dieser Art, der sich im Besitz eines Mr. Jervis befand und eine bemerkenswerte Vorliebe für Wasser hatte, in dem er tauchte und planschte, als ob nicht an ein anderes Element gebunden. Wenn wir die Gewohnheiten dieses Vogels genauer beobachten könnten, würden wir vielleicht feststellen, dass seine Vorliebe für Wasser in seinem wilden Zustand keine Seltenheit ist.

Das Blässhuhn. (*Fulica atra.*)

DIESER Vogel hat so viele Merkmale in seinem Charakter und so viele Merkmale in seinem allgemeinen Erscheinungsbild wie die Rallen und Wasserhühner, dass es eine natürliche und einfache Abstufung zu sein scheint, ihn nach ihnen zu platzieren; und dementsprechend ist dies von Cuvier getan worden, obwohl Linné ihn aufgrund seiner Flossenfüße und seiner ständigen Bindung an das Wasser als zu einer von diesen Vögeln und den Watvögeln im Allgemeinen verschiedenen Gruppe gehörig ansah Tatsächlich hört es selten auf. Die Art und Weise, wie Blässhühner ihr Nest bauen, ist sehr raffiniert. Sie formen es aus miteinander verwobenen Wasserkräutern und platzieren es so zwischen den Binsen, dass es gelegentlich mit dem Bach ansteigt, aber nicht vom Bach weggespült wird. Und wenn dieser Zufall jemals passiert, bleibt die Henne auf ihrem Nest verlässt ihre Brut nicht, sondern folgt mit ihnen dem Schicksal ihrer schwebenden Wiege. Dieser Vogel ähnelt in der Figur und Form seines Körpers der Wasserhenne und wiegt etwa 24 Unzen. Die Federn an Kopf und Hals sind niedrig, weich und dick. Die Farbe des gesamten Körpers ist schwarz, am Kopf ist sie jedoch dunkler. Der Sere erhebt sich auf eigentümliche Weise auf der Stirn und sieht aus, als ob die Vorsehung ihn als Verteidigungsmittel vorgesehen hätte. In der Brutzeit ändert es seine weißliche Farbe in ein blasses Rot oder Rosa . Blässhühner sind sehr scheu und wagen sich selten vor Einbruch der Dunkelheit ins Ausland. Wenn sie angegriffen werden, verteidigen sie sich mit den Füßen und tun dies so energisch, dass Sportler sagen: „Hüten Sie sich vor einem geflügelten Blässhuhn, sonst kratzt er Sie wie eine Katze."

§ VII. *Palmipedes oder Schwimmvögel.*

DER PELIKAN (*Pelicanus onocrotalus*)

IST etwa so groß wie ein Schwan; die Körperfarbe ist weiß, tendiert zu rosa; der Schnabel ist gerade und lang, mit einem scharfen Haken am Ende; Die Haut des Unterkiefers ist so dehnungsfähig, dass sie sich ausdehnen kann, um Fische in großen Mengen aufzunehmen. Diesen Beutel hat die Vorsehung dem Vogel zugeteilt, damit er zu seinem Horst ausreichend Nahrung für mehrere Tage bringen und sich die Mühe ersparen kann, durch die Luft zu reisen und so oft zu beobachten und zu tauchen. Die Beine sind schwarz und die vier Zehen sind handförmig. Es ist ein sehr träger, untätiger und uneleganter Vogel, der oft tage- und nächtelang regungslos und in melancholischer Haltung auf Felsen oder Baumzweigen sitzt, bis der widerstandslose Reiz des Hungers ihn anspornt und ihn auf der Suche zum Meer zwingt der Nahrung; Wenn der Pelikan auf diese Weise zur Anstrengung erregt wird, fliegt er von der Stelle, erhebt sich dreißig bis vierzig Fuß über die Wasseroberfläche, dreht seinen Kopf mit einem Auge nach unten und fliegt in dieser Position weiter, bis er einen Fisch in der Nähe sieht Oberfläche. Dann schießt es mit erstaunlicher Schnelligkeit herab, ergreift seine Beute mit unfehlbarer Sicherheit und verstaut sie in seinem Beutel. Nachdem es dies getan hat, steigt es in die Luft und wiederholt den gleichen Vorgang, bis es einen ausreichenden Vorrat beschafft hat. Dem Pelikan mangelt es keineswegs an natürlicher Zuneigung, weder gegenüber seinen Jungen noch gegenüber Artgenossen. Clavigero sagt in seiner „Geschichte Mexikos", dass die Amerikaner manchmal, um sich ohne Probleme einen Vorrat an Fisch zu verschaffen, grausam den Flügel eines lebenden Pelikans brachen und ihn versteckten, nachdem sie ihn an einen Baum gebunden hatten sich in der Nähe des Ortes. Die Schreie des elenden Vogels locken andere Pelikane an den Ort, die, wie er uns versichert, einen Teil der Vorräte für ihren gefangenen Begleiter aus ihren Beuteln werfen. Sobald die Männer dies bemerken, eilen sie zur Stelle, lassen eine kleine Menge für den Vogel zurück und tragen den Rest davon weg.

In Amerika werden Pelikane oft als Haustiere gehalten und so trainiert, dass sie auf Kommando morgens losziehen und vor der Nacht mit ihren mit Beute gefüllten Beuteln zurückkehren, von denen sie einen Teil ausspucken müssen, während der Rest ihnen selbst überlassen bleibt Problem. Der Vogel soll manchmal hundert Jahre alt werden.

Unsere Vorfahren brachten diesem Vogel eine außergewöhnliche Zuneigung entgegen, mehr als durch alle sicheren heraldischen Zeugnisse belegt wird. So wird es auf mehreren Wappen dargestellt, wie es seine Jungen mit seinem eigenen Blut füttert, das es erhält, indem es mit der scharfen Spitze seines Schnabels auf seine Brust schlägt. Und die Alten glaubten fest daran, dass das Pelikanweibchen in Zeiten der Knappheit auf dieses Mittel zurückgriff, um seine Brut zu ernähren. Das Nest des Pelikans besteht aus Seggen und Gras und liegt nahe am Wasser. Das Weibchen legt zwei oder drei weiße Eier, und das Männchen soll seine Partnerin mit Nahrung versorgen, während sie mit der Brutarbeit beschäftigt ist.

DER KORMORAN (*Phalacrocorax carbo*)

IST ein großer Wasservogel, der fast mit dem Pelikan verwandt ist und einen sehr unersättlichen Appetit und daher ein sehr räuberisches Wesen besitzt. Es lebt von allen Arten von Fischen; Das frische Wasser und die salzigen Wellen des Meeres tragen beide wesentlich zum Appetit des Magens bei. Der Schnabel ist etwa fünf Zoll lang und von dunkler Farbe; Die vorherrschenden Farbtöne des Körpers sind unten schwarz und oben dunkelbraun; Auf jedem Oberschenkel befindet sich ein weißer Fleck. Der Geruch dieser lebenden Vögel ist übermäßig streng und unangenehm; und ihr Fleisch ist so ekelhaft, dass selbst die Grönländer, unter denen sie sehr verbreitet sind, es kaum essen wollen. Früher wurden sie in England zum Fischfang gezähmt, so wie Falken und Habichte dazu dienten, die Flottenbewohner der Luft zu jagen. Dieser Brauch wird in China immer noch praktiziert. Die Vögel werden in einem Boot zum Wasser gebracht und mit Lederriemen um den Hals gebunden, um zu verhindern, dass sie den Fisch verschlucken. Auf Befehl steigen sie ins Wasser, schwimmen und tauchen auf der Suche nach Beute und bringen alles, was sie erbeuten, zum Boot ihres Besitzers. Manchmal vereinen zwei Kormorane ihre Anstrengungen, um einen großen Fisch zu fangen; und wenn einer der Vögel sein Geschäft vernachlässigt, schlägt der Mann mit einem Bambus auf das Wasser, wie es ein Schulmeister mit seinem Stock auf dem Schreibtisch tut, um den Müßiggängern ein Gefühl für ihre Pflicht zu vermitteln. Obwohl dieser Vogel zu den Wasservögeln zählt, sieht man ihn wie den Pelikan oft auf Bäumen sitzend. Milton sagt uns, dass Satan

„———— ———— ———— Auf dem Baum des Lebens,
dem mittleren Baum und dem höchsten, der dort wuchs,
saß er wie ein Kormoran.“

Im Jahr 1793 wurde einer von ihnen beobachtet, wie er auf der Fahne des St.-Martins-Kirchturms in Ludgate Hill, London, saß und dort im Beisein einer großen Menschenmenge erschossen wurde.

Der SHAG oder Haubenkormoran (*Phalacrocorax graculus*)

IST dunkelgrün und hat im Frühjahr ein einzelnes Büschel an der Vorderseite des Kopfes. Es brütet in felsigen Höhlen an der Meeresküste.

Der Tölpel oder die Solangans. (*Sula bassana.*)

DIESE Vögel sind unersättlich gefräßig, gehen aber bei der Wahl ihrer Beute etwas wählerisch vor; Sie verachten, es sei denn, es besteht große Not, jedes Essen, das schlimmer ist als Heringe oder Makrelen. Nicht weniger als einhunderttausend Basstölpel sollen sich häufig in den Felsen von St. Kilda aufhalten; und von diesen, einschließlich der Jungen, werden jährlich mindestens zwanzigtausend von den Einwohnern getötet, um sich zu ernähren. Der Tölpel ist etwas mehr als einen Meter lang und wiegt etwa sieben Pfund. Der Schnabel ist sechs Zoll lang, fast bis zu der Spitze gerade, wo er ein wenig gebogen ist; seine Kanten sind gezackt, damit er seine Beute besser sichern kann; und etwa einen Zoll von der Basis des Oberkiefers entfernt befindet sich ein scharfer Fortsatz, der nach vorne zeigt. Die allgemeine Farbe des Gefieders ist schmuddelig weiß mit einem gräulichen Schimmer. Jedes Auge ist von einer nackten Haut von schöner blauer Farbe umgeben; Vom Mundwinkel reicht ein schmaler Streifen nackter schwarzer Haut bis zum Hinterkopf; und unter dem Kinn befindet sich ein Beutel, der fünf oder sechs Heringe aufnehmen kann. Der Hals ist lang; Der Körper ist flach und sehr voller Federn. Auf dem Scheitel des Kopfes und im hinteren Teil des Halses befindet sich ein kleiner gelbbrauner Bereich. Die Federkiele und einige andere Teile der Flügel sind schwarz; Ebenso wie die Beine, bis auf einen feinen erbsengrünen Streifen vorne. Der Schwanz ist keilförmig und besteht aus zwölf spitzen Federn.

Diese Vögel halten sich hauptsächlich auf unbewohnten Inseln auf, wo der Mensch sie nur selten stört. Auf den Inseln im Norden, Ailsa Craig an der Westküste Schottlands, den Skelig-Inseln vor der Küste von Kerry in Irland und denen in der Nordsee vor Norwegen gibt es viele davon. Aber am Bass Bock, im Frith of Forth, sind sie am häufigsten zu sehen. „Es gibt eine kleine Insel", sagt der berühmte Harvey, „die Bass heißt und nicht mehr als eine Meile im Umfang hat; Die Oberfläche ist in den Monaten Mai und Juni fast vollständig mit den Nestern der Solan-Gänse, ihren Eiern und ihren Jungen bedeckt. Es ist kaum möglich, zu gehen, ohne auf sie zu treten: Die Vogelschwärme auf den Flügeln sind so zahlreich, dass sie die Luft wie eine Wolke verdunkeln; und ihr Lärm ist so groß, dass man von der Person neben ihm nicht ohne weiteres gehört werden kann. Wenn man vom Abgrund auf das Meer hinunterblickt, scheint die gesamte Oberfläche mit unzähligen Vögeln verschiedener Art bedeckt zu sein, die schwimmen und ihre Beute verfolgen. Wenn man beim Segeln um die Insel die hängenden Klippen betrachtet, kann man in jeder Klippe oder Spalte der zerbrochenen Felsen unzählige Vögel verschiedener Art und Größe sehen, mehr als die Sterne am Himmel, wenn man sie in einer ruhigen Nacht betrachtet. Wenn man sie aus der Ferne betrachtet, sei es beim Rückzug oder bei der Annäherung an die Insel, wirken sie wie ein riesiger Bienenschwarm."

DER SCHWAN. (*Cygnus olor.*)

„Schön ist der Schwan, dessen Majestät
über dem windstillen Wasser des Sees von Locarno herrscht und
ihn trägt, während
er, stolz segelnd, eine vom Mond erleuchtete Spur hinterlässt:
Siehe! Der umhüllende Geist der Zurückhaltung
formt seinen Hals zu einer schönen Kurve –
ein nach hinten geworfener Bogen zwischen üppigen Flügeln
aus weißestem Garnitur, wie Tannenzweige.
An dem an einem ruhigen Morgen
ein flockiges Gewicht des reinsten Winterschnees haftet!
Erblicken! wie mit einem sprudelnden Impuls hebt sich
dieser schneebedeckte Bug und spaltet sanft
den Spiegel der kristallenen Flut;
Verschwinde umgekehrte Hügel und schattige Wälder
und herabhängende Felsen, wo im gleitenden Zustand
das stumme Geschöpf ohne sichtbaren Partner
oder Rivalen windet, außer der Königin der Nacht, die
ein silbernes Licht vom Himmel auf ihren auserwählten Favoriten ergießt
!“
WORDSWORTH.

DIE beiden bekanntesten Arten dieses elegant geformten und majestätischen
Vogels sind allgemein als Wild- und Zahmschwan bzw. Schrei- und
Höckerschwan bekannt. Sie sind leicht an den Besonderheiten des Schnabels
zu erkennen: Beim Zahmen Schwan ist der Schnabel orangefarben, die Basis

schwarz und darüber ein schwarzer Knopf; Der Wildschwan hat keinen
Knopf und die Spitze statt der Basis des Schnabels ist schwarz.

Der wilde Schwan, der Keuchschwan oder der Pfeifschwan (*Cygnus ferus*)

IST auch ein schöner Vogel mit wunderschön weißem Gefieder; Im
Gegensatz zum Zahmen Schwan, der fast stumm ist, hat er eine laute und
ziemlich melodische Stimme, die er häufig ausstößt, wenn er während seiner
Wanderungen in großer Höhe in der Luft fliegt. Man findet ihn im Winter in
England, im Norden Schottlands lebt er jedoch das ganze Jahr über. Sein
bevorzugter Brutplatz liegt im äußersten Norden. Der zahme Schwan ist der
größte unserer schwimmfüßigen Wasservögel und wiegt manchmal etwa
dreißig Pfund: Der ganze Körper des ausgewachsenen Schwans ist mit einem
wunderschönen reinweißen Gefieder bedeckt, aber die Jungen sind grau;
Unter den Federn befinden sich dicke, weiche Daunen, die von großem
Nutzen sind und oft als Schmuck verwendet werden. Die Eleganz der Form,
die dieser Vogel an den Tag legt, wenn er mit gewölbtem Hals und halb
entfalteten Flügeln über die kristallklare Oberfläche eines ruhigen Baches
segelt, der beim Vorbeiziehen die schneeweiße Schönheit seines Kleides
widerspiegelt, ist bewundernswert . Thomson beschreibt den Schwan auf
folgende schöne Weise:

„——— ——— ——— Der stattliche Segelschwan
streckt dem Sturm sein schneebedecktes Gefieder entgegen,
und stolz wölbt er mit seinen Ruderfüßen seinen Hals,
strebt wild vorwärts und bewacht seine Korbweideninsel,
beschützend für seine Jungen.“

Schwäne sind auf der Themse seit jeher als königliches Eigentum geschützt; und es gilt auch heute noch als Verbrechen, ihre Eier zu stehlen. Auf diese Weise ist ihre Vermehrung gesichert, und sie erweisen sich als entzückende Zierde dieses edlen Flusses. Latham sagt, dass die Wertschätzung, in der sie während der Regierungszeit von Edward IV. standen, so hoch war, dass nur diejenigen, die einen Grundbesitz im klaren Jahreswert von fünf Mark besaßen, überhaupt welche behalten durften. Damals blieb kaum ein Stück Wasser von diesen Vögeln unbewohnt, da sie sowohl den Gaumen als auch das Auge ihrer herrschaftlichen Besitzer jener Zeit erfreuten. Aber die Mode jener Tage ist vorbei, und Schwäne sind es keineswegs Heute sind sie noch so verbreitet wie früher, da sie von den meisten Menschen als grobe Nahrung betrachtet und daher wenig geschätzt werden. Aber die Cygnets (so werden die jungen Schwäne genannt) werden immer noch für den Tisch gemästet und sehr teuer verkauft. üblicherweise für jeweils eine Guinea, manchmal auch mehr; daher kann man annehmen, dass es sich um bessere Nahrungsmittel handelt, als allgemein angenommen wird.

In Abbotsbury gab es im Allgemeinen eine noble Swannery, Eigentum des Earl of Ilchester, in der sechs- oder siebenhundert Vögel gehalten wurden, aber die Sammlung ist in letzter Zeit stark zurückgegangen. Die Swannery gehörte in der Antike dem Abt, und vor der Auflösung der Klöster betrug die Zahl der Swans häufig das Doppelte der oben genannten Zahl.

Aufgrund der Weißheit dieses Vogels wurde in der Antike der Ausdruck „Schwarzer Schwan" als Äquivalent zu einem Nichts verwendet; aber kürzlich wurde in Australien eine Art entdeckt, die fast vollständig schwarz ist. Dieser Vogel ist so groß wie der weiße Schwan und sein Schnabel ist von kräftigem Scharlachrot. Das gesamte Gefieder (mit Ausnahme der Primär- und Sekundärfedern, die weiß sind) ist von intensivstem Schwarz.

Schwäne sind sehr langlebig und erreichen manchmal ein hohes Alter von anderthalb Jahrhunderten.

DIE WILDE GANS. (*Anser ferus.*)

„Die Gans des Bauern, die in den Stoppeln
ungehindert und ohne Probleme gefressen hat,
mit Mais satt geworden ist und still sitzt,
kann kaum über das Scheunentor kommen;
Und kaum watschelt sie hinaus, um
ihren Körper im benachbarten Pool abzukühlen;
Auch kein lautes Gackern an der Tür,
denn das Gackern zeigt, dass die Gans arm ist."
SCHNELL.

DIE GANS unterscheidet sich äußerlich stark vom letztgenannten Vogel. Dummheit in ihrem Aussehen, Unhöflichkeit in ihrem Gang und Schwere in ihrem Flug sind ihre Hauptmerkmale. Aber warum sollten wir uns mit diesen Mängeln befassen? Im großen Maßstab der Schöpfung sind sie es nicht. Ihr Fleisch ernährt viele und wird nicht einmal von den Großen verachtet; ihre Federn halten uns warm; und selbst die Feder, die ich in der Hand halte, wurde ihrem Flügel entrissen.

Diese Vögel werden in großen Mengen in den Mooren von Lincolnshire gehalten; Mehrere Personen dort haben bis zu tausend Züchter. Sie brüten im Allgemeinen nur einmal im Jahr, aber wenn sie gut gehalten werden, schlüpfen sie manchmal zweimal pro Saison. Während ihres Sitzens haben die Vögel jeweils eigene Plätze in Reihen übereinander angeordneter Weidengehege; und die Gänseherde, die sich um sie kümmert, treibt die ganze Herde zweimal am Tag zum Tränken, bringt sie in ihre Behausungen zurück und setzt jeden Vogel (ohne einen zu verpassen) in sein eigenes Nest. Es ist kaum zu glauben, wie viele Gänse aus den entfernten Grafschaften zum Verkauf nach London getrieben werden, oft zwei- oder dreitausend pro Herde; und im Jahr 1783 passierte auf dem Weg von Suffolk nach London eine Fahrt durch Chelmsford, die mehr als neuntausend Personen umfasste. Wie einfach die Gans auch in ihrem Aussehen oder unbeholfen in ihren Gesten sein mag, es mangelt ihr nicht an vielen Zeichen von Gefühl und Verständnis. Der Mut, mit dem sie ihre Nachkommen beschützt und sich gegen gefräßige Vögel verteidigt, und bestimmte Beispiele von Anhänglichkeit und sogar Dankbarkeit, die bei ihr beobachtet wurden, machen unsere allgemeine Verachtung gegenüber der Gans unbegründet.

Die Gans genoss bei den Römern große Verehrung, da sie durch ihre Wachsamkeit das Kapitol vor dem Angriff der Gallier rettete. Vergil sagt im siebten Buch der Aeneis:

„Die silberne Gans
flog vor dem leuchtenden Tor und rettete durch ihr Gekicher den Staat."
DRYDEN.

Die Farbe dieses nützlichen Vogels ist im Allgemeinen weiß; obwohl wir sie oft in einer Mischung aus Weiß, Grau, Schwarz und manchmal Gelb finden. Die handflächenförmigen Füße sind orangefarben und der Schnabel ist gezackt. Das Männchen der Gans wird Gander genannt; und die jungen Gänschen. Gänse sind sehr langlebig, es ist bekannt, dass eine Gänse über siebzig Jahre alt wurde.

Die Wildgans ist das Original der zahmen Gans und unterscheidet sich stark in der Farbe von ihr, da die allgemeine Farbe ihrer Federn grauschwarz ist. Wildgänse fliegen nachts in großen Schwärmen in südlichere Länder; und ihr Klirren ist aus den Wolkenregionen zu hören, obwohl die Vögel außer Sichtweite sind.

DIE ENTE. (*Anas Boschas.*)

DIE GEMEINE ENTE gibt es in zwei Arten, der wilden und der zahmen, wobei die letztere nur dieselbe Art ist, die durch die Domestikation verändert wurde; Der Unterschied zwischen ihnen ist sehr unbedeutend, abgesehen davon, dass die Farbe der Stockente oder der männlichen Wildente bei allen Individuen stets die gleiche ist, während die Erpel oder die zahmen Enten in ihrem Gefieder unterschiedlich sind. Die Schönheit des Gefieders teilen die Weibchen nicht mit den Männchen: Der bewundernswerte Schal aus glänzendem Grün und Blau, der den Hals von Erpeln und Stockenten umgibt, ist ein ausschließliches Vorrecht des männlichen Geschlechts. Es gibt auch eine merkwürdige und unveränderliche Eigentümlichkeit der Männchen, die aus einigen gekräuselten Federn besteht, die auf dem Hinterteil aufragen.

Wildenten werden in den Moorgebieten von Lockvögeln gefangen, und zwar in solch erstaunlicher Zahl, dass in nur zehn Lockvögeln in der Umgebung von Wainfleet in einer Saison bis zu 31.200 gefangen wurden. Sie bauen ihre Nester nicht immer in der Nähe des Wassers, sondern oft in beträchtlicher Entfernung davon; In diesem Fall trägt das Weibchen die Jungen im Schnabel oder zwischen den Beinen zum Wasser. Es ist manchmal bekannt, dass sie ihre Eier in einem hohen Baum, in einem verlassenen Elster- oder Krähennest ablegen; und es wurde ein Fall aufgezeichnet, in dem eines in Etchingham in Sussex gefunden wurde, wo es auf neun Eiern in einer Eiche in einer Höhe von 25 Fuß über dem Boden saß; die Eier wurden von einigen kleinen, quer gelegten Zweigen getragen.

Die zahmen Enten, die in der Nähe von Mühlen und Flüssen oder überall dort aufgezogen werden, wo ausreichend Wasser vorhanden ist, damit sie ihren Sportarten nachgehen und nach Nahrung suchen können, werden zu einem Handelszweig, der sich für ihre Besitzer als sehr profitabel erweist.

DIE EIDERENTE (*Sornateria mollissima*)

MAN findet sie an den Küsten im Norden Englands und Schottlands, sie wird zahlreicher, je weiter man nach Norden vordringt, und kommt am häufigsten auf Island und an den arktischen Küsten Europas und Amerikas vor. Dieser Vogel ist besonders wertvoll wegen der großen Menge an Daunen, die er liefert, da diese so leicht und elastisch sind, dass daraus hergestellte Betten und Steppdecken allen anderen vorzuziehen sind. Die Vögel kleiden ihre Nester mit diesem schönen Material aus, das sie aus ihrem eigenen Körper gerupft haben, und die Daunen werden hauptsächlich durch Plünderung der Nester gewonnen. Jedes Nest liefert in der Saison etwa ein halbes Pfund Daunen und ist etwa vier Dollar pro Pfund wert.

DIE WIDGEON (*Mareca Penelope*)

WIEGT etwa 22 Unzen und ernährt sich von Gras und Wurzeln, die am Grund von Seen, Flüssen und Teichen wachsen. Das Gefieder dieses Vogels ist sehr bunt, und sein Fleisch gilt als große Delikatesse, wenn auch nicht so hoch gelobt wie das der Krickente. Der Schnabel des Pfeifenten ist schwarz; der Kopf und der obere Teil des Halses eines hellen Lorbeers; der Rücken und die Seiten unter dem Flügel waren in Schwarz und Weiß gewellt; die Brust lila; Der untere Teil des Körpers ist weiß und die Beine sind dunkel. Die Jungen beider Geschlechter sind grau und tragen dieses schlichte Gewand bis zum Monat Februar; Danach findet eine Veränderung statt, und das Gefieder des Männchens beginnt seine reichen Farben anzunehmen, in denen es, wie es heißt, bis Ende Juli anhält. und dann werden die Federn wieder dunkel und grau, so dass er kaum noch vom Weibchen zu unterscheiden ist.

Pfeifenten fliegen normalerweise nachts in kleinen Schwärmen und sind von anderen Vögeln möglicherweise an ihrem Pfeifton zu erkennen, wenn sie auf dem Flügel sind. Sie verlassen die Wüstensümpfe des Nordens, wenn der Winter naht, und während sie sich dem Ende ihrer geplanten Reise nach

Süden nähern, breiten sie sich entlang der Küsten sowie über die Sümpfe und Seen in verschiedenen Teilen des Kontinents aus wie die der britischen Inseln; und es wird gesagt, dass einige der Herden bis nach Süden bis nach Ägypten vordringen.

Der Pfeifenten lässt sich an Orten mit reichlich Wasser leicht domestizieren und wird wegen seiner Schönheit, seines lebhaften Aussehens und seines geschäftigen, ausgelassenen Verhaltens sehr bewundert. Dennoch wird allgemein behauptet, dass sie sich in der Gefangenschaft nicht fortpflanzen oder dass das Weibchen zumindest kein Nest bauen und den Brutvorgang nicht durchführen wird. aber dass sie Eier legt, die normalerweise ins Wasser geworfen werden.

DIE Krickente (*Querquedula crecca*)

IST die Kleinste des Entenstamms und wiegt nur zwölf Unzen. Der untere Teil des Körpers ist schmuddelig weiß und tendiert zu einem grauen Farbton. Der Rücken und die Seiten unter den Flügeln sind mit weißen und schwarzen Linien seltsam vielfältig; Die Flügel sind überall braun und der Schwanz hat die gleiche Farbe. Dieser Vogel kommt in den Wintermonaten in England häufig vor und es ist immer noch ungewiss, ob er hier nicht wie in Frankreich brütet. Dr. Heysham sagt, dass es bekanntermaßen in der Umgebung von Carlisle brütet. Das Weibchen baut sein Nest aus mit Gras durchflochtenen Schilfrohren; und wie berichtet wird, stellt er es zwischen die Binsen, damit es mit dem Wasser steigen und fallen kann. Ihre Eier sind so groß wie die einer Taube, sechs oder sieben an der Zahl, und von mattweißer Farbe mit kleinen bräunlichen Flecken; aber es scheint, dass sie manchmal zehn oder zwölf Eier legen, denn Buffon bemerkt, dass diese Anzahl von Jungen in Gruppen auf den Teichen gesehen wird und sich von Kresse, Kerbel und einigen anderen Unkräutern sowie von Samen und kleinen Insekten, die hineinschwärmen, ernährt das Wasser. Das Fleisch der Krickente ist im Winter eine große Delikatesse und hat weniger Fischgeschmack als das Fleisch der Wildentenart. Es ist bekannt, dass er das ganze Jahr über in verschiedenen gemäßigten Klimazonen der Welt brütet und dort verbleibt. Im Sommer kommt er sogar nördlich bis nach Island vor.

DIE GEMEINSAME MÖWE. (*Laruscanus.*)

DIE MÖWEN , von denen es viele verschiedene Arten gibt, sind weit verbreitete Vögel an unseren Küsten und an Flussmündungen; Sie haben lange Flügel und fliegen mit großer Geschwindigkeit und Auftrieb. Ihr Gefieder ist dick und sie schwimmen ganz leicht auf der Wasseroberfläche, tauchen aber nicht. Die Möwen sind sehr gefräßig und verschlingen nicht nur große Mengen an Fischen, Schalentieren und anderen Meerestieren, sondern ernähren sich sogar von toten Tierkörpern, die sie auf dem Wasser schwimmend finden oder an die Küste geworfen haben. Einige der kleineren Arten kommen ins Landesinnere und fangen Insekten auf die gleiche Weise wie die Schwalben mit den Flügeln.

Die Sturmmöwe ist eine ziemlich große Art und erreicht im ausgewachsenen Zustand eine Länge von mehr als 30 Zentimetern. Sein Gefieder ist oben perlgrau und unten weiß; die größten Flügelfedern sind schwarz, mit weißen Spitzen und weißen Flecken nahe der Spitze; und der Schnabel und die Füße sind grüngrau. Dieser Vogel brütet in den Salzwiesen oder auf den Felsvorsprüngen. Das Weibchen legt zwei oder drei olivbraune Eier mit dunkelbraunen und schwarzen Flecken.

Es ist ein sehr schöner Anblick, von der Spitze einer hohen Klippe aus die Scharen dieser Vögel zu beobachten, die oft unsere Küsten heimsuchen. Sie gleiten mit wunderbarer Leichtigkeit und Schnelligkeit durch die Luft, gleiten über die Wasseroberfläche, um ihre Beute zu verfolgen, oder ruhen sich auf ihrer Brust aus. Sogar ihr ziemlich rauer und unharmonischer Schrei steht im Einklang mit den wilden und imposanten Höhen, auf denen sie gerne wohnen. Dies schützt sie jedoch nicht vor den Stammgästen unserer Küstenstädte, für die das Möwenschießen ein beliebtes Vergnügen ist; Ein Vergnügen, das umso mehr zu tadeln ist, als das Fleisch des Vogels völlig nutzlos ist.

Möwen werden oft lebend gefangen und nachdem ihnen die Flügel abgeschnitten wurden, um sie am Entkommen zu hindern, werden sie gehalten, um ihren unersättlichen Appetit auf Schnecken, Nacktschnecken und andere Gartenschädlinge zu stillen.

Der Sturmsturmvogel oder das Huhn von Mutter Cary. (*Thalassidroma pelagica.*)

„Über die Tiefe! über die Tiefe!
Wo der Wal, der Hai und der Schwertfisch schlafen und
der Windböe und dem strömenden Regen entfliehen,
erzählt der Sturmvogel vergeblich seine Geschichte;
Denn der Seemann verflucht den warnenden Vogel,
der ihm ungehört die Nachricht vom Sturm bringt!
Oh! So begegnet der Prophet, ob gut oder schlecht,
dem Hass der Geschöpfe, denen er immer noch dient;
Doch er zögert nie: – Also, Petrel! Frühling
Noch einmal über die Wellen auf deinem stürmischen Flügel. PROCTER.

DER STURMVOGEL ist nicht größer als eine Schwalbe; und seine Farbe ist ganz schwarz, mit Ausnahme der Schwanzfedern, des Schwanzes selbst und der Flügelfedern, die weiß sind; seine Beine sind schlank. Dieser Vogel breitet sich über die Weiten des Ozeans und oft in großer Entfernung vom Land aus und ist in der Lage, den größten Stürmen zu trotzen. Selbst bei stürmischstem Wetter wird er häufig von Seeleuten beobachtet, die mit fast unglaublicher Geschwindigkeit über die Wellen und manchmal über deren Gipfel gleiten. Oft folgen sie Schiffen in großen Schwärmen, um alles aufzusammeln, was über Bord geworfen wird; aber ihr Erscheinen wird von den Seeleuten als sicheres Vorzeichen eines stürmischen Wetters im Laufe einiger Stunden angesehen. Es scheint Schutz vor der Heftigkeit des Windes im Kielwasser der Schiffe zu suchen; und es ist wahrscheinlich, dass er aus dem gleichen Grund oft zwischen zwei Wellen fliegt. Das Nest dieses Vogels wird in den Monaten Juni und Juli auf den Orkney-Inseln unter losen Steinen gefunden. Er lebt hauptsächlich von kleinen Fischen; und obwohl es tagsüber stumm ist, ist es nachts sehr laut. Die Jungen dieses Vogels werden mit einer öligen Substanz oder einem Chylus gefüttert, der aus den Mägen der Eltern ausgeschieden wird.

Mudie sagt in seinem sehr unterhaltsamen Werk über britische Vögel, dass sie Sturmvögel oder „kleine Sturmvögel" genannt werden, weil sie sich an der Oberfläche bewegen, als würden sie buchstäblich auf dem Wasser laufen. Er teilt uns auch mit, dass sie zuweilen sehr voller Öl sind und dass die Färinger diesen Umstand ausnutzen und sie in Lampen umwandeln, indem sie sie in einer aufrechten Position befestigen und einen Docht durch ihre Körper ziehen, den sie dann anzünden Mund.

Der Eissturmvogel (*Procellaria glacialis* **)**

IST eine größere Sturmvogelart, die nicht selten an den britischen Küsten vorkommt und in den arktischen Meeren außerordentlich häufig vorkommt. Hier ist es ein regelmäßiger Begleiter der Walfischer, wenn sie einen Wal zerlegen. Alle Speckfragmente, die zufällig ins Wasser fallen, werden sofort von diesen gierigen Vögeln zerrissen, die um das Festmahl streiten und dabei so wenig Rücksicht auf die Nähe der Seeleute nehmen, dass sie ihnen mit einem Bootshaken auf den Kopf geschlagen werden könnten . Aufgrund der großen Ölmengen, die sie enthalten, genießen sie in den Ländern, in denen sie leben, hohes Ansehen. In England sieht man sie nur selten und auch in keinem anderen Teil Großbritanniens, mit Ausnahme einiger der nördlichsten Inseln Schottlands, kommen sie regelmäßig vor. Wie die anderen Sturmvögel füttern sie ihre Jungen mit einer Art Öl, das sie nach Belieben absondern können.

DER ALBATROS (*Diomedea exulans*)

AUCH den winzigen Sturmvögeln; Aber statt ein Zwerg zu sein, ist es ein Riese unter den Vögeln. Seine Flügel haben oft eine Länge von bis zu fünfzehn Fuß und sind entsprechend stark, da sie den Albatros tagelang gemeinsam über den stürmischen Wellen des großen Südpolarmeeres tragen müssen. Tatsächlich ist ihre Kraft und Ausdauer so enorm, dass sie bekanntermaßen ganze Tage lang Schiffen folgen, ohne sich auch nur ein einziges Mal auf dem Wasser auszuruhen. Von Zeit zu Zeit stürzt sich der Riesenvogel ins Meer, um die Fische zu fangen, mit denen er seinen Hunger stillt; und es wird gesagt, dass Albatrosse dort, wo sie zahlreich sind, sogar Seeleute angreifen, die zufällig über Bord fallen könnten. Aufgrund ihres Vorkommens am Kap der Guten Hoffnung werden sie von Seefahrern oft Kapschafe genannt.

Albatrosse wiegen im Allgemeinen zwischen 20 und 30 Pfund. Das Gefieder ist weiß, mit Ausnahme einiger schmaler Streifen auf dem Rücken und einiger langer Flügelfedern, die schwarz sind, und des Kopfes, der rötlich-grau ist. Der Schnabel ist lang und kräftig und am Ende gebogen und wäre eine äußerst schreckliche Waffe, wenn der Besitzer eine kämpferische Veranlagung hätte. Er ist jedoch ziemlich harmlos und wird manchmal sogar von viel kleineren Vögeln angegriffen, wenn er ausnahmslos in die Flucht greift, und die enorme Kraft seiner Flügel ermöglicht es ihm im Allgemeinen, seine Verfolger zu distanzieren. Der Albatros hat, wie die meisten Seevögel, einen äußerst unersättlichen Appetit und verschlingt riesige Mengen, nicht nur an Fisch, sondern auch an anderen Meerestieren, wie zum Beispiel Weichtieren. Sie sind so gierig, dass sie an einer Leine gefangen werden, an der ein Stück Fleisch als Köder angebracht ist, das der immer hungrige Vogel in einem Zug verschlingt und für die teure Mahlzeit mit dem Leben bezahlt. Sie werden von den Eingeborenen der Länder, in denen sie sich aufhalten, nicht wegen ihres Fleisches genommen, das zäh und fade ist, sondern wegen ihrer Eingeweide, die sehr groß und elastisch sind und für eine Reihe nützlicher Zwecke verwendet werden.

DER GROSSE NORDTAUCHER.

(*Colymbus glacialis.*)

DER GROßE NORDTAUCHER kommt am häufigsten in den arktischen Meeren vor, eine beträchtliche Anzahl von ihnen lebt jedoch an den Küsten Schottlands. Es hat einen ziemlich langen, kräftigen und spitz zulaufenden Schnabel; sein Rücken und seine Flügel sind schwarz und mit zahlreichen weißen Flecken verziert; seine Unterseite ist grauweiß; und sein Kopf und Hals sind schwarz, mit ein paar weißen Kragen vorne am Hals. Der Große Nordtaucher ist ein großer Vogel mit einer Länge von fast einem Meter. Seine Flügel sind im Verhältnis zu seiner Größe klein, dennoch kann der Vogel sehr schnell fliegen. Am aktivsten ist es jedoch im Wasser; Es schwimmt und taucht mit der bemerkenswertesten Leichtigkeit und ist selbst unter Wasser so schnell wie ein Boot mit vier Rudern. Seine Nahrung besteht aus Fischen, und er brütet im Gras der Meeresküste, wobei das Weibchen zwei oder drei Eier in ein ordentliches Nest aus Gras legt.

DER Papageientaucher (*Fratercula arctica*)

IST ein weiterer kurzflügeliger Wasservogel, der uns jedoch im Gegensatz zum Nordtaucher im Sommer besucht und an unseren Ufern brütet. Es ist ungefähr einen Fuß lang und hat den Rücken und die Flügel schwarz, die Wangen und alle unteren Teile des Körpers, außer einem Band um den Hals, weiß und die Füße orange. Sein Schnabel ist sehr merkwürdig und hat ihm an einigen Stellen die Namen Seepapagei und Coulterneb eingebracht. Dieses Organ ist groß und stark, aber an den Seiten abgeflacht; Es ist von bläulicher Farbe, mit drei Rillen und vier Rillen von oranger Farbe. Der Papageientaucher fliegt schnell und schwimmt und taucht fast so gut wie der Große Taucher. Es brütet manchmal in Felsspalten und manchmal in einem Loch, das es in den Rasen oder in ein Kaninchengehege gräbt.

DER GROßE AUK (*Alca impennis*)

DER manchmal auch als Nordpinguin bezeichnete Vogel ist ein großer Vogel mit sehr kleinen Flügeln, die zwar wie die anderer Vögel aus regelmäßigen Federn bestehen, aber viel zu schwach sind, um ihren Besitzer in die Luft zu heben. Sie sind jedoch noch auf andere Weise von Nutzen. Wenn der Auk taucht, was er häufig tut, dienen sie als Flossen und ermöglichen es ihm mit seinen kräftigen Schwimmhäuten, unter Wasser noch schneller zu schwimmen als an der Oberfläche. Dieser Vogel wurde früher gelegentlich an den Nordküsten Großbritanniens gesehen und kam in Richtung der arktischen Meere immer häufiger vor; aber seit vielen Jahren wurden keine Exemplare mehr gefunden, und es gibt Grund zu der Annahme, dass der Vogel an unseren Küsten völlig ausgestorben ist. Im Wasser ist der Große Alk ebenso wie der Taucher wunderbar aktiv und schwimmt mit der gleichen Leichtigkeit an der Oberfläche oder unter den Wellen. Als Mr. Bullock auf den Orkneys war, verfolgte er mehrere Stunden lang einen männlichen Vogel in einem sechsruderigen Boot, ohne ihn töten zu können.

Der Große Alk ist im Allgemeinen etwa einen Meter lang und wechselt im Sommer sein Gefieder. Die Brutzeit ist im Juni und Juli, wenn das Weibchen ein großes, gelbliches Ei mit schwarzen Flecken legt.

DER PINGUIN (*Speniscus demersus*)

An den Küsten und auf den Inseln des großen Südlichen Ozeans gibt es zahlreiche Arten, die sich durch ihre nahezu unglaubliche Beweglichkeit im Wasser auszeichnen . Er schwimmt und taucht wie ein Fisch, und tatsächlich wird beschrieben, dass er an die Oberfläche kommt, um Luft zu holen, und so plötzlich wieder absinkt, dass der Eindruck entsteht, es handele sich um einen Fisch, der Sport treibt. Man findet ihn in großer Zahl in Verstecken, wo die Weibchen aufrecht sitzen und ihr einzelnes Ei zwischen den Beinen halten.

Buch III.

BEWOHNER DES WASSERS.

§ I. *Cetacea oder Meeressäuger.*

DER GEMEINSAME ODER GRÖNLANDWAL.

(*Balæna mysticetus.*)

„Das seltsame Werk der Natur, riesige Wale unterschiedlicher Form,
werfen die unruhige Flut auf und sind selbst ein Sturm;
Unhöflicher Anblick, wenn sie in schrecklichem Spiel
ihre Nasenlöcher entleeren und ein Meer zurückgeben;
Oder wütend peitscht den Schaum mit abscheulichem Geräusch
und verstreut den ganzen wässrigen Staub umher;
Furchtlos rollen die wilden, zerstörerischen Monster,
verschlingt die Fische und treibt den fliegenden Schwarm;
In den tiefsten Meeren erscheinen diese lebenden Inseln,
und die tiefsten Meere können ihrem Druck kaum standhalten;
Ihre Masse würde die Steilküste mehr als ausfüllen,
und unergründliche Tiefen würden unter ihrem Gewicht nachgeben.“

DER WAL ist eigentlich kein Fisch; denn obwohl er im Meer lebt und Flossen
und einen Schwanz anstelle von Beinen und Füßen hat, ähnelt er in den
meisten anderen Punkten einem Seehund und unterscheidet sich in vielen
wichtigen Punkten von den Fischen, die eigentlich so genannt werden.

Tatsächlich wird es von Zoologen immer in die Klasse der Mammalia aufgenommen, da es seine Jungen lebend zur Welt bringt und sie mit seiner Milch ernährt; und daher wurde ein eingebildeter Mensch, der behauptete, er kenne jeden Fisch, von der Garnele bis zum Wal, zu Recht ausgelacht, da weder der Wal noch die Garnele von Zoologen zu den Fischen gezählt wird.

Die allgemeine Körperform des Wals ist die eines Fisches; aber der Schwanz ist horizontal statt vertikal angeordnet, und das Skelett der Flossen ähnelt genau dem einer Hand, die an einem zusammengezogenen Arm befestigt ist, obwohl es mit einer so dicken Haut bedeckt ist, dass äußerlich keine Spur der Knochenbildung entdeckt werden kann . Es gibt nur zwei Flossen, die sehr klein sind und nahe am Kopf liegen. Der Wal unterscheidet sich jedoch wesentlich von den Fischen dadurch, dass er warmes Blut hat; und in seinen Lungen, die genau denen von Vierbeinern entsprechen. Obwohl der Wal lange Zeit unter Wasser bleiben kann, ohne zu atmen, ist er daher gezwungen, an die Oberfläche zu kommen, wann immer er atmet, und ist zu diesem Zweck mit zwei großen Nasenlöchern oder Blaslöchern, wie sie genannt werden, ausgestattet. Die Blaslöcher sind sehr schön und merkwürdigerweise so konstruiert, dass sie sich schließen, wenn das Tier unter Wasser sinkt; damit kein Tropfen Wasser in die Lunge gelangen kann, egal wie groß der Druck auch sein mag. Der Wal ist auch mit einer sehr dicken Haut ausgestattet, die eine riesige Menge flüssiges Öl enthält, den sogenannten Speck, der sich so leicht vom Fleisch löst, dass beim Töten eines Wals der Speck, der manchmal zwei Fuß dick ist, zurückbleibt abgenommen, indem man einen gewöhnlichen Spaten zwischen ihm und dem Körper hindurchführt. Diese dicke, ölige Haut leitet keine Wärme und ist daher hervorragend dazu geeignet, zu verhindern, dass das warme Blut des Wals durch die Kälte des Wassers abgekühlt wird. Die echten Fische, die nicht mit einer solchen Hülle versehen sind, sind kaltblütig und daher nicht anfällig für Schüttelfrost.

Der gewöhnliche Wal hat in keinem seiner Kiefer Zähne, aber sein Maul ist mit einer Art Saum aus zahlreichen langen Hornblättchen versehen, die wir Fischbein nennen und die eine Art Sieb bilden, das nur die kleinen Fische, auf denen der Wal lebt, durchlässt Einspeisungen. Dieses Fischbein ist eines der wertvollsten Produkte des Wals, wobei das Öl am wichtigsten ist.

„Wie wenn einschließende Harpuniere angreifen,
In hyperboreischen Meeren der schlummernde Wal;
Sobald die Speere die schuppige Seite durchbohren,
stöhnt er, er schießt ungestüm die Flut hinab;
Und von stechenden Schmerzen geplagt,
fliegt er vergebens unter der Flut dahin.“
FALKNER.

In Spitzbergen, Grönland und anderen nördlichen Ländern werden von den Engländern, Holländern usw. Wale in großer Zahl gefangen. Zu diesem

Zweck werden jedes Frühjahr beträchtliche Schiffsflotten ausgesandt. Wenn sie mit der Fischerei beginnen , wird jedes Schiff mit Nasenhaken am Eis befestigt oder vertäut. Zwei Boote, jedes mit sechs Mann besetzt, erhalten vom Kommodore den Befehl, zwei Stunden lang nach dem Kommen der Fische Ausschau zu halten, dann werden sie durch zwei weitere abgelöst, und so weiter; Die beiden Boote liegen in einiger Entfernung vom Schiff, jedes voneinander getrennt, mit ihren Bootshaken am Eis befestigt und bereit, beim ersten Anblick des Wals augenblicklich loszulassen. Hier ist die Geschicklichkeit der Waljäger zu bewundern; Denn sobald das Tier sich zeigt, ist jeder an seinem Ruder, und alle stürzen sich mit erstaunlicher Schnelligkeit auf den Wal; Dabei muss er darauf achten, hinter seinen Kopf zu kommen, damit er das Boot nicht sieht, das ihn manchmal so sehr erschreckt, dass er wieder abstürzt, bevor sie Zeit haben, es zu treffen. Die größte Vorsicht ist jedoch beim Heck geboten, da es sowohl den Booten als auch den Seeleuten oft sehr großen Schaden zufügt. Der Harpunier, der an der Spitze oder am Bug des Bootes platziert ist, den Rücken des Wals sieht und den Angriff ausführt, stößt die Harpune mit aller Kraft in seinen Körper, und zwar mit Hilfe eines Stabes, der zu diesem Zweck am Eisen befestigt ist und lässt es drin, wobei eine Leine von etwa zwei Zoll Umfang und einhundertsechsunddreißig Faden Länge daran befestigt ist. Jedes Boot ist mit sieben dieser Leinen ausgestattet, anhand derer man, wenn man es laufen lässt, den Kurs des Wals beobachtet.

Sobald der Wal getroffen wird, hält der dritte Mann im Boot sein Ruder hoch, mit etwas oben drauf, als Signal für das Schiff; Bei dessen Anblick alarmiert der Mann, der als Wache eingesetzt wurde, die Schlafenden, die sofort ihre anderen vier Boote fallen lassen, die an den Flaschenzügen hängen, zwei auf jeder Seite, bereit, bei einer Minute Vorwarnung loszulassen, alle mit je sechs Männern, Harpunen, Lanzen, Leinen usw. ausgestattet. Zwei oder drei dieser Boote rudern zu der Stelle, wo der Wal voraussichtlich wieder auftauchen wird; die anderen, um dem Boot zu helfen, das es zuerst mit der Leine getroffen hat; So wie dem Wal manchmal die Leinen dreier weiterer Boote ausgehen, die alle aneinander befestigt sind, denn wenn die Leinen des ersten Bootes fast leer sind, werfen sie das Ende dem zweiten Boot zu, um es an ihren zu befestigen, und das zweite Boot tut es das Gleiche gilt für den dritten und so weiter. Auf diese Weise wird die Leine in einem solchen Ausmaß geliefert, dass ein großer Wal bekanntermaßen drei Meilen davon mit sich fortgerissen hat.

Wenn ein Wal zum ersten Mal getroffen wird, rennt er über hundert Faden an der Leine davon, bevor der Harpunier eine Wende um das Heck des Bootes machen kann; Und das mit einer solchen Schnelligkeit, dass ein Mann bereit ist, Wasser auf die Leine zu schütten, um sie zu löschen, für den Fall, dass sie Feuer fängt, was häufig der Fall ist. Vor vielen Jahren war im South

Sea Dock in Deptford ein Boot zu sehen, dessen Kopf durch die Schnelligkeit der auslaufenden Leine abgesägt wurde. Die Harpune würde bei der Vernichtung dieses Tieres kaum helfen; aber ein Teil der Ruderer warf entweder beim ersten Angriff, oder wenn er, um Luft zu holen, an die Oberfläche steigt und sich selbst zu sehen bekam, ihre Ruder beiseite, nahm ihre sehr scharfen Lanzen und stieß sie in die seinen Körper, bis sie sehen, wie er das Blut durch die Blaslöcher spritzt, deren Anblick ein Zeichen dafür ist, dass die Kreatur tödlich verwundet wurde. Die Fischer haben Anspruch auf eine kleine Belohnung, wenn sie einen Wal töten. Nachdem der Wal getötet wurde, zerschnitten sie alle Leinen, die an ihm befestigt waren, und schnitten dann den Schwanz ab; Daraufhin dreht es sich sofort auf den Rücken; und auf diese Weise schleppten sie es zum Schiff, wo sie Taue befestigten, um es vor dem Untergang zu bewahren; und wenn es kalt ist, beginnen Sie, den Speck abzuschneiden.

Der Speck eines Wals ist häufig 18 bis 20 Zoll dick; das ergibt fünfzig oder sechzig Portionen Öl, wobei jede Portion 74 Gallonen enthält; und der Oberkiefer liefert etwa sechshundert Stücke Fischbein, von denen die meisten etwa zwölf Fuß lang und sechs bis acht Zoll breit sind; Der gesamte Ertrag eines Wals ist mehr oder weniger tausend Pfund wert, je nach der Größe des Tieres. Während die Männer auf dem Rücken des Wals arbeiten, tragen sie an ihren Stiefeln Sporen mit zwei Zinken, die auf beiden Seiten ihrer Füße herunterragen, damit sie nicht ausrutschen, da der Rücken des Wals sehr rutschig ist.

Wenn der Wal frisst, schwimmt er mit beträchtlicher Geschwindigkeit unter der Meeresoberfläche und hat sein Maul weit ausgestreckt. Infolgedessen dringt ein Wasserstrahl in seine Mündung und reißt riesige Mengen an Tintenfischen, Seespeck, Garnelen und anderen kleinen Meerestieren mit sich. Das Wasser entweicht seitlich; aber das Essen wird durch den Rand des Fischbeins im Mund verheddert und sozusagen gesiebt; Diese Art von Sieb wird durch die sehr kleine Speiseröhre notwendig, die bei einem Wal von 60 Fuß Länge nicht mehr als 4 Zoll breit ist. Die Seeleute sagen, dass ein Pfennigbrot einen Wal ersticken würde.

Der Wal brüllt ängstlich, wenn er verwundet ist oder in Not ist. Sein Junges wird Jungtier genannt.

Außerdem gibt es im Südpolarmeer eine ausgedehnte Walfischerei, die hauptsächlich von den Amerikanern betrieben wird. Der in diesen Meeren vorkommende Wal unterscheidet sich vom Grönlandwal und wird von Naturforschern unter dem Namen *Balæna Australis beschrieben* .

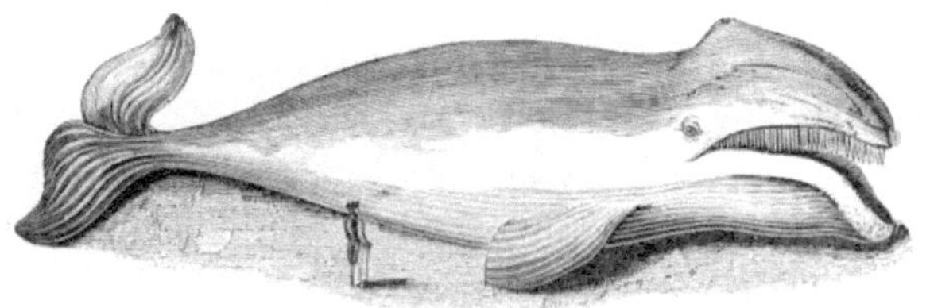

Der Rorqual oder Flossenwal

(*Balænoptera boops*)

IST ein sehr großer Wal, dessen Exemplare manchmal bis zu 30 Meter lang sind. Es zeichnet sich durch einen kleineren Kopf und durch das Vorhandensein einer Art Flosse am unteren Teil seines Rückens aus. Der Rorqual kommt in den nördlichen Meeren vor, und Exemplare werden manchmal auch vor unseren Küsten gesichtet. Er ist von geringem Wert, da er viel weniger Speck liefert als der gewöhnliche Wal und die Barten oder Fischbeine so kurz sind, dass sie unbrauchbar sind.

DER SPERMACETI-WAL ODER CACHALOT.

(*Physeter Macrocephalus.*)

DIESES Tier hat nur Zähne im Unterkiefer; und kein Fischbein. Aus seinem riesigen Kopf, der fast halb so groß ist wie das gesamte Tier, wird die Substanz Walrat gewonnen; und die Kehle ist so groß, dass sie einen Hai verschlucken könnte.

Die Menge des aus dem Pottwal gewonnenen Öls ist nicht so groß wie die des gewöhnlichen Wals oder des Grönlandwals, aber von der Qualität her ist es weitaus besser, da es eine helle Flamme erzeugt, ohne einen ekelerregenden Geruch auszustrahlen. Aus dem Körper dieses Tieres wird auch der unter dem Namen Ambra bekannte Stoff gewonnen. Es kommt im Allgemeinen im Magen vor, manchmal jedoch auch im Darm; und aus kommerzieller Sicht handelt es sich um eine äußerst wertvolle Produktion. Das Walrat befindet sich zu Lebzeiten des Tieres in einem flüssigen Zustand, und sobald es tot ist, wird ein Loch in den Kopf gemacht und die Flüssigkeit mit Eimern herausgeholt. Es wird beim Abkühlen fest und wird anschließend zu Kerzen usw. verarbeitet.

Wenn wir bedenken, dass dieselbe Kraft, deren Wille die gewaltige Masse dieses Meeresmonsters geformt hat, auch den kleinsten der mikroskopisch kleinen Tierchen Lebendigkeit, Sinne und Leidenschaften verliehen hat, wie gering muss der Stolz des Menschen sein, der in der Mitte steht , und fast gleich weit von beiden entfernt, ist dennoch nicht in der Lage, den Mechanismus zu begreifen, der sie in Bewegung setzt, und noch weniger die Intelligenz und Kraft, die ihnen Leben gegeben und ihnen ihre jeweiligen Stationen im Universum zugewiesen hat! Dann lasst uns mit Staunen und Dankbarkeit mit dem Psalmisten ausrufen: „O Herr, wie unergründlich sind deine Wege, wie großartig sind deine Werke!"

DER DELFIN. (*Delphinus delphis.*)

DIESES Tier gilt wie der Wal nicht als Fisch, obwohl es im Wasser lebt, da es warmes Blut hat und seine Jungen säugt, die lebend geboren werden. Es hat auch Lungen anstelle von Kiemen und ist daher gezwungen, zum Atmen seinen Kopf über die Wasseroberfläche zu heben.

Der Delphin ist zwischen sechs und zehn Fuß lang. Der Körper ist rundlich und nimmt zum Schwanz hin allmählich ab; Die Nase ist lang und spitz, die Haut glatt, der Rücken schwarz oder dunkelblau und wird unten weiß. Es hat zahlreiche kleine Zähne in jedem Kiefer; eine Rücken- und zwei Brustflossen sowie ein halbmondförmiger Schwanz. Die schnabelartige Schnauze hat

wahrscheinlich dazu geführt, dass die Franzosen den Delphin „Seegans"
nennen.

Über dieses Tier wurden mehrere merkwürdige Geschichten erzählt, von
denen die meisten sagenhaft sind. Die Anekdote von Arion, dem Musiker,
der von Piraten über Bord geworfen wurde und sein Leben einem dieser
Tiere verdankte, ist wohlbekannt und erlangte bei antiken Dichtern große
Anerkennung, da Arion durch seine Musik angeblich berühmt wurde
bezauberte den Delphin. Es gibt mehrere andere Fabeln, die von antiken
Autoren erwähnt werden, um die Menschenfreundlichkeit des Delphins zu
beweisen. Seit die Provinz *Dauphiné* in Frankreich der Krone angegliedert ist,
wird der Thronfolger „Dauphin" genannt und trägt auf seinem Schild einen
Delphin. Falconer beschreibt in seinem wunderschönen Gedicht „The
Shipwreck" den Tod des Delphins auf folgende elegante Weise:

„———— Unter dem Heck des hohen Schiffes
erkennen sie einen Schwarm sportlicher Delfine, deren
glänzende Strahlen aus brünierten Schuppen strahlen,
bis der ganze glühende Ozean zu lodern scheint.
In Kränzen winden sie sich mutwillig auf die Flut;
Mal in die Höhe gesprungen, mal schnell nach unten gleiten.
Eine Weile bleiben ihre Spuren unter den Wellen
und brennen in silbernen Strömen entlang der flüssigen Ebene;
Bald zum Sport des Todes repariert die Mannschaft,
schießt mit der langen Lanze oder breitet die geschlagene Schlinge aus.
Einer rollt in sich verdoppelnden Labyrinthen dahin
und gleitet unglücklich in der Nähe des dreifachen Zinkens.
Rodmond, unbeirrbar, schwebt über seinem Kopf
den Stachelstahl, und jede Wendung folgt:
Unfehlbar gezielt flog die Raketenwaffe
und stürzte herab, durchbohrte das schicksalhafte Opfer.
Die nach oben gerichteten Punkte halten seine tüchtige Masse aufrecht;
An Deck kämpft er mit krampfartigen Schmerzen;
Aber während sein Herz, der tödliche Wurfspeer, erbebt
und das flüchtige Leben in blutigen Bächen entweicht,
welch strahlende Veränderungen treffen den erstaunten Anblick,
was für leuchtende Farbtöne aus gemischtem Schatten und Licht!
Keine gleichwertige Schönheit vergoldet den klaren Westen
Mit Scheitelstrahlen, die überall üppig gekleidet sind;
Keine schöneren Farben malen die Frühlingsdämmerung,
wenn orientalischer Tau den emaillierten Rasen durchtränkt;
Als von seinen Seiten ein heller Suffusionsfluss ausgeht,
der jetzt mit goldenem Himmel zu glühen scheint;
Jetzt begegnen sich in durchsichtigen Saphiren die Aussicht

und ahmen den sanften himmlischen Farbton nach;
Strahlen Sie nun ein flammendes Purpurrot zum Auge
und nehmen Sie nun den tieferen Farbton des Purpurs an:
Aber hier trübt die Beschreibung jeden leuchtenden Strahl;
Welche Kunstbegriffe kann die Kraft der Natur entfalten?"

Unglücklicherweise für die Poesie existieren die schönen Farben des sterbenden Delphins ausschließlich in der Fantasie des Dichters; Da der Delphin im sterbenden Zustand keine Farbtöne außer Schwarz und Weiß aufweist, wird angenommen, dass die bei den Alten so verbreitete Vorstellung von der Farbveränderung dieses Tieres von einem echten Fisch, dem Dorado, abgeleitet wurde, der dieses Phänomen aufweist .

DER WEISSE WAL. (*Beluga leucas.*)

Zu den Delfinen zählt auch DER WEIßWAL ODER BELUGA. Der Körper ist weiß, gelb oder rosa gefärbt und seine Proportionen sind angenehmer als die der meisten Wale. Es ist zwischen zwölf und achtzehn Fuß lang. Weiße Wale sind gesellig, versammeln sich in Schwärmen oder Herden und spielen mit schnellen und anmutigen Bewegungen. Das Weibchen bringt jeweils zwei Junge zur Welt, über die es mit scheinbar größter Zuneigung wacht. Sie folgen allen ihren Bewegungen und verlassen sie nicht, bis sie fast ausgewachsen sind. Dieser Wal ist im Allgemeinen auf die nördlichen Breiten beschränkt, obwohl einer im Jahr 1815 im Firth of Forth gefangen wurde. Das Öl ist von ausgezeichneter Qualität und das Fleisch frisst sich wie Rindfleisch. Einigen Autoren zufolge schmeckt das mit Essig und Salz eingelegte Fleisch genauso gut wie Schweinefleisch; und so könnte der Körper, der im Allgemeinen weggeworfen wird, wenn die Seeleute den Speck abgeschnitten haben, von ihnen als Nahrung verwendet werden. Die inneren Membranen werden von den Grönländern als Fenster und die Sehnen als Fäden verwendet, und einige der alten Schriftsteller sagen, dass die Flossen und der Schwanz, wenn sie richtig vorbereitet sind, ein gutes Essen seien.

DER SCHWEINWAL. (*Phocæna vulgaris.*)

DER SCHWEINSWAL gehört zu den Walen und ist fast mit dem Delphin verwandt, hat aber nicht die Schnabelschnauze dieses Tieres. Die Länge des Schweinswals beträgt von der Schnauzenspitze bis zum Ende des Schwanzes 1,20 bis 2,40 Meter und sein Umfang etwa 6,5 Meter. Die Figur des gesamten Körpers ist konisch; die Farbe des Rückens ist tiefblau und tendiert zu leuchtendem Schwarz; Die Seiten sind grau und werden unten weiß. Der Schwanz ist halbmondförmig. Es gibt nur drei Flossen, eine auf dem Rücken und eine auf jeder Schulter. Die Augen sind sehr klein. Wenn das Fleisch zerschnitten ist, sieht es sehr nach Schweinefleisch aus; Aber obwohl es einst als kostbares Nahrungsmittel galt und angeblich gelegentlich auf den Tischen des alten englischen Adels serviert wurde, hat es sicherlich einen unangenehmen Geschmack. Schweinswale ernähren sich von kleinen Fischen und treten im Allgemeinen in großen Schwärmen auf, insbesondere in der Makrelen- und Heringssaison. Zu dieser Zeit richten sie bei den Fischern großen Schaden an, indem sie die Netze zerbrechen und zerstören, um an ihre Beute zu gelangen. Ihre Bewegung im Wasser ist eine Art Kreissprung; Sie tauchen tief, steigen aber bald wieder auf, um zu atmen. Sie verfolgen ihre Beute so eifrig, dass sie manchmal große Flüsse hinaufsteigen und sogar über der Westminster Bridge gesehen wurden. Sie haben keine Kiemen und blasen das Wasser mit einem lauten Geräusch aus, das bei ruhigem Wetter aus großer Entfernung zu hören ist. Man sieht sie fast in allen Meeren und kommt an den Küsten Großbritanniens sehr häufig vor, wo sie sich mit großer Aktivität treiben, vor allem beim Herannahen einer Bö.

Der Grampus (*Phocæna Orca*) ist eine Schweinswalart und ein entschiedener und eingefleischter Feind der Wale; Sie greifen sie in großen Schwärmen an, umringen sie wie Bulldoggen, bringen sie zum Brüllen vor Schmerz und töten und verschlingen sie häufig. Sie sind gewöhnlich zwischen 20 und 25 Fuß lang und ähneln im Allgemeinen in Form und Farbe dem Schweinswal; aber der Unterkiefer ist beträchtlich breiter als der Oberkiefer, und der Körper ist im Verhältnis etwas breiter und tiefer. Die Rückenflosse ist manchmal sechs Fuß lang. In einem der Gedichte von Waller wird eine (auf Tatsachen basierende) Geschichte über die elterliche Zuneigung dieser Tiere aufgezeichnet. Ein Grampus und ihr Junges waren in einen Meeresarm geraten, wo sie durch die Vernachlässigung der Flut von allen Seiten eingeschlossen waren. Die Männer am Ufer erkannten ihre Situation und stürzten sich mit den Waffen, die sie gerade auftreiben konnten, auf sie. Die armen Tiere wurden bald an mehreren Stellen verletzt, so dass das gesamte umliegende Wasser mit ihrem Blut befleckt war. Sie unternahmen viele Fluchtversuche; und der Alte drängte sich mit überlegener Kraft über die Untiefe in den Ozean. Aber obwohl sie selbst in Sicherheit war, würde sie ihr Junges nicht den Händen von Attentätern überlassen. Sie stürmte daher erneut herein; und schien, da sie es nicht verhindern konnte, entschlossen, das Schicksal ihres Sprösslings zumindest zu teilen. Die Geschichte endet mit poetischer Gerechtigkeit; denn die Flut brachte sie beide in Sicherheit; und aufgrund der großen Dicke ihrer Haut ist es wahrscheinlich, dass ihre Wunden nicht sehr tief waren.

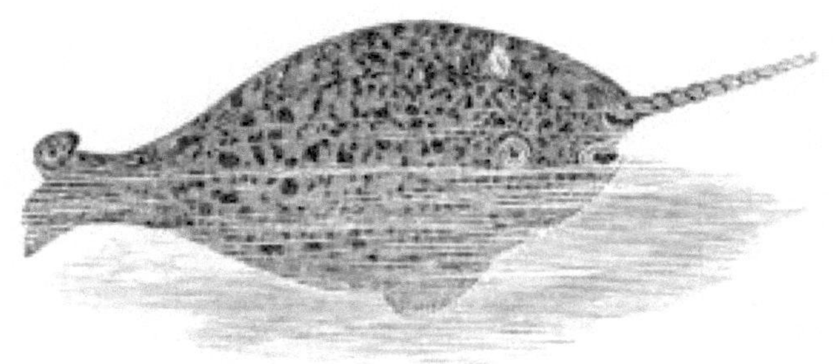

DAS MEER-EINHORN, ODER NARWHAL,

(*Monodon monoceros*)

EIN MEERESTIER , das sich von allen Walen, zu denen es gehört, dadurch unterscheidet, dass es keine eigentlich so genannten Zähne hat und mit einem sieben bis acht Fuß langen Horn bewaffnet ist, das aus dem Kopf herausragt. Dieses Horn ist weiß, über seine gesamte Länge spiralförmig gedreht und spitz zulaufend: Es ist härter, weißer und wertvoller als das Elfenbein des Elefanten und war früher wegen seiner angeblichen medizinischen Eigenschaften hoch angesehen (kleine mögen es sein). manchmal sieht man sie mit einem eleganten Kopf als Spazierstock versehen, und große Exemplare wurden als Bettpfosten verwendet. Das Tier selbst ist 20 bis 40 Fuß lang und wird gelegentlich mit zwei Hörnern gefunden; In der Tat gibt es immer den Keim eines zweiten Horns sowohl beim Männchen als auch beim Weibchen, obwohl es bei ersteren selten und bei letzteren nie entwickelt wird, woraus wir schließen können, dass die Weibchen sich bei ihrer Verteidigung ausschließlich auf die Männchen verlassen. Wie wir wissen, ist dies bei mehreren Säugetieren der Fall. Wenn nur ein Horn vorhanden ist, befindet es sich immer auf der linken Seite des Kopfes; und wenn es zwei sind, ist das Horn auf der linken Seite immer größer als das andere. Dieses Tier lebt hauptsächlich in den arktischen Meeren und seine Nahrung soll aus kleineren Arten von Plattfischen und anderen Meerestieren bestehen; Sein Horn ist nützlich, um das Eis aufzubrechen, wenn es zum Atmen auftauchen möchte. Der Speck liefert eine kleine Menge sehr feines Öl, und die Grönländer haben eine große Vorliebe für das Fleisch.

Die Seekuh (*Manatus Australis*)

AUCH Seekuh genannt, ist um einiges kleiner als die anderen gerade beschriebenen Wale und unterscheidet sich von ihnen durch ihre Ernährung, die ausschließlich aus Meerespflanzen besteht. Er kommt an den Küsten und Flussmündungen Südamerikas vor und ist 9 bis 10 Fuß lang. Sein Kopf ist verhältnismäßig klein, seine Kiefer sind nur mit Knirschzähnen ausgestattet, von denen er zweiunddreißig hat, seine Haut ist mit vielen verstreuten Borsten versehen und seine Flossen oder Flossen sind mit vier kleinen Nägeln versehen. Dieses Tier hebt nicht selten seinen Kopf und seine Schultern aus dem Wasser, wenn es eine gewisse Ähnlichkeit mit einem Menschen haben soll, und es ist wahrscheinlich, dass es sich um eine entfernte Ansicht einer fast verwandten Art, des *Lamantin* , handelt, der die Küsten Afrikas bewohnt , könnte den Alten ihre erste Vorstellung von der Meerjungfrau gegeben haben. Die Seekuh wird mit Harpunen gefangen und ihr Fleisch gilt als sehr schmackhaft. Gesalzen und getrocknet ist es ein Jahr haltbar. Es liefert auch ein ausgezeichnetes Öl und seine Haut wird zur Herstellung von Pferdegeschirren und Peitschen verwendet. Der Dugong (*Halicore Dugong*) ist ein sehr ähnliches Tier, das in den östlichen Meeren lebt. Er erreicht eine Länge von 18 bis 20 Fuß.

§ II. *Knorpelige Fische.*

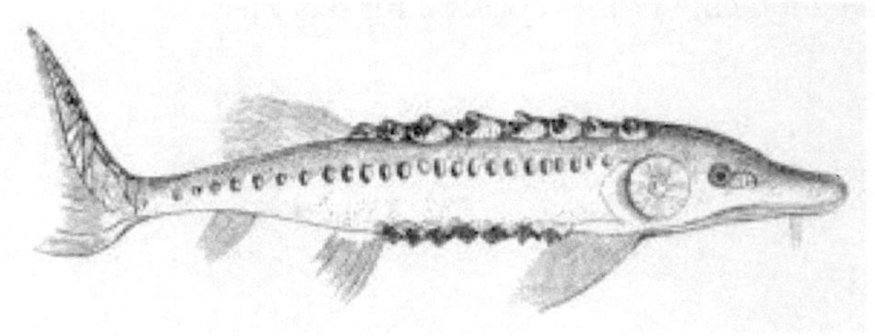

DER STÖR (*Acipenser sturio*)

MANCHMAL erreicht er eine Länge von 2,40 bis 3,00 Meter und wiegt nachweislich 220 Kilogramm. Es hat eine lange, schlanke, spitze Nase, kleine Augen und einen kleinen Mund ohne Zähne, der unter den Oberkiefern liegt und von diesen nicht gestützt wird; so dass das Maul des Tieres immer offen bleibt, wenn es tot ist. Der Körper ist mit fünf Reihen großer knöcherner Höcker bedeckt und die Unterseite ist flach; Es hat eine Rückenflosse, zwei Brustflossen, zwei Bauchflossen und eine Afterflosse. Der obere Teil des Körpers hat eine schlammige olivfarbene Farbe und der untere Teil ist silbrig. Der Schwanz ist gegabelt, wobei der obere Teil viel länger ist als der untere. Störe ernähren sich hauptsächlich von Insekten und Meerespflanzen, die sie am Grund des Wassers finden, wo sie sich meist aufhalten.

Der Stör steigt jedes Jahr im Sommer in unseren Flüssen auf, besonders in denen des Eden und des Esk. Wenn er, wie es manchmal vorkommt, in Lachsnetzen gefangen wird, leistet er kaum Widerstand, sondern wird scheinbar leblos aus dem Wasser gezogen. Einer der größten Störe, die je in unseren Flüssen gefangen wurden, wurde vor vielen Jahren im Esk gefangen: Er wog 460 Pfund. Dieser Fisch kommt in den meisten Flüssen Europas vor; er ist auch in den Flüssen Nordamerikas und besonders in den Seen und Flüssen Nordasiens weit verbreitet.

Das Fleisch des Störs ist köstlich; und es war zur Zeit des Kaisers Severus so hoch geschätzt, dass es von Dienern mit Kronen auf dem Kopf an den Tisch gebracht wurde und Musik davor ertönte. In London wird jeder in der Themse gefangene Stör vom Oberbürgermeister dem Souverän übergeben. Der mit Salz und Öl konservierte Rogen wird *Kaviar genannt* und ist bei vielen Menschen ein Lieblingsgericht; Das Beste wird in Russland hergestellt. Das Fleisch wird ebenfalls eingelegt oder gesalzen und nach ganz Europa verschickt. Dieser Fisch ist so produktiv, dass Catesby sagt, dass die Weibchen häufig jeweils einen Scheffel Laich enthalten; und Leeuwenhoek fand im Rogen eines von ihnen nicht weniger als einhundertfünfzigtausend Millionen Eier!

DER HAI.

(*Squalus carcharias* oder *Carcharias vulgaris* .)

„Die Schrecken der Stürme verstärken sich noch mehr,
sein Rachen ist mit einem dreifachen Schicksal bewaffnet, und
hier wohnt der schreckliche Hai."

DER HAI unterscheidet sich vom Wal dadurch, dass er nicht zu den Säugetieren zählt. Es ist kaltblütig und säugt seine Jungen nicht. Er hat keine Lunge und seine Atmung ähnelt der anderer Fische, außer dass seine Kiemen fixiert sind und das Wasser durch fünf Öffnungen auf jeder Seite entweicht. Der Körper des Hais ist länglich und verjüngt sich vom Kopf bis zum Schwanz allmählich oder ist in der Mitte leicht erweitert. Seine Schnauze oder Nase ist abgerundet und ragt weit über den Mund hinaus, wobei die Nasenlöcher an der Unterseite liegen. Der männliche Hai ist kleiner als der weibliche und unterscheidet sich von ihm im Aussehen dadurch, dass er zwei längliche Fortsätze besitzt, von denen einer an der Hinterkante jeder Bauchflosse befestigt ist. Der Zweck, dem diese Anhänge dienen sollen, ist nicht bekannt. Einige der Haie bringen ihre Jungen lebend zur Welt, andere legen Eier, die in länglichen Hornhüllen mit langen Ranken an jeder der vier Ecken enthalten sind. Nachdem die jungen Haie geschlüpft sind, werden diese seltsamen Hüllen oft an Land gespült und werden „Geldbörsen der Meerjungfrauen" genannt.

Die Knochen des Hais ähneln Knorpeln und unterscheiden sich stark von denen der meisten anderen Fische. Daher werden alle Fische mit Knochen, die denen des Hais ähneln, in eine gesonderte Reihenfolge eingeordnet und als Knorpelfische bezeichnet.

Der Weiße Hai wird manchmal mit einem Gewicht von fast zweitausend Pfund gefunden. Die Kehle ist oft groß genug, um einen Mann zu verschlucken; und manchmal wurde ein menschlicher Körper vollständig im Magen dieses gewaltigen Tieres gefunden. Er ist mit sechs Reihen scharfer dreieckiger Zähne ausgestattet, die insgesamt einhundertvierundvierzig sind, an ihren Rändern gezahnt sind und aufgrund eines merkwürdigen Muskelmechanismus im Gaumen und im Kiefer nach Belieben aufgerichtet oder gesenkt werden können der Hai. Der ganze Körper und die Flossen haben eine helle Aschefarbe; Die Haut ist rau und wird zum Glätten von Möbelarbeiten oder zum Abdecken kleiner Kästen oder Kästen verwendet. Seine Augen sind groß und starren, und er besitzt große Muskelkraft in seinem Schwanz und seinen Flossen. Immer wenn er aus den tiefsten Tiefen des Meeres einen schwimmenden oder tauchenden Mann erspäht, schießt er von der Stelle bis zu seiner Beute, und wenn er nicht in der Lage ist, das Ganze zu erfassen oder ein Glied abzureißen, folgt er ihm lange Zeit das Boot oder Schiff, in dem der flinkere Schwimmer einen sicheren und günstigen Rückzugsort gefunden hat: aber selten lässt er jemanden aus seinem Rachen entkommen und unversehrt davonkommen. Sir Brook Watson schwamm in einiger Entfernung von einem Schiff, als er einen Hai auf sich zukommen sah. Erschrocken über die Annäherung schrie er um Hilfe. Sofort wurde ein Seil geworfen; Doch noch während die Männer ihn an der Bordwand hinaufzogen, stürzte das Ungeheuer hinter ihm her und riss ihm mit einem einzigen Knall das Bein ab.

Es wird uns erzählt, dass während der Herrschaft von Königin Anne eines Tages einige Männer eines englischen Handelsschiffs, das auf Barbados angekommen war, im Meer badeten, als ein großer Hai auftauchte und auf sie zustürmte. Eine Person vom Schiff rief, um sie vor ihrer Gefahr zu warnen; Daraufhin schwammen sie alle sofort zum Schiff und kamen völlig sicher an, mit Ausnahme eines armen Mannes, der vom Hai fast in Reichweite der Ruder in zwei Teile zerschnitten wurde. Ein Kamerad und enger Freund des unglücklichen Opfers wurde von einem Ausmaß des Entsetzens erfasst, das Worte nicht beschreiben können, als er den abgetrennten Rumpf seines Begleiters sah. Man sah den unersättlichen Hai auf der Suche nach dem Rest seiner Beute über die blutige Oberfläche wandern, als sich der tapfere Junge ins Wasser stürzte, mit dem Entschluss, den Hai entweder zum Ausspucken zu bringen oder selbst im selben Grab begraben zu werden. Er hielt ein langes und scharfes Messer in der Hand, und das räuberische Tier drängte wütend auf ihn zu; Er hatte sich auf die Seite gedreht und seine gewaltigen Kiefer geöffnet, um ihn zu packen, als der Jüngling, geschickt untertauchend, ihn mit der linken Hand irgendwo an den oberen Flossen packte und ihn mehrmals in den Bauch stach. Der vor Schmerz wütende und blutüberströmte Hai stürzte in alle Richtungen, um sich von seinem Feind zu lösen. Die Besatzungen der umliegenden Schiffe sahen, dass der Kampf entschieden war; Aber sie wussten nicht, was getötet wurde, bis der Hai, geschwächt durch Blutverlust, sich dem Ufer näherte und mit ihm sein Sieger war. der, errötet vom Sieg, seinen Feind mit verdoppeltem Eifer anstieß und ihn mit Hilfe einer abebbenden Flut ans Ufer zog. Hier riss er die Eingeweide des Tieres auf, holte den abgetrennten Rest des Körpers seines Freundes und begrub ihn mit dem Rumpf im selben Grab. Diese Geschichte, so unglaublich sie auch erscheinen mag, wird in der Geschichte von Barbados mit höchst zufriedenstellender Autorität erzählt.

Hätte die Natur es diesem Fisch erlaubt, seine Beute mit so viel Leichtigkeit zu fangen wie viele andere, hätte der Hai-Stamm den Ozean bald entvölkert und allein in den weiten Meeresregionen geherrscht, bis der Hunger sie gezwungen hätte, jeden anzugreifen und schließlich zu zerstören andere; aber der Oberkiefer dieses fressenden Tieres ist so konstruiert, dass er durch seine hervorstehende Stelle ein Hindernis dafür darstellt, dass der Hai seine Beute leicht ergreifen kann; und wenn er im Begriff ist, irgendetwas zu ergreifen, ist er gezwungen, sich auf die Seite zu drehen, und diese beschwerliche Entwicklung verschafft dem Gegenstand, den er verfolgt, oft Zeit, zu entkommen. Das Fleisch dieses Fisches hat einen unangenehmen Geschmack und kann mit keinerlei Genuss gegessen werden, mit Ausnahme des Teils in der Nähe des Schwanzes.

Es sind zwanzig verschiedene Arten dieser Familie bekannt, und die Zahl der verschiedenen Familien des Hai-Stammes ist sehr groß.

DER GRÖNLANDHAI (*Selachus maximus*)

IST eine weitere sehr gefräßige Art; und einer, der extrem schwer zu töten ist. Es ist der große Feind des Wals und verschlingt die Körper derer, die die Fischer zurückgelassen haben. Seine Zähne sind sehr klein, spitz und zahlreich. Die Schnauze ist kurz. Er wird manchmal als Riesenhai bezeichnet.

DIE Hundsfische

SIND so übermäßig gefräßig, dass sie vor der Menschheit überhaupt keine
Angst haben. Sie folgen den Schiffen mit großem Eifer und greifen mit Gier
nach allem Essbaren, das über Bord geworfen wird; und es ist manchmal
bekannt, dass sie sich auf Fischer und im Meer badende Personen stürzen.
Da sie jedoch viel kleiner und schwächer sind als die meisten anderen Haie,
greifen sie ihre Feinde nicht immer mit offener Gewalt an, sondern greifen
im Allgemeinen auf Kriegslist zurück. Sie verstecken sich daher im Schlamm
und lauern wie der Rochen oder Rochen (ebenfalls einer der Knorpelfische),
bis sie Gelegenheit haben, ihre Beute erfolgreich anzugreifen. An den Küsten
von Scarborough, wo Schellfische, Kabeljau und Dornhaie in großer Menge
vorkommen, glauben die Fischer allgemein, dass die Dornhaie eine Linie
oder einen Halbkreis bilden, um einen Schwarm Schellfische und Kabeljau
zu umschließen und sie in bestimmten Grenzen in der Nähe des Meeres zu
halten Ufer zu fangen und sie je nach Anlass zu verzehren: Sie gelten daher
als sehr schädlich für diese Fischerei. Das Fleisch des Dornhais ist hart und
unangenehm; Aus der Schale wird nach dem Trocknen der bekannte *Chagrin
hergestellt* , und aus der Leber kann eine beträchtliche Menge Öl gewonnen
werden. Shagreen wird auch aus der Haut anderer Knorpelfische hergestellt.

Der Hammerhai (*Zygæna malleus*)

IST eine sehr merkwürdige Art mit einem quer verlaufenden Kopf wie der
eines Hammers und einem Auge an jedem Ende; und der Fuchshai oder
Fuchshai (*Carcharias vulpes*) zeichnet sich durch die enorme Länge seines
oberen Schwanzlappens aus, mit dem er mit ungeheurer Kraft zuschlagen
kann. Dieser Fisch ist einer der großen Feinde des Wals.

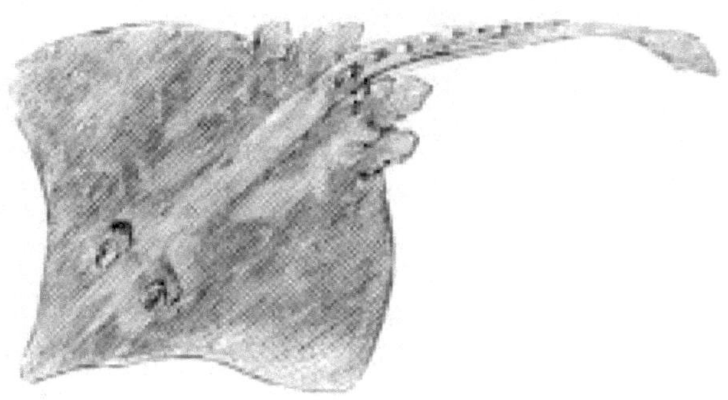

DER SKATE, (*Raia batis*)

IST eine Rochenart, die in diesem Land lange Zeit als grobes, geschmackloses
Nahrungsmittel missachtet wurde, jetzt aber auf unseren besten Tischen
auftaucht. Allerdings wird er in Schottland und im Norden Englands noch
immer vernachlässigt, wo sein Fleisch hauptsächlich als Köder für andere

Fische verwendet wird. In einigen Teilen des Kontinents, wo diese Fische in großen Mengen gefangen werden, werden sie zum Verkauf getrocknet. Die beste Jahreszeit zum Skaten ist der Frühling des Jahres. Der Körper ist breit und flach, auf der Rückseite braun und auf der Unterseite weiß: Der Kopf unterscheidet sich nicht vom Körper, so dass dieser Fisch und alle zu dieser Gattung gehörenden Fische offenbar kopflos oder kopflos sind. Die besondere Form dieses Fisches ist auf die große Größe der Brustflossen zurückzuführen, die vom Kopf bis zum Schwanzansatz reichen und in der Mitte sehr breit sind, so dass sie in Kombination mit der Schärfe der Schnauze die Form verleihen Fische haben die sogenannte Rautenform. Dr. Monro hat bemerkt, dass es in den Kiemen eines großen Rochens mehr als einhundertvierundvierzigtausend Unterteilungen oder Falten gibt; und dass die gesamte Ausdehnung dieser Membran, deren Oberfläche fast der des gesamten menschlichen Körpers entspricht, durch ein Mikroskop als mit einem Netzwerk von Gefäßen bedeckt angesehen werden kann, die nicht nur äußerst klein, sondern auch von außerordentlicher Schönheit sind. Der Schwanz des Rochens ist lang und im Allgemeinen stachelig. Der Mund ist sozusagen mit Zähnen besetzt, die flach und nahezu quadratisch sind. Beim ausgewachsenen Männchen sind die mittleren Zähne zumindest bei einigen Arten spitz. Die vom Rochenweibchen abgelegten Eier sind denen des Hais sehr ähnlich und haben die Form eines quadratischen Beutels mit zwei Hörnern an jedem Ende, wie hier dargestellt.

In diesem geilen Fall wird der Embryo eingedämmt und wächst, bis er die Kraft erlangt hat, aus seinem Gefängnis auszubrechen. Die Farbe der Tasche ist kastanienbraun und die Substanz ähnelt dünnem braunem Pergament oder Leder. Das Weibchen beginnt im Mai damit, diese einzeln abzuwerfen, und setzt dies mehrere Monate lang fort, bis zu einer Zahl von zwei- bis dreihundert. In einigen Gegenden von Cumberland werden sie vom einfachen Volk Skatebarrows genannt, wegen ihrer Ähnlichkeit mit den Schubkarren, die von zwei Männern getragen und zum Transport von Gütern usw. verwendet werden.

Der Rochen erreicht manchmal eine sehr große Größe. Willoughby spricht von einem, der so groß ist, dass er einhundertzwanzig Männern zum Abendessen gereicht hätte. Einige Naturforscher sind der Meinung, dass diese Fische die größten Bewohner der Tiefe sind und dass nur die kleinsten von ihnen in die Nähe der Wasseroberfläche kommen, während die größten flach auf dem Meeresgrund bleiben, wo eine unergründliche Tiefe sie vor dem Wasser schützt List des Menschen.

An den britischen Küsten kommen neun Arten des Rochens oder Rochens vor.

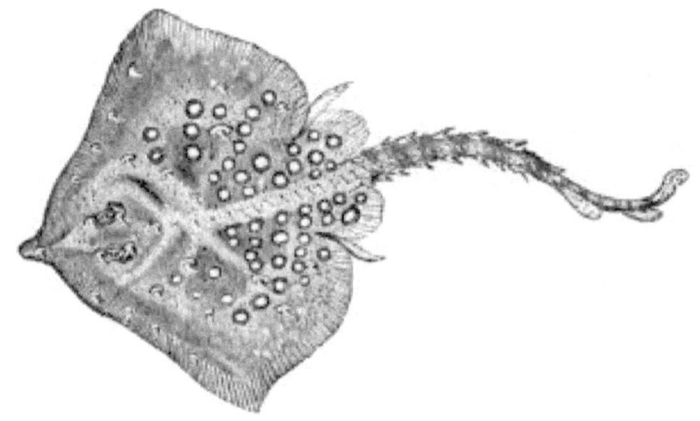

Der Dornenrücken (*Raia clavata*)

ÄHNELT im allgemeinen Erscheinungsbild dem Skate; Der Hauptunterschied besteht darin, dass letztere scharfe Zähne und eine einzelne Reihe von Stacheln am Schwanz haben, während erstere stumpfe Zähne und mehrere Reihen von Stacheln sowohl am Rücken als auch am Schwanz haben. Im Jahr 1634 wurde in der Nähe der Insel St. Kitt's ein Dornenfisch gefangen, der zwölf Fuß lang und fast zehn Fuß breit war. In England wird er manchmal gegessen, aber da sein Fleisch schlechter ist als das des Rochens, wird er im Allgemeinen zu einem niedrigen Preis verkauft. Die Jungen hingegen, die die Bezeichnung „ *Mägde* " *tragen* , sind empfindlich beim Essen.

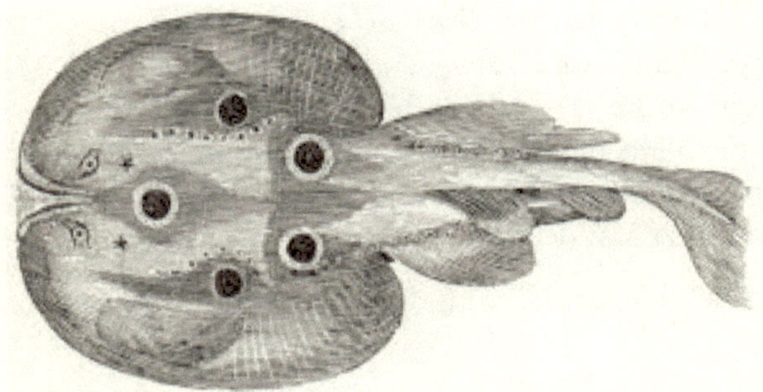

DER TORPEDO ODER ELEKTRISCHER STRAHL.

(*Torpedo vulgaris.*)

DIESER neugierige Fisch ist in der Lage, der Person, die ihn anfasst, einen heftigen Schock zu versetzen, wie er von einer elektrischen Maschine erzeugt wird. Der Körper ist fast kreisförmig und dicker als jeder andere Rochentyp und manchmal so groß, dass er zwischen 70 und 80 Pfund wiegt. Die Haut ist glatt, dunkelbraun und an der Unterseite weiß. Die Bauchflossen bilden auf jeder Seite am Ende des Körpers fast einen Viertelkreis. Der Schwanz ist kurz und die beiden Rückenflossen befinden sich in der Nähe seines Ursprungs. Das Maul ist klein und wie bei den anderen Arten befinden sich auf jeder Seite darunter fünf Atemöffnungen.

Der durch die Berührung des Krampffisches, wie der Torpedo umgangssprachlich genannt wird, verursachte Schock geht oft mit einer plötzlichen Übelkeit im Magen, einem allgemeinen Zittern, einer Art Krampf und manchmal einer völligen Einstellung der geistigen Fähigkeiten einher . Diese Kraft der Selbstverteidigung hat die Vorsehung diesem pummeligen und inaktiven Fisch ermöglicht. Immer wenn sich ein Feind nähert, sendet der Torpedo aus seinem Körper einen betäubenden Schock aus, der den anderen Gegner sofort außer Gefecht setzt und ihm so Zeit zur Flucht gibt. Dabei handelt es sich nicht nur um ein Verteidigungsmittel, sondern auch in anderer Hinsicht um einen Vorteil, denn der Torpedo betäubt so seine Beute und kann sie leicht an sich reißen. Die so getöteten Tiere sollen zudem leichter verdaulich werden.

Der Seeteufel oder Engelsfisch

(*Squatina Angelus*)

IST sehr gefräßig und ernährt sich von allen Arten von Plattfischen wie Seezungen, Flundern usw. Er wird oft an den Küsten Großbritanniens gefangen und ist so groß, dass er manchmal hundert Pfund wiegt. Dieser Fisch scheint eine Mittelklasse zwischen Rochen und Haien zu sein und wird von Plinius Squatina genannt; ein Name, der diese Art dem des Rochens nahe zu bringen scheint. Sein Kopf ist groß; Der Mund hat fünf Zahnreihen, die nach Belieben angehoben oder gesenkt werden können. Die Rückseite hat eine blasse Aschefarbe; der Bauch weiß und glatt. Die Küsten von Cornwall werden oft von diesem Fisch bevölkert, aber sein Fleisch verdient kein Lob, da es hart ist und einen sehr gleichgültigen Geschmack hat.

Den Namen Kaiserfisch soll er wegen seiner verlängerten Brustflossen erhalten haben, die eine gewisse Ähnlichkeit mit Flügeln aufweisen, sicherlich nicht wegen seiner Schönheit, wie Mr. Yarrell bemerkt hat; und von einem Seeteufel, dessen abgerundeter Kopf so aussieht, als wäre er in eine Mönchshaube gehüllt. Die Haut ist eher rau und wird zum Polieren und für andere Kunstarbeiten verwendet. Herr Donovan sagt, dass die Türken von heute einen Zottel daraus machen.

DER SÄGEFISCH. (*Tristis antiquorum.*)

DIESER Fisch kommt im europäischen und atlantischen Meer vor. Sein Körper ist vorne abgeflacht und weist unten auf jeder Seite vier oder fünf Kiemenöffnungen auf; zwei Stigmen hinter den Augen; keine Afterflosse; der Kopf verlängerte sich in einen niedergedrückten knöchernen Schnabel mit kräftigen, spitzen Stacheln auf jeder Seite; Die Lippen sind rau und scharf wie eine Feile und dienen als Platz für die Zähne. Mit seiner gewaltigen Waffe, die einer gezahnten Säge ähnelt, greift dieser Fisch die größten Wale an und fügt ihnen sehr schwere Wunden zu. Die Farbe seines Körpers ist oben graubraun und unten blasser; Seine Länge beträgt etwa fünfzehn Fuß, wobei die Säge etwa ein Drittel des Ganzen ausmacht.

Das Neunauge. (*Petromyzon marinus.*)

DAS NEUNAUGE gehört zur letzten Familie der Knorpelfische und ist eines der niedrigsten Wirbeltiere. Er erreicht eine Länge von etwa drei Fuß, obwohl die britische Art, mit der wir am besten vertraut sind, selten länger als zwölf Zoll wird. Um den ständigen Muskelanstrengungen zu entgehen, die erforderlich sind, um zu verhindern, dass sie von der Strömung mitgerissen werden, heften sie sich mit dem Maul an Steine oder Felsen und werden daher *Petromyzon* , Steinsauger, genannt. Obwohl das Neunauge seinen alten Ruf nicht mehr behält, gilt es immer noch als Delikatesse; diejenigen, die im Severn gefangen wurden, wurden allen anderen vorgezogen. Heinrich der Erste starb bekanntlich an einem Überfluss an ihnen; und unter Heinrich dem Vierten wurde ihre Einfuhr durch Immunitäten gefördert. Die römischen Genießer schätzten diesen Fisch so sehr, dass sie ihm größte Sorgfalt schenkten und enorme Summen in seine Aufzucht investierten. Plinius erzählt uns, dass Lucullus einen so großen Fischteich anlegte, dass die darin enthaltenen Fische bei seinem Tod für vier Millionen Sesterzen verkauft wurden. Diese eleganten Barbaren warfen manchmal einen Sklaven in die Teiche, in denen sie ihre *Murænæ* oder Neunaugen hielten, und glaubten, dass sie dadurch die Fische mästeten und ihnen einen besseren Geschmack verliehen.

DER HAG-FISCH (*Myxine glutinosa*)

EIN KNORPELFISCH , der in seinem allgemeinen Erscheinungsbild dem Neunauge sehr ähnlich ist. Seine Farbe ist oben düster bläulich und zum Kopf und Schwanz hin rötlich; seine Länge beträgt vier bis sechs Zoll. Der Hag-Fisch zeichnet sich dadurch aus, dass er überhaupt keine Augen hat; Sein Mund hat eine längliche Form mit zwei Bärten oder Cirri auf jeder Seite und vier auf dem oberen Teil. Auf der Oberseite des Kopfes befindet sich ein kleines Ausgussloch, das mit einem Ventil versehen ist und durch das es nach Belieben verschlossen werden kann. Unter dem Körper erstreckt sich von einem Ende zum anderen eine doppelte Reihe von Poren, die bei Druck eine Menge zäher Flüssigkeit ausscheiden, die die Vettel bei einem Angriff durch große Fische ausstößt und so das umgebende Element darin trübt Art und Weise, sich für seine Angreifer unsichtbar zu machen. „Die Gewohnheiten dieses Fisches sind höchst einzigartig: Er dringt in die Körper von Fischen ein, die er zufällig an den Haken der Fischer findet und die dadurch die Fähigkeit verloren haben, seinem Angriff zu entkommen; und nagt sich durch die Haut, frisst alle inneren Teile und lässt nur die Knochen und die Haut übrig. Wenn man es in ein großes Gefäß mit Meerwasser gibt, soll es in sehr kurzer Zeit das gesamte Wasser so klebrig machen, dass es leicht in Form von Fäden herausgezogen werden kann.“

§ III. *Knochenfische.*

DER PILOT-FISCH. (*Naucrates ductor.*)

DER Körper dieses Fisches ist lang, der Kopf zusammengedrückt, vorne abgerundet und bis zum Deckel ohne Schuppen. Der Mund ist klein, die Kiefer gleich lang und mit kleinen Zähnen ausgestattet; Der Gaumen hat vorne eine gebogene Reihe ähnlicher Zähne und die Zunge hat entlang der gesamten Länge Zähne. Die Farbe variiert bei einigen Arten. Der Lotsenfisch begleitet ein Schiff häufig wochen- oder sogar monatelang auf See; und es gibt viele kuriose Geschichten über seine Gewohnheiten, indem er einem Hai gelegentlich zeigt, wo er eine gute Mahlzeit finden kann, und ihn auch warnt, wie er einem gefährlichen Köder aus dem Weg gehen kann. Ob dies wahr ist oder nicht, wird schwer zu bestimmen sein; Es ist jedoch sicher, dass dieser kleine Fisch im Allgemeinen in Gesellschaft des Hais anzutreffen ist und die kleineren Futterstücke aufnimmt, die sein räuberischer Meister versehentlich oder absichtlich fallen lässt.

Der REMORA oder Saugfisch

(*Echeneis Remora*)

ÄHNELT dem Hering; Sein Kopf ist dick, nackt, niedergedrückt und auf der Oberseite mit einem merkwürdigen Saugnapf versehen, der aus zahlreichen quer verlaufenden, beweglichen, gezackten Platten besteht. Die Zahl der Flossen beträgt sieben; Der Unterkiefer ist länger als der Oberkiefer und beide mit Zähnen ausgestattet. Dieser Fisch ist von Natur aus mit einer starken Haftkraft ausgestattet und kann sich durch die Rillen an seinem Kopf an jedes Tier oder jeden Körper heften. Wir könnten annehmen, dass ein kleiner Fisch mit sieben beweglichen Flossen, der wie eine Galeere mit Rudern bewaffnet ist, eine große Bewegungskraft im Wasser hätte, aber aus irgendeinem uns unbekannten Grund hat die Vorsehung für ihn eine einfachere Art des Reisens erfunden. indem er es ihm ermöglichte, sich am Rumpf eines Schiffes und sogar am Körper eines größeren Tieres als ihm selbst, wie dem Wal, dem Hai und anderen, zu befestigen. Unsere Vorfahren glaubten, dass dieser Fisch, so klein er auch ist, die Kraft hatte, die Fahrt eines Schiffes bei seiner schnellsten Fahrt aufzuhalten, indem er am Grund festhielt.

„Der Saugfisch unten, mit geheimen Ketten,
am Kiel befestigt, hält das schnellste Schiff fest.
Die Seeleute rennen verwirrt, keine Mühe gescheut,

lassen die Schoten fliegen und hissen die Rahe am Topmast.
Der Kapitän befiehlt ihnen, ihr alle Segel zu geben,
um den Winden zu trotzen und die kommenden Stürme abzufangen.
Doch auch wenn sich die Leinwand unter dem Druck aufbläht
und heftige Winde den krachenden Mast herabbeugen,
steht die Barke fest im Meer verwurzelt
und wird, unbewegt, weder Wind noch Wellen gehorchen:
Dennoch, als hätte die Stille die ganze Ebene platt gemacht,
Und Säuglingswellen bilden auf der Hauptseite kaum Falten.
Kein Schiff im Hafen hat so nachlässige Fahrten gemacht,
wenn das kräuselnde Wasser die fließenden Gezeiten anzeigt;
Entsetzt starren die Seeleute mit seltsamer Überraschung,
glauben sie zu träumen, und reiben sich die wachen Augen."

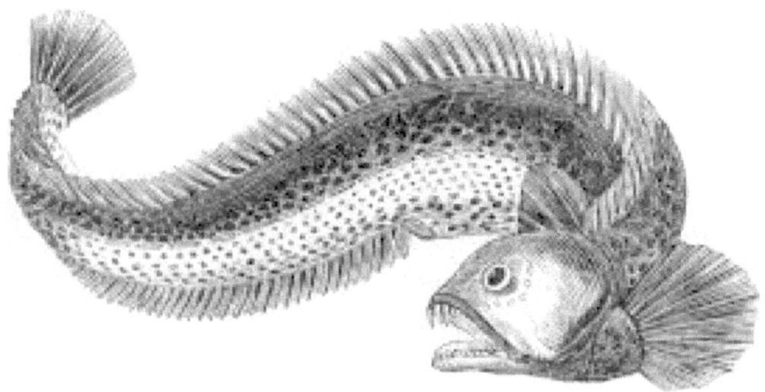

Der Seewolf oder die Seefledermaus

(*Anarrhichas lupus*)

WIRD oft in den europäischen Meeren gefangen; Er ist etwa 1,5 bis 1,8 Meter
lang und hat einen größeren und flacheren Kopf als der Hai. Der Rücken,
die Seiten und die Flossen sind von bläulicher Farbe; der Körper ist fast weiß;
Die gesamte Haut ist glatt und glatt, ohne Schuppenbildung. Er ist von Natur
aus sehr gefräßig und verfügt sowohl im Ober- als auch im Unterkiefer über
eine doppelte Reihe scharfer und runder Zähne. Sein Appetit verleitet ihn
jedoch nicht dazu, Fische zu vernichten, die seiner Form ähneln, da er sich
hauptsächlich von Krusten- und Weichtieren ernähren soll, deren Schalen er
leicht mit seinen Zähnen zerbricht. In den nördlichen Meeren kommt er
manchmal mit einer Länge von mehr als zwölf Fuß vor und verdankt seinen
Namen seiner natürlichen Wildheit und Gefräßigkeit. Die Fischer fürchten
seinen Biss und bemühen sich, so schnell wie möglich seine Vorderzähne

auszuschlagen, die so stark sind, dass sie einen Abdruck auf einem Anker hinterlassen können. Die dem Kopf am nächsten liegenden Flossen breiten sich beim Schwimmen des Tieres in Form von zwei großen Fächern aus, und ihre Bewegung trägt erheblich dazu bei, seine natürliche Schnelligkeit zu beschleunigen. Das Fleisch ist gut und da es das Salzen gut verträgt, ist es ein wichtiges Nahrungsmittel für die Isländer, in deren Meeren dieser Fisch in großer Menge und von großer Größe vorkommt.

DER GEHÖRNTE SILURE

(*Silurus* oder *Ageneiosus militaris*)

ER WIRD sehr groß, wiegt manchmal dreihundert Pfund und ist 2,5 bis 3 Meter lang und 6 Meter breit. Es hat einen breiten, flachen, dünnen Kopf; und die Hörner, die sich auf jeder Seite der Oberlippe befinden, sind mit kurzen, krummen Stacheln besetzt, die wie Zähne aussehen. Eine bemerkenswerte Besonderheit dieses Fisches ist die Rückenflosse, die nahe am Kopf liegt, lang, steif und wie die Hörner gezähnt ist und zweifellos ein Verteidigungsinstrument darstellt. In der Farbe ähnelt es dem Aal und hat keine Schuppen; nur eine kleine Flosse auf dem Rücken und ein gegabelter Schwanz; Sein Fleisch ist dem des Aals gleichwertig und hat einen ähnlichen Geschmack. Dieser Fisch ist ein großes Raubtier und verursacht bei den kleineren Bewohnern der Flüsse und Seen, in denen er lebt, beträchtliche Verwüstungen. Sie ist in den Süßwassergewässern Asiens beheimatet. Die Donau und mehrere andere Flüsse Deutschlands sowie die Seen der Schweiz und Bayerns enthalten zahlreiche Exemplare von Silurus.

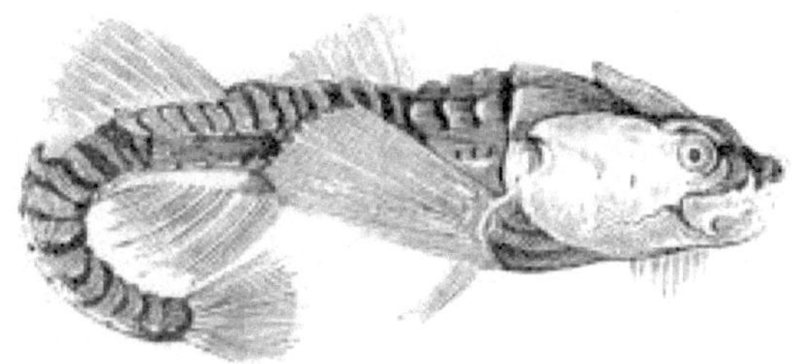

DER VATER LASHER. (*Cottus scorpius.*)

DIE skurrile Bezeichnung Pater Lashers, die diesem Fisch gegeben wurde, lässt sich nicht leicht erklären; vielleicht ist es auf die schnellen und wiederholten Schläge seines Schwanzes zurückzuführen, wenn der Fisch gefangen und in den Sand geworfen wird. Die Länge beträgt etwa 20 bis 22 cm und man findet sie meist unter Steinen an den felsigen Küsten unserer Insel. In Grönland sind diese Fische so zahlreich, dass die Bewohner in großem Maße auf sie als Nahrungsquelle angewiesen sind. Zu Suppe verarbeitet sind sie nahrhaft und gesund. Der Kopf ist groß und mit Stacheln bewaffnet, mit denen dieser Fisch jeden Feind bekämpft, der ihn angreift, und seine Wangen und Kiemendeckel auf eine ungewöhnliche Größe anschwellen lässt. Seine Farbe ist mattbraun, weiß gesprenkelt und manchmal mit Rot gemischt; Die Flossen und der Schwanz sind transparent und der untere Teil des Körpers ist strahlend weiß.

Der Schwertfisch (*Xphias Gladius*)

SIE gehört zur Familie der Makrelen und hat ihren Namen von ihrer langen Schnauze, die einer Schwertklinge ähnelt. Es wiegt manchmal über 400 Kilogramm und ist fünfzehn oder sogar zwanzig Fuß lang. Der Körper ist kegelförmig, auf der Rückseite schwarz und unter dem Körper weiß; das Maul groß, ohne Zähne; Der Schwanz ist auffallend gegabelt. Der Schwertfisch wird häufig vor der Küste Italiens, im Golf von Neapel und in der Gegend von Sizilien gefangen. Sie werden von den Fischern angegriffen und ihr Fleisch gilt bei den Sizilianern als ebenso gut wie das des Störs, die es offenbar besonders mögen. Auch in anderen europäischen Meeren gibt es dieses seltsame Tier nicht.

Der Schwertfisch und der Wal sollen sich nie begegnen, ohne in den Kampf zu ziehen; und ersterer hat den Ruf, immer der Angreifer zu sein. Manchmal verbünden sich zwei Schwertfische gegen einen Wal; In diesem Fall ist der Kampf keineswegs gleich. Der Wal benutzt seinen Schwanz zu seiner Verteidigung; er taucht mit dem Kopf voran tief ins Wasser und führt mit seinem Schwanz einen solchen Schlag aus, dass er, sollte er Wirkung zeigen, den Schwertfisch mit einem einzigen Schlag tötet; aber dieser ist im Allgemeinen geschickt genug, um ihm auszuweichen, stürzt sich sofort auf den Wal und vergräbt seine Waffe in seiner Seite. Als der Wal den Schwertfisch entdeckt, der auf ihn zuschießt, taucht er auf den Grund, wird aber von seinem Gegner dicht verfolgt, der ihn erneut dazu zwingt, an die Oberfläche zu steigen. Der Kampf beginnt dann von neuem und dauert so lange, bis der Schwertfisch den Wal aus den Augen verliert, der schließlich gezwungen ist, davonzuschwimmen, was ihm aufgrund seiner überlegenen Beweglichkeit gelingt. Wenn der Schwertfisch den Körper des Wals mit der gewaltigen Waffe an seiner Schnauze durchbohrt, verursacht er selten eine gefährliche Wunde, da er nicht in der Lage ist, über den Speck hinaus vorzudringen. Dieses Tier kann sein Schwert mit solcher Kraft in den Kiel eines Schiffes treiben, dass es vollständig im Holz versinkt. Ein Teil des Bodens eines Gefäßes mit dem darin eingebetteten Schwert ist im British Museum zu sehen.

DER FLIEGENDE SKORPION.

WIE bewundernswert ist die Natur! Wie groß ist ihre Macht und wie vielfältig sind die Formen, mit denen sie die vereinten Elemente der belebten Materie umgeben hat! Von der unhöflichen Gestalt des sich suhlenden Wals, des unhandlichen Nilpferds oder schwerfälligen Elefanten bis zur leichten und eleganten Gestalt der gemalten Motte oder des flatternden Kolibri scheint sie alle Ideen, alle Vorstellungen erschöpft zu haben und nicht gegangen zu sein eine einzelne Figur unerprobt. Der oben dargestellte Fisch ist einer von denen, in deren Umrissen und Verzierungen die widersprüchlichen Eigenschaften von Schrecklichkeit und Schönheit zum Vorschein kommen. Bewaffneter *Cap-à-Pie* , umgeben von Stacheln und Dornen auf seinem Rücken und Flossen wie eine bewaffnete Phalanx von Lanzenträgern, und am Körper mit gelben Bändern verziert, die mit weißen Filets durchwirkt sind, und an den purpurnen Flossen seiner Brust Mit den milchigen Punkten des Pintado bildet der Seeskorpion einen ganz außergewöhnlichen Kontrast. Seine Augen, wie die, von denen Dichter besangen, als sie die Nereiden und Najaden feierten, bestehen aus schwarzen Pupillen, die von einer silbernen Iris umgeben sind, die abwechselnd in Blau und Schwarz strahlt. Die Strahlen der Rückenflosse sind stachelig, braun und gelb gefleckt, unten durch eine dunkelbraune Membran verbunden und oben getrennt; Die Bauchflossen sind violett mit weißen Tropfen, und die Schwanz- und Afterflossen sind eine Art Mosaikwerk aus Blau, Schwarz und Weiß, vereint in größter Symmetrie und nicht unähnlich den antiken Fragmenten römischer Gehwege, die man oft auf dieser Insel findet.

Dieser bunte Fisch kommt in den Flüssen Amboyna und Japan vor; Sein Fleisch ist weiß, fest und wohlschmeckend wie unser Barsch, aber es wird nicht so groß; Er ist von sehr gefräßigem Wesen und ernährt sich von den Jungen anderer Fische, von denen einige, die fünf Zentimeter lang sind, in seinem Kropf gefunden wurden. Die Haut hat sowohl das Aussehen als auch die Glätte von Pergament. Der enormen Panzerung seines Rückens, seiner Flossen und seines Schwanzes verdankt dieser Fisch den Namen Skorpion.

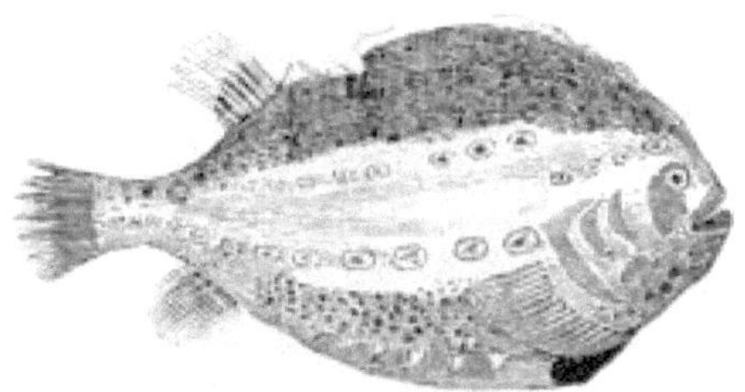

DER Klumpensauger oder Seeeule.

(*Cyclopterus lumpus.*)

DIESER seltsam geformte Fisch verdankt seinen Namen hauptsächlich der Unbeholfenheit seiner Form; es wird auch Cock Paddle genannt. Seine Farbe kombiniert in höchster Perfektion verschiedene Blau-, Lila- und satte Orangetöne; der Bauch ist rot; es hat keine Schuppen, aber auf allen Seiten scharfe schwarze Tuberkel in der Form von Warzen; Auf jeder Seite befinden sich drei Reihen scharfer Stacheln und auf der Rückseite zwei ausgeprägte

Flossen. Das größte Verbreitungsgebiet dieser Art liegt in den nördlichen Meeren, etwa an der Küste Grönlands; Außerdem wird er in vielen Teilen der britischen Meere im Frühjahr gefangen, wenn er sich der Küste nähert, um seinen Laich abzulegen. und im März ist es an den Ständen der Londoner Märkte zu sehen. Dieser unansehnliche Fisch ist normalerweise etwa einen Fuß lang und zehn oder mehr Zoll breit und wiegt manchmal sieben Pfund. Das Fleisch ist nur gleichgültig.

Der Klumpensauger zeichnet sich durch die Art und Weise aus, in der seine Bauchflossen angeordnet sind. Sie sind durch eine Membran so verbunden, dass sie eine Art ovale und konkave Scheibe bilden, wodurch sie mit großer Kraft an jeder Substanz haften können, an der sie sich festklammern. Pennant sagt, dass, als man ein Individuum dieser Art in einen Eimer mit Wasser warf, es so fest am Boden klebte, dass, als man den Fisch am Schwanz packte, der ganze Eimer angehoben wurde, obwohl er einige Gallonen enthielt.

In den nördlichen Meeren werden große Mengen der verschiedenen Arten von Seehunden von den Robben gefressen, die alles bis auf die Häute verschlingen, von denen man in den Frühlingsmonaten große Mengen der so entleerten Häute herumtreiben sieht; Es wird gesagt, dass die Stellen, an denen die Robben ihre Plünderungen verüben, leicht an der Glätte des Wassers zu erkennen sind.

DER OZELLIERTE SAUGER

(*Lepadogaster cornubicus*)

EIN WEITERER malacopterygischer Fisch, ein Verwandter des Klumpensaugers, der vor allem durch das einzigartige Fortsatz auf seinem Kopf bemerkenswert ist. Es besitzt eine ähnliche Saugkraft. Der Nutzen dieser Fähigkeit für Tiere, die an den felsigen Küsten und turbulenten Meeren Grönlands leben, ist hinreichend offensichtlich.

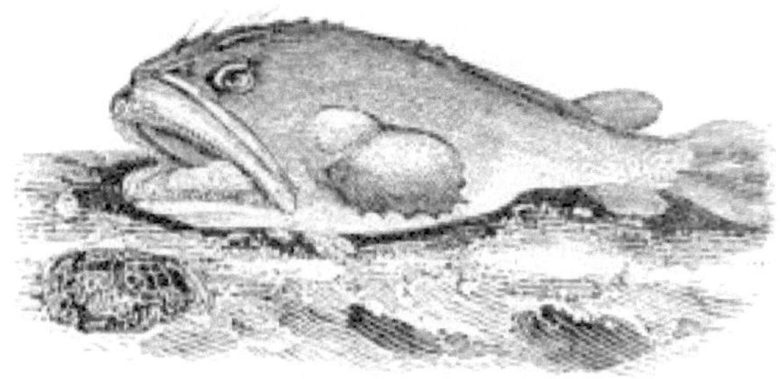

DER ANGLER. (*Lophius piscatorius.*)

DIESER außergewöhnliche Fisch kommt gelegentlich an unseren Küsten vor und ist allgemein unter den Namen „Fischerfrosch", „Krötenfisch" und „Seeteufel" bekannt. In seiner Form ist er der unhöflichste und unansehnlichste Fischfischstamm und ähnelt dem Frosch in seiner Kaulquappenform. Es wird groß. Ein im Meer in der Nähe von Scarborough gefangenes Exemplar war zwischen vier und fünf Fuß lang, der Kopf beträchtlich größer als der Körper, am Umfang rund und oben flach; Das Maul ist von erstaunlicher Größe, etwa einen Meter breit, und mit scharfen Zähnen bewaffnet. Es lebt sozusagen im Hinterhalt auf dem Meeresgrund und wirbelt mit seinen Flossen Schlamm und Sand auf, um sich vor anderen Fischen zu verbergen, die es jagt. Die Art und Weise, wie er sich seine Beute beschafft, ist sehr außergewöhnlich, da die Besonderheit seiner Konstruktion eine schnelle Bewegung unmöglich macht. Über der Nase sind zwei lange, zähe Fäden angebracht, von denen jeder mit einem dünnen Fortsatz versehen ist, der beim Auswerfen mit Köder stark einer Angelschnur ähnelt. Der Rücken ist mit drei weiteren Flossen versehen, die durch ein Netz verbunden sind und die erste Rückenflosse bilden. Plinius bemerkt diese bemerkenswerten Anhängsel und erklärt ihre Verwendung. „Der Fischfrosch", sagt er, „streckt die schlanken Hörner hervor, die sich unter seinen Augen befinden, und lockt auf diese Weise die kleinen Fische zum Herumspielen, bis sie in seine Reichweite kommen, und springt dann auf sie zu." Aber es sind nicht nur die kleineren Wasserbewohner, die der Angler in seinen Bann zieht! In seinem Magen findet man oft Kabeljau von guter Größe, und gelegentlich greift er nach Fischen, die gerade an der Leine hochgezogen werden. Herr Yarrell erwähnt einen Fall, in dem ein Angler unter diesen Umständen einen Meeraal angriff: Der Aal schlängelte sich durch die Kiemenöffnung seines Fängers, und beide wurden gleichzeitig hochgezogen.

Auch Cicero erwähnt dieses außergewöhnliche Geschöpf in seiner Abhandlung über die Natur der Götter. Er beobachtete die wunderbare Bauweise, als er an der Küste Siziliens nachdachte.

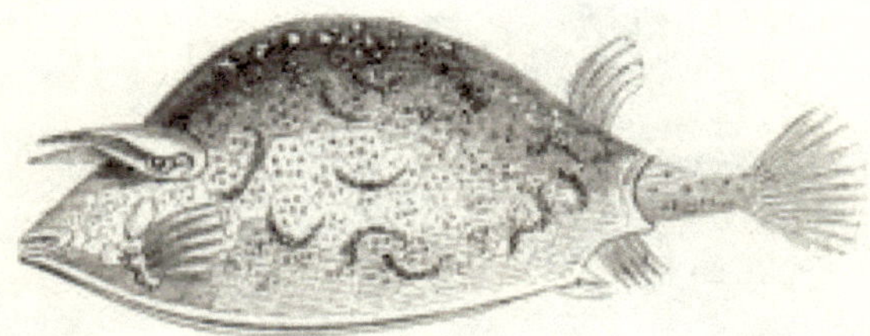

DER VIERHÖRNTER RÜSSELFISCH.

(*Ostracion quadricornis.*)

DIESE einzigartigen Fische unterscheiden sich von den meisten anderen durch die Knochenhülle, die sie umhüllt. Kopf und Körper sind mit Knochenplatten bedeckt, die einen unflexiblen Kürass bilden und nur den Schwanz, die Flossen, das Maul und einen Teil der Kiemenöffnung freilassen. Sie haben keine Bauchflossen und die Rücken- und Afterflossen sind weit hinten platziert. Ihre Leber ist groß und reich an Öl. Der Kofferfisch stammt aus dem Indischen und Amerikanischen Meer. Einige der Arten gelten als ausgezeichnete Speisefische.

DER KUGELFISCH (*Tetraodon hispidus*)

IST ein länglicher Fisch, der in den Meeren von Carolina lebt und über die außergewöhnliche Fähigkeit verfügt, seine Unterseite zu einer großen Kugel anzuschwellen. Diese plötzliche Vergrößerung beunruhigt nicht nur die Feinde des Tetrodon, sondern hindert sie auch daran, ihren Halt zu sichern, indem sie ihnen kaum mehr als einen aufgeblasenen Beutel zur Verfügung stellt. Es ist außerdem mit Stacheln bedeckt, die lediglich an der Haut haften und bei plötzlichem Notfall aufgerichtet werden können; Dadurch verleiht es einem unschuldigen und wehrlosen Geschöpf ein äußerst beeindruckendes Aussehen.

Im aufgeblasenen Zustand rollen sie auf den Rücken und schweben in dieser Position, ohne dass sie die Möglichkeit haben, ihren Kurs zu lenken. Einige Arten gelten als giftig. Einer ist elektrisch (*Tetraodon lineatus*) und kommt im Nil vor; Wenn es durch die Überschwemmungen an Land gelassen wird, bläst es immer seinen Körper auf, trocknet in diesem Zustand und wird dann von den Kindern aufgehoben und als Ball verwendet.

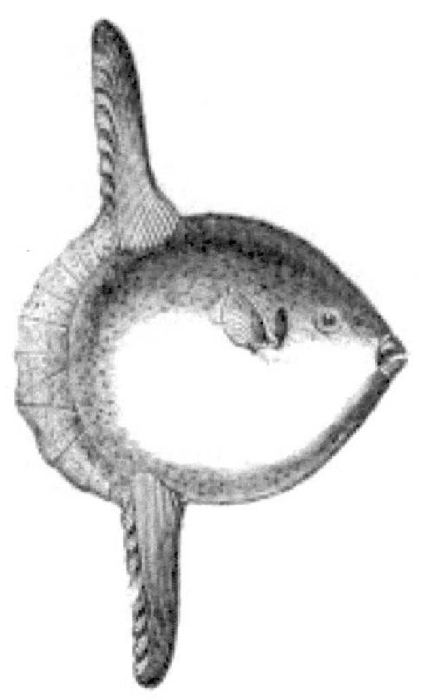

DER SONNENFISCH (*Orthagoriscus mola*)

SIEHT AUS wie der vordere Teil des Körpers eines großen Fisches, der in der Mitte amputiert wurde. Der Mund ist klein, mit nur zwei breiten Zähnen in jedem Kiefer. Seine nahezu kreisförmige Form und das silbrige Weiß der Seiten sowie sein strahlendes Phosphoreszieren während der Nacht haben ihm allgemein die Bezeichnung Sonnen- oder Mondfisch eingebracht. Beim Schwimmen dreht er sich wie ein Rad und schwebt manchmal mit dem Kopf über Wasser, dann sieht er aus wie ein sterbender Fisch. Es wird groß; manchmal sind sie vier bis fünf Fuß lang und wiegen zwischen drei und fünfhundert Pfund. Der Rücken dieses neugierigen Meerestiers ist von sattem Blau. Es kommt häufig an den Küsten sowohl des alten als auch des neuen Kontinents vor und wurde an den Küsten Englands gefunden.

Das Cavallo-Marino oder Seepferdchen.

(*Hippocampus brevirostris.*)

DIES ist ein kleiner Fisch von merkwürdiger Form. Die Länge beträgt 6 bis 10 und manchmal 12 Zoll; Der Kopf hat eine gewisse Ähnlichkeit mit dem eines Pferdes, daher der Name. Eine Reihe von Längs- und Querrippen verläuft vom Kopf bis zum Schwanz, der spiralförmig gebogen und greifbar ist.

Der folgende Bericht über zwei lebend in Guernsey im Juni 1835 von FC Lukis, Esq., gefangene Exemplare ist Yarrells „British Fishes" entnommen. Diese Kreaturen wurden etwa zwölf Tage lang in einem Glasgefäß aufbewahrt und ihre Handlungen waren gleichermaßen neuartig und amüsant. „Der Anschein, auf der Suche nach einem Ruheplatz zu sein, veranlasste mich", sagt Herr Lukis, „ihre Wünsche zu befragen, indem ich Seetang und Strohhalme in das Gefäß legte: Die gewünschte Wirkung wurde erzielt und hat mir viel Anlass zum Nachdenken gegeben." Gewohnheiten. Sie zeigen jetzt viele ihrer Besonderheiten, und nur wenige Untertanen der Tiefe haben *im Gefängnis* mehr Sport oder mehr Intelligenz gezeigt.

„Beim Schwimmen behalten sie eine vertikale Position bei; aber der Schwanz ist bereit, alles zu ergreifen, was ihm im Wasser begegnet, er windet sich schnell in jede Richtung um das Unkraut, und wenn er fixiert ist, beobachtet das Tier aufmerksam die umliegenden Gegenstände und schießt mit größter Geschicklichkeit auf seine Beute.

„Wenn sich die Tiere einander nähern, verdrehen sie oft ihre Schwänze und haben Mühe, sich zu trennen oder sich an den Gräsern festzuklammern: Dies geschieht durch den unteren Teil ihrer Wangen oder ihres Kinns, der auch

dazu dient, den Körper anzuheben, wenn sie neu sind." Es wird eine Stelle
benötigt, an der sich der Schwanz erneut winden kann. Die Augen bewegen
sich unabhängig voneinander, wie beim Chamäleon, und dies, zusammen mit
dem leuchtenden, veränderlichen Schillern um den Kopf und seinen blauen
Bändern, erinnert den Betrachter eindringlich an dieses Tier."

DER FLIEGENDE FISCH DES OZEANS.

(*Exocætus volitans.*)

DIESER Fisch hat einen schlanken Körper, eine hervorstehende Unterlippe
und sehr große und hervorstehende Augen. Die Bauchflossen sind klein, aber
die Brustflossen sind so lang und breit, dass sie die Funktion von Flügeln
erfüllen, und mit ihrer Hilfe kann der Fisch aus dem Wasser steigen und sich
in der Luft stützen. Es darf jedoch nicht angenommen werden, dass der
Fliegende Fisch wie ein Vogel fliegen kann; im Gegenteil, es kann nur bis zu
einer beträchtlichen Höhe (manchmal bis zu 20 Fuß) aus dem Wasser
springen und etwa 150 oder 200 Meter weit fliegen; Am häufigsten ragt es
jedoch nicht mehr als zwei bis drei Fuß aus dem Wasser und flattert etwa
hundert Meter lang über der Oberfläche, bevor es wieder in sein
ursprüngliches Element fällt. Es gibt einen weiteren Flugfisch (*Exocætus
exiliens*) im Mittelmeer.

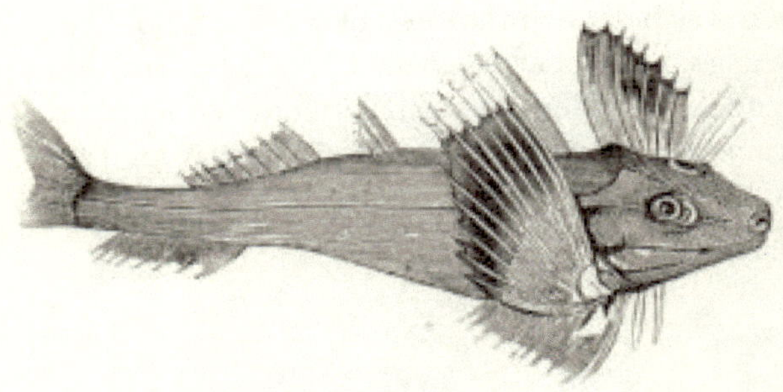

Der Knurrhahn. (*Trigla cuculus.*)

DIESE Gattung ist in mehrere Arten unterteilt. Der Rote Gurnard hat Flossen und Körper von leuchtend roter Farbe; und der Kopf ist groß und mit starken Knochenplatten bedeckt. Die Augen sind groß, rund und vertikal; der Mund ist groß; und der Gaumen und die Kiefer sind mit scharfen Zähnen bewaffnet. Die Kiemenmembran hat sieben Strahlen. Der Rücken weist auf jeder Seite eine längs verlaufende Dornfurche auf. An der Basis jeder Brustflosse befinden sich schlanke Gelenkfortsätze. Dieser Fisch ist an den Südküsten Englands nicht selten anzutreffen; und wird häufig auf den Fischmärkten der Küstenstädte Dorset und Devonshire sowie in Cornwall ausgestellt gesehen. Wenn er richtig gefüllt und gebacken wird, ist er ein wohlschmeckender Fisch, dessen Geschmack dem des Schellfischs ähnelt.

Während er im Wasser ist, sind die Farben des Roten Knurrhahns fast unvorstellbar leuchtend und schön, besonders im breiten Sonnenlicht, da sie dann bei jeder Bewegung des Fisches auf die angenehmste Weise variieren.

Der Graue Knurrhahn (*Trigla gurnardus*) ist normalerweise zwischen einem und zwei Fuß lang. Das vordere Ende des Kopfes ist auf jeder Seite mit drei kurzen Stacheln besetzt. Die Stirn und die Kiemendeckel sind silbrig; Letzteres ist fein abgestrahlt. Der Körper ist mit kleinen Schuppen bedeckt; die oberen Teile sind von tiefem Grau, weiß und gelb und manchmal schwarz gefleckt; und die unteren Teile silbrig. Ungefähr in den Monaten Mai und Juni nähern sich die Grauen Knurrhähne in großen Schwärmen den Küsten, um ihren Laich in den Untiefen abzulegen; Zu anderen Zeiten leben sie in den Tiefen des Ozeans, wo sie reichlich Nahrung in Form von Krabben, Hummern und anderen Schalentieren haben, von denen sie sich vermutlich größtenteils ernähren. Gelegentlich findet man sie zur Laichzeit an den Küsten Großbritanniens und Irlands.

Die *Lucerna* wird im Mittelmeer gefangen und hat eine sehr merkwürdige Form; Seine Flossen um die Kiemen herum sind so groß und breiten sich auf jeder Seite so fächerförmig aus, dass sie ein wenig wie Flügel aussehen. Der

Schwanz ist gespalten und die Schuppen sehr klein. Das Fleisch wird bei den Italienern geschätzt, und die Lucerna wird oft auf den Fischmärkten von Neapel, Venedig und anderen Städten am Meeresufer gesehen. Dieser Fisch ähnelt stark dem Pater Lasher und dem Knurrhahn; und es heißt Lucerna, weil es im Dunkeln leuchtet.

Der Flugknurrhahn (*Dactyloptera Mediterranea*), der häufigste Flugfisch im Mittelmeer, ist etwa einen Fuß lang; Es ist oben braun, unten rötlich und hat schwärzliche, blau gefleckte Flossen. Die Brustflossen, mit denen es sich in der Luft stützt, sind von enormer Ausdehnung. An jedem Deckel befindet sich ein langer und spitzer Stachel, mit dem die Fische schwere Wunden zufügen können.

DER JOHN DORY. (*Zeus Faber.*)

ES wäre eine unentschuldbare Versäumnis, diesen Fisch unbemerkt zu lassen, nicht weil er mit dem Schellfisch um die Ehre streitet, von den Fingern des Apostels berührt worden zu sein, noch weil er vom riesigen Fuß des heiligen Christophorus zertreten wurde. als er auf seinen Schultern eine göttliche Last über einen Meeresarm trug, aber wegen der Vorzüglichkeit seines Fleisches. Seit einigen Jahren erfreut es sich bei unseren Feinschmeckern so großer Beliebtheit, dass einer von ihnen, ein hoch angesehener Komiker (Quin), eine Reise nach Plymouth unternahm, nur um diesen Fisch in Perfektion zu essen. Sein Körper hat die Form eines Rhomboids, aber die Seiten sind stark zusammengedrückt; Das Maul ist groß und die Schnauze lang und besteht aus mehreren Knorpelplatten, die sich übereinander wickeln und falten, damit der Fisch seine Beute fangen kann. Die Farbe ist dunkelgrün mit schwarzen Flecken und goldenem Glanz, woher auch der Name stammt. Sie bewohnen die Küsten Englands und insbesondere Torbay, von wo aus sie auf die Fischmärkte von London geschickt werden.

Wenn der Dory lebend aus dem Wasser genommen wird, ist er in der Lage, seine inneren Organe so schnell zusammenzudrücken, dass die Luft, wenn sie durch die Öffnungen der Kiemen strömt, eine Art Geräusch erzeugt, das dem ähnelt, das bei ähnlichen Gelegenheiten abgegeben wird von den Knurrhähne.

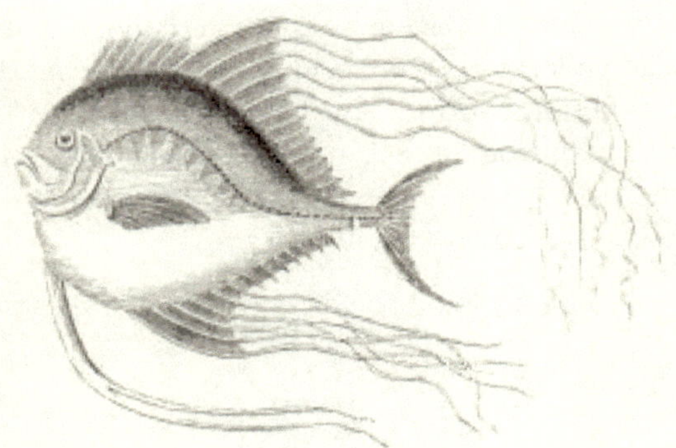

DIE BLEPHARIS. (*Blepharis ciliaris.*)

DIESE Dory-Art hat eine leuchtend silberne Farbe mit einem bläulich-grünen Schimmer auf der Rückseite. Einige der letzten Strahlen, sowohl der Rücken- als auch der Afterflosse, reichen über die Membran hinaus und reichen sogar noch weiter als der Schwanz selbst. Es wurde vermutet, dass kleinere Fische von diesen langen, flexiblen Fäden angelockt werden und sie für Würmer halten, während der Zeus, versteckt im Seegras, auf seine Beute lauert. Es ist in den Indischen Meeren beheimatet.

DER OPAH ODER KÖNIGSFISCH. (*Lampris guttatus.*)

DIES ist ein prächtiger Fisch mit einer schönen grünen Farbe auf dem Rücken und einem gelblichen Grün auf dem Bauch. Der Rücken und die Seiten weisen leuchtende violette und goldene Farbtöne auf, die gesamte Oberfläche ist mit zahlreichen weißen Flecken bedeckt und die Flossen haben eine wunderschöne zinnoberrote Farbe; Sein Kostüm ist so prächtig, dass man zu Recht bemerkt hat, dass es „aussieht wie einer von Neptuns Herren, gekleidet für einen Gerichtstag". Der Königsfisch kommt offenbar in den Meeren aller Teile der Welt vor; Es kommt nirgendwo häufig vor, scheint aber in warmen Klimazonen häufiger vorzukommen.

DER KABELJAU (*Gadus morrhua*)

IST ein edler Meeresbewohner; nicht nur aufgrund seiner Größe, sondern auch wegen der Güte seines Fleisches, ob frisch oder gesalzen. Der Körper misst manchmal über drei und sogar vier Fuß in der Länge, mit einer entsprechenden Dicke. Der Rücken ist braun-olivfarben mit weißen Flecken an den Seiten und der untere Teil des Körpers ist ganz weiß. Die Augen sind groß und starrend. Der Kopf ist breit und fleischig und gilt als köstliches Gericht.

Die Fruchtbarkeit aller Fische muss für jeden Naturbeobachter ein Objekt höchster Verwunderung sein. Im Jahr 1790 wurde auf dem Markt von Workington, Cumberland, ein Kabeljau für einen Schilling verkauft: Er wog fünfzehn Pfund und war zwei Fuß neun Zoll lang und sieben Zoll breit; der Rogen wog zwei Pfund zehn Unzen, eins Das Korn enthielt dreihundertzwanzig Eier. Das Ganze könnte also nach fairer Schätzung drei Millionen neunhundertviertausendvierhundertvierzig Eier enthalten. Aus solch einer Kleinigkeit wie dieser können wir den ungeheuren Wert des Fischereihandels für eine Handelsnation erkennen und daraus einen nützlichen Hinweis für seine Steigerung ableiten; Denn unter der Annahme, dass jedes der oben genannten Eier die gleiche Perfektion und Größe erreichen würde, würde sein Ertrag sechsundzwanzigtausendeinhundertdreiundzwanzig Tonnen wiegen; und würde folglich zweihunderteinundsechzig Segelschiffe beladen, jedes mit einer Last von hundert Tonnen. Wenn jeder Fisch auf den Markt gebracht und wie der Originalfisch für einen Schilling verkauft würde, läge der Ertrag bei einhundertfünfundneunzigtausend Pfund; das heißt, der erste Schilling würde zwanzigmal einhundertfünfundneunzigtausend oder drei Millionen neunhunderttausend Schilling ergeben.

In den europäischen Meeren beginnt der Kabeljau im Januar zu laichen und legt seine Eier in unebenem Boden zwischen Felsen ab. Einige tragen noch bis Anfang April Rogen. Von Oktober bis Weihnachten gilt Kabeljau als das beste Gericht auf dem Tisch. Die Luftblasen werden unter dem Namen „Sounds" gebeizt und separat verkauft.

Die Hauptfanggebiete für Kabeljau liegen in der Bucht von Kanada, am großen Ufer von Neufundland sowie vor der Insel St. Peter und der Insel Sable. Die Schiffe, die diese Fischerei betreiben, haben eine Ladung von 100 bis 200 Tonnen und fangen jeweils 30.000 oder mehr Kabeljau. Die beste Jahreszeit ist von Anfang Februar bis Ende April. Jeder Fischer fängt jeweils nur einen Kabeljau, und doch kann der Erfahrenere an einem Tag drei- bis vierhundert Kabeljau fangen. Es ist eine ermüdende Arbeit, vor allem wegen der starken Kälte, die sie während der Operation erleiden müssen.

Kabeljau erreicht häufig eine sehr große Größe. Der größte bekanntermaßen in diesem Königreich gefangene Fisch wurde im Jahr 1775 in Scarborough gefangen; Es hatte eine Länge von 1,70 Meter und einen Umfang von 1,50 Meter und wog 78 Pfund. Das übliche Gewicht dieses Fisches liegt zwischen vierzehn und vierzig Pfund.

Der Schellfisch (*Gadus æglefinus*)

IST viel kleiner als der Kabeljau und weicht in der Form etwas von ihm ab; Der Rücken ist bläulich gefärbt und hat kleine Schuppen. eine schwarze Linie verläuft von der oberen Ecke der Kiemen auf beiden Seiten bis zum Schwanz; In der Mitte der Seiten, unter der Linie etwas unterhalb der Kiemen, befindet sich auf jeder Schulter ein schwarzer Fleck, der dem Finger- und Daumenabdruck eines Mannes ähnelt; Aus diesem Grund wird er *Petrusfisch genannt* , in Anspielung auf die im siebzehnten Kapitel des Matthäusevangeliums aufgezeichnete Tatsache: „Geh zum Meer und wirf einen Haken aus und nimm den Fisch auf, der zuerst heraufkommt; Und wenn du seinen Mund aufgetan hast, wirst du ein Stück Geld finden; die nehmen und ihnen für mich und dich geben." Und während der heilige Petrus den Fisch mit Zeigefinger und Daumen hielt, soll die Haut der Legende nach den erblichen Eindruck erhalten und bis heute bewahrt haben.

Schellfische wandern in riesigen Schwärmen, die normalerweise etwa mitten im Winter an der Küste von Yorkshire ankommen. Es ist manchmal bekannt, dass sich diese Untiefen vom Ufer aus fast drei Meilen breit und in der Länge von Flamborough Head bis Tynemouth Castle über eine Entfernung von fünfzig Meilen erstrecken; und vielleicht sogar noch weiter. Eine Vorstellung von der Anzahl der Schellfische lässt sich aus dem folgenden Umstand gewinnen: Drei Fischer im Umkreis von einer Meile vom Hafen von

Scarborough beluden ihr Boot häufig zweimal am Tag mit diesen Fischen und nahmen jedes Mal eine Tonne davon mit!

Das Fleisch des Schellfischs ist härter und dicker als das des Wittlings und nicht so gut; Aber es wird oft gegrillt, gekocht oder gebacken auf den Tisch gebracht und wird von vielen sehr geschätzt. Die an der irischen Küste in der Nähe von Dublin gefangenen Schellfische sind ungewöhnlich groß und von feinem Geschmack und vereinen mit der Festigkeit des Steinbutts einen Großteil seiner Süße. Sie haben von Oktober bis Januar Saison.

Der Wittling

(*Gadus Merlangus* oder *Merlangus vulgaris*)

IST selten länger als zwölf Zoll und von schlanker und sich verjüngender Form. Die Schuppen sind klein und fein. Die Rückseite ist silbrig und reflektiert, wenn sie gerade aus dem Meer genommen wird, die Lichtstrahlen mit großem Glanz und Glanz. Das Fleisch ist leicht, gesund und nahrhaft; und wird oft kranken oder rekonvaleszenten Patienten empfohlen, wenn andere Lebensmittel nicht zugelassen sind. Der Wittling kommt an den Küsten Englands vor und hat von August bis Februar seine eigentliche Saison.

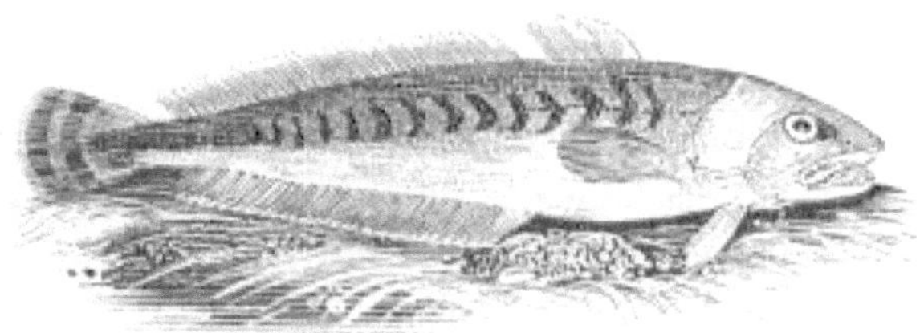

DER LING, (*Lota molva*)

DER LING, (*Lota molva*)

IST ER zwischen 90 und 120 cm lang, einige wurden jedoch auch viel größer gefangen. Der Körper ist lang, der Kopf flach, die Zähne im Oberkiefer klein und zahlreich, mit einem kleinen Bart am Kinn; seine Rücken- und Afterflossen sind sehr lang.

Diese Fische gibt es an den Küsten Großbritanniens und Irlands im Überfluss, und große Mengen werden für den Eigenverbrauch und den Export gesalzen. An den Ostküsten Englands sind sie von Anfang Februar bis Ende Mai in ihrer höchsten Pracht. Sie laichen im Juni: Zu dieser Jahreszeit trennen sich die Männchen von den Weibchen, die ihre Eier im weichen, schlammigen Boden an den Mündungen großer Flüsse ablegen.

Aus kommerzieller Sicht kann der Ling als sehr wichtiger Fisch angesehen werden. Aus Norwegen werden jährlich 900.000 Pfund exportiert. In England werden diese Fische in etwa auf die gleiche Weise gefangen und gepökelt wie der Kabeljau. Diejenigen, die vor den Küsten Amerikas gefangen werden, werden keineswegs so hoch geschätzt wie diejenigen, die sich an den Küsten Großbritanniens und Norwegens aufhalten; und die Ling in der Nähe von Island sind so schlecht, dass die Einwohner in keinem anderen Land als ihrem eigenen einen Verkauf für sie finden können. Der Rogen und die Luftblasen bzw. Laute des Ling werden eingelegt und separat verkauft.

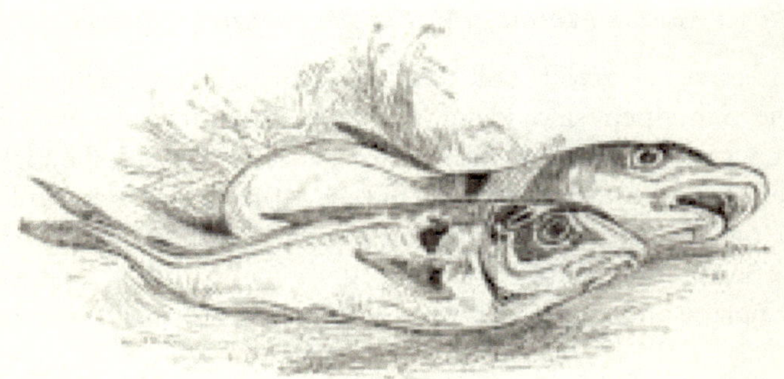

DER HAKE (*Gadus merluccius*)

IST ein Friedfisch, der fast mit dem Ling verwandt ist und an der Küste von Devonshire und Cornwall in großen Mengen gefangen wird. Man findet ihn auch an den Küsten Irlands und Schottlands, wo er Stockfisch genannt wird und oft mit Kabeljau verwechselt wird.

DIE MAKRELE, (*Scomber Scomber* ,)

IST in allen Teilen der Welt verbreitet und bekannt. Es ist normalerweise etwa einen Fuß oder mehr lang; der Körper ist dick, fest und fleischig, zum Schwanz hin schlank; die Schnauze scharf, der Schwanz gegabelt, der Rücken von einem schönen Grün, wunderschön bunt oder sozusagen mit schwarzen Strichen bemalt; Der untere Teil des Körpers ist silbrig und spiegelt, ebenso wie die Seiten, die elegantesten Farbtöne des Opals und des Perlmutts wider. Nichts kann für das Auge interessanter und erfreulicher sein, als gerade gefangene Makrelen zu sehen, die von den Fischern ans Ufer gebracht werden und sich bei den ersten Strahlen der aufgehenden Sonne mit all ihrem Glanz auf den Kieselsteinen des Strandes ausbreiten. Doch wenn sie aus ihrem Element gerissen werden, sterben sie schnell.

Makrelen besuchen unsere Küsten in riesigen Schwärmen; Da sie jedoch sehr empfindlich und für lange Transporte ungeeignet sind, erweisen sie sich als weniger nützlich als andere Gesellschaftsfische. Der übliche Köder ist ein Stück rotes Tuch oder ein Stück Makrelenschwanz. Die große Fischerei auf sie findet in einigen Teilen der Süd- und Westküste Englands statt; diese ist so groß, dass sie insgesamt ein Kapital von fast zweihunderttausend Pfund beansprucht. Die Fischer gehen mehrere Meilen vom Ufer entfernt und spannen ihre Netze, die manchmal mehrere Meilen lang sind, nachts über die Flut aus. Es ist bekannt, dass ein einzelnes Boot nach einer Nacht angeln eine Ladung an Bord brachte, die für fast siebzig Pfund verkauft wurde. Der Rogen der Makrele wird im Mittelmeerraum für *Kaviar verwendet* . In Cornwall und auch in mehreren Teilen des Kontinents werden Makrelen durch Einlegen und Salzen haltbar gemacht; und besitzen in diesem Zustand einen Geschmack, der dem des Lachses ähnelt. Ihre Gier kennt kaum Grenzen;

und wenn sie in einen Schwarm Heringe geraten, richten sie so oft Unheil an, dass sie ihn vertreiben. Makrelen haben von März bis Juni Saison.

DER GAR-FISCH (*Belone vulgaris*)

DAVON und weist eine sehr außergewöhnliche Form auf. Der Körper ähnelt in Form und Farbe nicht unähnlich dem einer Makrele, ist jedoch viel länglicher und die Kiefer sind zu einer Art Lanze verlängert, fast halb so lang wie der Rest des Körpers. Es wird allgemein angenommen, dass dieser Fisch die Phalanxen der Makrele durch die Tiefenregionen führt; und wie ein treuer und erfahrener Pilot verfolgt er ihre Reise, weist auf ihre Gefahren hin und führt sie an ihr Ziel. Eine merkwürdige Besonderheit dieses Geschöpfes besteht darin, dass seine Knochen eine hellgrüne Farbe haben; Das Fleisch ist zwar nicht so fest und schmeckt nicht so gut wie das der Makrele, aber es verkauft sich recht gut, wenn es auf den Markt kommt.

DER HERING. (*Clupea Harengus.*)

DIESER Fisch ähnelt in seiner Form und der Feinheit des Geschmacks in gewisser Weise der Makrele, unterscheidet sich jedoch stark im Geschmack. Es ist etwa neun bis zehn Zoll lang und etwa zweieinhalb breit und hat blutunterlaufene Augen; die Schuppen groß und rundlich; der Schwanz war gegabelt; Der Körper besteht aus fettem, weichem, zartem Fleisch, das jedoch fleischiger ist als das der Makrele und daher weniger gesund ist. Doch manche Menschen mögen ihn so sehr, dass sie den Hering *den König der Fische nennen* . Sie schwimmen in Schwärmen und laichen einmal im Jahr, etwa zur Herbst-Tagundnachtgleiche. Zu dieser Zeit sind sie am besten. Sie kommen zum Laichen in seichtes Wasser, wie die Makrele; Daher besuchen sie regelmäßig unsere Küsten und ziehen sich nach der Laichzeit wieder in die tiefen Gewässer zurück.

Die Fruchtbarkeit des Herings ist erstaunlich. Man hat berechnet, dass die Nachkommen eines einzelnen Heringspaares, wenn man sie zwanzig Jahre lang ungestört und unvermindert vermehren könnte, eine Masse aufweisen würden, die zehnmal so groß ist wie die Erde. Aber glücklicherweise hat die Vorsehung das Gleichgewicht der Natur hergestellt, indem sie ihnen unzählige Feinde beschert hat. Alle Monster der Tiefe finden in ihnen eine leichte Beute; und darüber hinaus beobachten riesige Schwärme von Seevögeln ihren Angriff und verbreiten nach allen Seiten Verwüstung.

Im Jahr 1773 befanden sich die Heringe zwei Monate lang in so riesigen Schwärmen an den Küsten Schottlands, dass einigermaßen genaue Berechnungen ergeben, dass in einer Nacht nicht weniger als eintausendsechshundertfünfzig Bootsladungen im Loch Torridon gefangen wurden. Diese würden sich insgesamt auf fast zwanzigtausend Barrel belaufen.

Dieser Fisch wird auf unterschiedliche Weise zubereitet, um ihn das ganze Jahr über haltbar zu machen. Die weißen oder eingelegten Heringe werden in Süßwasser gewaschen und zwölf bis fünfzehn Stunden lang in einer Wanne voller starker Salzlake aus Süßwasser und Meersalz belassen. Nach dem Herausnehmen werden sie abgetropft und mit Salz in Reihen oder Schichten in Fässer gefüllt.

Rote Heringe werden auf die gleiche Weise zubereitet, mit dem Unterschied, dass sie doppelt so lange in der Salzlake belassen werden wie oben erwähnt; und wenn sie herausgenommen werden, werden sie in einen großen, zu diesem Zweck gebauten Schornstein gelegt, der etwa zwölftausend fasst, wo sie mit Hilfe eines darunter liegenden Feuers aus Reisig vierundzwanzig Stunden lang geräuchert werden.

DIE SPROTTE (*Clupea Sprattus*)

EIN BEKANNTER Fisch, zwischen 10 und 12 cm lang, die Rückenflosse ist weit von der Nase entfernt; Der Unterkiefer ist länger als der Oberkiefer und die Augen sind blutunterlaufen, wie die des Herings, mit dem er fast verwandt ist. Sprotten kommen jedes Jahr Anfang November in der Themse an; und im Allgemeinen wird am Lord Mayor's Day, dem 9. November, eine große Schüssel davon auf dem Tisch in Guildhall präsentiert. Sie bleiben den ganzen Winter über bestehen und reisen im März ab. Sie werden nach Maß verkauft und liefern armen Menschen im Winter eine große Nahrungsquelle. Es wird berichtet, dass sie jedes Jahr um die Osterzeit in einem See in Cheshire namens Kostern Mere und im Fluss Mersey aufgenommen wurden, in dem das Meer sieben bis acht Meilen unterhalb des Sees auf und ab geht.

Die Sardine (*Clupea Sardina*) wird an der Südküste Frankreichs gefangen, wo sie einen hohen Ruf genießt; und aufgrund seines Vorkommens in der Umgebung der Insel Sardinien wird es Sardine genannt. Er wird wie Heringe eingelegt und in Fässern verpackt hierher verschickt.

DIE SARDELLE. (*Clupea Pilchardus.*)

DER Hauptunterschied zwischen diesem Fisch und dem Hering besteht darin, dass der Körper der Sardelle runder und dicker ist; die Nase ist im Verhältnis kürzer und nach oben gerichtet; und der Unterkiefer kürzer. Der Rücken ist höher und der Bauch nicht so scharf. Die Schuppen haften sehr fest, während die des Herings leicht abfallen. Außerdem ist es im Allgemeinen deutlich kleiner.

Ungefähr Mitte Juli tauchen Sardinen in riesigen Schwärmen vor der Küste Cornwalls auf. Diese Untiefen bleiben bis Ende Oktober bestehen, dann ziehen sie sich wahrscheinlich für den Winter in eine ungestörte Tiefe in einiger Entfernung zurück.

Die Sardinenfischerei ist ein wichtiger Wirtschaftszweig. Aus einer Aufstellung über die Anzahl der Schweinsköpfe, die zehn Jahre lang, von 1747 bis einschließlich 1756, jedes Jahr aus den vier Häfen Fowy, Falmouth, Penzance und St. Ives exportiert wurden, geht hervor, dass Fowy jährlich eintausendsiebenhundertdreißig exportierte -zwei Schweinsköpfe; Falmouth, vierzehntausendsechshunderteinunddreißig; Penzance und Mount's Bay, zwölftausendeinhundertneunundvierzig; St. Ives, eintausendzweihundertzweiundachtzig: insgesamt neunundzwanzigtausendsiebenhundertvierundneunzig Schweinsköpfe. Jedes Hogshead belief sich in den letzten zehn Jahren zusammen mit der für den Export erlaubten Prämie und dem daraus hergestellten Öl Jahr für Jahr durchschnittlich auf den Preis von einem Pfund, dreizehn Schilling und drei Pence; so dass sich die für den Export von Sardinen gezahlten Barmittel durchschnittlich auf die Summe von neunundvierzigtausendfünfhundertzweiunddreißig Pfund pro Jahr beliefen.

Das Obige war der Stand der Fischerei vor einigen Jahren; Gegenwärtig ist es noch umfangreicher, der durchschnittliche Jahresertrag der kornischen Fischerei beläuft sich auf etwa einundzwanzigtausend Hogsheads, die nicht weniger als sechzig Millionen Sardinen enthalten.

DER WHITEBAIT. (*Clupea alba.*)

DIESER wunderschöne kleine Fisch ist reinweiß und hat auf beiden Seiten keine Flecken. Von Anfang April bis Ende September werden in der Themse riesige Mengen gefangen; Sie sind jedoch so empfindlich, dass sie kaum zu tragen sind, und werden daher als am besten angesehen, wenn sie so nah wie möglich an dem Ort gegessen werden, an den sie gebracht wurden. und daher der Brauch, Whitebait-Abendessen in den Tavernen von Greenwich und Blackwall einzunehmen. Lange Zeit wurde angenommen, dass es sich bei dem Weißfisch um den Jungfisch des Maifischs handelte, doch mittlerweile ist erwiesen, dass es sich um eine eigenständige Art handelt.

DIE SARDELLE. (*Engraulis encrasicolus.*)

WIE Hering und Sprotte verlassen diese Fische die Tiefen des offenen Meeres, um zum Laichen die flachen und flachen Stellen der Küste aufzusuchen. Die Fischer zünden im Allgemeinen ein Feuer am Ufer an, um die Sardellen anzulocken, wenn sie nachts nach ihnen fischen. Nachdem sie gereinigt und ihre Köpfe abgeschnitten wurden, werden sie auf eine bestimmte Art und Weise gepökelt und zum Verkauf und Export in kleine Fässer verpackt. Sardellen kommen gelegentlich sowohl in der Nordsee als auch in der Ostsee vor; Im Mittelmeerraum gibt es sie jedoch in viel größerer Zahl als in jedem anderen Teil der Welt. Sie wurden manchmal, wenn auch selten, im Fluss Dee an den Küsten von Flintshire und Cheshire gefangen. Der Oberkiefer dieses Fisches ist länger als der Unterkiefer; die Rückseite ist braun; die Seiten silbrig; Flossen kurz; die Rückenflosse gegenüber den Bauchflossen ist durchsichtig; die Schwanzflosse gegabelt. Seine Länge beträgt etwa drei Zoll.

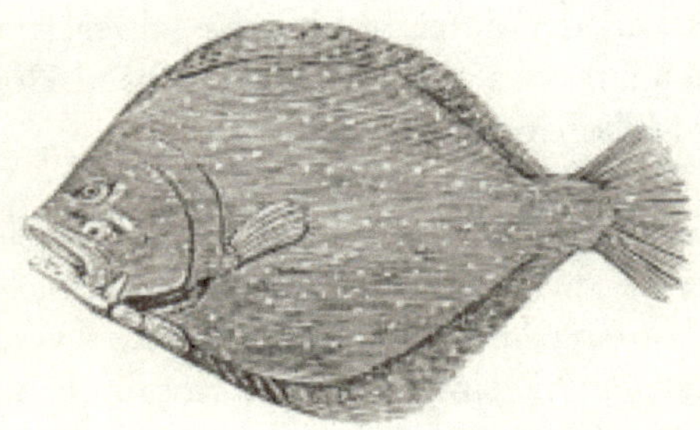

DER Steinbutt. (*Rhombus maximus.*)

DER STEINBUTT ist ein bekannter Fisch und wird wegen des delikaten Geschmacks, der Festigkeit und Süße seines Fleisches sehr geschätzt. Juvenal gibt uns in seiner vierten Satire eine sehr lächerliche Beschreibung des römischen Kaisers Domitian, der den Senat zusammenstellt, um zu entscheiden, wie und mit welcher Soße dieser Fisch gegessen werden soll. Der Steinbutt ist manchmal 60 cm lang und etwa 60 cm breit. Die Schuppen auf der Haut sind so klein, dass sie kaum wahrnehmbar sind. Die Farbe der Oberseite des Körpers ist dunkelbraun mit schmutzigen gelben Flecken; Die Unterseite ist reinweiß, an den Rändern leicht fleischfarben oder blassrosa gefärbt. Es ist sehr schwierig, den Steinbutt zu ködern, da er bei der Nahrungsaufnahme sehr anspruchsvoll ist. Nichts kann es locken außer Heringe oder kleine Scheiben Schellfisch und Neunaugen; und da es im tiefen Wasser liegt, flirtet und auf dem Schlamm am Meeresboden paddelt, kann kein Netz es erreichen, so dass es im Allgemeinen mit Haken und Leine gefangen wird. Man findet sie hauptsächlich an den Nordküsten Englands, Schottlands und Hollands.

Die Scholle (*Platessa vulgaris*)

EIN BEKANNTER englischer Fisch, der fast mit dem Steinbutt verwandt ist. Es hat glatte Seiten, eine Analwirbelsäule und die Augen und sechs Tuberkel sind auf derselben Seite des Kopfes platziert. Der Körper ist sehr flach, der obere Teil des Fisches hat eine klare braune Farbe mit orangefarbenen Flecken und der Bauch ist weiß. Schollen laichen Anfang Februar und nehmen im ausgewachsenen Zustand etwa die Form eines Steinbutts an; aber das Fleisch ist ganz anders, es ist weich und fast geschmacklos.

In Bodennähe schwimmen sie langsam und horizontal, aber wenn sie plötzlich gestört werden, ändern sie die horizontale in die vertikale Position, schießen mit meteorartiger Geschwindigkeit dahin und nehmen dann am Grund des Wassers schnell wieder ihre inaktiven Gewohnheiten wieder auf. Schollen ernähren sich von kleinen Fischen und jungen Krustentieren und wurden manchmal an unseren Küsten mit einem Gewicht von fünfzehn Pfund gefangen, aber ein Fisch, der halb so schwer ist, gilt als sehr groß. Die feinste Art, Diamond Plaice genannt, wird an der Küste von Sussex gefangen. Diese Fische sind als Nahrungsmittel sehr gefragt, können aber bei weitem nicht mit Steinbutt und Seezunge mithalten. Diejenigen von mittlerer Größe gelten als die besten Esser.

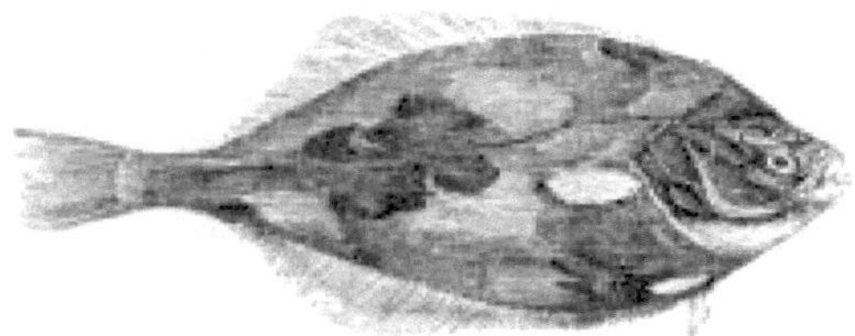

DIE FLUNDE. (*Platessa flesus.*)

DER Hauptunterschied zwischen der Scholle und der Flunder besteht darin, dass die Scholle hinter dem linken Auge eine Reihe von sechs Tuberkeln hat, die diesem Fisch völlig fehlen; Außerdem ist der Körper etwas länger und im ausgewachsenen Zustand etwas dicker. Der Rücken ist dunkelolivfarben und gefleckt. Geschmacklich gelten sie als zarter als die Scholle. Sie leben noch lange, nachdem sie aus ihrem Element gerissen wurden, und werden oft in den Straßen Londons geweint, aber auf den Tischen der Reichen und Feinen erscheinen sie selten. Sie sind in den britischen Flüssen und in allen großen Flüssen, die dem Einfluss der Gezeiten gehorchen, häufig und ernähren sich von Würmern, die im Schlamm am Grund des Wassers gezüchtet werden.

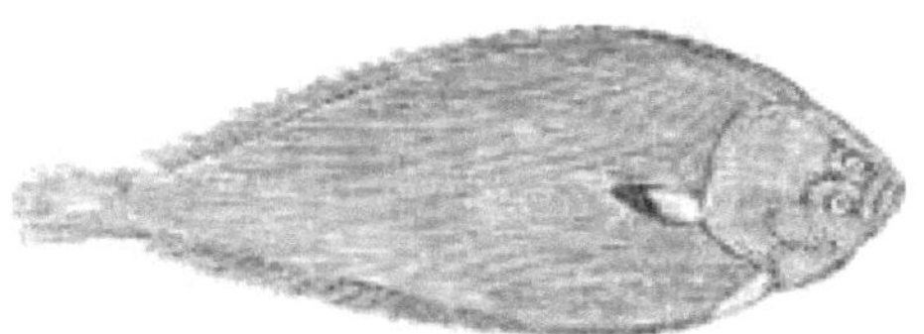

DIE SOHLE (*Solea vulgaris*)

IST als sehr ausgezeichneter Fisch bekannt, dessen Fleisch fest, zart und von angenehmem Geschmack ist. In einigen unserer Meere erreichen Seesohlen eine Länge von bis zu 50 Zentimetern, in manchen unserer Meere sogar noch mehr. In dieser Größe und Überlegenheit findet man sie oft in Torbay, von wo aus sie auf den Markt in Exeter und mehreren anderen Städten in Devonshire und den angrenzenden Grafschaften geschickt werden. Sie kommen auch im Mittelmeer und in mehreren anderen Meeren vor und sind in der Saison sehr begehrt für die luxuriösesten Tische. Der Oberkörper ist braun; der untere Teil weiß; Eine der Brustflossen hat eine schwarze Spitze, die Seiten sind gelb und der Schwanz ist am Ende abgerundet. Man sagt, dass die kleinen Seezungen, die in den nördlichen Meeren gefangen werden, einen viel besseren Geschmack haben als die großen, die an der Süd- und Westküste zu finden sind.

Dieser Fisch hat auch die Eigenschaft, dass er selbst bei heißem Wetter mehrere Tage lang süß und schmackhaft bleibt, und es wird angenommen, dass er durch die Lagerung einen feineren Geschmack erhält. Aus diesem Grund werden Seezungen auf den Londoner Märkten häufig höher geschätzt als solche, die unmittelbar nach der Entnahme aus dem Meer gekocht werden.

In der Wirtschaft von Plattfischen haben wir einen Bericht über einen Umstand, der sehr bemerkenswert ist: Neben verschiedenen anderen Meeresprodukten ist bekannt, dass sie sich von Schalentieren ernähren, obwohl sie in ihrem Maul keinerlei Apparate haben, die dies zu tun scheinen angepasst werden, um diese auf einen für die Verdauung geeigneten Zustand zu reduzieren.

DER LACHSROSA, BRANDLING, PAR ODER SKEGGER.

DIESER brillante kleine Fisch ist der kleinste der *Salmonidae* und kommt nur in Flüssen vor, in denen Lachse vorkommen. Denn wann immer ein Fluss von ihnen verlassen wird, verschwindet auch der Samlet. Dieser Fisch gilt als der Jungfisch des echten Lachses, und Herr Young hat diese Tatsache unserer Meinung nach in einem kürzlich erschienenen Aufsatz hinreichend begründet; aber Mr. Yarrell und andere Naturforscher behaupten, es handele sich um eine eigenständige Art.

DER LACHS (*Salmo salar*)

IST der Ruhm großer Flüsse und einer der edelsten Bewohner des Meeres, wenn wir ihn nach seiner Größe, Farbe und der Süße seines Fleisches schätzen. Lachse haben ein großes Gewicht und erreichen manchmal eine Länge von bis zu 1,50 m. Die Farbe ist wunderschön, ein dunkles Blau mit schwarzen Flecken auf der Rückseite, das an den Seiten in Silberweiß übergeht und unten weiß mit einem kleinen Rosaton ist. Die Flossen sind vergleichsweise klein. Obwohl diese Fische hauptsächlich im Meer leben, kommen sie zur Laichzeit die Flüsse hinauf und weit ins Landesinnere, wo das Weibchen ihre Eier ablegt. Bald darauf unternehmen sie und das Männchen einen Ausflug in die weiten Meeresregionen und besuchen erst im nächsten Jahr wieder einen der Landflüsse, wenn sie aus demselben Grund zurückkehren. Sie werden von diesem natürlichen Impuls so stark angetrieben, dass sie, wenn sie beim Hinaufschwimmen eines Flusses durch einen Wasserfall gestoppt werden, mit solcher Kraft durch den herabstürzenden Strom emporschnellen, dass sie ihn aufhalten, bis sie das höhere Flussbett erreichen der Strom; und aus diesem Grund werden kleine Kaskaden am Tweed und anderen Flüssen oft Lachssprünge genannt. Der Lachs kommt größtenteils nur in den nördlichen Meeren vor, während er im Mittelmeer und in den Gewässern anderer warmer Klimazonen unbekannt ist. Das Fleisch ist im rohen Zustand rot, im gesalzenen oder gekochten Zustand eher blasser; Es ist ein angenehmes, fettes, zartes und süßes Nahrungsmittel, das an Reichtum alle anderen Süßwasserfische übertrifft. Allerdings verträgt es nicht jeden Magen und ist bei krankem Verzehr oft gesundheitsschädlich.

Im Fluss Tweed ist etwa im Juli der Lachsfang erstaunlich: Oftmals werden bei Flut eine Bootsladung, manchmal sogar fast zwei, gefangen; und in einem

Fall wurden mehr als siebenhundert Fische mit einem einzigen Netzzug gefangen. 50 bis 100 Stück auf einmal sind weit verbreitet. Einige davon werden mit der Eisenbahn nach London geschickt; Ein Teil davon ist jedoch leicht gesalzen und eingelegt und wird in diesem Zustand als Bückling bezeichnet. Die Angelsaison beginnt im Tweed im Februar und endet etwa am alten Michaelistag. An diesem Fluss gibt es etwa vierzig bedeutende Fischgründe, die sich etwa vierzehn Meilen von der Mündung entfernt aufwärts erstrecken; neben vielen anderen von geringerer Tragweite. Diese wurden vor einigen Jahren zu einer Jahresmiete von mehr als zehntausend Pfund vermietet; Und um diese Kosten zu decken, müssen dort Jahr für Jahr mehr als zweihunderttausend Lachse gefangen werden. Die wichtigsten Lachsfischereien in Europa finden in den Flüssen oder an den Küsten entlang der großen Flüsse Englands, Schottlands und Irlands statt. Die wichtigsten englischen Flüsse, in denen sie heute gefangen werden, sind der Tyne, der Trent, der Severn und der Tweed. Sie wurden früher in der Themse gefunden, aber seit vielen Jahren wurde nichts mehr dorthin gebracht. Die Lachsfische wandern im April flussabwärts zum Meer. Ein junger Lachs mit einem Gewicht von weniger als zwei Pfund wird Salmon Peel und ein größerer Lachs Grilse genannt. Lachs kann nicht zu frisch verzehrt werden, und wenn er abgestanden ist, ist er sehr ungesund.

DIE LACHSFORELLE (*Salmo Trutta*)

AUCH Bullenforelle oder Meerforelle genannt, hat einen dickeren Körper als die gewöhnliche Forelle und wiegt etwa drei Pfund; Es hat einen großen, glatten Kopf, der ebenso wie der Rücken eine bläuliche Tönung mit grünem Glanz hat; Die Seiten sind mit zahlreichen schwarzen Flecken markiert und der Schwanz ist am Ende am breitesten. Es wird gesagt, dass das Fleisch dieses Fisches zu Beginn des Sommers rot wird und diese Farbe bis zum Monat August behält; was sehr wahrscheinlich darauf zurückzuführen ist, dass sie kurz vor dem Laichen standen. Wie der Lachs lebt dieser Fisch im Meer; aber in den Monaten November und Dezember dringt es in die Flüsse ein, um seinen Rogen abzulegen; und daher wird er in der Laichzeit gelegentlich in Seen und Bächen in großer Entfernung vom Meer gefunden. Es ist sehr empfindlich und wird auf unseren Tischen sehr geschätzt. Manche Leute bevorzugen diesen Fisch gegenüber Lachs; Sie können jedoch beide Krankheiten hervorrufen, wenn sie in zu großen Mengen verzehrt werden.

DIE FORELLE. (*Salmo-fario.*)

DIESER Fisch ähnelt in seiner Figur dem Lachs; Es hat einen kurzen, rundlichen Kopf und eine stumpfe Schnauze. Forellen sind Süßwasserfische. Sie brüten und leben ständig in Flüssen und kleinen, klaren Bächen, die über sauberen Kieselsteinen und Sandbänken glitzern.

Sie ernähren sich von Flussfliegen und anderen Wasserinsekten und lieben sie so sehr und sind so unersättlich, dass Angler sie mit künstlichen Fliegen aus Federn, Wolle und anderen Materialien täuschen, die den natürlichen sehr ähnlich sind. Im Lough Neagh in Irland wurden Forellen mit einem Gewicht von 30 Pfund gefangen; und uns wird gesagt, dass sie im Genfersee und in den nördlichen Seen Englands von noch größerer Größe gefunden werden. Er nimmt unter den Flussfischen den ersten Platz ein und sein Fleisch ist sehr lecker, aber im Alter schwer verdaulich oder zu lange haltbar. Sie laichen im Dezember und legen ihre Eier im Kies am Grund von Flüssen, Deichen und Teichen ab. Im Gegensatz zu den meisten anderen Fischen werden Forellen in der Nähe des Laichens am wenigsten geschätzt. In den Monaten Juli und August haben sie richtig Saison, sind dann fett und wohlschmeckend.

Die wunderschöne silberne Forelle ist der gefräßigste Süßwasserfisch und verschlingt jedes Lebewesen, das das Wasser hervorbringt – sogar ihre eigenen Laichen in allen ihren Stadien – und liegt auf dem Bett oder Hügel und wacht darauf, ihre Jungfische zu erbeuten. während sie belebt werden und unter ihrem kiesigen Geburtsort hervorkommen. Er beschränkt sich auch nicht auf eine bestimmte Fischart, sondern verwöhnt seinen gierigen Magen mit allen Fischarten, vom Instinkt, der gelegentlich seine Nahrung wechselt, bis hin zu Larven, Köcherfliegen, Eintagsfliegen, Würmern und sogar den Jungen der Wasserschnecke, allesamt als Alternativen fungieren. Aufgrund seiner großen Flossen und seines breiten Schwanzes sind seine Bewegungen äußerst schnell und aufgrund seiner Muskelkraft und Geschmeidigkeit verfehlt er seine Beute selten. Seine Gewohnheiten sind einzelgängerisch, da er im Sommer nur von einem einzigen Hund begleitet wird, und zwar in einiger Entfernung von ihm; und wenn der Herbst näher rückt und die Larven usw. weniger werden, bleibt er völlig allein, bis die Paarungszeit zurückkehrt. Die Laichzeit variiert in verschiedenen Flüssen aus natürlichen Gründen wie Schnee, kaltem Regen oder schlechtem Wetter. Denn da Forellen wie Lachse auf Kiesbänken im seichten Wasser laichen, kann ihnen die Kälte leicht zusetzen. Wenn sie die für die Eiablage vorgesehene Stelle nicht erreichen können, verzichten sie oft wochenlang auf das Laichen. Die jüngeren Forellen bergen, wie man es nennt, im Allgemeinen früher als die Forellen mit größerem Wachstum. Sie beginnen Anfang Dezember mit dem Kotzen, wenn das Weibchen und das Männchen zusammenarbeiten, ersteres meist im Voraus. Durch ständige Arbeit graben sie eine Mulde in den Kies, werfen ihn auf beiden Seiten hoch und bilden schließlich einen Haufen, den man Hügel oder Bett nennt. Zu dieser Zeit sind sie sehr scheu und dumm, und selbst der Schatten einer Wolke wird sie von ihrem Hügel aus erschrecken, wenn sie sich in tieferes Wasser zurückziehen; aber als sie alles ruhig vorfanden, kehren sie zurück. Diese Vorbereitung dauert in der Regel zwei bis drei Wochen; und häufig wird der Hügel von mehreren Forellenpaaren gemeinsam genutzt und bewohnt. Er hat oft einen Durchmesser von mehreren Fuß und ist zwei bis drei Fuß höher als das Bachbett. Von Mitte Dezember bis Ende Januar ist die Forelle in vollem Laichbetrieb; wenn die Fische ihre Eier in die Mulde legen und anschließend den Kies bis zu einer Tiefe von etwa sieben Zentimetern darüber bearbeiten. Wenn die Wassertemperatur während der Brutzeit nicht verändert wird, erscheinen die Jungen am fünfzigsten Tag; nie früher, häufig später. Die Natur hat den Jungfischen so viel Selbsterhaltungstrieb verliehen, dass sie viele Tage lang unter dem Kies bleiben, und es ist merkwürdig zu sehen, wie sich der Schwarm unter großen Steinen versteckt, um sich vor

Gefahren zu schützen: Das tun sie bis dahin Die Eierschale, von der sie teilweise umhüllt bleiben, löst sich von ihren zarten Rahmen. Diese Hülle, die vierzehn Tage lang an ihnen haftet, enthält einen Teil der Flüssigkeit, die sie für den Halt in dieser Zeit der Hilflosigkeit benötigen. Danach greifen sie auf die Untiefen und Gewässer zurück, um den größeren Fischen aus dem Weg zu gehen, wo sie ein Jahr lang allein bleiben und während dieser Zeit bei guter Haltung ein Gewicht von drei bis vier Unzen erreichen; im zweiten Jahr acht bis zehn Unzen; Danach beginnen sie zu brüten. Ein Fisch wird wie jedes Tier fett, wenn er mit wenig oder keiner Anstrengung reichlich Nahrung zu sich nimmt; so dass das Wachstum vollständig durch das relative Verhältnis von Nahrung und Arbeit reguliert wird. Ich habe diesen Unterschied bei derselben Forellenbrut beobachtet, die nach meinem System künstlich gezüchtet wurde: Die eine Brut wurde in gut mit Nahrung versorgtes Wasser gelegt, die andere in einem Quellbach, wo es wenig Nahrung gab; Die ersteren waren im Alter von zehn Monaten vier Zoll lang und dreieinhalb Unzen schwer, während die letzteren nur anderthalb Zoll lang und weniger als eine Unze wogen. Obwohl Forellen keine Wanderfische sind, wandern sie, wenn sie groß werden, flussaufwärts zu reinerem Wasser. Die kleinen Forellen werden entgegen ihrer Gewohnheit durch die Wassermassen oder Überschwemmungen in den Herbstmonaten den Fluss hinabgetragen, da sie dem verdickten Strom nicht standhalten können, der ihre Kiemen mit Schwemmlandablagerungen füllt und ihre Atmung behindert, wodurch sie schwach und schwach werden kränklich. In diesem Zustand des Wassers erkranken alle Fische mehr oder weniger, und im sehr jungen Zustand vernichtet er große Mengen. Ich habe Tausende erlebt, die durch das Überschwemmen eines Flusses zerstört wurden, sowohl alte als auch junge. Die Ursache für den Rückgang der Fischbestände in allen unseren Flüssen liegt in der zunehmenden Verunreinigung des Wassers, da vor allem Fische reines Wasser benötigen.

Der obige interessante Hinweis auf die Forelle wurde dem Herausgeber von mitgeteilt HERR BOCCIUS, *der sich beruflich der Vermehrung von Fischen in Flüssen und Teichen widmet und Wunder vollbracht hat.*

Der Saibling oder Alpenforelle

(*Salmo salvelinus*)

IST der Forelle nicht unähnlich; die Schuppen sind sehr klein; die Farbe des Körpers ist mit zahlreichen schwarzen, roten und silbernen Flecken und Punkten gekennzeichnet, gemischt mit Gelb und ohne Kreis; die Rückseite ist olivgrün gefärbt; der Bauch weiß, die Schnauze bläulich. Alle Flossen außer denen des Rückens sind rötlich, und die Fettflosse ist am Rand rot. Dieser Fisch ist etwa zwölf Zoll lang und wird vor allem von den Italienern als sehr empfindliches Nahrungsmittel angesehen. Es kommt reichlich am Gardasee in der Nähe von Venedig vor; und kommt auch nicht nur in unseren nördlichen Seen in Westmoreland und Schottland vor, sondern auch in den großen Wasserflächen am Fuße der Berge in Lappland. Der Topfsaibling genießt in mehreren Teilen des Kontinents sowie in England einen hohen und verdienten Ruf. Der Saibling ist ein Süßwasserfisch und kommt im Allgemeinen in den tiefsten Teilen von Seen vor; Es wird nie vom Angler gefangen, sondern nur vom Netz.

DIE Äsche. (*Salmo thymallus.*)

DIESER Fisch ist nie länger als fünfzehn Zoll und erreicht selten ein Gewicht von drei Pfund. Der Rücken und die Seiten sind silbergrau, und wenn der Fisch zum ersten Mal aus dem Wasser genommen wird, variieren sie leicht mit Blau und Gold. Die Kiemendecken sind glänzend grün und die Schuppen sind groß.

Die Äsche ist ein Süßwasserfisch und erfreut sich vor allem an klaren und nicht zu schnellen Bächen, wo sie dem Angler ein großes Vergnügen bietet, da sie sehr gefräßig ist und sich eifrig auf die Fliege einlässt. Sie sind mutiger als Forellen, und selbst wenn sie mehrmals hintereinander vom Haken verfehlt werden, verfolgen sie den Köder immer noch. Sie ernähren sich hauptsächlich von Würmern, Insekten und Wasserschnecken; und die Schalen der letzteren finden sich oft in großen Mengen auf ihren Mägen. Sie laichen in den Monaten April und Mai. Der größte Fisch dieser Art, von dem jemals gehört wurde, wurde im Severn gefangen und wog fünf Pfund.

Antike Schriftsteller empfahlen diesen Fisch dringend als Nahrung für Kranke, da sie ihn für besonders bekömmlich und leicht verdaulich hielten.

Der Geruch oder Sparling. (*Osmerus eperlanus.*)

DIESER Fisch ist etwa acht bis neun Zoll lang und fast einen Zentimeter breit; Der Körper ist hellolivgrün und tendiert zu Silberweiß. Der Geruch, wenn der Fisch frisch und roh ist, ist dem von reifen Gurken nicht unähnlich, aber er verflüchtigt sich in der Bratpfanne, und der Geruch ergibt dann ein zartes und köstliches Essen. Stint sind Meeresfische und bewohnen die Meeresküste und Häfen; Sie werden jedoch oft in der Themse, dem Medway und anderen großen Flüssen gefangen, die sie in der Laichzeit hinaufsteigen. Die Haut dieses Fisches ist so durchsichtig, dass man mit Hilfe eines Mikroskops sehen kann, wie sein Blut zirkuliert.

Stine kommen an den Küsten aller nördlichen Länder Europas und auch im Mittelmeerraum vor. Sie variieren erheblich in der Größe. Herr Pennant gibt an, dass der größte, von dem er je gehört hatte, 13 Zoll lang war und ein halbes Pfund wog.

DER HECHT. (*Esox lucius.*)

DER Körper dieses Fisches ist blass olivgrau, am tiefsten auf dem Rücken und an den Seiten durch mehrere gelbliche Flecken oder Flecken gekennzeichnet; der Hinterleib weiß, leicht schwarz gefleckt; Seine Länge beträgt 1 bis 8 Fuß und sein Gewicht 1 oder 2 bis 40 oder 50 Pfund. Das Fleisch ist weiß und fest und gilt als sehr gesund; Je größer und älter es ist, desto mehr wird es geschätzt. Es gibt kaum einen Fisch dieser Größe auf der

Welt, der an Gefräßigkeit dem Hecht gleichkommt. [A] Es lebt in Flüssen, Seen und Teichen; und in einem begrenzten Gewässer vernichtet er bald alle anderen Fische, da er sich im Allgemeinen von nichts anderem ernährt und oft einen Fisch verschluckt, der fast so groß ist wie er selbst; Denn durch seine Gier beim Essen ergreift es zuerst den Kopf und zieht ihn so nach und nach ein, bis es das Ganze verschlungen hat. Im Magen eines großen Hechts wurde ein Kolben von guter Größe gefunden, dessen Kopf bereits deutliche Spuren der Verdauungskraft aufwies, während der Rest des Fisches noch frisch und unbeschädigt war.

[A] Herr Boccius hat jedoch gezeigt, dass die Forelle noch gefräßiger ist.

„Mir wurde (sagt Walton) mein Freund Mr. Seagrave, der zahme Otter hält, versichert, dass er erlebt hat, wie ein Hecht in extremem Hunger mit einem seiner Otter um einen Karpfen kämpfte, den der Otter gefangen hatte, und dass er es dann war." aus dem Wasser bringen."

Boulker sagt in seinem Werk „Art of Angling", dass sein Vater einen Hecht fing, den er Lord Cholmondeley schenkte, der eine Elle lang war und 36 Pfund wog. Seine Lordschaft ordnete an, es in einen Kanal in seinem Garten zu stecken, der zu dieser Zeit eine große Menge Fische enthielt. Zwölf Monate später wurde das Wasser abgelassen, und es stellte sich heraus, dass der Hecht alle Fische gefressen hatte, mit Ausnahme eines großen Karpfens, der zwischen neun und zehn Pfund wog, und selbst dieser war an mehreren Stellen gebissen worden. Der Hecht wurde wieder eingesetzt und ein ganzer frischer Fischvorrat für ihn zum Fressen: All das verschlang er in weniger als einem Jahr. Mehrmals wurde er von Arbeitern beobachtet, die in der Nähe standen, Enten und andere Wasservögel unter Wasser zu ziehen. Krähen wurden erschossen und hineingeworfen, was er im Beisein der Männer erschoss. Von diesem Zeitpunkt an hatten die Schlachter den Befehl, ihn mit dem Müll des Schlachthauses zu füttern; aber da er später vernachlässigt wurde, starb er, wie man vermutet, an Mangel an Nahrung.

Im Dezember 1765 wurde im Fluss Ouse ein Hecht gefangen, der mehr als 28 Pfund wog und für eine Guinea verkauft wurde. Beim Öffnen fand man in ihrem Gehäuse eine Uhr mit einem schwarzen Band und zwei Siegeln. Später stellte sich heraus, dass diese dem Diener eines Herrn gehörten, der etwa einen Monat zuvor im Fluss ertrunken war.

Der Hecht ist ein sehr langlebiger Fisch. Im Jahr 1497 wurde in Heilbrun in Schwaben einer gefangen, an dem ein eherner Ring befestigt war, auf dem in griechischen Schriftzeichen folgende Worte eingraviert waren: „Ich bin der Fisch, der zuerst in diesen See gelegt wurde, von." die Hände des Statthalters des Universums, Friedrich des Zweiten, am 5. Oktober 1230."

DER Barsch (*Perca fluviatilis*)

WIRD selten groß; Dennoch haben wir einen Bericht über einen, der angeblich neun Pfund wog. Der Körper ist tief, die Schuppen rau, der Rücken gewölbt und die Seitenlinien liegen nahe am Rücken. Was die Schönheit der Farben angeht, konkurriert der Barsch mit den farbenprächtigsten Bewohnern der Gewässer; die Rückseite erstrahlt in den tiefen Reflexen der hellsten Smaragde, unterteilt durch fünf breite schwarze Streifen; der Bauch imitiert die Farbtöne von Opal und Perlmutt; und der rubinrote Farbton der Flossen vervollständigt eine harmonische und elegante Farbzusammenstellung. Es handelt sich um einen geselligen Fisch, der in mehreren Flüssen dieser Inseln gefangen wird. Das Fleisch ist fest, zart und sehr geschätzt.

Es wird allgemein angenommen, dass ein Hecht einen ausgewachsenen Barsch nicht angreift: Er wird durch die Stachel- oder Rückenflosse auf dem Rücken davon abgehalten, die dieser Fisch immer aufrichtet, wenn sich ein Feind nähert. Barsche sind so gefräßig, dass ein erfahrener Angler, wenn er zufällig einen Schwarm Barsche findet, jeden einzelnen erwischen kann. Wenn jedoch ein einzelner Fisch entkommt, der den Haken gespürt hat, ist alles vorbei; da dieser Fisch so unruhig wird, dass der ganze Schwarm bald den Ort verlassen muss. Barsche sind so frech, dass sie in der Regel die ersten Fische sind, die ein junger Angler fängt; Sie werden auch bald lernen, ins Wasser geworfenes Brot zu sich zu nehmen, um sich zu ernähren. Ein großer Barsch wiegt etwa drei Pfund; aber im Allgemeinen wiegen die in Teichen gefangenen Barsche nicht mehr als acht bis zehn Unzen.

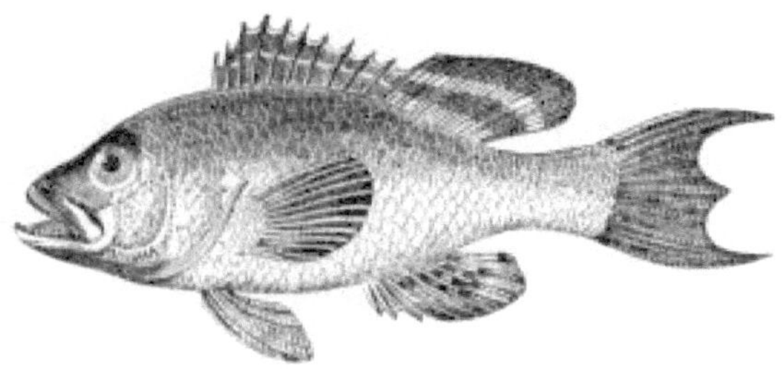

Der Bass oder Seebarsch (*Labrax lupus*)

KOMMT an unseren Südküsten in Hülle und Fülle vor und kommt im Mittelmeerraum noch häufiger vor. Es hat eine lange Rückenflosse, wie der Kaulbarsch. Das Fleisch dieses Fisches wird sehr geschätzt.

in den Süßwassergewässern Indiens beheimatete Kletterbarsch (*Anabas scandens*) *besitzt einen ganz besonderen Apparat, der es ihm ermöglicht, das Wasser zu verlassen und eine beträchtliche Zeit auf trockenem Boden zu verbringen.* Dieser besteht aus einem merkwürdig gefalteten Stück dünnen Knochens auf jeder Seite des Kopfes in der Nähe der Kiemen, in dessen Hohlräumen sich viel Wasser befindet; Dies hält die Kiemen feucht, während sich der Fisch außerhalb des Wassers befindet, und ermöglicht ihm so das Atmen der Luft. Es wird gesagt, dass dieser Fisch seine einzigartige Fähigkeit nutzt, das Wasser zu verlassen, um auf Bäume zu klettern, obwohl völlig unbekannt ist, welchen Gewinn er sich dadurch verspricht. Seine Kletterfähigkeit wurde von einigen Naturforschern bestritten, aber Daldorf sagt, er habe einmal einen Vogel gefangen, der auf dem Stamm einer Palme auf eine Höhe von sechs Fuß geklettert war und dabei war, noch höher zu steigen.

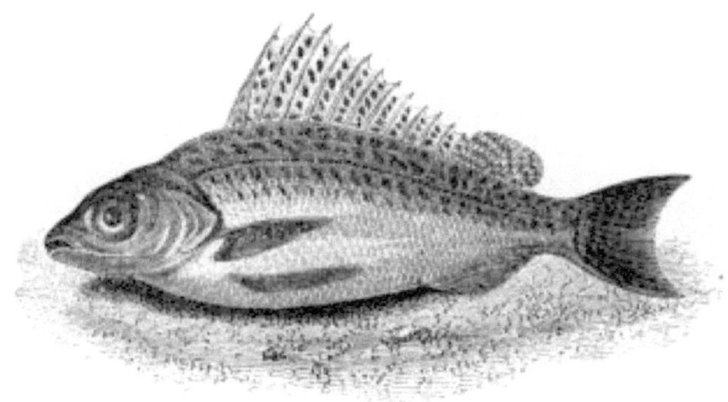

DER PAPST ODER RUFFE. (*Acerina cernua.*)

DER PAPST ähnelt stark einem kleinen Barsch, hat aber eine seltsam geformte einzelne Rückenflosse: Die Farbe des Rückens ist düster olivgrün; die Seiten sind hellbraungrün und kupferfarben; und kleine braune Flecken sind über die Rückenflosse, den Rücken und den Schwanz verteilt. Die Brust-, Bauch- und Afterflossen sind hellbraun. Dieser Fisch ist selten länger als 15 cm; aber er ist fast so gut wie ein gleichgroßer Barsch, dem er sowohl in seinen Aufenthaltsorten als auch in seinen Gewohnheiten ähnelt; Es laicht im April und ernährt sich von kleinen Jungfischen, Würmern oder Wasserinsekten.

Cuvier schreibt die erste Entdeckung dieses Fisches einem Engländer namens Caius zu, der ihn im Fluss Yare in der Nähe von Norwich fand und ihn Aspredo nannte, eine Übersetzung unseres Namens Ruffe (rau), was gut ist wegen der rauen Haptik seiner gezähnten Schuppen angewendet.

DER KARPFEN (*Cyprinus carpio*)

IST berühmt für die Süße seines Fleisches, wenn es mittelgroß ist, d. h. wenn es etwa zwölf bis fünfzehn Zoll lang ist und etwa drei Pfund wiegt. Die Schuppen sind groß und haben einen goldenen Glanz auf dunkelgrünem Grund. Diese Fische werden manchmal drei bis vier Fuß lang und enthalten eine große Menge Fett. Der weiche Rogen des Karpfens gilt unter Genießern als große Delikatesse. In den Kanälen von Chantilly, dem ehemaligen Sitz des Prinzen von Condé, werden seit über hundert Jahren Karpfen gehalten. Die meisten von ihnen wirken im Alter grau und so zahm, dass sie auf ihren Namen antworteten, wenn der Tierpfleger sie dazu aufrief gefüttert. Dieser Fisch hat nur große Backenzähne, die sich im hinteren Teil des Kopfes oder der Kehle befinden, und eine breite Zunge; Der Schwanz ist weit ausgebreitet, ebenso wie die Flossen, die zu einer rötlichen Färbung neigen. Karpfen, die in Flüssen und Bächen leben, werden für den Tisch bevorzugt, da Karpfen, die in Tümpeln und Teichen leben, im Allgemeinen einen schlammigen und unangenehmen Geschmack haben. Obwohl sie im Allgemeinen so schlau sind, dass sie als Flussfüchse bezeichnet werden, lassen sie sich zur Laichzeit dennoch kitzeln und fangen, ohne einen Fluchtversuch zu unternehmen. Man sagt, dass Karpfen vor etwa dreihundert Jahren erstmals nach England gebracht wurden. Sie sind sehr zäh im Leben, und in den Gasthöfen in Holland werden sie oft einen Monat oder sechs Wochen lang am Leben gehalten, indem sie mit Brot und Milch gefüttert und in einem Netz auf nasses Moos gelegt werden, das an einem luftigen Ort von der Decke hängt . Das Moos wird feucht gehalten und die Fische werden zweimal täglich mit Wasser übergossen.

Karpfen gilt seit jeher als Delikatesse für den Tisch, besonders wenn er in Portwein gedünstet wird; und es scheint, dass dieser Grund lange Zeit hoch geschätzt wurde, wie wir anhand der Geheimausgaben Heinrichs VIII. erfahren haben, dass der steile König Karpfen überaus gern hatte.

DIE SCHLEIE (*Cyprinus tinca*)

WIE der Karpfen ist er bemerkenswert zäh im Leben. Sein Körper ist dick und kurz und überschreitet selten die Länge von 30 cm oder das Gewicht von vier Pfund. Die Augen sind rot; die Rücken-, Rücken- und Bauchflossen sind dunkel; Kopf, Seiten und Bauch von grünlicher Farbe, gemischt mit

Gold; und der Schwanz sehr breit. Die Schleie erfreut sich an stillem Wasser, an den schlammigen Teilen von Teichen, wo sie am sichersten vor dem gefräßigen Geschwafel und den heftigen Angriffen des tyrannischen Hechtes und vor den Angelhaken des Anglers ist; Hier lebt es fast bewegungslos und lauert unter Fahnen, Schilf und Unkraut. Dieses inaktive Leben hat es einigen Individuen dieser Art ermöglicht, eine außergewöhnliche Masse zu erreichen. Wir haben als gut bestätigte Tatsache gelesen, dass im nördlichen Teil Englands in einem Gewässer, das lange Zeit vernachlässigt worden war, zweihundert Schleien und ebenso viele Barsche mit Holz, Steinen und Müll gefüllt waren gute Größe gefunden; und insbesondere dieser eine Fisch, der in einer Ecke eingesperrt zu sein schien, hatte nicht nur alle anderen an Größe übertroffen, sondern hatte auch die Form des Lochs angenommen, in das er versehentlich eingesperrt worden war. Der Körper hatte die Form eines Halbmondes und passte sich in der Konvexität seiner Umrisse der Konkavität des Kerkers an, in dem dieser unschuldige Leidende mehrere Jahre lang eingekerkert war; es wog elf Pfund.

DER GOLDFISCH ODER GOLDKARPF

(*Cyprinus auratus*)

WURDE ursprünglich aus China mitgebracht und erstmals 1661 in England eingeführt, ist aber mittlerweile weit verbreitet und brütet in Teichen genauso häufig wie der Karpfen. Die durchschnittliche Größe beträgt etwa fünf Zoll und überschreitet kaum siebeneinhalb. Goldfische werden in China sehr geschätzt und in den Ziergewässern unseres eigenen Landes häufig eingeführt. Nichts ist schöner, als sie im transparenten Kristall gleiten und spielen zu sehen, während ihre breiten und glitzernden Schuppen die Sonnenstrahlen reflektieren. Sie werden oft im kleinen Umkreis einer Glasschüssel gehalten, wo sie zahm und fügsam werden und nach kurzer Zeit ihre Fresser zu erkennen scheinen.

Die kleinsten Fische werden bevorzugt, nicht nur weil sie die schönsten sind, sondern auch weil eine größere Anzahl von ihnen in einem kleinen Umkreis gehalten werden kann. Diese haben eine schöne orangerote Farbe und sehen aus, als wären sie mit Goldstaub bestreut. Einige sind jedoch weiß wie Silber; und andere weiß, rot gefleckt.

Wenn Goldfische in Teichen gehalten werden, wird ihnen oft beigebracht, beim Klang einer Glocke an die Wasseroberfläche zu steigen, um gefüttert zu werden.

DER GRÜNDER (*Cyprinus gobio*)

EIN BEKANNTER Süßwasserfisch, der im Allgemeinen in sanften Bächen und auf kiesigem Untergrund vorkommt. Die durchschnittliche Länge dieses Fisches liegt zwischen 15 und 20 Zoll und sein Gewicht zwischen 6 und 80 Gramm. Der Rücken ist braun, der Bauch weiß und die Seiten rot gefärbt; der Schwanz ist gegabelt. Es ist mit schwarzen Flecken sowohl am Körper als auch am Schwanz verziert. Gründlinge laichen früh im Sommer und ernähren sich von Würmern und Wasserinsekten. Ihr Fleisch ist weiß, von ausgezeichnetem Geschmack und leicht verdaulich. In den Monaten September und Oktober werden diese Fische in den Flüssen einiger Teile des Kontinents in großer Menge gefangen; und die Märkte sind gut damit versorgt. Sie sind in der Themse keine Seltenheit, wo man häufig Menschen beobachten kann, die sie von Kähnen aus angeln. Da diese Fische sehr eifrig beißen, werden auf diese Weise oft große Mengen gefangen. Sie werden auch in Netzen sowie mit Haken und Leinen gefangen.

DER DÖBEL (*Cyprinus cephalus*)

IST grober Natur und voller Knochen; es übersteigt selten das Gewicht von fünf Pfund. Der Körper ist länglich, fast rund; Der große Kopf und der Rücken sind von tiefem Dunkelgrün; die Seiten silbrig und der Bauch weiß; die Brustflossen sind blassgelb, die Bauch- und Afterflossen rot; und der Schwanz ist braun, am Ende blau gefärbt und leicht gegabelt. Dieser Fisch hält sich häufig in tiefen Flusslöchern auf, aber im Sommer, wenn die Sonne scheint, steigt er an die Oberfläche und liegt ruhig im Schatten der Bäume, die ihr Laub an den grünen Ufern ausbreiten; Doch obwohl es scheinbar im Schlaf versinkt, lässt es sich leicht aufwecken und sinkt, zumindest aus Angst, schnell auf den Grund. Obwohl er ein Fisch mit Ledermaul ist, nimmt er jede Art von Nahrung auf, auch kleine Fische, genau wie eine Forelle, obwohl er nicht so gefräßig ist. Im März und April kann dieser Fisch mit großen roten Würmern gefangen werden; im Juni und Juli mit Fliegen, Schnecken und Kirschen; im August und September mit im Mörser zerstoßenem Käse, gemischt mit Safran und Butter. Wenn der Döbel einen Köder ergreift, beißt er so eifrig zu, dass man oft hört, wie seine Kiefer wie die eines Hundes hacken. Es bricht jedoch selten seinen Halt und ist, wenn es einmal getroffen wird, bald müde.

DIE BARBE. (*Cyprinus Barbus.*)

DIE BARBE unterscheidet sich leicht von den anderen Karpfen durch die vier Widerhaken oder Kehllappen an ihrem Maul. Sein Oberkiefer ist deutlich über den Unterkiefer hinaus verlängert. Der Lea, die Themse und verschiedene andere Flüsse in der Umgebung von London sind reich an diesem Fisch, der dem Angler einen hervorragenden Sport bietet. „Im Sommer", sagt Mr. Gorrell, „bevölkert dieser Fisch in Schwärmen die krautigen Teile des Flusses; aber sobald das Unkraut im Herbst zu faulen beginnt, sucht es das tiefere Wasser auf und versteckt sich in der Nähe von Pfählen, Schleusen und Brücken, die es bis zum nächsten Frühling häufig aufsucht." Manchmal wird festgestellt, dass er zwischen 15 und 18 Pfund wiegt und einen Meter lang ist, aber normalerweise beträgt die Länge 12 bis 18 Zoll. Das Fleisch ist grob und geschmacklos und wird nicht geschätzt.

DER DACE (*Cyprinus leuciscus*)

ÄHNELT in seiner Form dem Döbel, ist jedoch kleiner und von hellerer Farbe; es ist gesellig und bemerkenswert produktiv. Es ist selten länger als zehn Zoll; Die Rückseite hat eine dunkle Farbe mit gelben und grünen Schattierungen und die Seiten haben einen silbrigen Schimmer.

Dace laichen im März und haben etwa drei Wochen danach Saison. Sie verbessern sich und sind froh über Michaelis; aber im Februar sind sie am besten. Das Fleisch ist jedoch immer wollig und fade. Sie sind sehr lebhafte Tiere und können, wenn sie in Teichen gehalten werden, eine beträchtliche Zeit leben.

DIE Kakerlake (*Cyprinus rutilus*)

GEHÖRT ebenfalls zur Familie der Karpfen und zeichnet sich durch zahlreiche Nachkommen aus. Es ist ein tiefer, aber dünner Fisch, dessen Form ein wenig an die Brasse erinnert, der aber in der Breite und Form seiner großen, laubabwerfenden Schuppen dem Karpfen nahekommt. Die Festigkeit des Fleisches ist sprichwörtlich geworden und erfreut den Geschmack durch eine besondere Feinheit des Aromas. Die Bauchflossen sind wie die des Barsches von leuchtendem Purpurrot, und die Iris des Auges funkeln wie Rubine und Granate. Die Länge der Plötze beträgt üblicherweise zwischen neun und zehn Zoll, manchmal aber auch viel länger.

DER BLEAK (*Cyprinus alburnus*)

IST nahezu mit der Plötze verwandt. Es handelt sich um einen kleinen glitzernden Fisch, den die meisten Menschen dadurch kennen, dass er an warmen Sommerabenden auf der Flussoberfläche auf der Jagd nach Fliegen, Brotkrumen usw. herumspielt. Die Schuppen werden bei der Herstellung künstlicher Perlen verwendet.

DIE BRASSE (*Cyprinus Brama*)

IST ein Plattfisch, der dem Karpfen in einigen Punkten nicht unähnlich ist, aber im Verhältnis zu seiner Länge und Dicke viel breiter ist. Sein Kopf ist gestutzt, der Oberkiefer etwas vorspringend; die Stirn ist bläulich schwarz; Wangen gelblich; Körper oliv, unten blasser; Flossen undeutlich, mit einem länglichen konischen Fortsatz an der Basis der Bauchflossen; neunundzwanzig Strahlen in der Afterflosse; seine größte Länge beträgt etwa zwei Fuß. Die Schuppen sind groß und von leuchtender Farbe; Der Schwanz hat die Form eines Halbmondes. Es kommt häufig in den tiefsten Teilen von Flüssen, Seen und Teichen vor. Diese Fische laichen im Mai und verkriechen sich zu dieser Zeit so sorgfältig im Schlamm am Grund des Wassers, dass sie selten mit weichem oder hartem Rogen darin anzutreffen sind, weshalb der Name in einigen Ländern häufig zur Bezeichnung von Unfruchtbarkeit verwendet wird. Das Fleisch ist nicht mit dem des Karpfens vergleichbar.

Die Weißbrasse wiegt nie mehr als ein Pfund und ist daher viel kleiner als die Gemeine oder Karpfenbrasse, die häufig sieben bis acht Pfund wiegt.

In einigen Seen Irlands werden große Mengen Brassen gefangen, von denen viele sehr groß sind und manchmal bis zu zwölf oder sogar vierzehn Pfund pro Stück wiegen. Ein zum Angeln günstig gelegener Ort wird regelmäßig zehn Tage oder zwei Wochen lang mit Getreide oder anderen groben Nahrungsmitteln beködert, woraufhin man in der Regel großen Sport treibt. Die Gruppe fängt oft mehrere Zentner, die an die Armen der Umgebung verteilt werden, die sie sorgfältig zerteilen und trocknen, um sie zusammen mit ihren Kartoffeln zu essen.

DIE MINNOW. (*Cyprinus phoxinus.*)

DER Körper der Elritze ist schwarzgrün mit blauen und gelben Schattierungen; der Bauch silbrig; Schuppen klein; zehn Strahlen in der Bauch-, After- und Rückenflosse; Der Schwanz ist gegabelt und nahe der Basis mit einem dunklen Fleck markiert. Seine Länge beträgt etwa drei Zoll.

Dieser schöne und bekannte Fisch lebt gesellig und kommt in vielen Teilen Europas häufig in klaren, kiesigen Bächen und Bächen vor. In Großbritannien erscheint es im März und ist nach Oktober selten zu sehen. Die Laichzeit findet im Juni statt und man findet sie tatsächlich den größten Teil des Sommers im Rogen. Es lässt sich leicht zähmen und kann in Gefangenschaft lernen, Fliegen oder Fleischfäden aus der Hand zu pflücken.

Das Fleisch der Elritze ist äußerst empfindlich, aber der Fisch ist so klein, dass für die Zubereitung eines Gerichts eine große Anzahl erforderlich wäre, weshalb er selten als menschliche Nahrung verwendet wird. Sein Hauptwert besteht darin, als Köder für den Fang anderer Fische zu dienen. In einigen Teilen Englands ist es so reichlich vorhanden, dass es manchmal als Dünger verwendet wird.

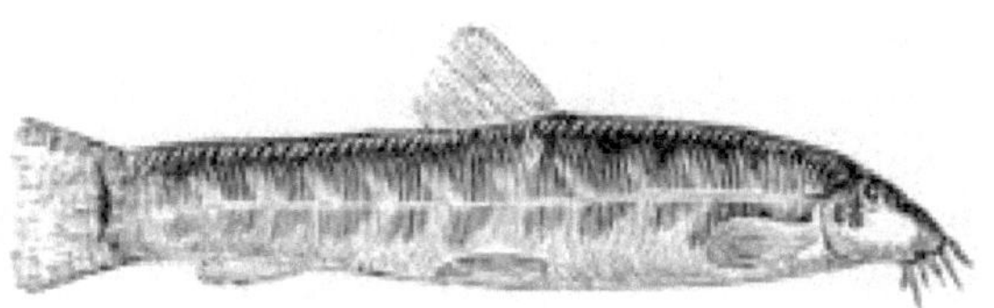

Die Schmerle (*Cobitis barbatula*)

DER ebenfalls zur Familie der Karpfen gehörende Fisch ist ein kleiner Fisch mit sechs Widerhaken am Maul. Es bewohnt kleine, kiesige Bäche und liegt am Grund zwischen den Steinen; Es lässt sich leicht mit einem kleinen Wurm fangen.

Er gilt als äußerst wohlschmeckender Fisch, obwohl er aufgrund seiner geringen Größe und der Schwierigkeit, eine ausreichende Menge zu fangen, selten auf den Tisch kommt. Die Schmerle reagiert sehr empfindlich auf atmosphärische Veränderungen, was sie durch ihre unruhigen Bewegungen zeigt. Manchmal wurden sie in Glasgefäßen am Leben gehalten und zeigten in diesem Zustand das Herannahen von Stürmen fast mit der Genauigkeit eines Barometers an.

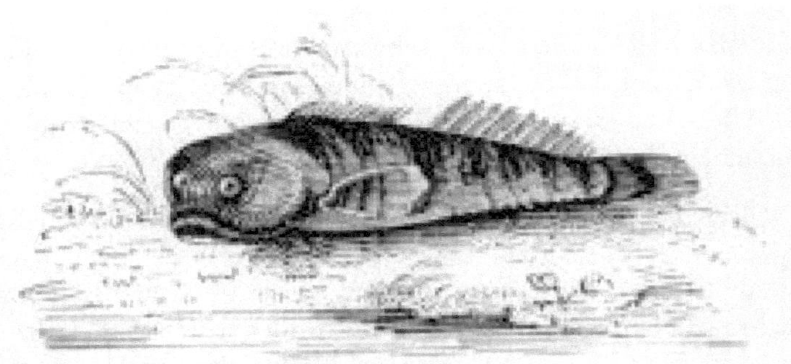

Der Stierkopf oder Millers Daumen

(*Cottus gobio*)

KOMMT in den meisten Teilen Europas in klaren Bächen und Flüssen vor. Es ist zwischen vier und fünf Zoll lang; der Kopf ist im Verhältnis zum Körper groß, breit und niedergedrückt; Die Kiemenflossen sind rund und schön eingekerbt. Der Mund ist groß und voller kleiner Zähne; Die allgemeine Körperfarbe ist dunkelbraunschwarz. Dieser Fisch ist bemerkenswert dumm und kann auch vom unerfahrensten Angler problemlos gefangen werden, selbst mit einer gebogenen Angel und einem groben Faden. Seine Verstecke liegen zwischen losen Steinen, unter denen er sich dank der eigentümlichen abgeflachten Form seines Kopfes hindurchschleichen kann. Sein volkstümlicher Name scheint sich aus der Ähnlichkeit des Fischkopfes mit der Form eines Müllerdaumens ergeben zu haben, dessen eigentümliche Gestalt durch seine Art, Mehlproben zu testen, entsteht.

Der Stichling (*Gastuostius aculiatus*)

IST einer unserer kleinsten Fische und scheint in Süß- und Salzwasser gleichgültig zu leben. Er kommt in jedem Teich außerordentlich häufig vor und kann leicht gefangen werden, entweder mit einem Handkescher oder durch Angeln mit einem kleinen Wurm, der an das Ende eines Stücks Baumwolle gebunden ist; er beißt darauf so kühn zu, dass er ohne die Hilfe eines Hakens aus dem Wasser gezogen werden kann. Seinen Namen Stichling verdankt er, weil er anstelle einer Flosse dünne Stacheln auf dem Rücken hat; Die Seiten seines Körpers sind mit dünnen Knochenplatten bedeckt und seine Bauchflossen bestehen aus einzelnen, starken und scharfen Stacheln, die eine beeindruckende Angriffswaffe darstellen.

Obwohl der Stichling so häufig vorkommt, ist er aufgrund der Einzigartigkeit seiner Gewohnheiten in der Brutzeit einer der interessantesten Fische. Anstatt seine Eier im Sand oder Schlamm abzulegen und sie sich selbst zu überlassen, baut der Stichling ein merkwürdiges Nest aus Fragmenten pflanzlicher Materie und verteidigt dieses tapfer gegen alle Eindringlinge, bis die Jungen schlüpfen. Die elterliche Fürsorge hört nicht auf, bis die jungen Stichlinge zu groß geworden sind, um noch kontrolliert zu werden. Ein merkwürdiges Merkmal des Geschäfts ist, dass es der Mann ist, der sich all diese Mühe macht; Er baut das Nest, setzt sich zu seiner Verteidigung jeder Gefahr aus und wacht ängstlich über die Launen seiner jungen Nachkommen, da das Weibchen nichts anderes tun muss, als seine Eier in das bereits vorbereitete Nest zu legen.

Der Stichling ist ein äußerst kampflustiger Fisch. Die Männchen kämpfen erbittert miteinander, und die Farben ihrer Körper werden viel leuchtender, wenn sie so beschäftigt sind, als zu jeder anderen Zeit.

Der Zitteraal. (*Gymnotus Electricus*.)

DIESER sehr bemerkenswerte Fisch ist etwa fünf bis sechs Fuß lang und hat an der dicksten Stelle des Körpers einen Umfang von zwölf Zoll. Der Kopf ist breit, flach und groß; der Mund weit und ohne Zähne; das Podium stumpf und gerundet; die Augen sind klein und von bläulicher Farbe; Der Rücken ist dunkelbraun, die Seiten grau und der Bauch schmuddelig weiß. Über den gesamten Körper verteilt befinden sich mehrere ringförmige Abschnitte bzw. Rippen in der Haut, die dem Fisch die Möglichkeit geben, sich nach Belieben zusammenzuziehen oder zu weiten. Es gibt keine Rückenflosse, und wie bei allen Aalen fehlen auch die Bauchflossen. Es kann sowohl rückwärts als auch vorwärts schwimmen.

Herr Bryant erwähnt ein Beispiel, bei dem der Schock eines dieser Fische durch eine beträchtliche Holzdicke zu spüren war. Als er eines Morgens dabeistand, wie ein Diener einen Bottich ausleerte, in dem sich ein Zitteraal befand, hatte er ihn ganz vom Boden gehoben und war gerade dabei, das Wasser abzugießen, um ihn zu erneuern, als er einen solchen Schlag bekam so heftig, dass er die Wanne fallen ließ. Dann rief er eine andere Person zu

Hilfe, und sie hoben gemeinsam die Wanne hoch, wobei sich jeder nur an der Außenseite festhielt. Als sie den Rest des Wassers abschütteten, bekamen sie einen so heftigen Schock, dass sie gezwungen waren, damit aufzuhören.

Personen wurden durch einen Schlaganfall niedergeschlagen. Nachdem einer dieser Fische aus einem Netz genommen und ins Gras gelegt worden war, bestand ein englischer Seemann trotz aller Überredungen, die ihn daran hinderten, darauf, ihn aufzuheben. aber kaum hatte er es gepackt, fiel er erschrocken zu Boden; seine Augen waren starr, sein Gesicht wurde bläulich, und es war nicht ohne Schwierigkeiten, dass seine Sinne wiederhergestellt wurden. Er sagte, in dem Moment, als er es berührte, „lief die Kälte schnell seinen Arm hinauf in seinen Körper und durchbohrte ihn bis ins Herz.“

Humboldt erzählt uns, dass die Indianer, wenn sie diese Aale fangen wollten, einige wilde Pferde durch die Teiche trieben, in denen die Fische leben; und dass, wenn die Aale ihre elektrische Kraft auf die Pferde erschöpft haben, die Indianer sie ohne Schwierigkeiten erobern. Er erzählt einen Fall, in dem er sagt, dass die Pferde, betäubt von den Stößen, die sie erlitten hatten, unter Wasser sanken, aber die meisten von ihnen stiegen wieder auf und erreichten das Ufer, wo sie ausgestreckt auf dem Boden lagen, anscheinend völlig erschöpft und ohne Kraft So sehr waren sie betäubt und benommen, weil sie sich nicht mehr bewegen konnten. Nach etwa einer Viertelstunde schienen die Aale jedoch erschöpft zu sein und flohen vor ihnen, anstatt frische Pferde anzugreifen, die in den Teich getrieben wurden. Dann gingen die Indianer ins Wasser und fingen so viele Fische, wie sie wollten. [B]

[B] Sehen Sie einen sehr anschaulichen Bericht über den Fang dieses Fisches in Humboldts „Ansichten der Natur“, Seite 16 (*Bohns Ausgabe*).

Dieser einzigartige Fisch kommt nur in Südamerika vor, wo man ihn nur in stehenden Tümpeln in großer Entfernung vom Meer findet.

DER AAL. (*Anguilla vulgaris.*)

DER AAL ähnelt in seiner Form einer Schlange, obwohl keine zwei Tiere in jeder anderen Hinsicht unterschiedlicher sein können. Aale sind Süßwasserfische; Da sie aber sehr anfällig für Kälte sind, gehen diejenigen, die in Flüssen leben, jeden Herbst zum Meer hinab, das immer wärmer als ein Fluss ist, und kehren im Frühling zurück. Man sagt, dass sie auch im Meer laichen, und im Frühjahr sieht man eine große Anzahl junger Aale beim Aufstieg in Gezeitenflüsse. Herr Edward Jesse sagt in seiner Ausgabe von „Walton's Angler": „Eine Kolonne von ihnen wurde etwa Mitte Mai in der Themse von Somerset House bis Oxford aufgespürt, und ich habe ihr Vordringen mit großem Interesse verfolgt." Kein Hindernis hält sie auf. Sie halten sich so weit wie möglich dicht an der Küste auf, und wenn sie an Wasserläufen, offenen Gräben und Bächen usw. vorbeikommen, verlassen einige von ihnen die Kolonne und betreten diese Orte, an denen sie schließlich zu Teichen, kleineren Flüssen usw. gelangen. Der Wanderinstinkt dieser kleinen Aale ist so stark, dass sie, als ich einige davon in einem Eimer nahm und sie in einiger Entfernung von der Kolonne in den Fluss zurückbrachte, sofort wieder zu ihm zurückkehrten, ohne dass es zu einer Abweichung nach rechts oder links kam. Am Ufer der Themse wird die Passage *Eel-fare genannt* . Zwei Beobachter, die ihre Fortschritte in Kingston beobachteten, berechneten, dass zwischen 16 und 1800 Menschen eine bestimmte Linie pro Minute passierten. Rennie sah (am 13. Mai) eine Kolonne junger Aale von einheitlicher Größe, etwa so dick wie ein Krähenkiel und drei Zoll lang, die in fast militärischer Ordnung zum Fluss Clyde zurückkehrten und sich in parallelen Reihen von etwa sechs befanden Zoll. Er verfolgte es mehrere Stunden lang, ohne irgendeine Verminderung zu bemerken." Teichbewohner suchen das tiefe Wasser als Winterquartier und vergraben sich manchmal im Schlamm am Grund. Sie sind sehr zäh und können lange Zeit außerhalb des Wassers leben; Manchmal findet man sie sogar im Gras, wenn sie von einem Teich zum anderen wandern, angeblich auf der Suche nach Nahrung.

Sie sind gefräßige Fresser und fressen Frösche, Schnecken und andere Weichtiere, Würmer, Fischbrut und die Larven verschiedener Insekten sowie Gräser und Wasserunkräuter. Herr Jesse gibt an, dass er von ihnen gekannt hat, dass sie junge Enten und sogar Wasserratten gefressen haben.

Der Aal wird auf viele verschiedene Arten gefangen. Da es tagsüber selten regt, ist es am besten, Nachtlinien einzurichten. Die am häufigsten verwendeten Köder sind Lappenwürmer, Schmerlen, Elritzen, kleine Barsche mit abgeschnittenen Flossen oder kleine Fischstücke; Aber die Gefräßigkeit dieses Tieres ist so groß, dass es fast jeden Köder annimmt.

Das Aufspießen auf Aale ist eine sehr häufig angewandte Methode im Winter, wenn Aale sich in einem Zustand der Erstarrung in den schlammigen Ufern von Bächen und Teichen festsetzen. Aalspeere haben normalerweise sechs oder sieben Zinken und lange Griffe. Der Vorgang besteht lediglich darin, sie an geeigneten Stellen in den Schlamm zu tauchen und wieder herauszuziehen.

Es scheint keinen Grund zu der Annahme zu geben, dass Aale lebendgebärend sind, wie es häufig der Fall ist; Manchmal wurden parasitäre Würmer mit den Jungtieren verwechselt.

Der Gemeine Aal wiegt oft mehr als 20 Pfund. Das Fleisch ist zart, weich und nahrhaft, verträgt aber nicht alle Mägen.

Der Meeraal (*Conger vulgaris*)

IST sehr groß und dick. Sein Körper ist oben dunkel und unten silbrig; die Rücken- und Afterflossen sind schwarz umrandet; und die Seitenlinie ist weiß gepunktet. Sein Fleisch ist fest und wurde von den Alten sehr geschätzt. Es wird immer noch von den ärmeren Schichten gegessen, vor allem in Küstenstädten, aber heutzutage würden die meisten Menschen es als grob und geschmacklos empfinden.

Die Gefräßigkeit des Meeraals ist sehr groß und er ist einer der mächtigsten Feinde, mit denen die Fischer der britischen Inseln zu kämpfen haben. Da er normalerweise mit einem Haken und einer Leine gefangen wird, erfordert er etwas Vorsicht, um die großen Tiere gefahrlos zu landen und zu töten. Wir wissen, dass sie sich bei solchen Gelegenheiten um die Beine eines Fischers schlingen und mit äußerster Wut kämpfen. Sie sind fast unglaublich stark und ausdauernd im Leben. Wenn sie an der Leine hochgezogen und in einem

Boot gelandet werden, machen sie ein lautes, heiseres, kratzendes Geräusch, das fast an das wütende Knurren eines Hundes erinnert und den Hobbyfischer oft in Angst und Schrecken versetzt. Wenn man sie nicht mit großer Vorsicht anfasst, beißen sie am heftigsten. Es wird sogar gesagt, dass Männer gelegentlich dadurch dauerhaft verstümmelt wurden. Im April 1808 wurde in Yarmouth im Wash ein sechs Fuß langer Meeraal gefangen, allerdings nicht ohne heftigen Kampf mit dem Mann, der ihn gefangen hatte. Das Tier soll halb aufgerichtet aufgestanden sein und den Fischer tatsächlich zu Boden geworfen haben, bevor er es festhalten konnte. Dieser Conger wog nur etwa sechzig Pfund, aber einige der größten übertrafen sogar einen Zentner.

Buch IV.

REPTILIEN.

§ 1. *Schlangen oder Ophidian-Reptilien.*

SCHLANGEN.

SCHLANGEN.

SCHLANGEN zeichnen sich durch einen länglichen Körper aus, der mit Schuppen bekleidet und ohne Gliedmaßen, aber mit einem Schwanz ausgestattet ist. Sie bewegen sich durch seitliche Wellenbewegungen des Körpers; und auf diese Weise gleiten sie mit gleicher Leichtigkeit über den kahlen Boden, durch verfilztes Dickicht oder Wasser und die Baumstämme hinauf. Sie besitzen die Fähigkeit, über einen längeren Zeitraum zu fasten, und wenn sie fressen, verschlingen sie ihre Beute stets im Ganzen, was ihnen durch ihre Fähigkeit, ihren Körper auf eine enorme Größe auszudehnen, ermöglicht wird. Diese Kraft ist so stark ausgeprägt, dass eine Boa Constrictor einen Ochsen im Ganzen verschlucken kann, ohne dabei andere Unannehmlichkeiten zu erleiden, als während der Verdauung in einem Zustand der Erstarrung zu liegen. Schlangen rollen sich im Ruhezustand im Allgemeinen zusammen, wobei der Kopf in der Mitte liegt. und wenn sie gestört werden, heben sie den Kopf, bevor sie den Körper entfalten. Die Schlange wird oft zum Thema der Poesie gemacht; und da es sich um die Form handelte, die der Erzfeind annahm, um Eva zu verführen, wird sie allgemein als Sinnbild für Unterstellung und Schmeichelei angesehen:

„—— —— —— —— auf seinem Rücken
eine kreisförmige Basis aus aufsteigenden Falten, die
Falte über Falte auftürmten, ein überraschendes Labyrinth, sein Kopf
war in die Höhe gereckt und seine Augen waren karfunkelnd.
Mit brüniertem Hals aus grünem Gold, aufrecht inmitten seiner kreisenden

Türme, die
überflüssig im Gras schwebten;
Ansprechend war seine Gestalt
und lieblich... Oft verneigte er sich kriecherisch vor
seinem Turmkamm und seinem glatten, emaillierten Hals
und leckte den Boden, auf den sie trat."
PARADIES VERLOREN.

Die Alten erwiesen den Schlangen große Ehre und nannten sie manchmal gute Genien: Sie besuchten Gräber und Begräbnisstätten und wurden wie die Schutzgötter dieser Orte angesprochen. Im fünften Buch der Æneis lesen wir, dass eine Schlange dieser Art auftauchte, als der trojanische Held dem Geist seines Vaters opferte:

„——— ——— und aus dem Grab begann
seine riesige Gestalt auf sieben hohen Bänden zu gleiten;
Blau war so breit wie sein Rücken und mit schuppigen goldenen Streifen durchzogen.
So auf seinen Locken reitend, schien er an
einem rollenden Feuer vorbeizufahren und das Gras zu versengen;
Mehr verschiedene Farben strömen durch seinen Körper
als Iris, wenn ihr Bogen die Sonne aufnimmt.
Zwischen den aufsteigenden Altären und ringsherum
schoss das heilige Ungeheuer über den Boden;
Mit harmlosem Spiel zwischen den Schalen ging er vorbei,
und mit seiner heraushängenden Zunge prüfte er den Geschmack:
So mit heiliger Speise genährt, zog sich der wundersame Gast
in das hohle Grab zurück, um auszuruhen."
DRYDEN.

Dieses Tier wurde zu der Ehre erhoben, ein Sinnbild der Klugheit und sogar der Ewigkeit zu sein; und wird in ägyptischen Hieroglyphen oft als letzterer dargestellt, der sich in den Schwanz beißt, um einen Kreis zu bilden. Schlangen gibt es in Afrika sehr zahlreich; und Lucan gibt uns in seiner „Pharsalia" einen sehr außergewöhnlichen Bericht über die verschiedenen Arten, den er offenbar teils von antiken griechischen Autoren, teils aus tatsächlichen Überlieferungen übernommen hat. Er sagt:

„Warum Seuchen wie diese die Luft Libyens infizieren;
Warum unbekannte Todesfälle in verschiedenen Formen auftreten;
Warum das verfluchte Land, fruchtbar zur Zerstörung,
durch die geheime Hand der Natur auf diese Weise gemildert wird;
Dunkel und dunkel bleibt die verborgene Ursache
und täuscht immer noch die Schmerzen des eitlen Forschers."
ROWES „LUCAN."

Schlangen unterscheiden sich sehr in ihrer Größe. Auf der Insel Java sind
Schlangen zu finden, die 15 Meter lang sind. Im Britischen Museum gibt es
eine Schlangenhaut, die 9 Meter lang ist.

Die Viper oder Kreuzotter (*Vipera berus*)

IST eine giftige Schlangenart, die selten länger als zwei oder drei Fuß wird
und eine stumpfe gelblich-braune Farbe mit schwarzen Flecken hat. Der
Hinterleib ist ganz schwarz. Der Kopf hat fast die Form einer Raute und ist
viel dicker als der Körper. Die Viper ist lebendgebärend. Es ist jedoch
sichergestellt, dass die Eier gebildet werden, obwohl sie im Körper der
Mutter ausgebrütet werden.

Reverend Mr. White aus Selborne überraschte in Begleitung eines Freundes
eine große Viperweibchen, die im Gras lag und sich in der Sonne sonnte, die
sehr schwer und aufgedunsen wirkte. Da Vipern so giftig sind, dass sie
vernichtet werden sollten, töteten sie sie; Als sie danach neugierig waren, was
sie so groß machte, öffneten sie sie und fanden in ihrem Bauch fünfzehn
junge Würmer, etwa so groß wie ausgewachsene Regenwürmer. Dieser kleine
Junge kam mit dem wahren Viper-Geist auf die Welt und zeigte große
Wachsamkeit, sobald er sich vom Körper seines Elternteils löste. Sie wanden
und schlängelten sich, richteten sich auf und klafften ganz weit auf, wenn sie
mit einem Stock berührt wurden; Sie zeigten deutliche Zeichen der
Bedrohung und des Trotzes, auch wenn bisher noch keine Reißzähne
entdeckt werden konnten, nicht einmal mit Hilfe einer Brille.

Vipern erreichen ihr volles Wachstum in sieben Jahren; Sie ernähren sich von Fröschen, Kröten, Eidechsen und anderen Tieren dieser Art, und es wird sogar behauptet, dass sie Mäuse und kleine Vögel fangen, die sie offenbar sehr mögen. Sie werfen jedes Jahr ihre Haut ab. Die beiden Vorderzähne im Oberkiefer der Viper sind mit einer kleinen Blase ausgestattet, die Gift enthält. Es besteht kein Zweifel, aber dieses Gift, das offenbar von der Vorsehung in den Rachen der Viper und anderer Schlangen eingebracht wurde, um sich an ihren Feinden zu rächen, ist für das Tier selbst so harmlos, dass es, wenn es von ihm verschluckt wird, es nur verschluckt dient der Beschleunigung der Verdauung. Diese giftigen Zähne oder Reißzähne stehen einzeln auf einem kleinen beweglichen Knochen; Diese Anordnung ermöglicht es dem Geschöpf, seine furchteinflößenden Waffen in den Mund zu klappen und sie sofort wieder aufzurichten, wenn es Gelegenheit hat, von ihnen Gebrauch zu machen. Die Viper ist sehr geduldig gegenüber Hunger und kann ohne Nahrung länger als sechs Monate gehalten werden. In der Gefangenschaft verweigert es jegliche Nahrung, und die Schärfe seines Giftes nimmt proportional ab; in der Freiheit bleibt es den ganzen Winter über träge; Dennoch ist nie beobachtet worden, dass es, wenn es eingesperrt ist, seine jährliche Ruhe einnimmt.

Die Viper ist in vielen Teilen dieser Insel beheimatet, vor allem in den trockenen und kalkhaltigen Gebieten. Sein Fleisch wurde früher für Brühen verwendet und war in der Medizin sehr geschätzt, insbesondere zur Wiederherstellung geschwächter Konstitutionen. Es wurde auch als Kosmetikum verwendet, um den Teint aufzuhellen. Es ist wahrscheinlich darauf zurückzuführen, dass die Antike dieses Tier in der Medizin verwendete, weshalb Äskulap mit einer Schlange dargestellt wird. Das beste Mittel gegen den Biss der Viper besteht darin, die Wunde auszusaugen, was ohne Gefahr möglich ist, und sie anschließend mit süßem Öl einzureiben und mit Brot und Milch zu umwickeln.

DIE GEHÖRNTE VIPER. (*Cerastes Hasselquistii.* **)**

DIESE Viperart ist fast mit der Natter verwandt und hat auf jedem Augenlid eine spitze und feste Hornsubstanz, die aus zwei hervorstehenden Schuppen besteht: Ihr Körper ist von blassgelber oder gräulicher Farbe, mit entfernten subeiförmigen quer verlaufenden braunen Flecken; und die Länge beträgt zwischen einem und zwei Fuß.

Diese Art wird oft von den Alten erwähnt. Plinius sagt uns, dass „die Schlange Cerastes viele Male vier kleine Hörner hat, die doppelt abstehen; Mit ihrer Bewegung amüsiert sie die Vögel und trainiert sie, damit sie sie fangen kann, wobei sie den Rest ihres Körpers verbirgt.

Es kommt in den Sandwüsten Ägyptens und der Nachbarländer vor und gilt als die Natter, mit der Kleopatra der Schande entging, in die Gefangenschaft ihres römischen Eroberers zu geraten.

Die Klapperschlange (*Crotalus horridus*)

STAMMT aus der Neuen Welt, wird fünf bis sechs, manchmal bis zu acht Fuß lang und ist fast so dick wie ein Männerbein. Es ist der Viper nicht unähnlich, hat einen großen Kopf und einen kleinen Hals und verursacht eine sehr gefährliche Wunde. Über jedem Auge befindet sich eine große hängende Skala, deren Verwendung noch nicht geklärt ist; Der Körper ist schuppig und hart, bunt mit verschiedenen Farben. Das Hauptmerkmal dieser zu Recht gefürchteten Schlange ist die Rassel, eine Art Instrument, das der Zügelkette eines Zaumzeugs ähnelt, am Ende ihres Schwanzes; Es besteht aus dünnen, harten, hohlen Knochen, die miteinander verbunden sind und bei der geringsten Bewegung klappern. Wenn das Tier gestört wird, schüttelt es diese Rassel mit beträchtlichem Lärm und großer Geschwindigkeit und versetzt damit alle kleineren Tiere in Angst und Schrecken, die Angst vor dem zerstörerischen Gift haben, das diese Schlange mit ihrem Biss auf das verletzte Glied überträgt. Die Wunde, die die Klapperschlange durch die ungewöhnliche Schärfe und das schnelle Fließen des Giftes verursacht, beendet im Allgemeinen die Qual und das Leben des unglücklichen Opfers im Laufe von sechs bis sieben Stunden.

Eine Schlange dieser Art, die im Jahr 1810 in London in einer Menagerie ausländischer Tiere ausgestellt wurde, verwundete die Hand eines Zimmermanns, der ihren Käfig reparierte und seine Herrschaft anstrebte. Der Mann litt unter den schlimmsten Schmerzen und sein Leben konnte nicht gerettet werden, obwohl sofort medizinische Hilfe in Anspruch genommen wurde und alle Anstrengungen unternommen wurden, um die schreckliche Wirkung des Giftes zu verhindern. Der Besitzer wurde dazu verurteilt, eine Strafe für die von der Schlange verursachte Verletzung zu zahlen.

DIE HAJE ODER ÄGYPTISCHE ASP. (*Naja Haje.*)

DIE HAJE oder Ägyptische Natter ist zwischen drei und sechs Fuß lang; Es hat zwei Zähne, die länger als die anderen sind und durch die das Gift fließt. Der Körper ist mit kleinen runden Schuppen bedeckt und hat eine grünliche Farbe mit braunem Rand; sein Hals ist inflationsfähig. Indem die ägyptischen Gaukler diese Natter mit dem Finger auf den Nacken drücken, versetzen sie das Tier in eine Art Katalepsie, die es steif und unbeweglich macht; wenn sie sagen, dass sie es in eine Rute verwandelt haben. Die Angewohnheit dieser Art, sich bei Annäherung aufzurichten, veranlasste die alten Ägypter zu der Annahme, dass sie die Felder, auf denen sie gefunden wurde, bewachte; und es ist an den Toren ihrer Tempel als Symbol der schützenden Göttlichkeit der Welt angebracht.

DIE KAPUZENSCHLANGE, ODER COBRA DI CAPELLO, (
Naja tripudians)

Von den Indianern *Nagao* GENANNT , ist er 90 bis 240 cm lang und hat zwei lange Reißzähne im Oberkiefer. Es hat einen breiten Hals und einen dunkelbraunen Fleck auf der Stirn; das von vorne betrachtet wie eine Brille aussieht; aber hinten, wie der Kopf einer Katze. Die Augen sind wild und voller Feuer; Der Kopf ist klein und die Nase flach, obwohl mit sehr großen Schuppen von gelblicher Aschefarbe bedeckt. Die Haut ist weiß und der große Tumor am Hals ist flach und mit länglichen glatten Schuppen bedeckt. Diese Schlange ist bei den britischen Bewohnern Indiens äußerst gefürchtet, da sich ihr Biss bisher als unheilbar erwiesen hat und der Betroffene in der Regel innerhalb einer halben Stunde stirbt.

Zu dieser Art gehören die tanzenden Schlangen, die in Körben durch ganz Hindustan getragen werden und einer Gruppe von Leuten Unterhalt verschaffen, die ein paar einfache Töne auf der Flöte spielen, worüber die Schlangen sehr erfreut zu sein scheinen, und den Takt im Takt halten anmutige Bewegung des Kopfes; Sie erheben sich etwa zur Hälfte ihrer Länge über dem Boden und folgen der Musik mit sanften Kurven, wie die wellenförmigen Linien eines Schwanenhalses. Es ist eine gut belegte Tatsache, dass, wenn ein Haus von diesen Schlangen und einigen anderen der Gattung Coluber, die Geflügel und kleine Haustiere vernichten, sowie von den größeren Schlangen des Boa-Stammes befallen ist, die Musiker geschickt werden für; die, indem sie auf einem Flageolett spielen, ihre Verstecke herausfinden und sie zur Zerstörung verzaubern: Denn kaum hören die Schlangen die Musik, kommen sie leise aus ihrem Rückzugsort und werden leicht gefangen. Ich stelle mir vor, dass diese musikalischen Schlangen in Palästina bekannt waren, da der Psalmist die Gottlosen mit der tauben Natter vergleicht, die ihre Ohren verstopft und sich weigert, die Stimme des Beschwörers zu hören, den er nie so weise bezaubert.

DIE SCHLANGE (*Coluber natrix*)

IST die größte aller englischen Schlangen und wird manchmal über 1,20 m lang. Die Farbe des Körpers ist bunt mit gelben, grünen, weißen und regelmäßigen braunen und schwarzen Flecken. Sie scheinen es zu genießen, wenn sie sich am Fuße einer alten Mauer in der Sonne sonnen. Dieses Tier ist vollkommen harmlos, obwohl viele Berichte verbreitet wurden und das Gegenteil geglaubt wurde; Es ernährt sich von Fröschen, Würmern, Mäusen und verschiedenen Insektenarten und verbringt den größten Teil des Winters in einem Zustand der Erstarrung. Im Frühling erscheinen sie wieder und werfen zu dieser Jahreszeit gleichmäßig ihre Haut ab. Dies ist ein Prozess, den sie offenbar auch im Herbst durchlaufen. Herr White sagt: „Ungefähr Mitte September fanden wir auf einem Feld in der Nähe einer Hecke den Schleim einer großen Schlange, der offenbar frisch geworfen worden war. Es schien, als wäre es mit der falschen Seite nach außen gedreht und nach hinten abgezogen worden, wie ein Strumpf oder ein Frauenhandschuh. Nicht nur die ganze Haut, sondern sogar die Schuppen von den Augen wurden abgeschält und erschienen im Schlamm wie eine Brille. Das Reptil hatte sich zum Zeitpunkt des Fellwechsels kompliziert im Gras und Unkraut verheddert, damit die Reibung der Halme und Halme diese merkwürdige Verschiebung seiner Ausscheidungen begünstigen konnte."

DER BOA CONSTRICTOR.

DIESES riesige Tier ist oft zwanzig Fuß lang, manchmal sogar fünfunddreißig; Die Grundfarbe seiner Haut ist gelbgrau, auf der entlang des Rückens eine Reihe großer kettenförmiger, rotbrauner und manchmal vollkommen roter Variationen mit anderen kleineren und unregelmäßigeren Markierungen und Flecken verteilt ist. Ursprünglich stammt sie aus Südamerika, wo sie hauptsächlich in den abgelegensten Gegenden in Wäldern und Sümpfen lebt.

Der Biss dieser Schlange ist nicht giftig, und es wird auch nicht angenommen, dass das Tier überhaupt beißt, außer um seine Beute zu ergreifen. Es tötet seine Beute, indem es sich um sie windet und ihre Knochen zertrümmert.

Der *Python* und die *Anakonda* , die mindestens so groß sind wie die Boa Constrictor, kommen hauptsächlich auf den Indischen Inseln vor: Sie sind der Boa in Form und Färbung sehr ähnlich und haben genau die gleichen Gewohnheiten.

Diese Monster werden die größten Tiere angreifen und verschlingen, wofür das Folgende ein Beispiel ist: Eine Boa wartete schon seit einiger Zeit am Rande eines Teiches auf ihre Beute, als ein Büffel auftauchte. Nachdem es sich auf das verängstigte Tier gestürzt hatte, begann es es sofort mit seinen voluminösen Drehungen zu umkreisen, und bei jeder Drehung hörte man die Knochen des Büffels so laut knacken wie der Knall einer Waffe. Es war vergebens, dass das Tier kämpfte und brüllte; Ihr riesiger Feind umschlang sie so eng, dass schließlich alle ihre Knochen in Stücke zerschmettert wurden, wie die eines Übeltäters auf dem Rad, und der ganze Körper zu einer einheitlichen Masse wurde: Die Schlange öffnete dann ihre Falten, um ihre Beute zu verschlingen in der Freizeit. Um sich darauf vorzubereiten und damit es leichter den Hals hinabrutschte, leckte es den ganzen Körper ab und bedeckte ihn mit einer schleimigen Substanz. Dann begann es es zu schlucken, und zwar an der Seite, die den geringsten Widerstand leistete, und beim Schluckvorgang weitete sich der Hals so stark, dass er eine Substanz aufnahm, die dreimal so dick war wie gewöhnlich.

DIE AMPHISBÆNA. (*Amphisbæna fuliginosa.*)

DIESER Name wird heute nur noch für eine Gattung südamerikanischer Reptilien verwendet, die harmloser Natur sind und keine Reißzähne besitzen, die bei giftigen Schlangen das Gift vorbereiten. Es ist in der Tat zweifelhaft, ob die Amphisbænas wirklich Schlangen sind, und von vielen Naturforschern werden sie den Eidechsen zugeordnet, obwohl sie keine Gliedmaßen haben. Der Kopf ist so klein und der Schwanz so dick und kurz, dass es auf den ersten Blick schwierig ist, sie voneinander zu unterscheiden; und dieser Umstand, verbunden mit der Gewohnheit des Tieres, sich je nach Bedarf entweder rückwärts oder vorwärts zu bewegen, gab in den heimischen Regionen der Amphisbæna Anlass zu der Annahme, dass es zwei Köpfe hatte, einen an jedem Ende, und dass dies unmöglich war Zerstöre einen durch einfaches Schneiden, denn die beiden Köpfe würden sich gegenseitig suchen und wieder vereinen! Die Farbe der am häufigsten vorkommenden Art ist ein tiefes Braun mit wechselnden weißen Flecken. Der Körper ist mit mehr als zweihundert Ringen verziert, der Schwanz mit etwa fünfundzwanzig. Die Augen sind fast von einer dicken Membran verdeckt, was zusammen mit ihrer geringen Größe zu der Annahme geführt hat, dass die Amphisbæna blind ist. Es erreicht eine Länge von 18 Zoll oder 60 cm. Seine Nahrung besteht aus Würmern und Insekten, vor allem aus Ameisen, in deren Hügeln er sich meist versteckt. Die Alten gaben einer ihrer Meinung nach zweiköpfigen Schlange den Namen Amphisbæna; aber es ist nicht mit Sicherheit bekannt, welchen Angehörigen des Schlangenstammes sie meinten, da ihre Amphisbæna von Lucan als giftig beschrieben werden, obwohl in seinen Zeilen vielleicht mehr Anspruch auf die Eleganz der Sprache, die Schönheit der Verse und die Lebendigkeit der Fantasie erhoben wird als auf die Wahrheit die Bewunderung des Lesers:—

„Mit heftigem Zischen erheben die schrecklichen Amphisbænas
ihre Doppelköpfe und erwecken die Angst des Soldaten.
Eifrig fliegt er; noch eifriger verfolgen sie;
Auf jeder Seite erneuert sich der Beginn schnell!

Mit gleicher Schnelligkeit stellen Sie sich der Beute oder meiden sie
und folgen ihr schnell, wenn Sie davonlaufen wollen.
So gleiten die geschäftigen Schiffchen auf den Webstühlen,
fliegen abwechselnd und schießen auf beide Seiten."

§ II. *Batrachische Reptilien.*

DER FROSCH. (*Rana temporaria.*)

WENN dieses Reptil aus dem Ei schlüpft, ist es lediglich eine schwarze, ovale
Masse mit einem schlanken Schwanz. Diese Kaulquappe, wie sie damals
genannt wird, ist der Embryo des Frosches, und wenn sie eine bestimmte
Größe erreicht hat, nimmt ihr Körper nach und nach die Form des Frosches
an, ihre Beine wachsen aus ihren Seiten und schließlich wird ihr Schwanz
abgeworfen . Diese Metamorphose ist eine der merkwürdigsten in der Natur
und verdient unsere Beobachtung. Wie andere Reptilien muss es nicht atmen,
um sein Blut in den Kreislauf zu bringen, da es über eine Verbindung
zwischen den beiden Herzkammern verfügt. Er lebt im Frühling in Teichen,
Bächen, schlammigen Gräben, sumpfigen Böden und anderen Gewässern,
im Sommer in Maisfeldern und Weideland. Seine Stimme kommt von zwei
Blasen, eine auf jeder Seite des Mundes, die er mit Wind füllen kann. Wenn
es krächzt, streckt es seinen Kopf aus dem Wasser. Die Hinterbeine des
Frosches sind viel länger als die Vorderbeine, um ihm bei seinen
wiederholten und ausgedehnten Sprüngen zu helfen. Der gesamte Körper
weist ein wenig Ähnlichkeit mit einigen warmblütigen Tieren auf, vor allem

an den Oberschenkeln und Zehen. Der Frosch ist äußerst hartnäckig und überlebt oft mehrere Stunden, wenn ihm der Kopf abgetrennt wird. Es wird angenommen, dass Frösche den ganzen Winter in einem Zustand der Trägheit auf dem Grund eines stehenden Gewässers verbringen.

Es gibt verschiedene Arten des Frosches; Sie sind alle eierlegend und die Eier sind gallertartig. Der *Wasserfrosch* wird in Frankreich und Deutschland als Nahrung verwendet; Es ist erheblich größer als die gewöhnliche Art und obwohl es in England selten ist, kommt es in Frankreich, Deutschland und Italien sehr häufig vor. Seine Farbe ist olivgrün, auf dem Rücken sind schwarze Flecken zu erkennen, auf den Gliedmaßen befinden sich Querstreifen aus demselben. Von der Nasenspitze erstrecken sich drei deutliche hellgelbe Streifen bis zum Ende des Körpers, wobei der mittlere leicht abgesenkt und die seitlichen deutlich erhöht sind. Die oberen Teile sind blass weißlich, grün gefärbt und mit unregelmäßigen braunen Flecken versehen. Diese Geschöpfe werden dreißig- oder vierzigtausend auf einmal vom Land nach Wien gebracht und an die großen Händler verkauft, die Froggeries für sie haben, das sind vier bis fünf Fuß tiefe Gruben, die in den Boden gegraben werden und deren Maul mit Wasser bedeckt ist einem Brett und bei schlechtem Wetter mit Stroh. Im Jahr 1793 gab es in Wien nur drei große Händler, von denen diejenigen beliefert wurden, die sie kochfertig auf die Märkte brachten. Es werden nur die Keulen und Schenkel gegessen, diese werden immer gehäutet. Sie sind ziemlich teuer und gelten als große Delikatesse. Die essbaren Frösche werden auf verschiedene Weise gefangen, manchmal in der Nacht, mit Netzen, in die sie durch das Licht von Fackeln gelockt werden, die zu diesem Zweck getragen werden, und manchmal mit Haken, die mit Würmern, Insekten, Fleisch usw. beködert werden. oder sogar ein Stück rotes Tuch. Sie sind äußerst gefräßig und ergreifen alles, was sich ihnen in den Weg stellt.

DIE KRÖTE (*Bufo vulgaris*)

WESSEN Name schon eine abstoßende Bedeutung zu haben scheint, ist der Aufmerksamkeit des Naturbeobachters nicht unwürdig; Denn obwohl

Vorurteile und falsche Assoziationen bestimmten Tierarten ein Stigma auferlegt haben, ist keines der Werke unseres Schöpfers verabscheuungswürdig, aber je sorgfältiger sie untersucht werden, desto größer ist der Anspruch auf unsere Bewunderung. Vom Körper her ist es dem Frosch ähnlich, aber auch in seinen Gewohnheiten ähnelt es diesem Tier; aber der Frosch springt, während die Kröte kriecht. Es ist ein Irrtum anzunehmen, die Kröte sei ein schädliches und giftiges Tier; Es ist so harmlos wie der Frosch und leidet wie manche Menschen nur unter dem Stigma unverdienter Verleumdung. Es gibt mehrere Geschichten darüber, wie er Gift spuckt oder weiß, wie er das Gift, das er von der Spinne oder einem anderen Tier erhalten hat, austreiben kann. aber diese Fabeln sind längst aufgedeckt worden. Ein merkwürdiges und dennoch unerklärliches Phänomen ist, dass Kröten lebend in der Mitte großer Steinblöcke gefunden wurden, wo sie mehrere Jahre ohne Nahrung und Atmung gelebt haben müssen. Die folgenden Beispiele sind dokumentiert: Im Jahr 1719 war M. Hubert, Professor für Philosophie in Caen, Zeuge, wie eine lebende Kröte aus dem festen Stamm einer Ulme genommen wurde. Es befand sich genau in der Mitte und füllte den gesamten Raum aus, in dem es sich befand. Der Baum war in jeder anderen Hinsicht fest und gesund. Dr. Bradley sah eine Kröte, die aus dem Stamm einer großen Eiche entnommen wurde. Im Jahr 1733 entdeckte M. Grayburg eine lebende Kröte in einem harten und festen Steinblock, der in einem Steinbruch in Gothland ausgegraben worden war. Als er mit einem Stock seinen Kopf berührte, sagte er uns, zog er die Augen zusammen, als ob er schliefe, und als der Stock bewegt wurde, öffnete er sie allmählich. Sein Maul hatte keine Öffnung, sondern war rundherum mit einer gelblichen Haut verschlossen. Als man mit dem Stock auf den Rücken drückte, floss eine kleine Menge klares Wasser aus dem Rücken und das Tier starb sofort. Eine lebende Kröte wurde in einem Marmorblock auf Schloss Chillingham, das Lord Tankerville gehörte, in der Nähe von Alnwick in Northumberland gefunden.

Einige dieser Fälle hängen in einer Weise zusammen, die es schwierig macht, daran zu zweifeln, dass die Beobachter beschrieben haben, *was sie zu sehen glaubten* ; aber das Auftreten der beschriebenen Phänomene scheint so völlig unmöglich zu sein, dass wir annehmen müssen, dass diese Autoren auf irgendeine Weise in die Irre geführt wurden. Dass es für viele der fraglichen Geschichten eine gewisse Grundlage gibt, können wir nicht bezweifeln, aber wir müssen auf weitere Beobachtungen zu ihrer Erklärung warten; wie Mr. Bell sagt: „Zu glauben, dass eine Kröte, eingeschlossen in einer Masse aus Lehm oder einer ähnlichen Substanz, Hunderte von Jahren lang völlig ohne Luft oder Nahrung existieren und schließlich lebend freigelassen werden und kriechfähig sein wird, über das Aufbrechen der Matrix, die jetzt zu einem festen Fels geworden ist, ist sicherlich eine Forderung an unsere Leichtgläubigkeit, die nur wenige beantworten würden."

Bezüglich der Lebenserwartung dieser Tiere lässt sich keine entscheidende Aussage treffen, doch mehrere Fakten belegen, dass einige von ihnen mit einer erstaunlichen Langlebigkeit gesegnet sind.

Ein Korrespondent von Mr. Pennant versorgte ihn mit einigen merkwürdigen Einzelheiten über eine Hauskröte, die sich *sechsunddreißig* Jahre lang am selben Ort aufhielt. Es befand sich häufig auf den Stufen vor der Flurtür eines Herrenhauses in Devonshire. Durch die ständige Fütterung wurde es so zahm gemacht, dass es abends, wenn eine Kerze gebracht wurde, immer aus seinem Loch kam und aufblickte, als erwartete es, ins Haus getragen zu werden, wo es häufig mit Insekten gefüttert wurde. Die Tatsache, dass ein Tier dieser Art so viel Aufmerksamkeit erregte und sich mit ihm so sehr anfreundete, erregte die Neugier aller, die das Haus betraten, und selbst die Weibchen überwanden bisher die Schrecken, die ihnen ihre Ammen eingeflößt hatten, und verlangten im Allgemeinen, es gefüttert zu sehen. Es schien eine Vorliebe für Fleischmaden zu haben, die in Kleie gehalten wurden. Es folgte ihnen auf dem Tisch und fixierte, wenn es sich in angemessener Entfernung befand, den Blick und verharrte eine Weile regungslos, offenbar um sich auf den folgenden Schlag vorzubereiten, der augenblicklich erfolgte. Es streckte seine Zunge weit hinaus, und das Insekt, das von der klebrigen Masse an seiner Spitze festgeklebt war, wurde durch eine Bewegung verschluckt, die schneller war, als das Auge folgen konnte. Nachdem es mehr als sechsunddreißig Jahre lang aufbewahrt worden war, wurde es schließlich von einem zahmen Raben zerstört, der es eines Tages, als er es an der Öffnung seines Lochs sah, herauszog und es so verwundete, dass es starb.

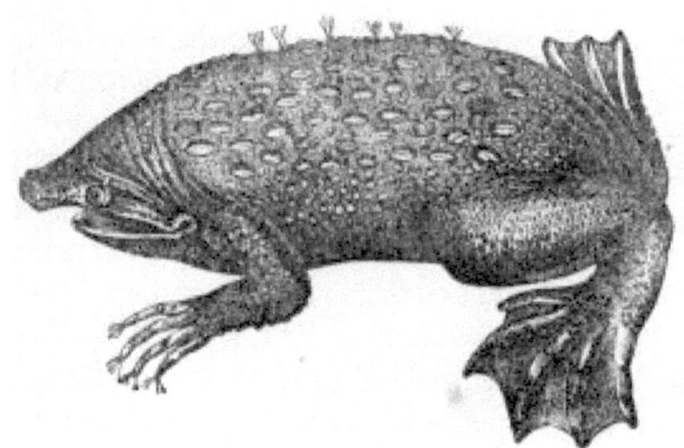

DIE SURINAM-KRÖTE (*Pipa Americana*)

SIE ist eine der hässlichsten aller Kröten und zeichnet sich durch die Art und Weise aus, in der sich die Jungen entwickeln. Das Weibchen legt seine Eier wie das der Erdkröte am Rand des Wassers ab, aber anstatt sie dort zu lassen, nimmt das Männchen die Eiermasse, legt sie auf den Rücken seines Partners und drückt sie zu einer Reihe zusammen von merkwürdigen Gruben, die in diesem Teil zur Brutzeit entstehen. Wenn jede der Gruben ihr Ei aufgenommen hat, wird die Öffnung durch eine Art Deckel verschlossen, und das junge Tier durchläuft in diesem ziemlich engen Raum alle seine Veränderungen von der Kaulquappe bis zur perfekten Kröte. Diese neugierige Kröte kommt in Guayana vor; Es hält sich häufig in den dunklen Ecken der Häuser auf und wird trotz seiner äußersten Hässlichkeit von den Eingeborenen gefressen.

Der Molch. (*Triton aquaticus.* **)**

AUßER den Fröschen und Kröten, die in ihrer perfekten Form keinen Schwanz haben, gibt es mehrere Batrachi-Reptilien, bei denen dieses Fortsatz dauerhaft vorhanden ist. Am bekanntesten sind die Molche, von denen zwei Arten im Frühjahr sehr häufig in Teichen vorkommen. Der Molch ist drei bis vier Zoll lang und hat auf der Oberseite eine blassbraune Farbe und auf der Unterseite eine orange Farbe mit schwarzen Flecken. Es hat vier kleine Schwimmhäute und einen abgeflachten Schwanz. Beim Schwimmen werden die Beine nach hinten gedreht, um den Widerstand zu verringern, und das Tier wird hauptsächlich durch den Schwanz angetrieben. Ihre Fortbewegung am Grund des Wassers und an Land erfolgt kriechend mit ihren kleinen und schwachen Füßen. Diese Tiere leben im Herbst und Winter unter Steinen und Erdklumpen und kommen im Februar oder März ans Wasser, um dort ihre Eier abzulegen. Die Eier werden von den Eltern sorgfältig in die Blätter von Wasserpflanzen eingeschlossen. Wenn die Jungen zum ersten Mal geschlüpft sind, haben sie die Form von Kaulquappen; Die Beine sprießen später aus den Seiten des Körpers, aber der Schwanz wird nicht abgeworfen, wie bei den Fröschen. Die alten Molche bleiben bis Juli oder August im Wasser.

Der große Molch. (*Triton palustris.*)

DIESE größte britische Molchart ist in unseren Teichen und Gräben keine
Seltenheit. Es ist etwa sechs Zoll lang; sein Rücken ist dunkel und seine
Unterseite ist orangefarben und mit kleinen schwarzen Flecken übersät;
insgesamt ist sie dunkler und farbintensiver als die gewöhnlichen Arten.
Während der Brutzeit sind die Männchen beider Arten, insbesondere aber
die der größeren Art, mit häutigen Haarkämmen geschmückt und ihre
Farben werden viel lebendiger. Ihre Lebensbeharrlichkeit ist sehr groß; Wenn
sie verstümmelt werden, reproduzieren sie die verlorenen Teile und können
zu einem festen Eisklumpen eingefroren werden, ohne ihre Vitalität zu
verlieren. Was seine Gewohnheiten angeht, ist dieses Tier ein äußerst
gefräßiges Geschöpf und verschlingt schonungslos Wasserinsekten, und
zwar jedes kleine Tier, das ihm in den Weg kommt. Für Kaulquappen scheint
es eine besondere Vorliebe zu haben, und seine Gier ist so groß, dass es dem
Vorwurf des Kannibalismus nicht entgangen ist. Diese Molche wurden mehr
als einmal dabei erwischt, wie sie Individuen kleinerer Arten verschlangen,
die jedoch so groß waren, dass es offenbar erhebliche Schwierigkeiten
bereitete, sie zu verschlucken.

§ III. *Saurische Reptilien.*

DIE EIDECHSE. (*Lacerta vivipara.*)

DIES ist eine britische Art und eines der wenigen Reptilien, die in Irland vorkommen. Seine Bewegungen sind äußerst anmutig. Tagsüber kommt es aus seinem Versteck, um sich in der Sonne zu sonnen, und wenn es ein Insekt sieht, stürzt es sich wie ein Blitz darauf, packt es mit seinen scharfen kleinen Zähnen und verschluckt es bald. Die Jungen werden in Eiern produziert, die in der Regel sofort nach dem Legen schlüpfen. Die Haut des Eies ist so dünn, dass man die junge Eidechse durch sie hindurch sehen kann.

Die *Grüne Eidechse (Lacerta viridis)* ist ein wunderschönes Geschöpf. Seine Farben sind leuchtender und schöner als die jeder anderen europäischen Art und weisen eine reichhaltige und abwechslungsreiche Mischung aus dunklerem und hellerem Grün auf, durchsetzt mit Flecken und Markierungen in Gelb, Braun, Schwarz und manchmal sogar Rot. Der Kopf ist mit großen eckigen Schuppen bedeckt, der Rest der oberen Teile mit sehr kleinen. Der Schwanz ist im Allgemeinen viel länger als der Körper. Unter der Kehle befindet sich eine Art Halsband, das aus Schuppen besteht, die viel dunkler sind als der Rest des Tieres.

Die Eidechse scheint gelegentlich ihr natürliches Sanftmut aufzugeben, jedoch nur, um an Nahrung zu gelangen. Mr. Edwards überraschte einmal eine Eidechse im Kampf mit einem kleinen Vogel, als sie mit frisch geschlüpften Jungen auf ihrem Nest in einer Ranke an einer Wand saß. Er vermutete, dass die Eidechse letzteren zur Beute gemacht hätte, wenn sie den alten Vogel aus ihrem Nest hätte vertreiben können. Er beobachtete den Wettbewerb einige Zeit; Doch als die Eidechse sich ihm näherte, fiel sie zu Boden und der Vogel flog davon.

DER LEGUANA (*Iguana tuberculata*)

handelt sich um eine große Echsenart, DIE HÄUFIG IN DEN TROPISCHEN TEILEN AMERIKAS VORKOMMT UND OFT 1,2 BIS 1,5 METER LANG IST. Auf dem Rücken befindet sich ein Kamm aus langen, kammartigen Zähnen; sein Schwanz ist lang, spitz zulaufend und schlank; und unter seiner Kehle hat es eine Art Beutel, den es beträchtlich erweitern kann. Die Farbe dieser Eidechse ist grünlich mit braunen Streifen am Schwanz. Der Leguan kommt auf Bäumen vor und ernährt sich hauptsächlich von Früchten und anderen pflanzlichen Substanzen. Normalerweise wird es gefangen, wenn es auf einem Ast ruht, und zwar durch einen sehr einfachen Vorgang: Der Jäger nähert sich ihm pfeifend, und das Tier ist dumm genug, still zu sitzen und zweifellos die Musik zu genießen, bis eine Schlinge am Ende eines Stocks befestigt wird , wird über den Kopf geführt. Es wird wegen seines Fleisches gefangen, das als sehr empfindlich gilt.

Ein Leguan, der einige Zeit in einem Treibhaus in Bristol gehalten wurde, wurde mit den Blättern von Kidneybohnenpflanzen gefüttert, die er gierig verschlang, nachdem er jede andere Art von Nahrung, die ihm angeboten worden war, abgelehnt hatte. Es scheint sicher, dass Leguane in ihrem natürlichen Zustand nicht ausschließlich Pflanzenfresser sind, sondern sich von Insekten, Vogeleiern und anderen tierischen Stoffen sowie von Pflanzen ernähren. Sie gehen gelegentlich ins Wasser und scheinen mühelos zu schwimmen. Trotz seines abstoßenden und sogar furchteinflößenden Aussehens ist der Leguan völlig harmlos und harmlos.

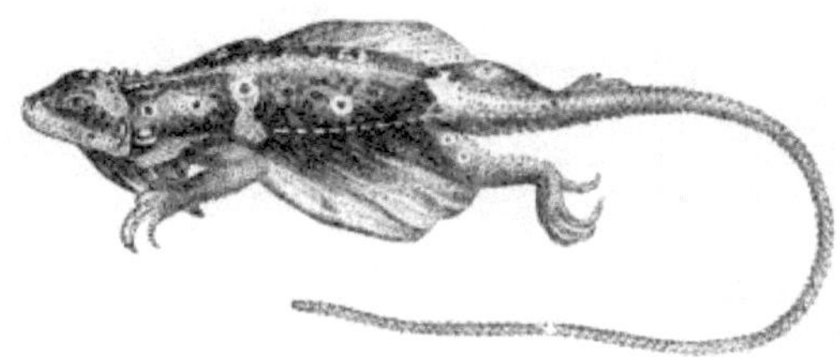

DIE FLIEGENDE EIDECHSE ODER DER DRACHE.

(*Draco Volans.*)

DIE Fliegenden Drachen, diese schrecklichen Kreaturen, die von den älteren Naturforschern beschrieben wurden, sind zweifellos fabelhafte und in der Tat unmögliche Kreaturen und entweder ausschließlich Produkte der Fantasie des Vulgären oder basieren auf Exemplaren, die ausdrücklich zu dem Zweck hergestellt wurden, den Naturforscher aufzunehmen, der , war in alten Zeiten etwas zu bereit, an Wunder dieser Art zu glauben. Die Flügel einer Fledermaus, die an einem Körper und Beinen befestigt waren, die aus einem halben Dutzend Tieren bestanden, bildeten früher einen großen Drachen. Moderne Naturforscher bezeichnen mit dem Namen „Drache" einige kleine Eidechsen, die in Ostindien leben und nicht die schrecklichen Eigenschaften aufweisen, die den sagenumwobenen Monstern der Antike zugeschrieben werden. Sie sind mit den Leguanen verwandt, haben aber auf jeder Körperseite eine häutige Ausdehnung, die durch die Verlängerung der ersten sechs falschen Rippen in den Körper versteift wird; Dies fungiert als eine Art Fallschirm und ermöglicht es den kleinen Geschöpfen, nicht zu fliegen, sondern zu springen oder durch die Luft zu gleiten, um beträchtliche Entfernungen zwischen einem Baum und einem anderen zu überwinden. Sie leben ausschließlich in Bäumen und ernähren sich von Insekten.

DAS CHAMÄLEON. (*Chamæleo vulgaris.*)

„Der Körper einer Eidechse, schlank und lang,
der Kopf eines Fisches, die Zunge einer Schlange;
Sein Fuß ist mit einer dreifachen Klaue getrennt;
Und was für eine Schwanzlänge dahinter!
Wie langsam ist sein Tempo! und dann ist es der Farbton!“
MERRICK.

DAS CHAMÄLEON ist ein kleines Tier, etwa zehn Zoll lang und sein Schwanz ist fast genauso lang. Sein Körper ist mit kleinen komprimierten schuppigen Körnchen bedeckt; Sein Rücken ist kantig und sein Schwanz rund, lang und spitz zulaufend. Seine Füße haben jeweils fünf Zehen, von denen drei auf die eine und zwei auf die andere Seite gestellt sind, damit es sich an den Ästen festhalten kann; aber wo immer es vorkommt, dass diese zu groß sind, als dass das Tier sie mit den Füßen greifen könnte, windet es sich umschließt sie mit seinem langen Greifschwanz und verankert seine Krallen fest in der Rinde. Beim Gehen auf dem Boden geht es äußerst vorsichtig vor und scheint nie einen Fuß zu heben, bis es sicher ist, dass der Rest sicher ist. Aufgrund dieser Vorsichtsmaßnahmen haben seine Bewegungen einen lächerlichen Anschein von Schwerkraft, wenn man ihn mit der Kleinheit seiner Größe und der Aktivität vergleicht, die man von einem Tier erwarten kann, das so eng mit den lebhaftesten Tieren der Schöpfung verwandt ist. Obwohl das Chamäleon abstoßend aussieht, ist es völlig harmlos. Er ernährt sich nur von Insekten, für die die Struktur seiner Zunge gut geeignet ist: Sie ist lang und hervorstehend und mit einer erweiterten, klebrigen und etwas röhrenförmigen Spitze versehen. Damit ergreift er Insekten mit größter Leichtigkeit, schleudert sie heraus und zieht sie sofort wieder zurück, wobei er die so gesicherte Beute im Ganzen verschlingt. Die seltsame Vorstellung, dass Chamäleons in der Lage seien, sich von Luft zu ernähren, scheint lediglich aus der Tatsache entstanden zu sein, dass diese Tiere, wie alle anderen Tiere aus der Familie der Echsen, lange Zeit ohne Nahrung auskommen konnten. Die Augen des Chamäleons haben die einzigartige Eigenschaft, im selben Augenblick in verschiedene Richtungen zu blicken; Man sieht, wie sich einer von ihnen bewegt, während der andere ruht, oder einer wird nach vorne gerichtet, während der andere sich um einen Gegenstand dahinter kümmert, oder auf ähnliche Weise nach oben und unten. Es hat die Fähigkeit, seinen Körper auf das Doppelte seiner normalen Größe aufzublasen, und ist zu diesem Zeitpunkt durchsichtig. Zweifellos kann es seine Farbe ändern, aber es stimmt nicht, dass es die Farbe eines nahegelegenen Objekts annimmt. Im Gegenteil, seine Farbveränderung hängt davon ab, dass es einem sehr starken Licht ausgesetzt wird; und es verändert sich nur von seinem natürlichen matten Grau zu einem wunderschönen Grün, das ungleichmäßig mit Rot gesprenkelt ist. Afrika ist das Heimatland der Chamäleons, von denen es vierzehn Arten gibt; aber zwei von ihnen kommen auch in verschiedenen Teilen Asiens und Neuhollands vor, und einer (*C. vulgaris*) im Süden Europas; aber dieses Tier wurde in keinem Teil Amerikas gefunden.

DAS KROKODIL DES NILS.

(*Crocodilus vulgaris.*)

DIESES Tier ist häufig zehn Meter lang. Das Weibchen legt seine Eier in den Sand, wo sie durch die Hitze der Sonne schlüpfen; und die Mutter soll sich nicht um die Jungen kümmern. Der Kopf dieser Art ist, wie bei allen echten Krokodilen, doppelt so lang wie breit; Die Schnauze ist spitz und ungleichmäßig, und die kleinen Augen stehen sehr weit auseinander. Die Farbe ist grünlich bronzefarben, braun gesprenkelt, die Unterseite ist gelbgrün; auf der Rückseite verlaufen sechs Reihen nahezu gleich großer Platten. Dieses Krokodil ist weniger wild als einige andere Arten und kann, wenn es jung gefangen wird, gezähmt werden. Es ist im Senegal und anderen Teilen Afrikas sowie im Nil verbreitet.

Die Methode, mit der der Afrikaner diese furchterregende Kreatur tötet, zeugt von beträchtlichem Einfallsreichtum und Mut. Nachdem er ein dickes Tuch um seinen Arm gewickelt und sich mit einem langen Messer ausgestattet hat, begibt er sich zu dem bekannten Aufenthaltsort, normalerweise einem schilfbewachsenen Sumpf oder Fluss. Sobald das Krokodil ihn bemerkt, stürzt es sich mit offenem Maul auf ihn, wird aber von seinem Gegner kühl empfangen, der ihm seinen bedeckten Arm zwischen die Kiefer schiebt. Die Zähne können die dicken Falten des Stoffes nicht durchdringen, so dass sein Arm nur kräftig zusammengedrückt wird und bevor sich die Kreatur lösen kann, schneidet er ihr geschickt die Kehle durch.

Die *Gavials* haben sehr lange, schlanke Schnauzen und ihre Hinterfüße sind bis zu den Zehenenden mit Schwimmhäuten versehen. Diese Tiere werden bis zu 25 Fuß lang und sind, wenn sie groß sind, genauso gefährlich und zerstörerisch wie das Nilkrokodil. Man findet sie reichlich im Ganges und in den Süßgewässern der meisten Teile Indiens und seiner Inseln.

Kurz bevor M. Navarette in den Manilas ankam, wurde ihm erzählt, dass eine junge Frau, die sich an einem der Flüsse die Füße wusch, von einem Alligator ergriffen und weggetragen wurde. Als ihr Mann, mit dem sie gerade verheiratet war, ihre Schreie hörte, warf er sich kopfüber ins Wasser und verfolgte den Räuber mit einem Dolch in der Hand. Er überholte das Tier und bekämpfte es mit solchem Erfolg, dass er seine Frau zurückbekam; Doch zum Unglück ihres tapferen Retters starb sie, bevor sie ans Ufer gebracht werden konnte.

DER ALLIGATOR ODER CAYMAN.

(*Alligator Lucius.*)

DIE Gewohnheiten des Alligators ähneln weitgehend denen des Krokodils. Das Hauptmerkmal der Unterscheidung besteht darin, dass der Kopf und ein Teil des Halses des ersteren glatter sind als der letztere, und dass die Schnauze wesentlich breiter und flacher sowie an den Enden runder ist. Die größten dieser Tiere werden normalerweise nicht größer als 4,5 Meter. Alligatoren stammen aus den wärmeren Teilen Amerikas und sind der Schrecken aller lebenden Tiere. Ihre Gier ist so groß, dass sie nicht einmal die Menschheit verschonen.

Die Stimme des Alligators ist laut und rau. Sie haben einen unangenehmen und starken Moschusgeruch. Herr Pagés sagt, dass in der Nähe eines der Flüsse in Amerika, wo sie zahlreich waren, ihre Ausdünstungen so stark waren, dass sie seine Vorräte imprägnierten und ihnen sogar den ekelerregenden Geschmack von faulem Moschus verliehen. Dieses Effluvium stammt hauptsächlich aus vier Drüsen, von denen sich zwei in der Leistengegend in der Nähe jedes Oberschenkels und die anderen beiden an der Brust unter jedem Vorderbein befinden. Dampier teilt uns mit, dass seine Männer, wenn sie einen Alligator töteten, diese Drüsen im Allgemeinen herausnahmen und sie, nachdem sie sie getrocknet hatten, als Parfüm in ihren Hüten trugen.

Die folgende Anekdote über die Gefräßigkeit dieses Tieres wird von Waterton in seinen „Wanderungen in Südamerika" erzählt: „Eines Sonntagabends vor einigen Jahren, als ich mit Don Felipe de Ynciarte, dem Gouverneur von Angustura, am Ufer spazieren ging vom Oroonoque: „Halten Sie hier ein oder zwei Minuten inne, Don Carlos", sagte er zu mir, „während ich von einem traurigen Unfall erzähle." Eines schönen Abends im letzten Jahr, als die Menschen von Angustura hier in der Alameda auf und ab schlenderten, war ich nur noch zwanzig Meter von diesem Ort entfernt, als ich einen großen Cayman aus dem Fluss stürzen sah, einen Mann packte und ihn trug nieder, bevor jemand in seiner Macht stand, ihm zu helfen. Die Schreie des armen Kerls waren schrecklich, als der Cayman mit ihm davonlief. Er stürzte sich mit seiner Beute in den Fluss: Wir verloren ihn sofort aus den Augen und sahen oder hörten ihn nie wieder. ”

§ IV. Chelonische Reptilien.

DIE GEMEINSAME ODER GRIECHISCHE SCHILDKRÖTE.

(*Testudo Græca.*)

DIESES Tier hat einen kleinen Kopf, vier Füße und einen Schwanz, den es in der Schale so zusammenfassen kann, dass der obere und untere Teil so eng zusammentreffen, dass die größte Kraft sie nicht trennen kann. Das Auge hat kein Oberlid, das Unterlid dient der Verteidigung dieses Organs. Die aus siebenunddreißig Fächern bestehende Oberschale ist konvex und so stark, dass ein beladener Karren darüber fahren kann, ohne das Lebewesen im Inneren zu verletzen. Im Winter vergraben sich Schildkröten angeblich in der Erde oder ziehen sich in eine Höhle oder ein Loch zurück, das sie mit Moos, Gras und Blättern auskleiden und wo sie die ganze Saison über in sicherer und einsamer Ruhe verbringen. Die Schildkröte ist ein sehr zähes Leben und zeichnet sich nicht weniger durch ihre Langlebigkeit aus, da nachgewiesen wurde, dass man mehr als einhundertzwanzig Jahre im Garten des Lambeth Palace lebte.

Dieses Tier kommt in den meisten Ländern am Mittelmeer, auf Korsika, Sardinien und einigen Inseln des Archipels sowie in vielen Teilen Nordafrikas vor.

DIE GRÜNE SCHILDKRÖTE. (*Chelonia midas.*)

DIE MEISTEN Schildkröten gelten als sehr empfindliche Nahrung, insbesondere die grünen Arten. Einige von ihnen sind so groß, dass sie zwischen vier und achthundert Pfund wiegen. Dampier erwähnt einen immens großen Fisch, der in Port Royal in der Bucht von Campeachy gefangen wurde. Es war fast sechs Fuß lang und vier Fuß breit. Ein Sohn von Kapitän Roch, ein etwa zehnjähriger Junge, ging in der Muschel vom Ufer zum Schiff seines Vaters, das etwa eine Viertelmeile entfernt war.

Schildkröten steigen im Allgemeinen aus dem Meer auf und kriechen am Strand entlang, um ihre Eier zu legen (die manchmal so groß sind wie die einer gewöhnlichen Henne), manchmal bis zu fünfzig oder sechzig auf einmal. Sobald die Jungen geschlüpft sind, kriechen sie zum Wasser hinunter. Schildkröten werden beim Schlafen an Land gefangen, indem man sie auf den Rücken dreht; denn da sie sich nicht noch einmal umdrehen können, ist ihnen jede Fluchtmöglichkeit verwehrt. Das magere Fleisch der Grünen Meeresschildkröte schmeckt und sieht aus wie Kalbfleisch, ohne jeglichen Fischgeschmack. Das Fett ist grün wie Gras und sehr süß. Die Einführung der Schildkröte als Nahrungsmittel in England scheint in den letzten achtzig oder neunzig Jahren stattgefunden zu haben. Sie sind in Jamaika und auf den meisten Inseln Ost- und Westindiens verbreitet. Grüne Meeresschildkröten werden manchmal an den Küsten Europas gefangen, weil sie durch Wetterstress dorthin getrieben werden. Im Jahr 1752 wurde nach einem Sturm im Hafen von Dieppe ein 1,80 Meter langer und 1,20 Meter breiter Fisch mit einem Gewicht zwischen 300 und 400 Pfund gefangen. Im Jahr 1754 wurde in der Nähe von Antioche ein noch größerer, mehr als acht Fuß langer Fisch gefangen und zur Abtei von Longveau in der Nähe von Vannes in der Bretagne gebracht. und im Jahr 1810 wurde ein kleines Exemplar zwischen den Unterwasserfelsen in der Nähe von Christchurch in Hampshire gefangen.

Der Leser wird sich erinnern, wie erfreut Robinson Crusoe war, als er eine große Schildkröte fand, die, wie er sagt, 20 Eier enthielt. Sehen Sie, wie er sie nach Hause schleppte.

DIE KARIKATURSCHILDKRÖTE (*Chelonia imbricata*)

HAT seinen Namen von der besonderen Form des Oberkiefers, der in einer gebogenen Spitze endet, wie der Schnabel eines Raubvogels. Sie ist kleiner als die Grüne Schildkröte, wobei die größten Exemplare etwa einen Meter lang sind. Sein Fleisch ist ein sehr gleichgültiges, wenn nicht sogar ungesundes Nahrungsmittel; aber die Hornplatten, mit denen sein Rücken bedeckt ist und die übereinander liegen wie die Schieferplatten auf dem Dach eines Hauses, sind wunderschön gesprenkelt und bilden das bekannte Schildpatt des Handels, das so oft zur Herstellung von Kämmen usw. verwendet wird verschiedene Zierartikel. Von der Echten Karettschildkröte wird jedoch nur der beste Schildpatt gewonnen. Die Schale, die man normalerweise sieht, stammt von gewöhnlicheren Arten. Jedes Jahr wird eine sehr große Menge Schildpatt nach Europa importiert, und der Handel damit stellt einen sehr wichtigen Teil des Handels der Länder dar, in denen es viele Schildkröten gibt.

DIE LEDERSCHILDKRÖTE (*Sphargis coriacea*)

IST mit einer Art ledriger Haut bedeckt, anstelle der Hornplatten der anderen Schildkröten. Es handelt sich um eine sehr große Art mit einer Länge von mindestens acht Fuß und einem Gewicht von bis zu tausend Pfund. Man kommt hauptsächlich im Mittelmeerraum vor; Man findet ihn jedoch gelegentlich auch an den anderen Küsten Europas, und einige wenige Exemplare, von denen einige sieben- oder achthundert Pfund schwer sind, wurden in England gefangen. Das Fleisch gilt nicht als gut, und in einigen Fällen hat der Verzehr von Fleisch großes Leid verursacht. Im Jahr 1748 kaufte ein Herr eine Lederschildkröte, die in der Nähe von Scarborough gefangen worden war, und lud mehrere Freunde ein, sie zu probieren. Obwohl einer der Gäste gewarnt wurde, dass das Fleisch ungesund sei, aß er davon, wurde aber bald darauf von einer schrecklichen Krankheit befallen. Dies sollte eine Warnung an die Neugierigen sein, vorsichtig zu sein, wie sie „fremdes Fleisch essen".

Buch V.

WEICHTIERE.

§ I. *Muscheln oder Muscheln mit zwei Schalen.*

DIE PERLENAUSTERE. (*Avicula Margaritifera.*)

WER , der die Schönheit und Zartheit von Perlen sieht, würde glauben, dass sie Krankheiten hervorrufen? Dies ist jedoch der Fall, da sie entweder im Körper der Auster gebildet werden, der die Schale bewohnt; oder sie entstehen aus Rissen in der Schale selbst, deren zarte, silbrige, halbdurchsichtige Auskleidung die Substanz bildet, die allgemein Perlmutt oder Perlmutt genannt wird. Ihre Entstehung wird im Allgemeinen durch die Einführung eines Fremdkörpers zwischen dem Mantel oder der Haut des Tieres und seinem Panzer verursacht; Die so erzeugte Reizung führt dazu, dass sich aufeinanderfolgende Schichten perlmuttartiger Materie auf dem eindringenden Objekt ablagern und so die Perle entsteht. Die besten Perlen sind diejenigen, die gut in die Substanz des Mantels eingebettet sind. Diese Muscheln kommen im Persischen Golf und auf Ceylon vor, wo sie einen wichtigen Handelsartikel darstellen.

Die Chinesen formen Perlen, indem sie künstliche Perlen in die Schale einer bestimmten Muskelart gießen, die am Ende eines Jahres mit einer perlmuttartigen Kruste bedeckt werden, so dass sie nicht mehr von der natürlichen Perle zu unterscheiden sind. [C]

[C] Einen sehr interessanten Artikel zu diesem Thema finden Sie in Beckmanns „History of Inventions“, Bd. IP 259. (*Bohns Standardbibliothek.*)

DIE GEMEINSAME AUSTER (*Ostrea edulis*),

IST seit langem wegen seiner Delikatesse als Nahrungsmittel bei Menschen beliebt; Der Lucrine-See war bei den Römern für die erlesensten Austernarten ebenso bekannt wie die Bucht von Cancalle bei den Franzosen und die Colchester-Bäche bei uns. Die beiden Schalen der Auster sind im Allgemeinen unterschiedlich groß; Das Scharnier ist ohne Zähne, aber mit einer etwas ovalen Höhlung und im Allgemeinen mit seitlichen Querrillen versehen. Austern werden manchmal sehr groß; in Ostindien sollen sie manchmal einen Durchmesser von fast zwei Fuß haben.

Die Hauptbrutzeit der Austern liegt in den Monaten April und Mai, wenn sie ihre Jungen, die mit Schleim umhüllt sind und in diesem Zustand von den Fischern als *Spucke bezeichnet werden* , auf Felsen, Steine, Muscheln oder andere harte Substanzen werfen befindet sich zufällig in der Nähe des Ortes, an dem sie liegen; und an diesen haften die Gamaschen sofort. Bis sie ihren Film oder ihre Kruste bekommen, ähneln sie ein wenig dem Ende einer Kerze, haben aber einen grünlichen Farbton. Die Substanzen, an denen sie haften, welcher Art auch immer, werden *Kult genannt* . Von der Laichzeit bis etwa Ende Juli sollen Austern krank sein; aber bis Ende August sind sie vollkommen genesen; Von Mai bis August sind sie außerhalb der Saison und ungesund. Die Austernfischerei an unseren Hauptküsten wird von einem Admiralitätsgericht reguliert. Im Monat Mai ist es den Fischern gestattet, die Austern zu fangen, um den Laich von der Brut zu trennen, die dann wieder hineingeworfen wird, um das Beet für die Zukunft zu konservieren. Nach diesem Monat ist es ein Verbrechen, den Austern wegzutragen, und andernfalls ist es strafbar, Austern zu nehmen, zwischen deren Schalen im geschlossenen Zustand ein Schilling klappert. Der Grund für die hohe Strafe bei der Zerstörung des Kultivs liegt darin, dass sich bei dessen Entfernung

Muskeln und Herzmuscheln auf dem Bett vermehren; und indem es nach und nach alle Stellen besetzt, an denen der Laich abgeworfen werden soll, werden die Austern zerstört.

Die Auster wurde von vielen Autoren als ein Tier dargestellt, dem es nicht nur an Bewegung, sondern an jeder Art von Empfindung mangelt. Es ist jedoch in der Lage, Bewegungen auszuführen, die seinen Bedürfnissen, den Gefahren, die es befürchtet, und den Feinden, von denen es angegriffen wird, vollkommen entsprechen. Die Kiemen, durch die die Auster atmet, werden gemeinhin als Bart bezeichnet und sind sehr unverdaulich. Die Jakobsmuschel ist fast mit der Auster verwandt.

Die Gemeine Herzmuschel. (*Cardium edule.*)

NUR WENIGE unserer Schalentiere sind in Buchten und Buchten in der Nähe von Flussmündungen häufiger anzutreffen als diese. In solchen Situationen findet man sie gewöhnlich in einer Tiefe von zwei bis drei Zoll im Sand eingetaucht, wobei die Stelle jedes einzelnen durch eine kleine, kreisförmige, vertiefte Stelle markiert ist. Wenn sie ihre Schalen öffnen, wird der Eingang in sie durch eine weiche Membran geschützt, die die Vorderseite vollständig verschließt, außer an zwei Stellen, an denen sich jeweils eine kleine, gelbe und mit Fransen versehene Röhre befindet; Dadurch nehmen sie das Wasser auf und scheiden es aus, das ihrem Körper die für ihren Lebensunterhalt notwendigen Nährstoffe zuführt.

Herzmuscheln erfreuen sich bei Arbeitern einer großen Nachfrage als Nahrungsmittel und werden hauptsächlich in den Wintermonaten gefangen. Ihre Größe variiert zwischen fünf oder sechs Zoll und einem halben Zoll Durchmesser. Die Schale ist im Allgemeinen weiß; Es hat sechsundzwanzig Längsrippen, ist quer runzelig und hat etwas schuppige Streifen. Der Fuß dieser Tiere ist weitgehend entwickelt und für sie ein äußerst wichtiges Organ, da sie ihn nicht nur zur Fortbewegung, sondern auch zum Ausheben von Höhlen im Sand oder Schlamm, in denen sie leben, verwenden.

Die *Chama* , die mit der Herzmuschel verwandt ist, wurde von den Alten zum Eingravieren verschiedener Figuren verwendet, weshalb diese kleinen Basreliefs, die heute so geschätzt werden, bei Italienern und Sammlern den Namen *Cameos erhalten haben* . Die Schalen einiger von ihnen sind mit roten oder gelben Streifen verziert, die vom Scharnier ausgehen und sich bis zu den Rändern ausbreiten. Man hat herausgefunden, dass die *Riesen-Chama* mehr als fünfhundert Pfund wog, und das austernähnliche Tier darin war groß genug, um eine Mahlzeit für zwanzig Männer zu liefern. Die Tiere, die diese Muscheln bewohnen, werden manchmal Muscheln genannt. Die Muscheln werden in katholischen Ländern häufig zur Aufbewahrung von Weihwasser verwendet.

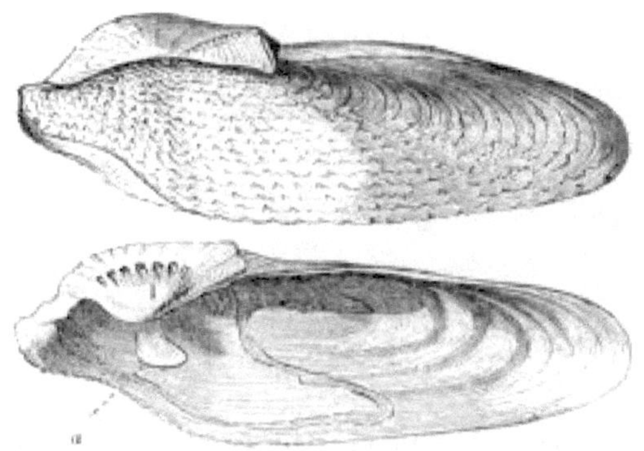

DIE PHOLAS. (*Pholas dactylus.*)

DIES ist eine Schale von ziemlich länglicher Form, die an beiden Enden klafft und vorn durch eine Spitze endet; Es sieht weiß und kreidig aus und das vordere Ende ist durch zahlreiche scharfe Stacheln und Tuberkel aufgeraut. Das Tier, das diese Muschel bewohnt, bohrt sich tief in die Felsen der Meeresküste und bildet zylindrische Löcher, in denen es lebt; und das Wasser, das es für seine Nahrung und Atmung benötigt, wird durch ein Paar Röhren, die bis zur äußeren Öffnung seines Wohnortes reichen, zum und vom Inneren der Schale transportiert. Es wird vermutet, dass der Pholas durch seinen großen und kräftigen Fuß in die Lage versetzt wird, sich in das harte Gestein zu bohren, was jedoch noch umstritten ist.

Es gibt viele andere langweilige Muscheln, von denen die meisten mit den Pholas verwandt sind. Einige von ihnen graben sich in Felsen ein, andere in Holz und wieder andere, gleichgültig, in beiden Materialien. Unter den Holzbohrern ist der *Schiffswurm* (*Teredo navalis*) der bemerkenswerteste, der tief in schwimmendes oder untergetauchtes Holz eindringt und den Hohlraum seines Baus mit einer Muschelschicht auskleidet. Auf diese Weise hat der Teredo oft großen Schaden an Pfählen und anderen Holzarbeiten angerichtet, die dem Meer ausgesetzt waren, und in den Jahren 1731 und 1732 erregte er in Holland so viel Aufruhr, als er die Pfähle der großen Deiche angriff, dass sogar Staatsmänner sich herabließen, seine Naturgeschichte zu studieren . Wir müssen jedoch bedenken, dass in der großen Ökonomie der Natur selbst dieses zerstörerische Geschöpf seinen Nutzen hat; Indem es in alle Richtungen jede schwimmende Holzmasse durchdringt, fördert es deren Zerfall und verhindert, dass die Meeresoberfläche mit Unmengen von Wrackteilen belastet wird.

1. DIE MUSCHE. (*Mytilus edulis.*)

WIE die Auster bewohnt die Muschel eine Muschelschale, an der sie durch eine starke Knorpelbindung haftet. Die Schalen einiger Arten sind wunderschön. Die Muschel besitzt die Eigenschaft der Fortbewegung, die sie mit dem Glied ausführt, das man Zunge nennt, wodurch sie den Felsen festhält und sich fortbewegen kann; Es hat auch die Eigenschaft, eine Art Faden, den sogenannten Byssus, auszusenden, der, indem er die Seiten der Schale am Boden fixiert, die Funktion eines Kabels erfüllt, nämlich den Körper des Fisches stabil zu halten.

§ II. *Univalves.*

2. DER ADMIRAL.

EINER der Kegelschnecken, dessen Bewohner eine Art Schnecke mit einem sehr ausgeprägten Kopf ist. Wenn die Natur Freude daran hatte, die Flügel von Vögeln, die Häute von Vierbeinern und die Schuppen von Fischen zu malen, so scheint es ihr nicht weniger Freude bereitet zu haben, die Panzer dieser Bewohner der Tiefe mit Bleistift zu malen. Die Vielfalt, Helligkeit und Vielseitigkeit der Farben sind seit langem zu Recht Gegenstand der Bewunderung der Menschen; und wir sind erstaunt über den Reichtum, den eine Sammlung sorgfältig ausgewählter Muscheln dem Auge präsentiert.

DIE TIGERKAURIE. (*Cypræa Tigris.*)

DIE Kaurischnecken oder Porzellanmuscheln gehören zu den schönsten Univalven. Die Muscheln haben im Allgemeinen eine elegante ovale Form ohne sichtbare Spitze; Der Mund ist ein langer Schlitz in der Mitte der Unterseite, an dessen Rändern zwei nahezu gleiche Lippen gezahnt sind. Die Oberfläche ist sehr schön poliert und im Allgemeinen mit satten Farben verziert, die in verschiedenen und eleganten Mustern angeordnet sind. Der Tigerkaurischnecke, einer der häufigsten, ist ziemlich breit und sehr konvex; Es hat eine weiße Farbe und ist mit zahlreichen dunkelbraunen Flecken bedeckt. Er ist normalerweise 10 bis 12 cm lang und kommt in den Meeren

Indiens vor. Die *Geldkaurischnecke* (*Cypræa moneta*) ist eine kleine indianische Art, die in einigen Ländern, insbesondere im Inneren Afrikas, anstelle von Geld verwendet wird. Es wird in großen Mengen nach England importiert und nach Afrika exportiert; In einem Jahr wurden in Liverpool bis zu 300 Tonnen angelandet.

DIE Wellhornschnecke (*Buccinum undatum*)

IST ein weit verbreiteter britischer Schalentier von beträchtlicher Größe, der in großen Mengen durch Ausbaggern gewonnen und als Nahrungsmittel verwendet wird. In London wird es üblicherweise an Straßenständen verkauft, wir glauben an einen eingelegten Zustand. Das Maul dieses Tieres ist mit einem kräftigen, kratzenden Rüssel versehen, mit dessen Hilfe es die Schalen anderer Mollusken durchbohren kann.

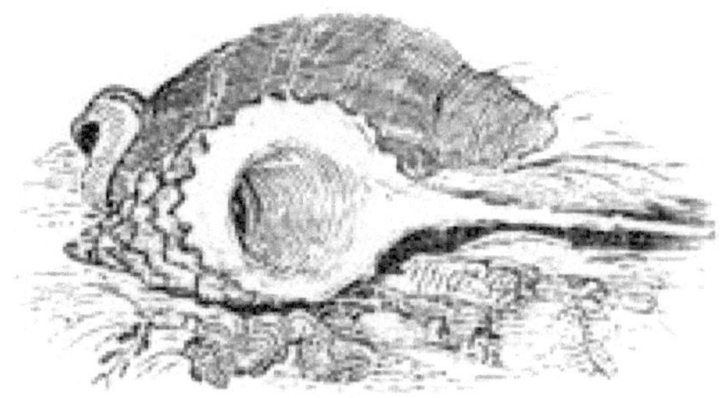

Das Schnepfenpanzer (*Murex haustellus* oder *Cornutus*)

DER Name kommt von der Länge des Vorsprungs, der aus der Schale herausragt. Es ist von stumpfen Stacheln umgeben und die Farbe des Ganzen ist elegant bunt.

Das Immergrün (*Littornia littorea*)

IST zu bekannt, als dass es einer Beschreibung bedarf. Man findet ihn in unübersehbarer Zahl an den Küsten Europas und wird in riesigen Mengen als Nahrungsmittel gefangen.

Die Napfschnecke. (*Patella.*)

DIE Form dieser Schale ist pyramidenförmig; Es haftet so fest am Gestein, dass es nur mit einem Messer oder einem kräftigen Schlag entfernt werden kann. Die Spitze der Schale ist manchmal scharf, manchmal stumpf und oft von Spitzen und scharfen Stacheln umgeben. Bei gründlicher Reinigung hat das Gehäuse im Allgemeinen eine schöne violette Tönung von großer Brillanz, obwohl das Tier, das unter diesem prächtigen Dach lebt, eine Art Schnecke ist, unangenehm für das Auge und fade für den Gaumen. Man findet sie auf den Felsen an den Meeresküsten fast aller Länder der Welt, die ständig von den Wellen und Brechern geschlagen werden. Es ist nicht, wie behauptet wurde, eine klebrige Flüssigkeit, die dafür sorgt, dass dieser Fisch so fest am Felsen haftet; sondern durch den einfachen Prozess, ein Vakuum zwischen seinem Fuß und dem Felsen zu erzeugen, an dem er sich festsetzt.

Die Vielfalt, die sich in der Gesamtheit der belebten Wesen ergibt, ist so wunderbar groß, dass Naturforscher mit mehr als hundertneunundzwanzig Arten von Napfschnecken und nahezu verwandten Gattungen gerechnet haben; Der Unterschied ergibt sich hauptsächlich aus der Vielfalt der Schalen in Form und Farbe.

DIE GARTENSCHNECKE (*Helix aspersa*)

IST mit vier Tentakeln ausgestattet, von denen zwei kleiner sind als die anderen; Am Ende dieser Tentakeln, die das Tier wie Teleskope vorschiebt oder zurückzieht, befinden sich schwärzliche Knöpfe, die die Augen darstellen. Die Schnecke legt Eier, die etwa erbsengroß, halbdurchsichtig und aus weicher Substanz sind. Als man die Eier, die eine in einer Wasserflasche gehaltene Wasserschnecke an das Glas gelegt hatte, mit einer Vergrößerungslinse genau untersuchte, konnte man die junge Schnecke im Ei mit ihrer Embryoschale auf dem Rücken sehen; zwei wurden auch in einem Ei beobachtet, jedes mit den Rudimenten der Schale.

Die Gartenschnecke ist äußerst zäh und verharrt den Winter über in einem Zustand der Erstarrung. Man sagt tatsächlich, dass es viele Jahre in diesem Zustand bleiben kann, und das folgende Beispiel ist wahrscheinlich bei keinem anderen Tier ohne Parallele: – Mr. S. Simon, ein Kaufmann aus Dublin, dessen Vater, ein Fellow der Royal Society und ein Liebhaber der Naturgeschichte, ihm eine kleine Sammlung von Fossilien und anderen Kuriositäten hinterließ, darunter die Muscheln einiger Schnecken. Ungefähr *fünfzehn Jahre* nach dem Tod seines Vaters schenkte er seinem Sohn, einem zehnjährigen Kind, einige dieser Schneckenhäuser zum Spielen. Der Junge legte sie in einen Blumentopf, den er mit Wasser füllte, und legte sie am nächsten Tag in eine Schüssel. Als Herr Simon die Gelegenheit dazu nutzte, bemerkte er, dass die Tiere aus ihren Schalen herausgekommen waren. Er untersuchte das Kind im Hinblick darauf und stellte fest, dass es sich um dieselben handelte, die sich im Schrank befunden hatten. Der Junge sagte, er hätte noch ein paar mehr und brachte sie mit. Herr S. legte eines davon ins

Wasser und bemerkte anderthalb Stunden später, dass es seine Hörner und seinen Körper ausgestreckt hatte, die es aber, wahrscheinlich aus Schwäche, nur langsam bewegte. Major Vallancy, Dr. Span und andere Herren waren später anwesend und sahen eine dieser Schnecken herauskriechen; Der Rest war tot, wahrscheinlich weil sie einige Tage im Wasser verbracht hatten. Ähnliche Beobachtungen wurden seitdem so oft wiederholt, dass es heute keinen Zweifel mehr gibt, dass Schnecken verschiedener Art ihre Vitalität über Jahre hinweg behalten können, wenn sie in trockenem Zustand aufbewahrt werden.

DIE KLEINE GRAUE SCHNECKE (*Limax cinereus*)

ÄHNELT in allen Punkten einer Schnecke, außer dass sie kein Gehäuse hat, weshalb die braune Haut des Rückens rauer und stärker ist als die der Schnecke. Sein Fortschreiten auf dem Boden lässt sich leicht anhand des Schleims verfolgen, den es auf seiner Spur hinterlässt. Nur wenige Tiere zerstören die Vegetation stärker als diese.

DIE SCHWARZE SCHNECKE, (*Arion ater*)

IST im Sommer ein bekannter Bewohner unserer Felder und Wiesen. Die Landbevölkerung betrachtet sein Erscheinen als Hinweis auf bevorstehenden Regen; Dies ist jedoch eher auf die Feuchtigkeit des Bodens und der Pflanzen zurückzuführen. Tatsächlich kommt es bei trockenem Wetter im Ausland sehr selten vor. Die Schwarze Wegschnecke ernährt sich von den Blättern verschiedener Pflanzenarten.

Der Sepia oder Tintenfisch. (*Sepia officinalis.*)

DIE Struktur dieser Tiere ist sehr bemerkenswert. Ihr Körper ist nahezu zylindrisch und bei einigen Arten vollständig mit einer fleischigen Hülle bedeckt; bei anderen reicht die Hülle nur bis zur Körpermitte. Sie haben acht Arme bzw. Beine und im Allgemeinen zwei Fühler, die viel länger als die Arme sind. Sowohl die Fühler als auch die Arme sind mit starken kreisförmigen Tassen oder Saugnäpfen ausgestattet. Das Maul ist hart, kräftig und hornig und ähnelt in seiner Beschaffenheit dem Schnabel eines Papageis. Der Körper besteht aus einer geleeartigen Substanz und ist normalerweise mit einer groben Haut bedeckt, die wie Leder aussieht. Diese Haut enthält Zellen unterschiedlicher Farbe, die ihre relative Position ändern können, sodass der Tintenfisch die Farbe seiner Haut ändern kann. Mit Hilfe der zahlreichen kreisförmigen Näpfe oder Saugnäpfe, mit denen die Arme ausgestattet sind, ergreifen sie ihre Beute und heften sich fest an die Felsen. Ihre Klebekraft ist so groß, dass es im Allgemeinen leichter ist, die Arme abzureißen, als sie von der Substanz zu trennen, an der sie befestigt sind: Wenn die Arme abgebrochen werden, werden sie bald reproduziert. Die Größe, bis zu der diese Kreatur heranwächst, wurde unterschiedlich angegeben; und obwohl es von einigen Autoren offensichtlich übertrieben wird, erreicht es zweifellos ein sehr beträchtliches Ausmaß. Es ist bekannt, dass es einen großen Hund überwältigt, wenn es in seinem eigenen Element angegriffen wird. Seine Kiefer sind extrem stark und kräftig, und mit seinem Schnabel kann er die Schalen der Fische, von denen er sich ernährt, in Stücke zerkleinern. Im Körper befindet sich eine Blase, die mit einer dunklen, tintenfarbenen Flüssigkeit gefüllt ist, die es bei Alarm ausstößt und die nicht nur das Wasser färbt, um seinen Rückzug zu verbergen, sondern auch so bitter ist, dass sie ihre Feinde sofort vertreibt . Diese tintenartige Flüssigkeit bildet nach dem Trocknen eine sehr wertvolle Farbe, die von Künstlern verwendet wird und als Sepia bekannt ist.

Der Knochen oder die Kalkplatte der *Sepia Officinalis* , einer an unseren Küsten verbreiteten Art, ist eine wohlbekannte Substanz und wird häufig zur Herstellung von Zahnpulver verwendet. und von Silberschmieden für Formen, um ihre kleinen Arbeiten wie Ringe usw. zu gießen. Es wird auch in den nützlichen Briefpapierartikel namens Pounce umgewandelt.

DAS POULPE (*Octopus vulgaris*)

HAT nur acht Arme, die beiden langen Tentakel der Sepia fehlen. Es kommt an unseren Küsten vor und kommt besonders häufig im Mittelmeerraum vor, wo es regelmäßig als Nahrungsmittel auf den Markt gebracht wird.

DER ARGONAUT, OE-PAPIER-NAUTILUS,

DER ARGONAUT, OE-PAPIER-NAUTILUS,

IST eine Art Poulpe, bei der nur sechs Arme die gewöhnliche Form aufweisen, während das andere Paar zu breiten, flachen Organen erweitert ist. Schon in der Antike und sogar bis vor Kurzem ging man davon aus, dass diese ausgestreckten Arme von den Tieren als Segel genutzt wurden; Es wurde beschrieben, dass es auf der Meeresoberfläche schwamm, mit der Rückseite der Muschel nach unten, den sechs Armen, die wie Ruder ins Wasser ragten, und den beiden breiten Gliedern, die angehoben waren, um die Brise einzufangen. aber es ist jetzt bekannt, dass die sogenannten Segel verwendet werden, um den Panzer zu umfassen, wenn das Tier auf die gleiche Weise wie seine Verbündeten rückwärts schwimmt, und es scheint auch, dass durch diese Arme der Panzer vergrößert wird. Der Argonaut kommt im Mittelmeer vor.

DER NAUTILUS ODER PERLEN-NAUTILUS

(*Nautilus Pompilius*)

IST ein ganz anderes Geschöpf, und statt der acht Arme des Argonauten ist
sein Kopf von zahlreichen beringten und umhüllten Tentakeln umgeben. Es
ist bemerkenswert für die Struktur seines Panzers, dessen Hohlraum durch
Querwände in zahlreiche Kammern unterteilt ist; Diese Kammern, von
denen nur die äußerste vom Tier eingenommen wird, sind mit Luft gefüllt,
aber ein schmaler Schlauch geht durch sie alle und steht mit der Körperhöhle
in Verbindung. Durch diese Anordnung ist es dem Nautilus möglich, sein
spezifisches Gewicht so zu ändern, dass er entweder an die Oberfläche steigt
oder auf den Grund des Wassers sinkt. Die wenigen existierenden Nautilus-
Arten kommen alle im Indischen Ozean und im Südpazifik vor.

Buch VI.

ARTIKULIERTE TIERE.

§ I. *Annelida oder beringte Tiere.*

WÜRMER. (*Vermes.*)

DIESE KREATUREN BILDEN in den Werken moderner Naturforscher eine eigene Klasse unter dem Namen *Annelida* . Sie unterscheiden sich von der Raupe und der Made dadurch, dass sie sich nicht verändern und durch die ringförmige Struktur ihres Körpers kriechen.

Der *Erdwurm* hat keine Knochen, Augen oder Ohren; Es hat einen runden, ringförmigen Körper mit im Allgemeinen einem erhöhten fleischigen Gürtel in der Nähe des Kopfes. Obwohl Regenwürmer von Gärtnern als große Plage angesehen werden, durchbohren und lockern sie den Boden und machen ihn durchlässig für Regen und die Fasern der Pflanzen, indem sie Strohhalme und Blattstiele hineinziehen und vor allem unzählige Klumpen, sogenannte Würmer, auswerfen -Abgüsse, die einen feinen Dünger für Gras und Mais bilden. Allerdings sind sie für Topfpflanzen sehr schädlich.

DER BLUTZEUG (*Sanguisuga officinalis*)

IST etwa drei Zoll lang und ähnelt in seiner äußeren Form ein wenig dem Wurm, wenn er ausgefahren wird, zieht sich aber oft stark in die Länge zusammen und vergrößert sich gleichzeitig in der Dicke. Es hat einen kleinen Kopf, eine schwarze Haut mit sechs gelben Linien oben und gelben Flecken unten. Die Mündung des Blutegels ist von merkwürdiger Konstruktion; Es hat drei Kiefer, von denen jeder mit zwei Reihen sehr feiner Zähne bewaffnet ist, mit denen es die Haut durchdringt. und saugt dann wie durch einen Siphon das Blut auf, von dem es sich ernährt. Die fortschreitende Bewegung des Blutegels wird dadurch bewirkt, dass er sein Maul durch Ansaugen an einer bestimmten Stelle festhält, dann seinen Schwanz, der ebenfalls die Eigenschaft hat, festzukleben, auf die gleiche Weise wie den Kopf bringt und dann seinen Kopf weiter nach vorne bewegt. schnell gefolgt vom Schwanz und so weiter. Der Blutegel ist sehr häufig in Bächen und Bächen anzutreffen. Seine Verwendung in der Medizin ist bekannt, da mit seiner Hilfe das Blut aus erkrankten Körperteilen entnommen werden kann, an denen die Lanzette nicht angebracht werden kann.

Das Blut, das der Blutegel aus der von ihm verursachten Wunde saugt, versorgt ihn über einen so langen Zeitraum mit Nährstoffen, dass bekannt ist, dass ein Blutegel, nachdem er sich mit Blut gesättigt hat, drei Jahre lang ohne Nahrung auskommt. Es ist jedoch üblich, sie dazu zu bringen, den größten Teil des Blutes, das sie verschluckt haben, durch Salzen auszuspucken; denn sonst würden sie nicht wieder zubeißen, bis das Blut, das sie genommen hatten, vollständig verdaut war.

Blutegel legen Eier, die mit einer Art Membran bedeckt sind, die sie schützt, wenn sie im Lehm und in Löchern an den Teichrändern abgelegt werden. Sie scheinen sich von den Eiern von Fischen oder Fröschen zu ernähren, heften sich aber, wann immer sie Gelegenheit dazu haben, eifrig an die Beine von Menschen, Pferden oder Kühen. Da es unter der Landbevölkerung das Vorurteil gibt, dass Blutegel sich nie gut vermehren, bis sie Blut geschmeckt haben, heißt es, dass sie ihre Pferde und Kühe in die von den Blutegeln bewohnten Gewässer treiben, und dass die Blutegelbezirke folglich für ihre erbärmlichen – auf der Suche nach Pferden und Rindern. Blutegel müssen fünf Jahre alt sein, bevor sie für medizinische Zwecke geeignet sind; und sie werden im Frühjahr im flachen Wasser von Menschen gefangen, die mit nackten Füßen und Knöcheln hineingehen, an denen die Blutegel haften, wenn sie abgepflückt und in dafür vorgesehene Körbe gelegt werden. Im Sommer wird aus Zweigen ein Floß gebaut, und wenn man das Wasser mit einem Stock aufwirbelt, steigen die Blutegel an die Oberfläche und verfangen sich im Floß. Wenn sie gefangen werden, werden sie in Wasser mit sehr wenig Salz gewaschen und in nasse Leinentücher gepackt, die in ein mit Segeltuch abgedecktes Fass gesteckt und zum Verkauf verschickt werden. Früher wurde London hauptsächlich aus den Fenny-Distrikten von Lincolnshire beliefert, aber der Verbrauch dieser nützlichen Würmer war so groß, dass die meisten unserer Blutegel jetzt über Hambro' aus dem Osten Europas importiert werden. Vor einigen Jahren erklärte Dr. Pereira, dass die Zahl der von den vier Haupthändlern in London importierten Blutegel jährlich 7.200.000 betrug. Wenn sie in einer Glasflasche mit Wasser aufbewahrt werden, sind sie auch ein gutes Barometer, da sie bei herannahendem Regen immer bis zum Flaschenhals reichen, bei trockenem Wetter am Boden bleiben und sich bei einsetzendem Regen ängstlich auf und ab bewegen Das Wetter ist stürmisch. Pferdeegel sind größer als die gewöhnlichen Arten, gefräßiger und an beiden Enden schmaler.

§ II. *Krebstiere.*

DER HUMMER (*Astacus marinus*)

HAT einen zylindrischen Körper, lange Antennen und einen breiten Schwanz. Mit seinen großen Krallen kann er seine Beute ergreifen, sich an den kleinen Felsvorsprüngen im Meer festsetzen, der Bewegung der Wellen widerstehen und sich gegen seine Feinde verteidigen. Wenn der Hummer von den Felsen springen will, bildet er einen Drehpunkt seines Schwanzes, der die Wirkung einer kräftigen Feder hat. Sein Gang ist, wie bei allen Krebstieren, ungeschickt. Neben seinen Krallen hat er auf jeder Seite vier kleine Beine, die ihn bei seinen Bewegungen unterstützen. Unter dem Schwanz bewahrt die Hummerhenne ihre Eier auf, bis sie schlüpfen. Sie sind äußerst produktiv. Dr. Baxter sagt, er habe zwölftausendvierhundertvierundvierzig Eier unter dem Schwanz eines Hummerweibchens gezählt, zusätzlich zu den Eiern, die unentwickelt im Körper verblieben seien. Wie der Rest ihres Stammes werfen sie jährlich ihre Muscheln ab, davor wirken sie träge und unruhig: Innerhalb weniger Tage erhalten sie eine völlig neue Hülle.

DER KREBS (*Astacus fluviatilis*)

KANN als Hummer des Süßwassers bezeichnet werden, und seine Anwesenheit wird allgemein als Beweis für die Güte des Wassers gewertet. Krebse gelten als sehr stärkendes Nahrungsmittel. Sie werden in flachen Bächen gefangen, versteckt unter großen Steinen, aus denen sie rückwärts kriechen, um nach ihrer Beute zu suchen, die aus kleinen Insekten besteht; Die Haken, mit denen sie gefangen werden, sind mit Leber oder Fleisch bestückt, an denen sie äußerst gierig knabbern.

DIE KRABBE. (*Krebs pagurus.*)

KRABBEN gibt es in verschiedenen Größen, manche wiegen mehrere Pfund, andere wiegen nur ein paar Körner und gehören alle verschiedenen Arten an. Sie bewegen sich nicht vorwärts, sondern seitwärts. Sie haben einen kleinen, am Körper geschlossenen Schwanz; was einen erheblichen und wesentlichen Unterschied zwischen ihnen und den Hummern, Garnelen, Garnelen und Flusskrebsen darstellt.

Der bemerkenswerteste Umstand in der Geschichte dieser Tiere ist der Wechsel ihres Panzers und die Erneuerung ihrer gebrochenen Krallen. Erstere finden, wie es heißt, einmal im Jahr statt, meist zwischen Weihnachten und Ostern. Während der Operation ziehen sie sich zwischen Felshöhlen und großen Steinen zurück. Krabben sind untereinander von Natur aus streitsüchtig und liefern sich häufig ernsthafte Auseinandersetzungen mit Hilfe ihrer gewaltigen Waffen, ihren großen Krallen. Damit ergreifen sie die Beine ihres Gegners; und wo auch immer sie sich bemächtigen, es ist nicht leicht, sie dazu zu bringen, ihrer Herrschaft zu entsagen. Dem beschlagnahmten Tier bleibt daher keine andere Wahl, als als Zeichen des Sieges einen Teil des Beins zurückzulassen.

Es wurde ein Experiment versucht, um die äußerst zähe Veranlagung der Krabbe zu beweisen. Indem er es reizte, brachte ein Fischer eine Krabbe dazu, eine ihrer eigenen kleinen Scheren mit einer großen zu ergreifen. Das Tier erkannte nicht, dass es selbst der Angreifer war, sondern nutzte seine Kraft und knackte bald die Schale der kleinen Klaue. Da es sich verletzt fühlte, warf es das Stück an der gewohnten Stelle ab, hielt es aber noch lange Zeit danach mit der großen Klaue fest.

Die *violetten Landkrabben* der Karibikinseln zeichnen sich durch ihre Gewohnheiten aus; Sie steigen in jährlichen und regelmäßigen Karawanen von den Bergen, ihrem natürlichen Wohnsitz, zu den Meeresküsten hinab, um ihren Laich abzulegen, und kehren dann wieder in die Berge zurück. Diese Krabben bilden in ihrem Zug einen Körper von fünfzig Schritt Breite und drei Meilen Länge. Dieses Bataillon bewegt sich langsam, aber regelmäßig und gleichmäßig, sei es beim Abstieg oder beim Aufstieg auf die Hügel. Sie sind in Jamaika reichlich vorhanden, wo sie von den Eingeborenen als große Delikatesse angesehen werden, und sind auf den angrenzenden Inseln weit verbreitet.

Die Soldatenkrabbe, OE Einsiedlerkrebs,

(*Pagurus bempardus*)

IST ein neugieriges Tier und sollte hier wegen seiner einzigartigen Gewohnheiten beachtet werden. Es ähnelt in gewisser Weise einem Hummer, dem seine Schale entzogen wurde; Es ist etwa 10 cm lang und hat am Hinterteil keinen Panzer, ist aber bis zum Schwanz hinab mit einer rauen Haut bedeckt; Es ist außerdem mit starken, harten Zangen ausgestattet. Diese Krabbe wurde von der Natur nicht mit einem Panzer ausgestattet und ist gezwungen, nach einem zu suchen, der von ihrem rechtmäßigen Bewohner verlassen wurde; aber da diese Bedeckung natürlich nicht proportional mit ihm wachsen kann, wird er durch seine zunehmende Größe gezwungen, sie zu verlassen, und sieht sich gezwungen, nach einer neuen Ausschau zu halten: es ist merkwürdig, ihn zu sehen, wenn er ein neues Haus braucht Er kroch von einer leeren Hülle zur nächsten, untersuchte und probierte seine neue Behausung aus. Manchmal, wenn zwei Konkurrenten zufällig dasselbe Grundstück im Auge haben, kommt es zu einem großen Wettbewerb, und natürlich erhält der Stärkste das Herrenhaus.

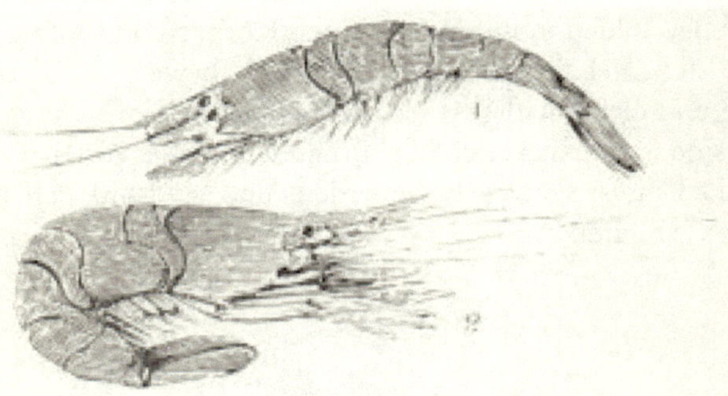

1. DIE GARNELEN. (*Cragon vulgaris.*)

DIE GARNELE ist ein bekanntes kleines Krustentier, das fast mit dem Hummer verwandt ist, dem es in seiner Form ähnelt. Seine Länge beträgt etwas mehr als zwei Zoll; Die Farbe ist grünlich-grau mit braunen Punkten. Es hat lange, schlanke Fühler, zwischen denen sich zwei hervorstehende Blättchen befinden; zehn Fuß und fünf Flossen, aber keine Krallen. Dieses Tier brütet an allen Sandstränden Großbritanniens: Man findet es häufig in Häfen und sogar in den Gräben und Teichen von Salzwiesen; Auch an der französischen Küste kommt sie sehr häufig vor. Während des Lebens ist der Körper halbtransparent und ähnelt so sehr dem Meerwasser, dass das Tier nur schwer zu erkennen ist. Seine gewöhnliche Bewegung besteht aus Sprüngen. Sein Geschmack ist sehr delikat.

2. DIE GARNELEN. (*Palæmon serratus.*)

DIE GARNELE ist der Garnele nicht unähnlich, übertrifft sie jedoch deutlich in der Größe, ihre Länge liegt zwischen 7 und 10 cm. Es hat einen vorspringenden Grat am Rücken, der mit scharfen Zähnen versehen ist. Seine natürliche Farbe ist gräulich mit kleinen roten und braunen Flecken, aber wenn es gekocht wird, nimmt es einen wunderschönen rosa Farbton an. Das Fleisch ist sehr zart, schmeckt aber vielleicht schlechter als das der Garnele.

Garnelen sind an den Küsten Frankreichs und Englands sehr verbreitet; man findet sie hauptsächlich zwischen Algen und in der Nähe von Felsen, in geringer Entfernung vom Ufer. Sie gelangen selten in Flussmündungen. Sie ernähren sich von allen kleineren Arten von Meerestieren, die sie mit großer Gier erbeuten und verschlingen. Sie wiederum sind die Beute zahlreicher Fischarten, obwohl das scharfe und gezackte Horn vor ihrem Kopf eine starke Verteidigungswaffe gegen die Angriffe aller kleineren Fischarten darstellt. An der Seite des Kopfes ist häufig eine große und scheinbar unnatürliche Beule zu beobachten. Wenn man es untersucht, wird man finden, dass es unter der Brustplatte eine Art parasitisches Tier enthält, das die ganze Höhle einnimmt und sich dort ernährt und sein Wachstum vervollkommnet. Derselbe Tumor oder Knoten kann auch bei der Garnele beobachtet werden.

Da Garnelen und Garnelen sehr begehrt auf dem Tisch sind, werden sie von den Fischern heiß begehrt, die sie entweder in Weidenkörben fangen, ähnlich denen, die beim Hummerfang verwendet werden, oder in einer Art Netz, das *Putting-Net genannt wird* . Diese, die allen Besuchern der Meeresküste wohlbekannt sind, sind fünf bis sechs Fuß breit und am Boden flach; und werden von einem Mann, der hinter ihnen hergeht, im seichten Wasser an den sandigen Ufern entlanggeschoben. Es gibt eine große Anzahl anderer Arten, die zur gleichen Familie wie die Garnelen und Garnelen gehören, aber sie leben größtenteils in fremden Meeren, und die anderen britischen Arten, die es gibt, sind im Vergleich zu den beiden, die wir beschrieben haben, selten.

Fossile Krebstiere, die offenbar zur selben Familie gehören, wurden auch in Frankreich und Deutschland gefunden.

§ III. *Spinnentier.*

DIESE ORDNUNG die Spinnen, Skorpione und Milben, die keine Metamorphosen durchlaufen. Diese Geschöpfe unterscheiden sich von den echten Insekten durch die Anzahl ihrer Füße, die im Allgemeinen acht beträgt, während die der echten Insekten nie mehr als sechs Füße haben.

DIE GARTENSPINNE. (*Epeïra diadema.*)

ALLE Spinnen zeichnen sich dadurch aus, dass sie keine Antennen, acht Beine und im Allgemeinen acht Augen haben; Mandibeln, die in einer beweglichen Klaue enden, die manchmal Gift ausstößt; und ein Bauch ohne Ringe, der an seiner Spitze mit vier oder sechs Spinndüsen ausgestattet ist, aus denen die Spinne die Fäden ausstößt, die sie zum Spinnen ihres Netzes benötigt. Dieses Netz ist in seiner Entstehung wunderbar. Es besteht aus einer Anzahl kräftiger Fäden, die strahlenförmig von der Mitte zu verschiedenen Gegenständen in der Umgebung verlaufen und von einer großen Menge feinerer Fäden gekreuzt werden, die in einer engen Spirale angeordnet sind, so dass der Eindruck mehrerer konzentrischer Kreise entsteht. Diese feinen Fäden sind geflochten und klebrig, so dass jede unglückliche Fliege, die mit ihnen in Berührung kommt, leicht daran haften bleibt:

„Die Berührung der Spinne, wie herrlich schön!
Fühlt jeden Faden und lebt entlang der Linie."
PAPST.

Die Spinne sitzt in der Mitte, und bei der geringsten Bewegung, die durch eine Fliege oder ein anderes Insekt hervorgerufen wird, die gegen sie drückt, stürzt sie sich auf ihre Beute und saugt ihre Säfte aus; Sollte es jedoch überhaupt furchterregend erscheinen, hüllt die Spinne es sorgfältig in ein Netzgewebe, das es natürlich völlig außer Gefecht setzt; und schlemmt es dann nach Belieben. Der schwierigste Teil der Angelegenheit ist das Auswerfen der Reste, was oft mit großen Schäden für das Netz verbunden ist. Das Weibchen legt im Allgemeinen neunhundert bis tausend Eier, die in einer Art Beutel enthalten sind, und so schlüpft jedes Jahr eine immense Anzahl von Spinnen, deren Anzahl bald zu einer Belastung werden würde, wenn sie nicht in Schach gehalten würden die zahlreichen Vögel, die ihnen nachjagen. Die Seide, die die Spinne produziert, ist nicht stark genug, um für nützliche Zwecke verwendet zu werden. Aus Neugier wurden jedoch Handschuhe und Strümpfe daraus gewebt. Eine große Schwierigkeit ergibt sich jedoch aus den kämpferischen Gewohnheiten der Spinnen, da sie, wenn mehrere von ihnen zusammen gehalten werden, so schrecklich kämpfen, dass in kurzer Zeit nur sehr wenige am Leben bleiben; und eine große Zahl wäre erforderlich, da zwölf Spinnen nicht so viel Seide produzieren wie eine einzelne Seidenraupe. Spinnen ähneln Krebstieren, da sie die Fähigkeit haben, die Beine zu reproduzieren, die sie verlieren.

DIE HAUSSPINNE (*Tegenaria Domestica*)

IST eine ganz andere Art als die Kreuzspinne. Sie wohnt in den dunklen Ecken von Häusern und Nebengebäuden und bildet ein schmuddeliges Netz aus unregelmäßigen Fäden, die alle mit einer verborgenen Kammer oder Höhle in Verbindung stehen, in der die Spinne lauert.

DIE TAUCHSPINNE (*Argyroneta aquatica*)

IST eine andere Art, die eine Art Zelt bildet, indem sie ihre Fäden zwischen den Stängeln von Wasserpflanzen weit unter der Oberfläche spannt. In dieser Höhle wohnt es, und hier verschlingt es die Beute, die es auf seinen Ausflügen fängt; und um einen Vorrat an Luft für seine Atmung bereitzustellen, führt es nacheinander kleine Luftportionen nach unten, die zwischen den Haaren seines Hinterleibs verwickelt sind. Dieser Vorgang ähnelt genau dem, durch den früher Taucherglocken mit Luft versorgt wurden, und tatsächlich ist die kuppelartige Behausung dieser Spinne genau nach dem gleichen Prinzip wie die Taucherglocke aufgebaut.

Es gibt auch mehrere Arten von *Wassermilben* , von denen die häufigste eine satte rote Farbe hat und fast die Größe einer Erbse erreicht. Man sieht ihn häufig zwischen den Pflanzen in Tümpeln und Gräben schwimmen.

DIE TARANTEL. (*Lycosa-Vogelspinne.*)

DIESE Spinne stammt ursprünglich aus Südeuropa. Er lebt auf Feldern und seine Behausung liegt etwa zehn Zentimeter tief im Boden, einen halben Zentimeter breit und an der Mündung mit einem Netz verschlossen. Sie legen etwa siebenhundertdreißig Eier, die im Frühjahr schlüpfen. Diese Spinnen leben nicht ganz ein Jahr; Die Eltern überleben den Winter nie.

Entzündungen, Atembeschwerden und Übelkeit sollen die unvermeidlichen Folgen des Bisses dieses Tieres sein. Dr. Mead und andere Mediziner haben die populäre Geschichte unterstützt, dass diesen Effekten durch die Kraft der Musik entgegengewirkt wird. Es ist jedoch mittlerweile allgemein bekannt, dass diese einzigartige Art der Heilung nichts weiter als ein Trick war, der häufig bei leichtgläubigen Reisenden angewendet wurde, die es unbedingt miterleben wollten. Als Herr Swinburne in Italien war, untersuchte er sorgfältig alle Einzelheiten im Zusammenhang mit der Vogelspinne. Die Jahreszeit war noch nicht weit genug fortgeschritten, und es wurde behauptet, dass in diesem Jahr noch niemand gebissen worden sei; er überredete jedoch eine Frau, die zuvor gebissen worden war, die Rolle vor ihm zu tanzen. Mehrere Musiker wurden gerufen, und sie führte den Tanz, wie ihm alle Anwesenden versicherten, perfekt auf. Zuerst räkelte sie sich dumm auf einem Stuhl, während die Instrumente dumpf spielten. Sie berührten schließlich den Akkord, der ihr Herz zum Schwingen bringen sollte; und sie sprang mit einem grässlichen Schrei auf, taumelte wie eine betrunkene Person durch das Zimmer, hielt ein Taschentuch in beiden Händen, hob sie abwechselnd und bewegte sich in sehr genauem Takt. Als die Musik lebhafter wurde, beschleunigten sich ihre Bewegungen, und sie hüpfte mit großer Kraft und in verschiedenen Schritten umher, wobei sie hin und wieder sehr laut kreischte. Die Szene war unangenehm und auf seine Bitte hin wurde ihr ein Ende gesetzt, bevor die Frau müde war.

Er teilt uns mit, dass, wann immer sie tanzen sollen, ein Platz für sie vorbereitet wird, der mit Weintrauben und Bändern geschmückt ist. Die Patienten sind weiß gekleidet, mit roten, grünen oder gelben Bändern; auf ihren Schultern tragen sie einen weißen Schal; Sie lassen ihr Haar locker um die Ohren fallen und werfen den Kopf ganz zurück. Er sagt, dass es sich um exakte Kopien der antiken Priesterinnen des Bacchus handelt. Mit der Einführung des Christentums wurden alle öffentlichen Darstellungen heidnischer Riten abgeschafft; aber die Frauen, die nicht bereit waren, auf ihr süßes Vergnügen zu verzichten, indem sie den hektischen Charakter der Bacchantinnen aufführten, ersannen andere Vorwände; und er nimmt an, dass dieser Zufall sie zur Entdeckung der Vogelspinne führte, die sie zu diesem Zweck ausnutzten.

Die Käsemilbe. (*Acarus siro.*)

DIESE zerstörerischen kleinen Kreaturen unterscheiden sich von Spinnen dadurch, dass Brustkorb und Bauch miteinander verbunden und mit derselben Haut bedeckt sind, obwohl sie an einem Teil zusammengezogen ist. Sie haben auch, wenn sie jung sind, nur sechs Beine, obwohl die beiden anderen später erscheinen; und ihre Füße sind mit starken Haken bewaffnet, die es ihnen ermöglichen, den Käse oder andere Lebensmittel, in denen sie wohnen, festzuhalten. Ihr Körper ist mit Haaren bedeckt und ihr Mund ist mit kräftigen Kiefern ausgestattet, mit denen sie bald riesige Steine und Käseberge niederhauen. Die Eier dieser Milben sind so klein, dass man errechnet hat, dass das Ei einer Taube dreißig Millionen davon enthalten würde. Es ist zu beachten, dass diese Milbe nur in trockenem Käse vorkommt, wo sie wie rötlicher Staub aussieht. Der Käsehüpfer, der in feuchtem, faulem Käse vorkommt, ist die Made einer Fliegenart. (*Piophila Casei.*)

§ IV. *Insekten.*

INSEKTEN haben alle sechs Beine und zwei Antennen oder Fühler; und obwohl sich die Transformationen, die sie durchlaufen, bei den verschiedenen Arten geringfügig unterscheiden, ist die folgende Reihenfolge, in der sie stattfinden: – Das perfekte Insekt legt Eier, aus denen beim Schlüpfen Larven entstehen; und die man Maden nennt, wenn sie zu den Käfern gehören, Maden zu den Fliegen und Raupen zu den Schmetterlingen und Motten. Diese Larven fressen gefräßig; und da sie schnell an Größe zunehmen, mausern sie sich im Allgemeinen, das heißt, sie wechseln ihre Haut zwei- oder dreimal. Wenn die Larven ausgewachsen sind, gehen sie in den Puppenzustand über, in dem sie längere Zeit träge und ohne Nahrung bleiben und manchmal zunächst eine lose Hülle für die Puppe spinnen, die als Kokon bezeichnet wird. Die Puppe wird allgemein als Puppe bezeichnet; aber manchmal wird sie auch Nymphe und manchmal Aurelia genannt. Die letzte Transformation findet statt, wenn das Insekt in perfekter Form aus seiner Hülle ausbricht, wenn es Imago genannt wird. Es gibt jedoch einige Insekten, die ihr ganzes Leben lang aktiv sind, und bei diesen sind die Larven und Puppen dem perfekten Insekt sehr ähnlich. Das perfekte Insekt ist in drei Segmente oder Teile unterteilt, die Kopf, Brustkorb und Hinterleib genannt werden.

BESTELLE I. *Coleoptera oder Käfer.*

DIE Larve des Käfers ist eine Larve, die oft drei oder vier Jahre in diesem Zustand verbleibt und während der gesamten Zeit gefräßig frisst. Wenn es ausgewachsen ist, sinkt es in den meisten Fällen entweder in den Boden, wo es seine Verwandlungen durchläuft, zunächst in eine Nymphe oder Puppe und dann in einen Käfer; Oder es bildet einen groben Kokon aus Zweigen und toten Blättern, in dem es sich in eine Puppe und anschließend in einen Käfer verwandelt. Die holzfressenden Käfer durchlaufen ihre Verwandlungen in dem Baum, von dem sie sich ernähren. Die Puppe des Käfers wird als unvollständig bezeichnet, weil alle Teile des Insekts in ihr sichtbar sind, anstatt wie bei den Motten und Schmetterlingen in einer dicken Hülle eingeschlossen zu sein. Der Kopf des Käfers ist mit zwei Facettenaugen versehen; zwei Antennen (die bei den verschiedenen Arten unterschiedlich geformt sind, aber normalerweise elf Gelenke haben); und ein Mund, bestehend aus einem Labrum oder einer Oberlippe, einem Labium oder einer Unterlippe, zwei Mandibeln oder Oberkiefern und zwei Oberkiefern oder Unterkiefern. Es gibt auch das Mentum oder Kinn und einen Teil namens Clypeus, an dem die Oberlippe befestigt ist.

Der Brustkorb ist der Teil, der die Beine und Flügel stützt. Die Beine sind in fünf Abschnitte unterteilt, von denen der Teil, der mit der Klaue endet, Tarsus genannt wird. Es gibt zwei häutige Flügel, die von zwei gehärteten Flügeln oder Flügelhüllen bedeckt sind, die als Flügeldecken bezeichnet werden und sich im Allgemeinen in einer geraden Linie auf dem Rücken öffnen. und daher der Name Coleoptera, der in gewisser Weise Flügel bedeutet: Der Hinterleib ist einfach der Körper.

Die Zahl der Käfer ist sehr groß, und tatsächlich teilt uns Herr Westwood mit, dass mehr als dreißigtausend Arten beschrieben wurden, von denen etwa dreitausendfünfhundert in Großbritannien heimisch sind.

Der Maikäfer. (*Melolontha vulgaris.* **)**

DER MAIKÄFER gehört zu den Lamellenkäfern. Das Weibchen legt seine Eier in den Boden und die Larven sind beim Schlüpfen weich, dick und weißlich. Aufgrund seines weißen Aussehens wird die Larve des Maikäfers von den Franzosen *le ver blanc genannt*. Diese Maden, manchmal in großer Zahl, arbeiten auf den fruchtbarsten Wiesen zwischen dem Rasen und dem Boden und fressen die Wurzeln des Grases so stark auf, dass der Rasen aufsteigt und sich fast so leicht aufrollt, als wäre er geschnitten worden mit einem Rasenmesser; Der Boden darunter schien mehr als einen Zentimeter tief wie das Beet eines Gartens zu sein. Darin liegen die Maden auf dem Rücken in gekrümmter Position, Kopf und Schwanz nach oben und der Rest des Körpers in der Form vergraben. Es wird auch gesagt, dass ein ganzes Feld feinen, blühenden Grases in wenigen Wochen verdorrt, trocken und spröde wie Heu geworden ist, weil diese Maden die Wurzeln gefressen haben.

Im Jahr 1688 tauchten an den Hecken und Bäumen der Südwestküste der Grafschaft Galway große Mengen Maikäfer auf, in Gruppen zu Tausenden, die sich wie Bienen beim Schwärmen an den Rücken klammerten. Tagsüber blieb es ruhig, aber gegen Sonnenuntergang geriet das Ganze in Bewegung; und das Summen ihrer Flügel klang wie ferne Trommeln. Ihre Zahl war so groß, dass sie auf einer Fläche von zwei bis drei Quadratmeilen die Luft völlig verdunkelten. Wer auf der Straße unterwegs war oder sich auf dem Feld aufhielt, hatte Schwierigkeiten, nach Hause zu kommen, da die Insekten ihnen ständig ins Gesicht schlugen und ihnen große Schmerzen bereiteten. In sehr kurzer Zeit wurden die Blätter aller Bäume im Umkreis von mehreren Meilen zerstört, so dass das ganze Land, obwohl es fast Mittsommer war, so kahl und trostlos zurückblieb, wie es mitten im Winter gewesen wäre. Der Lärm, den diese riesigen Schwärme machten, als sie die Blätter packten und verschlangen, war so laut, dass man ihn mit dem fernen Sägen von Holz vergleichen konnte. Schweine und Geflügel vernichteten sie in großer Zahl; Sie warten unter den Bäumen darauf, dass die Insektenschwärme fallen, und verschlingen dann solche Schwärme, dass sie allein an ihnen satt werden. Sogar die einheimischen Iren übernahmen eine Kochmethode, nachdem die Insekten alle Produkte des Bodens aufgefressen hatten, und verwendeten sie so als Nahrung. Gegen Ende des Sommers verschwanden sie so plötzlich, dass innerhalb weniger Tage keines mehr übrig war.

Saatkrähen fressen diese Maden sehr gern, und oft, wenn man sie auf einem frisch gesäten Feld sieht, wie sie scheinbar das Getreide verschlingen, erweisen sie dem Bauern tatsächlich den größten Dienst, indem sie seinen großen Feind, die Weißen, vernichten Wurm.

DER DOR ODER BLINDKÄFER.

(*Geotrupes stercorarius.*)

DIESES bekannte Insekt, das manchmal auch „der Scherbenkäfer" genannt wird, wurde von den Dichtern oft bemerkt. Unter anderem lässt Shakespeare Macbeth sagen:

„Bevor Hekates Aufforderung zu Ende geht
, hat der von Scherben getragene Käfer mit seinem schläfrigen Summen das gähnende Geläut der Nacht erklingen lassen, da wird
eine Tat von schrecklicher Bedeutung geschehen."

Dieser Käfer, ein britisches Insekt, legt seine Eier in eine Masse Kuhmist, die er anschließend in der Erde vergräbt. Beim Fliegen macht es ein dumpfes, schläfriges Geräusch und schlägt oft gegen jede Person oder jeden Gegenstand, dem es begegnet, als wäre es blind. Außerdem hat er die Angewohnheit, seine Gliedmaßen auszustrecken und so zu tun, als wäre er tot, wenn er gefangen wird.

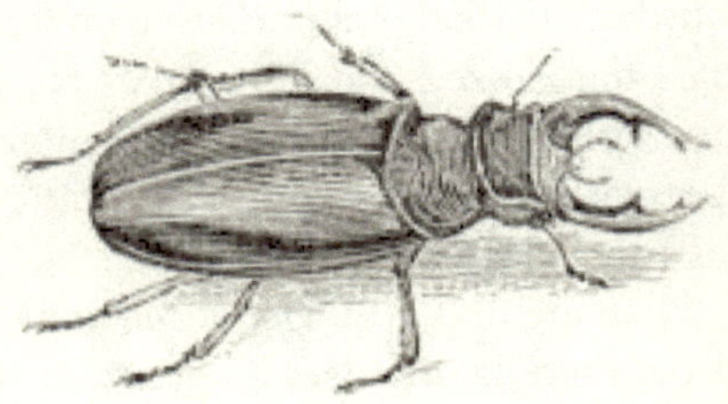

DER HIRSCHKÄFER. (*Lucanus cervus.*)

„Sehen Sie den stolzen Riesen der Käferrasse;
Was für glänzende Arme seine polierten Glieder umschließen!
Wie ein strenger Krieger, beeindruckend strahlend,
reflektieren seine stählernen Seiten ein schimmerndes Licht;
Auf seiner großen Stirn trägt er ausgebreitete Hörner,
und hoch in der Luft trägt er ein verzweigtes Geweih;
Über viele Zentimeter erstreckt sich sein weites Reich,
und seine reiche Schatzkammer füllt sich mit gehortetem Getreide."
BARBAULD.

DIESES Insekt ist das größte und einzigartigste in diesem Land. Man erkennt ihn an zwei hornähnlichen Mandibeln, die aus seinem Kopf herausragen und denen eines Hirsches ähneln, mit denen er sehr stark kneifen kann. Diese Mandibeln sind von der Wurzel bis zur Spitze stark gezähnt. Die Flügelhüllen weisen weder Streifen noch Flecken auf. Das ganze Insekt ist tiefbraun. Man findet ihn manchmal in hohlen Eichen und Buchen in der Nähe von London.

Die Larven oder Maden halten sich unter der Rinde oder in den Mulden alter Bäume auf; welches sie beißen und zu feinem Pulver zerkleinern. Die Larven sollen drei bis vier Jahre existieren, bevor sie ihre Kokons bilden. Diese Insekten kommen hauptsächlich in Kent und Sussex vor. In Deutschland gibt es eine weit verbreitete, aber müßige Vorstellung, dass sie manchmal mit ihren Kiefern glühende Kohlen in Häuser tragen; und dass infolge dieser schelmischen Neigung schreckliche Brände verursacht wurden. Der Hirschkäfer gehört zu den Lamellenkäfern.

DER ELEFANTENKÄFER

(*Scarabæus* oder *Dynastes Elephas*)

KOMMT in Südamerika vor, insbesondere in Guayana und Surinam sowie in der Nähe des Flusses Orinoko. Er ist einer der größten Käfer seiner Art; Es ist schwarz und der ganze Körper ist mit einem sehr harten Panzer bedeckt, der genauso dick und stark ist wie der einer kleinen Krabbe. Seine Länge vom Hinterteil bis zu den Augen beträgt fast zehn Zoll; und von demselben Teil bis zum Ende des großen Horns auf dem Kopf (wegen dessen Ähnlichkeit mit dem Rüssel eines Elefanten und seiner großen Größe hat der Käfer seinen Namen erhalten) vier Zoll und dreiviertel. Der Querdurchmesser des Körpers beträgt zweieinhalb Zoll; und die Breite jedes Gehäuses für die Flügel betrug mehr als einen Zoll. Die Hörner sind etwa einen Zoll lang und enden in Spitzen. Das Kopfhorn ist eineinhalb Zoll lang und dreht sich nach oben, so dass eine krumme Linie entsteht, die in zwei Hörnern endet, von denen jedes fast einen Viertel Zoll lang ist. Über dem Kopf befindet sich ein Vorsprung oder ein kleines Horn, das, wenn der Rest des Rumpfes entfernt wäre, diesen Teil dem Horn eines Nashorns ähneln würde. Es gibt tatsächlich einen nach diesem Tier benannten Käfer, dessen Unterhorn diesem ähnelt: Sein wissenschaftlicher Name ist *Oryctes Rhinoceros* .

Der Moschuskäfer oder Ziegenkäfer.

(*Cerambyx moschata* oder *Aromia moschata* .)

DIES ist einer der Bockkäfer. Es ist ein sehr schönes Insekt von glänzender bläulich-grüner Farbe mit einem Schimmer von glänzendem Gold; die Unterseite des Körpers ist bläulich. Es ist etwa anderthalb Zoll lang und hat eine längliche Form, wobei seine Breite im Verhältnis zu seiner Länge klein ist; die Flügel unter dem Gehäuse sind schwarz; die Beine haben die gleiche bläulich-grüne Farbe, nur etwas blasser; und die Brust ist auf jedes Ende gerichtet. Zwischen diesen Punkten befinden sich drei kleine Höcker in der Nähe der Flügel und drei kleinere in Richtung des Kopfes. Die Flügelränder sind länglich und etwa lanzenförmig, mit drei leicht erhabenen, der Länge nach verlaufenden Rippen. Die Fühler sind so lang wie der Körper und bestehen aus vielen Gelenken, die zu den Enden hin kleiner werden. Dieser

Käfer ist im Süden Englands sehr verbreitet und kommt hauptsächlich auf alten Kopfweiden vor. Es verströmt einen starken und angenehmen Duft, der dem Duft von Rosen nicht unähnlich ist. Es hat sicherlich nicht die geringste Ähnlichkeit mit Moschus, obwohl diejenigen, die ihm seinen Namen gegeben haben, offenbar geglaubt haben, dass dies der Fall sei.

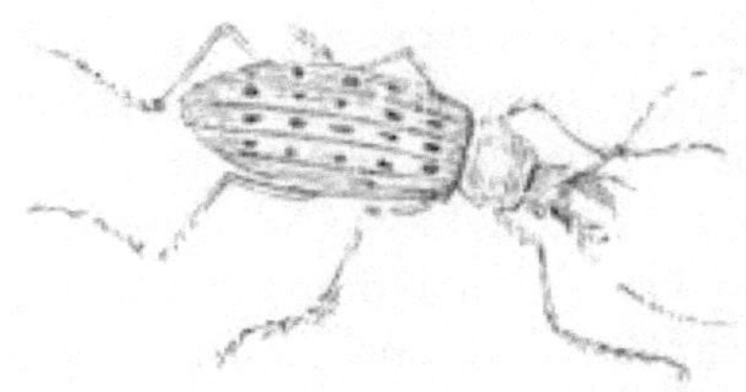

Der Laufkäfer. (*Carabus clathratus.*)

DER LAUFKÄFER ist nicht nur einer der größten, sondern auch der schönste und brillanteste, den dieses Land hervorbringt. Kopf, Brust und Flügel sind kupfergrün; Letzteres hat drei Längsreihen länglicher erhabener Flecken. Der gesamte untere Teil des Insekts ist schwarz. Da er nur sehr kurze Flügel unter den Gehäusen hat, hat die Natur ihn durch die Vorsehung mit solchen Beinen ausgestattet, die es ihm ermöglichen, mit erstaunlicher Geschwindigkeit zu laufen. Dieses Insekt kommt häufig an feuchten Orten, unter Steinen und unter verrotteten Pflanzenhaufen in Gärten vor. Es gibt mehrere Arten, von denen eine (*Carabus violaceus*) ein wunderschönes Lila hat.

Die Larven leben unter der Erde oder in verrottetem Holz, wo sie bleiben, bis sie sich in ihren perfekten Zustand verwandelt haben und dann die Larven anderer Insekten und alle schwächeren Tiere, die sie besiegen können, verschlingen.

Die Laufkäfer sind bereits Anfang März auf Wegen und in der Nähe alter Mauern zu finden, wo die Sonne mit ihren belebenden Strahlen die Erde erwärmt. Viele der großen Arten wurden zwischen der verrotteten Rinde und dem Holz von Weidenbäumen gefunden.

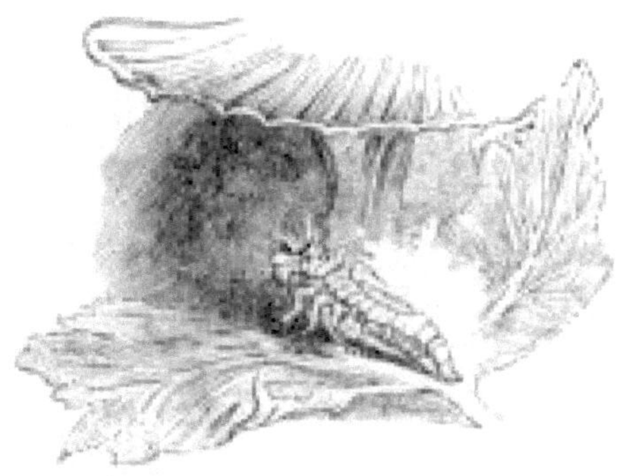

DER GLÜHWURM. (*Lampyris noctiluca.*)

NUR das weibliche Glühwürmchen erzeugt das schöne Licht, für das das Insekt so bekannt ist, und es gibt dieses Licht häufig an seine Eier weiter. Sie hat weder Flügel noch Flügelhülsen und ist bei Tageslicht gesehen nicht schön. Das Männchen hat Flügel und ledrige Flügeldecken. Die Larve ist ein sehr hässlicher und sehr gefräßiger Larve, der sich gierig von Schnecken und Nacktschnecken ernährt.

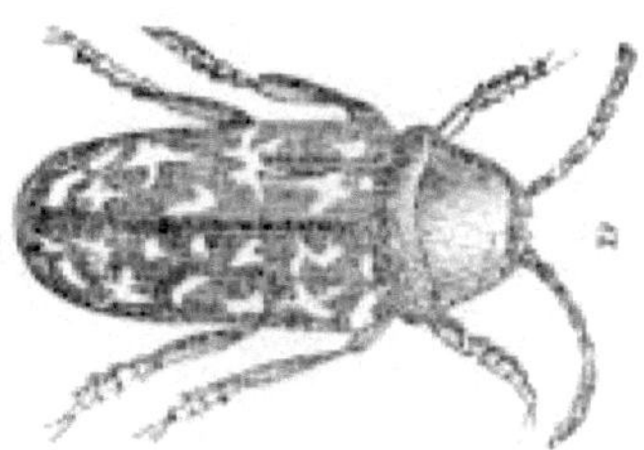

DIE TODEWACHT. (*Anobium tesselatum.*)

DIESE Kreatur wird Todeswache genannt, weil man abergläubisch davon ausgeht, dass das Hören ihrer Schläge ein Zeichen dafür ist, dass jemand im Haus sterben wird. Das Insekt lebt im Wald und der Lärm entsteht dadurch, dass es mit dem Kopf gegen alles schlägt, was sich in seiner Nähe befindet. Diese Insekten richten im Larvenstadium großen Schaden an alten Möbeln an, indem sie zahlreiche runde Löcher bohren. Um dies zu ermöglichen, sind sie mit zwei Oberkiefern ausgestattet, die wie zwei Schneidzangen geformt sind und mit deren Hilfe sie die Löcher so sauber bohren, dass die Franzosen sie *Vrillettes nennen* , von *vrille* , ein Bohrer. Auf die gleiche Weise perforieren sie auch Bücher und richten so großen Schaden in alten Bibliotheken an:

„Unersättliches Tier, dessen Zähne
die süßesten Diener der Muse misshandeln!

Seine Rosen zieren jede Seite.
Mein armer Anakreon trauert um deine Wut.
Bei dir lügt mein verwundeter Ovid;
Durch dich stirbt der Spatz meiner Lesbia; Deine tollwütigen Zähne haben
das Werk der Liebe in Biddy Floyd
halb zerstört ;
Sie rissen Belindas Locken weg
und verwöhnten die Blouzelind von Gay;
Für alle, für jede einzelne Tat
lässt dich die unerbittliche Gerechtigkeit bluten.
Dann werde ich ein Opfer der Neun,
ich selbst der Priester, mein Schreibtisch das Heiligtum."
PARNELL.

Manchmal hört man zwei dieser Insekten ticken und einander antworten; und manchmal kann die Todeswache durch Klopfen mit dem Fingernagel auf einen Tisch zum Laufen gebracht werden. Diese Kreaturen ahmen den Tod mit großer Genauigkeit nach, wenn sie gefangen werden oder wenn sie glauben, dass sie in Gefahr sind.

DIE SPANISCHE FLIEGE ODER CANTHARIS.

(*Cantharis vesicatoria.*)

DIESE Insekten kommen in diesem Land nur selten vor; Sie sind in Frankreich häufiger anzutreffen, aber Spanien, Italien und Russland scheinen ihre Lieblingsstandorte zu sein. Sie erscheinen im Juli und werden im Allgemeinen auf Eschen gefunden, deren Blätter ihre Nahrung bilden. Sie sind von großer kommerzieller Bedeutung, da sie aufgrund ihrer bemerkenswerten Blasenbildungskraft in der Medizin sehr nützlich sind. Sie haben einen sehr unangenehmen Geruch und stoßen eine Flüssigkeit von so ätzender Natur aus, dass viele Menschen durch das Sammeln dieser Stoffe sehr gelitten haben; und es soll äußerst gefährlich sein, unter einem von ihnen befallenen Baum zu schlafen, da ihr Geruch einen lethargischen Schlaf hervorruft, der häufig mit dem Tod endet. Sie werden im Allgemeinen gefangen, indem man Leinentücher unter die Bäume legt, die sie befallen, und gegen die Äste schlägt; Dann werden sie in Haarsiebe gegeben und über Gefäße mit kochendem Essig gehalten, bis der Dampf sie tötet. Danach werden sie in Öfen oder auf Hürden getrocknet, der Sonne ausgesetzt und dann für den Verkauf verpackt. Im getrockneten Zustand wiegen fünfzig von ihnen kaum eine Drachme, aber ihre medizinischen Eigenschaften verlieren sie mit zunehmendem Alter nicht, es sei denn, sie werden feucht. Obwohl sie den Namen Spanische Fliegen tragen, werden die meisten Insekten aus St. Petersburg bezogen, wobei die russischen Insekten als die besten gelten.

Sie sind hochgiftiger Natur und es gibt viele Fälle, von denen einige sogar erst kürzlich aufgetreten sind, dass sie heftige Blutungen und den Tod hervorrufen.

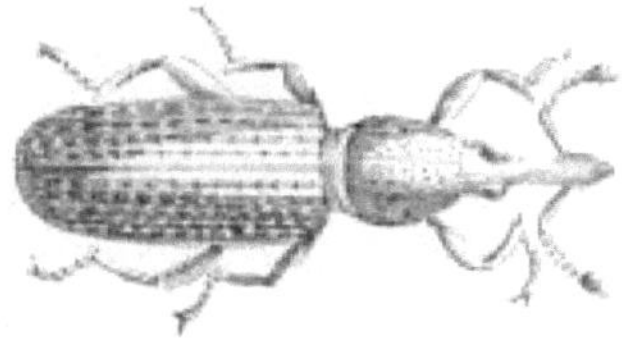

Der Maisrüsselkäfer. (*Calandra granaria.*)

DIES ist ein kleiner Käfer von etwa einem Achtel Zoll Länge, von rötlich-brauner Farbe, mit einem schlanken Rüssel, der aus der Vorderseite des Kopfes herausragt, an dessen Ende sich das Maul befindet. Da dieser Rüssel nicht dicker als eine feine Nadel ist, können sich unsere Leser eine Vorstellung von der winzigen Größe der Kiefer machen, mit denen der Mund ausgestattet ist. Dennoch sind sie stark genug, um dem kleinen Tier die Nahrungsaufnahme von Mais und Keksen zu ermöglichen. Im Larvenstadium wirken sie äußerst zerstörerisch auf den Mais in Getreidespeichern, wobei sie manchmal so stark in einem Getreidehaufen vorkommen, dass nur noch die Spelzen davon übrig bleiben.

Es gibt eine große Anzahl von Rüsselkäfern, bei denen die Vorderseite des Kopfes alle zu einem Rüssel oder Schnabel verlängert ist. Eine sehr häufige Art ist der *Nussrüssler (Balaninus micum)*, der einen sehr langen und schlanken Schnabel hat; dabei frisst das Weibchen in die weichen Schalen junger Nüsse und legt ihre Eier in das Loch; Die Maden fressen den Kern der Nuss und hinterlassen nichts als Staub im Inneren der Schale.

Der Marienvogel oder die Marienkuh.

(*Coccinella septem-punctata.*)

DIE Larve dieses bekannten und schönen kleinen Käfers ist in ihrem Aussehen unangenehm und fast ekelhaft; aber um dies zu kompensieren, ist es äußerst nützlich bei der Vernichtung der Aphis oder Grünen Fliege. Beim perfekten Insekt sind die Flügeldecken scharlachrot und wunderschön schwarz gefleckt; Einige Arten haben sieben, andere fünf Flecken und eine der schönsten achtzehn. Der Kopf ist sehr klein, die Fühler und Beine sehr kurz und der Körper fast rund. Dieser Käfer wird in fast allen Ländern allgemein hoch geschätzt und war in der katholischen Zeit in gewisser Weise der Jungfrau Maria geweiht. Daher der Name Lady Bird.

BEFEHL II. *Orthopteren.*

IN dieser Reihenfolge sind die Flügeldecken viel weicher und flexibler als bei den Käfern; Sie sind häufig häutig oder mit Schwimmhäuten versehen und bilden im geschlossenen Zustand keine gerade Linie entlang des Rückens. Auch der Mund ist anders; Der Oberkiefer endet in einem geilen, gezahnten Stück namens Galea. Es gibt auch eine Art Zunge, und die Metamorphose ist unvollständig.

DER OHRENWÜRMER. (*Forficula auricularia.*)

Im Gegensatz zu den meisten anderen Insekten wacht das Ohrwurmweibchen über seine Eier, bis diese schlüpfen, und kümmert sich anschließend eine Zeit lang um seine jungen Nachkommen. Zu Beginn des Monats Juni fand Herr de Geer unter einem Stein ein Ohrwurmweibchen, begleitet von vielen Kleinen, offenbar ihren Jungen. Sie blieben dicht bei ihr und platzierten sich oft unter ihrem Körper, wie es Hühner unter einer Henne tun.

Dieses kleine Tier ist sehr flink und, außer für Blumen, vollkommen harmlos, trotz des sagenhaften Vorwurfs, der lange gegen es vorgebracht wurde, es dringe in das menschliche Ohr ein und lege dort seine Eier ab, die angeblich beim Schlüpfen unerträgliche Schmerzen verursachten und die Jungen begannen, an der Innenseite des Ohrs zu nagen. Der Ohrwurm besitzt Flügel, die, wenn sie ausgebreitet sind, fast das ganze Insekt bedecken. Die Elytren oder Flügeldecken sind kurz und erstrecken sich nicht über den ganzen Körper, sondern nur über die Brust. Die Flügel sind darunter verborgen und haben eine etwas ovale Form. Die Art und Weise, wie das Insekt seine Flügel unter seinen Elytren faltet, ist sehr elegant.

DER SCHWARZE KÄFER ODER DIE KAKERLAKE

(*Blatta Orientalis*)

SO häufig anzutreffen, ist es beinahe mit dem Ohrwurm verwandt.

Die Blattgottesanbeterin. (*Empusa gongylodes.*)

DIESES Insekt ist bemerkenswert geformt. Der Kopf ist durch einen Hals mit dem Körper verbunden, der länger als der Rest des Körpers ist. Es hat zwei polierte Augen und zwei kurze Fühler. Dieser Hals besteht aus dem ersten Abschnitt der Taille oder des Brustkorbs. Die Flügelhüllen, die zwei Drittel des Körpers bedecken, sind geädert und netzförmig oder netzförmig. Die Flügel sind geädert und transparent. Die Hinterbeine sind sehr lang, die nächsten kürzer; und das vorderste Schenkelpaar endet mit Stacheln; die anderen haben häutige Lappen, die ihnen bei ihrem Flug als Flügel dienen. Die Oberseite des Kopfes ist häutig, hat die Form einer Ahle und ist am Ende geteilt. Dieses Tier ist eines der unzähligen Beispiele, die die Natur für die unendliche Weisheit des Schöpfers bietet; denn wenn sich herausstellt, dass ein Tier in seiner Form vom allgemeinen System abweicht, wird es dennoch so geformt, dass es dem Zweck seiner Existenz entspricht. Daher hätte sich dieses Insekt mit so langen Beinen niemals in der Luft halten können, wenn die Vorsehung den Beinen selbst nicht eine Art Flügel verliehen hätte, um ihr Gewicht auszugleichen. Dies sind Beispiele, von denen die Natur nur so wimmelt; und was den Atheisten zum Zittern bringen würde, wenn er nur über das bewundernswerte Design und System nachdachte, mit dem sie charakterisiert werden

„Teile eines erstaunlichen Ganzen;
Wessen Körper ist die Natur und Gott die Seele."

Diese Insekten sind teils blass gelbgrün, teils braun; so dass sie wie tote Blätter aussehen, daher ihr englischer Name. Man findet sie in Ostindien und China.

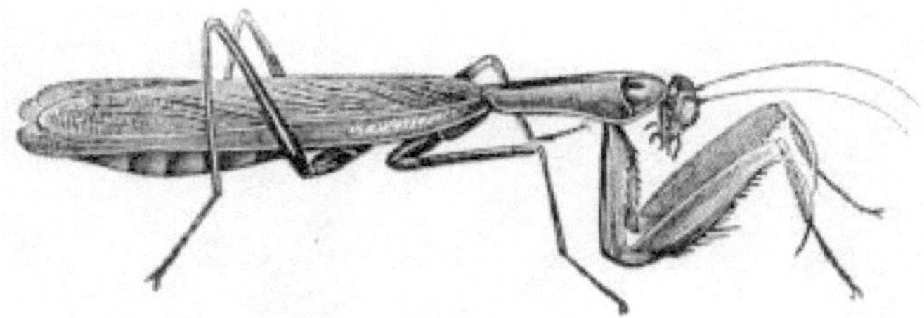

DIE gewöhnlichen Mantiden oder *betenden Insekten* , wie sie manchmal wegen ihrer scheinbar hingebungsvollen Haltung genannt werden, ähneln in ihrer allgemeinen Struktur den eben beschriebenen Arten, sind aber selten mit einem so langen Hals und einem so blattähnlichen Körper ausgestattet. Sie tragen den Kopf aufrecht, und die langen Vorderfüße, die sich wie ein Klappmesser zusammenschließen, werden zum Fangen ihrer Beute verwendet; Man geht davon aus, dass ihre Körperhaltung während dieser Beschäftigung einer Haltung der Hingabe ähnelt.

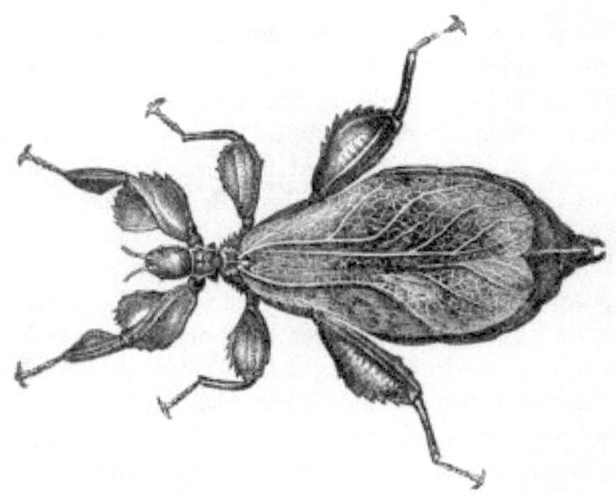

DAS GEHENDE BLATT (*Phyllium siccifolium*)

HAT einen kürzeren Hals als die Gottesanbeterin und ihre Vorderbeine sind nicht als Klammern konstruiert, aber der Körper ist sehr flach und blattartig, und die Flügel sind so geadert, dass sie genau wie ein Blatt aussehen; Tatsächlich würde man es sicherlich für ein Blatt halten, wenn man es bewegungslos am Ast eines Baumes kleben sehen würde. Man findet sie in Ostindien. Es ist merkwürdig, dass diese Geschöpfe zwar eine so trügerische Ähnlichkeit mit Blättern aufweisen, dass es aber einige ihrer nahen Verwandten gibt, die Stöcken und Zweigen gleichermaßen ähneln, so dass der Anschein eines belaubten Zweigs leicht erzeugt werden könnte, indem man erstere an letzteren befestigt . Einige dieser *Spazierstöcke* sind 20 bis 22 Zentimeter lang und der ganze Körper und die Beine haben genau die Farbe und Beschaffenheit von Rinde.

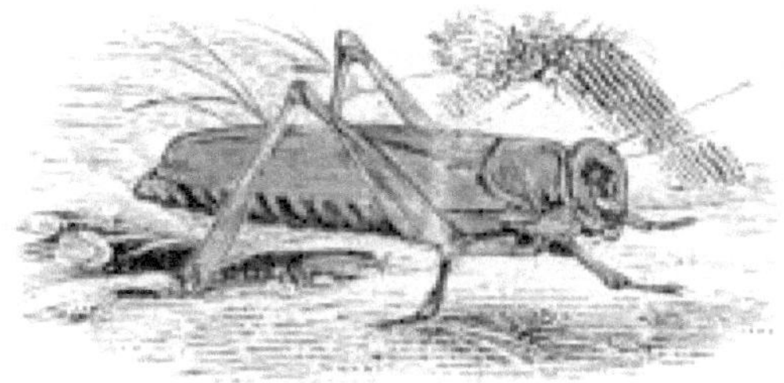

DER GRASSHOPPER (*Locusta flavipes*)

ES IST von grüner Farbe, mit braunen Flügeln und einem Kopf, der ein wenig dem eines Pferdes ähnelt; Das Korselett ist mit einem starken Schild bewaffnet. Von seinen sechs Beinen sind die beiden hinteren viel länger als die anderen, um dem Insekt beim Springen zu helfen. Das Männchen macht ein zwitscherndes Geräusch, das dadurch entsteht, dass die Schenkel an den Seiten der Flügelgehäuse reiben: Bei unsanfter Behandlung beißt die Heuschrecke sehr scharf zu.

Gegen Ende des Herbstes legt das Weibchen seine Eier in ein Loch ab, das es zu diesem Zweck in die Erde bohrt. Diese Eier belaufen sich manchmal auf einhundertfünfzig; Sie sind etwa so groß wie Kümmel, weiß, oval und bestehen aus einer hornigen Substanz. Nachdem das Weibchen seine Pflicht erfüllt hat, verkümmert es bald und stirbt. Anfang Mai schlüpft aus jedem Ei eine kleine weiße Larve. In dieser bescheidenen Gestalt verbringt das Geschöpf etwa zwanzig Tage; Nachdem die zukünftige Heuschrecke die Puppenform angenommen hat und alle Grundlagen unter einer dünnen Außenhaut verborgen sind, zieht sie sich unter eine Distel oder einen Dornenbusch zurück, höchstwahrscheinlich um sicherer zu sein. und dort, nach einer Vielzahl mühsamer Anstrengungen, Windungen und Herzklopfen, teilt sich die vorübergehende Hülle, und das Insekt springt aus seinen *Exuvien* .

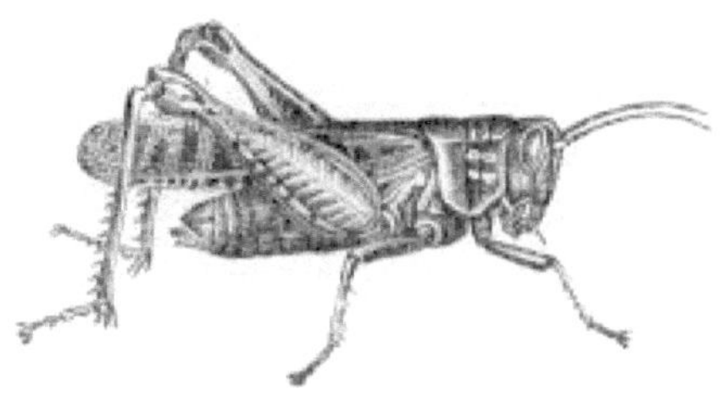

DIE Heuschrecke. (*Locusta migratoria.*)

DIE Bibel, die in einem Land geschrieben wurde, in dem die Heuschrecke eine herausragende Figur unter den natürlichen Lebewesen darstellte, hat uns mehrere sehr eindrucksvolle Bilder von der Zahl und Raubgier dieser Tiere vermittelt. Es vergleicht eine Armee mit einem Heuschreckenschwarm: Es beschreibt sie als aus der Erde aufsteigend, wo sie produziert werden; als einen entschlossenen Marsch verfolgend, um die Früchte der Erde zu zerstören; und als häufige Instrumente der göttlichen Empörung.

Die Heimatländer der Heuschrecke sind Zentralasien und Nordafrika, sie wandern jedoch jedes Jahr nach Europa, wo sie alles Grüne zerstören, was ihnen begegnet. In verschiedenen Teilen der Welt trifft man auf andere Heuschreckenarten, die, wie die echten Wanderheuschrecken, in großen Schwärmen von Ort zu Ort ziehen und überall dort, wo sie ihren vorübergehenden Aufenthaltsort einnehmen, immensen Schaden anrichten.

Wenn die Heuschrecken das Feld betreten, haben sie einen Anführer an ihrer Spitze, dessen Flug sie beobachten und auf dessen Bewegungen sie strenge Aufmerksamkeit richten. Sie erscheinen in der Ferne wie eine schwarze Wolke, die sich, je näher sie kommt, am Horizont sammelt und fast das Licht des Tages verbirgt. Es kommt oft vor, dass der Landwirt sieht, wie dieses drohende Unglück vorübergeht, ohne ihm Schaden zuzufügen; und der ganze Schwarm zog weiter, um sich auf die Arbeit eines weniger glücklichen Landes einzulassen. Aber elend ist der Bezirk, auf den sie sich konzentrieren; sie verwüsten die Wiesen und das Maisland; entblößt die Bäume ihrer Blätter und die Gärten ihrer Schönheit; der Besuch von wenigen Minuten zerstört die Erwartungen eines Jahres; und es kommt zu häufig zu einer Hungersnot. In ihren heimischen Klimazonen sind sie nicht so schädlich wie im Süden Europas, denn in Syrien und Palästina ist die Kraft der Vegetation, obwohl die Ebene und die Wälder ihres Grüns beraubt sind, so groß, dass ein Zeitraum von drei oder vier Tagen entsteht repariert das Unglück; aber unser Grün ist das Produkt einer Jahreszeit; und wir müssen warten, bis der kommende Frühling den Schaden repariert. Außerdem verhungern die Heuschrecken auf ihren langen Flügen in diesen Teil der Welt aufgrund der Strapazen ihrer Reise und sind deshalb überall dort, wo sie sich gerade niederlassen, gefräßiger. Aber nicht durch das, was sie verschlingen, richten sie so großen Schaden an, sondern durch das, was sie zerstören. Schon ihr Biss verunreinigt die Pflanze und schädigt ihre zukünftige Vegetation. Um den Ausdruck des Landwirts zu verwenden: Sie verbrennen alles, was sie berühren, und hinterlassen zwei oder drei Jahre lang die Spuren ihrer Verwüstung. Und wenn sie zu Lebzeiten so schädlich sind, so sind sie es noch mehr, wenn sie tot sind; Denn wo immer sie hinfallen, vergiften sie die Luft auf eine Weise, dass der Geruch unerträglich ist.

Im Jahr 1690 wurden Heuschreckenwolken beobachtet, die an drei verschiedenen Orten nach Russland eindrangen; und von dort breiteten sie sich in solch erstaunlichen Massen über Polen und Litauen aus, dass die Luft verdunkelt und die Erde mit ihrer Zahl bedeckt war. An manchen Stellen sah man sie tot liegen, bis zu einem Meter tief übereinander gestapelt; in anderen Fällen bedeckten sie die Oberfläche wie ein schwarzes Tuch: Die Bäume bogen sich unter ihrem Gewicht, und der Schaden, den das Land erlitt, war unberechenbar. In Barbary sind ihre Zahlen gewaltig und ihre Besuche häufig. Im Jahr 1724 war Dr. Shaw Zeuge ihrer Verwüstungen in diesem Land. Ihr erster Auftritt erfolgte gegen Ende März, als der Wind schon seit einiger Zeit aus Süden wehte. Anfang April nahm ihre Zahl so stark zu, dass sie sich in der Hitze des Tages zu großen Schwärmen formierten, die wie Wolken aussahen und die Sonne verdunkelten. Mitte Mai begannen sie zu verschwinden und zogen sich in die Ebene zurück, um ihre Eier abzulegen. Im nächsten Monat, dem Juni, begann die junge Brut aufzutreten und bildete viele kompakte Körper von mehreren hundert Quadratmetern; die vorwärts marschierten, auf Bäume, Mauern und Häuser kletterten und alles fraßen, was ihnen im Weg stand:

„—— Der Stimme ihres Generals gehorchten sie bald
Unzählig. Als der mächtige Stab
von Amrams Sohn am bösen Tag Ägyptens
die Küste umrundete und eine pechschwarze Heuschreckenwolke
herbeirief,
die sich im Ostwind bewegte und wie Nacht
über den Ebenen des gottlosen Pharaos schwebte
und das ganze Land verdunkelte vom Nil;
So zahllos wurden diese bösen Engel gesehen, die
auf Flügeln unter dem Mantel der Hölle schwebten,
zwischen oberen, unteren und umgebenden Feuern.
MILTON.

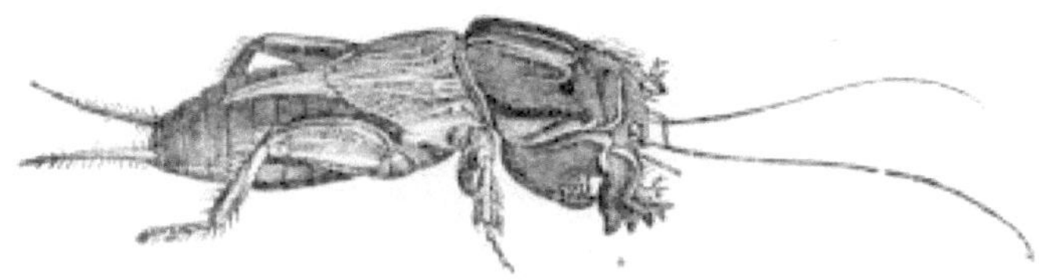

DIE MAULWURFGRILLE. (*Gryllotalpa vulgaris.*)

DIE beiden Vorderfüße dieses Insekts, die sehr nahe am Kopf sitzen, sind kurz und breit und wie die des Maulwurfs dazu bestimmt, dem Insekt beim Graben unter der Erde zu helfen. Die Maulwurfsgrille ist in Gärten sehr zerstörerisch, da sie die Wurzeln junger Pflanzen befällt und diese bald verfaulen und absterben lässt. Das Weibchen baut ein Nest aus feuchter Erde, in das es zwei- bis vierhundert Eier legt. Das Nest ist auf allen Seiten sorgfältig verschlossen, um die Brut vor dem Eindringen von Maden und anderen unterirdischen Raubtieren zu schützen. Der Gesang der Maulwurfsgrille ist ein tiefer, dumpfer, schriller Ton, der lange Zeit mit großer Beharrlichkeit fortgesetzt wird.

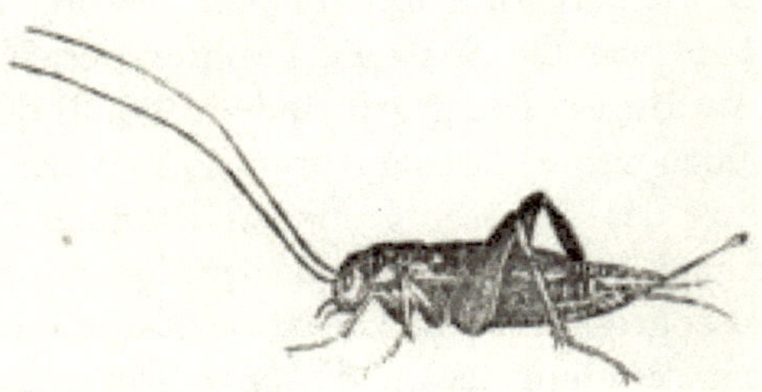

DIE GRILLE. (*Acheta Domesticata.*)

DIE heimischen Grillen bewohnen im Allgemeinen Häuser und wählen als Rückzugsort die Schornsteine oder die Rückseite von Öfen; und ernähren sich von allem, was ihnen in den Weg kommt, Mehl, Brot, Fleisch und besonders Zucker, den sie offenbar besonders mögen. Das zwitschernde Geräusch, das sie fast ununterbrochen machen, kommt nur von den Männchen, die es erzeugen, indem sie die Basen ihrer Flügelgehäuse übereinander reiben.

Grillen haben im Allgemeinen eine braune, rostige Farbe, und das Sehorgan scheint bei ihnen sehr schwach und unvollkommen zu sein, da sie sich im Dunkeln viel besser zurechtfinden, als wenn sie vom plötzlichen Licht einer Kerze geblendet werden. Die Feldgrille (*A. campestris*) hat die gleiche Form, gehört aber zu einer anderen Art als die Heimgrille und ist schwarz mit feinem Glanz. Sein Geräusch ist aus großer Entfernung zu hören und ähnelt dem der Heuschrecke so sehr, dass es schwierig ist, sie voneinander zu unterscheiden.

ORDNUNG III. *Hemiptera.*

DIESE Insekten haben weder Mandibeln noch Oberkiefer, sondern stattdessen ein röhrenförmiges, gegliedertes Rostrum, das zum Saugen geeignet ist. Auf diese Weise gebildete Insekten werden als häustelierte Insekten bezeichnet. Die vier Flügel sind alle häutig, aber die äußeren sind an der Basis ledrig. Einige Arten sind ohne Flügel. Die Antennen sind oft klein und manchmal kaum wahrnehmbar. Die Metamorphosen dieser Insekten sind unvollständig.

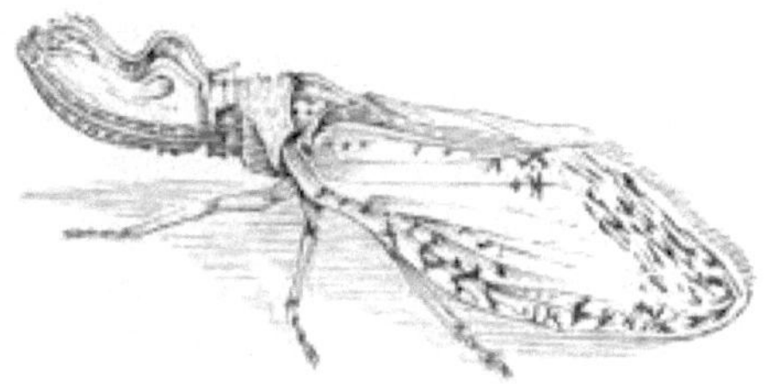

DIE LATERNENFLIEGE. (*Fulgora laternaria.*)

DIESE Laternenfliege ist ein nachtaktives Insekt mit einer Haube oder Blase auf dem Kopf, die halbtransparent und sehr seltsam mit roten und grünen Streifen verziert ist. Von einigen Autoren wurde bestätigt, dass dieser Teil des Insekts nachts so hell leuchtet, dass es sogar möglich ist, daran zu lesen. Kein moderner Entomologe hat dieses Phänomen jedoch beobachtet, und es wird allgemein angenommen, dass die angebliche Leuchtkraft der Laternenfliege nur in den Geschichten der Ureinwohner Südamerikas existiert. Die Flügel und der ganze Körper sind elegant mit einer Mischung aus Rot, Grün, Gelb und anderen prächtigen Farben verziert.

Das Cochineal-Insekt. (*Coccus-Kakteen.*)

DAS Cochenille-Insekt gehört zur gleichen Gattung wie die Schildlaus, die wie ein am Zweig hängendes Wollstück aussieht, bei Druck jedoch die Finger mit einer roten Flüssigkeit befleckt. Das Cochenille-Insekt heftet sich in ähnlicher Weise an die Blattstämme des Nopalbaums, einer Art Opuntie oder Feigenkaktus, die in Mexiko und Südamerika verbreitet ist, woher das in Europa verwendete Cochenille hauptsächlich importiert wird.

Wenn die Mexikaner die Cochenille-Insekten gesammelt haben, stecken sie sie in Erdlöcher, wo sie sie mit kochendem Wasser töten und sie anschließend in der Sonne trocknen; oder sie töten sie, indem sie sie in einen Ofen legen oder auf heiße Platten legen. Aus den verschiedenen Tötungsmethoden ergeben sich die unterschiedlichen Farben, in denen sie erscheinen, wenn sie zu uns gebracht werden. Während sie leben, scheinen sie mit einem weißen Pulver bestreut zu sein, das sie verlieren, wenn sie mit kochendem Wasser übergossen werden, aber konservieren, wenn sie im Ofen getötet werden. Die auf heißen Platten getrockneten sind am besten.

Die jährlich aus Mexiko und Südamerika exportierte Menge Koschenille soll mehr als fünfhunderttausend Pfund Sterling wert sein – eine gewaltige Summe, die aus einem so winzigen Insekt hervorgeht; und der gegenwärtige jährliche Verbrauch von Cochineal in England wird auf etwa 150.000 Pfund Gewicht geschätzt. Die Mexikaner schätzen den Handel mit diesem Insekt so sehr, dass die Republik den Nopalbaum in ihr Wappen aufgenommen hat.

Cochenille wird vor allem zum Färben von Scharlachrot benötigt; aber obwohl daraus heute ein besonders brillanter Farbstoff gewonnen wird, ergab diese Substanz nur eine stumpfe purpurrote Farbe, bis ein Chemiker namens Kuster, der um die Mitte des 17. Jahrhunderts in Bow bei London lebte, die Kunst entdeckte Bereiten Sie es mit einer Zinnlösung vor. Wenn Cochenille an einem trockenen Ort aufbewahrt wird, kann es über einen längeren Zeitraum ohne Schäden aufbewahrt werden. Es wurde ein Fall erwähnt, bei dem festgestellt wurde, dass ein Teil dieses einhundertdreißig Jahre alten Farbstoffs die gleiche Wirkung hervorrief, als wäre er vollkommen frisch.

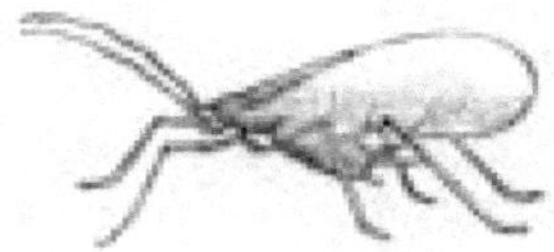

DIE PFLANZENLAUSE ODER GRÜNE FLIEGE. (*Aphis.*)

Je nach Jahreszeit sind DIE BLATTLÄUSE MANCHMAL LEBENDGEBÄREND UND MANCHMAL EIERLEGEND. Die des Rosenstrauchs wurden besonders bemerkt, und von zehn Generationen, die in einem Frühling, Sommer und Herbst hervorkamen, waren die ersten neun lebendgebärend und die letzte eierlegend. Die ersten neun Generationen bestanden nur aus Weibchen; aber im zehnten waren es Männer. In dieser einzigartigen Abweichung von den allgemeinen Naturgesetzen ist dieses Insekt eine bemerkenswerte Anomalie. Sie vermehren sich mit solch einer außergewöhnlichen Geschwindigkeit – ganze zehn Generationen innerhalb von drei Monaten –, dass aus einem einzigen Aphis in diesem kurzen Zeitraum zehn Milliarden Millionen hervorgehen können, und es wurde berechnet, dass die Nachkommenschaft eines einzelnen Aphis während eines einzigen Sommers, Unter der Annahme, dass seine Vermehrung keiner Kontrolle unterliegt, könnte das Gewicht die gesamte menschliche Bevölkerung Chinas übersteigen.

Die Moosrose, der Hopfen, der Weinstock, der Apfelbaum, die Bohne, die Weide und der Liguster sind alle besonders anfällig für den Befall mit diesem Insekt; Die verschiedenen Arten tragen ihren Namen nach den Pflanzen, auf denen sie normalerweise vorkommen. Die roten Tumoren, allgemein Gallen genannt, die auf den Blattoberflächen, insbesondere auf denen der Weide, zu sehen sind und von der Größe eines Marienkäfers bis zu der eines Taubeneis variieren, werden von Blattläusen produziert und enthalten Tausende kleiner Läuse. Aus einem Paar kleiner Röhren nahe dem Ende des Körpers dieser Insekten strömt eine zuckerhaltige Flüssigkeit aus, die Ameisen sehr gern trinken. und es ist diese Flüssigkeit, die auf die angrenzenden Blätter tropft, oder der austretende Saft, der aus den durch die Stichwunden der Insekten verursachten Wunden fließt, der unter dem Namen Honigtau bekannt ist.

Nach einem milden Frühling werden die meisten Aphis-Arten so zahlreich, dass sie alle jungen Triebe der Pflanzen, auf denen sie vorkommen, zerstören. Es wurde noch kein erfolgreicher Weg gefunden, sie zu vernichten, aber das beste Mittel gegen sie ist das Waschen der befallenen Triebe mit Tabakwasser oder Seifenlauge; und den Vorgang zu wiederholen, wenn Blattläuse gesehen werden.

BEFEHL IV. Neuroptera.

DIESE Insekten haben vier durchsichtige Flügel, die stark und schön variiert sind, so dass sie einem Netzwerk ähneln. Der Mund hat Mandibeln und Oberkiefer. Der Hinterleib des Weibchens hat weder Legebohrer noch Stachel.

DER AMEISENLÖWE. (Myrmeleonformicarium.)

DIESES Insekt schlüpft aus einem Ei, das in weichen, sich bewegenden Boden oder Sand gelegt wird. Die Larve nimmt bald an Größe zu und nimmt die Form einer kleinen Spinne an – mit dem Unterschied, dass die Beine so konstruiert sind, dass sie sich nur rückwärts oder seitwärts fortbewegen kann. Der Bauch ist sehr groß und fleischig; und der Kopf, der klein ist, ist mit zwei langen, hörnerähnlichen Kiefern bewaffnet, die denen des Hirschkäfers ein wenig ähneln. Was unsere größte Bewunderung hervorrufen muss, ist die Tatsache, dass dieses Insekt, das sich nur in rückläufiger Richtung bewegen kann, von Natur aus dazu verdammt ist, sich von Fliegen und Ameisen zu ernähren, deren Schnelligkeit und Beweglichkeit ihn jederzeit seiner Beute berauben würde, wenn er es nicht tun würde Er ist mit einem ungewöhnlichen Instinkt ausgestattet, der ihn zu folgender List verleitet: Er macht eine Art trichterförmiges Loch in die lockere Erde oder den Sand, setzt sich auf den Boden und wartet dort mit größter Geduld, bis ein Eine unvorsichtige Ameise oder eine schwindlige Fliege fällt in die tödliche Grube. Dann wird sein gesamtes Können requiriert; Durch das Schütteln seiner großen Kiefer schleudert er eine große Menge Sand auf das Insekt, um es daran zu hindern, die steilen Seiten des Lochs hinaufzuklettern. und wenn die Beute stark und flink erscheint, gibt er einen solchen allgemeinen Aufruhr, dass der ganze Bau zusammenbricht und das unglückliche Insekt, von den Trümmern überwältigt, in den Rachen des Ameisenlöwen fällt, der sich wie eine Zange öffnet . Wenn der Ameisenlöwe das Blut aus dem Inneren seiner Beute gesaugt hat, nimmt er es auf seinen Kopf und schleudert den Kadaver mit einem plötzlichen Ruck weit von seinem Aufenthaltsort weg. Wenn die Larve ihre volle Größe erreicht hat, spinnt sie einen Kokon aus weiß glänzender Seide, der außen mit Sand bedeckt ist. Nach etwa drei Wochen schlüpft aus dieser Puppenhülle ein schmal tailliertes, geflügeltes Insekt, das, nachdem es einige Wochen lang herumgeflattert und Eier im Sand abgelegt hat, sein Leben aufgibt. Das geflügelte Insekt ähnelt einer wunderschönen Libelle; der Kopf ist kastanienbraun; Der Körper ist perlmuttgrau, die Beine kurz und die Flügel, die an feinste Spitze erinnern, sind wunderschön mit dunklen Linien und Flecken gezeichnet. In den Monaten Juni und Juli sieht man diese Fliege häufig an Straßenrändern und trockenen Ufern im Osten herumflattern. es dauert eine kurze Zeit und verschwindet dann ganz. Der Ameisenlöwe kommt hierzulande nicht vor; aber im Süden Frankreichs und Italiens gibt es keine Böschung an den Seiten einer öffentlichen Straße oder einen sandigen Hügel am Fuße einer alten Mauer, der nicht viele dieser Insekten beherbergt.

DIE GROSSE DRACHENFLIEGE. (*Libellula grandis.*)

DIESE Insektengattung ist jedem wohlbekannt. Die Larve lebt im Wasser und trägt eine Art Maske, die sie nach Belieben bewegt und die dazu dient, ihre Beute festzuhalten, während sie sie verschlingt. Die Puppe ähnelt in ihrer Form stark der Larve, außer dass an den Seiten des Körpers die Flügel in dünnen Hüllen eingeschlossen sind. Wenn die Zeit der Verwandlung gekommen ist, geht die Puppe zur Wasserseite und heftet sich an eine Pflanze oder klebt an einem Stück trockenem Holz fest, in welcher Position sie einige Zeit verbleibt, bis die Haut der Nymphe platzt Im oberen Teil des Brustkorbs schiebt sich das geflügelte Insekt allmählich hervor, wirft seine Hülle ab, breitet seine Flügel aus, flattert und fliegt dann mit Anmut und Leichtigkeit davon. Die Eleganz seiner schlanken Form, der Reichtum seiner Farben, die Zartheit und die prächtige Textur seiner Flügel machen ihn zu einem wunderschönen Objekt. Die Länge beträgt etwa zehn Zentimeter.

Das Weibchen legt seine Eier ins Wasser, aus denen die Larven entstehen, die anschließend die gleichen Veränderungen durchlaufen.

Die Tagfliege (*Ephemera*), so genannt wegen der Kürze ihres Lebens, ist ein kleines Insekt, das aus einer in Flüssen lebenden Larve stammt. Nachdem es mehrere Monate im kriechenden Zustand verweilt, bildet sich eine Nymphe, aus der sich das perfekte Insekt drei bis vier Stunden nach Mittag in die Fliegenform verwandelt und bald darauf stirbt. Diese Fliege hat die einzigartige Eigenschaft, dass sie sehr bald, nachdem sie ihren perfekten Zustand erreicht hat, ihre gesamte Haut abwirft; und oft sieht man den leeren Mantel herumliegen, nachdem sein Besitzer ihn verlassen hat.

BESTELLEN SIE V. *Hymenopteren.*

IN dieser Reihenfolge sind die Flügel weder so groß noch so stark geadert wie in der vorherigen. Der Mund ist mit Mandibeln, Oberkiefern sowie einer Ober- und Unterlippe ausgestattet; und der Hinterleib des Weibchens endet entweder mit einem Legebohrer oder einem Stachel. Die Metamorphose dieser Insekten ist abgeschlossen.

Zu dieser Ordnung gehören die Bienen, von denen es Hunderte verschiedener Arten gibt. Die interessanteste unter ihnen ist die Bienenstockbiene, aus deren Industrie wir Wachs gewinnen und durch deren Vorsorgeverhalten wir mit Honig versorgt werden. Es gibt drei Arten von Bewohnern eines Bienenstocks: eine Königin, ein paar hundert Drohnen oder Männchen und mehrere tausend Arbeiter. Die Königin oder Elternbiene ist die Seele der Gemeinschaft; Alle anderen hängen so sehr an ihr, dass sie ihr folgen werden, wohin sie auch geht. Sie hat die Macht, jede Unruhe, die unter ihren Untertanen entstehen könnte, zu unterdrücken, indem sie ein seltsames Summen von sich gibt. Sie ist so produktiv, dass sie fünfzehn- oder achtzehntausend Eier legt, aus denen etwa achthundert Männchen oder Drohnen, vier oder fünf Bienenköniginnen und der Rest Arbeitsbienen oder Kastrierte hervorbringen. Die Waben eines Bienenstocks bestehen aus einer Reihe von Zellen, die aus Wachs bestehen, einer Substanz, die von den Arbeitsbienen abgesondert wird, nachdem sie sich mit Honig vollgestopft haben. Diese Zellen dienen der Behausung und Zucht der jungen Bienen und werden auch als Vorrat für Honig, Bienenbrot oder Blütenpollen verwendet. Die königlichen Zellen, in denen die Eier zukünftiger Königinnen abgelegt werden, sind die größten und haben die Form einer Eichelschale. Alle anderen Zellen haben eine schöne sechseckige Form und sind von zweierlei Art, eine größer als die andere: die größere für die jungen Drohnen, die kleinere für die Arbeiter. In zwei bis drei Tagen schlüpfen die Eier, wenn die Neutern die jungen Maden säugen, die sie liebevoll mit Bienenbrot und Honig füttern. Nach einundzwanzig Tagen sind die jungen Bienen in der Lage, mit so unermüdlicher Aktivität Zellen zu bilden, dass sie dann in einer Woche mehr leisten als im restlichen Jahr. Es darf nie mehr als eine Königin einen Bienenstock bewohnen. Wenn eine junge Königin schlüpfen soll, führt die alte Königin einen Schwarm aus der alten Kolonie weg, um eine neue zu gründen. Wenn die Königin stirbt oder versehentlich im Bienenstock verloren geht und es keine jungen Königinnen in den königlichen Zellen gibt, können die Bienen ihren Verlust wiedergutmachen. Sie wählen eine Larve der Neutrum-Art aus, vergrößern ihre Zelle, indem sie drei oder vier benachbarte Larven hinzufügen, füttern die junge Larve mit königlicher Nahrung und entwickeln sie dann zur Königin. Manchmal gibt es Bienen, die weniger mühsam als die anderen sind und sich ihren Lebensunterhalt dadurch verdienen, dass sie die Bienenstöcke der anderen plündern; Daraufhin kommt es zu einem Kampf zwischen den fleißigen und den plündernden Insekten. Ihre Feinde sind die Wespe, die Hornisse und verschiedene Vogelarten.

Die Biene sammelt den Honig mit Hilfe ihres Rüssels oder Rüssels, einem höchst erstaunlichen Mechanismus, der aus mehr als zwanzig Teilen besteht. Beim Betreten des Bienenstocks spuckt das Insekt den Honig in Zellen aus, um ihn im Winter zu ernähren. oder es den arbeitenden Bienen präsentieren.

Die von diesen fleißigen Insekten gebildeten Zellwaben sind mit einem instinktiven Einfallsreichtum konstruiert, der immer als eines der wunderbarsten Dinge in der Natur angesehen werden muss. Jeder Kamm besteht aus zwei Sätzen sechseckiger Zellen, die Rücken an Rücken angeordnet sind, und nicht nur, dass die Insekten diese Form annehmen, die es ihnen ermöglicht, die größtmögliche Anzahl von Zellen der erforderlichen Größe auf dem kleinstmöglichen Raum und mit der geringstmöglichen Menge an Zellen zu konstruieren Material, aber jede Zelle auf einer Seite des Kamms ist gegenüber der Verbindung von drei Zellen auf der gegenüberliegenden Seite platziert, so dass ihre Mitte vertieft werden kann, ohne letztere zu beeinträchtigen, wobei die drei rautenförmigen Stücke den Boden jeder Zelle bilden Zugehörigkeit zu drei verschiedenen Zellen auf der gegenüberliegenden Seite der Wabe. Durch all diese Vorrichtungen gelingt es den Bienen, auf kleinstem Raum die größtmögliche Unterkunft zu schaffen; und durch mathematische Berechnungen wurde festgestellt, dass wir, wenn wir eine Reihe von Hohlräumen einer bestimmten Größe auf dem kleinstmöglichen Raum und mit der kleinstmöglichen Menge an Materialien konstruieren wollten, sogar genau denselben Plan annehmen müssten Die Form der Seiten der Zellen und die Winkel, in denen sie aneinander befestigt sind, sind von der kleinen Biene instinktiv übernommen worden. Am Eingang jeder Zelle platziert der Bienenarchitekt einen Wachsflansch, der die Öffnung verstärkt und Verletzungen verhindert, die durch das häufige Ein- und Aussteigen der Bienen entstehen könnten.

Bienen produzieren Honig, den sie für den Winterkonsum anlegen; Wachs, aus dem sie ihre Zellen bilden; und eine Substanz namens Bienenbrot, die sie hauptsächlich aus dem Pollen von Blumen gewinnen und die sie zur Ernährung ihrer Jungen verwenden.

Oben sind zunächst Darstellungen der *Bienenkönigin zu sehen* , die auf der linken Seite platziert ist; zweitens die *Drohne* ; und drittens die *Working Bee* .

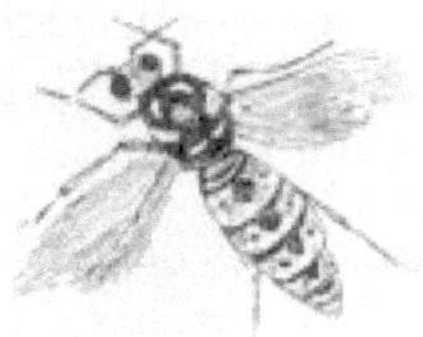

DIE WESPE (*Vespa vulgaris*)

IST ein sehr wildes, gefährliches und räuberisches Insekt; Sie ist viel größer als die Biene und mit einem kräftigen Stachel ausgestattet. Der Bauch ist gelb und schwarz gestreift. Alle Arten von Wespen bauen seltsame Nester; Manche befestigen sie an den Balken einer Scheune oder eines anderen Gebäudes oder platzieren sie in der Mulde eines großen Baumes, aber die gewöhnliche Wespe gräbt ein Loch in den Boden. Wespen bauen ihre Waben nicht mit der gleichen Sorgfalt und Genauigkeit wie die Biene; Dennoch sind ihre Nester oft sehr raffiniert gebaut, und das von den meisten von ihnen verwendete Material ist merkwürdig: eine Art Papier oder Karton aus Holzfasern, die zwischen den Kiefern der Insekten gekaut werden. Da sie im Winter keinen Honigvorrat anlegen, um sich zu ernähren, sterben sie meistens zu dieser Jahreszeit; und die wenigen, die noch leben, bleiben bis zum Frühjahr in einem trägen Zustand. Ihr Stachel ist sehr groß; und der giftige Alkohol löst, wenn er in den menschlichen Körper gelangt, Entzündungen aus und verursacht sehr starke Schmerzen.

DIE ICHNEUMON-FLIEGE. (*Pimpla persuasoria.*)

DAS Maul dieses Insekts hat Kiefer, aber keine saugende Zunge. Die Antennen enthalten mehr als dreißig Gelenke; und der Bauch ist durch einen schlanken Stiel mit dem Körper verbunden. Der Legebohrer ist von einer zylindrischen Hülle umgeben, die aus zwei Ventilen besteht.

Ein charakteristisches und auffallendes Merkmal aller Arten dieser Fliegenart ist die fast ständige Bewegung ihrer Antennen. Der Name Ichneumon wurde ihnen aufgrund des Dienstes verliehen, den sie uns durch die Vernichtung von Raupen, Pflanzenläusen und anderen Insekten erweisen. wie das Ichneumon oder Mangouste das Krokodil im Osten vernichtet. Die Spitze des Hinterleibs der Weibchen ist mit einem Legebohrer bewaffnet, der bei einigen Arten sichtbar ist, bei anderen jedoch nicht. und dieses Instrument ist, obwohl es so fein ist, in der Lage, Mörtel und Gips zu durchdringen. Die weibliche Fliege nutzt es, um im Ei-, Raupen- oder Puppenstadium ihre Eier im Körper anderer Insekten abzulegen; damit die Jungen, sobald sie geschlüpft sind, sich von der Raupe ernähren und bis in ihre Eingeweide eindringen können. Diese Larven schaffen es jedoch, die nahrhaften Säfte ihrer Beute auszusaugen, ohne deren lebenswichtige Organe anzugreifen; denn die Raupe lebt noch lange, um ihnen Nahrung zu bieten, bis sie ihre volle Größe erreicht haben. Es ist nicht ungewöhnlich, Raupen an Bäumen befestigt zu sehen, als würden sie auf ihren Eiern sitzen; als sich später herausstellt, dass die Larven, die sich in ihren Körpern befanden, ihre Fäden gesponnen haben, mit denen die Raupen wie mit Schnüren befestigt werden, und so elend zugrunde gehen.

„Ein Freund von mir", sagt Dr. Derham, „setzte etwa vierzig große Raupen, die er von Kohlköpfen gesammelt hatte, auf etwas Kleie und ein paar Blätter in einer Kiste und bedeckte sie mit Gaze, um ihr Entkommen zu verhindern." Nach ein paar Tagen sahen wir, wie aus dem Rücken von mehr als drei Vierteln etwa acht oder zehn kleine Raupen einer der Schlupfwespen hervorkamen und jeweils einen kleinen Kokon aus Seide spinnen; und in wenigen Tagen starben die großen Raupen."

Die Ichneumonen leisteten in den Jahren 1731 und 1732 große Dienste, indem sie sich im gleichen Verhältnis wie die Raupen vermehrten, und ihre Larven vernichteten mehr dieser zerstörerischen Geschöpfe, als irgendein menschlicher Fleiß es vermochte.

Man findet sie in allen Größen, passend zu den verschiedenen Insekten, die sie als Parasiten befallen, und bei ihrem unaufhörlichen Herumstöbern in jedem Loch und jeder Ecke werden Millionen zerstörerischer Larven entdeckt und von ihnen vernichtet, die andernfalls zur Reife gelangt wären, und hinterlassen eine Nachkommen, um ihre Verwüstungen im darauffolgenden Sommer zu erneuern. Sogar die Larven, die sich im Verborgenen ernähren, werden von den Schlupfwespen, die auf ihnen leben sollen, leicht entdeckt, und der Bauer wird oft auf die Anwesenheit seiner Feinde aufmerksam, indem er die Aktivität seiner Freunde beobachtet.

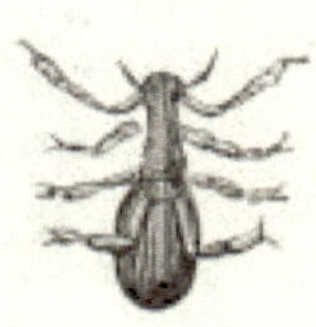

Die arbeitende und soldatenartige Ameise.

(*Formica rufa.*)

DIE Farbe der Ameise ist im Allgemeinen dunkelrot oder braun mit einem feinen Glanz auf dem Hinterleib. Sie sind wie die Bienen in drei Arten unterteilt: Männchen, Weibchen und Neutrum. Die Weibchen und Kastrierten sind zu ihrer Verteidigung mit Stacheln ausgestattet; Den Männchen fehlt es völlig. Die Männchen und Weibchen sind zu gegebener Zeit mit Flügeln ausgestattet, aber die Neutrums haben keine, und sie sind dazu verdammt, immer auf dem Hügel zu arbeiten und zu schuften. Dieser Hügel wurde mit viel Kunst und Arbeit errichtet; Es besteht aus Blättern, Holzstücken, Sand, Erde und Gummi der Bäume, die alle zu einer Masse verbunden sind und mit Galerien perforiert sind, um den Zugang zu den zahlreichen Zellen zu ermöglichen, die es enthält. Von diesem Hügel aus gibt es mehrere Wege, die durch das ständige Vorbeigehen dieser Kreaturen ausgetreten sind. und es ist der Bewunderung des Naturforschers würdig, wenn man bedenkt, wie geschäftig die ganze Legion damit zu sein scheint, Strohstücke und tote Körper anderer Insekten zu bringen oder ihre Eier wegzutragen, wenn irgendeine Gefahr ihre Republik bedroht. Ihr Geruchssinn ist sehr ausgeprägt und sie entdecken aus großer Entfernung jedes Futter, nach dem sie suchen.

ANORDNUNG VI. *Schmetterlinge. Die Motten und Schmetterlinge.*

DIE in dieser Ordnung enthaltenen Insekten zeichnen sich alle durch ihre Schönheit aus. Ihre Flügel sind häutig und geädert, wie die der Libellen und ihrer Verbündeten, aber anstatt nackt zu sein, sind sie mit eng beieinander liegenden Schuppen von zartester Textur und leuchtendsten Farben bedeckt. Der Mund ist mit einem spiralförmigen Rüssel oder einer spiralförmigen Zunge ausgestattet, mit der Nektar aus den Blüten gesaugt wird. aber in anderer Hinsicht unterscheidet es sich von den Mündern der kauenden mandibulierten Ordnungen nur durch die Kleinheit seiner Teile. Die Antennen sind bei den verschiedenen Arten unterschiedlich: aber die aller tagaktiven Lepidopteren oder Schmetterlinge enden mit einer kleinen Aufblähung oder einem kleinen Knopf; während die der nachtaktiven Arten oder Nachtfalter spitz zulaufen und oft gefiedert oder kammförmig sind. Die

Transformationen der zu dieser Ordnung gehörenden Arten sind alle abgeschlossen.

Über die Larven dieser Ordnung herrschen die Schlupfwespen mit unbestrittener Macht; Sie greifen alle wahllos an, vom winzigen Insekt, das in der Dicke eines Blattes sein Labyrinth bildet, bis zur riesigen Raupe des Schwärmers. Die nützlichste von allen jedoch, die Seidenraupe, scheint zumindest bei uns von dieser Geißel ausgenommen zu sein. De Geer fand heraus, dass von fünfzehn Larven, die sich zwischen den beiden Nagelhäuten eines Rosenblattes gruben, vierzehn von einem dieser Insekten getötet wurden.

DIE KAISERMotte MIT IHRER CHRYSALIS UND RAUPE.

DIE Larve aller Schmetterlinge ist eine Raupe, die aus zwölf ringförmigen Segmenten besteht, mit Ausnahme des Kopfes, der härter als die anderen Teile ist und immer eine dunklere Farbe als der Körper hat. Jede Raupe hat auf jeder Seite neun Atemlöcher; und jedes der drei dem Kopf am nächsten liegenden Segmente ist mit einem Paar kurzer Beine ausgestattet, die in einer Art Klaue enden, welche die wahren Beine des Insekts sind. Die Raupe hat jedoch acht oder zehn weitere Beine an den Hintersegmenten ihres Körpers. Der Kopf hat zwölf Augen und zwei sehr kurze konische Antennen; und der Mund ist mit zwei kräftigen Mandibeln, zwei Oberkiefern, einem Labrum und vier Palpi ausgestattet.

Die Gewohnheiten der Raupen sind unterschiedlich: Einige, die Geometer oder Looper genannt werden, bewegen sich in einer Reihe von Schritten vorwärts, indem sie zuerst den Körper auf seine volle Länge ausstrecken und ihn mit den Vorderbeinen festhalten, dann ziehen sie den hinteren Teil des Körpers nahe an die Raupen heran Vorderteil, um eine Schleife zu bilden, und diesen Vorgang dann noch einmal wiederholen; Diese Raupen haften im Ruhezustand oft an ihren Hinterfüßen und strecken den Körper steif aus, wie ein kleiner trockener Zweig; andere, die mit mehr Probeinen ausgestattet sind, haften mit diesen am Zweig oder Blatt und heben den Vorderteil des Körpers ein wenig an, eine Haltung, die Linné dazu veranlasste, den Nachtfaltern, in deren Raupen diese Gewohnheit vorherrscht, den Namen *Sphinx zu geben;* Einige kleine Arten leben zwischen der Ober- und Unterseite der Blätter, in denen sie Minen ausheben. andere wohnen in kleinen Gehäusen, die sie aus verschiedenen Materialien herstellen; während andere, die in großen Gesellschaften leben, für sich eine Art seidenes Zelt spannen, in dem sie ruhen und aus dem sie täglich in einer regelmäßig organisierten Prozession auf der Suche nach Nahrung hervorgehen. Viele machen sich Kokons; aber andere haben im Puppenzustand keine andere Hülle als eine glatte, glänzende Haut oder ein dunkles, mumienartiges Zahnfleisch. Die Puppe eines Schmetterlings ist im Allgemeinen eckig und die einer Motte zylindrisch.

SCHMETTERLINGSSCHMETTERLING.

(*Vanessa urticæ.*)

DIE Raupe, die sich von der Brennnessel ernährt, ist etwa einen Zoll lang, mit Borsten bedeckt und von rotbrauner Farbe. Nachdem es in der Form einer Raupe dreimal seine Haut gewechselt hat, kriecht es zu einem verzweigten Teil des Stiels hinauf; und wenn es am Hinterteil oder Schwanz hängt, schwillt es an und platzt auf so seltsame Weise, dass die Haut der Raupe zu Boden fällt und die Puppe oder Aurelia in der Schwebe bleibt; bis es nach vierzehn Tagen der Erstarrung wieder seine Haut aufplatzt und in der wunderschönen Gestalt eines bunten Schmetterlings in die Luft entweicht. Die goldene Linie, die durch das Puppengehäuse dieses Schmetterlings scheint, soll auf die Wörter „chrysalis" und „aurelia" schließen lassen, die beide „Gold" bedeuten. Die Flügel des perfekten Insekts sind etwa zwei Zoll lang, oben von tief oranger Farbe und ihre Basis und der Hinterrand sind schwarz, mit einer Reihe blauer Halbmonde. Diese in

England sehr häufigen Schmetterlinge erscheinen im Frühling, Ende Juni und Anfang September.

DER KOHLSCHMETTERLING.

(*Pontia* oder *Pieris Brassicæ* .)

WENN der Krautkraut und der Blumenkohl fast reif sind, findet man das perfekte Insekt dieser Raupe, das seine Eier auf den Blättern ablegt. Die Hitze der Sonne belebt sie bald und bringt die Raupen hervor, die sofort damit beginnen, das Gemüse zu verzehren, auf dem sie leben. Sie ertragen die Hitze der Sonne problemlos, können aber lange Regenfälle nicht aushalten und verschwinden bei nassem Wetter bald. Es gibt mehrere Arten dieses Schmetterlings, aber der gewöhnliche Weißfalter mit einem schwarzen Fleck auf jedem der Unterflügel ist der früheste, der in unseren Gärten zu sehen ist. Es legt seine Eier im Mai; und seine Raupen, die bald geschlüpft sind, fressen gemeinsam bis Ende Juni, dann gehen sie in den Puppenzustand über, aus dem im Juli der perfekte Schmetterling hervorgeht. Aus den von der zweiten Schmetterlingsbrut gelegten Eiern entstehen Raupen, die den Rest des Sommers lang fressen und den ganzen Winter über im Puppenstadium bleiben, um im folgenden Frühjahr zu schlüpfen.

Angesichts der erstaunlichen Fruchtbarkeit dieser Insekten mag man sich wundern, dass sie im Laufe der Zeit nicht die gesamte Erdoberfläche überwuchern und jede grüne Pflanze vollständig verzehren. Dies wäre sicherlich der Fall, wenn die Vorsehung ihre Fortschritte nicht überprüft hätte. Eine der Schlupffliegenarten legt ihre Eier in der Raupe dieses Schmetterlings ab, und dort schlüpfen sie. Im Larvenstadium ernähren sie sich weiterhin von den lebenswichtigen Organen des Tieres; Sie gehen dann in den Puppenzustand über und schlüpfen schließlich als perfekte Insekten. Wir sind diesem scheinbar verächtlichen kleinen Parasiten so sehr zu Dank verpflichtet, dass er die Vermehrung eines Insekts, das andernfalls zu einem ernsten und beunruhigenden Übel werden würde, bremst.

DIE ELSTER ODER JOHANNISBEERE.

(*Geometra* oder *Abraxas grossulariata* .)

DIE Raupe dieser Motte gehört zu der Art, die man Looper nennt, und ist sehr zerstörerisch. Die Puppe ist nackt und glänzend; und seine Farbe ist ein leuchtendes Gelb mit schwarzen Streifen. Die Motte ist weiß und schwarz gefleckt, daher ihr Name Elster.

Die schwarz-weiße Raupe dieser Motte ist für Johannisbeer- und Stachelbeersträucher sehr zerstörerisch, in manchen Jahreszeiten besonders schädlich. Herr Kirby führt insbesondere die Verwüstungen in Hull im Frühjahr 1814 an. Er bestätigt auch Boerhaaves Behauptung, dass die Strenge des Winters keine Auswirkung auf die Zerstörung der Larven dieser Insekten hat, da diese nach einem Winter, als das Fahrenheit-Thermometer bei Fahrenheit stand, noch stärker wuchsen Null, als nach einem bemerkenswert milden Winter.

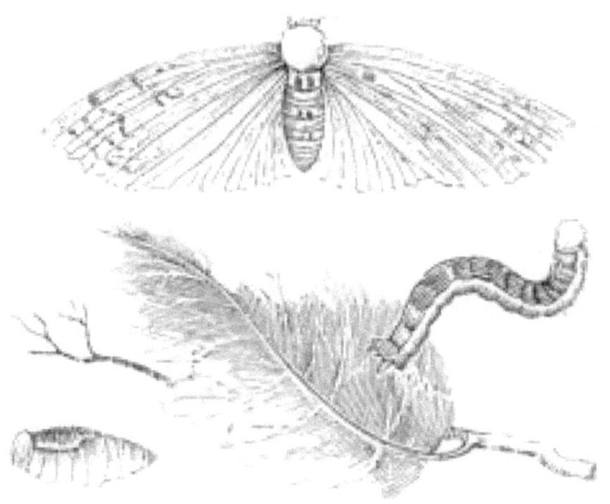

DIE WINTERMotte.

(*Geometra* oder *Cheimatobia brumata* .)

DIE Raupe erfreut sich an frisch geöffneten Blättern; Es ist nicht so gefräßig wie viele andere und macht lange Pausen zwischen seinen Mahlzeiten, aber es gibt selten ein Blatt auf, bis es es vollständig verzehrt hat. Die Farbe ist sehr elegant. Der Oberkörper ist von feinem Gelbgrün; Aber es ist nach dem Füttern keineswegs so schön wie vor dem Füttern, da seine Haut so dünn ist, dass sie den Farbton der Nahrung, die es isst, durchscheinen lässt. Sie werden auch Looper-Raupen genannt, weil sie beim Krabbeln ihre Hinter- und Vorderfüße zusammenziehen, so dass ihre Körper eine Schleife bilden. Gegen Ende Juni verpuppen sie sich und vergraben sich zu diesem Zweck in der Erde; und im November oder Dezember wird das perfekte Insekt hervorgebracht.

Es ist offensichtlich, dass sie über eine große Muskelkraft verfügen und daher sind ihre Positionen im Ruhezustand sehr auffällig. Sie stützen sich allein auf ihre Hinterfüße, strecken ihren Körper in einer geraden Linie aus und halten ihn lange Zeit in dieser Position. Dies, zusammen mit ihrer dunklen Farbe und den Warzen auf ihrem Körper, macht es oft schwierig, sie von den Zweigen der Bäume zu unterscheiden, von denen sie sich ernähren. Bei Alarm haben diese Raupen den Instinkt, sich von den Blättern fallen zu lassen und sich an einem Faden aufzuhängen, sodass sie wieder aufsteigen können, wenn die Gefahr vorüber ist.

Die Seidenraupe. (*Bombyx mori.*)

OHNE auf eine sehr detaillierte Beschreibung dieser Raupe einzugehen, beschränken wir uns auf das, was unserer Meinung nach gleichzeitig interessanter und nützlicher ist. Da es sich bei der Seidenraupe um ein Insekt von universellem Nutzen und nicht um eine einzigartige Schönheit handelt, sind wir gezwungen, lieber einen Bericht über ihre Nützlichkeit zu geben als eine ausführliche Beschreibung ihrer Figur oder Farbe.

Diese Larve ernährt sich von den Blättern des Maulbeerbaums und ist bei der ersten Entwicklung extrem klein und völlig schwarz. Nach ein paar Tagen erscheint es in einem neuen Gewand, das weiß ist und sich an die Farbe seiner Nahrung anlehnt; und bevor es in seinen Puppenzustand übergeht, wechselt es mehrmals seine Haut. Wenn es ausgewachsen ist, spinnt es seinen Seidenkegel, den Kokon, auf die gleiche Weise wie andere Insekten. Die Motte besitzt keine Schönheit. Die Seidenraupe stammt aus China, wo der größte Teil unserer Seide noch immer importiert wird. Das Insekt wurde jedoch während der Herrschaft des Kaisers Justinian in den Süden Europas eingeführt und wird heute sowohl in Frankreich als auch in Italien in großen Mengen gezüchtet.

Die Kunst der Seidenherstellung war schon im Altertum bekannt. Wir erfahren, dass die Frau des römischen Kaisers Aurelian ihn im dritten Jahrhundert darum bat, ihr ein Gewand aus purpurner Seide zu schenken, was er jedoch wegen des enormen Preises ablehnte.

Es ist nicht sicher, zu welcher genauen Zeit die Seidenherstellung in England erstmals eingeführt wurde; aber im Jahr 1242 wurde uns berichtet, dass ein Teil der Straßen Londons mit Seide bedeckt oder beschattet wurde, um Richard, den Bruder Heinrichs III., nach seiner Rückkehr aus dem Heiligen Land zu empfangen. Im Jahr 1454 soll sich die Seidenmanufaktur Englands lediglich auf Bänder, Spitzen und andere unbedeutende Artikel beschränkt haben. Königin Elisabeth wurde im dritten Jahr ihrer Herrschaft von ihrer Seidenfrau mit einem Paar schwarzer gestrickter Seidenstrümpfe ausgestattet, die sie angeblich als „wunderbar zarte Kleidung" bewundert hatte; und nach deren Gebrauch hatte sie keine mehr aus Stoff wie zuvor. James I., während er König von Schottland war, bat den Earl of Mar um die Leihgabe eines Paares Seidenstrümpfe, um vor dem englischen Botschafter zu erscheinen, und untermauerte seine Bitte mit der überzeugenden Bitte: „Denn Ihr würdet das sicher nicht tun, Euer König sollte als Gestrüpp vor Fremden erscheinen."

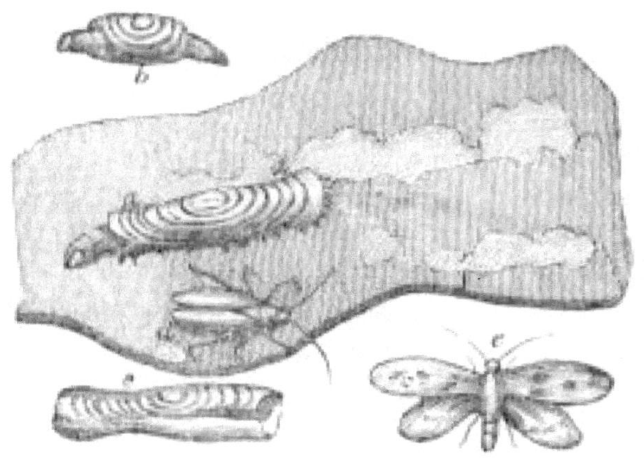

DIE KLEIDERMOTTE. (*Tinea pellionella.*)

DIE Larve dieser kleinen Motte ist durch die Schäden bekannt, die sie in Wollstoffen und Pelzen anrichtet. Diese Substanzen stellen die Hauptunterstützung der Raupe dar, und daher wird das Elterntier aufgrund seines natürlichen Instinkts angewiesen, seine Eier in ihnen abzulegen. Sobald sie das Ei verlässt, beginnt die Raupe, sich ein Nest zu bilden: Zu diesem Zweck frisst sie, nachdem sie unmittelbar um ihren Körper eine feine Seidenschicht gesponnen hat, die Fäden des Stoffes oder Fells in der Nähe des Fadens auf das Tuch oder auf die Haut. Dieser Vorgang wird durch seine Backen ausgeführt, die wie eine Schere wirken. Die Stücke werden in geeignete Längen geschnitten und mit großer Geschicklichkeit einzeln an der Außenseite des Gehäuses angebracht. und daran befestigt er sie mit seiner Seide. Da ihre Hülle so geformt ist, verlässt die kleine Raupe sie nur, wenn die dringendste Notwendigkeit besteht. Wenn es fressen möchte, streckt es seinen Kopf an beiden Enden seines Gehäuses aus, so wie es ihm am besten passt. Wenn es seinen Platz wechseln möchte, streckt es seinen Kopf und seine sechs Vorderbeine aus, mit denen es sich vorwärts bewegt, wobei es zunächst darauf achtet, seine Hinterbeine im Inneren des Gehäuses zu fixieren, um es mitzuziehen. Nachdem es sich in seinem Gehäuse in eine Puppe verwandelt hat, bringt es in etwa drei Wochen einen kleinen, geflügelten, mehlig aussehenden Nachtfalter von silbrig-trüber Farbe hervor, der fast jeder Herrin einer Familie nur allzu gut bekannt ist. Die beste Art, dieses Insekt zu vernichten, wenn es sich im Tuch befindet, besteht darin, eine Untertasse mit Terpentinöl mit den befallenen Gegenständen an einen nahegelegenen Ort zu stellen, wo der von der warmen Luft aufgewirbelte Dampf es sofort vernichtet. Sollte die Raupe alt und stark sein, kann es notwendig sein, die Kleidung mit einer Bürste zu bürsten, deren Spitzen in Terpentin getaucht sind. Mit Fellen umwickelter Kampfer schützt sie vor der Motte.

BEFEHL VII. *Diptera oder Fliegen.*

DIESE Ordnung zeichnet sich dadurch aus, dass sie nur zwei Flügel hat, die durchsichtig sind und hinter denen sich zwei kleine bewegliche Körper befinden, die Halfter oder Balancer genannt werden. Der Kopf ist fast mit einem Paar riesiger Augen bedeckt; und der Mund ist mit einem Rüssel oder Saugnapf ausgestattet. Die Beine sind im Verhältnis zum Körper lang und enden bei vielen Arten mit zwei oder drei kleinen kissenartigen Auswüchsen, die es ihnen vermutlich ermöglichen, auf Glas zu gehen. Jeder Fuß hat außerdem zwei Haken oder Krallen.

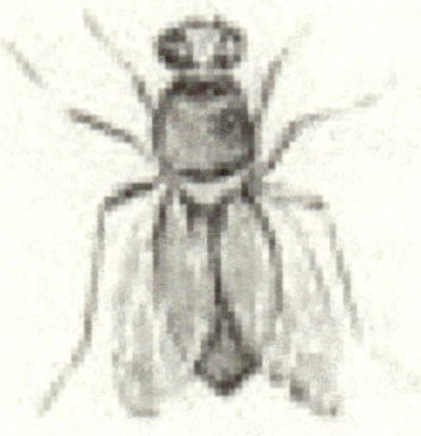

Die Stubenfliege. (*Musca Domestica.*)

DIESES Insekt legt seine Eier in Senken, Misthaufen oder an jedem anderen Ort ab, an dem verwesendes Pflanzenmaterial einigermaßen feucht ist. Die Larven oder Maden sind dick und fleischig, haben keine Beine, aber das Maul ist mit Haken versehen, mit denen sie sich fortbewegen, wenn sie sich fortbewegen wollen. Sie gehen in den Puppenzustand über, ohne die Haut der Made abzuwerfen; und wenn das perfekte Insekt erscheint, stößt es eine Art Kappe von einem Ende der Puppenhülle ab, um zu entkommen. Die *Flaschenfliegen* (*Musca erythrocephala* und *Vomitoria*) sind nur allzu bekannt für ihre Gewohnheit, im Sommer ihre Eier auf unserem Fleisch abzulegen. Bei der *Fleischfliege* (*Musca* oder *Sarcophaga carnaria*) und einigen verwandten Arten werden die Eier im Körper des Elterntiers ausgebrütet, das so lebende Larven auf dem zersetzenden tierischen Material ablagert, das seine Nahrung darstellt. Diese Fliegen sind so produktiv und ihre Larven so gefräßig, dass

Linné sagt, ihre Nachkommen würden ein Pferd so schnell verschlingen, wie es ein Löwe könnte.

DIE Mücke. (*Culex pipiens.*)

DIES ist ein Insekt, das die Beobachtung eines Naturforschers verdient, nicht nur wegen der sehr merkwürdigen Gestalt seines Rüssels (der so schnell und kraftvoll in unsere Haut eindringt und durch den er unser Blut in seinen Körper saugt), sondern auch wegen der vielen verschiedenen Arten Es durchläuft Metamorphosen, bevor es seinen geflügelten Zustand erreicht. Die Mücke legt ihre Eier auf der Oberfläche von stehendem Wasser ab und stellt sie in Form eines kleinen Bootes aufrecht aneinander. Nachdem sie mehrere Tage lang auf dem Wasser geschwommen ist, kommen, sobald die Zeit des Schlüpfens gekommen ist, die Larven, die die Eier enthalten, entweichen ins Wasser , in dem sie mit kräftigen, ruckartigen Bewegungen umherschwimmen. Sie sind gezwungen, die Oberfläche aufzusuchen, um Luft aufzunehmen, und zu diesem Zweck ist der Schwanz mit einer kurzen Röhre ausgestattet, die an ihrem Ende mit einem Borstenstern umgeben ist, der, wenn er ausgebreitet ist, verhindert, dass Wasser hineinfließt Der Luftschlauch. Der Wechsel zum Puppenzustand ist merkwürdig. In diesem Zustand zeigt das Insekt einen ziemlich schlanken Körper mit einer wuchtigen vorderen Extremität, in der Kopf, Flügel und Gliedmaßen eingeschlossen sind; Der Schwanz ist mit einem Paar Blätter oder häutigen Platten versehen, die verfilzte Röhre ist aus diesem Teil verschwunden und an ihrer Stelle finden wir zwei Röhren an den Seiten des Brustkorbs: In diesem Zustand verbrachte er etwa zehn Tage, seine Vermehrung dauerte an Am Ende bleibt es länger in der Nähe der Oberfläche, und schließlich platzt die Außenhaut, und das geflügelte Insekt, das auf den *Exuvien steht* , die es zurücklassen wird, glättet seine neugeborenen Flügel, springt in die Luft und beginnt mit seinem Flug Plünderungen. Die Fruchtbarkeit der Mücken ist so bemerkenswert, dass sie im Laufe eines Sommers auf die erstaunliche Zahl von fünf- oder sechshunderttausend anwachsen könnten, wenn die Vorsehung nicht angeordnet hätte, dass sie zur Beute von Vögeln werden sollten, die auf diese Weise ihre Ausbreitung verhindern mehr multiplizieren, als sie es normalerweise tun. Diese Insekten sind aufgrund ihrer blutsaugenden Neigung sehr lästig; Da der Saugnapf an der Spitze verhornt ist, verursacht er eine schwere Wunde, in die das Insekt eine kleine Menge Gift ausstößt, was zu den Schmerzen und Entzündungen führt, die man bei einem Mückenstich immer verspürt.

ORDEN VIII. *Suctoria.*

DIESE Insekten sind ohne Flügel. Der Mund ist mit einem Rüssel oder Schnabel ausgestattet, der sowohl zum Wunden als auch zum Saugen geformt ist.

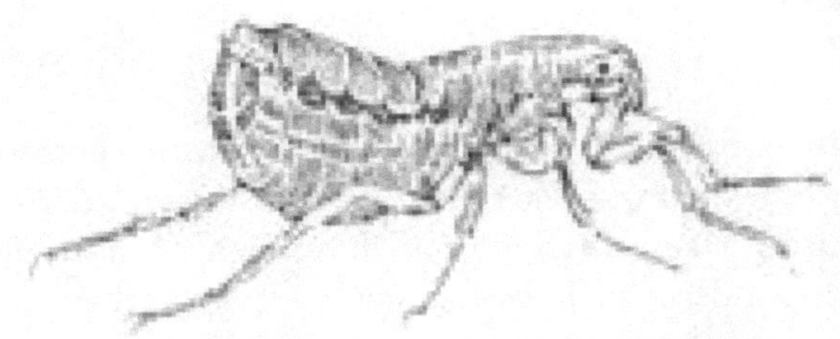

DER FLOH (*Pulex irritans*)

IST eines dieser kleinen Geschöpfe, mit denen mangelnde Sauberkeit der Menschheit bestraft wird. Es ist eines der lästigsten Insekten, die die Menschheit befallen, da es durch seine Sprünge oft dem Fang entgeht. Es ist eierlegend und das Ei, das mit bloßem Auge kaum zu erkennen ist, enthält zum Zeitpunkt der Reife einen kleinen weißen Wurm, der mit Haaren besetzt ist. Dieser Wurm spinnt sich bald einen kleinen Seidenkokon, aus dem das perfekte Insekt hervorgeht. Der Floh ist ein aktives, lästiges und blutrünstiges Insekt; Es hat einen kleinen Kopf, große Augen und einen rundlichen, aber zusammengedrückten Körper, der mit einer Art Panzer bedeckt ist, der in Farbe und Transparenz dem Schildkrötenpanzer ähnelt. Die Platten, aus denen diese Haut besteht, sind ebenfalls mit Stacheln oder Borsten versehen. Es hat sechs Beine, von denen zwei viel länger sind als die anderen, um dem Insekt so wundersame Sprünge zu ermöglichen, dass der Körper seinen Körper um mehr als das Zweihundertfache seines Durchmessers anhebt. Die große Kraft und Beweglichkeit des Flohs ist aus der Ausstellung der fleißigen Flöhe bekannt.

Buch VII.

RADIATA.

DER STERNFISCH. (*Asterias* oder *Uraster rubens* .)

DIESES Tier findet man oft an Felsen an der Meeresküste hängend. Die häufig vorkommende Art ist mit fünf Strahlen versehen und von gelber oder roter Farbe. Es hat eine langsam fortschreitende Bewegung und wird oft nach einem Sturm am Strand zwischen Algen gefunden.

Herr Bingley beschreibt ein Tier dieser Art, das er einige Zeit lang am Leben hielt; es hatte mehr als viertausend Tentakeln an den Unterseiten der Strahlen. Diese zog es häufig zurück und schob es wieder heraus, wie eine Schnecke ihre Hörner; und durch sie konnte es fest an der Schüssel mit dem Salzwasser haften, in der es aufbewahrt wurde. Wann immer er die Tentakel mit seinem Finger berührte, wurden alle Teile dieses Strahls oder Glieds nach und nach zurückgezogen, während die der anderen Strahlen dadurch nicht im geringsten beeinträchtigt wurden.

Es gibt viele andere Arten von Seesternen, insbesondere in warmen Klimazonen. Unter unseren einheimischen Arten können wir den *Großen Sonnenstern* (*Solaster papposa*) mit einer großen Scheibe und dreizehn kurzen Strahlen bemerken; die *Luidia fragilissima* mit fünf langen Strahlen, die sie normalerweise sofort abwirft, wenn sie sich in Gefahr befindet, so dass es äußerst schwierig ist, perfekte Exemplare dieser Art zu erhalten. Der *Gefiederte Stern* (*Comatula rosacea*) verdient ebenfalls Erwähnung. – Dies ist eine kleine Art, deren Arme wie bei der letzten Art vom Körper getrennt und gegliedert sind, die jedoch mit zahlreichen schlanken, gegliederten Tentakeln ausgestattet ist, die ihnen das Aussehen von Federn verleihen. Es gibt zehn dieser Arme und die Anzahl der darin enthaltenen kleinen Kalkgelenke ist höchst erstaunlich. Der kleine, becherförmige Körper des Federsterns trägt weitere schlanke, gegliederte Fortsätze, mit denen sich das Geschöpf mit nach oben gerichtetem Maul und Armen an den Felsen festklammert; und im jungen Zustand wird es sogar auf einem gelenkigen Stiel gestützt, von dem es sich schließlich freiwirft.

DER SEEEIGEL. (*Echinus miliaris.*)

DIESES Tier, das sich an den meisten britischen Küsten in Felshöhlen knapp unter der Niedrigwassermarke aufhält, hat fast eine kugelförmige Form, nicht viel unähnlich der einer Orange, und seine Schale ist in zehn Unterteilungen mit Reihen von unterteilt Vorsprünge wie Perlen, die es teilen. Auf der Außenseite des Panzers befindet sich eine große Anzahl scharfer, beweglicher Stacheln von mattvioletter und grünlicher Farbe, die merkwürdig gegliedert sind, wie Kugeln und Augenhöhlen, mit Höckern auf der Oberfläche und durch starke Bänder mit der Haut oder Epidermis verbunden mit dem die Schale bedeckt ist. Der Mund befindet sich im unteren Teil und ist mit fünf starken und geschärften Zähnen ausgestattet. Mit Hilfe seiner kontraktilen Röhrenfüße und seiner Stacheln kann sich das Tier von Ort zu Ort bewegen ; aber seine Bewegungen sind langsam und mühsam. Die Seeigel sind so lebenslustig, dass die Alten, laut Appian, glaubten, der Körper behalte das Leben, selbst wenn er in Stücke geschnitten werde.

„Wenn du die verstümmelten Teile ins Meer wirfst,
eilen die bewussten Teile zu ihren Artgenossen;
Wieder schließen sie sich treffend zusammen, ihre ganze Haltung,
bewegen sich wie zuvor, weder Leben noch Kraft verlieren.“

In Marseille und einigen anderen Städten des Kontinents wird der Seeigel auf den Märkten zum Verkauf angeboten, wie es bei uns Austern gibt, und wird gekocht wie ein Ei gegessen. Die Römer übernahmen es als Nahrungsmittel und würzten es mit Essig, Met, Petersilie und Minze.

Zoophyten.

Lange Zeit galten ZOOPHYTEN ALS ZWISCHENSTATION ZWISCHEN TIEREN UND PFLANZEN. Die meisten von ihnen, denen die Fähigkeit zur Fortbewegung völlig entzogen ist, sind an Stämmen befestigt, die in Felsspalten, im Sand oder an anderen Orten, die die Natur für ihren Aufenthaltsort vorgesehen hat, Wurzeln schlagen. diese treiben nach und nach Zweige aus, bis schließlich einige von ihnen die Größe und Ausdehnung großer Sträucher erreichen. Die Zoophyten wurden von Linné in zwei Abteilungen eingeteilt. Die steinigen Zweige der ersten Abteilung, die allgemein als Koralle bezeichnet werden, sind voller Hohlzellen, die den Tieren als Wohnstätte dienen. Die nächste Abteilung besteht aus solchen Zoophyten, die weichere, fleischige oder hornige Stängel haben und bei denen die einzelnen Polypen sozusagen mit ihrer gemeinsamen pflanzenähnlichen Behausung verschmolzen sind.

Vergrößerter Zweig, der die Tiere zeigt. Gorgonia Nobilis.

DIE ROTE KORALLE.

DIE KORALLE oder Gorgonie ist eine harte, steinige, verzweigte und zylindrische Substanz, die am Meeresgrund von Tieren gebildet wird, die Polypen oder, um den lateinischen und heute gebräuchlichen Begriff zu verwenden, *Polypen verwenden* . Das Ganze bildet eine lebende Masse oder ein Polypidom, bei dem alle Polypen unter einer Haut vereint sind und einen gemeinsamen Magen haben. Jeder dieser Polypen befindet sich in einer eigenen Zelle; Im Winter ruhen sie im Allgemeinen und treiben wie die Blüten von Pflanzen Knospen aus, die sich im Sommer ausbreiten. Die Stängel und Zweige der Gorgonien, die von etwas horniger und flexibler Natur sind, können als die wahren Skelette der Nester der Seepolypen angesehen werden, da sie mit einer fleischigen oder breiigen Substanz bedeckt sind, deren Oberfläche porös ist. Diese Poren sind die Mündungen oder Öffnungen der Zellen, in denen die Polypen untergebracht sind; und es ist die Anzahl, Anordnung und mannigfaltige Struktur dieser, zusätzlich zu dem allgemeinen Aspekt des pflanzenähnlichen Nestes von Wohnstätten, die den charakteristischen Unterschied der Art ausmachen.

Der Knochen der Roten Koralle stellt jene wunderschöne und sehr geschätzte Produktion dar, die echte oder rote Koralle der Juweliere. Es kommt im Mittelmeer, in der Adria und im Roten Meer vor und scheint nirgendwo häufiger vorzukommen als in den Meeren um Marseille, Korsika, Sizilien, an den Küsten Afrikas und in der Nähe von Barbary; wo die Korallenfischerei mit großem Elan betrieben wird und sich als sehr lukrativ erweist. In Härte und Haltbarkeit ist es dem kompaktesten Marmor ebenbürtig; und diese Eigenschaften, zusätzlich zu seiner schönen Textur und Farbe, haben es zu allen Zeiten wertvoll gemacht. So heißt es im Buch Hiob: „Keine Erwähnung von Korallen oder Perlen; denn der Preis der Weisheit ist höher als Rubine."

Reisende in tropischen Ländern sprechen oft von der exquisiten Schönheit der Korallenbänke, die auf dem Meeresgrund liegen. Das Wasser ist in diesen Regionen so klar, dass diese wunderbaren Formationen in großer Tiefe deutlich sichtbar sind und wie steinige Wälder wachsen, vermischt mit wogenden Algen in vielen leuchtenden Farben.

Die Art und Weise, Korallen zu gewinnen, erfolgt mit einer sehr einfachen Maschine, die aus zwei starken Holz- oder Eisenstäben besteht, die übereinander gebunden sind und an deren Verbindungspunkt ein Gewicht hängt. Jeder der Stäbe ist über seine gesamte Länge locker mit gedrehtem Hanf umgeben; und am Ende befindet sich ein kleines offenes Netz. Die Maschine wird an einem Seil aufgehängt und an den Felsen entlang gezogen, wo die Korallen am häufigsten vorkommen. Die abgebrochenen Korallen verfangen sich entweder im Hanf oder fallen in die Netze.

Korallen werden nach Gewicht gekauft und ihr Wert steigt mit der Größe. Große Perlen sind etwa vierzig Schilling pro Unze wert, während kleine Perlen nicht mehr als vier Schilling kosten. Große Korallenstücke werden manchmal in Kugeln geschnitten und nach China exportiert, wo sie als Abzeichen auf den Mützen von Staatsbeamten getragen werden. Es ist bekannt, dass diese, wenn sie vollkommen gesund und von guter Farbe sind und einen Durchmesser von mehr als einem Zoll haben, auf diesem Markt jeweils bis zu drei- bis vierhundert Pfund Sterling einbringen. Es sind viele wunderschöne Skulpturen aus Korallen erhalten, da dieser Stoff zu allen Zeiten als bewundernswertes Material galt, auf dem sich der Geschmack und das Können des Künstlers ausdrücken ließen. Das wahrscheinlich schönste Exemplar einer Korallenskulptur, das bisher bekannt ist, ist ein Schachbrett und Männer im Palast der Tuilerien.

Den Chinesen ist es in den letzten Jahren gelungen, Korallenperlen von viel kleinerer Größe zu schneiden, als dies bisher einem europäischen Künstler gelungen ist. Diese, die nicht größer als kleine Stecknadelköpfe sind, werden Samenkorallen genannt und werden heute in sehr großen Mengen für

Halsketten aus China in dieses Land importiert. Es gibt Methoden, mit denen Korallen so genau nachgeahmt werden können, dass es ohne eine genaue Prüfung manchmal unmöglich ist, die Fälschung zu erkennen.

STEINKORALLEN.

DIE SOEBEN BESCHRIEBENE ROTE KORALLE gehört zu der von Cuvier Asteroida genannten Abteilung der Zoophyten, bei der die Oberfläche des Polypidoms fleischig ist und jeder Polyp nur acht Arme hat. Die Polypen, die die massiven Steinkorallen der tropischen Riffe bilden, sind mit zahlreichen Tentakeln ausgestattet und ähneln in ihrer allgemeinen Gestalt den Seeanemonen, die heute als Aquarienbewohner so bekannt sind. Die Koralle besteht aus einer Ablagerung von kohlensaurem Kalk, und jeder Polyp wohnt in einer Zelle, die eine Anzahl dünner Steinstrahlen aufweist, die sich fast in der Mitte treffen. Die Korallenmassen unterscheiden sich außerordentlich in ihrer Größe, einige bestehen aus der Besiedlung von nur zwei oder drei Polypen, während andere die allmähliche Produktion einer riesigen und ständig wachsenden Population darstellen; Einige bilden verzweigte Bäume und Sträucher in den verschiedensten und elegantesten Formen, andere wachsen in massiven Massen, aber alle bieten, wenn sie leben, ein äußerst schönes Aussehen aufgrund der bezaubernden und oft brillanten Vielfalt der Farben, mit denen sie geschmückt sind.

Im Pazifischen Ozean sind mehrere Korallenriffe von außerordentlicher Schönheit, und der Reisende ist erstaunt über die seltsamen und fantastischen Formen der verschiedenen Meeresprodukte, aus denen sie bestehen. Weizengarben, Pilze, Kohlblätter sowie unzählige Pflanzen und Blumen werden durch verschiedene Korallenarten lebhaft dargestellt und leuchten unter dem Wasser in leuchtenden Braun- und Purpurtönen, Weiß oder Grün; jedes mit einer besonderen Form und Farbschattierung, die in Reichtum und Vielfalt den schönsten Erzeugnissen der Pflanzenwelt ebenbürtig sind. Korallen und Pilze entstehen zwischen den Felsspalten; während große Teile des ersteren, in einem toten Zustand, zu einer festen Masse von mattweißer Farbe verbunden sind, das Mauerwerk des Riffs bilden. Gelegentlich fallen auch feste Massen, Negerköpfe genannt, in verschiedenen dunklen Farbtönen auf, die im Allgemeinen trocken und durch Witterungseinflüsse geschwärzt sind. Auch diese sind nicht ohne Schmuck, denn die Natur erfreut sich an der Vielfalt ihrer Dekorationen. Sie sind mit kleinen Muscheln besetzt und wunderschön mit Umrissen markiert, die ihre Herkunft zum Ausdruck bringen. Die Ränder der Riffe, insbesondere diejenigen, die den Wellen ausgesetzt sind, weisen ein beträchtliches Maß an Leichtigkeit auf und bilden kleine Buchten und Höhlen, in denen sich lebende Korallen, Schwämme, Meereseier und Dreizähne oder Meeresspuren aufhalten (geschätzt in). China, wegen ihrer belebenden Wirkung) und riesige Herzmuscheln, die kaum vom Felsen zu unterscheiden sind, außer wenn sie plötzlich ihre Schalen schließen und lebende Fontänen ergießen, die eine Höhe von vier bis fünf Fuß erreichen.

Bezüglich der Bildung von Korallenriffen wurde aufgrund des Auftretens der niedrigen Inseln in einigen Teilen der Südsee und des Indischen Ozeans (wo sie in Reihen oder Gruppen vorkommen, während sie in anderen Teilen des Ozeans völlig fehlen) vermutet derselben Meere), dass Korallentiere ihre Behausungen auf Meeresuntiefen oder, genauer gesagt, auf oder in der Nähe der Spitze von Unterwasserbergen errichten. Da jedoch bekannt ist, dass die Polypen ihre Korallen nur in geringer Entfernung von der Meeresoberfläche aufbauen können und das Wasser in der Nähe der Korallenriffe oft sehr tief ist, wurde angenommen, dass im Pazifischen Ozean Dort, wo sich der größte Teil der Korallenriffe und Inseln befindet, hat sich der Meeresboden allmählich verändert, indem er an manchen Stellen tiefer und an anderen flacher wurde, und aus dieser Annahme können die meisten Eigentümlichkeiten der Korallenriffe und Inseln hervorgehen leicht berücksichtigt werden. Wo sich Riffe bilden, sinkt der Boden im Allgemeinen; Inseln zeigen an, dass der Boden stationär ist oder ansteigt. Im letzteren Fall werden, wenn die Korallen sich der Oberfläche nähern, schwimmende Substanzen aller Art von ihren steinigen, baumartigen Geweben gefangen, bis sich schließlich eine feste Felsmasse bildet, die allmählich an die Wasseroberfläche vordringt. Die Ablagerungen des Ozeans haften nicht länger hartnäckig, sondern verbleiben in einem lockeren Zustand und bilden das, was die Seeleute einen Schlüssel auf dem Gipfel des Riffs nennen; während das Meer, indem es Sand und Schlamm auf die Oberseite dieser tierischen Felsen wirft, diese nach und nach über sein Niveau anhebt. Die neue Insel, wie sie jetzt genannt werden darf, wird bald von Seevögeln besucht; Pflanzen erscheinen nacheinander und bedecken den sterilen Boden mit einer üppigen Decke. Während diese zerfallen, lagert sich nach und nach pflanzlicher Schimmel ab; Kokosnüsse oder einige schwimmende Samen, die von der Heftigkeit der Wellen ans Ufer geschleudert werden, schlagen Wurzeln und beginnen bald zu wachsen; Landvögel, die von der grünen Erscheinung des Ufers angezogen werden, fliegen dorthin auf der Suche nach Proviant und legen die Samen von Sträuchern und Bäumen ab; Jede Flut und jeder Sturm bringen einen neuen Schatz hervor: Nach und nach nimmt man das Aussehen einer Insel an, und schließlich übernimmt der Mensch Besitz.

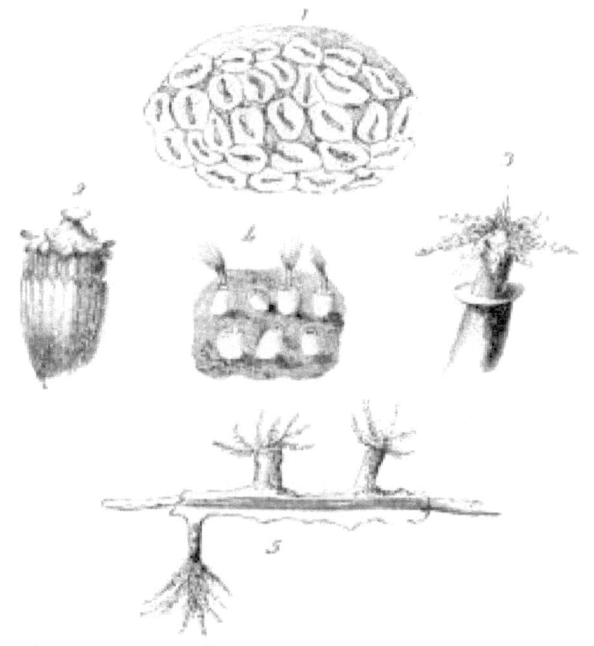

KORALLENPOLYPIEN, VERGRÖSSERT.

1. Koralle der Astrea *annanas* .   3. Tier der Tubipora *musica* .
2. Tier der Caryophyllia *solitaria* 4. Tier und Wohnort der Cellepora *hyalina* .
.   5. Tier- und Mittelachse der Gorgonia
                                     patula .

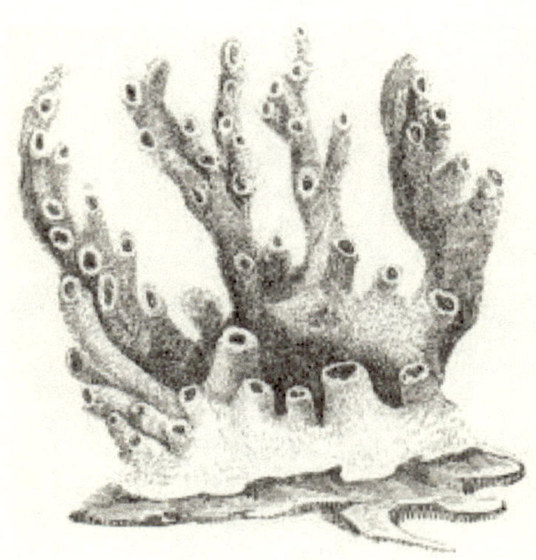

SCHWAMM.

SCHWAMM ist eine Substanz von weicher, leichter, poröser und elastischer Natur, die an Felsen am Meeresboden, in mehreren Teilen des Mittelmeers und insbesondere in der Nähe der Inseln des griechischen Archipels haftet. und das in seinem natürlichen Zustand mit tierischem Gelee gefüllt ist. Die allgemeinen Verwendungsmöglichkeiten von Schwämmen, die sich aus der leichten Aufnahme von Flüssigkeiten und der Ausdehnung durch Feuchtigkeit ergeben, sind wohlbekannt und von großer Bedeutung. Es wird hauptsächlich von Tauchern aus Felsen in fünf bis sechs Faden tiefem Wasser gesammelt. Wenn es zum ersten Mal aus dem Meer genommen wird, hat es einen starken und fischigen Geruch, der auf die darin enthaltenen tierischen Bestandteile zurückzuführen ist, von denen es durch Waschen in klarem Wasser befreit wird. Vor der Verpackung für den Export und Verkauf ist keine weitere Vorbereitung erforderlich. Das Wachstum von Schwamm ist so schnell, dass man ihn häufig in perfekter Form auf Felsen findet, von denen er erst zwei Jahre zuvor vollständig befreit worden war.

Da sie niemals dazu bestimmt sind, ihren Aufenthaltsort zu verlassen, ist die Oberfläche der Schwämme mit unzähligen kleinen Öffnungen oder Poren bedeckt, die mit einem Netzwerk feiner Kanäle in Verbindung stehen, die jeden Teil der Substanz durchdringen und sie an die kleinen und einfachen Lebewesen weitergeben die den lebenden Teil dieses seltsamen zusammengesetzten Tieres bilden, die Nahrung und das Wasser, die für ihre Unterstützung und Atmung notwendig sind. Diese feinen Kanäle vereinigen sich zu größeren Gängen und führen zu Öffnungen von beträchtlicher Größe, die gewöhnlich an Vorsprüngen der Oberfläche angebracht sind; Aus diesen strömt das Wasser nach Ansicht einiger Beobachter mit solcher Kraft hervor, dass es mit bloßem Auge wahrnehmbar ist.

Die inhärenten chemischen Eigenschaften dieses neugierigen Zoophyten sind sehr bemerkenswert. Wenn ein Schwamm vierzehn oder sechzehn Tage lang in Salpetersäure (verdünnt mit drei Teilen destilliertem Wasser) getaucht wurde, wird er fast durchsichtig und nimmt bei Berührung mit Ammoniak eine tief orange Farbe an, die zu einem bräunlichen Rot neigt. Wenn es jedoch durch die Säure stark erweicht wird, verschwindet das gesamte Gewebe beim Eintauchen in Ammoniak sofort und bildet eine tief orangefarbene Lösung. Wenn ein Schwamm gekocht wird, entsteht eine beträchtliche Menge tierischen Gelee. Der Aufguss einer kleinen Menge Eichenrinde führt dazu, dass diese als Sediment auf den Boden des Gefäßes fällt und die Beschaffenheit des Schwamms so völlig verändert, dass er, wenn er trocken ist, zwischen den Fingern zerbröckelt; und wenn es feucht ist, kann es wie nasses Papier zerreißen. In diesem Zustand sollten wir natürlich zu dem Schluss kommen, dass es völlig nutzlos ist: aber nein; Die Operationen der Chemie ähneln einem Zauberstab. Kochen Sie dasselbe in Wasser mit Kalilauge, so werden seine latenten Eigenschaften zum Vorschein kommen; und siehe da, eine Ablagerung tierischer Seife!

DIE SÜßWASSER-POLYPI UND IHRE MARINE-VERBÜNDETEN. (*Hydroida.*)

DIES sind zwei Arten, die die Natur des gesamten Stammes vollständig veranschaulichen. Sie kommen in klarem Wasser vor und können im Allgemeinen in kleinen Gräben und Feldgräben gesehen werden, insbesondere in den Monaten April und Mai. Sie heften sich an die Unterseite der Blätter und an die Stängel solcher Gemüsesorten, die zufällig im selben Wasser wachsen; und ernähren sich von den verschiedenen Arten kleiner Würmer und anderer Wassertiere in ihrer Reichweite. Wenn einer von ihnen in die Nähe eines Polypen kommt, fängt dieser ihn plötzlich mit seinen Armen, zieht ihn an sein Maul und verschluckt ihn nach und nach, ganz in der gleichen Weise, wie eine Schlange ihre Beute verschlingt. Gelegentlich kann man zwei Polypen dabei beobachten, wie sie denselben Wurm an verschiedenen Enden ergreifen und ihn mit großer Kraft in entgegengesetzte Richtungen ziehen. Es kommt manchmal vor, dass, während einer das Ende herunterschluckt, das er ergriffen hat, der andere auf die gleiche Weise beschäftigt ist; und so schlucken sie weiter, jeder seinen Teil, bis sich ihre Münder treffen. Dann ruhen sie einige Zeit in dieser Situation, bis der Wurm zwischen ihnen zerbricht und jeder mit seinem Anteil davongeht. Aber manchmal, wenn die Münder beider auf diese Weise zusammengefügt werden, kommt es zu einem Kampf, und der größte Polyp verschluckt normalerweise seinen Gegner; Das so verschluckte Tier scheint jedoch ein Gewinner seines Unglücks zu sein, da es, nachdem es etwa eine Stunde im Körper des Eroberers gelegen hat, unverletzt wieder herauskommt und oft im Besitz der Beute ist, die ursprünglich der Grund für den Streit war. Die

Überreste des Tieres, von dem sich der Polyp ernährt, werden am Maul, der einzigen Öffnung im Körper, ausgeschieden. Die Arten vermehren sich durch eine Art Vegetation, ein oder zwei oder noch mehr junge Exemplare, die nach und nach an den Seiten des Elterntieres hervortreten; und diese Jungen sind häufig wieder fruchtbar, bevor sie abfallen; so dass es keine Seltenheit ist, zwei oder drei Generationen gleichzeitig auf demselben Polypen zu sehen. Aber die erstaunlichste Tatsache in Bezug auf dieses Tier ist, dass, wenn ein Polyp in Stücke geschnitten wird, er nicht zerstört wird, sondern sich durch Zerschneiden vermehrt. Es kann in jede Richtung geschnitten werden, die man sich vorstellen kann, und sogar in sehr kleine Teilstücke, und nicht nur der Mutterstamm bleibt unversehrt, sondern jeder Abschnitt wird zu einem Tier. Selbst wenn es umgestülpt wird, erleidet es keinen materiellen Schaden; denn in diesem Zustand wird es bald beginnen, Nahrung aufzunehmen und alle seine anderen natürlichen Funktionen zu erfüllen.

M. Trembley aus Genf stellte fest, dass verschiedene Teile eines Polypen auf einen anderen eingepflanzt werden konnten. Zwei in Kontakt gebrachte Querabschnitte vereinigen sich schnell und bilden ein Tier, obwohl jeder Abschnitt einer anderen Art angehören sollte. Der Kopf einer Art kann auf den Körper einer anderen Art verpflanzt werden. Wenn ein Polyp mit dem Schwanz in den Körper eines anderen eingeführt wird, vereinigen sich die beiden Köpfe und bilden ein Individuum. Bei der Durchführung dieser seltsamen Operationen ließ M. Trembley seiner Fantasie freien Lauf, indem er wiederholt den Kopf und einen Teil des Körpers spaltete; So formte er Hydras, die komplizierter waren als je zuvor und die Fantasie des romantischsten Fabulisten beflügelten.

Obwohl es so schwierig ist, durch Teilung zu zerstören, können alle Polypen, sogar diejenigen, die die Korallen bilden, leicht getötet werden, indem ihnen die Feuchtigkeit entzogen wird, wenn sie bald schrumpfen und das Gewebe ihrer Haut vollständig zerstört wird.

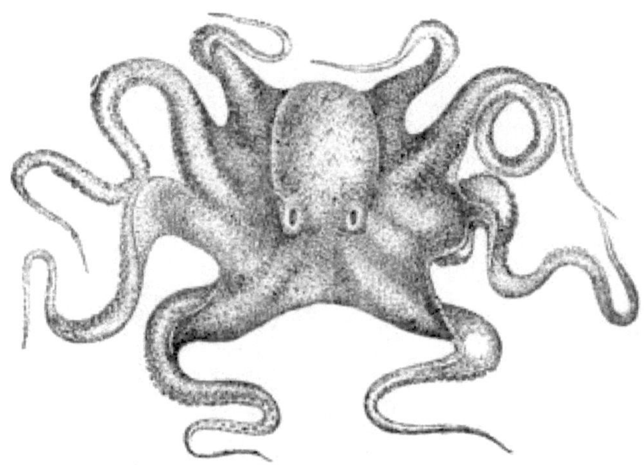

VON diesen Süßwasserpolypen sind nur wenige Arten bekannt, aber das Meer ernährt eine Vielzahl von Arten, die in ihrer Struktur den Hydras sehr ähneln und daher von Cuvier und vielen anderen Naturforschern Hydroidpolypen genannt werden. Bei den meisten davon handelt es sich um zusammengesetzte Lebewesen, wie sie im obigen Stich dargestellt sind und von denen viele Arten an allen unseren Küsten zu finden sind. Eine Hornröhre verläuft verzweigt über die Oberfläche einer Alge oder eines anderen Gegenstands, und von dort erheben sich in Abständen schlanke Stängel, die oft auf die eleganteste Art und Weise verzweigt sind. Auf den zarten Zweigen finden wir kleine Hornbecher, von denen jeder die Behausung eines winzigen Polypen darstellt, der mit einem Mund und einem Magen sowie einem Kranz aus schlanken Armen ausgestattet ist, damit er seine Beute fangen kann. Andere Arten sind nur von einer weichen Membran umgeben, wachsen aber alle aus kriechenden Wurzeln.

DIE SEEANEMONEN.

AUßER den Polypen, die gerade erwähnt wurden und die den Süßwasser-*Hydra nahestehen* , und denen, die die verschiedenen Arten von Korallen bilden, bringt das Meer eine große Anzahl anderer Zoophyten hervor, von denen die häufigsten Arten als Seeanemonen bekannt sind. Man findet diese Tiere an allen Ufern an Felsen haftend; Sie bestehen aus einer ziemlich dicken Säule, deren Basis eine Klebescheibe bildet, während ihre Spitze, die ebenfalls eine Scheibe ist, in der Mitte ein gewelltes Maul zeigt, das von mehreren Reihen Tentakeln umgeben ist. Die Tentakel sind manchmal kurz und kräftig, manchmal lang und schlank; Sie sind im Allgemeinen mit lebhaften oder zarten Farben verziert, oft in Ringen angeordnet und bilden einen schönen Kontrast zu den Farben des Stiels und der Scheibe. In ihrem ausgedehnten Zustand weisen sie eine große Ähnlichkeit mit einer Blume auf und wetteifern in der Tat mit vielen Blumen an Schönheit; Daher wurde ihnen früher der Name „ *Tierblumen*" gegeben und ist jetzt dem Namen „Seeanemonen" gewichen, obwohl sie eher mit jenen zusammengesetzten Blüten zu vergleichen sind, bei denen zahlreiche blütenblattartige Blüten von einer zentralen Scheibe ausgehen. Im zusammengezogenen Zustand ähneln die Seeanemonen weichen Knöpfen oder Knöpfen mit einer Vertiefung an der Spitze.

Bei der Beschreibung der Steinkorallen wurde die Tatsache erwähnt, dass die Polypen, die als Architekten dieser außergewöhnlichen Strukturen angesehen werden können, den Seeanemonen sehr ähnlich sind. Bei letzterem ist der den zentralen Magen umgebende Hohlraum teilweise durch Trennwände, die vom Umfang nach innen zum Zentrum hin verlaufen, in Kammern unterteilt; Bei den Korallenpolypen bildet jede dieser Scheidewände in ihrer Substanz eine Steinplatte, und diese Platten bilden die Strahlen, die das Innere der Polypenzelle einnehmen.

Die Seeanemonen bewegen sich durch die Wirkung ihrer anhaftenden Scheibe langsam vorwärts, etwa so, wie eine Schnecke oder Nacktschnecke über den Boden kriecht. Ihre Nahrung erhalten sie über die Tentakel, die ihnen ihren wunderschönen, blütenähnlichen Charakter verleihen. Um sie zu effizienten Organen für diesen Zweck zu machen, sind sie mit einer einzigartigen Versorgung ausgestattet. Die Haut der Tentakeln und tatsächlich der meisten Teile der Seeanemone ist mit kleinen Zellen oder Bläschen gefüllt, von denen jede einen Spiralfaden enthält, der bei Berührung sofort hervorschießt und in den mit ihm in Berührung kommenden Körper eindringt. Wenn auf diese Weise ein Wurm, ein kleiner Fisch oder irgendein anderes weiches Tier die Tentakel einer Anemone berührt, wird sie augenblicklich von unzähligen zarten Pfeilen durchbohrt, die den Tentakeln nicht nur dabei helfen, die bestimmte Beute zu halten, sondern sie auch zu trainieren scheinen eine Art betäubender Einfluss auf das Opfer, der seine Kämpfe dämpft und ihm eine leichte Eroberung ermöglicht. Dann wird er schnell von den Tentakeln bis zur Mundöffnung geführt und gnadenlos verschluckt.

Eine der häufigsten Arten dieser Polypen ist die *Mesembryanthemum* (*Actinia mesembryanthemum*), eine große, meist leberfarbene Art mit einer Reihe blauer Warzen um den Rand, direkt außerhalb der Tentakel. Es kommt besonders häufig auf den Felsen unserer Südküste vor. Die *Dickhornanemone* (*Actinia* oder *Brusodes crassicornis*) ist eine weitere große und schöne Art, normalerweise von roter Farbe, mit sehr dicken Tentakeln, die im Allgemeinen weiß mit rosafarbenen Bändern sind. – Die *Seeschnecke* (*Anthea Cereus*) hat lange, schlanke Tentakel. die nicht auf die gleiche Weise eingezogen werden wie die der Seeanemonen im Allgemeinen. Die Tentakel haben normalerweise eine rosa oder violette Spitze; sie schwanken ständig im Wasser auf der Suche nach Beute; und ergreifen sofort jedes Lebewesen, das über sie hinwegfliegt. – Die *Parasitäre Anemone* (*Actinia parasitica*) und die *Mantelanemone* (*Adamsia palliata*) heften sich immer an einschaligen Gehäusen fest, die von Einsiedlerkrebsen besetzt sind.

GELEE FISCHE.

DIE allgemein als Quallen bekannten Tiere sind freischwimmende Radiata; Sie wurden von Cuvier und den meisten nachfolgenden Naturforschern unter dem Namen *Acalephæ beschrieben, der aus dem Griechischen stammt und „ Brennnessel* "bedeutet , weil viele von ihnen bei Hautkontakt ein stechendes Gefühl hervorrufen. Ihr Name bedeutet in mehreren Sprachen „Seenessel".

Die Acalephae von Cuvier gelten heute als zur gleichen Klasse wie die Hydroidpolypen gehörend.

Die Gemeine Medusa (*Medusa amita*), die als Beispiel für diese Gruppe dienen könnte, kommt an unseren Küsten in großer Zahl vor; Es hat eine kreisförmige Form, oben konvex, unten konkav, wie ein Regenschirm, dessen Stock durch einen dicken Stiel dargestellt wird, der den Mund und den Magen enthält und an dessen Ende vier lange Arme zum Erfassen der Nahrung des Tieres stehen. Die Haut dieser Tiere sowie des Körpers und seiner Gliedmaßen im Allgemeinen ist voll von Fadenzellen, die bei den Seeanemonen vorkommen, und auf diese ist die stechende Kraft der Medusen zurückzuführen. Die Bewegung der Medusae durch das Wasser wird durch die abwechselnde Ausdehnung und Kontraktion ihres Schirms bewirkt, der leicht in die Richtung geneigt ist, in die sich das Geschöpf bewegt, und es ist ein höchst schöner Anblick, auf eine Flotte dieser Tiere herabzusehen Sie bewegen sich alle in der gleichen Richtung in einer Wassertiefe von zwei bis drei Fuß, wie man es oft bei schönem Wetter an den Mündungen unserer Flüsse beobachten kann.

Auf den ersten Blick könnte man meinen, dass die Medusen nur wenig mit dem Hydroid oder anderen Polypen gemein haben, aber es ist durch spätere Forschungen vollständig bewiesen worden, dass das aus dem Ei der Medusa hervorgegangene junge Tier ein regelmäßiger Polyp ist, der anhaftet durch seine Basis und erhält seine Nahrung durch die Vermittlung einer Tentakelkrone, die sein Maul umgibt; ja, sie vermehrt sich in dieser Form sogar, indem sie Knospen ausstößt, genau wie es bei der Süßwasser-Hydra beschrieben wurde. Im Laufe der Zeit verlängert sich jedoch der Körper dieses Polypen, und seine Oberfläche zeichnet sich durch Ringe aus, wobei sich die Rillen trennen und allmählich tiefer werden, bis der gesamte Körper in eine Reihe untertassenähnlicher Segmente zerfällt, von denen jedes zu einem wird Meduse. Wie deutlich zeigt diese außergewöhnliche Art der Fortpflanzung, dass die Wunder des Schöpfers in den niedrigsten seiner Geschöpfe nicht weniger beeindruckend sind als in den höchsten seiner Geschöpfe, und dass für alle, von der höchsten bis zur niedrigsten, die gleiche vorausschauende Sorgfalt angewendet wurde, die gleiche Güte zeigte sich. Wahrlich, wir können dem frommen Beispiel des großen Linné folgen und mit dem Psalmisten ausrufen: „O Herr, wie vielfältig sind deine Werke! mit Weisheit hast du sie alle gemacht."

ANHANG FABELHAFTER

TIERE

.

UNSER ZIEL auf den vorangegangenen Seiten war es, Interesse mit Vergnügen zu verbinden und die Wahrheit unvermischt mit Fabeln darzustellen. Angesichts der Tatsache, dass einige fiktive Tiere in der Poesie und Malerei üblicherweise anerkannt sind, hielten wir es für wünschenswert, einen Bericht über sie beizufügen. Die Sphinx, der Drache, das Einhorn, Pegasus und der Zentaur sind uns sowohl in der Skulptur als auch in der Fabel so vertraut, dass eine Kenntnis dieser mythologischen Schöpfungen unverzichtbar erscheint.

DIE SPHINX.

DIE VORSEHUNG hat angeordnet, dass die Ebenen Ägyptens, da sie nicht von Regenschauern heimgesucht werden, durch die Überschwemmung des Nils gedüngt werden sollen, die jährlich kurz nach der Sommersonnenwende stattfindet. Dieses Phänomen, die Quelle unfehlbarer Fruchtbarkeit in den Tälern des Deltas bis nach Memphis und rund um die Füße der majestätischen und ehrwürdigen Pyramiden, war für die Menschen in Misraim von größter Bedeutung, vom weithin berühmten Pharos bis zu den Grenzen von Äthiopien. Es war daher ihr Interesse, die Jahreszeit, den Monat und die ungefähre Stunde, zu der die Flut beginnen sollte, richtig zu berechnen; Dies umso mehr, als das plötzliche Eindringen des Wassers für die Bewohner des Tieflandes, der Wiesen und Moore gefährlich war und oft die Hütten zerstörte und die Herden und die unvorsichtigen Dorfbewohner ertränkte. Es wurde beobachtet, dass der Stern Sirius etwa zur Zeit des Nilaufgangs aus dem gleißenden Heiligenschein der Sonne auftauchte; Es war eine Warnung und wurde dementsprechend Hundestern genannt, als ob er vom Himmel bellte, um die Bewohner der Täler über den bevorstehenden Anstieg des Wassers zu informieren. Um diesen Zeitraum zu kennzeichnen, kombinierten die ägyptischen Astronomen die Tierkreiszeichen, die den zwei Monaten entsprachen, in denen das Überfließen stattfand. Da es sich bei diesen Zeichen um Löwe und Jungfrau handelte, vereinte die mystische Fantasie der alten Ägypter sie in einem und bildete so die Figur der Sphinx, die den Kopf und die Brust einer Frau und den Körper eines Löwen hat. Dies war ein großes Rätsel für die Griechen und Phönizier, die nach Ägypten reisten; Sie sahen das Monster, konnten aber seine Bedeutung nicht verstehen. Als sie in ihre jeweiligen Länder zurückkehrten, erfanden sie die Fabel von der Sphinx, die vor den Toren Thebens Rätsel aufgab und diejenigen vernichtete, die sie nicht lösen konnten; Wahrscheinlich wurde ihnen von den überheblichen Weisen dieser Nation gesagt, dass diejenigen, die die Bedeutung der Sphinx nicht erraten konnten, ihr Leben als Sühne für ihre Unwissenheit verlieren sollten. Lange danach geriet der wahre Sinn des Symbols in Vergessenheit, und Ägypten begann in seinem Aberglauben, das Emblem zu verehren, von dem es in dem einst blühenden Land noch immer unzählige Figuren gibt.

Die Sphinx wurde in der Heraldik eingeführt, um die Kragen der Generaloffiziere zu schmücken, die sich an den Ufern des Nils gegen die Franzosen auszeichneten; es wurde auch als Ornament in verschiedenen Dekorationen übernommen; und zwei exquisit gearbeitete Exemplare sind an der Vorderwand des Syon House in Brentford, dem Sitz Seiner Gnaden, des Herzogs von Northumberland, zu sehen.

Diese chimäre Figur wird im Allgemeinen sitzend und ruhend dargestellt; eine anmutige Haltung, die von ägyptischen Bildhauern übernommen und von den Griechen und Römern nachgeahmt wurde.

DER DRACHE.

DIESES Fabeltier, das vor allem in antiken Romanen eine Rolle spielt, galt als Schutzgeist der Süßwasserquellen inmitten dunkler Wälder und verzauberter Felsen. Drachen wurden an den Wagen von Ceres gespannt; sie waren die Hüter der goldenen Äpfel der Hesperiden und des goldenen Vlieses von Kolchis; und in mehreren Teilen der Welt dienen sie als Beschützer für die Karfunkel und andere Edelsteine, die am Boden von Brunnen und Brunnen versteckt sind. Sie werden als schuppige Schlangen mit Schwimmhäuten an den Füßen und Flügeln ähnlich denen einer Fledermaus dargestellt; Es scheint ursprünglich ein hieroglyphisches Symbol für den gefährlichen Einfluss einer unangemessenen Kombination von Luft und Wasser gewesen zu sein. So war die Schlange Python die Allegorie einer Pest, die aus einer

Verbindung von mephitischer Luft und Feuchtigkeit entstand. Sie sind seit langem Anhänger der Stadt London, als wären sie die Hüter des Reichtums, den der Handel aus allen Teilen der Welt hierher bringt. Vier von ihnen sind in fantasievollen Haltungen und wunderschön geschnitzt auf dem Sockel des Londoner Denkmals platziert.

DIE WIVERN, WOLVERINE.

DIESES fabelhafte Tier ähnelt ein wenig dem Drachen, nur dass es statt vier zwei Beine hat, die mit Schwimmhäuten versehen und mit Krallen bewaffnet sind. Es besteht kein Zweifel, dass dieses imaginäre Wesen ursprünglich in den Gehirnen von Dichtern und Romantikern in Zeiten des Rittertums erdacht wurde, als die Kreuzfahrer die Ebenen Palästinas und Assyriens überrannten. Das heiße Klima in einigen Tälern am Fuße der Berge, die die Wüsten dieser Länder durchschneiden, begünstigte die Brut aller Arten von Schlangen, von denen einige riesig waren. Die europäischen Soldaten von Godfrey und Richard, die solche Anblicke nicht gewohnt waren, gerieten leicht in Angst und Schrecken, wenn sie diesen Monstern an den Ufern kleiner Seen im Schatten von Zedern und Palmen begegneten, wo sie aussahen, als wären sie zur Bewachung des Heiligen postiert Wasser, so kostbar in einem so heißen Land; und in ihren müßigen Geschichten, als sie in den Lagern untätig waren, verherrlichten sie den Großteil der Schlange, die sie gesehen hatten. Die Burg von Lusignan in der Provinz Poitou soll eine dieser geflügelten Schlangen beherbergt haben. Es handelt sich um ein sehr altes Wappen, das heute die Wappen mehrerer berühmter Häuser ziert.

DER KOKATRISE, OE BASILISK.

DER fruchtbaren Fantasie des Menschen sind kaum Grenzen gesetzt. Das Tier, das den Namen Basilisk trägt, sollte ursprünglich eine Schlange sein, mit einer Art Kamm oder Krone auf dem Kopf: aber das war nicht wunderbar genug. Es sollte auch aus einem Hahnenei geschlüpft sein, auf dem eine Schlange die Aufgabe des Brütens übernommen hatte; und das Tier hatte den Kopf eines Hahns und die Flügel und den Schwanz eines Drachen. In der Nähe einer Wasserquelle geschlüpft, dem üblichen Zufluchtsort von Schlangen, soll er aus Angst vor seiner außergewöhnlichen Gestalt bald auf den Grund gestürzt sein, wo er, dem tödlichen Blick aus seinen feurigen Augen nach zu urteilen, die Macht zum Töten besaß wer auch immer es wagte, ihn anzusehen. Es gibt nicht weniger als vier Arten von Basilisken, die von verschiedenen Autoren erwähnt werden. Einer verbrannte alles in seiner Nähe und verwandelte den Ort, an dem er lebte, in eine völlige Wüste; eine andere Art hatte die Macht, bei jedem, der sie betrachtete, eine steinerne Starrheit hervorzurufen, die den Tod zur Folge hatte; oder den Zuschauern fiel das Fleisch von den Knochen. Der Basilisk soll getötet worden sein, indem er einen Spiegel zu seinem Versteck trug; und das Geschöpf, das dem Widerschein seines eigenen unheilvollen Blicks begegnete, wurde mit seinen eigenen Waffen getötet.

DER GREIF ODER GRIFFIN

WAR ursprünglich ein Symbol des Lebens. Es wurde zur Verzierung von Grabdenkmälern und Gräbern verwendet. Der obere Teil dieses allegorischen Tieres ähnelt dem Adler, dem König der Vögel, und der Rest ähnelt dem Löwen, dem König der Tiere; was bedeuten soll, dass der Mensch, der auf der Erde lebt, nicht ohne Luft überleben kann. In späteren Zeiten wurde angenommen, dass der Greif als Gefängniswärter am Eingang verzauberter Burgen und Höhlen stationiert war, in denen unterirdische Schätze verborgen waren. Milton vergleicht Satan auf seiner Flucht mit dem Greif in der folgenden schönen Passage:

„Als ein Greif durch die Wildnis,
mit geflügeltem Kurs über Hügel oder Moortal,
den Arimaspianer verfolgt, der heimlich
das bewachte Gold aus seiner wachen Obhut entwendet hatte ;
so eifrig verfolgt der Unhold seinen Weg,
über Sumpf oder steil, durch Meerenge, rau, dicht oder selten,
mit Kopf, Händen, Flügeln oder Füßen,
und schwimmt oder sinkt oder watet oder kriecht oder fliegt ."

Die *Arimaspianer* waren asiatische Zauberer, die durch Magie Wissen über die Orte erlangten, an denen Schätze verborgen waren. Ihre unaufhörlichen Auseinandersetzungen mit den Greifen um Goldminen werden von Herodot und Plinius erwähnt. Lucan sagt, dass sie Skythen bewohnten und ihr Haar mit Gold schmückten; dass sie nur ein Auge in der Mitte der Stirn hatten und am Ufer des goldsandigen Flusses Arimaspes lebten.

Vergil erwähnt in seiner achten Pastorale dieses Tier, als ob es tatsächlich existierte, gibt uns aber keine Beschreibung davon; und Claudian spielt in seinem Brief an Serena auf die angebliche Tatsache an, dass sie im Schoß der nördlichen Berge über Goldmassen wachten.

DER PHÖNIX.

HERODOT , Plinius und fast sechzig andere klassische Autoren haben wunderbare Geschichten über diesen Vogel erzählt, die natürlich alle fabelhaft sind. Man sagt, der Phönix bewohne die Ebenen Arabiens und sei etwa so groß wie ein Adler, mit wunderschönem Gefieder aus Purpur und Gold. Er ist der einzige seiner Art auf der Welt. Als der Tod naht, baut er sich ein Nest aus aromatischen Kräutern und gibt darauf sein Leben hin. Aus seinem Mark geht ein Wurm hervor, der sich bald zu einem jungen Phönix entwickelt, dessen erste Aufgabe darin besteht, die Trauerfeierlichkeiten seines Vaters zu erfüllen. Zu diesem Zweck sammelt er eine Menge Myrrhe, die er in die Form eines Eies formt, so groß, wie er bequem tragen kann, und dann schöpft er es heraus und legt den Körper seines Vaters hinein. Nachdem er es erneut mit Myrrhe verschlossen hat, trägt er es zum Sonnentempel in Ägypten, wo er es andächtig auf den Altar legt. Dies ist das einzige Mal, dass er in seinem fünfhundertjährigen Leben gesehen wird. Anderen zufolge verbrannte er sich, nachdem er einen Grabhaufen voller Kräuter und Gewürze vorbereitet hatte, erwacht aber aus seiner Asche in der ganzen Frische der Jugend wieder zum Leben.

Aus späten mythologischen Forschungen wird vermutet, dass der Phönix ein Symbol für fünfhundert Jahre ist, deren Abschluss mit einem feierlichen Opfer gefeiert wurde, bei dem die Figur eines Vogels verbrannt wurde. Seine Wiederherstellung der Jugend bedeutet, dass das Neue aus dem Alten entspringt.

DIE MEERJUNGFRAU ODER SIRENE.

ÜBER DIE Existenz dieses Tieres, das zur Hälfte eine Frau und zur Hälfte ein Fisch ist, wird seit langem gesprochen, geglaubt, nicht geglaubt und angezweifelt. Homer ist der erste, der von solchen Wesen spricht, die er als *Sirenen bezeichnet* ; aber wir finden nicht, dass er irgendeine Beschreibung ihrer Form gibt; Es wurde jedoch bald behauptet, dass die Sirenen, wie Horaz sie in seiner „Kunst der Poesie" beschreibt, waren:

„Oben eine schöne Magd; ein Fisch unten."

Die Sirenen waren drei Schwestern, deren Stimme so herrlich harmonisch und verlockend war, dass man ihrem mächtigen Charme keinen Widerstand entgegensetzen konnte; aber „es war der Tod, das zu hören", denn sie führten die Seefahrer und ihre Schiffe in die sichere Zerstörung zwischen den Felsen, die die gefährlichen Küsten begrenzten, an denen sie in der Nähe der Küsten Italiens lebten.

Der Glaube an die Existenz von Meerjungfrauen war zu verschiedenen Zeiten verbreitet; tatsächlich haben vor einigen Jahren mehrere Personen vor einem Richter ausgesagt, dass sie Meerjungfrauen aus dem Meer kommen und auf den Felsen spielen sahen, dass sie aber in ihr Element gesprungen seien, bevor sie sie festhalten konnten.

Um das Jahr 1828 herum wurde in London eine Kreatur ausgestellt, bei der es sich angeblich um eine getrocknete Meerjungfrau handelte. aber später stellte sich heraus, dass es sich um den Körper eines Affen handelte, der kunstvoll an den getrockneten Schwanz eines Lachses befestigt war.

DER KRAKEN.

DIESE Kreatur ist ein weiterer fabelhafter Bewohner des Meeres. Es soll drei bis vier Meilen breit sein und im Allgemeinen auf dem Meeresgrund an der norwegischen Küste leben. Wenn es sich bewegt, ist die Aufregung des Meeres so heftig, dass es Boote und sogar kleine Schiffe umwirft; und wenn es an die Oberfläche kommt, wird es im Allgemeinen mit einer Insel verwechselt.

DER DELFIN.

DIES ist der Delphin der Heraldik und ein ebenso fabelhaftes Tier wie alle hier erwähnten, wie aus einem Vergleich mit der Figur des echten Delphins hervorgeht, die in der Beschreibung in einem früheren Teil dieser Arbeit gegeben wurde. Dieser Fisch soll seinen Rücken zusammengerollt haben, um seine Lieblinge über die Meere zu tragen, ohne sie nass zu machen; und beim Färben die leuchtendsten Farben anzunehmen, von einem hellen Blau zu einem ebenso hellen Gelb und dann zu Rot und Grün usw. zu wechseln. &C.

DAS EINHORN.

DIES ist ein weiterer Sprössling der lebhaften und fruchtbaren Phantasie des Menschen. Es wird als eine Verbindung von Pferd und Hirsch dargestellt, wobei Kopf und Körper zum ersteren und die Hufe zum letzteren gehören, während das Horn, die Büschel und der Schwanz Anomalien darstellen. Dieses Tier hat einen hohen Stellenwert in der Heraldik und ist einer der Anhänger des königlichen Wappens Englands.

Das Einhorn wird in der Heiligen Schrift oft erwähnt und viele Kommentatoren halten es für das Nashorn. Aus dem Buch Hiob erfahren wir, dass es sich nicht nur um ein Tier von beträchtlicher Stärke, sondern auch um ein sehr wildes und widerspenstiges Wesen handelte: „Wird das Einhorn bereit sein, dir zu dienen oder an deiner Krippe zu bleiben?" Kannst du das Einhorn mit seinem Band in der Furche fesseln? Oder wird er die Täler für dich zerstören? Wirst du ihm vertrauen, weil seine Stärke groß ist? Oder willst du ihm deine Arbeit überlassen? Willst du ihm glauben, dass er deinen Samen heimbringen und in deiner Scheune sammeln wird?" CH. xxxix. ver. 9–11. Im Buch der Psalmen, xcii. ver. 10. „Mein Horn sollst du erhöhen wie das Horn eines Einhorns."

DER PEGASUS.

Beim Pferd hat man sich EINE WEITERE FREIHEIT GENOMMEN. Die Mythologie hat seiner eleganten Figur Flügel verliehen und sie *Pegasus genannt*. Dieses Tier soll aus dem Blut der Medusa entstanden sein, als Perseus ihr den Kopf abgeschlagen hatte; Und gleich darauf flog er hinauf zum Himmel, hielt aber abrupt an und landete auf dem Berg Helikon, wo er mit dem Fuß auf dem Boden aufschlug und augenblicklich die Quelle Hippocrene aus der Erde sprudelte. Während seines Aufenthalts auf dem Helikon wurde Pegasus zu einem großen Liebling der Musen, die sich gelegentlich auf diesem hohen

Berg aufhielten. und doch soll jemand, der sich zu extravaganten Flügen der Poesie wagt, auf seinen Pegasus gestiegen sein, da es schwierig war, sich den Musen zu nähern, wenn man ihn so hoch trug. Im Gegenteil, der kastalische Brunnen auf dem Berg Parnass war leichter zugänglich und inspirierte zu sanfterer Poesie. Aber zurück zu Pegasus; Er wurde schließlich von Neptun oder Minerva gezähmt und von diesem an Bellerophon geliehen, um ihm zu ermöglichen, das schreckliche Monster namens Chimäre zu besiegen, das ständig seinen Platz wechselte und Flammen und Rauch ausspuckte. Nachdem der Sieg errungen war, versuchte Bellerophon, in den Himmel zu fliegen; Doch Pegasus warf seinen Reiter ab, flog ohne ihn in den Himmel und verwandelte sich in das Sternbild, das noch heute seinen Namen trägt. Pegasus wird manchmal mit dem Hippogriph oder *Ippogrifo* von Ariosto verwechselt, der oft in Wappen zu sehen ist.

DER ZENTAUR.

WIE die Sphinx ist dieses Geschöpf eine Mischung aus Tier- und Menschengestalt und weist den Körper eines Menschen auf, der mit dem eines Pferdes verbunden ist, wobei sich ersterer aus der Brust des letzteren erhebt. So absurd eine solche Kombination dem Anatomen erscheinen mag und so schlecht sie auch für die Beweglichkeit geeignet erscheint, sie ist doch nicht ganz ohne Anmut und findet sich sehr häufig in der antiken Bildhauerei. Der griechischen Mythologie zufolge lebten diese Wesen in Thessalien; und die Poesie hat ihre Kämpfe mit Herkules, Theseus und Pirithous gefeiert, von denen letzterer der Anführer der Lapithæ war, eines Volkes, das die Zentauren besiegte. Ihre fabelhafte Existenz hatte ihren Ursprung in der Liebe zum Wunderbaren, die in den früheren Stadien der Gesellschaft immer vorhanden ist. Daher wurden die Eingeborenen Thessaliens, die sich zu einer Zeit, als ihre Nachbarn mit der Reitkunst noch nicht vertraut waren, für ihre Reitkunst auszeichneten, als Menschen beschrieben, die die Kräfte sowohl der Menschen- als auch der Pferderasse vereinten; Ebenso wie einige der amerikanischen Stämme, als sie die auf Pferden reitenden Spanier zum ersten Mal sahen, sie für eine andere Rasse von Wesen als sie selbst hielten und annahmen, sie seien halb Menschen und halb Vierbeiner. Durch solche Fehler erschafft die Fiktion, sei es Poesie oder Malerei, jene fantasievollen Wesen und Formen, die die Fantasie erfreuen.

DER SATYR.

OBWOHL der Satyr der antiken Dichter kaum als Tier bezeichnet werden kann, da die menschliche Form vorherrscht, kann er hier als unser letztes Beispiel für Fabelwesen vorgestellt werden. Satyrn und Faune werden als Männer mit Ziegenbeinen und Hörnern dargestellt und galten als Diener des Bacchus, mit dessen Verehrung sie im Allgemeinen verbunden sind. Die Idee solcher Wesen wurde wahrscheinlich von einigen der größeren Affenarten abgeleitet. Sie werden als Bewohner von Wäldern beschrieben, deren Schutzgottheiten sie galten. Wahrscheinlich handelte es sich zum Teil um Personifikationen, die den erniedrigenden Einfluss tierischer Neigungen und sinnlicher Genüsse zum Ausdruck bringen sollten: Und da nichts mehr dazu neigt als der Rausch, den Menschen auf eine Stufe mit den Tieren zu reduzieren, da er der Vernunft jegliche Kontrolle über die Leidenschaften, die Form der Leidenschaften, entzieht Der Satyr könnte auf geniale Weise als sichtbare Darstellung des erniedrigten Zustands derjenigen gedacht gewesen sein, die das edelste Vorrecht des Menschen aufgeben. Unabhängig davon, ob dies wirklich die Idee derjenigen war, die die Existenz solcher Geschöpfe zunächst vortäuschten, können wir diese Erklärung sehr rational übernehmen und so eine wichtige moralische Lektion aus einer an sich extravaganten Fiktion ableiten.

www.ingramcontent.com/pod-product-compliance
Lightning Source LLC
LaVergne TN
LVHW042341190726
843493LV00005B/885